提升程式設計的
運算思維力 _{第二版}

國際程式設計競賽之
演算法原理、題型、解題技巧
與重點解析

前言

我們編著這一系列著作的指導思維如下：

1. 程式設計競賽是「透過編寫程式解決問題」的競賽。國際大學生程式設計競賽（International Collegiate Programming Contest，ICPC）和針對中學生的國際資訊奧林匹亞競賽（International Olympiad in Informatics，IOI）在 1980 年代中後期走向成熟，30 多年來，累積了非常大量的試題。這些來自全球各地、凝聚了無數命題者的心血和智慧的試題，不僅可以用於程式設計競賽選手的訓練，而且可以用於教學，以系統、全面地提高學生編寫程式解決問題的能力。

2. 我們認為，評價一個人的專業能力，要看這個人的兩個方面：①知識系統，即他能用哪些知識去解決問題，或者說，他所真正掌握並能應用的知識，而不僅僅是他學過的知識；②思維方式，即他在面對問題（特別是不太標準化的問題）的時候，解決問題的策略是什麼？對於程式設計競賽選手所要求的知識系統，可以概括為 1984 年圖靈獎得主 Niklaus Wirth 提出的著名公式「演算法＋資料結構＝程式」，這也是電腦學科知識系統的核心部分。

3. 就本質而言，程式設計是技術，所以，首先牢記學習編寫程式要不斷「Practice, Practice, Practice」！本系列選用程式設計競賽的大量試題，以案例教學的方式進行教學實作並安排學生進行解題訓練。其次，「Practice in a systematic way」。本系列的編寫基於傳統的教學大綱，以系統、全面地提高學生編寫程式解決問題的能力為目標，以程式設計競賽的試題及詳細的解析、帶註解的程式作為實作，在每一章的結束部分提供相關題庫及解題提示，並對大部分試題給出官方的測試資料。

基於上述想法，我們在中國出版了本系列的簡體中文版，在臺灣出版了繁體中文版，在美國由 CRC Press 出版了英文版。

本書第一版是在復旦大學程式設計集訓隊長期活動的基礎上編寫而成的，共分 8 章，主要內容如下：

◆ 第 1 章「求解 Ad Hoc 類型問題的程式編寫實作」：介紹了機制分析法和統計分析法，啟動讀者在沒有經典和模式化演算法可對應的情況下，學會自創簡單的演算法。

◆ 第 2 章「模擬法的程式編寫實作」：啟動讀者按照題意設計數學模型的各種參數，觀察變更這些參數所引起的過程狀態的變化，在此基礎上展開演算法設計。

◆ 第 3 章「數論的程式編寫實作」和第 4 章「組合分析的程式編寫實作」：這兩章凸顯了數論和組合分析知識在演算法中的應用。其中，第 3 章圍繞初等數論中的質數運算、求解不定方程和同餘方程、應用積性函數等問題展開實作。第 4 章介紹在編寫程式求解組合類問題時如何計算具有某種特性的物件個數，如何將它們完全列舉出來，如何使用抽屜原理解決存在性問題，如何使用排容原理計算多個聯集的元素數量，如何使用 Pólya 定理對一個問題的各種不同的組合狀態計數。

◆ 第 5 章「貪心法的程式編寫實作」和第 6 章「動態規劃方法的程式編寫實作」：在求解具備最佳子結構特徵的問題時，這兩種方法是最常用、最經典的思維方法，但適用場合不同，既有相同點又有區別之處。

◆ 第 7 章「高階資料結構的程式編寫實作」：選擇在一般資料結構教材中沒有出現但很有用的一些知識，例如後綴陣列、區段樹、歐拉圖、哈密頓圖、最大獨立集合、割點、橋和雙連通分支等內容展開程式編寫實作。

◆ 第 8 章「計算幾何的程式編寫實作」：計算幾何學是演算法系統中一個重要的組成部分，也是先前演算法教材中最薄弱的環節。該章開展點線面運算、掃描線演算法、計算半平面交集、凸包計算和旋轉卡尺演算法等實作。

近來年，根據讀者和學生的回應，我們對本書內容進行了修訂，形成了第二版。我們除了修正第一版中的小錯誤，以及改進一些表述之外，還做了如下較大改進：

對於第 3 章「數論的程式編寫實作」和第 4 章「組合分析的程式編寫實作」的內容和結構，基於數論、組合數學的知識系統，進行全面的加強和改進。其中，第 3 章從質數運算、求解不定方程和同餘方程、特殊的同餘式、積性函數的應用、高斯質數 5 個方面展開實作；而第 4 章從排列的產生、排列和組合的計數、排容原理與鴿籠原理、Pólya 計數公式、產生函數與遞迴關係、快速傅立葉變換（FFT）6 個方面開始實作。對於數論、組合分析所涉及的知識點，都採用程式設計競賽的試題作為實作範例，也就是說，基於數論、組合分析的知識系統，實作範例「魚鱗狀」分佈在各個知識點中。同時，將數學證明能力和編寫程式解決問題能力的訓練相結合，這也是數學類試題的特徵。

對於第 5 章「貪心法的程式編寫實作」和第 6 章「動態規劃方法的程式編寫實作」，則增加了經典問題的實作。在第 5 章中，增加了背包問題、任務排程、區間排程等經典貪心問題的實作；在第 6 章中，則以「背包九講」為基礎，增加 0-1 背包問題的實作。這樣改進的目的，是使讀者能夠更好地體驗貪心和動態規劃的方法。

本書可以用於大學的演算法及相關數學課程的教學和實作，也可以用於程式設計競賽選手的系統訓練。對於本書，我們的使用建議是：書中每章的實作範例可以用於演算法和數學課程的教學、實作和上機作業，以及程式設計競賽選手掌握相關知識點的入門訓練；而每章最後提供的相關題庫中的試題，則可以作為程式設計競賽選手的專項訓練試題，以及學生進一步提高編寫程式能力的練習題。

我們對浩如煙海的 ACM-ICPC 預賽和總決賽、各種大學生程式設計競賽、線上程式設計競賽、及中學生資訊學奧林匹克競賽的試題進行了分析和整理，從中精選出 314 道試題作為本書的試題。其中 157 道試題作為實作範例試題，每道試題不僅有詳盡的解析，還給出標有詳細註解的參考程式；另外的 157 道試題為題庫試題，所有試題都有清晰的提示。

本書提供了所有試題的英文原版、以及大部分試題的官方測試資料和解答程式，有需要者可登入華章網站（http://www.hzbook.com）下載。

感謝 Stony Brook University 的 Steven Skiena 教授和 Rezaul Chowdhury 教授，Texas State University 的 C. Jinshong Hwang 教授、Ziliang Zong 教授和 Hongchi Shi 教授，German University of Technology in Oman 的 Rudolf Fleischer 教授，North South University 的 Abul L. Haque 教授和 Shazzad Hosain 教授，International Islamic University Malaysia 的 Normaziah Abdul Aziz 教授，以及香港理工大學的曹建農教授，他們為本書英文版書稿的試用和改進提供了以英語為母語或官方語言的平臺。感謝 Georgia Institute of Technology 的 Jiaqi Chen 同學審閱英文版書稿的部分章節。

感謝巴黎第十一大學博士生張一博同學、香港中文大學博士生王禹同學、和復旦大學已故教授朱洪先生，他們對於第 2 版的編寫提出了建設性的意見。

感謝組織程式設計訓練營集訓並邀請我使用本書書稿講學的香港理工大學曹建農教授，臺灣「東華大學」彭勝龍教授，西北工業大學姜學峰教授和劉君瑞教授，寧夏理工學院副校長俞經善教授，中國礦業大學畢方明教授，以及中國礦業大學徐海學院劉昆教授等。

感謝指出書稿中錯誤的西安電子科技大學朱微、張恩溶和中國礦業大學徐海學院賀小梅等同學。

特別感謝和我一起建立 ACM-ICPC 亞洲訓練聯盟的國內同仁，他們不僅為本書書稿，也為我的系列著作及其課程建設提供了一個實踐的平臺。這些年，我們並肩作戰，風雨同舟，如莎士比亞《亨利五世》的臺詞：「今日誰與我共同浴血，他就是我的兄弟！」

由於時間和水準所限，書中肯定夾雜了一些缺點和錯誤，表述不當和筆誤也在所難免，熱忱歡迎學術界同仁和讀者賜正。如果你在閱讀中發現了問題，請透過電子郵件告訴我們，以便我們在課程規劃和中、英文版再版時改進。我們的聯繫方式如下：

通訊地址：上海市邯鄲路 220 號復旦大學電腦科學技術學院 吳永輝（郵編：200433）

電子郵件：yhwu@fudan.edu.cn

吳永輝　王建德
2019 年 10 月 30 日於上海

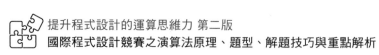
註：本書試題的線上測試位址如下：

線上評測系統	簡稱	網址
北京大學線上評測系統	POJ	http://poj.org/
浙江大學線上評測系統	ZOJ	http://acm.zju.edu.cn/onlinejudge/ http://zoj.pintia.cn/home
UVA 線上評測系統	UVA	http://uva.onlinejudge.org/ http://livearchive.onlinejudge.org/
Ural 線上評測系統	Ural	http://acm.timus.ru/
HDOJ 線上評測系統	HDOJ	http://acm.hdu.edu.cn/

目錄

Chapter 01

求解 Ad Hoc 類型問題的程式編寫實作

Ad Hoc 源自於拉丁語，意思是「為某種目的而特別設定的」。

在程式設計競賽的試題中，有這樣一類試題，解題不能套用現成的演算法，也沒有模式化的求解方法，而是需要程式編寫者自己設計演算法來解答試題，這類型試題被稱作 Ad Hoc 類型的試題，也被稱作雜題。一方面，Ad Hoc 類型試題能夠比較綜合地反映程式編寫者的智慧、知識基礎和創造性思考能力；另一方面，求解 Ad Hoc 類型試題的自創演算法只針對某個問題本身，探索該問題的獨有性質，是一種專為解決某個特定的問題、或完成某項特定的任務而設計的演算法，因此 Ad Hoc 類型試題的求解演算法一般不具備普及意義和可推廣性。

求解 Ad Hoc 類型問題的方法多樣，但從數理分析和思維方式的角度來看，大致可分兩類。

◆ 機制分析法。採用順向思維方式，從分析內部機制出發，順向推出求解的演算法。

◆ 統計分析法。採用逆向思維方式，從分析部分解出發，倒著推出求解的演算法。

這兩種方法不是孤立和互相排斥的，在求解 Ad Hoc 類型問題的過程中，既可以根據需要選擇其一，也可以兩者兼用。

1.1 機制分析法的實作範例

所謂機制分析法，就是根據客觀事物的特性，分析其內部的機制，釐清其內在的關係，在適當抽象的條件下，得到可以描述事物屬性的數學工具。

經過數學分析，如果能夠抽象出 Ad Hoc 類型問題的內在規律，則可以採用機制分析法建立數學模型，然後根據模型的原理對應到演算法，編寫程式實作，透過執行演算法得到問題解答，如圖 1-1 所示。

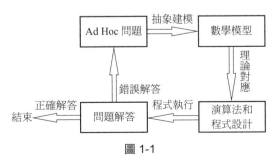

圖 1-1

機制分析法的核心是數學建模，即使用適當的數學思維建立模型，或者提取問題中的有效資訊，用簡明的方式表達其規律。需要注意以下幾點：

（1）選擇的模型必須盡量呈現問題的本質特徵。但這並不意味著模型越複雜越好，累贅的資訊會影響演算法效率。

（2）模型的建立不是一個一蹴而成的過程，而是要經過反覆檢驗和修改，在實作中不斷完善。

（3）數學模型通常有嚴格的格式，但程式編寫形式可不拘一格。

機制分析法是一個複雜的資料抽象過程。我們要善於透視問題的本質，尋找突破口，進而選擇適當的模型。模型的建構過程可以幫助我們認識問題，不同的模型從不同的角度反映問題，可以引發不同的思路，發揮引導發散思維的作用。但認識問題的最終目的是解決問題，模型的固有性質雖然可以幫我們建立演算法，其優劣亦可透過時空複雜度等指標來分析和衡量，但最終還是以程式的執行結果為標準。所以模型不是一成不變的，同樣要透過各種技術不斷最佳化。模型的產生雖然是人腦思維的產物，但它仍然是客觀事物在人腦中的反映。所以要培養良好的建模能力，還必須在平時學習中累積豐富的知識和經驗。

下面提供兩個機制分析法的實作範例。

1.1.1 ► Factstone Benchmark

2010 年，Amtel 已開發出 128 位元處理器的電腦；到 2020 年，它將開發出 256 位元電腦；以此類推，Amtel 實行每 10 年就將晶片字組長度翻一番的戰略（之前，Amtel 於 2000 年開發了 64 位元電腦；1990 年，開發了 32 位元電腦；1980 年，開發了 16 位元電腦；1970 年，開發了 8 位元電腦；1960 年首先開發了 4 位元電腦）。

Amtel 使用新的標準檢查等級 ——Factstone—— 來宣傳其新處理器大大提高的能力。Factstone 等級被定義為這樣的最大整數 n，即 $n!$ 可以表示為一個電腦的字的不帶正負號的整數（比如 1960 年的 4 位元電腦可表示為 $3! = 6$，而不能表示為 $4! = 24$）。

提供一個年份 y 且 $1960 \leq y \leq 2160$，Amtel 最近發行的晶片的 Factstone 等級是什麼？

輸入
輸入提供若干測試案例。每個測試案例一行，提供年份 y。在最後一個測試案例後，即在最後一行提供 0。

輸出
對於每個測試案例，輸出一行，提供 Factstone 等級。

範例輸入	範例輸出
1960	3
1981	8
0	

試題來源：Waterloo local 2005.09.24

線上測試：POJ 2661，ZOJ 2545，UVA 10916

❖ **試題解析**

對於提供的年份，首先，求出當年 Amtel 處理器的字組大小；然後，計算出最大的 n 值，使得 $n!$ 成為一個符合字組的大小的不帶正負號的整數。

1960 年，處理器的字組的大小是 4 位元，以後每 10 年字組的大小翻一番。由此可以推出，在 Y 年處理器的字組的位元數為 $K = 2^{2+\left\lfloor \frac{Y-1960}{10} \right\rfloor}$，$K$ 位二進位數的最大不帶正負號的整數是 2^K-1。如果 $n!$ 是不大於 2^K-1 的最大正整數，則 n 為 Y 年晶片的 Factstone 等級。計算方法有兩種：

◆ 方法 1：直接求不大於 2^K-1 的最大正整數 $n!$，這種方法極容易溢位且速度慢。

◆ 方法 2：採用對數計算，即根據 $\log_2 n! = \log_2 n + \log_2(n-1) + \cdots + \log_2 1 \le \log_2(2^K-1) < K$，計算 n。

顯然，方法 2 的效率要比方法 1 的效率高。演算法實作如下：

計算 Y 年字組的位元數 K，累加 $\log_2 i$（i 從 1 出發，每次加 1），直到數字超過 K 為止。此時，$i-1$ 即為 Factstone 等級。

❖ **參考程式**

```
01  #include <stdio.h>
02  #include <math.h>
03  int y,Y,i,j,m;               // 年份為 y
04  double f,w;                  // y 年字組的位元數為 w，log₂i 的累加值為 f
05  main(){
06      while (1 == scanf("%d",&y) && y){     // 輸入年份 y
07          w = log(4);          // 按照每 10 年字組的大小翻一番的規律，計算 y 年字組的位元數 w
08          for (Y=1960; Y<=y; Y+=10){
09              w *= 2;
10          }
11      i = 1;                   // 累加 log₂i（每次 i 加 1），直到數字超過 w
12          f = 0;
13          while (f < w) {
14              f += log((double)++1);
15          }
16          printf("%d\n",i-1) ;  // 輸出 Factstone 等級
17      }
18      if (y) printf("fishy ending %d\n",y);
19  }
```

1.1.2 ► Bridge

n 個人要在晚上過橋，任何時候最多兩人一組過橋，每組要有一支手電筒。在這 n 個人中只有一支手電筒可以用，因此要安排以某種往返的方式來返還手電筒，使得更多的人可以過橋。

每個人的過橋速度不同，每組的速度由速度較慢的成員所決定。請確定一個策略，使得 n 個人用最少的時間過橋。

輸入

輸入的第一行提供 n，接下來的 n 行提供每個人的過橋時間，不會超過 1000 人，且沒有人的過橋時間超過 100 秒。

輸出

輸出的第一行提供所有 n 個人過橋的總秒數，接下來的若干行提供實作策略。每行包含一個或兩個整數，表示組成一組過橋的一個人或兩個人（每個人用其在輸入中提供的過橋所用的時間來標示。雖然許多人有相同的過橋時間，但即使有混淆，對結果也沒有影響）。這裡要注意的是過橋也有方向性，因為要返還手電筒讓更多的人通過。如果用時最少的策略有多個，則任意一個都可以。

範例輸入	範例輸出
4	17
1	1 2
2	1
5	5 10
10	2
	1 2

試題來源：Waterloo local 2000.09.30
線上測試：POJ 2573，ZOJ 1877，UVA 10037

❖ 試題解析

分析本題，可以得出一個簡單的邏輯：要使得 n 個人用最少時間過橋，慢的成員必須藉助快的成員傳遞手電筒。

由於一次過橋最多兩人且手電筒需要往返傳遞，因此以兩個人過橋為一個分析單位計算過橋時間。為了方便，我們用 n 個人的過橋時間表示這 n 個人。我們按過橋時間遞增的順序排序 n 個成員。設目前序列為

A 是最快的人，B 是次快的人，A 和 B 是序列首部的兩個元素

a 是最慢的人，b 是次慢的人，a 和 b 是序列尾部的兩個元素

讓 a 和 b 用最少時間過橋，有兩種過橋方案。

方案 1：用最快的成員 A 傳遞手電筒，幫助 a 和 b 過橋。

如果帶一個最慢的成員 a，則所用的時間是 $a+A$（a 表示最快和最慢的兩個成員 A 和 a 到對岸所需的時間，而 A 是最快的成員傳回所需的時間）。顯然，A 帶 a 和 b 過橋所用的時間是 $2*A+a+b$。

方案 2：用最快的成員 A 和次快的成員 B 傳遞手電筒幫助 a 和 b 過橋。

步驟 1：A 和 B 到對岸，所用時間為 B；

步驟 2：A 返回，將手電筒給最慢的 a 和 b，所用時間為 A；

步驟 3：a 和 b 到對岸，所用時間為 a；到對岸後，他們將手電筒交給 B；

步驟 4：B 需要返回原來的岸邊，因為要交還手電筒，所需時間為 B。

所以，需要的總時間為 $2*B+A+a$。

顯然，a 和 b 要用最少時間過橋，只能藉助 A 或者 A 和 B 傳遞手電筒過橋，其他方法都會增加過河時間。至於哪一種過橋方式更有效，計算並比較一下就行了。

如果 $2*A+a+b<2*B+A+a$，則採用方案 1，即用最快的成員 A 傳遞手電筒；否則採用方案 2，即用最快的成員 A 和次快的成員 B 傳遞手電筒（$2*A+a+b<2*B+A+a$ 等同於 $b+A<2*B$）。

我們每次幫助目前最慢和次慢的兩個成員過橋（$n-=2$），累計每個最佳過橋方案的時間。最後，產生兩種可能的情況：

◆ 對岸剩下 2 個隊員（$n==2$），全部過橋，即累計時間 B；

◆ 對岸剩下 3 個隊員（$n==3$），用最快的成員傳遞手電筒，幫助最慢的成員過橋，然後與次慢的成員一起過橋，即累計時間 $a+A+b$。

❖ 參考程式

```
01  #include<iostream>
02  #include<algorithm>
03  #include<cstdio>
04  #include<cstring>
05  #include<cstdlib>
06  #include<cmath>
07  #include<string>
08  using namespace std;
09  int n,i,j,k,a[111111];          // 人數為 n，每個人的速度儲存於序列 a[]
10  int ans=0;                      // 初始化 n 個人過橋的總時間
11  int main ( ) {
12      scanf("%d",&n);             // 輸入每個人的速度
13      for(i=1;i<=n;i++)scanf("%d",a+i);
14      if(n==1){                   // 輸出 1 個人的過橋方案
15          printf("%d\n%d\n",a[1],a[1]);return 0;
16      }
17      int nn=n;
18      sort(a+1,a+n+1);            // 按照速度遞增順序排序
19      while(n>3){                 // 統計 n 個人過橋的總時間
20        if(a[1]+a[n-1]<2*a[2]){   // 累計用 a[1] 傳遞手電筒幫助最慢 2 個成員過橋所需的時間
21            ans+=a[n]+a[1]*2+a[n-1];
22        }else{                    // 累計用 a[1]a[2] 傳遞手電筒幫助最慢 2 個成員過橋所需的時間
23            ans+=a[2]+a[1]+a[2]+a[n];
24        }
25        n-=2;                     // 兩個最慢的成員過橋
26      }
27      if(n==2)ans+=a[2];          // 對岸剩下 2 個成員，累計其過橋的時間
28      else  ans+=a[1]+a[2]+a[3];  // 對岸剩下 3 個成員，累計其過橋的時間
```

```
29        printf("%d\n",ans);              // 輸出 n 個人過橋的總時間
30        n=nn;
31        while(n>3){                      // 輸出每組人過橋所用的時間
32            if(a[1]+a[n-1]<2*a[2])       // 輸出用 a[1] 傳遞手電筒的過橋方案
33                printf("%d %d\n%d\n%d %d\n%d\n",a[1],a[n],a[1],a[1],a[n-1],a[1]);
34            else                         // 輸出用 a[1] 和 a[2] 傳遞手電筒的過橋方案
35                printf("%d %d\n%d\n%d %d\n%d\n",a[1],a[2],a[1],a[n-1],a[n],a[2]);
36            n-=2;                        // 兩個最慢的成員過橋
37        }
38        if(n==2)printf("%d %d\n",a[1],a[2]);    // 剩下 2 個隊員過橋，輸出過橋方案
39        else                            // 剩下 3 個隊員過橋，輸出過橋方案
40            printf("%d %d\n%d\n%d %d\n",a[1],a[3],a[1],a[1],a[2]);
41        return 0;
42 }
```

1.2　統計分析法的實作範例

在一時得不到事物的特徵機制的情況下，我們可先透過手算或程式編寫等方法測試得到一些資料，即問題的部分解，再利用數理統計知識對資料進行處理，從而得到最終的數學模型。

圖 1-2 提供了統計分析法的大致流程：先從 Ad Hoc 問題的原型出發，透過手工或簡單的程式得到問題的部分解，即解集 A；然後運用數理統計方法透過部分解，得到問題原型的主要屬性（大部分屬性是規律性的東西），從而建立數學模型，然後透過演算法設計和程式編寫得到問題的全部解，即全解集 I。這裡需要注意的是：

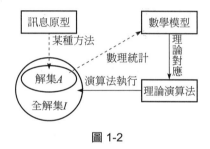

圖 1-2

◆ 因為有時候根本無法求出問題的部分解，或者無法用數理統計知識分析部分解，所以求部分解的過程和對部分解進行數理統計的過程畫的是虛線，表示不是每個資訊原型都能用統計分析法建模。

◆ 所有模型對應的演算法是將盲目搜尋排除在外的。因為盲目搜尋是從全集 I 出發求解集 A 的，這違背了建模的目的。我們所討論的統計分析法，是在對全解集 I 的子集 A 進行數理統計的基礎上建立數學模型，所以盲目搜尋不屬於統計分析法的範疇。

◆ 一般來說，我們可先採用機制分析法進行分析，如果機制分析進行不下去，再考慮使用統計分析法。當然，如果問題容易找到部分簡單解，我們亦可優先考慮統計分析法。事實上，機制分析所得出的某些結論，往往可被有效地運用於統計分析法；而統計分析法得出的某些規律，最終需要透過機制分析驗證其準確性。所以，它們彼此並不是孤立的，我們在建模的時候完全可以兩者兼用。

1.2.1 ▶ Ants

一支螞蟻軍隊在長度為 l 公分的橫竿上走，每隻螞蟻的速度恒定且為 1 公分 / 秒。當一隻行走的螞蟻到達橫竿終點的時候，它就立即掉了下去；當兩隻螞蟻相遇的時候，它們就調轉頭，並開始往相反的方向走。我們知道螞蟻在橫竿上原來的位置，但不知道螞蟻行走的方向。請計算所有螞蟻從橫竿上掉下去的最早可能時間和最晚可能時間。

輸入

輸入的第一行提供一個整數，表示測試案例個數。每個測試案例首先提供兩個整數：橫竿的長度（以公分為單位）和在橫竿上的螞蟻的數量 n。接下來提供 n 個整數，表示每隻螞蟻在橫竿上從左端測量過來的位置，沒有特定的次序。所有輸入資料不大於 1,000,000，資料之間用空格分隔。

輸出

對於輸入的每個測試案例，輸出用一個空格分隔的兩個數，第一個數是所有的螞蟻掉下橫竿的最早可能的時間（如果它們的行走方向選擇合適），第二個數是所有的螞蟻掉下橫竿的最晚可能的時間。

範例輸入	範例輸出
2 10 3 2 6 7 214 7 11 12 7 13 176 23 191	4 8 38 207

試題來源：Waterloo local 2004.09.19
線上測試：POJ 1852，ZOJ 2376，UVA 10714

❖ **試題解析**

螞蟻數的上限為 1,000,000，爬行方式會達到 $2^{1000000}$ 種，這是一個天文數字，因此不可能逐一列舉螞蟻的爬行方式。

我們先研究螞蟻少的時候的一些情況，如圖 1-3 所示。

顯然，螞蟻越多，變化越多，情況越複雜。而解題的瓶頸就是螞蟻相遇的情況。假如我們拘泥於「對於相遇如何處理」這個細節，將陷入無從著手的境地。

假如出現這樣一種情況：螞蟻永遠不會相遇（即所有向左走的螞蟻都在向右走的螞蟻的左邊），那麼很容易找出 $O(n)$ 的演算法。

讓我們回過頭觀察前面提供的例子。我們發現螞蟻在相遇前為「　」，在相遇後就變成了「　」，這就相當於忽略了「相遇」這一事件。也就是說，我們可

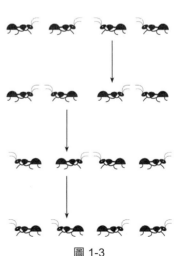

圖 1-3

以假設這些螞蟻即使相遇了也不理睬對方而繼續走自己的路。對於問題來說，所有的螞蟻都是一樣的，並無相異之處，因此這個假設當然是合理的。這樣，每隻螞蟻掉落所用的時間就只有兩個取值：一個是向左走用的時間，一個是向右走用的時間。全部掉落的最早時間就是每隻螞蟻儘快掉落用時的最大值，因為這些螞蟻互不干擾。同理，全部掉落的最遲時間就是每隻螞蟻盡量慢掉落用時的最大值。由此得出演算法，設 l_i 為第 i 隻螞蟻在橫竿上從左端過來測量的位置（$1 \leq i \leq n$）；$little_i$ 為第 i 隻螞蟻掉下橫竿的最早時間，$little$ 為 n 隻螞蟻掉下橫竿的最早時間；big_i 為第 i 隻螞蟻掉下橫竿的最晚時間，big 為 n 隻螞蟻掉下橫竿的最晚時間。則 $little_i = \min\{l_i, L-l_i\}$，$big_i = \max\{l_i, L-l_i\}$，$1 \leq i \leq n$；$little = \max\{little_i \mid 1 \leq i \leq n\}$，$big = \max\{big_i \mid 1 \leq i \leq n\}$。

本題從最簡單的情況入手，透過分析發現所有螞蟻的等價性，將「相遇後轉向」轉變為「相遇後互不干擾」，從而簡化了問題，輕而易舉地計算出答案。

❖ **參考程式**

```
01  #include <stdio.h>
02  int c,big,little,L,i,j,k,n;              // 測試案例數為 c；big、little 為最晚時間和最早時間；
03                                           // 橫竿長度為 L；竿上的螞蟻數為 n
04  main( ){
05      scanf("%d",&c);                      // 輸入測試案例數
06      while (c-- && (2 == scanf("%d%d",&L,&n))) {      // 輸入橫竿長度和橫竿上的螞蟻數
07          big = little = 0;                // 最晚時間和最早時間初始化
08          for (i=0;i<n;i++) {              // 輸入每隻螞蟻的測量位置
09              scanf("%d",&k);
10              if (k > big) big = k;        // 根據 k 的左方長度和右方長度調整最晚時間
11              if (L-k > big) big = L-k;
12              if (k > L-k) k = L-k;        // 由 k 左、右方長度的最小值調整最早時間
13              if (k > little) little = k;
14          }
15          printf("%d %d\n",little,big);    // 輸出所有螞蟻掉下橫竿的最早時間和最晚時間
16      }
17      if (c != -1) printf("missing input\n");
18  }
```

1.2.2 ▶ Matches Game

有一個簡單的遊戲，在這個遊戲中，有若干堆火柴和兩個玩家。兩個玩家一輪一輪地玩。在每一輪中，一個玩家可以選擇一個堆，並從該堆取走任意根火柴（當然，取走火柴的數量不可能為 0，也不可能大於所選的火柴的數量）。如果在一個玩家取了火柴後沒有火柴留下，那麼這個玩家就贏了。假設兩個玩家非常聰明，請你告訴大家先玩的玩家是否可以贏。

輸入

輸入由若干行組成，每行一個測試案例。每行開始首先提供整數 M（$1 \leq M \leq 20$），表示火柴堆的堆數；然後提供 M 個不超過 10,000,000 的正整數，表示每個火柴堆的火柴數量。

輸出

對每個測試案例，如果是先手的玩家贏，則在一行中輸出 "Yes"；否則輸出 "No"。

範例輸入	範例輸出
2 45 45	No
3 3 6 9	Yes

試題來源：POJ Monthly, readchild
線上測試：POJ 2234

❖ **試題解析**

本題是一個 Nimm 博弈問題。遊戲的各種情況分析如下。

情況 1：如果遊戲開始時只有一堆火柴，則走先手的玩家取走這一堆的所有火柴而獲勝。

情況 2：如果遊戲開始時有兩堆火柴，且這兩堆火柴的數量分別為 N_1 和 N_2。

◆ 如果 $N_1 \neq N_2$，則走先手的玩家先從大堆火柴中取走一些火柴，使得兩堆火柴數量相等；然後，走後手的玩家每次從一堆火柴裡取走一些火柴後，走先手的玩家就從另一堆火柴裡取相同數量的火柴；最終走先手的玩家獲勝。

◆ 如果 $N_1 = N_2$，每次在走先手的玩家從一堆火柴中取走一些火柴之後，走後手的玩家就從另一堆火柴裡取相同數量的火柴；最終走後手的玩家獲勝。

情況 3：遊戲開始時有多於兩堆的火柴。

每個自然數都能夠表示成一個二進位數字。例如，$57_{(10)} = 111001_{(2)}$，即 $57_{(10)} = 2^5 + 2^4 + 2^3 + 2^0$。57 根火柴組成的一堆可以視為 4 個小堆：$2^5$ 根火柴組成一堆，2^4 根火柴組成一堆，2^3 根火柴組成一堆，2^0 根火柴組成一堆。

設遊戲開始時有 k 堆火柴，這 k 堆火柴中的火柴數量分別是 $N_1, N_2, \cdots, N_k$，N_i 可以表示為一個 $s+1$ 位二進位數字，即 $N_i = n_{is} \cdots n_{i1} n_{i0}$，$n_{ij}$ 是一個二進位，$0 \leq j \leq s$，$1 \leq i \leq k$。如果二進位數字的位數小於 $s+1$，在前面加 0。

如果 $n_{10} + n_{20} + \cdots + n_{k0}$ 是偶數，$n_{11} + n_{21} + \cdots + n_{k1}$ 是偶數……$n_{1s} + n_{2s} + \cdots + n_{ks}$ 是偶數，即 n_{10} XOR n_{20} XOR$\cdots$XOR n_{k0} 是 0，n_{11} XOR n_{21} XOR$\cdots$XOR n_{k1} 是 0……n_{1s} XOR n_{2s} XOR$\cdots$XOR n_{ks} 是 0，則稱遊戲的狀態是平衡的；否則，遊戲的狀態是非平衡的。如果一個玩家面對一個非平衡的狀態，他可以從某一堆火柴中取走一些火柴，使得遊戲狀態變成平衡的狀態；而如果一個玩家面對一個平衡的狀態，那麼無論他採取怎樣的策略，遊戲狀態都將變為非平衡狀態。遊戲的最終狀態是所有的二進位數字為 0，也就是說，遊戲的最終狀態是平衡的。所以，獲勝的策略（Bouton 定理）如下。

如果遊戲的初始狀態是非平衡的，則走先手的玩家會贏；如果遊戲的初始狀態是平衡的，則走後手的玩家會贏。

例如，有 4 堆火柴，分別有 7、9、12 和 15 根火柴。7、9、12 和 15 可以表示為二進位數字 0111、1001、1100 和 1111，如下表所示。

堆中的火柴數	$2^3=8$	$2^2=4$	$2^1=2$	$2^0=1$
7	0	1	1	1
9	1	0	0	1
12	1	1	0	0
15	1	1	1	1
	奇數	奇數	偶數	奇數

遊戲的初始狀態是非平衡的，走先手的玩家從一堆火柴中取出一些火柴，使得遊戲的狀態變成平衡的狀態。有多種選擇，例如，走先手的玩家從 12 根一堆的火柴中取出 11 根火柴，遊戲的狀態就變成平衡的狀態，如下表所示。

堆中的火柴數	$2^3=8$	$2^2=4$	$2^1=2$	$2^0=1$
7	0	1	1	1
9	1	0	0	1
12⇒1	0	0	0	1
15	1	1	1	1

走先手的玩家從一堆火柴中取出一些火柴，使得遊戲的狀態變成平衡的狀態的方法是，選擇表中的一行（某一堆火柴），並在這一行的奇數列翻轉二進位的值。在翻轉了這些值之後，在這一行裡，火柴的數量就少於初始的火柴數量。走先手的玩家從相關的堆中取走的火柴數量是初始火柴數量和目前火柴數量的差。然後，走後手的玩家在平衡的狀態下取火柴，狀態就會變成非平衡狀態。接下來，無論走後手的玩家取走多少根火柴，走先手的玩家都使得狀態平衡。這一過程一直重複，直到走後手的玩家最後一次在平衡狀態下取走一些火柴，然後走先手的玩家取走所有剩餘的火柴。

同理，遊戲的初始狀態是平衡狀態時，走後手的玩家會贏。

所以，本題演算法如下。

N 堆火柴表示為 N 個二進位數字。如果初始狀態是非平衡的，走先手的玩家贏；否則，走後手的玩家會贏。

❖ 參考程式

```
01   # include <cstdio>
02   # include <cstring>
03   # include <cstdlib>
04   # include <iostream>
05   # include <string>
06   # include <cmath>
07   # include <algorithm>
08   using namespace std;
```

```
09    int main(){
10        int n;
11        while(~scanf("%d",&n)){          // 輸入火柴堆數
12            int a=0,b;                    // 結果 a 初始化，目前堆的火柴數為 b
13            for(int i=0;i<n;i++){         // 輸入每堆火柴的數量
14                scanf("%d",&b);
15                a^=b;                     // 互斥目前堆的火柴數
16            }
17            printf("%s\n",a?"Yes":"No");  // 若 a 出現非平衡位，則走先手的玩家贏；
18                                          // 若 a 的所有位平衡，則走後手的玩家贏
19        }
20        return 0;
21    }
```

1.3　相關題庫

1.3.1 ▶ WERTYU

一種常見的打字錯誤是將手放在鍵盤上正確位置的右邊。因此造成將 Q 輸入為 W、將 J 輸入為 K，等等。請對以這種方式鍵入的訊息進行解碼。

輸入

輸入包含若干行文字。每一行包含數字、空格、大寫字母（除 Q、A、Z 之外），或如圖 1-4 中所示的標點符號（除倒引號 (`) 之外），用單字標記的鍵（Tab、BackSpace、Control 等）不在輸入中。

圖 1-4

輸出

對於輸入的每個字母或標點符號，用圖 1-4 所示的鍵盤上左邊的鍵的內容來替代。輸入中的空格也顯示在輸出中。

範例輸入	範例輸出
O S, GOMR YPFSU/	I AM FINE TODAY.

試題來源： Waterloo local 2001.01.27

線上測試： POJ 2538，ZOJ 1884，UVA 10082

提示

先根據圖 1-4 中的鍵盤，離線提供轉換表，儲存每個鍵對應的左側鍵（註：根據題意，單字鍵（Tab 鍵、BackSpace 鍵、Shift 鍵等）以及每一行最左邊的鍵（Q、A、Z）不在轉換表中。此外所有字母都是大寫的）。以後每輸入一個字母或標點符號，直接輸出轉換表中對應的左側鍵。

1.3.2 ► Soundex

Soundex 編碼是將根據它們的拼寫聽起來相同的單字歸類在一起。例如，can 和 khawn、con 和 gone 在 Soundex 編碼下是相等的。

Soundex 編碼涉及將每個單字轉換成一連串的數字，其中每個數字代表一個字母：

1 表示 B、F、P 或 V
2 表示 C、G、J、K、Q、S、X 或 Z
3 表示 D 或 T
4 表示 L
5 表示 M 或 N
6 表示 R

字母 A、E、I、O、U、H、W 和 Y 在 Soundex 編碼中不被表示，並且如果存在連續的字母，這些字母是用相同的數字表示的，那麼這些字母就僅用一個數字來表示。具有相同 Soundex 編碼的單字被認為是相等的。

輸入

輸入的每一行提供一個單字，全大寫，少於 20 個字母。

輸出

對每行輸入，輸出一行，提供 Soundex 編碼。

範例輸入	範例輸出
KHAWN	25
PFISTER	1236
BOBBY	11

試題來源： Waterloo local 1999.09.25

線上測試： POJ 2608，ZOJ 1858，UVA 10260

提示

由左到右將單字的每個字母轉化為對應數字並略去重複數字，就得到單字的 Soundex 編碼。

1.3.3 ► Mine Sweeper

踩地雷（Mine Sweeper）是一個在 $n \times n$ 的網格上玩的遊戲。在網格中隱藏了 m 枚地雷，每一枚地雷在網格上不同的方格中。玩家不中斷點擊網格上的方格。如果有地雷的方格被觸發，則地雷爆炸，玩家就輸掉了遊戲；如果一個沒有地雷的方格被觸發了，就出現 $0 \sim 8$ 之間的整數，表示包含地雷的相鄰方格和對角相鄰方格的數目。圖 1-5 提供了玩該遊戲的部分連續截圖。

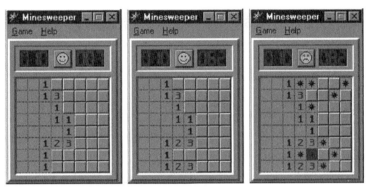

圖 1-5

在這裡，n 為 8，m 為 10，空白方格表示整數 0，凸起的方格表示該方格還未被觸發，類似星號的圖片則代表地雷。圖 1-5 中最左邊的圖表示這個遊戲開始玩了一會兒的情況。到中間的圖，玩家點擊了兩個方格，玩家每次都選擇了一個安全的方格。再到最右邊的圖，玩家就沒有那麼幸運了，他選擇了一個有地雷的方格，因此輸了遊戲。如果玩家繼續觸發安全的方格，直到只有 m 個包含地雷的方格沒有被觸發，則玩家獲勝。

請編寫一個程式，輸入遊戲進行的資訊，輸出相關的網格。

輸入

輸入的第一行提供一個正整數 n（$n \leq 10$）。接下來的 n 行描述地雷的位置，每行用 n 個字元表示一行的內容：句點表示方格沒有地雷，而星號代表這個方格有地雷。然後的 n 行每行提供 n 個字元：被觸發的位置用 x 標示，未被觸發的位置用句點標示，範例輸入對應於圖 1-5 中間的圖。

輸出

輸出提供網格，每個方格被填入適當的值。如果被觸發的方格沒有地雷，則提供 $0 \sim 8$ 之間的值；如果有一個地雷被觸發，則所有有地雷的方格位置都用星號標示。所有其他的方格都用句點標示。

範例輸入	範例輸出
8	001.....
...**.*	0013....
......*.	0001....
....*...	00011...
....	00001...
....	00123...

範例輸入	範例輸出
.....*..	001.....
...**.*.	00123...
.....*.	
xxx.....	
xxxx....	
xxxx....	
xxxxx...	
xxxxx...	
xxxxx...	
xxx.....	
xxxxx...	

試題來源： Waterloo local 1999.10.02

線上測試： POJ 2612，ZOJ 1862，UVA 10279

提示

試題提供了地雷矩陣 $g[i][j]$ 和觸發情況矩陣 $try[i][j]$（$1 \le i, j \le n$），要求計算和輸出網格。

首先判斷是否有地雷被觸發，即是否存在（$try[i][j]=='x'$ && $g[i][j]== '*'$）的格子（i, j），設定地雷被觸發標誌

$$mc = \begin{cases} '*' & \text{地雷被觸發} \\ '.' & \text{地雷沒有被觸發} \end{cases}$$

然後從左向右計算和輸出每個位置（i, j）的網格狀態（$1 \le i, j \le n$）：

◆ 若（i, j）被觸發，但沒有地雷（$try[i][j]=='x'$ && $g[i][j]=='.'$），則統計（i, j）的 8 個相鄰方格中有地雷的位置數 x，x 被填入（i, j）。

◆ 否則（即 $try[i][j]=='.'$ ‖ $g[i][j]=='*'$），如果（i, j）有地雷，則 mc 被填入（i, j）；如果（i, j）沒有地雷，則 '.' 被填入（i, j）。

1.3.4 ▶ Tic Tac Toe

井字遊戲（Tic Tac Toe）是一個在 3×3 的網格上玩的遊戲。一個玩家 X 開始將一個 'X' 放置在一個未被占據的網格位置上，然後另外一個玩家 O 則將一個 'O' 放置在一個未被占據的網格位置上。'X' 和 'O' 就這樣被交替地放置，直到所有的網格被占滿，或者有一個玩家的符號在網格中占據了一整行（垂直、水平或對角）。

開始的時候，用 9 個點表示為空的井字遊戲，在任何時候放 'X' 或放 'O' 都會被放置在適當的位置上。圖 1-6 說明了從開始到結束井字遊戲的下棋步驟，最終玩家 X 獲勝。

...	X..	X.O	X.O	X.O	X.O	X.O
...	...	...	...	.O.	.O.	OO.	OO.
...	...	...	..X	..X	X.X	X.X	XXX

圖 1-6

請編寫一個程式，輸入網格，確定其是不是有效的井字遊戲的一個步驟。也就是說，透過一系列的步驟在遊戲的開始到結束之間產生這一網格。

輸入

輸入的第一行提供 N，表示測試案例的數目。然後提供 $4N-1$ 行，說明 N 個用空行分隔的網格圖。

輸出

對於每個測試案例，在一行中輸出 "yes" 或 "no"，表示該網格圖是否是有效的井字遊戲的一個步驟。

範例輸入	範例輸出
2 X.O OO. XXX O.X XX. OOO	yes no

試題來源： Waterloo local 2002.09.21

線上測試： POJ 2361，ZOJ 1908，UVA 10363

提示

由於玩家 X 先走且輪流執子，因此若網格圖為有效的井字遊戲的一個步驟，一定同時呈現下述特徵：

◆ 'O' 的數目一定小於等於 'X' 的數目；

◆ 如果 'X' 的數目比 'O' 多 1 個，那麼不可能是玩家 O 贏了井字遊戲；

◆ 如果 'X' 的數目和 'O' 的數目相等，則不可能是玩家 X 贏了井字遊戲。

網格圖為無效的井字遊戲的一個步驟，至少呈現下述 5 個特徵之一：

◆ 'O' 的個數大於 'X' 的個數；

◆ 'X' 的個數至少比 'O' 的個數多 2；

◆ 已經判出玩家 O 和玩家 X 同時贏；

◆ 已經判出玩家 O 贏，但 'O' 的個數與 'X' 的個數不等；

◆ 已經判出玩家 X 贏，但雙方棋子個數相同。

否則網格圖為有效的井字遊戲的一個步驟。

1.3.5 ▶ Rock, Scissors, Paper

Bart 的妹妹 Lisa 發明了一個在二維網格上玩的新遊戲。在遊戲開始的時候，每個網格可以被三種生命形式（石頭（Rock）、剪刀（Scissor）和布（Paper））中的一個所占據。每一天，在水平或垂直相鄰的網格之間，不同的生命形式就要引起戰爭。而在每一場戰爭中，石頭擊敗剪刀，剪刀擊敗布，布擊敗石頭。在一天結束的時候，勝利者擴大其領土範圍，佔領失敗者的網格，而失敗者則讓出位置。

請編寫一個程式，確定 n 天之後每種生命形式所佔領的領土。

輸入

輸入的第一行提供 t，表示測試案例的數目。每個測試案例首先提供不大於 100 的 3 個整數，即網格中行和列的數目 r 和 c，以及天數 n。接下來，網格用 r 行表示，每行 c 個字元，在網格中字元 'R'、'S'、'P' 分別表示石頭（Rock）、剪刀（Scissor）和布（Paper）。

輸出

對於每個測試案例，輸出在第 n 天結束時網格的情形。在連續的測試案例之間，輸出一個空行。

範例輸入	範例輸出
2	RRR
3 3 1	RRR
RRR	RRR
RSR	
RRR	RRRS
3 4 2	RRSP
RSPR	RSPR
SPRS	
PRSP	

試題來源： Waterloo local 2003.01.25
線上測試： POJ 2339，ZOJ 1921，UVA 10443

提示

由於每個位置在一天結束時都要改變，因此可以用兩個矩陣來表示：一個矩陣表示昨天，一個矩陣表示今天。今天矩陣是在昨天矩陣的基礎上計算產生的，昨天矩陣和今天矩陣的對應元素反映了這一天該位置的變化情況：

◆ 一個 'R' 變成 'P' 若且唯若 'R' 有一個 'P' 相鄰，即如果昨天矩陣中 'R' 的相鄰格中有一個是 'P'，則今天矩陣中 'R' 的位置填 'P'；

◆ 一個 'S' 變成 'R' 若且唯若 'S' 有一個 'R' 相鄰，即如果昨天矩陣中 'S' 的相鄰格中有一個是 'R'，則今天矩陣中 'S' 的位置填 'R'；

◆ 一個 'P' 變成 'S' 若且唯若 'P' 有一個 'S' 相鄰，即如果昨天矩陣中 'P' 的相鄰格中有一個是 'S'，則今天矩陣中 'P' 的位置填 'S'。

例如：

$$\begin{vmatrix} R & S & P & R \\ S & P & R & S \\ P & R & S & P \end{vmatrix} \Rightarrow 第1天 \Rightarrow \begin{vmatrix} R & R & S & P \\ R & S & P & R \\ S & P & R & S \end{vmatrix} \Rightarrow 第2天 \Rightarrow \begin{vmatrix} R & R & R & S \\ R & R & S & P \\ R & S & P & R \end{vmatrix}$$

$$\Rightarrow 第3天 \Rightarrow \begin{vmatrix} R & R & R & R \\ R & R & R & S \\ R & R & S & P \end{vmatrix} \cdots\cdots$$

按照上述規則計算 $r*c$ 個格子，得出了這一天的變化結果。顯然從初始矩陣出發，按上述規則依次進行 n 次矩形計算，便可得出 n 天結束時的網格。

1.3.6 ▶ Prerequisites?

大學一年級學生 Freddie 選修 k 門課程。為了符合獲得學位的要求，他必須從幾個類別中選修課程。下面來判斷 Freddie 所選修的這些課程是否符合學位要求。

輸入

輸入由若干測試案例組成。對於每個測試案例，輸入的第一行提供 $1 \le k \le 100$（表示 Freddie 選擇的課程數）以及 $0 \le m \le 100$（表示選修課程的類別數）。接下來提供包含 k 個 4 位元整數的一行或多行，每個是 Freddie 選修課程的編號。每個類別用一行表示，包含：$1 \le c \le 100$，表示在該類別中課程的數量；$0 \le r \le c$，表示該類課程必須修的最低數量；在該類別中 c 門課程的編號。每門課程的編號是一個 4 位元整數。相同的課程可以在若干個類別中。Freddie 選修的課程編號，以及在每個類別中的課程編號，當然都是不同的。在最後的測試案例中，提供了包含 0 的一行。

輸出

對於每個測試案例，如果 Freddie 的課程選修符合獲得學位的要求，則輸出一行 "yes"；否則輸出 "no"。

範例輸入	範例輸出
3 2 0123 9876 2222 2 1 8888 2222 3 2 9876 2222 7654 3 2 0123 9876 2222 2 2 8888 2222 3 2 7654 9876 2222 0	yes no

試題來源：Waterloo local 2005.09.24
線上測試：POJ 2664，UVA 10919

提示

設第 i 類選修課程的課程數為 c_i，這些課程組成集合 $done_i$，必須修的最低課程數為 r_i，其中 $1 \le i \le m$。

首先將 Freddie 選中的 k 門課程放入集合 take[]；然後依次分析 Freddie 選中的每類選修課程：對於其中第 i 類選修課程來說，若 $r_i \le |$ take[] $\cap done_i|$，則說明被 Freddie 選中的課程數超過了最低標準，設可選標誌 $yes_i =$ true。

最後分析 Freddie 選中的 m 類選修課程：若 $\bigcap_{1 \le i \le m} \{yes_i == true\}$，則 Freddie 的課程選修符合獲得學位的要求；否則不符合要求。

1.3.7 ► Save Hridoy

配上優美語句的橫幅可以激勵大家。那麼，我們製作一個大橫幅，把優美的語句寫在上面，使這個世界更加美麗。帶著這種美好願望，我們今天要製作這樣的一條橫幅——一條挽救生命的橫幅，一條拯救人類的橫幅。

本題的程式產生包含文字「SAVE HRIDOY」的橫幅。我們將用不同的字體大小及水平和垂直兩種方向來製作這條橫幅。正如用普通的單色文字製作大小不同的橫幅一樣，我們將使用兩種不同的 ASCII 字元分別表示黑色和白色的像素。在這個過程中最小可能的橫幅（字體大小為 1）水平方向的文字如圖 1-7 所示。

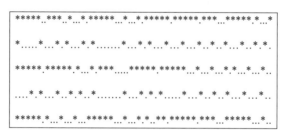

圖 1-7

黑色像素用「*」字元標示，白色像素用「.」字元標示。在這個橫幅上，每個字元用 5×5 的網格表示，一個單字中的兩個連續字元之間由一條垂直的虛線分隔，兩個單字之間由三條垂直的虛線分隔。對於垂直橫幅（字體大小為 1）的情況，在一個單字的兩個連續字母之間用一條水平虛線分開，兩個單字之間用三條水平虛線分開。見第二個範例輸入 / 輸出就可以知道垂直橫幅如何形成。對於字體大小為 2 的橫幅，每個像素用 2×2 的像素網格表示，所以其橫幅的寬度和高度分別兩倍於字體大小為 1 的橫幅。

輸入

輸入至多 30 行，每行提供一個整數 N（$0 < N < 51$），N 的值表示橫幅的字體大小和方向。輸入以包含一個 0 的一行結束，這一行不用處理。

輸出

如果 N 是正整數，那麼就要畫一個水平方向的橫幅；如果 N 是負整數，那麼就要畫一個垂直方向的橫幅。這兩種情況的輸出的詳盡描述如下。

◆ 如果 N 是正整數，那麼就輸出 $5N$ 行。這些行實際上就畫出水平的橫幅。一個單字中的兩個連續字母之間用 N 個垂直點的虛線分開，兩個單字之間用 $3N$ 個垂直點的虛線分開。

◆ 如果 N 是負數，則輸出 $5L \times 10 + 11L$ 行，其中 L 是 N 的絕對值。在一個單字中兩個連續的字元用 L 個點水平虛線分開，兩個單字之間用 $3L$ 個點水平虛線分開。

在每個測試案例輸出後，輸出兩個空行。

範例輸入	範例輸出

−1
2
0
	<pre>*****
	*....
	*****
	....*
	*****
	
	.....
	.***.
	...
	*****
	...
	...
	
	.....
	...
	...
	...
	.*.*.
	..*..
	.....
	*****
	*....
	***..
	*....
	*****
	
	.....
	.....
	.....
	...
	...
	*****
	...
	...
	
	.....
	*****
	...
	*****
	...
	*..**
	.....
	*****
	.*...
	..*..
	...*.
	*****</pre>

範例輸入	範例輸出
	(見下方 ASCII 圖)

```
.....
***..
*.*..
*.*.*
*.*.*
***..
.....
*****
*..*
*..*
*..*
*****
.....
*.*
**
*
*
*

**********..*****..**..**.**********.....**..**.**********.**********.*****...*****
*****.**..**
**********..*****..**..**.**********....**..**.**********.**********.*****...*****
*****.**..**
**..**.**..**..**.**.....**..**.**..**..**..**..**.**..**
**..**.**..**.**..**.....**..**.**..**..**..**..**.**..**
**********.**********.**..**.******....**********.**********.**..**..**..**
.....**..
**********.**********.**..**.******....**********.**********
.....**..
.......**..**..**..**..**..**.**..**.......**..**.**..**
....**..**..**..**.....**..**.**..**
**********.**********.**..**.**********......**..**.......**..**.**********.******...*********
*...**....
**********.**..**..**..**.**********....**..**.**..**.**.**********.*****...........*********
*...**....
```

試題來源： UVA Monthly Contest August 2005
線上測試： UVA 10894

提示

首先，離線建構出字體大小為 1 時水平方向的矩陣常數 $F[][]$、和垂直方向的矩陣常數 $G[][]$。然後，每輸入一個代表字體大小和方向的整數值 N，就在 $F[][]$ 或 $G[][]$ 的基礎上放大：

◆ 若輸入正整數 N，則將 $F[][]$ 放大 N 倍，即輸出 $5N \times 61N$ 的水平橫幅，其中 (i, j) 為
$$F\left[\left\lfloor \frac{i-1}{N} \right\rfloor + 1\right]\left[\left\lfloor \frac{j-1}{N} \right\rfloor + 1\right]；$$

◆ 若輸入負整數 N，則將 $G[][]$ 放大 N 倍，即輸出 $61N \times 5N$ 的垂直橫幅，其中 (i, j) 為
$$G\left[\left\lfloor \frac{i-1}{-N} \right\rfloor + 1\right]\left[\left\lfloor \frac{j-1}{-N} \right\rfloor + 1\right]。$$

1.3.8 ▶ Find the Telephone

在一些場所，將一個電話號碼的數字與字母關聯，記住電話號碼是很常見的。以這種方式，短語「MY LOVE」就表示 695683。當然也存在一些問題，因為有些電話號碼不能構成一個單字或片語，1 和 0 沒有與任何字母關聯。

請編寫一個程式，輸入短語，並根據下表找到對應的電話號碼。一個短語由大寫字母（A ～ Z）、連字號（-）以及數字 1 和 0 組成。

字母	數字
ABC	2
DEF	3
GHI	4
JKL	5
MNO	6
PQRS	7
TUV	8
WXYZ	9

輸入

輸入由一個短語的集合組成。每個短語一行，有 C 個字元，其中 $1 \leq C \leq 30$。輸入以 EOF 結束。

輸出

對每個短語，輸出相關的電話號碼。

範例輸入	範例輸出
1-HOME-SWEET-HOME	1-4663-79338-4663
MY-MISERABLE-JOB	69-647372253-562

試題來源：UFRN-2005 Contest 1
線上測試：UVA 10921

提示

由左而右分析短語中的每個字元：若為連字號、1 或 0，則原樣輸出；否則按照題目提供的字母與數字的轉換表輸出字母對應的數字。

1.3.9 ▶ 2 the 9s

有一個大家所熟知的技巧，如果一個整數 N 是 9 的倍數，就計算其每位數字的總和 S；如果 S 是 9 的倍數，那麼 N 也是 9 的倍數，這是一個遞迴的測試，根據 N 的遞迴深度被稱為 N 的 9 度（9-degree of N）。

提供一個正整數 N，確定其是否是 9 的倍數；如果是，提供其 9 度。

輸入

輸入的每行包含一個正數。提供數字 0 的一行表示輸入結束。提供的數字最多可包含 1000 位。

輸出

對於每個輸入的數,指出是否是 9 的倍數;如果是 9 的倍數,則提供其 9 度的值,見範例輸出。

範例輸入	範例輸出
999999999999999999999 9 99999999999999999999999999999998 0	999999999999999999999 is a multiple of 9 and has 9-degree 3. 9 is a multiple of 9 and has 9-degree 1. 99999999999999999999999999999998 is not a multiple of 9.

試題來源: UFRN-2005 Contest 1
線上測試: UVA 10922

提示

先用統計分析法分析兩個簡單的案例。

(1) $n=999999999999999999999$

遞迴第 1 層:999999999999999999999 共 21 位,21 位數字的總和為 9*21 = 189。

遞迴第 2 層:189 的 3 位數字的總和為 $1+8+9 = 18$。

遞迴第 3 層:18 的 2 位數字和為 9,正好為 9,遞迴結束。

由此得出 999999999999999999999 為 9 的倍數,其 9 度的值為 3。

(2) $n=99999999999999999999999999999998$

遞迴第 1 層:99999999999999999999999999999998 共 31 位,31 位數字的總和為 $30*9+8=278$。

遞迴第 2 層:278 的 3 位數字的總和為 $2+7+8=17$。

遞迴第 3 層:17 的 2 位數字和為 $1+7=8$,8 為一位數,非 9 的倍數,遞迴結束。

由此得出 99999999999999999999999999999998 非 9 的倍數。

由上面可以看出,儘管確定 N 是否為 9 的倍數的方法是遞迴定義的,但沒必要編寫對應的遞迴程式,反覆運算式地統計目前數的各位的數和(若非首次反覆運算的話,目前數即為上次反覆運算時各位的數和)。實際上,每次反覆運算並不需要判斷目前數是否為 9 的倍數,只是看最後產生的那一個數是否為 9:如果是,則 N 為 9 的倍數,反覆運算次數即為其 9 度的值;否則 N 就不是 9 的倍數。

1.3.10 ▶ You can say 11

提供正整數 N,確定其是否是 11 的倍數。

輸入

輸入的每行包含一個正整數,以包含 0 的一行為輸入結束標誌。提供的數字可以多達 1000 位。

輸出

對於輸入的每個數，指出是否是 11 的倍數。

範例輸入	範例輸出
112233	112233 is a multiple of 11.
30800	30800 is a multiple of 11.
2937	2937 is a multiple of 11.
323455693	323455693 is a multiple of 11.
5038297	5038297 is a multiple of 11.
112234	112234 is not a multiple of 11.
0	

試題來源： UFRN-2005 Contest 2

線上測試： UVA 10929

提示

正整數 N 可以表示為一個高精確度數 $A = a_0 \cdots a_{l-1}$，從右至左分別將奇數位的數字和偶數位的數字加起來，再求它們的差。如果這個差是 11 的倍數（包括 0），即 $\sum_{i=0}^{\lfloor \frac{l}{2} \rfloor} a_{2*i} - \sum_{i=1}^{\lfloor \frac{l}{2} \rfloor} a_{2*i-1} = 11*k$，則正整數 N 一定能被 11 整除。

1.3.11 ► Parity

我們定義一個整數 n 的奇偶性為該數二進位表示的每位數的總和對 2 取模。例如，整數 $21 = 10101_2$，在其二進位表示中有 3 個 1，因此其奇偶性為 3 (mod 2)，也就是 1。

本題要求計算一個整數 $1 \leq I \leq 2147483647$ 的奇偶性。

輸入

輸入的每行提供一個整數 I，輸入以 $I = 0$ 結束，程式不用處理這一情況。

輸出

對於輸入中的每個整數 I，輸出一行 "The parity of B is P (mod 2)."，其中 B 是 I 的二進位表示。

範例輸入	範例輸出
1	The parity of 1 is 1 (mod 2).
2	The parity of 10 is 1 (mod 2).
10	The parity of 1010 is 2 (mod 2).
21	The parity of 10101 is 3 (mod 2).
0	

試題來源： UFRN-2005 Contest 2

線上測試： UVA 10931

提示

在十進位轉二進位的過程中順便記錄 1 的個數。

1.3.12 ► Not That Kind of Graph

請編寫程式，用圖表表示一檔股票的價格隨著時間的變化。在一個單位時間內，股票可以漲（Rise）、跌（Fall）或持平（Constant）。給你的股票價格以 'R'、'F' 和 'C' 組成的一個字串表示，請用圖表表示，使用字元 '/'（斜線）、'\'（反斜線）和 '_'（底線）。

輸入

輸入的第一行提供測試案例的數目 N，接下來提供 N 個測試案例。每個測試案例包含一個字串，至少 1 個，至多 50 個大寫字元（'R'、'F' 或 'C'）。

輸出

對每個測試案例，輸出一行「Case #x:」，其中 x 是測試案例的編號。然後輸出圖表，如範例輸出所示，包含 x 軸和 y 軸。x 軸比圖表長一個字元，在 y 軸和起始圖表之間有個空格。在任何行沒有後續的空格，不要輸出不必要的行。x 軸總是出現在圖表下方。在每個測試案例結束的時候，輸出一個空行。

範例輸入	範例輸出
1 RCRFCRFFCCRRC	Case #1: | | _/\/\ ‾ |/ _/ + - - - - - - - - - - - - - - -

試題來源： Abednego's Graph Lovers' Contest, 2005
線上測試： UVA 10800

提示

輸入一個字串，其中每個字元為 'R'（Rise）、'C'（Constant）或 'F'（Fall），要求畫相關的圖表。

我們採用一個二維字元矩陣儲存圖表。在輸入字串的過程中一邊將字母轉換為相關的線條字元，一邊調整整個圖表的上下界。

輸出字元矩陣按自上而下的順序進行，在輸出目前行前，先統計出目前行的實際列寬，然後在列寬範圍內輸出該行的圖表資訊。

1.3.13 ► Decode the tape

老闆剛剛發掘出一卷舊的電腦磁帶，磁帶上有破洞，磁帶可能包含一些有用的資訊。請弄清楚磁帶上寫了些什麼。

輸入

輸入提供一卷磁帶的內容。

輸出

輸出在磁帶上寫的資訊。

範例輸入	範例輸出
| ```
 _____
| o  .  o|
| o  .   |
| ooo .  o|
| ooo .o o|
| oo o. o|
| oo  . oo|
| oo o. oo|
| o  .   |
| oo  . o |
| ooo . o |
| oo o.ooo|
| ooo .ooo|
| oo o.oo |
| o  .   |
| oo  .oo |
| oo o.ooo|
| oooo.   |
| o  .   |
| oo o. o |
| ooo .o o|
| oo o.o o|
| ooo .   |
| ooo . oo|
| o  .   |
| oo o.ooo|
| ooo .oo |
| oo  .o o|
| ooo . o |
| o  .   |
| ooo .o |
| oo o.  |
| oo  .o o|
| o  .   |
| oo o.o |
| oo  . o|
| oooo. o |
| oooo. o|
| o  .   |
| oo  .o |
| oo o.ooo|
| oo  .ooo|
| o o.oo |
|   o. o |
 _____
``` | A quick brown fox jumps over the lazy dog. |

試題來源： Abednego's Mathy Contest 2005
線上測試： UVA 10878
```

提示

由範例輸入可以看出，電腦磁帶每行為 10 個資訊單元 $a_0 \cdots a_9$，其中 a_0 為開始標誌 '|'，a_6 為空格，其他位置空格表示數字 0，'o' 表示數字 1，即位置 i 為 'o'，代表整數

$$a_i = \begin{cases} 2^{9-i} & 7 \le i \le 9 \\ 2^{8-i} & 2 \le i \le 5 \end{cases}$$

一行的資訊為一個字元的 ASCII 碼，對應的字串就是在磁帶上寫的資訊。

1.3.14 ▶ Fractions Again?!

對每個形式為 $\frac{1}{k}$（$k > 0$）的分數，可以找到兩個正整數 x 和 y，其中 $x \ge y$，使得

$$\frac{1}{k} = \frac{1}{x} + \frac{1}{y}$$

本題的問題是，對於提供的 k，有多少這樣的 x 和 y 對？

輸入

輸入不超過 100 行，每行提供一個 k（$0 < k \le 10000$）的值。

輸出

對每個 k，輸出相關 (x, y) 對的數量，然後輸出 x 和 y 的值得到排序列表，如範例輸出所示。

範例輸入	範例輸出
2 12	2 1/2=1/6+1/3 1/2=1/4+1/4 8 1/12=1/156+1/13 1/12=1/84+1/14 1/12=1/60+1/15 1/12=1/48+1/16 1/12=1/36+1/18 1/12=1/30+1/20 1/12=1/28+1/21 1/12=1/24+1/24

試題來源：Return of the Newbies 2005
線上測試：UVA 10976

提示

提供一個正整數 k，找到所有的兩個正整數 x 和 y，其中 $x \ge y$，使得 $\frac{1}{k} = \frac{1}{x} + \frac{1}{y}$。顯然，$k+1 \le y \le 2k$。對所有可能的 y，檢查相關的 x 是否是一個整數。因為 $\frac{y-k}{k*y} = \frac{1}{x}$，$x = \frac{k*y}{y-k}$，所以，如果 $(k*y)\%(y-k) == 0$，那麼相關的 x 是一個整數。

1.3.15 ► Factorial! You Must be Kidding!!!

Arif 在 Bongobazar 買了一台超級電腦。Bongobazar 是達卡（Dhaka）的二手貨市場，因此他買的這台超級電腦也是二手貨，存在一些問題。其中的一個問題是這台電腦的 C/C++ 編譯器的無號長整數的範圍已經被改變。現在新的下限是 10000，上限是 6227020800。Arif 用 C/C++ 編寫了一個程式，確定一個整數的階乘。整數的階乘遞迴定義為

$$\text{Factorial}(0) = 1$$
$$\text{Factorial}(n) = n * \text{Factorial}(n-1)$$

當然，可以改變這樣的運算式，例如，可以寫成：

$$\text{Factorial}(n) = n * (n-1) * \text{Factorial}(n-2)$$

這一定義也可以轉換為反覆運算的形式。

但 Arif 知道，在這台超級電腦上，這一程式不可能正確地執行。請編寫一個程式，模擬在正常的電腦上的改變行為。

輸入

輸入包含若干行，每行提供一個整數 n，不會有整數超過 6 位元，輸入以 EOF 結束。

輸出

對於每一行的輸入，輸出一行。如果 $n!$ 的值在 Arif 電腦的無號長整數範圍內，輸出行提供 $n!$ 的值，否則輸出行提供如下兩行之一：

```
Overflow!    // （當 n! > 6227020800)
Underflow!   // （當 n! < 10000)
```

範例輸入	範例輸出
2	Underflow!
10	3628800
100	Overflow!

試題來源：GWCF Contest 4-The Decider
線上測試：UVA 10323

提示

本題題意非常簡單：提供 n，如果 $n!$ 大於 6227020800，則輸出 "Overf low!"；如果 n! 小於 10000，輸出 "Underf low!"；否則，輸出 $n!$。

$F(n) = n * F(n-1)$，並且 $F(0) = 1$。雖然負階乘通常未被定義，但本題在這方面做了延伸：$F(0) = 0 * F(-1)$，即 $F(-1) = \dfrac{F(0)}{0} = \infty$。則 $F(-1) = -1 * F(-2)$，也就是 $F(-2) = -F(-1) = -\infty$。以此類推，$F(-2) = -2 * F(-3)$，則 $F(-3) = \infty$……

首先，離線計算 $F[i] = i!$，$8 \leq i \leq 13$。

然後,對每個 n,

◆ 如果 $8 \leq n \leq 13$,則輸出 $F[n]$;

◆ 如果 $(n \geq 14 \| (n < 0 \&\& (-n)\%2 == 1))$,則輸出 "Overf low!";

◆ 如果 $(n \leq 7 \| (n < 0 \&\& (-n)\%2 == 0))$,則輸出 "Underf low!"。

1.3.16 ▶ Squares

在一個 $N \times N$ 格點方陣中提供一些長度為 1 的線段,請計算出一共有多少個正方形。如圖 1-8 所示,一共有 3 個正方形,其中兩個邊長為 1,一個邊長為 2。

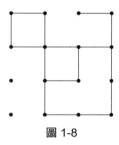

圖 1-8

輸入

輸入包含若干測試案例,每個測試案例描述了一個 $N \times N$($2 \leq N \leq 9$)格點方陣、以及若干內部連接的水平和垂直線段。每個有 N^2 個點的格點方陣有 M 條內部連接的線段,格式如下:

◆ 第 1 行:N,表示格點方陣的一行或一列中的點數。

◆ 第 2 行:M,表示內部連接線段的數量。

接下來的 M 行每行為如下兩種類型之一:H $i\,j$,表示在第 i 行連接第 j 列到第 $j+1$ 列的點的水平線段;V $i\,j$,表示在第 i 列連接第 j 行到第 $j+1$ 行的垂直線段。

每行的訊息從第 1 列開始,以 EOF 標示輸入結束。範例輸入的第一個測試案例表示上面的圖。

輸出

對每個測試案例,用 "Problem #1"、"Problem #2" 等標示相關的輸出。每個測試案例輸出提供每種大小的正方形的數量。如果任何大小的正方形都沒有,要輸出相關的訊息來說明。兩個連續的測試案例之間,輸出兩個空行夾一行星號,見如下範例所示。

範例輸入	範例輸出
4 16 H 1 1 H 1 3 H 2 1 H 2 2 H 2 3 H 3 2 H 4 2 H 4 3 V 1 1 V 2 1 V 2 2 V 2 3	Problem #1 2 square (s) of size 1 1 square (s) of size 2 ****************************** Problem #2 No completed squares can be found.

範例輸入	範例輸出
V 3 2	
V 4 1	
V 4 2	
V 4 3	
2	
3	
H 1 1	
H 2 1	
V 2 1	

試題來源： ACM World Finals 1989

線上測試： UVA 201

提示

水平線和垂直線是連接兩個相鄰點的邊。用一個三維陣列（陣列 $a[N][N][2]$）來儲存水平線（$a[i][j][0]$）和垂直線（$a[i][j][1]$），其中 $a[i][j][0]$ 表示在第 i 行上從第 j 列到第 $j+1$ 列是否存在邊，$a[i][j][1]$ 表示在第 j 列上從第 i 行到第 $i+1$ 行是否存在邊，如果 $a[i][j][0]=1$ 且 $a[i][j][1]=1$，則 (i, j) 可能是正方形的左上點。

輸入時，計算所有可能的正方形的左上點。

對每個可能的正方形的左上點 i，進行列舉：

```
for (k=1; k<=N-1; k++)
    if ((i, j) 到 (i, j+k), (i, j+k) 到 (i+k, j+k), (i, j) 到 (i+ k,j) 以及 (i+k, j) 到
(i+k, j+k) 是構成正方形的邊）
    大小為 k 的正方形的數量 ++ ;
```

1.3.17 ► The Cow Doctor

Texas 是美國擁有牛最多的州，根據 2005 年國家農業統計局的報告，德州牛的數量為 1380 萬頭，高於第 2 名的州與第 3 名的州的牛數之和：在 Kansas 有 665 萬頭牛，在 Nebraska 有 635 萬頭牛。

有幾種疾病威脅著牛群，最可怕的是「狂牛病」，也就是牛海綿狀腦病（Bovine Spongiform Encephalopathy，BSE），所以能夠診斷這些疾病非常重要。幸運的是，現在有許多測試方法可以用來檢測這些疾病。

進行測試的過程如下。首先，從牛身上提取血液樣本，然後這個樣本與試劑混合。每種試劑檢測幾種疾病。如果與試劑混合的血液樣本有這些疾病，那麼可以容易地觀察到發生反應。然而，如果一種試劑可以檢測幾種疾病，那麼我們無法確定在血液樣本中的疾病是產生相同反應的幾種疾病中的哪一種。現在有的試劑可以檢測多種疾病（這樣的檢測可以用來立即排除其他疾病），也有的試劑用來檢測很少的疾病（可以用來對問題做出精確的診斷）。

試劑可以相混合產生新的試劑，如果我們有一種試劑可以檢測疾病 A 和 B，又有另一種試劑可以檢測疾病 B 和 C，那麼把它們混合獲得一種試劑可以檢測疾病 A、B 和 C。這就是說，如果有這兩種試劑，那麼就不需要一種可以檢測疾病 A、B 和 C 的試劑──這樣的試劑可以透過混合兩種試劑來獲得。

生產、運輸和儲存許多不同類型的試劑是非常昂貴的，並且在許多情況下也是不必要的。請除去盡可能多的不必要的試劑。如果一種試劑被除去，就要求從剩下的試劑中混合能產生等價的試劑，則這種試劑可以被除去（「等價」表示混合的試劑可以檢測出被刪除的試劑檢測的相同的疾病，不會多，也不會少）。

輸入

輸入包含若干個測試案例。每個測試案例的第一行提供兩個整數：疾病數 $1 \leq n \leq 300$，試劑數 $1 \leq m \leq 200$。接下來的 m 行對應 m 種試劑。每行首先提供一個整數 $1 \leq k \leq 300$，表示試劑可以測出多少種疾病。後面的 k 個整數表示 k 種疾病，這些整數取值在 1 到 n 之間。

輸入以 $n = m = 0$ 結束。

輸出

對每個測試案例，輸出一行，只有一個整數：可以除去的試劑的最大數目。

範例輸入	範例輸出
10 5	2
2 1 2	4
2 2 3	
3 1 2 3	
4 1 2 3 4	
1 4	
3 7	
1 1	
1 2	
1 3	
2 1 2	
2 1 3	
2 3 2	
3 1 2 3	
0 0	

試題來源： ACM Central Europe 2005

線上測試： POJ 2943，UVA 3524

提示

如何確定提供的試劑 M 是不是多餘的呢？所有其他試劑組成集合 S，對於 M 能夠測試的疾病的集合，集合 S 能夠測試其中的一個子集。若且唯若 S 所能夠測試的這個子集等於 M 能夠測試的疾病的集合時，試劑 M 才是多餘的。

將試劑能夠測試的疾病表示為位元向量（按位元表示），能使問題的表示非常簡明。

1.3.18 ▶ Wine Trading in Gergovia

正如你可能從漫畫 *Asterix and the Chieftain's Shield* 中知道的，Gergovia 由一條街組成，城市中的每個居民都是葡萄酒商。你想知道城市的經濟是如何運作的嗎？非常簡單：每人從城市裡的其他居民那裡購買葡萄酒。每天每位居民決定他要買或賣多少葡萄酒。有趣的是，供給和需求總是一樣的，所以每個居民都能得到他想要的東西。

然而還有一個問題：將葡萄酒從一個房子運送到另一個房子需要一定的工作量。由於所有的葡萄酒都同樣出色，Gergovia 的居民並不關心哪個人和他們進行交易，他們只關心賣或者買葡萄酒的具體數量。他們會非常精明地算出一種交易方式，使得運輸的工作總量最小。

本題要求重構在 Gergovia 的一天的交易。為了簡便起見，設定房子是沿直線建造的，兩幢相鄰的房子之間的距離相等。將一瓶葡萄酒從一幢房子運送到相鄰的一幢房子要耗費一個單位的工作量。

輸入

輸入包含若干測試案例。每個測試案例首先提供居民數量 n（$2 \le n \le 100000$）。下一行提供 n 個整數 a_i（$-1000 \le a_i \le 1000$）。如果 $a_i \ge 0$，則表示生活在第 i 間房子的居民要買 a_i 瓶葡萄酒；否則，如果 $a_i < 0$，他就要賣 a_i 瓶葡萄酒。本題設定所有 a_i 的數的總和為 0。

最後一個測試案例後跟著只包含 0 的一行。

輸出

對每個測試案例，輸出滿足每個居民的要求所需要的最小的運輸工作總量。本題設定這一數字是一個有號的 64 位元整數（用 C/C++，使用資料型別 long long 或 __int64；用 Java，使用資料型別 long）。

範例輸入	範例輸出
5	9
5 -4 1 -3 1	9000
6	
-1000 -1000 -1000 1000 1000 1000	
0	

試題來源：Ulm Local 2006
線上測試：POJ 2940

提示

先來看一組最簡單的資料：-2 2。右側向左側買 2 瓶葡萄酒，最小的運輸工作總量為 2。也可以看作是左側向右側買 -2 瓶葡萄酒，答案同樣為 2。這兩種想法是等價的，因為最終每個位置上的數應該是 0。

設 now 為目前剩餘（或虧欠）葡萄酒數；ans 為目前最小的運輸工作總量。初始時，now 和 ans 都為 0。順序掃描每個房間 i（$1 \leq i \leq n$）：ans = ans + |now|；now = now + a_i。最後得出的 ans 即為最小運輸工作總量。

1.3.19 ▶ Power et al.

我們發現任何數的指數都是非常令人煩惱的，因為它呈指數增長。但本題只要求去做一項非常簡單的工作。提供兩個非負整數 m 和 n，請找出在十進位數字下 m^n 的最後一位數。

輸入

輸入少於 100000 行。每行提供兩個整數 m 和 n（小於 10^{101}）。以兩個 0 的一行作為輸入結束，程式不用處理這一行。

輸出

對於輸入的每個測試案例，輸出一行提供一位數，這個數字是 m^n 的最後一位數字。

範例輸入	範例輸出
2 2	4
2 5	2
0 0	

試題來源： June 2003 Monthly Contest
線上測試： UVA 10515

提示

首先，分析 8^n 的最後一位數字的規律性。透過它，提供 m^n 的最後一位數的規律性。

8^1 的最後一位數字是 8，8^2 的最後一位數字是 4，8^3 的最後一位數字是 2，8^4 的最後一位數字是 6，8^5 的最後一位數字是 8，8^6 的最後一位數字是 4……即 8 以每 4 個連續的次方為一個迴圈。按照 8 的 n 次方個位的規律，對於 8^{1998}，因為 1998 mod 4 = 2，所以 8^{1998} 的最後一位數字是 6。

同樣，2、3 和 7 都是以每 4 個連續的次方為一個迴圈，4 和 9 是以每 2 個連續的次方為一個迴圈。5 和 6 的任何次方的最後一位數即為底數的個位數。由此得出演算法：

設 m 的最後一位數字是 k，n 的最後一位數字是 d，則 m^n 的最後一位數字是 ans = (k^p) % 10，其中 $p = \begin{cases} 4 & d\%4 == 0 \\ d\%4 & d\%4 \neq 0 \end{cases}$。

1.3.20 ▶ Connect the Cable Wires

Asif 是 East West University 的一名學生，現在他為 EWUISP 工作以負擔自己相對較高的學費。有一天，作為工作的一部分，他被要求將電纜線連接到 N 個房間。所有的房間都位於一條直線上，他要使用最少的電纜線完成他的任務，使所有的房間都能接收有線電視。一個房間從主傳輸中心獲得連接，或者從與它相鄰的左邊或右邊的房間獲得連接，而它相鄰的左邊或右邊的房間已經被連接了。

請編寫一個程式，確定能使每個房間接收有線電視的電纜線的不同組合的數目。

例如，如圖 1-9 所示，圓表示主傳輸中心，小矩形表示房間。有兩個房間，那麼有 3 種組合是可能的。

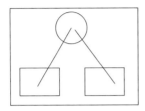 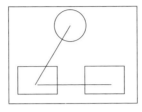 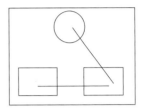

圖 1-9

輸入

每行提供一個正整數 N（$N \leq 2000$），N 的涵義在上述段落中已經描述，N 為 0 表示輸入結束，程式不必處理。

輸出

對於每一行輸入，產生一行輸出，提供可能安排的數目。本題的數字小於 1000 位。

範例輸入	範例輸出
1	1
2	3
3	8
0	

試題來源：The Next Generation-Contest I 2005
線上測試：UVA 10862

提示

設 $f(n)$ 是將主傳輸中心和 n 個房間用電纜線連接的方式數。如果移除連接主傳輸中心和房間的電纜線，就會有一個或多個由房間組成的連通分支。如果有 k 間房間組成了一個連通分支，那麼從主傳輸中心到這個連通分支的連接方式就有 k 種，還有 $f(n-k)$ 種方式連接主傳輸中心和剩餘的 $n-k$ 間房間。所以，有 $k*f(n-k)$ 種方式將主傳輸中心和 n 個房間連接在一起。由於 k 的取值範圍是 $1 \sim n$，設 $f(0) = 1$，可得 $f(n) = 1*f(n-1) + 2*f(n-2) + \cdots + (n-1)*f(1) + n*f(0)$。而 $\mathrm{fib}(2*n) = \mathrm{fib}(n+1)*\mathrm{fib}(n) + \mathrm{fib}(n)*f(n-1)$（Fibonacci），所以 $f(n) = \mathrm{fib}(2*n)$。

Chapter 02
模擬法的程式編寫實作

模擬法是科學實驗的一種方法，首先在實驗室裡設計出與研究現象或過程（原型）相似的模型，然後根據模型和原型之間的相似關係，間接地研究原型的規律性。

這種實驗方法也被引入電腦程式編寫，作為一種程式設計技術來使用。在現實世界中，許多問題可以透過模擬其過程來求解，這類問題被稱為模擬問題。在這類問題中，求解過程或規則在問題描述中提供，程式編寫則根據問題描述、模擬求解過程或實作規則。

本章提供三種模擬方法的實作：

◆ 直敘式模擬

◆ 篩選法模擬

◆ 建構法模擬

2.1 直敘式模擬的實作範例

直敘式模擬就是要求程式編寫者按照試題提供的規則或求解過程，直接進行模擬。這類試題不需要程式編寫者設計精妙的演算法來求解，但需要程式編寫者認真審題，不要疏漏任何條件。

直敘式模擬的難度取決於試題描述，在試題描述中提供的規則越多、越複雜，則解題的程式碼數量就越大，試題的難度也越大。直敘式模擬的形式一般有兩種：

◆ 按指令序列模擬，一般採用命令序列分析法；

◆ 按時間順序模擬，一般採用時問序列分析法。

2.1.1 ▶ The Hardest Problem Ever

凱撒大帝（Julius Caesar）生活在充滿危險和陰謀的年代，他面臨著在最困難的情況下讓自己生存下來的問題。為了生存，他建立了第一套密碼。這個密碼聽起來如此令人難以置信，以致於沒有人能弄清楚它是如何工作的。

你是凱撒軍隊中的一名基層軍官。你的工作是破譯凱撒發來的郵件，並報告給將軍。凱撒加密的方法很簡單。對於原文中的每一個字母，用這個字母之後的第五個字母來替換

（即如果原文的字母是 A，則要替換為密碼字母 F）。因為你要把凱撒的郵件翻譯為原文檔案，所以要做相反的事情，將密碼轉換為原文：

密碼字母：A B C D E F G H I J K L M N O P Q R S T U V W X Y Z
原文字母：V W X Y Z A B C D E F G H I J K L M N O P Q R S T U

在密碼檔案中只有字母才被替換，其他非字母字元保持不變，所有的英文字母為大寫。

輸入

本問題的輸入由多達 100 個（非空的）測試案例組成。在測試案例之間沒有空行分開。所有的字元為大寫。

一個測試案例由 3 部分組成：

◆ 起始行——一行，"START"；

◆ 密碼訊息——一行，由 100 ～ 200 個字元組成，包含 100 和 200，表示由凱撒發送來的一條訊息；

◆ 結束行——一行，"END"。

在最後一個測試案例後，提供一行，"ENDOFINPUT"。

輸出

對每個測試案例，輸出一行，提供凱撒的原始訊息。

範例輸入	範例輸出
START NS BFW, JAJSYX TK NRUTWYFSHJ FWJ YMJ WJXZQY TK YWNANFQ HFZXJX END START N BTZQI WFYMJW GJ KNWXY NS F QNYYQJ NGJWNFS ANQQFLJ YMFS XJHTSI NS WTRJ END START IFSLJW PSTBX KZQQ BJQQ YMFY HFJXFW NX RTWJ IFSLJWTZX YMFS MJ END ENDOFINPUT	IN WAR, EVENTS OF IMPORTANCE ARE THE RESULT OF TRIVIAL CAUSES I WOULD RATHER BE FIRST IN A LITTLE IBERIAN VILLAGE THAN SECOND IN ROME DANGER KNOWS FULL WELL THAT CAESAR IS MORE DANGEROUS THAN HE

試題來源： ACM South Central USA 2002

線上測試： POJ 1298，ZOJ 1392，UVA 2540

❖ 試題解析

本題是一道根據指令序列求解的直敘式模擬題。按照題目描述中提供的加密規則，26 個大寫英文字母依序圍成一圈，密碼字母逆時針方向上的第 5 個字母即為原文字母，即原文字母 ='A'+（密碼字母 −'A'+21）% 26。按照試題提供的規則，依次解密密碼檔案中的大寫字母，即可得到原文。

❖ **參考程式**

```
01   #include <iostream>
02   #include <string>
03   using namespace std;
04   int main()
05   {
06       string str;                         // 密碼訊息
07       int i;
08       while (cin >> str)                  // 輸入密碼訊息
09       {
10           cin.ignore(INT_MAX, '\n');      // 忽略該行
11           if (str == "ENDOFINPUT") break; // 若輸入終止標誌，則結束程式
12           getline(cin, str, '\n');        // 將輸入流存入 str
13           for (i = 0; i < str.length(); i++) // 依次解密大寫字母
14               if (isalpha(str[i]))
15                   str[i] = 'A' + (str[i] - 'A' + 21) % 26;
16           cout << str << endl;            // 輸出原始訊息
17           cin >> str;                     // 輸入下一條密碼
18       }
19       return 0;
20   }
```

2.1.2 ▶ Rock-Paper-Scissors Tournament

「石頭 - 剪刀 - 布」（Rock-Scissor-Paper）是兩個玩家 A 和 B 一起玩的遊戲，每一方單獨選擇石頭、剪刀或布中的任一項。選擇了布的玩家贏選擇了石頭的玩家，選擇了剪刀的玩家贏選擇了布的玩家，選擇了石頭的玩家贏選擇了剪刀的玩家，如果兩個玩家選擇相同的項，則不分輸贏。

有 n 位選手參加「石頭 - 剪刀 - 布」錦標賽，每位選手與其他每個選手要進行 k 場「石頭 - 剪刀 - 布」比賽，也就是說，總共要進行 $k\dfrac{n(n-1)}{2}$ 場比賽。請計算每個選手的獲勝平均數，獲勝平均數被定義為 $\dfrac{w}{w+l}$，其中 w 是選手獲勝的場次數，l 是選手輸掉的場次數。

輸入

輸入包含若干測試案例，每個測試案例的第一行提供 $1 \leq n \leq 100$，$1 \leq k \leq 100$，定義如上。對於每場比賽，在一行中提供 p_1、m_1、p_2、m_2。其中，$1 \leq p_1 \leq n$ 且 $1 \leq p_2 \leq n$ 是不同的整數，用於標示兩個選手；m_1 和 m_2 則表示他們各自的選擇（「石頭」（Rock）、「剪刀」（Scissor）或「布」（Paper））。在最後一個測試案例之後提供包含 0 的一行。

輸出

對選手 1、選手 2，一直到到選手 n，每個選手輸出一行，提供選手的獲勝平均數，四捨五入到小數點後 3 位。如果獲勝平均數無法定義，則輸出 "-"。在兩個測試案例之間輸出空行。

範例輸入	範例輸出
2 4	0.333
1 rock 2 paper	0.667
1 scissors 2 paper	
1 rock 2 rock	0.000
2 rock 1 scissors	1.000
2 1	
1 rock 2 paper	
0	

試題來源：Waterloo local 2005.09.17

線上測試：POJ 2654，UVA 10903

❖ 試題解析

本題也是一道根據指令序列求解的直敘式模擬題，指令即為「布」贏「石頭」、「剪刀」贏「布」和「石頭」贏「剪刀」的規則。有 n 個選手，每個選手需參加 k 場比賽，因此共有 $k\dfrac{n(n-1)}{2}$ 場比賽。我們依次輸入每場「石頭 - 剪刀 - 布」比賽中一對選手的編號和各自的選擇，根據輸贏規則，統計每個玩家的輸贏場次數（l 和 w 的值）。最後計算每個選手的獲勝平均數：

若出現選手輸贏的場次數都為 0（$l+w=0$）的情況，則無法定義獲勝平均數；否則選手的獲勝平均數為 $\dfrac{w}{w+l}$。

❖ 參考程式

```
01    #include <stdio.h>
02    #include <string.h>
03    int w[200], l[200];        // 選手 i 贏的場次數為 w[i]，輸的場次數為 l[i]
04    int p1,p2,i,j,k,m,n;        // 選手數為 n，每位選手的比賽場次數為 k，測試案例數為 m，目前一場
05                               // 比賽的選手為 p1 和 p2
06    char m1[10], m2[10];        // 選手 p1 的目前選擇為 m1[]；選手 p2 的目前選擇為 m2[]
07    main(){
08    for (m=0;1<=scanf("%d%d",&n,&k) && n;m++) {      // 輸入選手和每位選手的比賽場次數，
09                                                    // 直至輸入 0 為止
10    if (m) {
11            printf("\n");
12            memset(w,0,sizeof(w));      // 各選手輸贏的場次數初始化為 0
13            memset(l,0,sizeof(l));
14        }
15    for(i=0; i<k*n*(n-1)/2;i++){          // 依次輸入每場比賽的一隊選手的編號和各自的選擇
16            scanf("%d%s%d%s",&p1,m1,&p2,m2);
17            if (!strcmp(m1,"rock") && !strcmp(m2,"scissors") ||
18                !strcmp(m1,"scissors") && !strcmp(m2,"paper") ||
19                !strcmp(m1,"paper") && !strcmp(m2,"rock")) {
20                w[p1]++; l[p2]++;      // p1 贏，p2 輸，累計 p1 贏的場次數和 p2 輸的場次數
21            }
22            if (!strcmp(m2,"rock") && !strcmp(m1,"scissors") ||
23                !strcmp(m2,"scissors") && !strcmp(m1,"paper") ||
24                !strcmp(m2,"paper") && !strcmp(m1,"rock")) {
25                w[p2]++; l[p1]++;      // p2 贏，p1 輸，累計 p2 贏的場次數和 p1 輸的場次數
26            }
```

```
27          }
28   // 計算每個選手的獲勝平均數。若出現選手輸贏的場次數都為 0，則獲勝平均數無法定義
29   for (i=1;i<=n;i++) {
30          if (w[i]+l[i]) printf("%0.3lf\n",(double)w[i]/(w[i]+l[i]));
31          else printf("-\n");
32      }
33    }
34   if (n) printf("extraneous input! %d\n",n);
35   }
```

2.1.3 ▶ Balloon Robot

2017 年中國大學生程式設計競賽秦皇島站的比賽就要開始了，比賽有 n 支隊伍參加，大家圍坐著一個有 m 個座位的巨大圓桌進行比賽，座位從 1 到 m 順時針編號。第 i 支隊伍在第 s_i 個座位就座。

寶寶是一個程式設計競賽的愛好者，他在比賽前對比賽進行了 p 個預測。每一個預測的形式是 (a_i, b_i)，表示第 a_i 支隊伍在第 b_i 個時間單位內解出了一道題。

如我們所知，當某一隊解出一道試題時，就有一個氣球會被發給這個隊。如果氣球遲遲未到，參賽者就會不開心。如果某一隊在第 t_a 個時間單位內解出了一題，在第 t_b 個時間單位內氣球送到他們的座位上，那麼這個隊的不開心值就增加 t_b-t_a。為了及時發放氣球，競賽組織者購買了一個送氣球的機器人。

在比賽開始時，也就是在第一個時間單位開始的時候，機器人將被放在第 k 個座位旁，並開始圍繞著桌子移動。如果機器人經過某一隊，而這個隊在機器人上次經過之後解出了一些試題，那麼機器人就將把這個隊應得的氣球給這個隊。在每一個時間單位中，下列事件將按順序發生：

（1）機器人移動到下一個座位旁。也就是說，如果機器人目前在第 i（$1 \le i<m$）個座位旁，它將移動到第 $i+1$ 個座位旁；如果機器人目前在第 m 個座位旁，它就移動到第 1 個座位旁。

（2）根據寶寶的預測，參賽者們解出了　些試題。

（3）如果機器人所在的座位的隊伍解出了試題，機器人就將氣球放在目前的座位上。

寶寶希望所有參賽隊總共的不開心值最小。請選擇機器人的起始位置 k，並根據寶寶的預測，計算所有參賽隊總共的不開心值的最小值。

輸入
輸入有多個測試案例。輸入的第一行是一個整數 T，表示測試案例的個數。

對於每個測試案例：

第一行提供三個整數 n、m 和 p（$1 \le n \le 10^5$，$n \le m \le 10^9$，$1 \le p \le 10^5$），分別指出參賽隊的數目、座位的數目和預測的數目。

第二行提供 n 個整數 $s_1, s_2, \cdots, s_n$（$1 \leq s_i \leq m$，並且對於所有的 $i \neq j$，$s_i \neq s_j$），表示每個隊的座位號碼。

接下來的 p 行，每行提供兩個整數 a_i 和 b_i（$1 \leq a_i \leq n$，$1 \leq b_i \leq 10^9$），表示按寶寶的預測，第 a_i 隊在時間 b_i 解出一道題。

本題設定，所有測試案例的 n 的和與 p 的和都不會超過 5×10^5。

輸出

對於每個測試案例，輸出一個整數，根據寶寶的預測，提供所有參賽隊總共不開心值的最小值。

範例輸入	範例輸出
4	1
2 3 3	4
1 2	5
1 1	50
2 1	
1 4	
2 3 5	
1 2	
1 1	
2 1	
1 2	
1 3	
1 4	
3 7 5	
3 5 7	
1 5	
2 1	
3 3	
1 5	
2 5	
2 100 2	
1 51	
1 500	
2 1000	

試題來源： The 2017 China Collegiate Programming Contest, Qinhuangdao Site
線上測試： ZOJ 3981

提示

對於第一個測試案例，如果將開始的位置選擇為第 1 個座位，則總的不開心值是 $(2-1)+(3-1)+(5-4)=4$。如果選擇第 3 個座位，則總的不開心值是 $(1-1)+(2-1)+(4-4)=1$。因此答案是 1。

對於第二個測試案例，如果我們將開始的位置選擇為第 1 個座位，則總共的不開心值是 $(3-1)+(1-1)+(3-2)+(3-3)+(6-4)=5$。如果選擇第 2 個座位，則總共的不開心值是 $(2-1)+(3-1)+(2-2)+(5-3)+(5-4)=6$。如果選擇第 3 個座位，則總共的不開心值是 $(1-1)+(2-1)+(4-2)+(4-3)+(4-4)=4$。因此答案是 4。

❖ 試題解析

在試題的描述中，提供了機器人送氣球的規則。本題按時間順序模擬來求解，採用時間序列分析法。

程式首先模擬機器人在比賽開始時，從第 1 個座位開始，圍繞著圓桌移動，並根據規則，計算每次試題被解出時的不開心值 $tid[i]$，$1 \le i \le p$。模擬結束時，計算出所有參賽隊的總的不開心值 sum。

將陣列 tid 按不開心值從小到大排序，然後列舉每一道題被解出時，機器人就在座位旁的情況：對於每個 $tid[i]$，在 tid 陣列中，在其後面的不開心值減少 $tid[i]$，在其前面的不開心值增加 $m - tid[i]$。因此，此時所有參賽隊的總的不開心值 $sum = sum - (p-i)*tid[i] + i*(m-tid[i]) = sum + m*(i-1) - tid[i]*p$。

在列舉了所有情況之後，提供最小的 sum，就是所有參賽隊總共的不開心值的最小值。

❖ 參考程式

```
01    #include <bits/stdc++.h>
02    using namespace std;
03    typedef long long LL;
04    typedef pair<int, int> pii;
05    const int INF = 0x3f3f3f3f;
06    const int N = 2e5 + 10;
07    LL tid[N], id[N];
08    int main() {
09        int t; scanf("%d", &t);            // 測試案例的個數
10        while(t--) {                       // 依次處理每個測試案例
11            LL n, m, p;
12            scanf("%lld%lld%lld", &n, &m, &p);                // 輸入測試案例第一行
13            for(int i = 1; i <= n; i++) scanf("%lld", &id[i]);   // 輸入測試案例第二行
14            LL ans = 1e18, sum = 0;
15            for(int i = 1; i <= p; i++) {
16                LL a, b; scanf("%lld%lld", &a, &b);  // 輸入 p 行寶寶的預測
17                tid[i] = (id[a] - 1 - b + m) % m;    // 計算不開心值
18                sum += tid[i];
19            }
20            sort(tid + 1, tid + p + 1);
21            for(int i = 1; i <= p; i++)              // 列舉所有情況的不開心值
22                ans = min(ans, sum + m * (i - 1) - tid[i] * p);
23            printf("%lld\n", ans);
24        }
25        return 0;
26    }
```

2.1.4 ► Robocode

Robocode 是一個幫助你學 Java 的教學遊戲。它是玩家編寫的程式，控制坦克在戰場上互相攻擊。這個遊戲的思維看似簡單，但編寫一個獲勝坦克的程式還需要很多的努力。本題不要求編寫一個智慧坦克的程式，只要設計一個簡化的 Robocode 遊戲引擎即可。

本題設定整個戰場是 120×120（像素）。每輛坦克只能沿水平和垂直方向在固定的路徑上移動（在戰場中的水平和垂直方向路徑每 10 個像素 1 格，總共有 13 條垂直路徑和 13 條水平路徑坦克可以行走，如圖 2-1 所示）。本題忽略坦克的形狀和大小，對於一輛坦克，用 (x, y)（$x, y \in [0, 120]$）表示它的座標位置，用 α（$\alpha \in \{0, 90, 180, 270\}$）表示坦克面對的方向（$\alpha = 0$、90、180 或 270，分別表示坦克面向右、上、左或下）。坦克以 10 像素/秒的恆定速度行駛，不能跑到邊界之外（當坦克衝到戰場的邊界上的時候，就會停止移動，保持目前所面對的方向）。坦克可以向它所面對的方向射擊，無論它是在行進還是停止。射擊時炮彈以 20 像素/秒的恆定速度射出，炮彈的大小也被忽略。炮彈在路徑上遇到一輛坦克時，就會發生爆炸。如果一發以上的炮彈幾乎在同一時刻命中坦克，在同一個地方發生爆炸是可能的。被擊中的坦克將被銷毀，並從戰場上被立即移走。爆炸的炮彈或飛出邊界的炮彈也將被移走。

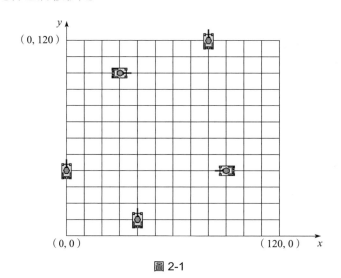

圖 2-1

當遊戲開始的時候，所有的坦克停在垂直和水平路徑的不同交叉路口。提供所有坦克的初始訊息和若干指令，請你找到贏家，即在所有的指令被執行（或被忽略）、並且在戰場上已經沒有炮彈的時候（也就是說，接下來沒有坦克可能會被擊毀），最後生存下來的坦克。

輸入

有若干個測試案例。對所有的測試案例，戰場和路徑都是一樣的。每個測試案例首先提供用空格分開的整數 N（$1 \leq N \leq 10$）和 M（$1 \leq M \leq 1000$），N 表示在戰場上坦克的數量，M 表示控制坦克移動的指令的條數。接下來的 N 行提供每輛坦克的初始訊息（在時間為 0），格式如下：

```
Name x y α
```

一輛坦克的 Name 由不超過 10 個字母組成。x、y 和 α 是整數，其中 x，$y \in \{0, 10, 20, \cdots, 120\}$，$\alpha \in \{0, 90, 180, 270\}$，每個項之間用一個空格分開。

接下來的 M 行提供指令，格式如下：

```
Time Name Content
```

每個項之間用一個空格分開。按 Time 的升冪提供所有的指令（$0 \leq$ Time ≤ 30），Time 是一個正整數，表示指令發出的時間戳記。Name 表示接收指令的坦克。Content 的類型如下：

◆ MOVE：當接收到這條指令時，坦克開始朝它所面向的方向移動。如果坦克已經在運動，那麼這條指令無效。

◆ STOP：當接收到這條指令時，坦克停止移動。如果坦克已經停下，那麼這條指令無效。

◆ TURN angle：當接收到這條指令時，坦克改變它面對的方向，從 α 改為 $((\alpha + angle + 360) \bmod 360)$，無論其是否在移動中。本題確定 $((\alpha + angle + 360) \bmod 360)$ $\in \{0, 90, 180, 270\}$。TURN 指令不會影響坦克的移動狀態。

◆ SHOOT：當接收到這條指令時，坦克向它所面對的方向發射一枚炮彈。

坦克一旦接收到指令，就採取相關的行動。例如，如果一輛坦克位置為（0, 0），$\alpha = 90$，在 Time 1 接收到指令 MOVE，它就開始移動，在 Time 2 到達位置（0, 1）。要注意的是，坦克可以在一秒內接收多條指令，一條接一條地根據指令採取相關的行動。例如，如果坦克位置為（0, 0），$\alpha = 90$，接收到的指令序列為 "TURN 90; SHOOT; TURN−90"，它就轉到方向 $\alpha = 180$，發射一枚炮彈，然後再轉回來。如果坦克接收到 "MOVE; STOP" 指令序列，它仍然待在原來的位置。

請注意一些要點：

◆ 如果一輛坦克被擊中爆炸，在那一刻，它對所有收到的指令都不會採取任何行動。當然，所有發送到已經摧毀的坦克的指令也被略去。

◆ 雖然指令在確定的時間點發出，但是坦克和炮彈的運動和爆炸發生在連續的時間內。

◆ 輸入資料保證不會有兩輛坦克在路上相撞，因此你的程式不必考慮這種情況。

◆ 所有的輸入內容都是合法的。

以 $N = M = 0$ 的測試案例終止輸入，程式不用處理這一情況。

輸出

對每個測試案例，在一行中輸出贏家的名字。贏家是最後生存下來的坦克。如果在最後沒有坦克了，或者有多於一輛坦克生存下來，則在一行中輸出 "NO WINNER!"。

範例輸入	範例輸出
2 2	A
A 0 0 90	NO WINNER!
B 0 120 180	B

範例輸入	範例輸出
1 A MOVE 2 A SHOOT 2 2 A 0 0 90 B 0 120 270 1 A SHOOT 2 B SHOOT 2 6 A 0 0 90 B 0 120 0 1 A MOVE 2 A SHOOT 6 B MOVE 30 B STOP 30 B TURN 180 30 B SHOOT 0 0	

試題來源：ACM Beijing 2005

線上測試：POJ 2729，UVA 3466

❖ **試題解析**

本題是一道時序模擬題，指令發出的時間範圍為 30 秒。考慮到執行最後一條指令後可能還有變化，所以可以一直模擬到 45 秒後。

如果位於（0, 0）位置的坦克朝向（0, 1）位置開炮，而位於（0, 1）位置的坦克朝向（0, 0）位置駛來，那麼會在中間 $\frac{1}{3}$ 的位置處被擊中，同時也可能在 $\frac{1}{2}$ 時間出現事故。於是解題要將時間和地圖都擴大 6 倍，即等同於原來的圖每 $\frac{1}{6}$ 秒考慮一次。

坦克和炮彈的屬性有 4 個：位置、方向、行進（或停止）狀態、移走（或未移走）狀態。

我們從 0 時刻出發，依次處理每條指令。若目前指令的發出時間為 t_2，上條指令的發出時間為 t_1，則先依序模擬 t_1、t_2 時刻的戰況，然後根據指令設定受令坦克的狀態：

◆ 若為 "MOVE" 指令，則受令坦克進入行進狀態；

◆ 若為 "STOP" 指令，則受令坦克進入停止狀態；

◆ 若為 "SHOOT" 指令且受令坦克未移走，則新增一發炮彈，除設行進狀態外，其他屬性如同受令坦克；

◆ 若為 "TURN angle" 指令，則受令坦克的方向調整為 $\left(原方向數+\left(\frac{angle}{90}\%4\right)+4\right)\%4$ $\left(註：方向數為\frac{angle}{90}\right)$。

處理完所有指令後，再模擬 15 秒的戰況，以處理最後指令的後續影響。

最後，統計生存下來的坦克數：若所有坦克移走，或有一輛以上的坦克未移走，則沒有贏家；否則贏家為僅存的那輛未移走的坦克。

❖ **參考程式**

```cpp
01  #include <iostream>
02  #include <map>
03  #include <cstdio>
04  #include <cstring>
05  #include <string.h>
06  #include <string>
07  using namespace std ;
08  const int DirX[4] = { 10 , 0 , -10 , 0 } ;        // 水平增量和垂直增量
09  const int DirY[4] = { 0 , 10 , 0 , -10 } ;
10  #define mp make_pair
11  int    N , M , Shoot ;                    // 坦克數為 N，指令數為 M，N+1..Shoot 為炮彈
12  int    x[1050] , y[1050] , d[1050] ;      // 坦克或炮彈的位置為 (x[],y[])，方向為 d[]
13  bool   run[1050],die[1050] ;              // 坦克的行進標誌為 run[]，坦克或炮彈的移走標誌為 die[]
14  string symbol[1050] ;                     // 第 i 輛坦克的名字為 symbol[i]
15  map<string,int> Name ;                    // 名為 s 的坦克序號為 Name[s]
16  void   Init()
17  {
18      Name.clear() ;
19      for ( int i = 1 ; i <= N ; i ++ )     // 輸入每輛坦克的名字、初始位置和移動方向
20      {
21          cin >> symbol[i] >> x[i] >> y[i] >> d[i] ;
22          x[i] *= 6 ; y[i] *= 6 ;d[i] /= 90 ;  // 把地圖擴大 6 倍並計算方向數
23          run[i] = false ;die[i] = false ;     // 坦克處於停止和未移走狀態
24          Name[symbol[i]] = i ;                // 記下該坦克的序號
25      }
26      Shoot = N ;                              // 開炮的坦克序號初始化
27  }
28  bool   In( int x , int y )                   // 傳回（x, y）在界內的標誌
29  {
30      if ( x >= 0 && x <= 6*120 && y >= 0 && y <= 6*120 ) return true ;
31      return false ;
32  }
33  void   RunAll()                              // 模擬目前 1 個時間單位的戰況
34  {
35      for ( int i = 1 ; i <= N ; i ++ )
36      // 搜尋每輛行進且未移走的坦克。若沿指定方向移動一步仍在界內，則記下移動位置，
37      // 否則置該坦克為停止狀態
38      {
39          if ( run[i] && !die[i] )
40          {
41              if ( In( x[i] + DirX[d[i]] , y[i] + DirY[d[i]] ) )
42              {
43                  x[i] += DirX[d[i]];  y[i] += DirY[d[i]] ;
44              }
45              else run[i] = false ;
46          }
47      }
48      for ( int i=N+1 ; i <= Shoot ; i ++ )
49      // 搜尋炮彈序列中未移走的炮彈 i。若炮彈沿 d[i] 方向執行 1 個時間單位後仍在界內，
50      // 則記下該位置；否則置炮彈 i 為移走狀態
51      {
52          if ( !die[i] )
53          {
```

```
54              if ( In( x[i] + DirX[d[i]] * 2 , y[i] + DirY[d[i]] * 2 ) )
55              {
56                  x[i] += DirX[d[i]] * 2;  y[i] += DirY[d[i]] * 2 ;
57              }
58              else die[i] = true ;
59          }
60      }
61      for ( int i = 1 ; i <= N ; i ++ )          // 搜尋未移走的坦克 i
62      {
63          if ( die[i] ) continue ;
64          for ( int j = N+1 ; j <= Shoot ; j ++ )  if ( !die[j] )
65          // 搜尋炮彈序列中未移走的炮彈 j。若炮彈擊中坦克 i，則置坦克 i 和炮彈 j 為移走狀態
66          {
67              if ( x[i] == x[j] && y[i] == y[j] )
68              {
69                  die[j] = true ; die[i] = true ;
70              }
71          }
72      }
73  }
74  void  Solve()                               // 執行每條指令，輸出遊戲結果
75  {
76      int now = 0 ;                           // 從時間 0 開始
77      for ( int i = 1 ; i <= M ; i ++ )       // 輸入每條指令發出的時間、受令坦克和指令類型
78      {
79          int t ; string sym , s ; int th ;
80          cin >> t >> sym >> s ;
81          t *= 6 ;                            // 時間 *6
82          while ( t > now ) { RunAll() ; now ++ ; }   // 模擬 now...t 秒的戰況
83          int symId = Name[sym] ;             // 取出受令坦克的序號
84          if ( s == "MOVE" )                  // 受令坦克移動
85              run[symId] = true ;
86          else if ( s == "STOP" )             // 受令坦克停止
87              run[symId] = false ;
88          else if ( s == "SHOOT" )            // 受令坦克開炮
89          {
90           if ( !die[symId] )      // 若受令坦克未移走，則發出的炮彈進入炮彈序列
91              {
92                  Shoot ++ ;
93                  run[Shoot] = true;  die[Shoot] = false;
94                  d[Shoot] = d[symId]; x[Shoot] = x[symId]; y[Shoot] = y[symId] ;
95              }
96          }
97          else                                // 處理改變方向命令
98          {
99              cin >> th ; th /= 90 ;          // 讀改變的角度，重新計算方向數
100             d[symId] = (d[symId] + (th % 4) + 4 ) % 4 ;
101         }
102     }
103     for ( int i = 1 ; i <= 15*6 ; i ++ ) RunAll() ;   // 順序模擬 15 個時間單位的戰況
104     int cnt = 0 ;                           // 統計最後生存下來的坦克數 cnt
105     for ( int i = 1 ; i <= N ; i ++ )
106      if ( !die[i] ) cnt ++ ;
107  if ( cnt != 1 )
108      cout << "NO WINNER!\n" ;    // 若最後沒有坦克了，或有多於一輛坦克生存下來，則無解；
```

```
109                                  // 否則計算贏家（最後生存下來的坦克）
110       else
111         for ( int i = 1 ; i <= N ; i ++ )
112           if ( !die[i] ) cout << symbol[i] << "\n" ;
113 }
114 int   main( )
115 {
116 while ( cin>>N>>M && ( N || M ) ) // 反覆輸入坦克數和指令數，直至輸入兩個 0 為止
117   {
118     Init() ;
119     Solve() ;                    // 處理每條指令，輸出遊戲結果
120   }
121 }
```

2.1.5 ▶ Eurodiffusion

從 2002 年 1 月 1 日起，12 個歐洲國家放棄了自己的貨幣，採用一種新的貨幣：歐元。從此，不再有法郎、馬克、里拉、荷蘭盾、克朗⋯⋯在歐元區只有歐元，歐元區國家都使用相同的紙幣。但硬幣有些不同，每個歐元區國家在鑄造自己的歐元硬幣上，有一定的自由。

「每一個歐元硬幣要提供一面共同的歐洲之臉。在錢幣的正面，每個成員國要用自己的基本圖案來裝飾硬幣。無論在硬幣上是哪一個圖案，它在 12 個成員國的任何地方都可以使用。例如，一個法國公民可以用西班牙國王印記的歐元硬幣在柏林買熱狗。」（資料來源：http://europa.eu.int/euro/html/entry.html。）

2002 年 1 月 1 日，在巴黎出現的唯一的歐元硬幣是法國硬幣，但是不久之後，第一枚不是法國鑄造的硬幣在巴黎出現。可以預期，最終所有類型的硬幣被均勻地分佈在 12 個成員國中（實際上，這不會成為現實，因為所有的國家會繼續用自己的圖案鑄造硬幣並使之流通。因此，即使在穩定的情況下，在柏林流通的德國硬幣也會比較多）。所以，大家希望知道，要多久第一枚芬蘭或愛爾蘭的硬幣才能在義大利的南部流通？要多久每個圖案的硬幣才能隨處可見？

請編寫一個程式，使用一個高度簡化的模型，來模擬歐元硬幣在歐洲的傳播。本題限制在一個單一的歐元面額。歐洲城市用矩形網格的點來表示，每座城市最多可以有 4 個相鄰的城市（北部、東部、南部和西部）。每座城市屬於一個國家，而一個國家是平面的一個矩形部分。圖 2-2 提供了 3 個國家和 28 座城市的地圖。圖中的國家是連通的，但國家

接壤的部分可能是縫隙，表示海洋或非歐元區國家，如瑞士或丹麥。最初，每座城市都有 100 萬枚上面鑄有其國家圖案的硬幣。每天硬幣確定的一部分，根據一座城市開始的日常平衡，流通到這個城市的每個相鄰的城市。確定的一部分被定義為對一個圖案，每滿 1000 枚硬幣，則流出一枚硬幣。

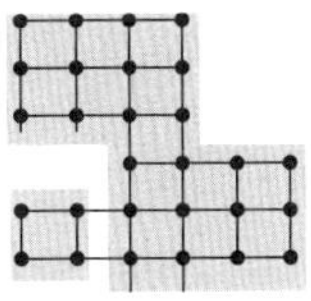

圖 2-2

當每種圖案的硬幣至少有一枚出現在一座城市中時,這座城市就被稱為是完整的。當一個國家的所有城市都是完整的時候,該國家被稱為是完整的。請編寫一個程式,確定每個國家都變得完整所用的時間。

輸入

輸入包含若干測試案例。每個測試案例的第一行提供國家的數目($1 \leq c \leq 20$),接下來的 c 行每行描述一個國家,國家描述的格式為 namex_l y_l x_h y_h,其中 name 是一個最多 25 個字元的單字,(x_l, y_l)是這個國家的左下角城市的座標(最西南角的城市),(x_h, y_h)是這個國家的右上角城市的座標(最東北角的城市),$1 \leq x_l \leq x_h \leq 10$,$1 \leq y_l \leq y_h \leq 10$。

最後一個測試案例後,提供一個 0,表示輸入結束。

輸出

對每個測試案例,先輸出一行提供測試案例編號,然後對每個國家輸出一行,提供國家名稱和要讓這個國家變得完整需要多少天。按照天數對國家進行排序。如果兩個國家變得完整的天數相同,則按國家名稱的字典順序排列。

輸出格式如範例輸出所示。

範例輸入	範例輸出
3 France 1 4 4 6 Spain 3 1 6 3 Portugal 1 1 2 2 1 Luxembourg 1 1 1 1 2 Netherlands 1 3 2 4 Belgium 1 1 2 2 0	Case Number 1 Spain 382 Portugal 416 France 1325 Case Number 2 Luxembourg 0 Case Number 3 Belgium 2 Netherlands 2

試題來源: ACM World Finals 2003-Beverly Hills
線上測試: UVA 2724

❖ 試題解析

歐洲有 n($1 \leq n \leq 20$)個國家,每個國家的區域呈矩形,每個點代表一座城市,這些城市最初持有 10^6 枚本國硬幣。每一天每座城市與相鄰城市間流通硬幣。流通規則:若城市擁有 x($x > 10^3$)枚某國硬幣,則可向每個相鄰城市流通 d $\left(d = \left\lfloor \dfrac{x}{10^3} \right\rfloor \right)$ 枚該類硬幣。問至少多少天後,每個城市都擁有 n 個國家的硬幣?

本題是一道時序模擬題。由於資料範圍較小,因此可直接模擬每天硬幣的流通情況,用陣列記錄所有資訊。

1. 建構一張流通圖

節點代表城市,邊代表城市間的相鄰關係。節點資訊包含:

（1）所屬國家。

（2）狀態，包括：

- ◆ 擁有各類硬幣的標誌，用一個 n 位元二進位數字表示。初始時，本國硬幣所在的位元為 1，其餘位元為 0；顯然，該城市變完整時，n 位元全為 1，即標誌值為 2^n-1。當所有節點的標誌值為 2^n-1 時，演算法結束。

- ◆ 擁有各類硬幣的數量，初始時本國硬幣數為 10^6，其他類別的硬幣數為 0。

我們依照輸入順序給每個城市標號，若 n 個國家含 m 座城市（$n \leq m \leq 10^2$），則第一個國家矩形區域的左下格為節點 1，最後一個國家矩形區域的右上格為節點 m。記錄下節點資訊，並根據城市間的相鄰關係連邊，計算每個節點的度和流通圖的相鄰串列：

$g[i]$——連接節點 i 的邊數（$1 \leq i \leq m$，$0 \leq g[i] \leq 4$）；

$edge[i][l]$——節點 i 的第 l 個鄰接點序號（$0 \leq i \leq m-1$，$0 \leq l \leq 4$，$0 \leq edge[i][l] \leq m-1$）。

2. 按時序模擬每天硬幣流通的情況

由於今天硬幣流通的計算僅和昨天有關，和其他天沒有任何關係，因此無須記錄每天硬幣流通的情況，僅記錄兩個狀態，即前一節點狀態 $o1$ 和目前狀態 $o2$，計算目前狀態 $o2$ 在前一節點狀態 $o1$ 的基礎上進行；每天開始計算流通情況時，$f[o2] \leftarrow f[o1]$，$st[o2] \leftarrow st[o1]$，結束後翻轉，即 $o1 \leftrightarrow o2$。設：

- ◆ $f[o1][i][j]$ 為昨天城市 i 擁有 j 類硬幣的數目，$st[o1][i]$ 為昨天城市 i 擁有各類硬幣的標誌。

- ◆ $f[o2][i][j]$ 為今天城市 i 擁有 j 類硬幣的數目，$st[o2][i]$ 為今天城市 i 擁有各類硬幣的標誌。

- ◆ $a[k].ans$ 為國家 k 變完整的天數；$a[k].name$ 為國家 k 的名字。

初始時，$o1=0$，$o2=1$。對於每個國家 k（$0 \leq k \leq n-1$）區域內的節點 j（國家 k 區域內首節點序號 $\leq j \leq$ 國家 k 區域內尾節點序號），$f[o1][j][i]=10^6$，$st[o1][j]=2^k$。$f[o1]$ 和 $st[o1]$ 的其他值為 0。

模擬過程的目標是計算兩個變數值：

（1）目前變完整的城市數 cnt。顯然，初始時 cnt 為 0；當 cnt$==m$ 時模擬過程結束。

（2）城市 y 變完整的天數 day[y]。顯然，國家 k 變完整的天數是所屬各城市變完整時間的最大值，即 $a[k].ans = \max_{y \in 國家 k} day[y]$。

我們從第 0 天開始（ans $\leftarrow$ 0），按下述方法逐天模擬流通情況，直至變完整的城市數 cnt$==m$ 為止：

天數 +1 (++ans)；
從前一節點狀態出發計算目前狀態 (f[o2]=f[o1], st[o2]=st[o1])；
列舉每個城市 i (0≤i≤m-1)：
{ 列舉 st[o1][i] 中值為 1 的二進位位元 k：

計算城市 i 向每個相鄰城市流通的 k 類硬幣數 d $\left(d \leftarrow \left\lfloor \frac{f[o1][t][k]}{10^3} \right\rfloor \right)$；

若可流通 (d≠0)，則
{ 計算流通後城市 i 剩餘的 k 類硬幣數 (f[o2][i][k] -= g[i]*d)；
列舉城市 i 相鄰的每個城市 y (y=edge[i][l]，0≤l≤g[i]-1)：若城市 y 原來沒有 k 類硬幣，
加入 k 類硬幣後將擁有 n 類硬幣 (f[o2][y][k]==0 && (st[o2][y] |= 2^k) ==2^n-1)，
則城市 y 變完整的最早時間為 ans (day[y]=ans)，變完整的城市數 +1 (++cnt)；
城市 y 擁有的 k 類硬幣數增加 d (f[o2][y][k] += d)；
}
}
o1↔o2；

經過上述模擬過程後，得出 m 座城市變完整的時間 day[]。在此基礎上計算每個國家變完整的天數 $a[k]$. ans $= \max_{y \in \text{國家} k} \text{day}[y]$（$0 \leq k \leq n-1$）。

最後，以國家變完整的天數 $a[]$.ans 為第 1 關鍵字、國家名稱 $a[]$.name 為第 2 關鍵字排序 $a[]$，逐行輸出 $a[i]$.name 和 $a[i]$.ans（$0 \leq i \leq n-1$）。

❖ 參考程式

```
01  #include <cstdio>
02  #include <cstring>
03  #include <algorithm>
04  using namespace std;
05  #define ms(x, y) memset(x, y, sizeof(x))    // 將 x 所指的區域全部設定為 y
06  #define mc(x, y) memcpy(x, y, sizeof(x))    // 將區域 y 的內容複製給區域 x
07  const int dir[4][2] = {{1, 0}, {-1, 0}, {0, 1}, {0, -1}};    // 四個方向的位移
08  struct city {                      // 國家的結構定義
09      char name[30];                 // 國家名稱
10      int ans;                       // 國家變完整的天數
11  };
12  int cs(0);
13  int log2[1 << 21];             // log2[2^i]=i
14  int n, tot, full;             // 國家數 n，城市數 tot，n 個國家變完整的標誌 full
15  city a[22];                   // 國家序列
16  int bl[22], br[22];           // 國家 i 的起始城市為 bl[i]，結束城市為 br[i]
17  int num[11][11], belong[122]; // (x, y) 的城市序號為 num[x][y]，城市 t 所屬的國家為
18                                // belong[t]
19  int g[122];                   // 與城市 i 相鄰的城市數為 g[i]
20  int edge[122][4];             // 與城市 i 相鄰的第 j 個城市序號為 edge[i][j]
21  int o1, o2, f[2][122][22];    // o1 為前一節點狀態標誌，o2 為目前狀態標誌；f[o][i][j]
22                                // 為狀態 o 中城市 i 擁有 j 類硬幣的數目
23  int day[122], st[2][122];
24  // 城市 i 變完整的最早時間為 day[i]，st[o][i] 表示城市 i 擁有的硬幣種類情況，
25  // 用 n 位元二進位數字表示：若 k 位為 1，代表擁有 k 類硬幣；否則代表未擁有 k 類硬幣（0≤k≤n-1）
26  bool cmp(const city &a, const city &b) {   // 國家 a 和 b 的大小的比較函式（國家變完整的
27                                // 天數為第 1 關鍵字、國家名稱為第 2 關鍵字）
28      return a.ans < b.ans || a.ans == b.ans && strcmp(a.name, b.name) < 0;
29  }
```

```
30   void print() {                            // 輸出目前測試案例的解
31       sort(a, a + n, cmp);                  // 遞增排序國家序列a[]
32       printf("Case Number %d\n", ++cs);     // 輸出測試案例編號
33       for (int i = 0; i < n; ++i)           // 逐行輸出a[]中每個國家的名字和變完整的天數
34           printf("   %s   %d\n", a[i].name, a[i].ans);
35   }
36   int main() {
37       for (int i = 0; i < 21; ++i) log2[1 << i] = i;   // log2[2ⁱ]=i
38       while (scanf("%d", &n), n) {          // 反覆輸入國家數，直至輸入0
39           tot=0; full=(1 << n)-1;           // 城市數tot初始化為0，城市變完整的標誌為2ⁿ-1
40           ms(num, 0xFF);                    // num[][]初始化為255
41           for (int i=0, x1, y1, x2, y2; i<n; ++i) { // 依次輸入每個國家的名字和矩形座標
42               scanf("%s%d%d%d%d", a[i].name, &x1, &y1, &x2, &y2);
43               --x1, --y1, --x2, --y2;       // 左下角和右上角座標以0為基準
44               bl[i] = tot;                  // 記下國家i的起始城市
45   // 按照先行後列順序，給國家i區域的每格標記城市序號，並標記該城市屬於國家i
46               for (int x=x1; x<=x2; ++x)    // 記下該矩形中的每個城市和該城市所屬的國家
47                   for (int y = y1; y <= y2; ++y) {
48                       num[x][y] = tot; belong[tot++] = i;
49                   }
50               br[i] = tot;                  // 記下國家i的結束城市
51           }
52           if (n == 1) {                     // 若僅有1個國家，變完整的天數為0，輸出結果
53               a[0].ans = 0;
54               print();
55               continue;
56           }
57           // 前置處理：計算每個城市相鄰的城市數，建構相鄰串列edge[][]
58           ms(g, 0);                         // 每個城市相鄰的城市數初始化為0
59           for (int i=0; i<10;++i)           // 依次列舉每個格子
60             for (int j = 0; j < 10; ++j)
61               if (num[i][j]!= -1) // 若(i, j)為城市，則計算四個方向上的相鄰城市，完善相鄰串列
62                 for (int k = 0, nx, ny; k < 4; ++k) {
63                       nx = i + dir[k][0], ny = j + dir[k][1];
64                       if(nx>=0 && nx<10 && ny>=0 && ny<10 && num[nx][ny]!=-1)
65                         edge[num[i][j]][g[num[i][j]]++] = num[nx][ny];
66                 }
67           o1 = 0, o2 = 1;                   // 前一節點狀態和目前狀態的標誌初始化
68           ms(f[o1], 0); ms(st[o1], 0);      // 初始時，每座城市沒有任何硬幣
69           for (int i = 0; i < n; ++i)       // 列舉每個國家
70               for (int j = bl[i]; j < br[i]; ++j) {   // 列舉國家i的每座城市j，設該城市j
71                                             // 最初擁有10⁶枚i類硬幣
72                   f[o1][j][i] = 1000000; st[o1][j] = 1 << i;
73               }
74   ms(day, 0xFF);                            // 每個城市變完整的最早時間初始化為255
75           int ans = 0, cnt = 0;             // 初始時，時間ans和變完整的城市數cnt為0
76           do {
77               ++ans;                        // 時間+1
78               mc(f[o2], f[o1]); mc(st[o2], st[o1]);   // 從前一節點狀態出發計算目前狀態
79               for (int i = 0; i < tot; ++i)           // 列舉每個城市i
80                 for(int j=st[o1][i], k, d; j; j-=1<<k){ // 列舉城市i擁有的硬幣種類k
81                   k = log2[j - (j & (j - 1))];
82                   d=f[o1][i][k] / 1000;     // 計算城市i向每個相鄰城市流出的k類硬幣數d
83                   if(d){                    // 若k類硬幣可流通
84                       f[o2][i][k] -= g[i] * d;   // 計算流通後城市i剩餘的k類硬幣數
```

```
85                          for (int l=0, y; l<g[i]; ++l){   // 列舉城市 i 相鄰的每個城市 y
86                              y = edge[i][l];
87                              if (f[o2][y][k]==0 && (st[o2][y] |= 1 << k) == full) {
88                                  // 若城市 y 原來沒有 k 類硬幣，加入 k 類硬幣後將擁有 n 類硬幣，
89                                  // 則城市 y 變完整的最早時間為 ans，變完整的城市數 +1
90                                  day[y]=ans;
91                                  ++cnt;
92                              }
93                              f[o2][y][k] += d;                // 城市 y 擁有的 k 類硬幣數增加 d
94                          }
95                      }
96                  }
97              swap(o1, o2);                            // 翻轉
98          } while (cnt < tot);                          // 直至 tot 個城市變完整
99      // 分別計算 n 個國家變完整的最早時間
100         for (int i = 0; i < n; ++i) {                 // 列舉每個國家
101             a[i].ans = 0;                             // 國家 i 變完整的時間初始化為 0
102     // 國家 i 變完整的時間為所屬每個城市變完整時間的最大值 a[i].ans = max_{bl[i]≤j≤br[i]-1}{day[j]}
103             for (int j = bl[i]; j < br[i]; ++j) a[i].ans = max(a[i].ans, day[j]);
104         }
105         print();                                      // 輸出目前測試案例的解
106     }
107     return 0;
108 }
```

2.2 　篩選法模擬的實作範例

篩選法模擬是先從題意中找出約束條件，用約束條件組成一個過濾用的篩子；然後將所有可能的解放到篩子中，並篩選掉不符合約束條件的解，最後在篩子中的即為問題的解。

篩選法模擬的結構和思路簡明、清晰，但帶有盲目性，因此時間效率並不一定令人滿意。篩選法模擬的關鍵是明確的約束條件，任何錯誤和疏漏都會導致模擬失敗。

2.2.1 ▶ The Game

五子棋遊戲是由兩名玩家在一個 19×19 的棋盤上玩的遊戲。一名玩家執黑，另一名玩家執白。遊戲開始時棋盤為空，兩名玩家交替放置黑色棋子和白色棋子。執黑者先走。棋盤上有 19 條水平線和 19 條垂直線，棋子放置在直線的交點上。

水平線從上到下標記為 1，2，…，19，垂直線從左至右標記為 1，2，…，19。

這一遊戲的目標是把 5 個相同顏色的棋子沿水平、垂直或對角線連續放置。所以，在圖 2-3 中執黑的一方獲勝。但是，如果一個玩家將超過五個相同顏色的棋子連續放置，也不能判贏。

根據這一遊戲的棋盤情況，請編寫一個程式，確定是白方贏了比賽，還是黑方贏了比賽，或者是還沒有一方贏得比賽。輸入資料保證不可能出現黑方和白方都贏的情況，也沒有白方或黑方在多處獲勝的情況。

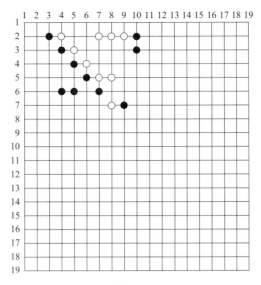

圖 2-3

輸入

輸入的第一行包含一個整數 t（$1 \leq t \leq 11$），表示測試案例的數目。接下來提供每個測試案例，每個測試案例 19 行，每行 19 個數，黑棋子標示為 1，白棋子標示為 2，沒有放置棋子則標示為 0。

輸出

對每個測試案例，輸出一行或兩行。在測試案例的第一行輸出結果，如果黑方獲勝，則輸出 1；如果白方獲勝，則輸出 2；如果沒有一方能獲勝，則輸出 0。如果黑方或白方獲勝，則在第二行提供在 5 個連續的棋子中最左邊的棋子水平線編號和垂直線編號（如果 5 枚連續的棋子垂直排列，則選最上方棋子的水平線編號和垂直線編號）。

範例輸入	範例輸出
1	1
0 0 0 0 0 0 0 0 0 0 0 0 0 0 0 0 0 0 0	3 2
0 0 0 0 0 0 0 0 0 0 0 0 0 0 0 0 0 0 0	
0 1 2 0 0 2 2 2 1 0 0 0 0 0 0 0 0 0 0	
0 0 1 2 0 0 0 0 1 0 0 0 0 0 0 0 0 0 0	
0 0 0 1 2 0 0 0 0 0 0 0 0 0 0 0 0 0 0	
0 0 0 0 1 2 2 0 0 0 0 0 0 0 0 0 0 0 0	
0 0 1 1 0 1 0 0 0 0 0 0 0 0 0 0 0 0 0	
0 0 0 0 0 0 2 1 0 0 0 0 0 0 0 0 0 0 0	
0 0 0 0 0 0 0 0 0 0 0 0 0 0 0 0 0 0 0	
0 0 0 0 0 0 0 0 0 0 0 0 0 0 0 0 0 0 0	
0 0 0 0 0 0 0 0 0 0 0 0 0 0 0 0 0 0 0	
0 0 0 0 0 0 0 0 0 0 0 0 0 0 0 0 0 0 0	
0 0 0 0 0 0 0 0 0 0 0 0 0 0 0 0 0 0 0	
0 0 0 0 0 0 0 0 0 0 0 0 0 0 0 0 0 0 0	
0 0 0 0 0 0 0 0 0 0 0 0 0 0 0 0 0 0 0	
0 0 0 0 0 0 0 0 0 0 0 0 0 0 0 0 0 0 0	
0 0 0 0 0 0 0 0 0 0 0 0 0 0 0 0 0 0 0	
0 0 0 0 0 0 0 0 0 0 0 0 0 0 0 0 0 0 0	
0 0 0 0 0 0 0 0 0 0 0 0 0 0 0 0 0 0 0	

試題來源： ACM Tehran Sharif 2004 Preliminary

線上測試： POJ 1970，ZOJ 2495

❖ 試題解析

初始時所有棋子都作為可能的解。然後，我們由上而下、由
左而右掃描每個棋子，分析其 k 方向的相鄰棋子（$0 \leq k \leq 3$，
$0 \leq i, j \leq 18$，如圖 2-4 所示）。

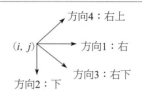

根據五子棋規則，篩子中「贏」的約束條件是：

◆ (i, j) k 的相反方向的相鄰格 (x, y) 不同色；

◆ (i, j) k 方向延伸 5 格在界內；

◆ 從 (i, j) 開始，沿 k 方向連續 5 格同色且第 6 格不同色。

圖 2-4

若 (i, j) 的棋子滿足上述約束條件，其顏色所代表的一方贏，(i, j) 即為贏方 5 個連續的
同色棋子中首枚棋子的位置；若檢測了 4 個方向，(i, j) 的棋子不滿足約束條件，則被過
濾掉。

若過濾了篩子中的所有棋子後篩子變空，則說明沒有一方能獲勝。

❖ 參考程式

```
01   #include <iostream>
02   using namespace std;
03   const int d[4][2] = {{0, 1}, {1, 0}, {1, 1}, {-1, 1}}; // 4 個方向的位移增量
04   inline bool valid(int x, int y)                        // 傳回 (x, y) 在界內的標誌
05   {
06       return x >= 0 && x < 19 && y >= 0 && y < 19;
07   }
08   int a[20][20];                                         // 五子棋盤
09   int main()
10   {
11       int i, j, k, t, x, y, u;
12       scanf("%d", &t);                    // 輸入測試案例數
13       while (t--)                         // 反覆輸入測試案例
14       {
15           for (i = 0; i < 19; ++i)        // 輸入五子棋盤
16               for (j = 0; j < 19; ++j) scanf("%d", &a[i][j]);
17           for (j = 0; j < 19; ++j)            // 從左而右、由上而下掃描每個有棋子的位置 (i, j)
18           {
19               for (i = 0; i < 19; ++i)
20               {
21                   if (a[i][j] == 0) continue;
22                   for (k = 0; k < 4; ++k) // 列舉 4 個方向
23                   {
24                       // 過濾：若 (i, j) k 的相反方向的相鄰格 (x, y) 同色，則換一個方向；
25                       // 若 (i, j) k 方向延伸 5 格越出界外，則換一個方向；若 (i, j) k 方向的
26                       // 連續 6 個格子同色，則換一個方向
27                       x = i - d[k][0]; y = j - d[k][1];
28                       if (valid(x, y) && a[x][y] == a[i][j]) continue;
```

```
29                            x = i + d[k][0] * 4;y=j + d[k][1] * 4;
30                            if (!valid(x, y)) continue;
31                            for (u = 1; u < 5; ++u)
32                            {
33                                x = i + d[k][0] * u;y = j + d[k][1] * u;
34                                if (a[x][y] != a[i][j]) break;
35                            }
36                            x = i+d[k][0]*5;y = j+d[k][1]*5;
37                            if (valid(x, y) && a[x][y] == a[i][j]) continue;
38                            if (u == 5) break;
39                        }
40                        if (k < 4) break;
41                    }
42                    if (i < 19) break;
43                }
44        if (j < 19)    // 若（i, j）在某方向上存在連續 5 個同色格，則該色一方贏；若掃描了
45                       // 所有格子未出現任何方向上有連續 5 個同色格的情況，則沒有一方能獲勝
46        {
47            printf("%d\n", a[i][j]);    // 輸出贏方的標誌和 5 個連續棋子的起始位置
48            printf("%d %d\n", i + 1, j + 1);
49        }
50        else puts("0");                 // 輸出沒有一方能獲勝的訊息
51    }
52    return 0;
53 }
```

2.2.2 ► Game schedule required

Sheikh Abdul 熱愛足球，所以最好不要問他為著名的球隊進入年度錦標賽花了多少錢。當然，他花了這麼多錢，就是想看到某些球隊彼此間的比賽。他擬定了想看的所有比賽的完整列表。現在請按以下規則分配這些比賽到某些淘汰賽的輪次中：

◆ 在每一輪中，晉級的每支球隊最多只進行一場比賽。

◆ 如果有偶數支晉級這一輪的球隊，那麼每支球隊只進行一場比賽。

◆ 如果有奇數支晉級這一輪的球隊，那麼恰好有一支球隊沒有進行比賽（它優先用外卡晉級下一輪）。

◆ 每場比賽的優勝者晉級下一輪，失敗者被淘汰出錦標賽。

◆ 如果只有一支球隊，那麼這支球隊就被宣佈為錦標賽的優勝者。

可以證明，如果有 n 支球隊參加錦標賽，那麼直至產生比賽優勝者，恰好有 $n-1$ 場比賽。顯然，在第一輪後，有的應該參加下一輪比賽的球隊可能會被淘汰，為了避免出現這種情況，對於每場比賽，還必須知道哪支球隊會贏。

輸入

輸入包含若干測試案例，每個測試案例首先提供一個整數 n（$2 \le n \le 1000$），表示參加錦標賽的球隊的數目。接下來的 n 行提供參加錦標賽的球隊的隊名。本題設定每個球隊的隊名可以由多達 25 個英文字母的字元（'a' ~ 'z' 或 'A' ~ 'Z'）組成。

接下來的 $n-1$ 行提供 Sheikh 想要看的比賽（按任何順序）。每行由要進行比賽的兩支隊的隊名組成。本題設定總可以找到一個包含提供比賽的錦標賽日程。

測試案例結束後，提供一個 0。

輸出

對於每個測試案例，輸出一個分佈在多個輪次中的比賽日程。

對於每一輪，首先在一行中輸出 "Round #X"（其中 X 表示第幾輪），然後輸出在這一輪中的比賽形式 "A defeats B"，其中 A 是晉級隊的隊名，B 是被淘汰隊的隊名。如果在這一輪需要外卡，則在這一輪最後一場比賽後，輸出 "A advances with wildcard"，其中 A 是獲得外卡的隊伍的隊名。在最後一輪之後，按如下格式輸出優勝隊，在每個測試案例之後輸出一個空行。

範例輸入	範例輸出
3	Round #1
A	B defeats A
B	C advances with wildcard
C	Round #2
A B	C defeats B
B C	Winner: C
5	
A	Round #1
B	A defeats B
C	C defeats D
D	E advances with wildcard
E	Round #2
A B	E defeats A
C D	C advances with wildcard
A E	Round #3
C E	E defeats C
0	Winner: E

試題來源：Ulm Local 2005

線上測試：POJ 2476，ZOJ 2801

❖ 試題解析

本題提供 n 支球隊、$n-1$ 場比賽。將 Sheikh Abdul 想要看的 $n-1$ 場比賽中每場比賽的兩個球隊編號存入 $a[i]$ 和 $b[i]$，$1 \leq i \leq n-1$。每個球隊比賽的場次數存入 cnt$[i]$，$1 \leq i \leq n$。

試題描述中提供的約束組成一個篩子，初始時所有球隊都在篩中。

Sheikh Abdul 擬定了他想看到的所有比賽的完整列表。由於每一場比賽都是 Sheikh 想要看的，因此若目前比賽的兩個球隊中僅一個球隊還要參加其他比賽，則該球隊贏得這場比賽。構成篩子的約束如下。

◆ 在每一輪中，比賽的場次數是參加這一輪比賽的隊伍數除以 2。

◆ 在每一輪中，對 Sheikh Abdul 想要看的 $n-1$ 場比賽按序搜尋，如果第 i 場的參賽隊 $a[i]$ 和 $b[i]$ 在篩子中，且有一支隊伍僅參加一場比賽，則 $a[i]$ 和 $b[i]$ 參加這一輪，僅參加一場比賽的隊伍被擊敗，也就是說，該隊從篩子中被篩掉。在 $n-1$ 場比賽被搜尋之後，在篩子中剩下的隊伍進入下一輪。

❖ 參考程式

```
01  #include<iostream>
02  #include<cstdlib>
03  #include<cstdio>
04  #include<cstring>
05  #include<cmath>
06  #include<algorithm>
07  #include<map>
08  using namespace std;
09  const int maxN=1010;
10  int n,a[maxN],b[maxN],cnt[maxN];
11  // 球隊數為 n；Sheikh 想要看的第 i(1≤i≤n-1) 場比賽的兩支隊伍為 a[i] 和 b[i]，
12  // 球隊 k(1≤k≤n) 尚需比賽的場次數為 cnt[k]
13  char name[maxN][30];                    // 每支隊伍的名字
14  bool flag[maxN];                        // 球隊在篩子中的標誌
15  map<string,int> que;                    // 將每支隊伍按順序依次編號
16  bool cmp(int a,string s)                // 判斷編號為 a 的隊伍的名字串是否為 s
17  {
18      for (int i=0;i<s.size();i++)
19          if (name[a][i]!=s[i]) return false;
20      return true;
21  }
22  void init()                             // 輸入 n 支球隊和 Sheikh 想要看的 n-1 場比賽的訊息
23  {
24      que.clear();
25      for (int i=1;i<=n;i++)              // 輸入每支球隊的名稱
26      {
27      scanf("%s",name[i]);
28      que.insert(map<string,int>::value_type(name[i],i));  // 建立球隊名稱與編號的對應關係
29      }
30      string s;
31      int p;
32      char ch;scanf("%c",&ch);
33                                          // 將 Sheikh 想要看的比賽的兩支隊伍分別記入 a 和 b 中
34      for (int i=1;i<n;i++)              // 輸入 Sheikh 想要看的 n-1 場比賽，輸入每場比賽兩支球隊，
35                                          // 計算各場的隊伍編號 a[] 和 b[]，累計隊伍的比賽場次數
36      {
37          scanf("%c",&ch);s="";
38          while (ch!=' ') { s+=ch;scanf("%c",&ch);}
39          p=que[s];
40          cnt[p]++;a[i]=p;
41          scanf("%c",&ch);s="";
42          while (ch!='\n') { s+=ch;scanf("%c",&ch);}
43          p=que[s];
44          cnt[p]++;b[i]=p;
45      }
46  }
47  void work()                             // 計算和輸出分佈在多個輪次中的比賽日程
```

```
48  {
49      int rnd=1,tm=n,s=n/2,now=0;  // rnd 記錄目前為第幾輪；tm 記錄目前剩餘多少支隊伍，
50                                    //  s 記錄每輪需要比賽的場次數，now 記錄每輪已經比賽的場次數
51      memset(flag,1,sizeof(flag));    // 初始時每隊在篩子中
52      while (tm!=1)                   // 當剩餘 1 支球隊時結束
53          for (int i=1;i<n;i++)       // 搜尋要觀看的每次比賽
54              if (flag[a[i]]&&flag[b[i]]&&((cnt[a[i]]==1)||(cnt[b[i]]==1)))
55                  // 若要觀看的第 i 場比賽的兩隊都在篩子中，且至少有一支隊伍只能比一場
56                  // （這支隊伍比完這場即被淘汰）
57                  {
58                   if (now==0)printf("Round #%d\n",rnd);    // 若目前輪次剛開始，則輸出輪次數
59                       now++;tm--;              // 目前輪次比賽的場次數 +1，剩餘的隊伍數 -1
60                       cnt[a[i]]--;cnt[b[i]]--;            // 兩隊的比賽次數 -1
61  // 若 b[i] 只能賽一場，則 a[i] 晉級 b[i] 淘汰；若 a[i] 只能賽這一場，則 b[i] 晉級 a[i] 淘汰；
62  // 若 a[i] 和 b[i] 都只能賽這一場，則 b[i] 贏
63                       if (cnt[a[i]]) printf("%s defeats %s\n",name[a[i]],name[b[i]]);
64                         else if (cnt[b[i]]) printf("%s defeats %s\n",name[b[i]],name[a[i]]);
65                           else{
66                               printf("%s defeats %s\n",name[b[i]],name[a[i]]);
67                               printf("Winner: %s\n",name[b[i]]);}
68                       flag[a[i]]=false;flag[b[i]]=false; // 兩隊從篩子中濾去
69                       if (now==s)              // 若目前輪次結束所有場比賽，則設定下一輪次應比賽的
70                                              // 場次數 s，已經比賽的場次數清零，並尋找是否有隊伍落單
71                       {
72                           now=0;rnd++;s=tm/2;
73                           for (int i=1;i<=n;i++)
74                           // 搜尋每個球隊，若在篩子中且未比賽完，則向該隊發放外卡；
75                           // 若篩子外有未比賽完的球隊，則重新進入篩子中
76                           {
77                               if (flag[i] && cnt[i])
78                                   printf("%s advances with wildcard\n",name[i]);
79                               if (cnt[i]) flag[i]=true;else flag[i]=false;
80                           }
81                       }
82              }
83      printf("\n");
84  }
85  int main()
86  {
87      while (scanf("%d",&n),n)        // 輸入球隊數，直至輸入 0 為止
88      {
89          init();                     // 輸入 n 支球隊和 Sheikh 想要看的 n-1 場比賽的訊息
90          work();                     // 計算和輸出分佈在多個輪次中的比賽日程
91      }
92      return 0;
93  }
```

2.2.3 ► Xiangqi

象棋（Xiangqi）是在中國最受歡迎的兩人對弈的棋類遊戲。象棋展現的是一個兩軍對壘的棋局，對弈雙方的目標是吃掉對方的「將軍」。在本題中，提供一個殘局，紅方已經走了一步，請看一下，棋局是不是「將死」。

象棋的一些基本規則如下。象棋棋盤有 10×9 個交叉點，棋子放在交叉點上。象棋棋盤的左上角的位置設定為（1, 1），右下角的位置設定為（10, 9）。象棋對弈雙方分為紅、黑兩方，象棋的棋子則用紅色或黑色的漢字標記，對弈雙方各執一方。在對弈時，每個玩家輪流將本方的一個棋子從它原來所在的交叉點移動到另一個交叉點。兩個棋子不能同時占據同一個點。本方一個棋子可以被移動到對方棋子占據的點，在這種情況下，對方的棋子就會被「吃掉」，即要從棋盤上移除這個棋子。如果某一方的將處在會被對方的下一步棋吃掉的情況下，則對方稱之為「將你一軍」。如果被將的一方無法採取任何行動來阻止自己的將被對方的下一步棋吃掉，則這種情況就被稱為「將死」。

在本題中，棋局裡只有 4 種棋子，介紹如下。

◆ 將（或帥）：將可以垂直移動或水平移動到下一個交叉點，不能離開「九宮」（棋盤中劃有交叉線的地方）。但如果和對方的將在同一直線上，並且直接面對面，即在兩個將之間沒有其他的棋子，則將可以「飛」過去吃掉對方的將，這種情況叫作「飛將」。

◆ 車：車可以垂直或水平移動任何距離，也可以垂直或水平移動去吃掉對方的棋子，但不能越過中間的棋子。

◆ 炮：炮像車一樣可以水平地或垂直地移動任何距離，如果炮要吃對方的棋子，則在炮和要吃掉的對方棋子之間必須隔 1 個棋子（對方棋子或本方棋子），炮越過這個中間棋子到要吃掉的對方棋子的交叉點上，吃掉這個棋子。

◆ 馬：馬每次走的方式是一直一斜，即先橫著或直著走一格，然後再斜著走一條對角線。所以，馬一次可走的選擇點是可以到達的四周 8 個點。如果在先橫著或直著走的那一格的交叉點上有別的棋子（如圖 2-5 所示），馬就無法朝這個方向走，這種情況被稱為「蹩馬腿」。

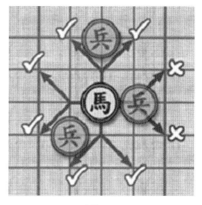

本題提供的棋局上，有一個黑方的將，一個紅方的將，以及若干紅方的車、馬、炮，並且紅方已經走了一步。現在輪到黑方走。請確定棋局的狀況是否是「將死」。

圖 2-5

輸入

輸入包含不超過 40 個測試案例。對於每個測試案例，第一行提供三個整數，表示紅方棋子的個數 N（$2 \le N \le 7$）以及黑方的將的位置。接下來的 N 行提供 N 個紅方棋子的資訊。對於每一行，用一個字元和兩個整數來表示棋子的類型和所在的位置（字元 'G' 表示將，字元 'R' 表示車，字元 'H' 表示馬，字元 'C' 表示炮）。本題設定，棋局的狀況是符合規則的，紅方已經走了一步了。

兩個測試案例之間有一個空行。輸入以 "0 0 0" 結束。

輸出

對於每個測試案例，如果棋局的狀況是「將死」，則輸出單字 "YES"，否則輸出單字 "NO"。

範例輸入	範例輸出
2 1 4	YES
G 10 5	NO
R 6 4	
3 1 5	
H 4 5	
G 10 5	
C 7 5	
0 0 0	

提示

第一個測試案例，黑方的將被紅方的車和「飛將」將死，棋局如圖 2-6 所示。

第二個測試案例，黑方的將可以移動到（1，4）或（1，6），避免被「將死」，棋局如圖 2-7 所示。

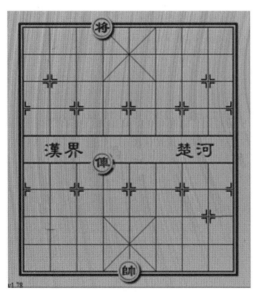

圖 2-6

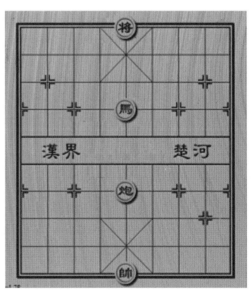

圖 2-7

試題來源： ACM Fuzhou 2011
線上測試： POJ 4001，UVA 5829

❖ **試題解析**

首先，判斷黑方的將是不是可以直接以「飛將」的方式「將死」紅方。如果黑方不能直接「將死」紅方，則對黑方的將下一步可以走到的交叉點，分析在這個交叉點是否會被紅方吃掉：首先判斷是否會被紅方「飛將」，然後判斷這個交叉點的四個方向上有沒有紅方的車；如果不存在車的威脅，則繼續判斷是否存在紅方的炮的威脅；如果不存在炮的威脅，則繼續判斷是否存在紅方的馬的威脅，當然還要考慮馬是否存在「蹩馬腿」的情況。

❖ **參考程式**

```
01   #include<iostream>
02   #include<cstdio>
03   #include<algorithm>
04   #include<cstring>
05   using namespace std;
06   int n,x1,y1;
07   int fx[4][2]={1,0,-1,0,0,1,0,-1};                         // 上下左右四個方向
08   int hr[8][2]={1,2,1,-2,2,1,2,-1,-1,2,-1,-2,-2,1,-2,1};   // 馬走的八個方向
09   int ff[8][2]={1,1,1,-1,1,1,1,-1,-1,1,-1,-1,1,-1,-1,-1};  // 分別對應馬的八個
10                                                             // 方向上絆腳的方向
11   struct st{
12       int x,y;
13   }bk[5];
14   char mp[15][15];
15   bool check1(int x,int y){                                 // 判斷將和帥是否面對面
16       for(int i=x+1;i<=10;i++){
17           if(mp[i][y]=='\0')continue;
18           if(mp[i][y]!='G')return false;
19           return true;
20       }
21       return false;
22   }
23   bool check(int x,int y){
24       if(check1(x,y))return false;
25       for(int i=0;i<4;i++){
26           int h = x+fx[i][0];
27           int l = y+fx[i][1];
28           while(h>=1&&h<=10&&l>=1&&l<=9){
29               if(mp[h][l]=='\0')
30               {
31                   h+=fx[i][0];
32                   l+=fx[i][1];
33                   continue;
34               }
35               if(mp[h][l]=='R')return false;                // 判車
36               int hh = h+fx[i][0];
37               int ll = l+fx[i][1];
38               while(hh>=1&&hh<=10&&ll>=1&&ll<=9){
39                   if(mp[hh][ll]=='\0')
40                   {
41                       hh+=fx[i][0];
42                       ll+=fx[i][1];
43                       continue;
44                   }
45                   if(mp[hh][ll]=='C')return false;          // 判炮
46                   break;
47               }
48               break;
```

```
49              }
50          }
51       for(int i=0;i<8;i++){
52           int h = x+hr[i][0];
53           int l = y+hr[i][1];
54           int hh =x+ff[i][0];
55           int ll = y+ff[i][1];
56           if(h>=1&&h<=10&&l>=1&&l<=9&&mp[h][l]=='H'&&mp[hh][ll]=='\0')
57              {
58                    return false;                              // 判馬
59              }
60          }
61      return true;
62  }
63  int main()
64  {
65      while(~scanf("%d%d%d",&n,&x1,&y1)&&(n+x1+y1)){
66          memset(mp,0,sizeof(mp));
67          int cnt = 0;
68          char ch[5];
69          int a,b;
70          for(int i=0;i<n;i++){
71           scanf("%s%d%d",ch,&a,&b);
72           mp[a][b]=ch[0];
73          }
74           for(int i=0;i<4;i++){
75              int x = x1+fx[i][0];
76              int y = y1+fx[i][1];
77              if(x>=1&&x<=3&&y>=4&&y<=6){
78              bk[cnt].x = x;
79              bk[cnt++].y = y;
80           }
81          }
82          if(check1(x1,y1)) cout<<"NO"<<endl;
83          else{
84               int flag = 1;
85               for(int i=0;i<cnt;i++){
86                    char cc = mp[bk[i].x][bk[i].y];
87                    if(cc!='\0')mp[bk[i].x][bk[i].y]='\0';
88                    if(check(bk[i].x,bk[i].y)){
89                         flag=0;
90                         cout<<"NO"<<endl;
91                         break;
92                    }
93                    mp[bk[i].x][bk[i].y] = cc;
94               }
95               if(flag) cout<<"YES"<<endl;
96          }
97      }
98      return 0;
99  }
```

2.3　建構法模擬的實作範例

建構法模擬需要完整精確地建構出反映問題本質的數學模型，根據該模型設計狀態變化的參數，計算模擬結果。由於數學模型準確地表示各觀事物的運算關係，因此其效率一般比較高。

建構法模擬的關鍵是建構數學模型。問題是，能產生正確結果的數學模型並不是唯一的，從不同的思維角度看問題，可以得出不同的數學模型，而模擬效率和程式編寫複雜度往往因數學模型而異。即便有數學模型，解該模型的準確方法是否有現成演算法及程式編寫複雜度如何，這些問題也需要仔細考慮。

2.3.1 ► Packets

一家工廠生產的產品被包裝在一個正方形的包裝盒中，產品具有相同的高度 h，大小規格為 $1×1$、$2×2$、$3×3$、$4×4$、$5×5$ 和 $6×6$。這些產品用高度為 h、大小規格為 $6×6$ 的正方形郵包交付給客戶。因為費用問題，工廠和客戶都要求將訂購的物品從工廠發送給客戶的郵包數量最小化。請編寫一個程式，對於要按照訂單發送的特定產品，求出最少的郵包數量，以節省費用。

輸入

輸入由若干行組成，每行描述一份訂單，每份訂單由 6 個整數組成，整數之間用一個空格分開，連續的整數表示從最小的 $1×1$ 到最大的 $6×6$ 每種大小的包裝盒的數量，輸入以包含 6 個 0 的一行結束。

輸出

對每行輸入，輸出一行，提供郵包的最小數量。對於輸入的最後一行「空輸入」沒有輸出。

範例輸入	範例輸出
0 0 4 0 0 1	2
7 5 1 0 0 0	1
0 0 0 0 0 0	

試題來源： ACM Central Europe 1996

線上測試： POJ 1017，ZOJ 1307，UVA 311

❖ **試題解析**

這是一道建構法模擬題，其使用的數學模型是一個貪心策略——按照尺寸遞減的順序裝入包裝盒。由於郵包的尺寸為 $6×6$，因此每個 $4×4$、$5×5$ 和 $6×6$ 的包裝盒需要單獨一個郵包。

◆ $6×6$：一個 $6×6$ 包裝盒恰好放入一個 $6×6$ 的郵包。

◆ $5×5$：一個 $5×5$ 包裝盒放入一個 $6×6$ 的郵包中，郵包中剩下的空間可以用 $1×1$ 包裝盒填充。

◆ 4×4：一個 4×4 包裝盒放入一個 6×6 的郵包中，然後，可以先用 2×2 包裝盒填充剩餘空間，如果沒有 2×2 包裝盒，則用 1×1 包裝盒填充剩餘空間。

◆ 3×3：在一個 6×6 的郵包中可以放 4 個 3×3 包裝盒。

2×2 包裝盒和 1×1 包裝盒同樣處理。

設 $i \times i$ 的包裝盒數為 a_i（$1 \leq i \leq 6$），本題的求解實作方法如下：

放入 6×6、5×5、4×4、3×3 的包裝盒至少需要郵包數 $M = a_6 + a_5 + a_4 + \left\lceil \dfrac{a_3}{4} \right\rceil$。

M 個郵包可填入 2×2 的包裝盒數 $L_2 = a_4 \times 5 + u[a_3 \bmod 4]$，其中 $u[0] = 0$，$u[1] = 5$，$u[2] = 3$，$u[3] = 1$。如果還有剩餘的 2×2 的包裝盒（$a_2 > L_2$），則放入新增的 $\left\lceil \dfrac{a_2 - L_2}{9} \right\rceil$ 個郵包，即 $M += \left\lceil \dfrac{a_2 - L_2}{9} \right\rceil$。

最後，將 1×1 的包裝盒填入上述的 M 個郵包，可以填裝 1×1 的包裝盒數量是 L_1（$= m \times 36 - a_6 \times 36 - a_5 \times 25 - a_4 \times 16 - a_3 \times 9 - a_2 \times 4$）。如果還有剩餘的 1×1 包裝盒（$a_1 > L_1$），則放入新增的 $\left\lceil \dfrac{a_1 - L_1}{36} \right\rceil$ 個郵包，即 $M += \left\lceil \dfrac{a_1 - L_1}{36} \right\rceil$。

所以，M 是放入所有包裝盒的最少郵包數。

❖ 參考程式

```
01    #include <iostream>
02    using namespace std;
03    int main()
04    {
05        int a[10],i,j,sum,m,left1,left2;
06        // 每種尺寸的包裝盒數為 a[]；包裝盒總數為 sum；使用的郵包數為 m；目前郵包可裝入 2×2 的包裝
07        // 盒數為 left2，可裝入 1×1 的包裝盒數為 left1
08        int u[4]={0,5,3,1};                // u[a[3]% 4]
09        while (1)
10        {
11            sum=0;
12            for(i=1;i<=6;i++)              // 輸入每種尺寸的包裝盒數量，累計包裝盒的總數
13            {
14                cin>>a[i];
15                sum+=a[i];
16            }
17            if(sum==0) break;              // 若輸入 6 個 0，則退出程式
18            m=a[6]+a[5]+a[4]+(3+a[3])/4;   // 計算放入前 4 種大尺寸的包裝盒至少需要的郵包數
19            left2=a[4]*5+u[a[3]%4];        // 計算 M 個郵包可填入 2×2 的包裝盒數
20            if(a[2]>left2)                 // 若 2×2 的包裝盒有剩餘，則累計新增的郵包
21                m+=(a[2]-left2+8)/9;
22            left1=m*36-a[6]*36-a[5]*25-a[4]*16-a[3]*9-a[2]*4;   // 填滿上述郵包需要使用
23                                                               // 1×1 的包裝盒數
24            if(a[1]>left1)                 // 若 1×1 的包裝盒有剩餘，則累計新增的郵包
25                m+=(a[1]-left1+35)/36;
26            cout<<m<<endl;                 // 輸出最少郵包數
27        }
28        return 0;
29    }
```

2.3.2 ► Paper Cutting

ACM 經理需要用名片將他們自己介紹給客戶和合作夥伴。在名片上的資訊被印刷到一大張紙上之後，要用一台特殊的切割機來切割紙張。由於機器的操作花費非常昂貴，因此要盡量減少切割的次數。請程式編寫，找到切割產生名片的最佳解決方案。

切割有若干條必須遵守的限制。要以恰好 $a \times b$ 張名片的網格結構印刷名片。由於印刷軟體的限制，結構的尺寸（在一個行和列中名片的數量）是固定的，不能改變。紙張是矩形的，它的大小是固定的。網格必須與紙張的邊垂直，也就是說，它只可以有 90° 的旋轉。但是，可以交換行和列的涵義，名片可以放置在紙張上的任何位置，名片的邊和紙張邊可以重合。

例如，設定名片的大小是 3cm×4cm，網格大小為 1×2 張名片。圖 2-8 提供了網格的四個可能方案。要求提供每種情況所需要的最小的紙張尺寸。

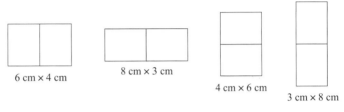

6 cm × 4 cm

8 cm × 3 cm

4 cm × 6 cm

3 cm × 8 cm

圖 2-8

用於切割名片的切割機能夠進行任意長度的連續切割，切割能夠貫穿整片的紙張，不會中途停止。一次切割只能針對一片紙張——不能為了節省切割次數將紙片疊加起來切，也不能把紙張折疊起來切。

輸入

輸入由若干測試案例組成，每個測試案例由在一行上的 6 個正整數 A、B、C、D、E、F 組成，整數間用一個空格分開。

其中 A 和 B 是矩形網格的大小，$1 \le A$，$B \le 1000$；C 和 D 是名片的尺寸，以公分為單位，$1 \le C$，$D \le 1000$；E 和 F 是紙張的尺寸，以公分為單位，$1 \le E$，$F \le 1000000$。

輸入以 6 個 0 的一行結束。

輸出

對每個測試案例，輸出一行，該行提供："The minimum number of cuts is X."，其中 X 是要求切割的最小次數。如果紙張不能符合卡片網格，則輸出 "The paper is too small."。

範例輸入	範例輸出
1 2 3 4 9 4	The minimum number of cuts is 2.
1 2 3 4 8 3	The minimum number of cuts is 1.
1 2 3 4 5 5	The paper is too small.
3 3 3 3 10 10	The minimum number of cuts is 10.
0 0 0 0 0 0	

試題來源：CTU Open 2003
線上測試：POJ 1791，ZOJ 2160

❖ 試題解析

先在紙張中切網格，然後在網格內切名片。設矩形網格大小為 $a \times b$，名片尺寸為 $c \times d$，紙張尺寸為 $e \times f$。也就是說，縱向有 a 張尺寸為 c 的名片，縱向總長為 $a \times c$；橫向有 b 張尺寸為 d 的名片，即橫向總長為 $b \times d$。而名片的切割在紙張範圍內進行，由此得出約束條件：$(a \times c \leq e)$ && $(b \times d \leq f)$。

切出大小為 $a \times b$ 的網格，至少需要 $a \times b - 1$ 次切割。若 $a \times c < e$，則縱向上還得增加 1 次切割；若 $b \times d < f$，則橫向上還得增加 1 次切割。由此得出最少切割次數為 $C_0 = a \times b - 1 + (a \times c < e) + (b \times d < f)$。

因為網格的不同旋轉方式可能導致切割次數不同，所以網格轉 90°、180°、270° 相當於三種情況：

◆ 網格大小為 $b \times a$（轉 90°）、名片尺寸為 $c \times d$（不變）、紙張尺寸為 $e \times f$（不變）。

◆ 網格大小為 $a \times b$（不變）、名片尺寸為 $d \times c$（轉 90°）、紙張尺寸為 $e \times f$（不變）。

◆ 網格大小為 $b \times a$（轉 90°）、名片尺寸為 $d \times c$（轉 90°）、紙張尺寸為 $e \times f$（不變）。

按照上述方法依次得出三種情況下的切割次數 c_1、c_2、c_3，如果其中任一種情況不滿足約束條件，則切割次數為 ∞。顯然，最少切割次數為 $\text{Ans} = \min\{c_0, c_1, c_2, c_3\}$，若 $\text{Ans} = \infty$，則說明紙張不能符合卡片網格，因為所有可能情況都不滿足約束條件。

❖ 參考程式

```
01   #include <stdio.h>
02   #include <stdlib.h>
03   #include <limits.h>
04   #define TOOBIG INT_MAX
05   int ncuts(int a,int b,int c,int d,int e,int f) ;
06   void do_solve(int a,int b,int c,int d,int e,int f)
07   // 輸入矩形網格大小、卡片尺寸和紙張的尺寸，列舉旋轉的 4 種情況，計算最小切割次數
08   {
09     int x,m ;
10     m=ncuts(a,b,c,d,e,f) ;                  // 計算未旋轉的切割次數
11     if ((x=ncuts(b,a,c,d,e,f))<m) m=x ;     // 網格轉 90°，調整最小切割次數
12     if ((x=ncuts(a,b,d,c,e,f))<m) m=x ;     // 卡片轉 90°，調整最小切割次數
13     if ((x=ncuts(b,a,d,c,e,f))<m) m=x;      // 網格和卡片各轉 90°，調整最小切割次數
14     if (m==TOOBIG)
15       puts("The paper is too small.") ;
16     else
17       printf("The minimum number of cuts is " "%d.\n",m) ;
18   }
19   int ncuts(int a,int b,int c,int d,int e,int f)
20   // 計算目前情況下（矩形網格大小為 (a,b)，卡片尺寸為 (c,d)，紙張尺寸為 (e,f)）的最小切割次數
21   {
22     if (a*c>e || b*d>f) return TOOBIG ;     // 若超出紙張範圍，則傳回 ∞
23     return a*b-1+(a*c<e)+(b*d<f)  ;         // 傳回切割次數
24   }
25   int main()
26   { int a,b,c,d,e,f ;
27     for(;;) {
```

```
28       a=0 ; b=0 ; c=0 ; d=0 ; e=0 ; f=0 ;
29       scanf("%d %d %d %d %d %d",&a,&b,&c,&d,&e,&f) ;   // 輸入矩形網格大小、
30                                                         // 卡片尺寸和紙張的尺寸
31       if (!a && !b && !c && !d && !e && !f) break ;     // 若全 0，則結束程式
32       do_solve(a,b,c,d,e,f) ;
33    }
34    return 0 ;
35  }
```

2.4　相關題庫

2.4.1 ► Mileage Bank

ACM（Airline of Charming Merlion，迷人的魚尾獅航空公司）的飛行里程計畫對於經常要乘坐飛機的旅客非常實惠。一旦乘坐了一次 ACM 航班，就可以在 ACM 里程銀行中根據實際飛行里程賺取 ACM 獎勵里程。而且，可以使用 ACM 里程銀行中的 ACM 獎勵里程來兌換將來的 ACM 免費機票。

下表幫助你計算當你要乘坐 ACM 航班的時候，可以賺取多少 ACM 獎勵里程。

ACM 機票種類	艙類代碼	獎勵里程
頭等艙	F	實際里程 +100% 獎勵里程
商務艙	B	實際里程 +50% 獎勵里程
經濟艙 1 ～ 500 英里 [1] 500+ 英里	Y	500 英里 實際里程

它表示，ACM 獎勵里程由兩部分組成。一部分是實際飛行里程（一個航班的經濟艙的最低 ACM 獎勵里程為 500 英里），另一部分是乘坐商務艙和頭等艙飛行的獎勵里程（其精確度可達 1 英里）。例如，你乘坐 ACM 航班從北京飛到東京（北京和東京之間的實際里程是 1329 英里），根據你乘坐的艙類 Y、B 或 F 分別可以被獎勵 1329 英里、1994 英里或 2658 英里。你乘坐 ACM 航班從上海飛往武漢（上海和武漢之間的實際里程為 433 英里），你乘坐經濟艙可以被獎勵 500 英里，乘坐商務艙可以被獎勵 650 英里。

請幫助 ACM 編寫一個程式，自動計算 ACM 的里程獎勵。

輸入

輸入包含若干測試案例，每個測試案例含多條航班記錄，每條航班記錄一行，格式如下：

出發城市　目的地城市　實際里程　艙類代碼

每個測試案例以包含一個 0 的一行結束。以包含一個 # 的一行表示輸入結束。

1　1 英里 =1.609344 公里。編輯註

輸出

對每個測試案例，輸出一行，提供 ACM 獎勵里程的總和。

範例輸入	範例輸出
Beijing Tokyo 1329 F Shanghai Wuhan 433 Y 0 #	3158

試題來源：ACM Beijing 2002

線上測試：POJ 1326，ZOJ 1365，UVA 2524

提示

本題是一道簡單的直敘式模擬題：依次輸入航班資訊，根據每次航班的實際里程和艙類代碼累計獎勵里程的總和。

2.4.2 ▶ Cola

便利店提供以下優惠：「每 3 個空瓶可以換 1 瓶可口可樂。」

現在，你準備從便利店買一些可口可樂（N 瓶），你想知道最多可以從便利店喝到多少瓶可口可樂。

圖 2-9 提供 $N=8$ 的情況。方法 1 是標準的方法：喝完 8 瓶可樂之後，你有 8 個空瓶；你用 6 只空瓶去換，得到了 2 瓶新的可口可樂；喝完後你有 4 個空瓶子，因此你用 3 個空瓶又換了一瓶新的可樂。最後，你手上有 2 只空瓶，所以你不能再去換到新的可樂了。因此，你一共喝到 $8+2+1=11$ 瓶可樂。

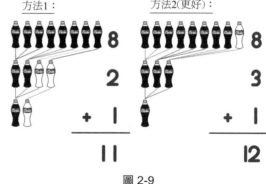

圖 2-9

但實際上可以有更好的方法。在方法 2 中，你先從你的朋友（或者店主）處借一個空瓶子，這樣你就可以喝 $8+3+1=12$ 瓶可樂！當然，你要還給你的朋友剩下的空瓶子。

輸入

輸入若干行，每行提供一個整數 N（$1\le N\le 200$）。

輸出

對於每個測試案例，程式要輸出最多可以喝到多少瓶可樂。可以向別人借空瓶子，但如果這樣做，要確保有足夠的空瓶還給他們。

範例輸入	範例輸出
8	12

試題來源：Contest of Newbies 2006

線上測試：UVA 11150

提示

設想買的可口可樂的瓶數為 n；借的空瓶數為 i；總瓶數為 cnt，兌換前 cnt＝$n+i$；實際喝的可口可樂瓶數為 tot，兌換前 tot＝n；ans 為最多可喝到的可口可樂瓶數，初始時為 0。

反覆模擬如下兌換過程，直至 cnt≤3 為止：

```
產生的空瓶數 tmp=cnt%3;
增加的飲料瓶數 cnt/=3;
實際喝到的飲料瓶數 tot+=cnt;
總瓶數 cnt+=tmp;
if (cnt≥i &&tot>ans) ans=tot;      // 若能償還借來的空瓶且喝到的飲料最多，則記下
```

由於每 3 個空瓶可以換 1 瓶可口可樂，因此只有 $i=0$、$i=1$、$i=2$ 這三種情況。按照上述方法模擬這種兌換情況，最後得出的 ans 即為最多可喝到的可樂瓶數。

2.4.3 ► The Collatz Sequence

Lothar Collatz 提供的一個產生整數序列的演算法如下：

Step 1：任意選擇一個正整數 A 作為序列中的第一項。

Step 2：如果 $A=1$，則演算法終止。

Step 3：如果 A 是偶數，則用 $A/2$ 代替 A，轉 Step 2。

Step 4：如果 A 是奇數，則用 $3×A+1$ 代替 A，轉 Step 2。

已經證明初始 A 的值小於等於 10^9 時，這一演算法會終止，但 A 的有些值在這一序列中會超出許多電腦上整數型別的範圍。在本題中，請確定這一序列的長度，這一序列要包括所有的值，或者演算法正常終止（在 Step 2），或者產生的值大於指定的限制（在 Step 4）。

輸入

本題的輸入包含若干測試案例。對每個測試案例，輸入一行，提供兩個正整數，第一個整數提供 A 的初始值（Step 1），第二個整數提供 L，表示序列中項的限制值。A 和 L 都不會大於 2147483647（可以在 32 位元有符號整數型別中儲存的最大值）。A 的初始值總是小於 L。在最後一個測試案例後的一行提供兩個負整數。

輸出

對每個輸入的測試案例，輸出案例編號（從 1 開始順序編號）、一個冒號、A 的初始值、限制值 L，以及項的數量。

範例輸入	範例輸出
3 100	Case 1: A=3, limit=100, number of terms=8
34 100	Case 2: A=34, limit=100, number of terms=14
75 250	Case 3: A=75, limit=250, number of terms=3
27 2147483647	Case 4: A=27, limit=2147483647, number of terms=112
101 304	Case 5: A=101, limit=304, number of terms=26
101 303	Case 6: A=101, limit=303, number of terms=1
−1 −1	

試題來源： ACM North Central Regionals 1998

線上測試： UVA 694

提示

這是一道按指令行事的直序模擬題。若初始值為 a、序列中項的限制值為 1，則按照下述方法計算項數 ans：

```
ans 初始化為 0；
    while(a<=l&&a!=1){  // 若目前項值不超過上限且非 1，則項數 +1
        ans++;
        根據 a 的奇偶性計算下一項，即 a=a&1?3*a+1:a/2；
        }
if(a==1)  ans++;            // 若最後一項為 1，則增加 1 項
```

2.4.4 ► Let's Play Magic!

有一個紙牌魔術叫「拼字蜜蜂」，過程如下：

魔術師首先將 13 張紙牌放置成一個圓形，如圖 2-10 所示。

（1）從標誌的位置開始，按順時針對紙牌進行報數，說「A—C—E」。

（2）然後將在 "E" 位置的紙牌翻轉過來，在圖 2-10 中是紙牌中的 A（Ace）！

（3）接下來，將這張 A 拿走，繼續報數，說「T—W—O」。

（4）然後將在 "O" 位置的紙牌翻轉過來，在圖 2-10 中是紙牌中的 2（Two）！

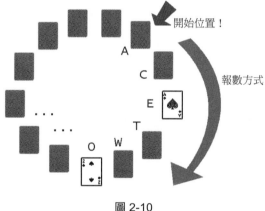

圖 2-10

（5）對剩下的紙牌繼續這樣做，剩下的紙牌為從 3（Three）到國王（King）。

現在要問，魔術師會如何放置這些紙牌？

輸入

輸入由多個測試案例組成。每個測試案例首先提供一個整數 N（$1 \leq N \leq 52$），表示在魔術中使用的紙牌的數量。接下來的 N 行提供紙牌翻轉的次序以及被拼寫的單字，沒有單字會超過 20 個字元。每張紙牌的格式是兩個字元的字串：第一個是值，第二個是紙牌的花色。

輸入以 $N = 0$ 結束，這一測試案例不用處理。

輸出

對每個測試案例，輸出紙牌初始的放置次序。

範例輸入	範例輸出
13 AS ACE 2S TWO 3S THREE 4C FOUR 5C FIVE 6C SIX 7D SEVEN 8D EIGHT 9D NINE TH TEN JH JACK QH QUEEN KH KING 0	QH 4C AS 8D KH 2S 7D 5C TH JH 3S 6C 9D

試題來源：Return of the Newbies 2005

線上測試：UVA 10978

提示

N 張紙牌排成一圈，從某張卡片開始，魔術師按順時針方向對紙牌進行報數：拼讀 N 個單字，當一個單字的最後一個字母被讀出時，相關的紙牌被翻轉過來，然後從圈中取走。

本題提供紙牌翻轉的次序以及被拼寫的單字，要求計算紙牌初始的放置順序。

本題的演算法模擬魔術師的動作，復原紙牌初始的放置次序。

2.4.5 ▶ Throwing cards away I

提供一副已經排好序的 n 張紙牌，編號為 $1 \sim n$，編號為 1 的紙牌在頂，編號為 n 的紙牌在底。只要這副紙牌至少還有兩張紙牌，就執行下述操作：將頂部的紙牌丟棄掉，然後將此時在頂部的牌移到底部。

請編寫程式，提供丟棄紙牌的序列，以及最後留下的紙牌。

輸入

輸入的每行（除最後一行之外）提供一個整數 $n < 50$，最後一行提供 0，程式不用處理這一行。

輸出

對於輸入的每一個數字，輸出兩行。第一行提供丟棄的紙牌的序列，第二行提供最後留下的那張紙牌。在每一行沒有前導和後繼空格，見範例的格式。

範例輸入	範例輸出
7 19 10 6 0	Discarded cards: 1, 3, 5, 7, 4, 2 Remaining card: 6 Discarded cards: 1, 3, 5, 7, 9, 11, 13, 15, 17, 19, 4, 8, 12, 16, 2, 10, 18, 14 Remaining card: 6 Discarded cards: 1, 3, 5, 7, 9, 2, 6, 10, 8

範例輸入	範例輸出
	Remaining card: 4
	Discarded cards: 1, 3, 5, 2, 6
	Remaining card: 4

試題來源： A Special Contest 2005

線上測試： UVA 10935

提示

按題目所描述進行模擬，模擬採用的資料結構為佇列。

2.4.6 ▶ Gift?!

在一個小村莊裡有一條美麗的河。n 塊石頭從 1 到 n 編號，從左岸到右岸以一條直線排列：

[左岸]–[Rock 1]–[Rock 2]–[Rock 3]–[Rock 4]⋯[Rock n]–[右岸]

兩塊相鄰的石頭之間的距離正好是 1 公尺，左岸和 Rock 1 以及 Rock n 和右岸的距離也是 1 公尺。

青蛙 Frank 要過河，其鄰居青蛙 Funny 來對它說：「喂，Frank，兒童節快樂！我有個禮物給你，你看見了嗎？在 Rock 5 上的一個小包裹。」

「啊！太好了！謝謝你，我這就去取。」

「等等……這份禮物只給聰明的青蛙，你不能直接跳到那裡去取。」

「啊？那麼我應該做什麼？」

「要跳多次，首先你從左岸跳到 Rock 1，然後，無論向前還是往後，你想跳幾次就跳幾次，但你第 i 次跳必須達到 $2*i-1$ 公尺。更重要的是，一旦你返回左岸或到達右岸，遊戲結束，你就不能再跳了。」

「唔，這不容易……讓我考慮一下。」青蛙 Frank 答道，「我可以試一下嗎？」

輸入

輸入提供不超過 2000 個測試案例。每個測試案例一行，提供兩個正整數 n（$2 \leq n \leq 10^6$）和 m（$2 \leq m \leq n$），m 表示放置禮物的石頭的編號。以 $n=0$，$m=0$ 的測試案例終止輸入，程式不必處理這一測試案例。

輸出

對每個測試案例，如果可以到達 Rock m，則輸出一行 "Let me try!"；否則，輸出一行 "Don't make fun of me!"。

範例輸入	範例輸出
9 5	Don't make fun of me!
12 2	Let me try!
0 0	

注意

在第 2 個測試案例中，Frank 可以用下述方法去取禮物：向前（到 Rock 4），向前（到 Rock 9），向後（到 Rock 2），取得禮物！

如果 Frank 在最後一跳向前跳，那麼它就跳上了右岸（本題設定右岸足夠寬闊），也就輸掉了這場遊戲。

試題來源： OIBH Online Programming Contest 1
線上測試： ZOJ 1229，UVA 10120

提示

設河中有 n 塊石頭。可以證明：當 $n>50$ 時，Frank 可以跳到所有的石頭上；但如果 $n\leq50$，則需要確定 Frank 是否可以跳到放置禮物的石頭上。因此，本題首先離線確定河中有 n 塊石頭時，Frank 是否可以跳到 Rock m 上（其中 $1\leq n\leq50$，$1\leq m\leq n$）：

$$\text{ans}[n][m]=\begin{cases} \text{true} & \text{在河中有 } n \text{ 塊石頭時，} n \text{ Frank 能跳到 Rock } m \text{ 上} \\ \text{false} & \text{在河中有 } n \text{ 塊石頭時，} n \text{ Frank 不能跳到 Rock } m \text{ 上} \end{cases}$$

然後，對於每個測試案例 n 和 m，如果 $n\leq50$，則根據 $\text{ans}[n][m]$ 輸出結果。

2.4.7 ▶ A-Sequence

A- 序列（A-Sequence）是一個由正整數 a_i 組成的序列，滿足 $1\leq a_1<a_2<a_3<\cdots$，並且序列中每個 a_k 不是序列中早先出現的兩個或多個不同項的和。

請編寫一個程式，確定提供的序列是不是一個 A- 序列。

輸入

輸入由若干行組成，每行先提供一個整數 $2\leq D\leq30$，表示目前序列的整數個數。然後提供一個序列，該序列由整數組成，每個整數大於等於 1，並且小於等於 1000。輸入以 EOF 結束。

輸出

對每個測試案例，輸出兩行：第一行提供測試案例編號和這一序列；如果相關的測試案例是一個 A- 序列，則第二行輸出 "This is an A-sequence."；如果相關的測試案例不是一個 A- 序列，則第二行輸出 "This is not an A-sequence."。

範例輸入	範例輸出
2 1 2 3 1 2 3 10 1 3 16 19 25 70 100 243 245 306	Case #1: 1 2 This is an A-sequence. Case #2: 1 2 3 This is not an A-sequence. Case #3: 1 3 16 19 25 70 100 243 245 306 This is not an A-sequence.

試題來源： UFRN-2005 Contest 2
線上測試： UVA 10930

提示

將序列中早先出現的數和儲存在 g[] 表中，g[] 表的長度為 tot；數和產生的標誌設為 $f[]$，即 $f[k]$ 標誌 k 是否為序列中早先出現的多個不同項的和；z 為目前輸入的整數，la 為前一個輸入的整數。

我們依次讀入每個數 z：如果 z 是已經出現過的數和或者 z 小於前一個輸入的整數（$f[z] \| z \le \text{la}$），則輸出非 A- 序列的訊息並退出計算過程，否則分析 g 表中的每個數和：如果 $g[i]+z$ 未在 g[] 表中出現（$!f[g[i]+z]$），則將 $g[i]+z$ 加入 g[] 表，並設 $f[g[i]+z] = \text{true}$。然後將 z 設為前一個輸入的整數（$\text{la} = z$），再處理下一個數。

這個過程一直進行到序列中的所有整數處理完為止。

2.4.8 ▶ Building designing

一個建築師要設計一幢非常高的建築物。該建築物將由若干樓層組成，每個樓層的地板都有確定的大小，並且一個樓層地板的大小必須大於它上面樓層地板的大小。此外，建築師還是一個著名的西班牙足球隊的球迷，要在建築物上漆上藍色和紅色，每個樓層一種顏色，這樣，兩個連續的樓層的顏色是不同的。

這棟 n 層結構的建築物，每個樓層具有相關的大小和顏色，所有的樓層大小不同。建築師要在這些限制下設計最高可能的建築物，使用可用的樓層。

輸入

輸入的第一行提供測試案例數 p，每個測試案例的第一行提供可能的樓層的數目，然後每行提供每個樓層的大小和顏色，每個樓層用一個 -999999 到 999999 之間的整數表示，不存在樓層的大小為 0，負數表示紅色的樓層，正數表示藍色的樓層，樓層的大小是這個數字的絕對值。不存在兩個樓層有相同的大小。本題樓層的最大數目是 500000。

輸出

對每個測試案例，輸出一行，提供在上述條件下最高建築的樓層數。

範例輸入	範例輸出
2	2
5	5
7	
−2	
6	
9	
−3	
8	
11	
−9	
2	
5	
18	
17	
−15	
4	

試題來源： IV Local Contest in Murcia 2006
線上測試： UVA 11039

提示

輸入每層樓的大小和顏色，所有樓層按照大小遞減的順序排序。然後將底層顏色設為藍色，按照相鄰層顏色交替的要求計算最長遞減子序列的長度 l_1；接下來將底層顏色設為紅色，按照相鄰層顏色交替的要求計算最長遞減子序列的長度 l_2。

顯然，最高建築的樓層數為 $\max\{l_1, l_2\}$。

2.4.9 ▶ Light Bulbs

好萊塢最新的劇院 Atheneum of Culture and Movies（ACM）有一個巨大的電腦控制的遮篷，上面有成千上萬盞燈。一排燈由一個電腦程式進行自動控制。不幸的是，電工在安裝開關時出現了錯誤，而今晚是 ACM 的開業式。請編寫一個程式，使開關能正常執行。

遮篷上的一排 n 盞燈由 n 個開關控制。燈和開關從左到右的編號是 $1 \sim n$。每個燈泡不是開就是關。每個測試案例提供一排燈的初始情況和希望最後達到的情況。

原來的照明計畫是讓每個開關控制一個燈泡。然而，電工的錯誤造成了每一個開關控制兩個或三個連續的燈泡，如圖 2-11 所示。最左邊的開關（$i=1$）操控兩個最左邊的燈泡（1 和 2）；最右邊的開關（$i=n$）操控兩個最右邊的燈泡（$n-1$ 和 n），即如果燈泡 1 開而燈泡 2 關，則翻轉開關 1，燈泡 1 關而燈泡 2 開。每個其他的開關（$1<i<n$）操控三個燈泡：$i-1$、i 和 $i+1$（特例是只有一個燈泡和一個開關，開關的切換簡單地操控燈泡）。將一行燈泡從初始狀態轉化到最終狀態的最小變化代價，是完成這一變化所需要進行的最小的開關翻轉次數。

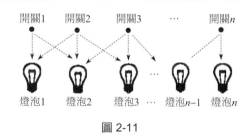

圖 2-11

用二進位來表示一排燈的狀態，其中 0 表示燈關，1 表示燈開。例如，01100 表示有 5 盞燈，第 2 和 3 盞燈開著。透過翻轉開關 1、4 和 5 可以把這一狀態轉換為 10000，但也可以簡單地翻轉開關 2，這樣代價最小。

請編寫一個程式，求出將一排燈從初始狀態轉變為最終狀態要翻轉開關的最小代價。在某些初始狀態和最終狀態之間不存在轉換。為了表達上的緊湊，採用十進位整數而不是二進位來表示燈泡的狀況，即 01100 和 10000 分別用十進位數字 12 和 16 來表示。

輸入

輸入包含若干測試案例，每個測試案例一行，每行提供兩個非負的十進位整數，至少一個是正數，每個最多 100 位。第一個整數表示一排燈的最初狀態，第二個整數表示這排燈的最終狀態。這兩個整數對應的二進位數字表示這些燈的初始狀態和最終狀態，1 表示燈開著，0 表示燈關著。

為了避免前置字元為零的問題，本題設定第一盞燈不論在初始狀態還是在最終狀態（或者兩者都是）都是開著的。在輸入行中，資料的前後沒有空格，兩個十進位整數沒有前置字元為零，初始狀態和最終狀態由一個空格分開。

在最後一個測試案例後，跟著一行，由兩個零組成。

輸出

對於每個測試案例，輸出一行，提供測試案例編號和一個十進位數字，表示將那排燈從初始狀態轉換到最終狀態需要翻轉開關的最小代價集合。在這個整數對應的二進位數字中，最右邊的數字表示第 n 個開關，1 表示開關被翻轉，0 表示開關沒有被翻轉。如果無解，輸出 "impossible"；如果有多於一個解，則輸出等價的最小十進位數字。

在兩個測試案例之間輸出一空行，輸出格式如下所示。

範例輸入	範例輸出
12 16	Case Number 1: 8
1 1	
3 0	Case Number 2: 0
30 5	Case Number 3: 1
7038312 7427958190	
4253404109 657546225	Case Number 4: 10
0 0	
	Case Number 5: 2805591535
	Case Number 6: impossible

試題來源： ACM World Finals-Beverly Hills-2003
線上測試： UVA 2722

提示

每個開關要麼翻轉要麼不動，不可能翻轉多次。當第一個開關動作確定之後，只有第二個開關會影響到第一盞燈，所以第二個開關動作也確定了，以此類推，可以確定所有開關動作。所以列舉第一個開關是否翻轉，然後依次推出後面所有開關動作。由於範圍較大，所以用高精確度。

2.4.10 ▶ Link and Pop──the Block Game

最近，Robert 在網際網路上發現了一款新遊戲，是最新版本的「連連看」（Link and Pop）。遊戲規則很簡單。開始提供 $n \times m$ 的方格板，在板上放滿 $n \times m$ 塊方格，每個這樣的方格上面都有一個符號。你需要做的就是找到一對具有相同符號的方格，這對方格透過最多三條連續的水平或垂直線段相連。

要注意的是，線段不能穿過方格板上的其他方格（圖 2-12 提供了可能連接的實例，注意一些方格已經從板上刪除）。

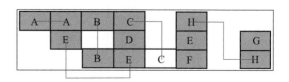

圖 2-12

如果你找到了這樣的一對方格，這兩個方格就可以被彈出（即被刪除）。在此之後，一些方格可以按後面描述的規則移動到方格板上新的位置。然後，開始尋找下一對方格。遊戲繼續進行，直到方格板上沒有方格留下或者不能找到這樣的一對方格。

根據下述規則移動方格。首先，每個方格有一個運動屬性：「上」（up）、「下」（down）、「左」（left）、「右」（right）和「停著不動」（stand still）。在一對方格被刪除後，對其他的方格進行逐一檢查，看是否可以朝其運動屬性的方向移動。從最上面一行中的方格開始，從上到下逐行檢查；在同一行內，從左到右逐個方格檢查；如果按方格的移動屬性提供方向的相鄰位置沒有被占據，就將方格移動到這個位置。方格不能移動到方格板的邊界之外。當然，方格的屬性「停著不動」表示方格留在原來的位置。所有的方格被檢查稱為一個檢查輪次，在一個檢查輪次結束後，下一輪的檢查輪次就又開始了。這種情況持續下去，直到按照移動規則，沒有方格可以移動到一個新的位置。這裡要注意的是，在每個檢查輪次中，每個方格被檢查，可能僅移動一次。一個方格在一輪檢查中，如果已經被檢查過，就不會再被檢查，並移動到一個新的位置。

Robert 感到這個遊戲非常有趣。然而，在玩了一段時間後，他發現，當方格板很大的時候，找到一對相關的方格就變得非常難。而且，他經常因為沒有更多的方格對被找到，而被迫結束遊戲。Robert 認為，這不是他的過錯，並不是所有的方格都可以被彈出和刪除。如果方格最初是隨機放置的，那麼很可能這場遊戲是無解的。然而，透過多次玩遊戲來證明這一點，是非常耗時的。因此，Robert 請你為他編寫一個程式，模擬他在比賽中的行為，來看看是否可以完成遊戲。

為了使這個程式可行，Robert 總結了他選擇方格對的規則。首先，找到可以用一條直線線段相連的一對方格，並將這對方格彈出，因為這樣的方格對很容易被找到。然後，如果這樣的方格對不存在，就找到由兩條直線線段相連的方格對，並將之彈出。最後，如果上述兩種方格對都不存在，就找到由三條直線線段相連的方格對，並將之彈出。如果用相同數量的直線線段連接的方格對多於一對，那麼在這些對中選擇上方格處於最上方的那一對（如果若干對都有方格在最上面的一行，則選擇左邊的方格位於最左邊的那一對）；如果還是存在若干對（若干對在上方的方格在同一行，在左邊的方格在同一列），那麼就根據相同的規則比較方格對中的另一個方格。圖 2-13 顯示了一個遵循上述規則的「連連看」迷你遊戲。

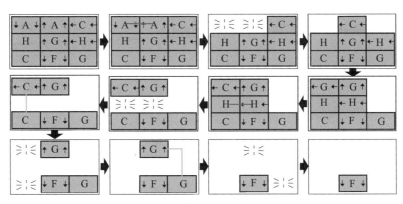

圖 2-13

輸入

輸入包含不超過 30 個測試案例。每個測試案例的第一行包含兩個整數 n 和 m（$1 \le n, m \le 30$），表示方格板的大小。接下來提供 n 行，每行包含 m 個由單個空格分隔的字串。這些字串每個表示一個方格的初始配置。每個字串由兩個大寫字母組成。第一個字母是方格的符號，第二個字母是字母 'U'、'D'、'L'、'R' 和 'S'，分別表示方格的屬性之一：上、下、左、右和停著不動。在測試案例之間沒有空行。輸入以兩個 0 表示結束。

輸出

對於每個測試案例，首先輸出測試案例編號。在這一行後，輸出 n 行，每行 m 個字元，表示方格板的最終情況。如果在一個位置上有一個方格存在，則輸出方格的符號。如果在這個位置上沒有方格，則輸出一個句點來代替。在測試案例之間不輸出空行。

範例輸入	範例輸出
3 3	Case 1
AD AU CL	....
HS GU HL	....
CS FD GS	.F.
1 2	Case 2
BS BL	..
0 0	

試題來源： ACM Shanghai 2004

線上測試： POJ 2281，ZOJ 2391，UVA 3260

提示

這是一道模擬題，題目中的時限也比較寬，所以按照題目所說的方法，依次檢查、消去所有的方格就可以得到解。要注意的是，在檢查兩個方格是否可以消去的時候，不同的檢查方式在效率上有很大差異。我們採用的是這樣一種模擬方法：

找到可以用一條直線線段相連的一對方格；如果這樣的方格對不存在，就找到由兩條直線線段相連的方格對；如果上述兩種方格對都不存在，就找到由三條直線線段相連的方格對。如果有多種可能，則找最上最左的一對方格，然後消去。

每個方格有上、下、左、右和停著不動 5 個移動屬性，任何時候處於其中的一個。在一對方格被刪除後，逐一檢查其他方格，看是否可朝其移動屬性的方向移動。從上到下，從左到右，直到沒有方格能移動為止。

每次找消去的方格對可以用 BFS，佇列是雙向的：如果一對方格用一條直線線段相連，這對方格被加在佇列開頭；如果一對方格用超過一條直線線段相連，這對方格被加在佇列結尾。找到所有直線轉彎次數最少的對後，將最上最左的一對消去，而之後的移動完全照其模擬即可。雖效率較低，但可在時限內得到解。

Chapter 03
數論的程式編寫實作

數論是純數學的一個分支，研究整數的性質。本章將在如下方面展開數論實作。

◆ 質數運算
◆ 求解不定方程和同餘方程
◆ 特殊的同餘式
◆ 積性函數的應用
◆ 高斯質數

3.1 質數運算的實作範例

質數指的是在大於 1 的自然數中，除了 1 和自身外無法被其他自然數整除的數。比 1 大但不是質數的自然數稱為合數。1 和 0 既非質數也非合數。合數可以表示為若干個質數的積。

本節將在以下兩個方面展開質數運算的實作：

◆ 計算自然數區間 [2, n] 中的所有質數；

◆ 大整數的質數測試。

3.1.1 ▶ 使用篩法產生質數

我們先介紹計算整數區間 [2, n] 中所有質數最為簡便的篩法——艾拉托斯特尼篩法（The Sieve of Eratosthenes）。

設 u[] 為篩子，初始時區間中的所有數都在篩子 u[] 中。按遞增循序搜尋 u[] 中的最小數，將其倍數從 u[] 中篩去，最終篩子中留下的數即為質數。

```
int i, j, k;
for (i=2; i<=n; i++) u[i]=true;          // 初始時所有數在篩子中
for (i=2; i<=n; i++)                      // 循序搜尋篩子中的最小數
if (u[i]) {
    for (j=2; j*i<=n; j++)                // 將 i 的倍數從篩子中篩去
        u[j*i]=false;
}
for (i=2; i<=n; i++) if (u[i]) {          // 將篩子中的所有質數放入 su[] 中
    su[++num]=i;
}
```

上述演算法的時間複雜度為 $O(n*\log \log n)$。演算法中合數是作為質數的倍數被篩去的。顯然，如果每個合數僅被它最小的質因數篩去，則演算法效率可以大幅提升。由此引出一種最佳化的演算法——歐拉篩法（Euler's Sieve）：

```
int i, j, num=1;
memset(u, true, sizeof(u));
for (i=2; i<=n; i++){          // 順序分析整數區間中的每個數
    if (u[i]) su[num++]=i;     // 將篩子中的最小數送入質數表
        for (j=1; j<num; j++) {   // 搜尋質數表中的每個數
        if (i*su[j]>n) break;     // 若i與目前質數的乘積超出範圍，則分析下一個整數 i
        u[i*su[j]]=false;         // 將i與目前質數的乘積從篩子中篩去
        if (i%su[j]==0) break;    // 若目前質數為i的最小質因數，則分析下一個整數 i
    }
}
```

歐拉篩法的時間複雜度可最佳化至 $O(n)$。

設合數 n 的最小質因數為 p，它的另一個大於 p 的質因數為 p'，令 $n = pm = p'm'$。根據上述程式段，可知 j 迴圈到質因數 p 時，合數 n 第一次被標記（若迴圈到 p 之前已經跳出迴圈，說明 n 有更小的質因數）。

質數篩選法通常作為數論運算的核心副程式。

3.1.1.1　Goldbach's Conjecture

1742 年，德國的業餘數學家 Christian Goldbach 寫信給 Leonhard Euler，在信中提出如下猜想（哥德巴赫猜想）：

> 每個大於 4 的偶數可以寫成兩個奇質數的和，例如：$8 = 3 + 5$，3 和 5 都是奇質數；而
> $20 = 3 + 17 = 7 + 13$；$42 = 5 + 37 = 11 + 31 = 13 + 29 = 19 + 23$。

現在哥德巴赫猜想仍然沒有被證明是否正確。現在請證明對所有小於一百萬的偶數，哥德巴赫猜想成立。

輸入

輸入包含一個或多個測試案例。每個測試案例提供一個偶整數 n，$6 \leq n < 1000000$。輸入以 0 結束。

輸出

對每個測試案例，輸出形式為 $n = a + b$ 的一行，其中 a 和 b 是奇質數，數字和運算子要用一個空格分開，如範例輸出所示。如果有多於一對的奇質數的和加起來為 n，就選擇 $b - a$ 最大的一對。如果沒有這樣的對，輸出 "Goldbach's conjecture is wrong."。

範例輸入	範例輸出
8	8=3+5
20	20=3+17
42	42=5+37
0	

試題來源：Ulm Local 1998

線上測試：POJ 2262，ZOJ 1951，UVA 543

❖ 試題解析

先離線計算 [2, 1000000] 的質數表 su[] 和質數篩子 $u[]$。然後每輸入一個偶整數 n，循序搜尋 su 中的每個質數（$2*su[i] \leq n$）：若整數 $n-su[i]$ 亦是質數（$u[n-su[i]] = true$），則 su[i] 和 $n-su[i]$ 為滿足條件的數對。

建構質數表和質數篩子的演算法有埃氏篩法和歐拉篩法。本題分別提供使用這兩種演算法求解的參考程式。

❖ 參考程式 1（埃氏篩法）

```
01  #include<cmath>
02  #include<cstring>
03  #include<cstdlib>
04  #include<cstdio>
05  using namespace std;
06  bool u[1111111];                    // 篩子
07  int su[1111111],num;                // 質數表為 su[]，該表長度為 num
08  void prepare(){                     // 使用篩選法建構質數表 su[]
09      int i,j,k;
10      for(i=2;i<=1000000;i++)u[i]=true;
11      for(i=2;i<=1000000;i++)         // 順序分析整數區間中的每個數
12      if(u[i]){                       // 將 i 與目前質數的乘積從篩子中篩去
13          for(j=2;j*i<=1000000;j++)
14              u[j*i]=false;
15      }
16      for(i=2;i<=1000000;i++)if(u[i]){ // 將篩子中質數送入質數表
17          su[++num]=i;
18      }
19  }
20  int main () {
21      prepare();                      // 使用篩選法建構質數表 su[]
22      int i,j,k,n;
23      while(scanf("%d",&n)>0&&n)       // 反覆輸入偶整數，直至輸入 0 為止
24      {
25          bool ok=false;
26          for(i=2;i<=num;i++)          // 按照遞增循序搜尋質數表中的每個質數
27          {
28              if(su[i]*2>n)break;      // 搜尋完所有質數和的形式
29              if(u[n-su[i]]){          // 若 n 能夠拆分出兩個質數和的形式，則成功退出
30                  ok=true;
31                  break;
32              }
33          }
34          if(!ok)puts("Goldbach's conjecture is wrong.");    // 輸出結果
35          else printf("%d = %d + %d\n",n,su[i],n-su[i]);
36      }
37      return 0;
38  }
```

❖ 參考程式 2（歐拉篩法 [2]）

```cpp
01  #include <cstdio>
02  #include <cmath>
03  const int N = 1e6 + 10;      // 偶整數的上限
04  const int SZ = 80000;        // 質數表 prime[] 的容量
05  int prime[SZ];               // 存放所有質數，prime[0] 存放陣列中質數的個數
06  bool noPrime[N];             // 如果 i 不是質數，noPrime[i] 為 true
07  void eulerSieve(int n) {     // 使用歐拉篩法建構質數表 prime[] 和質數篩子 noPrime[]
08      prime[0] = 0;            // 質數個數初始化為 0
09      noPrime[0] = noPrime[1] = true;      // 0 和 1 非質數
10      for (int i = 2; i <= n; ++i) {       // 順序分析整數區間中的每個數
11          if (noPrime[i] == false) prime[++prime[0]] = i; // 將篩子中最小數 i 送入質數表
12          for (int j = 1; j<=prime[0] && i*prime[j]<=n; ++j) {
13          // 列舉每個質數：若 i 與目前質數的乘積在範圍內，則該乘積從篩子中篩去；否則分析下一個整數 i
14              noPrime[i*prime[j]] = true;
15              if (i%prime[j] == 0) break; // 若目前質數為 i 的最小質因數，則分析下一個整數
16          }
17      }
18  }
19  int main() {
20      int n;                              // 偶整數
21      eulerSieve(N);      // 使用歐拉篩法建構質數表 prime[] 和質數篩子 noPrime[]
22      while (~scanf("%d", &n) && n) {         // 反覆輸入偶整數 n，直至輸入 0 為止
23          for (int i = 1; i<=prime[0] && 2*prime[i]<=n; ++i)     // 按遞增順序列舉質數
24              if (noPrime[n-prime[i]] == false) {      // 若 n 能夠拆分出兩個質數和的形式，
25                                                       // 則輸出結果並成功退出
26                  printf("%d = %d + %d\n", n, prime[i], n-prime[i]);
27                  break;
28              }
29      }
30      return 0;
31  }
```

3.1.1.2 Summation of Four Primes

Euler 證明的經典定理之一是質數在數量上是無限的。但每個數字是否可以表示成 4 個質數的總和？我不知道答案，請來幫助我。

輸入

在輸入的每行中提供一個整數 N（$N \leq 10000000$），請將這一整數表示為 4 個質數的總和。輸入以 EOF 結束。

輸出

對於輸入的每行，提供 4 個質數的一行輸出。如果提供的數字不能表示為 4 個質數的總和，則輸出一行 "Impossible."。存在多個解的情況，任何成立的解答都會被接受。

2　中國礦業大學徐海學院劉昆老師友情提供。

範例輸入	範例輸出
24	3 11 3 7
36	3 7 13 13
46	11 11 17 7

試題來源：Regionals 2001 Warmup Contest

線上測試：UVA 10168

❖ 試題解析

本題是哥德巴赫猜想的擴展。計算方法如下：

先採用篩選法計算 [2, 9999999] 的質數表 su[]，表長為 num。在離線計算出 su[ ] 的基礎上，透過直接查表計算每個 n 的分解方案。

（1）先直接推算出 $n \leq 12$ 的分解方案：

◆ $n < 8$，則 n 不能表示為 4 個質數的和；

◆ $n == 8$，則 n 分解出 2 2 2 2；

◆ $n == 9$，則 n 分解出 2 2 2 3；

◆ $n == 10$，則 n 分解出 2 2 3 3；

◆ $n == 11$，則 n 分解出 2 3 3 3；

◆ $n == 12$，則 n 分解出 3 3 3 3。

（2）在 $n > 12$ 的情況下，先分解出前兩個質數：

◆ 若 n 為偶數（$n\%2 == 0$），則兩個質數為 2、2，$n -= 4$；

◆ 若 n 為奇數，則兩個質數為 2、3，$n -= 5$。

顯然，此時的 n 為大於 4 的偶數。依據哥德巴赫猜想，每個大於 4 的偶數可以寫成兩個奇質數的和，循序搜尋 su[] 中的每個質數（$1 \leq i \leq num$，$2*su[i] \leq n$）：若 $u[n-su[i]] = true$，則說明 n 又分解出後兩個質數 su[i] 和 $n-su[i]$，成功退出。

❖ 參考程式

```
01  #include<iostream>
02  #include<cstdio>
03  #include<cstring>
04  #include<cmath>
05  #include<algorithm>
06  #include<cstdio>
07  #include<cstdlib>
08  using namespace std;
09  bool u[10000001];               // 篩子
10  int su[5000000],num;            // 質數表及其表長
11  void prepare(){                 // 使用篩選法建構 [2,9999999] 的質數表 su[]
12    int i,j,num;
13    memset(u,true,sizeof(u));     // 初始時所有數在篩子中
14    for(i=2;i<=9999999;i++){      // 順序分析整數區間的每個數
15      if(u[i]) su[++num]=i;       // 將篩子中最小數送入質數表
16      for(j=1;j<=num;j++) {       // 搜尋質數表中的每個數
```

```
17          if (i*su[j]>n)break;           // 若 i 與目前質數的乘積超出範圍，則分析下一個整數
18          u[i*su[j]]=false;              // 將 i 與目前質數的乘積從篩子中篩去
19          if (i% su[j]==0) break;        // 若目前質數為 i 的質因數，則分析下一個整數
20        }
21      }
22   }
23   int main ()
24   {
25      prepare();                         // 使用篩選法建構質數表 su[]
26      int n,i,j,k;
27      while(scanf("%d",&n)>0){           // 輸入整數 n
28        if(n==8){puts("2 2 2 2");continue;}      // 輸出特例
29        if(n==9){puts("2 2 2 3");continue;}
30        if(n==10){puts("2 2 3 3");continue;}
31        if(n==11){puts("2 3 3 3");continue;}
32        if(n==12){puts("3 3 3 3");continue;}
33        if(n<8){puts("Impossible.");continue;}
34        if(n%2==0){printf("2 2 ");n-=4;}         // 先分離出前兩項
35        else{printf("2 3 ");n-=5;}
36        for(i=1;i<=num;i++)              // 按照遞增順序列舉質數
37        {
38            if(su[i]*2>n)break;          // 若無法產生另兩項質數，則退出迴圈
39            if(u[n-su[i]]){             // 若 su[i] 與 n-su[i] 為另兩項質數，則輸出
40               printf("%d %d\n",su[i],n-su[i]);
41               break;
42            }
43        }
44      }
45   }
```

3.1.1.3　Digit Primes

質數是能被兩個不同的整數整除的正整數。位質數（Digit Prime）是所有的位數相加的總和也是質數的質數。例如，質數 41 是一個位質數，因為 $4+1=5$，而 5 是一個質數；17 不是位質數，$1+7=8$，8 不是質數。本題要求範圍為 1000000，計算位質數的數量。

輸入

輸入的第一行提供一個整數 N（$0<N\leq 500000$），表示輸入的數字區間數。接下來的 N 行每行提供兩個整數 t_1 和 t_2（$0<t_1\leq t_2<1000000$）。

輸出

除第一行之外，對輸入的每一行輸出一行，提供一個整數，表示在 t_1 和 t_2 之間（包含 t_1 和 t_2）的位質數的個數。

範例輸入	範例輸出
3	1
10 20	10
10 100	576
100 10000	

注意：本題輸入和輸出函式要用 scanf() 和 printf()，cin 和 cout 太慢，會導致超時。

試題來源：The Diamond Wedding Contest: Elite Panel's 1st Contest 2003
線上測試：UVA 10533

❖ 試題解析

設區間 [2, 1100001] 的質數篩子為 $u[]$；前一個位質數個數為 $u2[]$，其中 $u2[i]$ 是區間 [2, i] 中位質數的個數（$2 \le i \le 1100001$）。顯然，區間 [i, j] 中位質數的個數為 $u2[j] - u2[i-1]$（$2 \le i \le j \le 1100001$）。

我們先離線計算出 $u2[]$，計算方法如下：

◆ 採用篩選法計算出 [2, 1100001] 的質數篩子 $u[]$。

◆ 計算 [2, 1100001] 中的每個位質數 i，$u2[i] = 1 \mid u[i] \&\& u[i$ 的數位和] = true。

◆ 遞迴前置的位質數個數 $u2[]$：$u2[i]$ += $u2[i-1]$（$2 \le i \le 1100001$）。

藉助 $u2[]$ 表，便可以直接計算任意區間 [i, j] 中的位質數個數（$u2[j] - u2[i-1]$）。

❖ 參考程式

```
01  #include<iostream>
02  #include<cstdio>
03  #include<cstring>
04  #include<cmath>
05  #include<algorithm>
06  #include<cstdio>
07  #include<cstdlib>
08  using namespace std;
09  bool u[1100001];                           // 質數篩子
10  int u2[1100001];                           // 前置的位質數個數
11  void prepare(){                            // 計算 [2, 1100001] 的質數篩子 u[]
12      int i,j,k;
13      for(i=2;i<1100001;i++)u[i]=1;          // 初始時所有數在質數篩子裡
14      for(i=2;i<1100001;i++)                 // 取出篩子中的最小數，將其倍數從篩子中篩去
15      if(u[i])
16        for(j=i+i;j<1100001;j+=i)
17          u[j]=false;
18  }
19  bool ok(int x){                            // 傳回 x 的所有數位和為質數的標誌
20      int i,j,k=0;
21      while(x){                              // 計算 x 的數位和
22          k+=x%10;x/=10;
23      }
24      return u[k];
25  }
26  int main (){
27      int i,j,k;
28      prepare();                             // 計算 [2, 1100001] 的質數篩子
29      for(i=2;i<1100001;i++)                 // 計算 [2, 109999] 中的所有位質數
30        if(u[i])&&(ok(i)) u2[i]=1;
```

```
31       for(i=2;i<1100001;i++)u2[i]+=u2[i-1]; // u2[i] 為 [2, i] 中位質數的個數
32       scanf("%d",&k);                        // 輸入區間的個數
33       while(k--){
34           scanf("%d %d",&i,&j);              // 輸入目前區間 [i, j]
35           printf("%d\n",u2[j]-u2[i-1]);      // 輸出 [i, j] 中位質數的個數
36       }
37   }
```

3.1.1.4　Prime Gap

在兩個相繼的質數 p 和 $p+n$ 之間，$n-1$ 個連續合數（composite number，不是質數且不等於 1 的正整數）組成的序列，被稱為長度為 n 的質數間隔（prime gap）。例如，在 23 和 29 之間長度為 6 的質數間隔是 <24, 25, 26, 27, 28>。

提供一個正整數 k，請編寫一個程式，計算包含 k 的質數間隔的長度。如果沒有包含 k 的質數間隔，則長度為 0。

輸入

輸入由一個行序列組成，每行一個正整數，每個正整數都大於 1、小於或等於第 100000 個質數，也就是 1299709。以包含一個 0 的一行標誌輸入結束。

輸出

輸出有若干行，每行提供一個非負整數，如果相關的輸入整數是一個合數，則輸出質數間隔的長度；否則輸出 0。輸出中沒有其他字元出現。

範例輸入	範例輸出
10	4
11	0
27	6
2	0
492170	114
0	

試題來源：ACM Japan 2007

線上測試：POJ 3518，UVA 3883

❖ **試題解析**

設 ans[k] 為包含 k 的質數間隔的長度。顯然，若 k 為質數，則 ans[k]=0；若 k 為合數且 k 位於質數 p_1 和 p_2 之間，則 k 所在合數區間內每個合數的 ans 值都為同一個數，即 ans[p_1+1]=ans[p_1+2]=…=ans[p_2-1]=$(p_2-1)-(p_1+1)+2$。由此得出以下演算法：

（1）透過下述方法計算 ans[]：

採用篩選法計算 [2, 1299709] 的質數篩子 u[]；

順序列舉 $[2\cdots\max(n-1)]$ 中的每個數 i：若 i 是質數（$u[i]=\text{true}$），則 $\text{ans}[i]=0$；否則計算 i 右鄰的質數 j（$u[i]=u[i+1]=\cdots=u[j-1]=\text{false}, u[j]=\text{true}$），置 $\text{ans}[i]=\text{ans}[i+1]=\cdots=\text{ans}[j-1]=j-i+2$，並設 $i=j$，以提高列舉效率。

（2）在離線計算出 ans[] 的基礎上，每輸入一個整數 k，則包含 k 的質數間隔的長度即為 ans[k]。

❖ **參考程式**

```
01  #include<iostream>
02  #include<cstdio>
03  #include<cstring>
04  #include<cmath>…
05  #include<algorithm>
06  #include<cstdio>
07  #include<cstdlib>
08  using namespace std;
09  const int maxn=1299710;              // 整數值的上限
10  bool u[maxn];                        // 質數篩子
11  int ans[maxn];                       // 包含每個整數的質數間隔長度
12  void prepare(){
13      int i,j,k;
14      for(i=2;i<maxn;i++)u[i]=1;       // 使用篩選法計算 [2, 1299710] 的質數篩子 u[]
15      for(i=2;i<maxn;i++)
16        if(u[i])                       // 若 i 為質數，則將其倍數從篩子裡篩去
17            for(j=2;j*i<maxn;j++) u[i*j]=0;
18      for(i=2;i<maxn;i++)              // 列舉 [2, maxn-1] 中的每個數
19        if(!u[i]){                     // 若 i 是合數，則計算合數區間 [i, j]
20            j=i;
21            while(j<maxn&&!u[j]) j++;
22            j--;
23            for(k=i;k<=j;k++) ans[k]=j-i+2;   // 置合數區間內每個合數的 ans 值
24            i=j;
25        }else ans[i]=0;                // 質數的 ans 值為 0
26  }
27  int main ()
28  {
29      int i,j,k;
30      prepare();                       // 使用篩選法計算 [2, 1299710] 的質數篩子 u[]
31      while(scanf("%d",&k)>0&&k>0){     // 反覆輸入整數 k，直至輸入 0 為止
32          printf("%d\n",ans[k]);       // 輸出包含 k 的質數間隔的長度
33      }
34  }
```

3.1.2 ▶ 測試大質數

解決質數測試問題的最簡便方法還有試除法，即試用 $[2,\lfloor\sqrt{n}\rfloor]$ 中的每個數去除 n。n 是質數，若且唯若沒有一個試用的除數能被 n 整除。但試除法的時效取決於 n。如果 n 很小，試除法才能在短時間內出解；如果 n 較大，判斷 n 是否為質數則需要花費較多的時間。有兩種最佳化演算法：篩選法和試除法結合；Miller_Rabin 方法。

如果整數 x 的上限 n 比較大，可以採用篩選法和試除法結合來提高運算時效：

先透過篩選法計算 $[2, \lfloor \sqrt{n} \rfloor]$ 的質數篩子 $u[]$ 和質數表 su[]，質數表 su[] 長度為 num。x 是質數，若且唯若 x 為 $[2, \lfloor \sqrt{n} \rfloor]$ 中的一個質數（$u[x]=1$），或者 x 不能被 su[] 表中的任何質數整除（$x\%su[1] \neq 0, \cdots, x\%su[num] \neq 0$）。其時間複雜度為 $O(\sqrt{n})$。

3.1.2.1　Primed Subsequence

提供一個長度為 n 的正整數序列，一個質數序列（Primed Subsequence）是一個長度至少為 2 的連續子序列，總和是大於或等於 2 的一個質數。例如提供序列 3 5 6 3 8，存在兩個長度為 2 的質數序列（$5+6=11$ 以及 $3+8=11$）、一個長度為 3 的質數序列（$6+3+8=17$）和一個長度為 4 的質數序列（$3+5+6+3=17$）。

輸入

輸入包含若干測試案例。第一行提供一個整數 t（$1<t<21$），表示測試案例的個數。每個測試案例一行。在這一行首先提供一個整數 n，$0<n<10001$；然後提供 n 個小於 10000 的非負整數，構成一個序列。80% 測試案例序列中最多有 1000 個數字。

輸出

對每個序列，輸出 "Shortest primed subsequence is length x:"，其中 x 是最短的質數序列的長度，然後提供最短質數序列，用空格分開。如果操作多個這樣的序列，則輸出第一個出現的序列。如果沒有這樣的序列，則輸出 "This sequence is anti-primed."。

範例輸入	範例輸出
3 5 3 5 6 3 8 5 6 4 5 4 12 21 15 17 16 32 28 22 26 30 34 29 31 20 24 18 33 35 25 27 23 19 21	Shortest primed subsequence is length 2: 5 6 Shortest primed subsequence is length 3: 4 5 4 This sequence is anti-primed.

試題來源：June 2005 Monthly Contest
線上測試：UVA 10871

❖ **試題解析**

由於序列的長度 n 上限為 10000，而序列中每個非負整數的上限為 10000，因此需要解決的問題是如何快捷地判斷質數序列，即判斷子序列中若干元素的和 x 為質數。

我們首先使用篩選法，離線計算出 $[2, 10010]$ 的質數表 su[] 和質數篩子 $u[]$，su[] 表的長度為 num。若 x 為 $[2, 10010]$ 中的一個質數（$u[x]=1$），或者 x 不能被 su[] 表中的任何質數整除（$x\%su[1] \neq 0, \cdots, x\%su[num] \neq 0$），則 x 是質數。

在離線計算出區間 $[2, 10010]$ 中質數的基礎上，展開質數序列的計算：

輸入長度為 n 的序列，遞迴序列中前 i 個正整數的和 s[i]（1≤i≤n，s[i]+=s[i-1]）；
使用動態規劃方法計算最短的質數序列：
　　列舉長度 i（2≤i≤n）：
　　　　列舉第一個指標 j（1≤j≤n-i+1）：
　　　　　　if（s[i+j-1]-s[j-1]）為質數）
　　　　　　　　輸出序列中第 j…j+i-1 個整數（s[j+k-1]-s[j+k-2]，1≤k≤i）並退出程式；
　　　　輸出失敗訊息；

❖ 參考程式

```
01   #include<iostream>
02   #include<algorithm>
03   #include<cmath>
04   #include<cstdio>
05   #include<cstring>
06   #include<cstdlib>
07   using namespace std;
08   bool u[10010];                      // 質數篩子
09   int su[10010],num;                  // 質數表及其長度
10   void prepare(){                     // 使用篩選法建構 [2, 10010] 的質數表 su[]
11     int i,j,num;
12     memset(u,true,sizeof(u));
13     for(i=2;i<=10010;i++){            // 順序分析整數區間中的每個數
14       if(u[i]) su[++num]=i;           // 將篩子中的最小數送入質數表
15       for(j=1;j<=num;j++){            // 搜尋質數表中的每個數
16         if(i*su[j]>n) break;
17         u[i*su[j]]=false;             // 將 i 與目前質數的乘積從篩子中篩去
18         if(i% su[j]==0) break;        // 若目前質為 i 的質因數，則分析下一個整數
19       }
20     }
21   }
22   bool pri(int x){   // 若 x 在小於 10010 的情況下為質數，或者 x 在不小於 10010 的情況下
23                      // 不能被 su[] 表中的任何質數整除，則傳回 true；否則傳回 false
24     int i,j,k;
25     if(x<10010)return u[x];
26     for(i=1;i<=num;i++)
27       if(x%su[i]==0) return false;
28     return true;
29   }
30   int n,s[10010];                     // 序列中前 i 個正整數的和為 s[i]
31   int main()
32   {
33     int i,j,k;
34     prepare();                        // 離線計算質數表 su[]
35     int te;
36     scanf("%d",&te);                  // 輸入測試案例數
37     while(te--){
38       scanf("%d",&n);                 // 輸入序列長度
39       s[0]=0;
40       for(i=1;i<=n;i++)               // 輸入 n 個整數，計算前面的和
41       {
42         scanf("%d",&s[i]);
43         s[i]+=s[i-1];
44       }
45       bool ok=false;
```

```
46          for(i=2;i<=n;i++){           // 列舉長度
47           for(j=1;j+i-1<=n;j++)        // 列舉的第一個指標
48           {
49               k=s[i+j-1]-s[j-1];      // 計算第 j...j+i-1 個整數的和
50               if(pri(k)){              // 若 k 為質數或者 k 不能被任何質數整除，
51                                        // 則第 j...i + j - 1 個整組成質數序列，輸出並成功退出
52                   ok=true;
53                   printf("Shortest primed subsequence is length %d:",i);
54                   for(k=1;k<=i;k++) printf(" %d",s[j+k-1]-s[j+k-2]);
55                   puts("");
56                   break;
57               }
58           }
59        if(ok)break;
60        }
61        if(!ok)puts("This sequence is anti-primed."); // 若不存在質數序列，則傳回失敗訊息
62    }
63 }
```

如果 $O(\sqrt{n})$ 的時間複雜度仍未達到預期，還可以採用另一種簡便的質數測試方法——Miller _Rabin 方法，在 3.3 節中，我們將對該方法進行詳細論述，並提供實作。

3.2　求解不定方程和同餘的實作範例

本節將在以下方面展開數論運算的實作：最大公因數（GCD）、不定方程、同餘及同餘方程。

3.2.1 ► 計算最大公因數和不定方程

歐幾里得演算法用於計算整數 a 和 b 的最大公因數（Greatest Common Divisor，GCD）。對整數 a 和 b 反覆應用除運算直到餘數為 0，最後的非 0 的餘數就是最大公因數。歐幾里得演算法如下：

$$\text{GCD}(a,b) = \begin{cases} b & a = 0 \\ \text{GCD}(b \bmod a, a) & \text{其他} \end{cases} = \begin{cases} a & b = 0 \\ \text{GCD}(b, a \bmod b) & \text{其他} \end{cases}$$

證明： 證明歐幾里得演算法正確性的關鍵是證明 GCD(a, b) 與 GCD(b mod a, a) 可互相整除。b mod a 可以表示為 a 與 b 的線性組合：$b \bmod a = b - \left\lfloor \frac{b}{a} \right\rfloor * a$。由於 a 和 b 能被 GCD(a, b) 整除，$b - \left\lfloor \frac{b}{a} \right\rfloor * a$ 也能被 GCD(a, b) 整除，所以 GCD(b mod a, a) 能被 GCD(a, b) 整除。同理可證，GCD(a, b) 也能被 GCD(b mod a, a) 整除。由於 GCD(a, b) 與 GCD(b mod a, a) 可互相整除，所以 GCD(a, b) = GCD(b mod a, a)。

同理可證，GCD(a, b) 和 GCD(b, a mod b) 也可互相整除。

因此歐幾里得演算法正確。

例如，GCD(319, 377) = GCD(58, 319) = GCD(29, 58) = GCD(0, 29) = 29。

3.2.1.1　Happy 2006

如果兩個正整數的最大公因數（Great Common Divisor，GCD）是 1，則稱這兩個正整數互質。例如，1、3、5、7、9……和 2006 年都是互質。

本題要求：對於提供的整數 m，找到按升冪排列的第 K 個和 m 互質的整數。

輸入

輸入包含多個測試案例。每個測試案例提供兩個整數 m（$1 \leq m \leq 1000000$）和 K（$1 \leq K \leq 100000000$）。

輸出

在一行輸出第 K 個和 m 互質的整數。

範例輸入	範例輸出
2006 1	1
2006 2	3
2006 3	5

試題來源： POJ Monthly--2006.03.26, static
線上測試： POJ 2773

❖ **試題解析**

由歐幾里得演算法 $\text{GCD}(a, b) = \text{GCD}(b \bmod a, a)$，可以推出 $\text{GCD}(b, b \times t + a) = \text{GCD}(a, b)$，其中 t 為任意整數。如果 a 與 b 互質，則 $b \times t + a$ 與 b 也一定互質；如果 a 與 b 不互質，則 $b \times t + a$ 與 b 也一定不互質。

所以，與 m 互質的數對 m 取模具有週期性：如果小於 m 且與 m 互質的數有 j 個，其中第 i 個是 a_i，則第 $m \times j + i$ 個與 m 互質的數是 $m \times j + a_i$。

因此，本題演算法如下：首先，按升冪求小於 m 且和 m 互質的整數，並存入陣列；然後根據這一陣列，以及與 m 互質的數對 m 取模具有週期性，求出第 K 個與 m 互質的數。

❖ **參考程式**

```
01   #include<iostream>
02   #include<cstdlib>
03   #include<cstdio>
04   #include<cstring>
05   #include<algorithm>
06   #include<cmath>
07   using namespace std;
08   int pri[1000000];
09   int gcd ( int a , int b )                      // 用歐幾里得演算法求 GCD(a, b)
10   {
11       return b == 0 ? a : gcd ( b , a % b ) ;
12   }
13   int main()
14   {
```

```
15        int m , k ;                                    // m, k如題意所述
16        while ( cin >> m >> k )                        // 輸入測試案例
17        {
18            int i , j ;
19            for ( i = 1 , j = 0 ; i <=m ; i ++ )       // 按升冪求小於m，並和m互質的整數
20                if ( gcd ( m , i ) == 1 )              // m和i互質，則i存入陣列pri
21                    pri [ j ++ ] = i ;
22            // 求出第k個與m互質的數，因為陣列是從0開始的，第i個對應的是pri[i-1]
23            if ( k%j != 0)
24                cout <<k/j * m +pri[k%j-1] << endl;
25            else                                       // 要特別考慮k%j=0的情況
26                cout << (k/j-1)*m+pri[j-1] << endl ;
27        }
28        return 0;
29    }
```

定義 3.2.1.1（線性組合） 如果 a 和 b 都是整數，則 $ax+by$ 是 a 和 b 的線性組合，其中數 x 和 y 是整數。

定理 3.2.1.1 如果 a 和 b 都是整數，且 a 和 b 不全為 0，則 $GCD(a, b)$ 是 a 和 b 的線性組合中的最小正整數。

證明： 設 c 是 a 和 b 的線性組合中的最小正整數，$ax+by=c$，其中 x 和 y 是整數。由帶餘除法，$a=cq+r$，其中 $0 \leq r < c$。由此可得 $r=a-cq=a-q(ax+by)=a(1-qx)-bqy$。所以，整數 r 是 a 和 b 的線性組合。因為 c 是 a 和 b 的線性組合中的最小正整數，$0 \leq r < c$，所以 $r=0$，則 c 是 a 的因數。同理可證，c 是 b 的因數。因此，c 是 a 和 b 的公因數。

對於 a 和 b 的所有因數 d，因為 $ax+by=c$，所以 d 是 c 的因數，$c \geq d$。所以 c 是 a 和 b 的最大公因數 $GCD(a, b)$。 ■

定理 3.2.1.2（Bezout 定理） 如果 a 和 b 都是整數，則有整數 x 和 y 使得 $ax+by=GCD(a, b)$。

設 a 和 b 分別是 9 和 6，它們的線性組合是 $9x+6y$。$GCD(9, 6)=3$，根據 **Bezout 定理**，存在 x 和 y，使得 $9x+6y=3$。

推論 3.2.1.1 整數 a 和 b 互質若且唯若存在整數 x 和 y 使得 $ax+by=1$。

提供不定方程 $ax+by=GCD(a, b)$，其中 a 和 b 是整數，擴充的歐幾里得演算法可以用於求解不定方程的整數根 (x, y)。

設 $ax_1+by_1=GCD(a, b)$，$bx_2+(a \bmod b)y_2=GCD(b, a \bmod b)$。因為 $GCD(a, b)=GCD(b, a \bmod b)$，$ax_1+by_1=bx_2+(a \bmod b)y_2$，又因為 $a \bmod b=a-\left\lfloor \dfrac{a}{b} \right\rfloor *b$，$ax_1+by_1=bx_2+\left(a-\left\lfloor \dfrac{a}{b} \right\rfloor * b \right)y_2=ay_2+b\left(x_2-\left\lfloor \dfrac{a}{b} \right\rfloor * y_2 \right)$，所以 $x_1=y_2$，$y_1=x_2-\left\lfloor \dfrac{a}{b} \right\rfloor *y_2$。因此 (x_1, y_1) 是以 (x_2, y_2) 為基礎。重複這一遞迴過程計算 (x_3, y_3)，(x_4, y_4)，…，直到 $b==0$，此時 $x=1$，$y=0$。所以，擴充的歐幾里得演算法如下。

```
int exgcd(int a, int b, int &x, int &y)
{
    if (b==0) {x=1; y=0; return a;}
    int t=exgcd(b, a%b, x, y);
    int x0=x, y0=y;
    x=y0; y=x0-(a/b)*y0;
    return t;
}
```

定理 3.2.1.3　設 a、b 和 c 都是整數。如果 c 不是 GCD(a, b) 的倍數，則不定方程 $ax+by=c$ 沒有整數解；如果 c 是 GCD(a, b) 的倍數，則不定方程 $ax+by=c$ 有無窮多整數解。如果 (x_0, y_0) 是 $ax+by=c$ 的一個整數解，則 $ax+by=c$ 的所有整數解是 $x=x_0+k*$ $(b$ DIV GCD$(a, b))$，$y=y_0-k*(a$ DIV GCD$(a, b))$，其中 k 是整數。

證明：設 (x, y) 是 $ax+by=c$ 的一個整數解。如果 c 不是 GCD(a, b) 的倍數，那麼 $ax+by=c$ 就沒有整數解。如果 c 是 GCD(a, b) 的倍數，由定理 3.2.1.1，存在整數 s 和 t，$as+bt=$ GCD(a, b)。因為 c 是 GCD(a, b) 的倍數，所以存在整數 e，$c=e*$GCD(a, b)，$c=e*(as+bt)=a*(se)+b*(te)$。因此 $x_0=se$，$y_0=te$ 是方程的一個解，$ax_0+by_0=c$。

令 $x=x_0+k*(b$ DIV GCD$(a, b))$，$y=y_0-k*(a$ DIV GCD$(a, b))$，其中 k 是整數。則 $ax+by=ax_0+a*k*(b$ DIV GCD$(a, b))+by_0-b*k*(a$ DIV GCD$(a, b))=ax_0+by_0=c$。

因此，命題成立。　　　　　　　　　　　　　　　　　　　　　　　　　　■

例如，不定方程 $6x+9y=8$ 沒有整數解，因為 GCD$(6, 9)=3$，8 不是 3 的倍數。而 $6x+9y=6$ 有無窮多整數解，GCD$(6, 9)=3$，6 是 3 的倍數，$x_0=4$，$y_0=-2$ 是方程的一個解，所有整數解是 $x=4+3k$，$y=-2-2k$，k 是整數。

由此，提供不定方程 $ax+by=c$，其中 a、b 和 c 是整數常數，x 和 y 是整數變數，而且 $x\in[x_l, x_r]$，$y\in[y_l, y_r]$，要求計算方程的整數根 (x, y)。求解演算法如下。

方法 1：列舉

列舉每對 (x, y)，找出整數根。也就是說，計算不定方程 $(x_r-x_l+1)*(y_r-y_l+1)$ 次。

方法 2：擴充的歐幾里得演算法

對於不定方程 $ax+by=c$，如果 c 不是 GCD(a, b) 的倍數，則不定方程無解，否則用擴充的歐幾里得演算法來求解。

設 $d=$ GCD(a, b)，$a'=a$ DIV d，$b'=b$ DIV d，並且 $c'=c$ DIV d。則不定方程 $ax+by=c$ 也就等同 $a'x+b'y=c'$，GCD$(a', b')==1$。採用擴充的歐幾里得演算法求解 $a'x+b'y=1$，(x', y') 是整數根。設 $x_0=x'*c'$，$y_0=y'*c'$，則 (x_0, y_0) 是 $ax+by=c$ 的一個解，也就是說，$ax_0+by_0=c$。所以，$a(x_0+b)+b(y_0-a)=c$，$a(x_0+2*b)+b(y_0-2*a)=c$，$\cdots$，$a(x_0+k*b)+$ $b(y_0-k*a)=c$，k 是整數。所以，不定方程 $ax+by=c$ 的通解是 $x=x_0+k*b$，$y=y_0-k*a$，k 是整數。

3.2.1.2　The Balance

Iyo Kiffa Australis 女士有一個天平，但只有兩種砝碼可以用來稱量一劑藥物。例如，要用 300 毫克和 700 毫克的砝碼來測量 200 毫克阿斯匹林，她就要將 1 個 700 毫克的砝碼和藥物放在天平的一邊，並將 3 個 300 毫克的砝碼放在天平的另一邊，如圖 3-1 所示。雖然她也可以將 4 個 300 毫克的砝碼和藥物放在天平的一邊，兩個 700 毫克的砝碼放在天平的另一邊，如圖 3-2 所示，但她不會選擇這個方案，因為使用更多的砝碼不太方便。

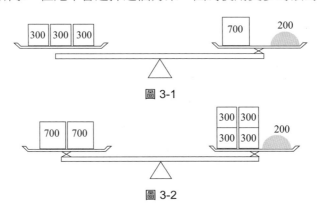

圖 3-1

圖 3-2

請幫助 Iyo Kiffa Australis 女士計算要用多少砝碼。

輸入

輸入是一系列的測試案例。每個測試案例一行，提供 3 個用空格分隔的正整數 a、b 和 d，並滿足以下關係：$a \neq b$，$a \leq 10000$，$b \leq 10000$，且 $d \leq 50000$。本題設定，可以使用 a 毫克和 b 毫克的砝碼組合來稱量 d 毫克；也就是說，不需要考慮「無解」的情況。

輸入結束由一行表示，該行提供 3 個由空格分隔的零。這一行不是測試案例。

輸出

輸出由一系列的行組成，每行對應一個測試案例（a, b, d）。一個輸出行提供兩個由空格分隔的非負整數 x 和 y，且 x 和 y 要滿足以下三個條件：

◆ 使用 x 個 a 毫克的砝碼和 y 個 b 毫克的砝碼可以稱量 d 毫克。

◆ 在滿足上述條件的非負整數對中，砝碼總數（$x+y$）最小。

◆ 在滿足前兩個條件的非負整數對中，砝碼的總品質（$ax+by$）最小。

輸出中不能出現額外的字元（例如，額外的空格）。

範例輸入	範例輸出
700 300 200	1 3
500 200 300	1 1
500 200 500	1 0
275 110 330	0 3
275 110 385	1 1
648 375 4002	49 74
3 1 10000	3333 1
0 0 0	

試題來源： ACM Japan 2004

線上測試： POJ 2142，ZOJ 2260，UVA 3185

❖ 試題解析

本題要求用兩種質量分別為 a 毫克和 b 毫克的砝碼測量質量為 d 毫克的藥物，其中，a 毫克的砝碼用 x 個，b 毫克的砝碼用 y 個，並要求所用的砝碼的數量最少（$x+y$ 最小），以及總質量最小（$ax+by$ 最小）。因此，本題採用擴充的歐幾里得演算法求解不定方程 $ax+by=d$。

由於本題不需要考慮「無解」的情況，所以，對於不定方程 $ax+by=d$，d 是 GCD(a, b) 的倍數。

首先，不定方程 $ax+by=d$ 的左式和右式同時除以 GCD(a, b)，得到 $a'x+b'y=d'$。然後，用擴充的歐幾里得演算法求出 $a'x+b'y=1$ 的解 (x', y')，則 $ax+by=d$ 的解就是 $x=d'*x'$，$y=d'*y'$。接下來，假設將物品放在天平的右邊，對兩種情況求解：

◆ 求 x 是作為解的最小正整數，即 a 毫克的砝碼放在天平左邊的最佳解（如果 $y<0$，則 b 毫克的砝碼放天平的右邊）。

◆ 求 y 是作為解的最小正整數，即 b 毫克的砝碼放在天平左邊的最佳解（如果 $x<0$，則 a 毫克的砝碼放天平的右邊）。

最後，兩者中 $|x|+|y|$ 小的就是結果。

❖ 參考程式

```
01   #include<iostream>
02   #include<stdio.h>
03   using namespace std;
04   int gcd(int a,int b){                    // 計算和傳回 GCD(a, b)
05       return b?gcd(b,a%b):a;
06   }
07   int ex_gcd(int a,int b,int &x,int &y){   // 使用擴充的歐幾里得演算法計算和傳回不定方程 ax+
08                                            // by= CCD(a, b) 的整數根 (x, y) 和 GCD(a, b)
09       if(b==0){
10           x=1;
11           y=0;
12           return a;
13       }
14       int d=ex_gcd(b,a%b,x,y);
15       int t=x;
16       x=y;
17       y=t-a/b*y;
18       return d;
19   }
20   int main(){
21       int a,b,d;
22       int q;    // a, b 的最大公因數
23       int x,y;
24       int x1,y1;
```

```
25        int x2,y2;
26        while(~scanf("%d%d%d",&a,&b,&d)){     // 輸入測試案例（即使用 a 毫克和 b 毫克的砝碼
27                                               // 組合來稱量 d 毫克），直至輸入 "0 0 0" 為止
28            if(a==0&&b==0&&d==0) break;
29            q=gcd(a,b);    // 計算 a, b 的最大公因數
30            // 對於不定整數方程 ax+by=d，若 d % GCD(a, b)=0，則該方程存在整數解，
31            // 否則不存在整數解
32            a=a/q; b=b/q; d=d/q;                 // 不定式兩邊同除 GCD(a, b)（題目一定有解，
33                                                 // 可以整除）得到新不定方程：ax+by=d
34            q=ex_gcd(a,b,x,y);                   // 計算 ax+by= GCD(a, b)=1
35            x1=x*d;                              // 設天平左邊放 x 個 a 毫克的砝碼
36            x1=(x1%b+b)%b;                       // 計算 x 的最小值 x1
37            y1=(d-a*x1)/b;                       // 根據 x1 計算 b 毫克的砝碼數 y1
38            if(y1<0){                            // 若 y1 小於 0，則 y1 個 b 毫克的砝碼放天平右邊，
39                                                 // 否則 y1 個 b 毫克的砝碼放天平左邊
40                y1=-y1;
41            }
42            y2=y*d;                              // 計算 b 毫克砝碼放天平左邊的最少個數 y2
43            y2=(y2%a+a)%a;
44            x2=(d-b*y2)/a;                       // 根據 y2 計算 a 毫克的砝碼數 x2
45            if(x2<0){                            // 若 x2 小於 0，則 x2 個 a 毫克的砝碼放天平右邊
46                x2=-x2;
47            }
48            if(x1+y1<x2+y2){                     // 輸出兩邊的砝碼總數最少的方案
49                printf("%d %d\n",x1,y1);
50            }
51            else{
52                printf("%d %d\n",x2,y2);
53            }
54        }
55        return 0;
56    }
```

3.2.1.3 One Person Game

有一個有趣而簡單的單人遊戲。假設在你腳下有一個數軸，開始時你在 A 點，你的目標是 B 點，可以在一步內做 6 種動作之一：向左或向右行走 a、b 或 c，其中 c 等於 $a+b$。

你必須儘快到達 B 點。請計算最小步數。

輸入

輸入有多個測試案例。輸入的第一行是一個整數 T（$0 < T \leq 1000$），表示測試案例的數量，然後提供 T 個測試案例。每個測試案例都由一個包含 4 個整數的行表示，用空格分隔 4 個整數 A、B、a 和 b（$-2^{31} \leq A, B < 2^{31}$，$0 < a, b < 2^{31}$）。

輸出

對於每個測試案例，輸出最少步數。如果無法到達 B 點，則輸出 "-1"。

範例輸入	範例輸出
2 0 1 1 2 0 1 2 4	1 −1

試題來源：The 12th Zhejiang University Programming Contest
線上測試：ZOJ 3593

❖ 試題解析

本題提供一維座標軸和 A 點、B 點，要求從 A 點到 B 點，每次可以向左或向右行走 a、b 或 c，其中 $c=a+b$。問能不能到達 B 點，如果能的話，最少走幾次？

因為 c 可以表示為 $a+b$，因此本題就是用擴充的歐幾里得演算法求解不定方程 $ax+by=|B-A|$。如果 $|B-A|$ 不是 GCD(a, b) 的倍數，則 $ax+by=|B-A|$ 無解，否則用擴充的歐幾里得演算法求解。設 (x_0, y_0) 是 $ax+by=B-A$ 的一個解，則不定方程 $ax+by=c$ 的通解是 $x=x_0+k*b$，$y=y_0-k*a$，k 是整數。

因為 c 可以表示為 $a+b$，如果 $x==y$，則同向行走 a 或 b 的步數相同，合併為 c，x 就是步數。

如果 $x\neq y$，且 $xy>0$，則同向行走 a 或 b，步數是 $\max(x, y)$，其中 $\min(x, y)$ 步行走 c。

否則，如果 $x\neq y$，且 $xy<0$，則逆向行走 a 或 b，步數是 $|x|+|y|$。

最後，求最少步數。

❖ 參考程式

```
01   #include<bits/stdc++.h>
02   using namespace std;
03   typedef int Int;
04   #define int long long
05   #define INF 0x3f3f3f3f
06   #define maxn 100005
07   int exgcd(int a,int b,int &x,int &y)      // 使用擴充的歐幾里得演算法計算和傳回不定方程 ax+
08                                            // by=GCD(a, b) 的整數根 (x, y) 和 GCD(a, b)
09   {
10       if(b==0)                             // 處理遞迴邊界
11       {
12           x=1,y=0;
13           return a;
14       }
15       int ans=exgcd(b,a%b,y,x);            // 遞迴
16       y-=(a/b)*x;
17       return ans;
18   }
19   void solve(int a,int b,int c)            // 計算不定方程 ax+by=c=|B-A|
20   {
21       int x,y;
22       int gcd=exgcd(a,b,x,y); // 計算不定方程 ax+by=GCD(a, b) 的整數根 (x, y) 和 GCD(a, b)
23       if(c%gcd!=0)                         // 若 |B-A| 不是 GCD(a, b) 的倍數，則無解退出
```

```
24          {
25              cout<<-1<<endl;
26              return ;
27          }
28          x*=c/gcd,y*=c/gcd;                  // 將 ax+by=GCD(a, b) 兩邊同乘以 (c/GCD(a, b))
29                                              // 使之轉化為 ax₀+by₀=c
30          a/=gcd,b/=gcd;                      // 準備求通解 x=x₀+b/gcd*k, y=y₀-a/gcd*k
31          int mid=(y-x)/(a+b),ans=1e18;       // 當 x==y 時，求得 k 的值
32          for(int i=mid-1;i<=mid+1;i++)       // 列舉 k-1，k，k+1
33          {
34              int tmp=0;
35              if(abs(x+b*i)+abs(y-a*i)==abs(x+b*i+y-a*i))
36                  tmp=max(abs(x+b*i),abs(y-a*i));          // 計算同向情況下的步數
37              else tmp=abs(x+b*i)+abs(y-a*i);              // 計算逆向情況下的步數
38              ans=min(ans,tmp);                            // 調整最少步數
39          }
40          cout<<ans<<endl;                    // 輸出最少步數
41      }
42      int main()
43      {
44          int t;
45          cin>>t;                             // 輸入測試案例數
46          while(t--)                          // 依次處理每個測試案例
47          {
48              int A,B,a,b;
49              cin>>A>>B>>a>>b;                // 輸入目前測試案例：起點座標 A 和終點座標 B 以及每步距離
50              int c=abs(B-A);
51              solve(a,b,c);                   // 求解不定方程 ax+by=|B-A|
52          }
53          return 0;
54      }
```

3.2.2 ► 計算同餘方程和同餘方程組

1. 同餘的定義和性質

定義 3.2.2.1　提供一個正整數 m 及兩個整數 a 和 b，如果 $((a-b) \bmod m)=0$，則稱 a 和 b 模 m 同餘，記為 $a \equiv b(\bmod m)$。如果 $((a-b) \bmod m) \neq 0$，則稱 a 模 m 不同餘於 b。

例如，$-7 \equiv -3 \equiv 1 \equiv 5 \equiv 9(\bmod 4)$，$-5 \equiv -1 \equiv 3 \equiv 7 \equiv 11(\bmod 4)$，而 7 模 5 不同餘於 8。

定理 3.2.2.1　提供一個正整數 m 及兩個整數 a 和 b，$((a-b) \bmod m)=0$ 若且唯若存在整數 k，$a=b+km$。

在一個同餘式兩邊同時做加法、減法或乘法，依然保持同餘。

定理 3.2.2.2　提供一個正整數 m 及三個整數 a、b 和 c，$a \equiv b(\bmod m)$，則

（1）$a+c \equiv b+c \ (\bmod m)$；

（2）$a-c \equiv b-c \ (\bmod m)$；

（3）$ac \equiv bc \ (\bmod m)$。

在一個同餘式兩邊同時除以一個整數並不一定保持同餘。例如，$10 \equiv 4 (\bmod\ 6)$，但如果兩邊同時除以 2，就不能保持同餘。

定理 3.2.2.3 提供一個正整數 m 及三個整數 a、b 和 c，$d = \mathrm{GCD}(c, m)$，並且 $ac \equiv bc$ $(\bmod\ m)$，則 $a \equiv b (\bmod\ (m\ \mathrm{DIV}\ d))$。

證明： 如果 $ac \equiv bc (\bmod\ m)$，則 $c(a-b) \bmod m = 0$，即存在整數 k，使得 $c(a-b) = km$。所以 $c(a-b)\ \mathrm{DIV}\ d = km\ \mathrm{DIV}\ d$。因為 $\mathrm{GCD}(c\ \mathrm{DIV}\ d, m\ \mathrm{DIV}\ d) = 1$，所以 $(a-b) \bmod (m\ \mathrm{DIV}\ d) = 0$，則 $a \equiv b (\bmod\ (m\ \mathrm{DIV}\ d))$。∎

例如，提供一個正整數 $m = 4$ 及三個整數 $a = 3$、$b = 1$ 和 $c = 6$，$\mathrm{GCD}(c, m) = \mathrm{GCD}(6, 4) = 2$，並且 $6 \times 3 \equiv 6 \times 1 (\bmod\ 4)$，則 $3 \equiv 1 (\bmod\ 2)$。

推論 3.2.2.1 提供一個正整數 m 及三個整數 a、b 和 c，$\mathrm{GCD}(c, m) = 1$，並且 $ac \equiv bc (\bmod\ m)$，則 $a \equiv b (\bmod\ m)$。

例如，提供一個正整數 $m = 3$ 及三個整數 $a = 4$、$b = 7$ 和 $c = 2$，$\mathrm{GCD}(c, m) = \mathrm{GCD}(2, 3) = 1$，並且 $4 \times 2 \equiv 7 \times 2 (\bmod\ 3)$，則 $4 \equiv 7 (\bmod\ 3)$。

推論 3.2.2.2 提供一個正整數 d 及兩個整數 a 和 b，如果 $ad \equiv bd (\bmod\ md)$，則 $a \equiv b (\bmod\ m)$。

如上面的例子所示，$10 \equiv 4 (\bmod\ 6)$，但如果兩邊同時除以 2，就不能保持同餘；但 $5 \equiv 2 (\bmod\ 3)$。

提供一個整數集 Z 和一個正整數 m，模 m 同餘滿足自反性、對稱性和傳遞性。所以 Z 可以被劃分為 m 個不相交的子集，這些子集被稱為模 m 的同餘類，每個同餘類中任意兩個整數都是模 m 同餘的。

由同餘理論，模運算規則如下：

$$(a+b)\ \%\ p = (a\ \%\ p + b\ \%\ p)\ \%\ p \qquad (1)$$
$$(a-b)\ \%\ p = (a\ \%\ p - b\ \%\ p)\ \%\ p \qquad (2)$$
$$(a*b)\ \%\ p = (a\ \%\ p * b\ \%\ p)\ \%\ p \qquad (3)$$
$$(a\text{\^{}}b)\ \%\ p = ((a\ \%\ p)\text{\^{}}b)\ \%\ p \qquad (4)$$

結合律：

$$((a+b)\ \%\ p + c)\ \%\ p = (a + (b+c)\ \%\ p)\ \%\ p \qquad (5)$$
$$((a*b)\ \%\ p * c)\ \%\ p = (a * (b*c)\ \%\ p)\ \%\ p \qquad (6)$$

交換律：

$$(a+b)\ \%\ p = (b+a)\ \%\ p \qquad (7)$$
$$(a*b)\ \%\ p = (b*a)\ \%\ p \qquad (8)$$

分配律：

$$((a+b)\ \%\ p * c)\ \%\ p = ((a*c)\ \%\ p + (b*c)\ \%\ p)\ \%\ p \qquad (9)$$

3.2.2.1 Raising Modulo Numbers

提供 n 對數字 A_i 和 B_i，$1 \leq i \leq n$，以及一個整數 M。請求解 $(A_1^{B_1} + A_2^{B_2} + \cdots + A_n^{B_n}) \bmod M$。

輸入

輸入包含 Z 個測試案例，在輸入的第一行提供正整數 Z。接下來提供每個測試案例。每個測試案例的第一行提供整數 M（$1 \leq M \leq 45000$），總和將除以這個數取餘數；接下來的一行提供數字的對數 H（$1 \leq H \leq 45000$）；接下來的 H 行，在每一行提供兩個被空格隔開的數字 A_i 和 B_i，這兩個數字不能同時等於零。

輸出

對於每一個測試案例，輸出一行，該行是運算式 $(A_1^{B_1} + A_2^{B_2} + \cdots + A_n^{B_n}) \bmod M$ 的結果。

範例輸入	範例輸出
3	2
16	13195
4	13
2 3	
3 4	
4 5	
5 6	
36123	
1	
2374859 3029382	
17	
1	
3 18132	

試題來源：CTU Open 1999
線上測試：POJ 1995，ZOJ 2150

❖ **試題解析**

根據模運算規則，直接求解本題。注意，為了提高效率、避免溢出，可使用反覆平方法計算冪取模運算 $T = a^b \% m$：

◆ 設結果值為 T，目前位的權重值為 P。初始時 $T = 1$，$P = a \% m$。

◆ 按照由低至高的順序依次分析 b 的每個二進位位元。若目前位為 1，則 $T = (T*P) \% m$。

每分析一個二進位位元後，$P = P^2 \% m$。分析完 b 的所有二進位位元後，T 即為 $a^b \% m$。在計算過程中，需要進行乘積取模運算（$(T*P) \% m$ 和 $P = P^2 \% m$），該運算亦可使用反覆平方法。

❖ **參考程式**

```
01   #include <iostream>
02   using namespace std;
03   typedef long long LL;
04   LL mod_mult(LL a, LL b, LL m)          // 透過反覆平方法計算 (a * b) % m
05   {
```

```
06      LL res = 0;                         // 結果值初始化
07      LL exp = a % m;                     // exp 初始化
08      while (b)                           // 分析 b 的每一個二進位位元
09      {
10          if (b & 1)                      // 若 b 的目前二進位位元為 1，則 res=(res+exp)% m
11          {
12              res += exp;
13              if (res > m) res -= m;
14          }
15          exp <<= 1;                      // exp=2*exp% m
16          if (exp > m) exp -= m;
17          b >>= 1;                        // 右移 b，準備分析下一個二進位位元
18      }
19      return res;
20  }
21  LL mod_exp(LL a, LL b, LL m) {          // 透過反覆平方法計算 aᵇ % m
22      LL res = 1;                         // 結果值初始化
23      LL exp = a % m;                     // exp 初始化
24      while (b)                           // 分析 b 的每一個二進位位元
25      {
26          if (b & 1) res = mod_mult(res, exp, m);   // 若 b 的目前二進位位元為 1，
27                                          // 則 res=(res*exp)%m
28          exp = mod_mult(exp, exp, m);    // exp=exp²%m
29          b >>= 1;                        // 右移 b，準備分析下一個二進位位元
30      }
31      return res;
32  }
33  int main(int argc, char *argv[])        // 主程式
34  {
35      int Z;
36      cin >> Z;                           // 輸入測試案例數
37      while (Z--)                         // 依次處理測試案例
38      {
39          int M, H;
40          cin >> M >> H;                  // 輸入模 M 和項數 H
41          int ans = 0;                    // 數和初始化
42          while (H--)                     // 依次處理 H 項
43          {
44              int A_i, B_i;
45              cin >> A_i >> B_i;          // 輸入目前項的底數和次冪
46              ans += mod_exp(A_i, B_i, M); // 累計目前項
47          }
48          ans %= M;                       // 數和取模後輸出
49          cout << ans << endl;
50      }
51      return 0;
52  }
```

2. 一元線性同餘方程

定義 3.2.2.2（一元線性同餘方程）　形如 $ax \equiv b(\bmod m)$ 的同餘式被稱為一元線性同餘方程，其中 a 和 b 是整數，m 是正整數，x 是未知整數。

定理 3.2.2.4 設 a 和 b 是整數，m 是正整數，且 $GCD(a, m) = d$。如果 $b \bmod d \neq 0$，則 $ax \equiv b(\bmod m)$ 無解；如果 $b \bmod d = 0$，則 $ax \equiv b(\bmod m)$ 恰有 d 個模 m 不同餘的解。

證明： 由定理 3.2.2.1，如果 $ax \equiv b(\bmod m)$，$ax = b + ym$，其中 y 是整數，所以 $ax \equiv b(\bmod m)$ 的整數 x 有解若且唯若存在 y 使得 $ax - ym = b$。由定理 3.2.1.3，如果 $b \bmod d \neq 0$，則 $ax - ym = b$ 無解；如果 $b \bmod d = 0$，則 $ax - ym = b$ 有無窮解：$x = x_0 + k*(m \text{ DIV } d)$，$y = y_0 + k*(a \text{ DIV } d)$，其中 k 是整數。

設 $x_1 = x_0 + k_1*(m \text{ DIV } d)$，$x_2 = x_0 + k_2*(m \text{ DIV } d)$，如果 $x_1 \equiv x_2(\bmod m)$，則由定理 3.2.2.2（2），$k_1*(m \text{ DIV } d) \equiv k_2*(m \text{ DIV } d)(\bmod m)$；因為 $GCD(m \text{ DIV } d, m) = m \text{ DIV } d$，所以由定理 3.2.2.2（3），$k_1 \equiv k_2(\bmod m)$。因此 $ax - ym = b$ 的不同餘的解的集合可以透過 $x = x_0 + k*(m \text{ DIV } d)$ 得到，其中 k 為 $0, 1, \cdots, d-1$。■

例如，提供同餘方程 $9x \equiv 8(\bmod 3)$，$GCD(9, 3) = 3$。因為 $8 \bmod 3 \neq 0$，所以 $9x \equiv 8(\bmod 3)$ 無解。

提供同餘方程 $9x \equiv 12(\bmod 15)$，$GCD(9, 15) = 3$。因為 $12 \bmod 3 = 0$，所以 $9x \equiv 12(\bmod 15)$ 有 3 個模 15 不同餘的解。採用擴充的歐幾里得演算法計算 $3 = 9x' + 15y'$ 的根 (x', y')，$x' = 2$，$y' = -1$，2 是 $9x' \equiv 3(\bmod 15)$ 的一個解。所以 $x_0 = 8 \bmod 15 = 8$，$x_1 = (x_0 + 5) \bmod 15 = 13$，$x_2 = (x_0 + 10) \bmod 15 = 18 \bmod 15 = 3$。

推論 3.2.2.3 如果 $GCD(a, m) = 1$，則一次同餘式 $ax + b \equiv 0(\bmod m)$ 有解。

由定理 3.2.2.4，對於一元線性同餘方程 $ax \equiv b(\bmod m)$，計算 x 的演算法如下。

步驟 1： 應用歐幾里得演算法和擴充的歐幾里得演算法分別計算 $d = GCD(a, m)$ 和 $d = ax' + my'$ 的解 (x', y')，其中 x' 是 $ax' \equiv d(\bmod m)$ 的解。

步驟 2： 如果 $b \bmod d \neq 0$，則 $ax \equiv b(\bmod m)$ 無解；否則存在 d 個模 m 不同餘的解，其中第一個解 $x_0 = x'*(b \text{ DIV } d) \bmod m$，其餘的 $d-1$ 個解是 $x_i = (x_0 + i*(m \text{ DIV } d)) \bmod m$，$1 \leq i \leq d-1$。

3.2.2.2　C Looooops

提供一個 C 語言風格類型的迴圈：

```
for (variable = A; variable != B; variable += C)
    statement;
```

在開始的時候將值 A 指定給變數，當變數不等於 B 時，重複陳述式，然後對變數增加 C。對於特定值 A、B 和 C，我們要知道陳述式執行多少次，本題設定所有的算術運算都在以 2^k 為模的 k 位不帶正負號的整數型別（值 $0 \leq x < 2^k$）上進行。

輸入

輸入包含若干測試案例，每個測試案例一行，提供用一個空格分隔的 4 個整數 A、B、C、k，整數 k（$1 \leq k \leq 32$）是迴圈控制變數的二進位位數，而 A、B、C（$0 \leq A, B, C < 2^k$）是迴圈參數。

輸入以包含 4 個 0 的一行結束。

輸出

輸出相關於輸入實例，由若干行組成。第 i 行或者提供第 i 個測試案例中陳述式的迴圈執行次數（一個整數），或者單字 "FOREVER"，如果迴圈不終止。

範例輸入	範例輸出
3 3 2 16	0
3 7 2 16	2
7 3 2 16	32766
3 4 2 16	FOREVER
0 0 0 0	

試題來源：CTU Open 2004
線上測試：POJ 2115，ZOJ 2305

❖ 試題解析

由於所有算術運算都是在以 2^k 為模的 k 位不帶正負號的整數型別（$0 \leq x < 2^k$）上進行，迴圈變數值的變化也是在 k 位不帶正負號的整數型別上進行迴圈。例如，int 型別是 16 位的，即無號 int 型別能保存 2^16 個資料，最大數為 65535，當迴圈變數值超過 65535 時，則迴圈變數會重新計數。比如目前迴圈變數值為 65534，每次迴圈變數的增量 C 為 3 時，則迴圈變數值變為 (65534＋3)%(2^16)＝1。

迴圈變數的初值為 A，終值為 B，每次迴圈變數的增量為 C。設迴圈執行次數為 x，$D = (B-A) \bmod 2^k$，則可以列出一元線性同餘方程 $x*C \equiv D \bmod 2^k$。顯然，迴圈次數為 0 若且唯若 $D = (B-A) \bmod 2^k = 0$。

根據定理 3.2.2.4，如果 $D \bmod \mathrm{GCD}(C, 2^k) = 0$，則一元線性同餘方程 $x*C \equiv D \bmod 2^k$ 有解，並且透過擴允的歐幾里得演算法計算方程 $x*C + y*2^k - \mathrm{GCD}(C, 2^k)$ 中 x 的最小非負整數解，即 x 是同餘方程 $Cx \equiv \mathrm{GCD}(C, 2^k) \bmod 2^k$ 的一個解，$(x*D) \bmod 2^k$ 為一元線性同餘方程 $x*C \equiv D \bmod 2^k$ 的解，也就是迴圈陳述式的執行次數。如果 $\mathrm{GCD}(C, 2^k)$ 不能被 D 整除，則一元線性同餘方程 $x*C \equiv D \bmod 2^k$ 無解，程式陷入無窮迴圈。

❖ 參考程式

```
01   #include<cmath>
02   #include<cstring>
03   #include<cstdlib>
04   #include<cstdio>
05   #define ll long long
06   #include<iostream>
```

```
07   using namespace std;
08   ll exgcd(ll a,ll b,ll &x,ll &y){          // 擴充的歐幾里得演算法：計算 d=gcd(a, b) = ax +
09                                              // by 的整係數 x 和 y (x 和 y 可能為 0 或負數 )
10       if(b==0){
11           x=1;y=0;return a;
12       }
13       ll t=exgcd(b,a%b,y,x);
14       y-=a/b*x;
15       return t;
16   }
17   ll gcd(ll a,ll b){                         // 歐幾里得公式：傳回 a 和 b 的最大公因數
18       if(b==0)return a;
19       return gcd(b,a%b);
20   }
21   int main () {
22       int A,B,C,K;
23       ll i,j,ans;
24       while(1){
25           scanf("%d%d%d%d",&A,&B,&C,&K);   // 輸入一個測試案例
26           if(!A&&!B&&!C&&!K)break;          // 若輸入 4 個 0，則退出
27           ll a,b,c,k;
28           a=A,b=B,c=C,k=K;
29           ll d=b-a;                          // 計算 (b-a)%2ᵏ 的非負整數 d。若 d=0，
30                                              // 則迴圈次數為 0；若 d%gcd(c, 2ᵏ)≠0，則陷入無窮迴圈
31           k=(1ll)<<k;
32           d%=k;
33           if(d<0)d+=k;
34           if(d==0){
35               puts("0");continue;
36           }
37           ll tem=gcd(c,k);
38           if(d%tem){
39               puts("FOREVER");continue;
40           }
41           c/=tem,k/=tem,d/=tem;
42           exgcd(c,k,ans,j);                  // 計算 gcd(c, k)=c*ans+k*j 的
43           ans*=(d);                          // 一個解 ans(ans*d)%k 的非負整數即為陳述式執行的次數
44           ans%=k;
45           if(ans<0)ans+=k;
46           cout<<ans<<endl;
47       }
48       return 0;
49   }
```

定義 3.2.2.3 假設有整數 a，且 GCD$(a, m)=1$，稱 $ax\equiv1(\bmod\ m)$ 的一個整數解為 a 模 m 的反元素。

根據定理 3.2.2.4，同餘方程 $ax\equiv1(\bmod\ m)$ 有解若且唯若 GCD$(a, m)=1$，且所有的解都模 m 同餘。

例如，同餘方程 $6x\equiv1(\bmod\ 41)$ 的解滿足 $x\equiv7(\bmod\ 41)$。所以，7 和所有與 7 模 41 同餘的整數是 6 模 41 的反元素。同樣，因為 $7*6\equiv1(\bmod\ 41)$，6 和所有與 6 模 41 同餘的整數是 7 模 41 的反元素。

3.2.2.3　Modular Inverse

假設有整數 a，a 模 m 的反元素是一個整數解 x，使得 $a^{-1} \equiv x \pmod{m}$。$a^{-1} \equiv x \pmod{m}$ 等價於 $ax \equiv 1 \pmod{m}$。

輸入

輸入提供多個測試案例。輸入的第一行提供一個整數 $T \approx 2000$，表示測試案例的個數。每個測試案例包含兩個整數 $0 < a \leq 1000$ 和 $0 < m \leq 1000$。

輸出

對每個測試案例，輸出最小正整數 x；如果 x 不存在，則輸出 "Not Exist"。

範例輸入	範例輸出
3	4
3 11	Not Exist
4 12	8
5 13	

試題來源：The 9th Zhejiang Provincial Collegiate Programming Contest
線上測試：ZOJ 3609

❖ 試題解析

本題運用擴充的歐幾里得演算法求反元素。對於一元線性同餘方程 $ax \equiv 1 \pmod{m}$，如果 $GCD(a, m) \neq 1$，則不存在 a 模 m 的反元素；否則，$GCD(a, m) = ax + my$ 中 x 模 m 的正整數解即為 a 模 m 的反元素。

所謂 x 模 m 的正整數解，指的是當 $x \% m < 0$ 時，正整數解為 $x \% m + m$。切忌 $(x \% m) \% m$，這樣做會得出錯誤解 0。

❖ 參考程式

```
01    #include <iostream>
02    #include <cstdio>
03    #include <cstring>
04    using namespace std;
05    int e_gcd(int a,int b,int &x,int &y){      // 使用擴充的歐幾里得演算法，計算d=GCD(a, b)-
06                                               // ax+by的整係數x和y (x和y可能為0或負數)
07        if(b == 0){
08            x = 1;
09            y = 0;
10            return a;
11        }
12        int ans = e_gcd(b,a%b,y,x);
13        y -= a / b * x;
14        return ans;
15    }
16    int main(){
17        int t;
18        while(~scanf("%d",&t)){                // 輸入測試案例數t
```

```
19          while(t--){                    // 依次處理 t 個測試案例
20              int a,m;
21              int x,y;
22              scanf("%d%d",&a, &m);      // 輸入整數 a 和模 m
23              int gcd = e_gcd(a,m,x,y);  // 計算 gcd=gcd(a, m)=ax+my 的整係數 x 和 y
24              if(gcd != 1){              // 若 gcd≠1，則不存在 a 模 m 的反元素
25                  printf("Not Exist\n");
26                  continue;
27              }
28              int ans = x;               // 計算和輸出 x % m 的正整數解
29              ans = ans % m;
30              if(ans <= 0) ans = ans +m;
31              printf("%d\n",ans);
32          }
33      }
34      return 0;
35  }
```

3. 同餘方程組

定理 3.2.2.5（中國剩餘定理，The Chinese Remainder Theorem） 設 $n_1, n_2, \cdots, n_k$ 是兩兩互質的正整數，則同餘方程組

$$a \equiv a_1 (\bmod\ n_1)$$
$$a \equiv a_2 (\bmod\ n_2)$$
$$\cdots$$
$$a \equiv a_k (\bmod\ n_k)$$

有模 $n = n_1 n_2 \cdots n_k$ 的唯一解。

同餘方程組可以轉換為多項式 $a = (a_1 * c_1 + \cdots + a_i * c_i + \cdots + a_k * c_k) \bmod (n_1 * n_2 * \cdots * n_k)$。由該多項式，可以直接計算出 a。現在我們證明同餘方程組可以轉換為多項式 $a = (a_1 * c_1 + \cdots a_i * c_i + \cdots + a_k * c_k) \bmod (n_1 * n_2 * \cdots * n_k)$，以及求解 c_i（$1 \leq i \leq k$）的方法。

證明： 因為 $n_1, n_2, \cdots, n_k$ 是兩兩互質的正整數，$GCD(n_i, n_j) = 1$，$i \neq j$。設 $m_i = \dfrac{n}{n_i}$，$1 \leq i \leq k$，則 $GCD(n_i, m_i) = 1$，$1 \leq i \leq k$，則存在整數 n_i' 和 m_i'，使得 $m_i m_i' + n_i n_i' = 1$，即存在整數 m_i' 使得

$$m_i m_i' \equiv 1 (\bmod\ n_i)，其中\ i = 1, 2, \cdots, k \tag{1}$$

又因為 $GCD(n_i, n_j) = 1$，並且 $m_i = \dfrac{n}{n_i}$，則 $m_j \bmod n_i = 0$，$i \neq j$；所以

$$a_j m_j m_j' \equiv 0 (\bmod\ n_i)，其中\ i, j = 1, 2, \cdots, k，i \neq j \tag{2}$$

根據 (1) 和 (2)，$a_1 m_1 m_1' + a_2 m_2 m_2' + \cdots + a_k m_k m_k' \equiv a_i m_i m_i' (\bmod\ n_i)$, $a_i m_i m_i' \equiv a_i (\bmod\ n_i)$, $i = 1, 2, \cdots, k$。所以，$a = a_1 m_1 m_1' + a_2 m_2 m_2' + \cdots + a_k m_k m_k' (\bmod\ n)$ 是同餘方程組模 n 的唯一解。∎

根據中國剩餘定理的證明，計算同餘方程組的演算法如下：

步驟 1：計算 m_i，$i = 1, 2, \cdots, k$。設 $n = n_1*n_2*\cdots*n_k$，$m_1 = \dfrac{n}{n_1} = n_2*n_3*\cdots*n_k$，$m_2 = \dfrac{n}{n_2} = n_1*n_3 *n_4*\cdots*n_k$，$\cdots$，$m_i = \dfrac{n}{n_i} = n_1*\cdots*n_{i-1}*n_{i+1}\cdots*n_k$，$\cdots$，$m_k = \dfrac{n}{n_k} = n_1*\cdots*n_{k-2}*n_{k-1}$。

步驟 2：計算 m_i 模 n_i 的反元素 m_i^{-1}，即 $m_i*m_i^{-1} \equiv 1 (\mathrm{mod}\ n_i)$，方程 $m_i*m_i^{-1} \equiv 1(\mathrm{mod}\ n_i)$ 對模 n_i 僅有唯一的解 m_i^{-1}，$i = 1, 2, \cdots, k$。計算 m_i^{-1} 的方法有兩種。

①利用同餘方程

因為 m_i 和 n_i 是互質的，$\mathrm{GCD}(m_i, n_i) = 1$，因此可以透過 $m_1*m_1^{-1} \equiv 1(\mathrm{mod}\ n_1)$；$\cdots$；$m_i*m_i^{-1} \equiv 1(\mathrm{mod}\ n_i)$；$\cdots$；$m_k*m_k^{-1} \equiv 1(\mathrm{mod}\ n_k)$；計算 $m_1^{-1}, \cdots, m_i^{-1}, \cdots, m_k^{-1}$。

②利用擴充的歐幾里得演算法

應用擴充的歐幾里得演算法，對 $\mathrm{GCD}(n_i, m_i) = n_i*x + m_i*y = 1$ 計算 x 和 y，此時的 y 是 m_i^{-1}（$1 \leq i \leq k$）。

步驟 3：計算 $c_i = m_i*m_i^{-1}$，$1 \leq i \leq k$。

步驟 4：計算 $a = (a_1*c_1 + \cdots + a_i*c_i + \cdots + a_k*c_k)\mathrm{mod}\ n$。

例如，$a \equiv 2(\mathrm{mod}\ 3)$，$a \equiv 4(\mathrm{mod}\ 7)$，且 $a \equiv 5(\mathrm{mod}\ 8)$，則 3、7 和 8 是兩兩互質的正整數。首先，計算 m_i，$1 \leq i \leq 3$；$m_1 = n_2*n_3 = 56$，$m_2 = n_1*n_3 = 24$，$m_3 = n_1*n_2 = 21$；並且 $n = 3*7*8 = 168$。然後，計算 m_i 模 n_i 的反元素 m_i^{-1}，即 $m_i*m_i^{-1} \equiv 1(\mathrm{mod}\ n_i)$，$1 \leq i \leq 3$；$56*2 = 112 \equiv 1(\mathrm{mod}\ 3)$，$24*5 = 120 \equiv 1(\mathrm{mod}\ 7)$，且 $21*5 = 105 \equiv 1(\mathrm{mod}\ 8)$。最後，計算 a，$2*112 + 4*120 + 5*105 = 1229$，$a = 1229\ \mathrm{mod}\ n = 53$。

3.2.2.4　Biorhythms

人生來就有三個生理週期，分別為體力、感情和智力週期，它們的週期長度分別為 23 天、28 天和 33 天。每一個週期中有一天是高峰。在高峰這天，人會在相關的方面表現出色。例如，在智力週期的高峰，人會思維敏捷，精力容易高度集中。因為三個週期的週長不同，所以通常三個週期的高峰不會落在同一天。對於每個人，我們想知道何時三個高峰落在同一天。對於每個週期，我們會提供從目前年份的第一天開始，到出現高峰的天數（不一定是第一次高峰出現的時間）。你的任務是提供一個從當年第　天開始數的天數，輸出從提供時間開始（不包括提供時間）下一次三個高峰落在同一天的時間（距提供時間的天數）。例如，提供時間為 10，下次三個高峰落在同一天的時間是 12，則輸出 2（注意這裡不是 3）。

輸入

輸入 4 個整數：p、e、i 和 d。p、e、i 分別表示體力、情感和智力高峰出現的時間（時間從當年的第一天開始計算）。d 是提供的時間，可能小於 p、e 或 i。所有提供時間都是非負的並且小於 365，所求的時間小於 21252。

當 $p = e = i = d = -1$ 時，輸入資料結束。

輸出

從提供時間起，下一次三個高峰落在同一天的時間（距離提供時間的天數）。

採用以下格式：

Case 1: the next triple peak occurs in 1234 days.

注意： 即使結果是 1 天，也使用複數形式 "days"。

範例輸入	範例輸出
0 0 0 0	Case 1: the next triple peak occurs in 21252 days.
0 0 0 100	Case 2: the next triple peak occurs in 21152 days.
5 20 34 325	Case 3: the next triple peak occurs in 19575 days.
4 5 6 7	Case 4: the next triple peak occurs in 16994 days.
283 102 23 320	Case 5: the next triple peak occurs in 8910 days.
203 301 203 40	Case 6: the next triple peak occurs in 10789 days.
−1 −1 −1 −1	

試題來源： ACM East Central North America 1999

線上測試： POJ 1006，ZOJ 1160，UVA 756

❖ **試題解析**

體力、感情和智力 3 個週期的長度分別為 23 天、28 天和 33 天，這 3 個週期長度兩兩互質。假設第 x 天三個高峰同時出現，則可得到同餘方程組

$$\begin{cases} x \equiv p \ (\text{mod } 23) \\ x \equiv e \ (\text{mod } 28) \\ x \equiv i \ (\text{mod } 33) \end{cases}$$

根據中國剩餘定理，x 在 23*28*33 = 21252 的範圍內有唯一解。設 a_i 和 n_i 分別為三個高峰出現的時間和週期長度，即 $a_1 = p$、$a_2 = e$、$a_3 = i$、$n_1 = 23$、$n_2 = 28$、$n_3 = 33$，得到同餘方程組

$$x \equiv a_i (\text{mod } n_i), \ 1 \leq i \leq 3$$

運用上述 4 個步驟求出 $s = \sum_{i=1}^{3} a_i \times m_i \times m_i^{-1}$，其中 $m_1 = 28*33$，$m_2 = 23*33$，$m_3 = 23*28$，m_i^{-1} 為 m_i 中關於 n_i 的乘法反元素，即 $m_i m_i^{-1} \equiv 1 (\% n_i)$，乘法反元素可以透過歐幾里得擴充公式求得。

由於三個高峰同時出現的時間是相隔特定時間 d 的天數，因此這個時間應為 $(s-d) \text{mod } n$ 的最小正整數（$n = 23*28*33$）。

❖ **參考程式**

```
01   #include<iostream>
02   #include<algorithm>
03   #include<cmath>
04   #include<cstdio>
05   #include<cstring>
```

```
06    #include<cstdlib>
07    #include<string>
08    using namespace std;
09    typedef long long ll;
10    ll power(ll a,ll p,ll mo){                  // 透過反覆平方方法計算 aᵖ%(mo)
11        ll ans=1;
12        for(;p;p>>=1){
13            if(p&1){
14                ans*=a;
15                if(mo>0)ans%=mo;
16            }
17            a*=a;
18            if(mo>0)a%=mo;
19        }
20        return ans;
21    }
22    ll exgcd(ll a,ll b,ll &x,ll &y){ // 歐幾里得推廣公式：計算方程 gcd(a,b)=ax+by 中變數 x 的值
23        if(b==0){
24            x=1;y=0;return a;
25        }
26        ll t=exgcd(b,a%b,y,x);
27        y-=a/b*x;
28        return t;
29    }
30    ll niyuan(ll a,ll p){                       // 計算 a⁻¹%p
31        ll x,y;
32        exgcd(a,p,x,y);                         // 計算同餘方程 ax≡gcd(a,p)(%p) 中的 x
33        return (x%p+p)%p;                       // x 對 p 的模取正
34    }
35    int main(){
36        int  a,b,c,d,i,j,k,u,v,te=0;
37        while(1){
38            scanf("%d%d%d%d",&a,&b,&c,&d); // 反覆輸入體力、情感和智力高峰出現的時間和提供時間
39            if(a==b&&b==c&&c==d&&a==-1) break;  // 結束標誌
40    // 計算an=( ∑ᵢ₌₁³aᵢ×mᵢ×mᵢ⁻¹ -d)%（23*28*33）的非負整數，該數即為下一次三個高峰同天的時間
41            ll an=0;
42            an=28*33*a*niyuan(28*33,23)+23*33*b*niyuan(23*33,28)+23*28*c*niyuan(28*23,33);
43            an-=d;
44            an%=(28*33*23);
45            if(an<=0) an+=28*33*23;
46            printf("Case %d: the next triple peak occurs in %d days.\n",++te,(int)an);
47        }
48    }
```

3.2.3 ▶ 計算多項式同餘方程

設 $f(x)$ 是次數大於 1 的整數多項式，求解形如 $f(x)\equiv 0 \pmod{m}$ 的同餘方程的方法如下。

設 m 有質數冪因數分解 $m = p_1^{r_1} \times p_2^{r_2} \times \cdots \times p_k^{r_k}$，則求解同餘方程 $f(x)\equiv 0 \pmod{m}$ 等同於求解同餘方程組 $f(x)\equiv 0 \pmod{p_i^{r_i}}$，$1\le i\le k$。一旦求解出這 k 個同餘方程，就可以利用中國剩餘定理求出模 m 的解。

本節講述一種求解模質數方冪的同餘方程的解的方法。

定理 3.2.3.1（Hensel 引理） 設 $f(x)$ 是次數大於 1 的整數多項式，$k \geq 2$ 是整數，p 是質數，r 是同餘方程 $f(x) \equiv 0 \pmod{p^{k-1}}$ 的解，而且 $f'(x)$ 是 $f(x)$ 的導數，則

（1）如果 $f'(r) \not\equiv 0 \pmod{p}$，則存在唯一整數 t，$0 \leq t \leq p$，使得 $f(r+tp^{k-1}) \equiv 0 \pmod{p^k}$，$t$ 由 $t \equiv \overline{f'(r)} f(r)/p^{k-1} \pmod{p}$ 提供，其中 $\overline{f'(r)}$ 是 $f'(r)$ 模 p 的反元素。

（2）如果 $f'(r) \equiv 0 \pmod{p}$，$f(r) \equiv 0 \pmod{p^k}$，則對所有整數 t 都有 $f(r+tp^{k-1}) \equiv 0 \pmod{p^k}$。

（3）如果 $f'(r) \equiv 0 \pmod{p}$，$f(r) \not\equiv 0 \pmod{p^k}$，則 $f(x) \equiv 0 \pmod{p^k}$ 不存在解使得 $x \equiv r \pmod{p^{k-1}}$。

在（1）中，$f(x) \equiv 0 \pmod{p^{k-1}}$ 的一個解提升為 $f(x) \equiv 0 \pmod{p^k}$ 的唯一解；在（2）中，這樣的一個解或者提升為 p 個模 p^k 不同餘的解，或者不能提升為模 p^k 的解。

3.2.3.1 Special equations

設整數多項式 $f(x) = a_n x^n + \cdots + a_1 x + a_0$，其中 a_i（$0 \leq i \leq n$）是已知的整數。我們稱 $f(x) \equiv 0 \pmod{m}$ 為同餘方程。如果 m 是一個合數，可以把 m 分解成質數的冪的乘積，然後用中國剩餘定理將每一個公式聯立，進行求解。在本題中，請求解這類方程的一個更簡單的形式，其中 m 是質數的平方。

輸入

輸入的第一行提供方程的數目 T，$T \leq 50$。

接下來提供 T 行，每行開始時提供一個整數 deg（$1 \leq \text{deg} \leq 4$），表示 $f(x)$ 的項的數目；然後提供 deg 個整數，從 a_n 到 a_0（$0 < \text{abs}(a_n) \leq 100$，當 deg ≥ 3 時 abs$(a_i) \leq 10000$，否則當 $i < n$ 時 abs$(a_i) \leq 100000000$）；最後一個整數是質數 pri（pri ≤ 10000）。

本題請求解 $f(x) \equiv 0 \pmod{\text{pri*pri}}$。

輸出

對於每個方程 $f(x) \equiv 0 \pmod{\text{pri*pri}}$，首先輸出測試範例的編號，然後，如果有多個 x 是方程的解，則輸出任意的一個 x；否則輸出 "No solution!"。

範例輸入	範例輸出
4 2 1 1 −5 7 1 5 −2995 9929 2 1 −96255532 8930 9811 4 14 5458 7754 4946 −2210 9601	Case #1: No solution! Case #2: 599 Case #3: 96255626 Case #4: No solution!

試題來源： 2013 ACM-ICPC 長沙賽區全國邀請賽
線上測試： HDOJ 4569

❖ 試題解析

本題提供整數多項式 $f(x)=a_n x^n + \cdots + a_1 x + a_0$，以及質數 pri，求一個 x 使得 $f(x) \equiv 0 \,(\text{mod pri*pri})$，如果沒有解，則輸出 "No solution!"。

首先求出所有的 i，使得 $f(i) \equiv 0 \,(\text{mod pri})$；然後分別驗證所有的 $x=i+j*\text{pri}$ 是否滿足 $f(x) \equiv 0 \,(\text{mod pri*pri})$，其中 $0 \le j < \text{pri}$。由於在第一次列舉的時候求出的 i 不會很多，第二次暴力列舉的時候複雜度不會很大。

❖ 參考程式

```
01    #include <iostream>
02    #include <string.h>
03    #include <stdio.h>
04    using namespace std;
05    typedef long long LL;
06    const int N=105;
07    LL a[N];
08    LL temp[N];
09
10    LL Equ(LL n,LL x)                 // 計算和傳回 ∑ᵢ₌₀ⁿ a[i]xⁱ
11    {
12        if(n==1)       return a[1]*x+a[0];
13        else if(n==2)  return a[2]*x*x+a[1]*x+a[0];
14        else if(n==3)  return a[3]*x*x*x+a[2]*x*x+a[1]*x+a[0];
15        else if(n==4)  return a[4]*x*x*x*x+a[3]*x*x*x+a[2]*x*x+a[1]*x+a[0];
16    }
17    int main()
18    {
19        LL T,n,i,j,p,k,tt=1;
20        cin>>T;                 // 輸入方程數
21        while(T--)              // 依次處理每個方程
22        {
23            cin>>n;            // 輸入項數
24            for(i=n;i>=0;i--)   // 輸入每項係數
25                cin>>a[i];
26            cin>>p;            // 輸入質數 p
27            k=0;
28            for(i=0;i<p;i++)   // 在 0≤i≤p-1 中搜尋滿足 f(i)≡0 (mod p) 的所有 i，
29                               // 將其存入 temp[0]…temp[k-1]
30            {
31                if(Equ(n,i)%p==0)
32                {
33                    temp[k++]=i;
34                }
35            }
36            if(k==0)           // 若在 0≤i≤p-1 中找不到滿足 f(i)≡0 (mod p) 的 i，則無解退出
37            {
38                printf("Case #%I64d: No solution!\n",tt++);
39                continue;
40            }
41            LL ret=-1;
42            for(i=0;i<k;i++)  // 驗證所有的 x=i+j * p（其中 0≤j<p）是否滿足 f(x)≡0 (mod p²)
43            {
```

```
44            bool flag=0;
45            for(j=0;j<p;j++)
46            {
47                LL x=(temp[i]+j*p);
48                if(Equ(n,x)%(p*p)==0)
49                {
50                    ret=x;
51                    flag=1;
52                    break;
53                }
54            }
55            if(flag) break;
56        }
57        if(ret==-1)          // 若所有的x=i+j*p無法滿足 f(x)≡0 (mod p²)，則無解退出。
58                             // 否則第一次列舉求出的 x 即為其解
59        {
60            printf("Case #%I64d: No solution!\n",tt++);
61            continue;
62        }
63        printf("Case #%I64d: %I64d\n",tt++,ret);
64    }
65    return 0;
66 }
```

3.3　特殊的同餘式實作範例

3.3.1 ▶ 威爾遜定理和費馬小定理

引理 3.3.1.1　p 是質數，正整數 a 是其自身模 p 的反元素若且唯若 $a \equiv 1 \pmod p$ 或 $a \equiv -1 \pmod p$。

證明： 如果 $a \equiv 1 \pmod p$ 或 $a \equiv -1 \pmod p$，則 $a^2 \equiv 1 \pmod p$，所以 a 是其自身模 p 的反元素。反之，如果 a 是其自身模 p 的反元素，即 $a^2 \equiv 1 \pmod p$，則 $(a^2-1) \bmod p = 0$，因為 p 是質數，所以 $(a-1) \bmod p = 0$ 或者 $(a+1) \bmod p = 0$，因此 $a \equiv 1 \pmod p$ 或 $a \equiv -1 \pmod p$。　∎

定理 3.3.1.1（威爾遜定理，Wilson's Theorem）　如果 p 是質數，則 $(p-1)! \equiv -1 \pmod p$。例如，$p=11$，則 p 是質數，$(p-1)! = 10! = 1 \times 2 \times 3 \times 4 \times 5 \times 6 \times 7 \times 8 \times 9 \times 10$，把乘積互為模 p 的反元素分為一組，得 $2 \times 6 \equiv 1 \pmod{11}$，$3 \times 4 \equiv 1 \pmod{11}$，$5 \times 9 \equiv 1 \pmod{11}$，$7 \times 8 \equiv 1 \pmod{11}$。重排乘積中的因數，$10! = 1 \times (2 \times 6) \times (3 \times 4) \times (5 \times 9) \times (7 \times 8) \times 10 \equiv 1 \times 10 \equiv -1 \pmod{11}$。基於此，提供威爾遜定理的證明如下。

證明： 當 $p=2$ 時，$(p-1)! = 1 \equiv -1 \pmod 2$。設 p 是質數，且 $p>2$，由定理 3.2.2.4，對於每個整數 a，$1 \le a \le p-1$，存在一個模 p 的反元素 x，$1 \le x \le p-1$ 且 $ax \equiv 1 \pmod p$。由引理 3.3.1，對於 $1 \le a \le p-1$，模 p 的反元素是其自身的數只有 1 和 $p-1$。因此，可以把 2

到 $p-2$ 分成 $\dfrac{p-3}{2}$ 組整數對，每組乘積模 p 餘 1；所以 $2\times3\times\cdots\times(p-2)\equiv1\pmod{p}$，則可以推出 $(p-1)!\equiv-1\pmod{p}$。 ∎

威爾遜定理的反元素也是成立的。

定理 3.3.1.2　設 p 是正整數且 $p\geq2$，如果 $(p-1)!\equiv-1\pmod{p}$，則 p 是質數。

3.3.1.1　YAPTCHA

數學系最近出現了一些問題。由於大量未經請求的自動程式在其頁面上執行，它們決定在網頁上設定 YAPTCHA（Yet-Another-Public-Turing-Test-to-Tell-Computers-and-Humans-Apart）。簡言之，如果有人要獲得其學術論文，必須證明自己是合格和有價值的，即解決一個數學問題。

然而，對於一些數學博士生甚至一些教授來說，要解決這樣的數學問題也是困難的。因此，數學系要寫一個幫助程式，幫助其內部的人士解決這個數學問題。

在網頁上給存取數學系的起始網頁的人設定的數學問題如下：提供自然數 n，請計算
$$S_n=\sum_{k=1}^{n}\left[\frac{(3k+6)!+1}{3k+7}-\left[\frac{(3k+6)!}{3k+7}\right]\right]$$，其中 $[x]$ 表示不大於 x 的最大整數。

輸入

輸入的第一行提供測試案例的數目 t（$t\leq10^6$）。然後，每個測試案例提供一個自然數 n（$1\leq n\leq10^6$）。

輸出

對於每個測試案例中提供的 n，輸出 S_n 的值。

範例輸入	範例輸出
13	0
1	1
2	1
3	2
4	2
5	2
6	2
7	3
8	3
9	4
10	28
100	207
1000	1609
10000	

試題來源：ACM Central European Programming Contest 2008
線上測試：UVA 4382，HDOJ 2973

❖ **試題解析**

設 $f(k) = \left[\dfrac{(3k+6)!+1}{3k+7} - \left[\dfrac{(3k+6)!}{3k+7}\right]\right]$。根 據 威 爾 遜 定 理 ， 如 果 p 是 質 數 ， 則 $(p-1)! \equiv -1 \pmod{p}$。所 以 ， 如 果 $(3k+7)$ 為 質 數 ， 則 $\dfrac{(3k+6)!+1}{3k+7}$ 為 某 個 正 整 數 x ， $\dfrac{(3k+6)!}{3k+7} = x - \dfrac{1}{3k+7}$ ， $f(k) = 1$ ；如 果 $(3k+7)$ 為 合 數 ， 則 $(3k+6)!$ 能 被 $(3k+7)$ 整 除 ， $f(k) = 0$。

因此，本題演算法如下：首先，根據 $(3k+7)$ 是否為質數，離線計算運算結果；然後，對於每個測試案例中提供的 n，輸出 S_n 的值。

❖ **參考程式**

```cpp
01  #include<cstdio>
02  using namespace std;
03  const int MaxN=1000001;
04  int ans[MaxN];
05  bool isPrime(int x)              // 判斷 x 是否為質數
06  {
07      if (x%2==0) return false;
08      for (int i=3;i*i<=x;i+=2)
09          if (x%i==0) return false;
10      return true;
11  }
12  int main()
13  {
14      int cases;                  // 測試案例數 cases
15      scanf("%d",&cases);
16      ans[0]=0;
17      for (int i=1;i<MaxN;i++)   // 根據 (3k+7) 是否為質數，離線計算運算結果
18        if (isPrime(3*i+7)) ans[i]=ans[i-1]+1; else ans[i]=ans[i-1];
19      while (cases--)             // 輸入每個測試案例，根據離線計算的結果，直接輸出答案
20      {
21          int n;
22          scanf("%d",&n);
23          printf("%d\n",ans[n]);
24      }
25      return 0;
26  }
```

定理 3.3.1.3（費馬小定理） 如果 p 是質數，a 是正整數，且 $GCD(a, p) = 1$，則 $a^{p-1} \equiv 1 \pmod{p}$。

證明： $p-1$ 個整數 $a, 2a, \cdots, (p-1)a$ 不能被 p 整除，且其中任何兩個數模 p 不同餘。所以，$p-1$ 個整數 $a, 2a, \cdots, (p-1)a$ 模 p 的餘數為 $1, 2, \cdots, p-1$。因此 $a \times 2a \times \cdots \times (p-1)a \equiv 1 \times 2 \times \cdots \times (p-1) \pmod{p}$，即 $a^{p-1} \times (p-1)! \equiv (p-1)! \pmod{p}$。因為 $GCD((p-1)!, p) = 1$，由推論 3.2.2.1，$a^{p-1} \equiv 1 \pmod{p}$。 ■

定理 3.3.1.4　如果 p 是質數，a 是正整數，則 $a^p \equiv a(\bmod p)$。

例如，如果 $a = 3$，$p = 5$，則 $3^4 \equiv 1(\bmod 5)$。並且，如果 $a = 6$，$p = 3$，則 $6^3 \equiv 6(\bmod 3)$。

3.3.1.2　What day is that day?

今天是星期六（Saturday），在 $1^1 + 2^2 + 3^3 + \cdots + N^N$ 天後是星期幾？一個星期由 Sunday、Monday、Tuesday、Wednesday、Thursday、Friday 和 Saturday 組成。

輸入

有多個測試案例。輸入的第一行提供一個整數 T，表示測試案例的數目。每個測試案例一行，提供一個整數 N（$1 \le N \le 1000000000$）。

輸出

對於每個測試案例，輸出一個字串，表示星期幾。

範例輸入	範例輸出
2	Sunday
1	Thursday
2	

試題來源：The 11th Zhejiang Provincial Collegiate Programming Contest
線上測試：ZOJ 3785

❖ **試題解析**

任意一個自然數 N 可以表示為 $N = 7*k + m$，其中 $k \ge 0$，$0 \le m \le 6$。所以 $N^N = (7k + m)^N$。

透過對 $(7k + m)^N$ 進行二項式展開，$N^N \% 7 = m^N \% 7$。因為一個星期有 7 天，而 7 是質數，如果 $\mathrm{GCD}(m, 7) = 1$，則根據費馬小定理，7 是質數，m 是正整數，且 $\mathrm{GCD}(m, 7) = 1$，則 $m^6 \% 7 = 1$。

再設 $N = 6k_2 + t$，其中 $k_2 \ge 0$，$0 \le t \le 5$，所以 $N^N \% 7 = m^N \% 7 = m^t \% 7$。由於 $0 \le m \le 6$，$0 \le t \le 5$，因此可知，底數有 7 種取值，指數有 6 種取值，有 $7 \times 6 = 42$ 種組合。但每 42 個數後，這 42 個數的排列會發生改變，一共改變 7 次，所以總迴圈週期為 $42 \times 7 = 294$。

因此，透過計算 $(1^1 + 2^2 + 3^3 + \cdots + (N\%294)^{N\%294}) \% 7$ 便可得知在 $1^1 + 2^2 + 3^3 + \cdots + N^N$ 天後是星期幾。

❖ **參考程式**

```
01   #include <cstdio>
02   #include <cstring>
03   #include <algorithm>
04   using namespace std;
05   typedef long long int ll;
06   int ans[1001];                // ans[i] 為 1¹+2²+3³+···+iⁱ
07   ll quick(ll a, ll b, ll c)    // 透過反覆平方法計算 aᵇ%c 的值
08   {
```

```
09      ll ans=1;                   // 結果值初始化
10      while(b)                    // 按照由低至高的順序分析 b 的每個二進位位元，並反覆運算計算 a^b%c
11      {
12          a=a%c;
13          ans=ans%c;
14          if(b%2==1)              // 若最低位為 1，則累乘 a
15              ans=(ans*a)%c;
16          b/=2;                   // 去除最低位
17          a=(a*a)%c;              // 計算 a
18      }
19      return ans%c;               // 傳回 a^b % c 的值
20  }
21  void init( )
22  {
23      ans[1]=1;
24      for(int i=2;i<=294;i++){                 // 迴圈
25          ans[i]=(ans[i-1]+quick(i,i,7))%7;   // （計算 1^1+2^2+3^3+⋯+i^i）%7
26      }
27  }
28  int main( )
29  {
30      ll t,sum;
31      int n;
32      init( );
33      scanf("%lld", &t);          // 輸入測試案例數
34      while(t--)                  // 依次處理每個測試案例
35      {
36          sum=0;
37          scanf("%d",&n);
38          sum=ans[n%294];         // 計算 (1^1+2^2+3^3+⋯+(N%294)^(N%294))%7
39          if(sum==0)              // 若模 7 後為 0，則為星期六；否則餘數指明了星期幾
40              printf("Saturday\n");
41          else if(sum==1)
42              printf("Sunday\n");
43          else if(sum==2)
44              printf("Monday\n");
45          else if(sum==3)
46              printf("Tuesday\n");
47          else if(sum==4)
48              printf("Wednesday\n");
49          else if(sum==5)
50              printf("Thursday\n");
51          else
52              printf("Friday\n");
53      }
54      return 0;
55  }
```

3.3.2 ▶ 偽質數

費馬小定理的反元素不成立，即滿足 $a^{n-1} \equiv 1 \pmod{n}$ 的 n 並不一定是質數。在 1919 年，Sarrus 提供了費馬小定理的反元素的反例。

定義 3.3.2.1（偽質數）　設 a 是一個正整數。如果 n 是一個正合數，並且 $a^n \equiv a \pmod{n}$，則稱 n 為以 a 為基底的偽質數。

定義 3.3.2.2（絕對偽質數）　如果一個止合數 n 對於所有滿足 $\mathrm{GCD}(a, n) = 1$ 的正整數 a 都有 $a^{n-1} \equiv 1 \pmod{n}$，則稱 n 為絕對偽質數，也稱為 Carmichael 數。

3.3.2.1　Pseudoprime numbers

費馬小定理指出，對於任何質數 p 和任何整數 $a > 1$，$a^p \equiv a \pmod{p}$。也就是說，如果 a 的 p 次冪除以 p，餘數是 a。一些（但不是很多）非質數值 p，如果存在整數 $a > 1$ 使得 $a^p = a \pmod{p}$，則稱 p 是以 a 為基底的偽質數（還有一些數被稱為 Carmichael 數，對於所有滿足 $\mathrm{GCD}(a, n) = 1$ 的正整數 a，都是以 a 為基底的偽質數）。

提供 $2 < p \le 1000000000$ 和 $1 < a < p$，確定 p 是不是以 a 為基底的偽質數。

輸入

輸入包含若干測試案例，最後以 "0 0" 的一行表示結束。每個測試案例一行，提供 p 和 a。

輸出

對每個測試案例，如果 p 是以 a 為基底的偽質數，輸出 "yes"；否則輸出 "no"。

範例輸入	範例輸出
3 2	no
10 3	no
341 2	yes
341 3	no
1105 2	yes
1105 3	yes
0 0	

試題來源：Waterloo Local Contest, 2007.9.23
線上測試：POJ 3641

❖ **試題解析**

如果輸入的 p 是質數，則 p 不是偽質數；否則判斷 $a^p \equiv a \pmod{p}$ 是否成立。如果成立，則 p 是偽質數；否則 p 不是偽質數。

❖ **參考程式**

```
01   #include<cstdio>
02   #include<stdlib.h>
03   #include<string.h>
04   #include<math.h>
05   #include<algorithm>
06   #define MYDD 1103
07   typedef long long ll;
08   using namespace std;
```

```
09   ll MOD(ll x,ll n,ll mod) {
10       ll ans;
11       if(n==0)
12           return 1;
13       ans=MOD(x*x%mod,n/2,mod);  // 採用遞迴
14       if(n&1)                    // 用於判斷 n 的二進位最低位元是否為 1
15           ans=ans*x%mod;
16       return ans;
17   }
18   ll issu(ll x) {               // 質數的判斷
19       if(x<2)
20           return 0;             // 不是質數：傳回 0
21       for(ll j=2; j<=sqrt(x); j++)
22           if(x%j==0)
23               return 0;
24       return 1;
25   }
26   int main() {
27       ll p,a,Q_mod;
28       while(scanf("%lld%lld",&p,&a)&&(p||a)) {
29           if(issu(p)) {
30               puts("no");        // 如果 p 是質數，直接輸出
31           } else {
32               Q_mod=MOD(a,p,p);  // 快速冪 a^p%p 的結果
33               if(Q_mod==a) {
34                   puts("yes");
35               } else
36                   puts("no");
37           }
38       }
39       return 0;
40   }
```

費馬小定理的反元素不成立，但從大量統計資料來看，如果滿足 $GCD(a, n) = 1$ 且 $a^{n-1} \equiv 1 \pmod{n}$，則 n 較大機率為質數。所以，如果想知道 n 是否為質數，還需要不斷地選取 a，看上述同餘式是否成立：如果有足夠多的不同 a 能使同餘式成立，則可以說 n 可能是質數，但 n 也可能是偽質數。如果出現了任一個 a 使同餘式 $a^{n-1} \equiv 1 \pmod{n}$ 不成立，則 n 是合數，而 a 也被稱為對於 n 的合數判定的憑證（witness）。

因此提供測試質數的 Miller-Rabin 方法。Miller-Rabin 方法是一種隨機化演算法，設 n 為待檢驗的整數；k 為選取 a 的次數。重複 k 次計算，每次在 $[1, n-1]$ 範圍內隨機選取一個 a，若 $a^{n-1} \bmod n \neq 1$，則 n 為合數；若隨機選取的 k 個 a 都使 $a^{n-1} \equiv 1 \pmod{n}$ 成立，則傳回 n 為質數或偽質數的資訊。

Miller-Rabin 方法的實作是每次計算使用模指數運算的快速演算法，執行時間為 $O(k \times \log_2^3 n)$。Miller-Rabin 方法的有效性證明如下。

證明： 設 a 為自然數，如果 $a^2 \equiv 1 \pmod{n}$，則有 $a \equiv 1 \pmod{n}$ 或 $a \equiv -1 \pmod{n}$。如果 n 是一個大於 2 的奇數，則 $n-1 = 2^s \times d$，其中 d 為奇數。根據費馬小定理，如果 a 不能被質數 n 整除，則 $a^{n-1} \equiv 1 \pmod{n}$。由上述性質可以推出，如果 $a^d \equiv 1 \pmod{n}$；或者，如果 $a^{2^r \times d} \equiv -1 \pmod{n}$，即 $a^{2^{r+1} \times d} \equiv 1 \pmod{n}$，$0 \leq r < s$；則 $a^{n-1} \equiv 1 \pmod{n}$ 成立。

所以，Miller-Rabin 方法選取了一個自然數 a，如果 $a^d \equiv 1 \pmod{n}$ 不成立，並且對於自然數 r（$0 \leq r < s$），$a^{2^r \times d} \equiv -1 \pmod{n}$ 也不成立，那麼 $a^{n-1} \bmod n \neq 1$，n 一定是合數。否則，n 可能是質數，但也可能是偽質數。我們稱對 n 進行以 a 為基底的 Miller-Rabin 測試。 ■

例如，221 是一個合數，$221 = 17 \times 13$。採用 Miller Rabin 質數測試來檢驗 $n = 221$。$n-1 = 220 = 2^2 \times 55$，則 $s = 2$ 且 $d = 55$。隨機從區間 $[1, n-1]$ 中選取 a 進行 Miller-Rabin 質數測試。

選取 $a = 174$，則 $a^{2^0 \times d} \bmod n = 174^{55} \bmod 221 = 47 \neq 1$ 或 -1，$a^{2^1 \times d} \bmod n = 174^{110} \bmod 221 = 220 = -1$，即 $a = 174$ 是 $n = 221$ 為質數的一個「強偽證」（strong liar）。

再選取 $a = 137$，則 $a^{2^0 \times d} \bmod n = 137^{55} \bmod 221 = 188 \neq 1$ 或 -1，$a^{2^1 \times d} \bmod n = 137^{110} \bmod 221 \neq -1$，即 $a = 137$ 是 $n = 221$ 為合數的一個憑證。

Miller-Rabin 測試演算法如下。

```
int64 qpow(int64 a,int64 b,int64 M){      // 透過快速冪取模計算 a^b mod M
    int64 ans=1;
    while(b){
        if(b&1) ans*=a,ans%=M;
        a*=a;a%=M;b>>=1;
    }
    return ans;
}
bool MillerRabinTest(int64 x,int64 n){    // 選取 x 為基底，判定 n 是否可能為質數
int64 y=n-1;
while(!(y&1))  y>>=1;                      // 略去 n-1 (=d*2ˢ) 右端連續的 0，將其調整為 d
x=qpow(x,y,n);                             // x=x^d mod n
while(y<n-1&&x!=1&&x!=n-1)                 // 將 x 反覆平方，直到模數值出現 n-1 (-1) 或 1 為止
  x=(x*x)%n,y<<=(int64)1;
return x==n-1||y&1==1;                     // 若 x 為 n-1 或 y 為奇數，則 n 可能是質數，否則是合數
}
```

Miller-Rabin 測試有這樣的一個結論：對於 32 位元內的任一個整數 n，如果其透過了以 2、7、61 為基底的 Miller-Rabin 測試，那麼 n 是質數；反之，n 是合數。

```
bool isprime32(int64 n){              // 判斷 32 位元內的整數 n 是否為質數
if(n==2||n==7||n==61)  return 1;      // 若 n 為 {2,7,61} 中的元素，則 n 為質數
if(n==1||(n&1)==0) return 0;          // 若 n 是 1 或是非 2 偶數，則 n 為合數
return MillerRabinTest(2,n)&&MillerRabinTest(7,n)&&MillerRabinTest(61,n);
// 對 n 進行以 2、7、61 為基底的 Miller-Rabin 測試，如果通過，則 n 一定是質數；否則 n 為合數
}
```

3.3.2.2　How many prime numbers

提供若干正整數，請找出有多少質數。

輸入

有若干測試案例。每個測試案例先提供一個整數 N，表示要搜尋的正整數的個數。每個正整數是不能超過 32 位元的有符號整數，並且不能小於 2。

輸出

對於每個測試案例，輸出質數的個數。

範例輸入	範例輸出
3 2 3 4	2

試題來源： HDU 2007-11 Programming Contest_WarmUp
線上測試： HDOJ 2138

❖ **試題解析**

本題的資料範圍是 32 位元有符號整數，所以，如果一個整數通過了以 2、7、61 為基底的 Miller-Rabin 測試，那麼這個整數是質數；反之，這個整數是合數。

❖ **參考程式**

參照 Miller-Rabin 測試演算法範本，此處不再贅述。

3.3.2.3　Prime Test

提供一個大整數，請判斷它是否為質數。

輸入

第一行提供測試案例的個數 T（$1 \leq T \leq 20$），接下來的 T 行每行提供一個整數 N（$2 \leq N < 2^{54}$）。

輸出

對於每個測試案例，如果 N 是質數，則輸出單字 "Prime"；否則輸出 N 的最小質因數。

範例輸入	範例輸出
2 5 10	Prime 2

試題來源： POJ Monthly
線上測試： POJ 1811

❖ **試題解析**

由於本題的資料範圍比較大，上限為 $2^{54}-1$，只能先用 Miller-Rabin 演算法進行質數判斷，Miller-Rabin 演算法可以對上限為 $2^{63}-1$ 的整數進行快速的質數判斷；然後，再用 Pollard_rho 演算法分解因數，獲得最小質因數。

Miller-Rabin 演算法是根據費馬小定理的逆否，即如果存在 $a \in [1, n-1]$，使得同餘式 $a^{n-1} \equiv 1 \pmod n$ 不成立，則 n 是合數；但若 $a^{n-1} \equiv 1 \pmod n$，則幾乎可以肯定地確定 n 是質數，因為 n 是合數的機率相當小。為了使得質數測試中出錯的可能性不依賴 n 而使結果更精確，Miller-Rabin 演算法如下：

（1）試驗 s（$s > 1$）個隨機選取的基底 a，而不是僅試驗一個基底 a。

（2）每次試驗中，先計算 $n-1 = x \times 2^t$（其中 x 為奇數）。然後依次檢驗 $a^x \equiv \pm 1 \pmod n$，$a^{x*2} \equiv -1 \pmod n$，$\cdots$，$a^{x \times 2^{t-1}} \equiv -1 \pmod n$，$a^{n-1} \equiv 1 \pmod n$ 是否成立。若沒有一個同餘式成立，則 n 為合數；否則，n 可能為質數，再試驗下一個基底 a。

Pollard_rho 演算法也是一個隨機演算法。對於一個整數 n，Pollard_rho 演算法首先使用 Miller-Rabin 演算法判斷 n 是否是質數，若 n 是質數，那麼，將其記錄為一個質因數；如果 n 不是質數，則按照下述方法分解 n 的一個因數 d。

先取一個隨機整數 c，$1 \le c \le n-1$；然後取另一個隨機整數 x_1，$1 \le x_1 \le n-1$；然後計算序列 $x_1\ x_2\ x_3 \cdots x_i\ x_{i+1} \cdots$，其中令 $y = x_{i-1}$，x_i 按照遞迴式 $x_i = (x_{i-1}^2 + c) \% n$ 得出；每產生一項 x_i 後，求 $\mathrm{GCD}(y-x_i, n)$，如果 $\mathrm{GCD}(y-x_i, n)$ 大於 1，那麼得到一個因數 $p = \mathrm{GCD}(y-x_i, n)$，繼續對 p 和 n/p 遞迴搜尋，直到搜到質數為止；若 $\mathrm{GCD}(y-x, n)$ 是 1，則重複上述操作。這樣的過程一直進行至出現了以前出現過的某個 x 為止。

由於這個演算法在找尋亂數的過程中會出現成環的情況，類似希臘字母 ρ 的形狀（如圖 3-3 所示），因而得名 Pollard_rho 演算法。

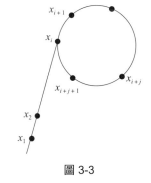

圖 3-3

綜上所述，求解本題的演算法如下。

◆ 遞迴分解 n 的所有質因數，建構一個質因數表 factor[]。方法如下：

　　使用 Miller-Rabin 演算法判斷 n 是否為質數。若是，則進入 factor[] 表並回溯，否則呼叫 Pollard_rho 演算法分解出 n 的一個質因數 p，然後分別遞迴計算 p 和 n/p。

◆ 最後，在 factor[] 表中找出最小值。

❖ **參考程式**

```
01    #include <iostream>
02    #include <stdio.h>
03    #include <string.h>
```

```
04   #include <stdlib.h>              // rand() 需要 stdlib.h 標頭檔
05   #include <math.h>
06   #include <time.h>
07   #include <algorithm>
08   typedef long long ll;
09   #define Time 15                  // 隨機演算法判定次數，Time 越大，判錯機率越小
10   using namespace std;
11   ll n,ans,factor[10001];          // factor[] 為質因數表，無序存放
12   ll tol;                          // 質因數的個數
13   long long mult_mod(ll a,ll b,ll c)  // 計算 (a*b)%c，其中 a、b 都是 ll 的數，直接相乘可能溢出
14   {
15       a%=c;                        // 透過反覆平方法計算 (a*b)%c
16       b%=c;
17       ll ret=0;                    // 結果值初始化
18       while(b)                     // 分析 b 的每一個二進位位元，反覆運算計算 (a*b)%c
19       {
20           if(b&1)                  // 若 b 的目前二進位位元為 1，則 res=(res+a)%c
21           {
22               ret+=a;
23               ret%=c;
24           }
25           a<<=1;                   // a=⌊a/2⌋% c
26           if(a>=c)a%=c;
27           b>>=1;                   // b 右移一位
28       }
29       return ret;                  // 傳回 (a*b)%c 的結果值
30   }
31   ll pow_mod(ll x,ll n,ll mod)     // 使用反覆運算法計算 x^n % mod
32   {
33       if(n==1)return x%mod;        // 若 x 的次冪為 1，則傳回 x%mod
34       x%=mod;
35       ll tmp=x;                    // 目前位的權重初始化
36       ll ret=1;                    // 結果值初始化
37       while(n)                     // 分析 n 的每個二進位位元
38       {
39           if(n&1) ret=mult_mod(ret,tmp,mod);   // 若目前位為 1，則 ret=ret^tmp % mod
40           tmp=mult_mod(tmp,tmp,mod);           // 下一位的權重 tmp=tmp^2 % mod
41           n>>=1;                   // n 右移一位
42       }
43       return ret;                  // 傳回 x^n % mod
44   }
45   bool check(ll a,ll n,ll x,ll t)   // 以 a 為基底，n-1=x*2^t，x 為奇數，用 a^(n-1)=1(mod n)
46                                     // 驗證 n 是不是合數，是合數傳回 true，否則傳回 false
47   {
48       ll ret=pow_mod(a,x,n);  // last=ret=a^x % n
49       ll last=ret;
50       for(int i=1; i<=t; i++) // 依次檢驗 a^x(mod n)、a^(x*2)(mod n)、…a^(n-1)(mod n)
51       {
52           ret=mult_mod(ret,ret,n);
53           if(ret==1&&last!=1&&last!=n-1) return true;
54           last=ret;
55       }
56       if(ret!=1) return true; // 若 a^(n-1)(mod n)≠1，則傳回 n 是合數標誌
57       return false;           // n 可能是質數
```

```
58      }
59      bool Miller_Rabin(ll n)          // Miller-Rabin 演算法質數判定，質數傳回 true
60                                        // （可能是偽質數，但機率極小），合數傳回 false
61      {
62          if(n<2) return false;
63          if(n==2||n==3||n==5||n==7) return true;  // 判斷最簡單的質數情況和合數情況
64          if(n==1||(n%2==0)||(n%3==0)||(n%5==0)||(n%7==0)) return false;// 偶數
65          ll x=n-1;                     // 計算 n-1=x*2ᵗ 中的奇數 x 和次冪 t
66          ll t=0;
67          while((x&1)==0)
68          {
69              x>>=1;
70              t++;
71          }
72          for(int i=0; i<Time; i++)             // 依序試驗 Time 個基底
73          {
74              ll a=rand()%(n-1)+1;              // 隨機產生目前的基底 a
75              if(check(a,n,x,t))                // 若檢驗出 n 是合數，則傳回合數標誌
76                  return false;                 // 合數
77          }
78          return true;      // 若試驗了 Time 個底後仍未判斷出 n 是合數，則傳回質數標誌
79      }
80      ll gcd(ll a,ll b)   // 計算並傳回 a 和 b 的最大公因數
81      {
82          if(a==0)return 1;
83          if(a<0) return gcd(-a,b);
84          while(b)
85          {
86              long long t=a%b;
87              a=b;
88              b=t;
89          }
90          return a;
91      }
92      ll Pollard_rho(ll x,ll c)      // Pollard_rho 演算法進行質因數分解，分解 x 的一個質因數，
93                                      // c 為 1…n 間的一個隨機整數
94      {
95          ll i=1,k=2;
96          ll x0=rand()%x;            // 隨機產生第一項 x0
97          ll y=x0;                   // 與目前項最近的 2 的次冪項 y 初始化
98          while(1)
99          {
100             i++;                   // 項數 +1
101             x0=(mult_mod(x0,x0,x)+c)%x;   // 產生目前項 x0=(x0² % x+c)% x
102             long long d=gcd(y-x0,x);      // 若 y-x0 和 x 的最大公因數在 2…x-1 之間，
103                                           // 則該數為 x 的一個因數；若 y==x0，則傳回因數 x
104             if(d!=1&&d!=x) return d;
105             if(y==x0) return x;
106             if(i==k)               // 若目前項為 2 的次冪項，則記下
107             {
108                 y=x0;
109                 k+=k;
110             }
111         }
112     }
```

```
113  void findfac(ll n)                  // 遞迴分解 n 的質因數，建構質因數表 factor[]
114  {
115      if(Miller_Rabin(n))             // 若 n 為質數，則 n 進入質因數表，回溯
116      {
117          factor[tol++]=n;
118          return;
119      }
120      ll p=n;
121      while(p>=n) p=Pollard_rho(p,rand()%(n-1)+1);   // 分解出 n 的一個因數 p
122      findfac(p);                     // 遞迴分解因數 p 和因數 n/p
123      findfac(n/p);
124  }
125  int main()
126  {
127      int T;
128      scanf("%d",&T);                 // 輸入測試案例數
129      while(T--)
130      {
131          scanf("%lld",&n);           // 輸入整數 n (n≥2)
132          if(Miller_Rabin(n))         // 若 n 為質數，則輸出單字 "Prime"
133          {
134              printf("Prime\n");
135              continue;
136          }
137          tol=0;                      // n 的質因數表為空
138          findfac(n);                 // 對 n 分解質因數，建構質因數表 factor[]
139          ll ans=factor[0];
140          for(int i=1; i<tol; i++)    // 在 factor[] 中尋找最小值
141              if(factor[i]<ans)
142                  ans=factor[i];
143          printf("%lld\n",ans);       // 輸出最小質因數
144      }
145      return 0;
146  }
```

3.3.3 ▶ 歐拉定理

定義 3.3.3.1（歐拉 φ 函數 $\varphi(n)$） 設 n 是一個正整數，歐拉 φ 函數 $\varphi(n)$ 是不超過 n 且與 n 互質的正整數的個數。

例如，$\varphi(1)=\varphi(2)=1$，$\varphi(3)=\varphi(4)=2$。

定義 3.3.3.2（模 n 的既約剩餘系） 模 n 的既約剩餘系是由 $\varphi(n)$ 個整數構成的集合，集合中的每個元素均與 n 互質，且任何兩個元素模 n 不同餘。

例如，$n=10$，$\varphi(10)=4$。在集合 $\{1, 3, 7, 9\}$ 中的每個元素與 10 互質，並且任何兩個元素模 10 不同餘。同樣，集合 $\{-3, -1, 1, 3\}$ 也是模 10 的既約剩餘系。

定理 3.3.3.1 如果集合 $\{r_1, r_2, \cdots, r_{\varphi(n)}\}$ 是一個模 n 的既約剩餘系，並且 n 和 a 是互質的正整數，則集合 $\{ar_1, ar_2, \cdots, ar_{\varphi(n)}\}$ 也是一個模 n 的既約剩餘系。

證明： 首先，證明每個 ar_i 和 n 互質，$i=1, 2, \cdots, \varphi(n)$。假設 $GCD(ar_i, n) > 1$，ar_i 和 n 有質因數 p。因此，或者 $p \mid a$，或者 $p \mid r_i$。因為 r_i 是模 n 的既約剩餘系中的元素，所以以 $p \mid n$ 和 $p \mid r_i$ 不能同時成立；又因為 n 和 a 是互質的正整數，所以 $p \mid n$ 和 $p \mid a$ 不能同時成立。所以，每個 ar_i 和 n 互質，$i=1, 2, \cdots, \varphi(n)$。

然後，證明每個 ar_i 模 n 彼此不同餘，$i=1, 2, \cdots, \varphi(n)$。假設 ar_j 和 ar_k 模 n 同餘，$1 \leq j, k \leq \varphi(n)$，$j \neq k$。因為 n 和 a 是互質的正整數，所以 r_j 和 r_k 模 n 同餘。因為 r_j 和 r_k 是模 n 的既約剩餘系中的不同元素，導致矛盾，所以每個 ar_i 模 n 彼此不同餘，$i=1, 2, \cdots, \varphi(n)$。∎

例如，$\{1, 3, 7, 9\}$ 是一個模 10 的既約剩餘系，並且 3 和 10 是互質的正整數，則集合 $\{3, 9, 21, 27\}$ 也是一個模 10 的既約剩餘系。

定理 3.3.3.2（歐拉定理或費馬-歐拉定理）　如果 n 和 a 是互質的正整數，則 $a^{\varphi(n)} \equiv 1 \pmod{n}$。

證明： 設 $\{r_1, r_2, \cdots, r_{\varphi(n)}\}$ 是一個既約剩餘系，其元素不超過 n 且和 n 互質。由定理 3.3.3.1，如果 n 和 a 是互質的正整數，則集合 $\{ar_1, ar_2, \cdots, ar_{\varphi(n)}\}$ 也是模 n 的既約剩餘系。所以，在一定的順序下 $\{ar_1, ar_2, \cdots, ar_{\varphi(n)}\}$ 的最小正剩餘一定是 $\{r_1, r_2, \cdots, r_{\varphi(n)}\}$。如果把集合 $\{ar_1, ar_2, \cdots, ar_{\varphi(n)}\}$ 和 $\{r_1, r_2, \cdots, r_{\varphi(n)}\}$ 中的所有的元素都乘起來，則有 $ar_1 ar_2 \cdots ar_{\varphi(n)} \equiv r_1 r_2 \cdots r_{\varphi(n)} \pmod{n}$。所以，$a^{\varphi(n)} r_1 r_2 \cdots r_{\varphi(n)} \equiv r_1 r_2 \cdots r_{\varphi(n)} \pmod{n}$。因為 $r_1 r_2 \cdots r_{\varphi(n)}$ 和 n 是互質的，所以 $a^{\varphi(n)} \equiv 1 \pmod{n}$。∎

例如，$\{1, 3, 7, 9\}$ 是一個模 10 的既約剩餘系，其元素不超過 10 且和 10 互質；10 和 3 是互質的整數；而 $\{3, 9, 21, 27\}$ 也是一個模 10 的既約剩餘系。所以，在一定的順序下 $\{3, 9, 21, 27\}$ 的最小正剩餘是 $\{1, 3, 7, 9\}$。$3*9*21*27 \equiv 1*3*7*9 \pmod{10}$，$1*3*7*9 \pmod{10} = 9$，$n=10$，$a=3$，並且 $\varphi(10) = 4$，$3^4 = 3^{\varphi(10)} \equiv 1 \pmod{10}$。

推論 3.3.3.1　如果 n 和 a 是互質整數，則 $a^{\varphi(n)+1} \equiv a \pmod{n}$。

3.3.3.1　Period of an Infinite Binary Expansion

設 $\{x\} = 0.a_1 a_2 a_3 \cdots$ 是有理數 z 的分數部分的二進位表示。本題設定 $\{x\}$ 是週期性的，可以寫為 $\{x\} = 0.a_1 a_2 \cdots a_r (a_{r+1} a_{r+2} \cdots a_{r+s})^w$，其中 r 和 s 是整數，$r \geq 0$ 且 $s > 0$。子序列 $x_1 = a_1 a_2 \cdots a_r$ 被稱為 $\{x\}$ 的前期（preperiod），而 $x_2 = a_{r+1} a_{r+2} \cdots a_{r+s}$ 被稱為 $\{x\}$ 的週期（period）。如果選 $|x_1|$ 和 $|x_2|$ 盡可能小，則 x_1 被稱為 $\{x\}$ 的最短前期（least preperiod），而 x_2 被稱為 $\{x\}$ 的最短週期。例如，$x = 1/10 = 0.0001100110011(00110011)^w$，0001100110011 是 1/10 的前期，而 00110011 是 1/10 的週期。然而，1/10 也可以寫為 $1/10 = 0.0(0011)^w$，0 是 1/10 的最短前期，0011 是 1/10 最短週期。1/10 的最短週期從二進位小數點右側的第 2 位開始，最短週期的長度為 4。

請編寫一個程式，對於一個小於 1 的正有理數，找出最短週期的開始位置及最短週期的長度，其中，前期也是最短的。

輸入

每個測試案例一行，提供一個有理數 p/q，其中 p 和 q 是整數，$p \geq 0$，$q > 0$。

輸出

每行對應一個測試案例，提供一對數，第一個數是有理數的最短週期的開始位置，第二個數是有理數的最短週期的長度。

範例輸入	範例輸出
1/10	Case #1: 2,4
1/5	Case #2: 1,4
101/120	Case #3: 4,4
121/1472	Case #4: 7,11

試題來源：ACM Manila 2006

線上測試：POJ 3358，UVA 3172

❖ **試題解析**

有理數的小數部分是有限或無限迴圈的數。

首先，把 p/q 化為最簡分數，使得 p 和 q 互質，即 $p = p$ div GCD(p, q)，$q = q$ div GCD (p, q)。

將一個小於 1 的分數 p/q 轉化為 k 進制小數的方法如下：

```
for (i=0; i<需要轉換的位元數; i++)
{   p = p * k;
    bit[i] = p / q;
    p = p mod q;
}
```

以 2/11 轉化為十進位小數，轉換 4 位為例，即 $p = 2$，$q = 11$，$k = 10$，需要轉換的位元數為 4：

◆ 第 1 次迴圈，$p = 2 \times 10 = 20$，bit[0] $= 20/11 = 1$，$p = 20$ mod $11 = 9$。

◆ 第 2 次迴圈，$p = 9 \times 10 = 90$，bit[1] $= 90/11 = 8$，$p = 90$ mod $11 = 2$。

◆ 第 3 次迴圈，$p = 2 \times 10 = 20$，bit[2] $= 20/11 = 1$，$p = 20$ mod $11 = 9$。

◆ 第 4 次迴圈，$p = 9 \times 10 = 90$，bit[3] $= 90/11 = 8$，$p = 90$ mod $11 = 2$。

即 2/11 的十進位小數表示為 $0.1818\cdots$。

由題目描述，p/q 是一個小於 1 的正有理數。用二進位表示有理數 p/q，採取乘 2 取餘，即 p mod q 的結果是 p，然後每次對結果乘 2，再 mod q 得餘數。

設有理數的最短週期的開始位置為 x，有理數的最短週期的長度為 y，則同餘方程 $p \times 2^x \equiv p \times 2^{x+y} \bmod q$ 成立，則 $q \mid p \times 2^x \times (2^y - 1)$。由於 p 和 q 互質，則 $q \mid 2^x \times (2^y - 1)$。由於 $2^y - 1$ 是奇數，所以在 q 中 2 的因數個數即為 x，因此 x 可以透過對 q 連續除以 2 處理來求出，而 $q = q \text{ DIV } 2^x$；最終得同餘方程 $2^y \equiv 1 \pmod q$。最後，利用歐拉定理求解 y 即可。

❖ **參考程式**

```
01   #include <iostream>
02   #include <stdio.h>
03   #include<string.h>
04   #include<algorithm>
05   #include<string>
06   #include<ctype.h>
07   using namespace std;
08   #define MAXN 10000
09   long long gcd(long long a,long long b) // 計算 a 和 b 的最大公因數，即函式 GCD(a, b)
10   {
11       return b?gcd(b,a%b):a;
12   }
13   long long phi(long long n)   // 計算不超過 n 且與 n 互質的正整數的個數，即歐拉 φ 函數 φ(n)
14   {
15       long long res=n;
16       for(int i=2;i*i<=n;i++) // 搜尋 n 的每個質因數
17       {
18           if(n%i==0)          // 若 i 為 n 的質因數，則根據公式 φ(pᵏ)=pᵏ-pᵏ⁻¹ 調整 res
19           {
20               res=res-res/i;
21               while(n%i==0)   // 在 n 中去除 i 的次冪
22               {
23                   n/=i;
24               }
25           }
26       }
27       if(n>1)                 // 若剩下最後一個質因數 n，則根據公式 φ(pᵏ)=pᵏ-pᵏ⁻¹ 調整 res
28           res=res-res/n;
29       return res;
30   }
31   long long multi(long long a,long long b,long long m)   // 透過反覆平方法計算 a*b%m
32   {
33       long long res=0;            // 結果值初始化
34       while(b>0)                  // 分析 b 的每一個二進位位元
35       {
36           if(b&1)                 // 若 b 的目前二進位位元為 1，則 res=(res+a)%m
37               res=(res+a)%m;
38           b>>=1;                  // 右移 b，準備分析下一個二進位位元
39           a=(a<<1)%m;             // a= 2*a%m
40       }
41       return res;                 // 傳回結果值
42   }
43   long long quickmod(long long a,long long b,long long m) // 透過反覆平方法計算 a^b%m
44   {
45       long long res=1;            // 結果值初始化
46       while(b>0)                  // 分析 b 的每一個二進位位元
47       {
```

```
48          if(b&1)                    // 若 b 的目前二進位位元為 1，則 res=(res*a)%m
49              res=multi(res,a,m);
50          b>>=1;                     // 右移 b，準備分析下一個二進位位元
51          a=multi(a,a,m);            // a=a²%m
52      }
53      return res;                    // 傳回結果值
54  }
55  int main()
56  {
57      long long p,q,x,y;
58      int cas=0;                      // 測試資料編號初始化
59      while(scanf("%I64d/%I64d",&p,&q)!=EOF)      // 輸入一個有理數 p/q
60      {
61          if(p==0)                    // 若 p 為 1，則有理數的最短週期的開始位置為 1，長度為 1
62          {
63              puts("1,1");
64              continue;               // 繼續輸入測試資料
65          }
66          cas++;                      // 測試資料編號 +1
67          long long t=gcd(p,q);       // 計算 p 和 q 的最大公因數 t
68          x=1;
69          p/=t;q/=t;                  // 化為最簡分數，使得 p 和 q 互質
70          while(q%2==0)               // 去除 q 中 2 的冪因數，計算最短週期的開始位置 x（即 2 的次冪）
71          {
72              q/=2;x++;
73          }
74          long long m=phi(q);         // 計算不超過 q 且與 q 互質的正整數的個數 m
75          y=m;                        // 最短週期的長度初始化
76          for(long long i=2;i*i<=m;i++)           // 搜尋 m 的每個質因數
77          {
78              if(m%i==0)              // 若 m 含因數 i，則在 m 中去除 i 的冪因數
79              {
80                  while(m%i==0)
81                      m/=i;
82                  while(y%i==0)                   // 若 y 中含因數 i，則在 y 中去除一個 i
83                  {
84                      y/=i;
85                      if(quickmod(2,y,q)!=1)      // 若 2^y % q≠1，則 y 補回 i，
86                                                  // 繼續尋找 m 的下一個質因數
87                      {
88                          y*=i;
89                          break;
90                      }
91                  }
92              }
93          }
94          printf("Case #%d: %I64d,%I64d\n",cas,x,y);   // 輸出有理數的最短週期的開始
95                                                       // 位置和長度
96      }
97      return 0;
98  }
```

3.4　積性函數的實作範例

3.4.1 ► 歐拉 φ 函數 $\varphi(n)$

定義 3.4.1.1（算術函數）　所有在正整數上運算的函數都被稱為算術函數。

定義 3.4.1.2（積性函數）　如果算術函數 f 對任意兩個互質的正整數 a 和 b，$f(ab)=f(a)$ $f(b)$，則 f 被稱為積性函數（或乘性函數）；如果對任意兩個正整數 a 和 b，$f(ab)=f(a)$ $f(b)$，則 f 被稱為完全積性函數（或完全乘性函數）。

定理 3.4.1.1　如果 f 是一個積性函數，n 是一個正整數，且 n 有質數冪因數分解 $n=p_1^{a_1}p_2^{a_2}\cdots p_m^{a_m}$，則 $f(n)=f(p_1^{a_1})f(p_2^{a_2})\cdots f(p_m^{a_m})$。

定義 3.4.1.3（歐拉 φ 函數 $\varphi(n)$）　設 n 是一個正整數，歐拉 φ 函數 $\varphi(n)$ 是不超過 n 且與 n 互質的正整數的個數。

例如，$\varphi(1)=\varphi(2)=1$，$\varphi(3)=\varphi(4)=2$。

定理 3.4.1.2　如果 n 是質數，$\varphi(n)=n-1$；如果 n 是合數，$\varphi(n)<n-1$。

例如，$\varphi(7)=6$，$\varphi(4)=2$。

定理 3.4.1.3（歐拉 φ 函數公式）

（a）如果 p 是一個質數，且 k 是正整數，則 $\varphi(p^k)=p^k-p^{k-1}$。

（b）如果 m 和 n 是互質的正整數，則 $\varphi(mn)=\varphi(m)\varphi(n)$。

所以，$\varphi(n)$ 是積性函數，但不是完全積性函數。

定理 3.4.1.4　正整數 m 可以表示為質數冪因數分解 $m=p_1^{k_1}*p_2^{k_2}*...*p_r^{k_r}$，其中 $p_1, p_2, \cdots, p_r$ 是不同的質數，則 $\varphi(m)=\varphi(p_1^{k_1})*\varphi(p_2^{k_2})*...*\varphi(p_r^{k_r})$。

例如，$\varphi(18)=\varphi(2*3^2)=\varphi(2)*\varphi(3^2)=3^2-3=6$。

3.4.1.1　Relatives

提供一個正整數 n，有多少個小於 n 的正整數對於 n 是互質的？兩個整數 a 和 b 是互質的，如果不存在整數 $x>1$，$y>0$，$z>0$ 使得 $a=xy$，且 $b=xz$。

輸入

提供若干測試案例。每個測試案例一行，提供 $n\leq 1000000000$。在最後一個測試案例後的一行提供 0。

輸出

對每個測試案例輸出一行，提供上述問題的答案。

範例輸入	範例輸出
7	6
12	4
0	

試題來源： Waterloo local 2002.07.01

線上測試： POJ 2407，ZOJ 1906，UVA 10299

❖ 試題解析

不超過 n 且與 n 互質的正整數的個數為歐拉函數 $\varphi(n)$，這個函數為積性函數，即 n 有質冪因數分解 $n = p_1^{a_1} p_2^{a_2} \dots p_m^{a_m}$，則 $\varphi(n) = \varphi(p_1^{a_1})\varphi(p_2^{a_2})\dots\varphi(p_m^{a_m})$，其中 $\varphi(p_i^{a_i}) = (p_i - 1) \times p_i^{a_i - 1}$，$1 \le i \le m$。

❖ 參考程式

```
01   #include<iostream>
02   #include<cstdio>
03   #include<cstring>
04   #include<cmath>
05   #include<algorithm>
06   #include<cstdio>
07   #include<cstdlib>
08   using namespace std;
09   typedef long long ll;
10   bool u[50000];                      // 質數篩子
11   ll su[50000],num;                   // 質數表 su[]，長度為 num
12   ll gcd(ll a,ll b){                  // GCD(a, b)
13       if(b==0)return a;
14       return gcd(b,a%b);
15   }
16   void prepare(){                     // 在 [2, 50000] 的區間範圍內，建構質數表 su[]
17       ll i,j,k;
18       for(i=2;i<50000;i++) u[i]=1;
19       for(i=2;i<50000;i++)
20           if(u[i])
21               for(j=2;j*i<50000;j++)
22                   u[i*j]=0;
23       for(i=2;i<50000;i++)
24           if(u[i])
25               su[++num]=i;
26   }
27   ll phi(ll x)                        // 歐拉函數 φ(x)
28   {
29       ll ans=1;
30       int i,j,k;
31       for(i=1;i<=num;i++)
32         if(x%su[i]==0){               // 質因數 su[i] 的個數是 j
33             j=0;
34             while(x%su[i]==0) {++j;x/=su[i];}
35             for(k=1;k<j;k++) ans=ans*su[i]%1000000007ll;
36             ans=ans*(su[i]-1)%1000000007ll;
37             if(x==1) break;
```

```
38          }
39          if(x>1) ans=ans*(x-1)%1000000007ll;
40          return ans;                          // 傳回 φ(x)
41  }
42  int main(){
43      prepare();                               // 在 [2, 50000] 的區間範圍內，建構質數表 su[]
44      int n,i,j,k;
45      ll ans=1;
46      while(scanf("%d",&n)==1&&n>0){            // 輸入測試案例，0 為結束標誌
47          ans=phi(n);                          // 計算和輸出 φ(n)
48          printf("%d\n",(int)ans);
49      }
50  }
```

3.4.1.2　Longge's problem

Longge 擅長數學，他喜歡思考一些困難的數學問題，這些問題可以用優美的演算法來解決。現在有這樣一個問題：提供一個整數 N（$1 < N < 2^{31}$），請計算 $\sum \text{GCD}(i, N)$，$1 \le i \le N$。

「哦，我知道，我知道！」Longge 喊道。但你知道如何解這道題嗎？請你解這道題。

輸入

輸入包含若干測試案例。每個測試案例一行，提供整數 N。

輸出

對於每個 N，在一行中輸出 $\sum \text{GCD}(i, N)$，$1 \le i \le N$。

範例輸入	範例輸出
2	3
6	15

試題來源：POJ Contest
線上測試：POJ 2480

❖ **試題解析**

本題提供整數 N，對從 1 到 N 的每個數 i，要求計算 $\text{GCD}(i, N)$ 的和。

首先，在從 1 到 N 的每個數中，所有與 N 互質的數 x 的個數是 N 的歐拉 φ 函數 $\varphi(N)$。如果 $\text{GCD}(i, N) = p$（$1 < p \le N$），則 i/p 和 N/p 互質，且滿足 $\text{GCD}(i, N) = p$ 的 i 的個數是 $\varphi(N/p)$，所以，相關的和為 $p*\varphi(N/p)$。要計算 $\sum \text{GCD}(i, N)$，$1 \le i \le N$，只需要根據 GCD 值的不同分類進行計算即可，$\sum \text{GCD}(i, N) = \sum p*\varphi(N/p)$，其中 p 是 N 的因數。

根據 φ 函數公式，可以計算 $\sum p*\varphi(N/p)$。

❖ **參考程式**

```cpp
01  #include<iostream>
02  #include<cstdio>
03  #include<cmath>
04  #include<cstring>
05  #define ll long long
06  using namespace std;
07  const int maxn=1e6+10;
08  int prime[maxn],cnt;
09  bool vis[maxn];
10  void get_prime()                                    // 產生質數表
11  {
12      memset (vis,true,sizeof (vis));
13      vis[1]=false;
14      for (int i=2;i<maxn;i++) {
15          if (vis[i]) prime[cnt++]=i;
16          for (int j=0;j<cnt&&i*prime[j]<maxn;j++) {
17              vis[i*prime[j]]=false;
18              if (i%prime[j]==0) break;
19          }
20      }
21  }
22  int factor[1005][2], fcnt;
23  void get_factor(int n)                              // 分解質因數
24  {
25      memset (factor,0,sizeof (factor));
26      fcnt=0;
27      for (int i=0;i<cnt&&prime[i]*prime[i]<=n;i++) {
28          if (n%prime[i]==0) {
29              factor[fcnt][0]=prime[i];
30              while (n%prime[i]==0) {
31                  factor[fcnt][1]++;
32                  n=n/prime[i];
33              }
34              fcnt++;
35          }
36      }
37      if (n!=1) {
38          factor[fcnt][0]=n;
39          factor[fcnt++][1]=1;
40      }
41  }
42  int main()
43  {
44      get_prime();
45      int n;
46      while (scanf("%d",&n)!=EOF) {
47          get_factor(n);
48          ll ans=1;
49          for (int i=0;i<fcnt;i++) {
50              ll res=pow(factor[i][0],factor[i][1]);     // 套入公式裡面
51              ans*=(res+factor[i][1]*res-factor[i][1]*res/factor[i][0]);
52          }
53          printf("%lld\n",ans);
```

```
54          }
55      return 0;
56  }
```

定義 3.4.1.4（a 模 n 的階）　設 a 和 n 是互質的整數，$a \neq 0$，$n > 0$，使得 $a^x \equiv 1 \pmod{n}$ 成立的最小正整數 x 被稱為 a 模 n 的階，並記為 $\mathrm{ord}_n a$。

例如，設 $a = 3$，$n = 5$。因為 $3^4 = 81 \equiv 1 \pmod 5$，所以 $\mathrm{ord}_5 3 = 4$。

定義 3.4.1.5（原根）　設 a 和 n 是互質的整數，且 $n > 0$。如果 $\mathrm{ord}_n a = \varphi(n)$，則稱 a 是模 n 的原根，並稱 n 有一個原根。

例如，$\mathrm{ord}_5 3 = \varphi(5) = 4$，則 3 是模 5 的原根，並且 5 有一個原根。

定理 3.4.1.5　如果正整數 n 有一個原根，那麼它有 $\varphi(\varphi(n))$ 個不同餘的原根。

3.4.1.3　Primitive Roots

我們稱整數 $x(0 < x < p)$ 是以奇質數 p 為模的一個原根（primitive root），若且唯若集合 $\{(x^i \bmod p) \mid 1 \leq i \leq p-1\}$ 等於 $\{1, \cdots, p-1\}$。例如，以 7 為模的 3 的連續冪是 3、2、6、4、5、1，那麼 3 是以 7 為模的一個原根。

請編寫一個程式，提供任何一個奇質數 $3 \leq p < 65536$，輸出以 p 為模的原根的數目。

輸入

每行輸入提供一個奇質數 p，輸入以 EOF 結束。

輸出

對每個 p，輸出一行，提供一個整數，提供原根的數目。

範例輸入	範例輸出
23	10
31	8
79	24

試題來源：賈怡 @pku
線上測試：POJ 1284

❖ 試題解析

由原根的定義可以看出，整數 x（$0 < x < p$）是以奇質數 p 為模的一個原根，若且唯若 $x^i \equiv 1 \pmod p$，$1 \leq i \leq p-1$。如果 p 有一個原根，那麼它有 $\varphi(\varphi(p))$ 個不同餘的原根。因為 p 是一個質數，所以 $\varphi(\varphi(p)) = \varphi(p-1)$。

國際程式設計競賽之演算法原理、題型、解題技巧與重點解析

❖ 參考程式

```cpp
01  #include<iostream>
02  #include<cstdio>
03  #include<cstring>
04  #include<cmath>
05  #include<algorithm>
06  #include<cstdio>
07  #include<cstdlib>
08  using namespace std;
09  typedef long long ll;
10  bool u[50000];                 // 質數篩子
11  ll su[50000],num;              // 長度為 num 的質數表
12  void prepare(){                // 採用篩選法計算質數表 su[]
13      ll i,j,k;
14      for(i=2;i<50000;i++) u[i]=1;
15      for(i=2;i<50000;i++)
16          if(u[i])
17              for(j=2;j*i<50000;j++) u[i*j]=0;
18      for(i=2;i<50000;i++)
19          if(u[i]) su[++num]=i;
20  }
21  ll phi(ll x)                   // 計算歐拉函數 φ(x)，即若 x 分解出 k 個質因數 p₁，p₂，…，pₖ，
22                                 // 則 φ(x)=φ(p₁)*φ(p₂)*…*φ(pₖ)%1000000007
23  {
24      ll ans=1;
25      int i,j,k;
26      for(i=1;i<=num;i++)        // 按照遞增順序列舉每個質數
27      if(x%su[i]==0){            // 若 x 含次冪為 j 的質因數 su[i]，
28                                 // 則計算 φ(su[i])=su[i]^{j-1}*(su[i]-1)，並乘入 φ(x)
29          j=0;
30          while(x%su[i]==0) {++j;x/=su[i];}
31          for(k=1;k<j;k++) ans=ans*su[i]%1000000007ll;
32          ans=ans*(su[i]-1)%1000000007ll;
33          if(x==1) break;
34      }
35      if(x>1) ans=ans*(x-1)%1000000007ll;    // 最後一項乘入 φ(x)
36      return ans;
37  }
38  int main(){
39      prepare();                             // 採用篩選法計算質數表 su[]
40      int n,i,j,k;
41      ll ans=1;
42      while(scanf("%d",&n)==1){               // 反覆輸入模 n，直至輸入 EOF 為止
43          ans=phi(n-1);                       // 計算和輸出以 n 為模的原根的數目
44          printf("%d\n",(int)ans);
45      }
46  }
```

3.4.2 ► 莫比烏斯函數 $\mu(n)$

設 f 是算術函數，f 的和函數 $F(n)=\sum_{d|n}f(d)$，則 $F(1)=f(1)$，$F(2)=f(1)+f(2)$，$F(3)=f(1)+f(3)$，$F(4)=f(1)+f(2)+f(4)$，$F(5)=f(1)+f(5)$，$F(6)=f(1)+f(2)+f(3)+f(6)$，$F(7)=f(1)+f(7)$，$F(8)=f(1)+f(2)+f(4)+f(8)$。也可以用 F 來求出 f：$f(1)=F(1)$，$f(2)=F(2)-F(1)$，$f(3)=F(3)-F(1)$，$f(4)=F(4)-F(2)$，$f(5)=F(5)-F(1)$，$f(6)=F(6)-F(3)-F(2)+F(1)$，$f(7)=F(7)-F(1)$，$f(8)=F(8)-F(4)$。

由此可見，$f(n)$ 等於形式為 $\pm F(n/d)$ 的一些項之和，其中 $d|n$。因此，可能會有一個等式，形式為 $f(n)=\sum_{d|n}\mu(d)F(n/d)$，其中 μ 是算術函數。如果等式成立，則 $\mu(1)=1$，$\mu(2)=-1$，$\mu(3)=-1$，$\mu(4)=0$，$\mu(5)=-1$，$\mu(6)=1$，$\mu(7)=-1$，$\mu(8)=0$。

設 p 是質數，則 $F(p)=f(1)+f(p)$，$f(p)=F(p)-F(1)$，即 $\mu(p)=-1$；$F(p^2)=f(1)+f(p)+f(p^2)$，則 $f(p^2)=F(p^2)-f(p)-f(1)=F(p^2)-F(p)+F(1)-F(1)=F(p^2)-F(p)$，即 $\mu(p^2)=0$。

定義 3.4.2.1（莫比烏斯函數）　莫比烏斯函數 $\mu(n)$ 定義為

$$\mu(n)=\begin{cases}1 & n=1\\(-1)^m & n=p_1p_2\cdots p_m,\text{其中}\ p_i\ \text{為不同的質數}\\0 & \text{其他}\end{cases}$$

所以，如果 n 有平方因數，則 $\mu[n]=0$；如果 n 沒有平方因數，並且分解後有奇數個質因數，則 $\mu[n]=-1$；如果 n 沒有平方因數，並且分解後有偶數個質因數，則 $\mu[n]=1$。

定理 3.4.2.1　莫比烏斯函數 $\mu(n)$ 是積性函數。

定理 3.4.2.2（莫比烏斯反演公式）　設 f 是算術函數，F 是 f 的和函數，$F(n)=\sum_{d|n}f(d)$，則 $f(n)=\sum_{d|n}\mu(d)F(n/d)$，其中 n 是正整數。

3.4.2.1　Sky Code

Stancu 喜歡太空旅行，但他是一個糟糕的軟體開發人員，而且永遠也無法買到自己的太空船，這就是他準備偷走 Petru 的太空船的原因。現在只有一個問題：Petru 用一個複雜的密碼系統鎖定了他的太空船，這個密碼系統根據銀河系裡的星星的 ID 號。為了破解這個系統，Stancu 要檢查由四顆星星組成的每一個子集，它們的 ID 號數字中唯一的公因數是 1。幸運的是，Stancu 成功地確定這些星星的數量是 N 個，但無論怎樣，由四顆星星組成的子集也太多了。請幫助 Stancu，確定找到四個數字的子集的最大公因數是 1 的選法有多少種，以及是否有機會破解系統。

輸入
在輸入中提供若干測試案例。每個測試案例的第一行提供星星的數量 N（$1\le N\le 10000$）。測試案例的第二行提供星星的 ID 號的列表，ID 之間用空格分隔。每個 ID 都是一個不大於 10000 的正整數。輸入以 EOF 結束。

輸出

對於每個測試案例，程式在一行上輸出符合要求的子集的數量。

範例輸入	範例輸出
4	1
2 3 4 5	0
4	34
2 4 6 8	
7	
2 3 4 5 7 6 8	

試題來源：ACM Southeastern European Regional Programming Contest 2008
線上測試：POJ 3904，UVA 4184

❖ **試題解析**

提供一個 N 個數字組成的集合，在該集合中，GCD 是 1 的 4 個數字組成子集的情況有多少種？

根據排容原理，計算出 4 個數字組成子集的 GCD 不是 1 的情況數，再取 4 個數字組成子集的總數減去 4 個數字組成子集的 GCD 不是 1 的情況數，即結果。

設 4 個數字組成子集的 GCD 是 k，k 可以表示成質因數的乘積。當 k 的不同的質因數的個數是奇數時，則這一情況數要累加到 4 個數字組成子集的 GCD 不是 1 的情況數中；而當 k 的不同的質因數的個數是偶數時，則這一情況數要從 4 個數字組成子集的 GCD 不是 1 的情況數中被減去，因為這種選法的情況數已經被重複計算過。當 k 含有質因數的平方項（如 4、12）時，這已經被 2 的情況數覆蓋，所以，如果 k 包含質數平方因數，就不必再進行任何處理。

所以，從 N 個數字中任意取出 4 個，求 4 個數的 GCD 為 1 的組數是：$C(N, 4) - C$(GCD 含奇數個不同質因數的個數，4) + C(GCD 含偶數個不同質因數的個數，4)，而前面的正負符號就是莫比烏斯函數。

❖ **參考程式**

```
01   #include <iostream>
02   #include <cstdio>
03   #include <cstring>
04   #include <cstdlib>
05   #include <queue>
06   #include <vector>
07   #include <algorithm>
08   #include <functional>
09   typedef long long ll;
10   using namespace std;
11   const int inf = 0x3f3f3f3f;
12   const int maxn = 1e5;
13   int tot;
14   int is_prime[maxn]; // 質數標誌：is_prime[i]=0，則 i 為質數；is_prime[i]≠0，則 i 為合數
```

```
15    int mu[maxn];                              // 莫比烏斯函數 mu[i] 儲存 μ(i) 質數表,
16    int prime[maxn];                           // 其中 prime[i] 儲存第 i 個質數
17    void Moblus()                              // 建立質數表,計算莫比烏斯函數
18    {
19        tot = 0;
20        mu[1] = 1;                             // 設定 1 的莫比烏斯函數值
21        for(int i = 2; i < maxn; i++)          // 順序分析整數區間的每個數
22        {
23            if(!is_prime[i])                   // 將篩子中的最小數送入質數表,並設定 μ(i)
24            {
25                prime[tot++] = i;
26                mu[i] = -1;
27            }
28            for(int j = 0; j < tot && i*prime[j] < maxn; j++)  // 搜尋質數表中的每個數
29            {
30                is_prime[i*prime[j]] = 1;      // 將 i 與目前質數的乘積從篩子中篩去
31                if(i % prime[j])               // 根據目前質數是否為 i 的質因數,分情形計算 μ(i)
32                {
33                    mu[i*prime[j]] = -mu[i];
34                }
35                else
36                {
37                    mu[i*prime[j]] = 0;
38                    break;
39                }
40            }
41        }
42    }
43    int tmax;                                  // ID 的最大值
44    int num[maxn],cnt[maxn];   // ID 為 i 的星星個數為 num[i],ID 為 i 的倍數的星星個數為 cnt[i]
45    ll get_()                                  // 計算符合要求的子集數
46    {
47        for(int i = 1; i <= tmax; i++)
48        {
49            for(int j = i; j <= tmax; j+=i)
50            {
51                cnt[i] += num[j];              // 計算 ID 為 i 的倍數的星星個數
52            }
53        }
54        ll ans = 0;                            // 符合要求的子集數初始化
55        for(int i = 1; i <= tmax; i++)         // 列舉每個 ID
56        {
57            int tt = cnt[i];                   // 取出 ID 為 i 的倍數的星星數 tt
58            if(tt >= 4)           // 若星星數 tt 不小於 4,則 μ(i)*C(tt, 4) 計入 ans
59                ans += (ll)mu[i]*tt*(tt-1)*(tt-2)*(tt-3)/24;
60        }
61        return ans;                            // 傳回符合要求的子集數
62    }
63    int main()
64    {
65        int n;
66        Moblus();                              // 建立質數表,計算莫比烏斯函數
67        while(scanf("%d",&n)!=EOF)             // 輸入星星數量
68        {
69            memset(num,0,sizeof(num));
```

```
70              memset(cnt,0,sizeof(cnt));
71              for(int i = 0; i < n; i++)        // 輸入每顆星星的 ID 號
72              {
73                  int tt;
74                  scanf("%d",&tt);
75                  num[tt] ++;                     // 對 ID 號的星星計數
76                  tmax = max(tmax,tt);            // 調整 ID 的最大值
77              }
78              if(n < 4)     // 若星星數不足 4 顆，則沒有符合要求的子集；否則計算和傳回符合要求的子集數
79                  printf("0\n");
80              else
81                  printf("%lld\n",get_());
82      }
83  }
```

3.4.3 ▶ 完全數和梅森質數

定義 3.4.3.1（因數和函數）　因數和函數 σ 定義為整數 n 的所有正因數之和。

定義 3.4.3.2（完全數）　如果 n 是一個正整數且 $\sigma(n)=2n$，那麼 n 就被稱為完全數。

3.4.3.1　Perfection

1994 年，Microsoft Encarta 的數論論文中提到：「如果 a、b、c 是整數，且 $a=bc$，那麼 a 被稱為 b 或 c 的一個倍數，a 和 b 或 c 被稱為 a 的一個約數或因數。如果 c 不是 $1/-1$，則 b 被稱為一個真因數（proper divisor）。」偶整數包括 0，是 2 的倍數，例如，-4、0、2、10。奇數是非偶的整數，例如，-5、1、3、9。完全數（perfect number）是一個正整數，等於其所有的正的真因數的總和；例如，6 等於 $1+2+3$，28 等於 $1+2+4+7+14$，就是完全數。一個不是完全數的正整數被稱為不完全數，並且根據其所有的正的真因數的總和小於或大於該數，被稱為不足的（deficient）或充裕的（abundant）。因此，9，真因數 1、3 是不足的；而 12，真因數 1、2、3、4、6 是充裕的。

提供一個數字，確定它是完全的、充裕的，還是不足的。

輸入

一個由 N 個正整數組成的清單（不大於 60000），$1 \leq N < 100$。一個 0 識別欄位表結束。

輸出

輸出的第一行輸出 "PERFECTION OUTPUT"，接下來的 N 行對每個輸入整數輸出其是否是完全的、充裕的，還是不足的，見如下範例。具體格式為：在輸出行前 5 位元相關的整數向右對齊，然後提供兩個空格，接下來是對整數的描述。輸出的最後一行輸出 "END OF OUTPUT"。

範例輸入	範例輸出
15 28 6 56 60000 22 496 0	PERFECTION OUTPUT 15 DEFICIENT 28 PERFECT 6 PERFECT 56 ABUNDANT 60000 ABUNDANT 22 DEFICIENT 496 PERFECT END OF OUTPUT

試題來源：ACM Mid-Atlantic 1996

線上測試：POJ 1528，ZOJ 1284，UVA 382

❖ 試題解析

首先計算出目前整數的所有真因數，然後判斷真因數的總和是大於、小於還是等於提供的數字：

◆ 若提供的數字 > 真因數的總和，則是不足的（輸出 "DEFICIENT"）；

◆ 若提供的數字 < 真因數的總和，則是充裕的（輸出 "ABUNDANT"）；

◆ 若提供的數字==真因數的總和，則是完全的（輸出 "PERFECT"）。

❖ 參考程式

```
01   #include<iostream>
02   #include<stdio.h>
03   using namespace std;
04   int main()
05   {
06      int i,n,sum;
07      printf("PERFECTION OUTPUT\n");
08      while(cin>>n,n)                          // 輸入正整數組成的清單，0 識別欄位表結束
09      {
10         sum=0;                                // 真因數的總和 sum
11         for(i=1;i*i<n;i++)
12            if(n%i==0)
13               sum+=i+n/i;
14         if(n==i*i)
15            sum+=i;
16         sum-=n;
17         if(sum<n)
18            printf("%5d  DEFICIENT\n",n);      // 不足的
19         else if(sum>n)
20            printf("%5d  ABUNDANT\n",n);       // 充裕的
21         else
22            printf("%5d  PERFECT\n",n);        // 完全的
23      }
24      printf("END OF OUTPUT\n");
25      return 0;
26   }
```

定義 3.4.3.3（梅森數，梅森質數） 　如果 m 是一個正整數，那麼 $M_m = 2^m - 1$ 稱為第 m 個梅森數（Mersenne Number）。如果 p 是一個質數且 $M_p = 2^p - 1$ 也是質數，那麼 M_p 稱為梅森質數（Mersenne Primer）。

由梅森質數的定義可知，前 8 個梅森質數是 $\{2^2 - 1，2^3 - 1，2^5 - 1，2^7 - 1，2^{13} - 1，2^{17} - 1，2^{19} - 1，2^{31} - 1\}$。

定理 3.4.3.1 　一個正整數 N 能夠被表示成若干個不重複的梅森質數的乘積，設 $N = (2^{x_1} - 1) \times (2^{x_2} - 1) \times \cdots \times (2^{x_k} - 1)$，若且唯若 N 的所有因數的和 M 是 2 的冪。並且，$M = 2^{x_1 + x_2 + \cdots + x_k}$。

證明從略。

例如，21 能夠被表示成梅森質數 3（$2^2 - 1$）和 7（$2^3 - 1$）的乘積，21 的所有因數 1、3、7、21 的和為 32，是 $2^5 = 2^{2+3}$。

3.4.3.2　Vivian's Problem

探索未知的欲望從人類誕生的那一刻起就一直是人類歷史前進的動力。從古代的文獻記載中，我們可以看到，在古代是透過航海來探索地球、傳播文明的，而早期冒險家的動機是宗教信仰、征服、建立貿易路線的需要以及對黃金的渴望。

你永遠不會知道在探險的時候會發生什麼。李小龍也是如此。有一天，李小龍走進了一片荒涼的熱帶雨林，經過幾天的探索，他來到一個山洞前，在山洞裡有東西閃爍著。一個叫 Vivian 的漂亮女孩在李小龍試圖進入山洞之前從山洞裡出來。Vivian 告訴李小龍，他進入山洞前必須回答一些問題。你是李小龍最好的朋友，請幫助李小龍回答這些問題。

Vivian 提供 k 個正整數 $p_1, p_2, \cdots, p_i, \cdots, p_k$（$1 \leq i \leq k$）。從這些數字中，首先請你計算 N，$N = \prod_{i=1}^{k} p_i^{e_i} \left(0 \leq e_i \leq 10, \sum_{i=1}^{k} e_i \geq 1, 1 \leq i \leq k \right)$，可以根據需要選取每個整數 e_i。然後，再由 N 計算相關的 M，M 等於 N 的所有因數的和。最後，請告訴 Vivian 是否存在這樣的一個 M，它是 2 的冪（比如 1、2、4、8、16 等）。如果不存在 N 能使 M 等於 2 的冪，告訴 Vivian 「NO」。如果 M 等於某個 2^x，則告訴 Vivian 指數（x）。如果存在若干個 x，就告訴 Vivian 最大的一個。

輸入
輸入包含多個測試案例。對於每個測試案例，第一行提供一個整數 k（$0 < k \leq 100$），表示正整數的數目。然後在第二行提供 k 個正整數 $p_1, p_2, \cdots, p_i, \cdots, p_k$（$1 < p_i < 2^{31}, 1 \leq i \leq k$），表示提供的數字。

輸入以 EOF 結束。

輸出

對於每個測試案例，輸出一行。如果可以從提供的數字中找到 N，則輸出最大的指數；否則，輸出 "NO"。不允許有額外的空格。

範例輸入	範例輸出
1	NO
2	2
3	
2 3 4	

試題來源：Asia Guangzhou 2003
線上測試：POJ 1777，UVA1323

❖ **試題解析**

由定理 3.4.3.1，本題就是如何選取每個整數 e，$1 \leq i \leq k$，使得 N 等於若干個互不相同的梅森質數的乘積。這樣，N 的所有因數的和 M 是 2 的冪。

設 $N = x_1^{a_1} \times x_2^{a_2} \times \cdots \times x_k^{a_k}$，其中 x_1, x_2, $\cdots$, x_k 是 N 的質因數，$a_i \geq 1$，$1 \leq i \leq k$。則 $M = (1 + x_1 + x_1^2 + \cdots + x_1^{a_1})(1 + x_2 + x_2^2 + \cdots + x_2^{a_2}) \cdots (1 + x_k + x_k^2 + \cdots + x_k^{a_k})$。由定理 3.4.3.1，要使得 M 等於某個 2^x，N 等於若干個互不相同的梅森質數的乘積，a_1, a_2, $\cdots$, a_k 都必須為 1。

因此，對於 $N = \prod_{i=1}^{k} p_i^{e_i} \left(0 \leq e_i \leq 10, \sum_{i=1}^{k} e_i \geq 1, 1 \leq i \leq k \right)$，$e_i$ 只能取 0 或者 1；如果 $e_i \geq 2$，在 N 中會存在相同的梅森質因數。

在提供的資料範圍（$1 < p_i < 2^{31}$，$1 \leq i \leq k$）內，梅森質數只有 8 個，所以若干個互不相同的梅森質數的乘積有 $2^8 = 256$ 種組合。因此，可以用狀態壓縮來表示梅森質數的乘積。

❖ **參考程式**

```
01   #include <iostream>
02   #include <cstdio>
03   #include <cstdlib>
04   #include <cstring>
05   #include <cmath>
06   using namespace std;
07   #define MAXN 256
08   #define E exp(1.0f)
09   #define min 0.0000001
10   const int mi = 19931117;
11   int mersenne[8] = { (1 << 2) - 1, (1 << 3) - 1,
12                       (1 << 5) - 1, (1 << 7) - 1,
13                       (1 << 13) - 1,(1 << 17) - 1,
14                       (1 << 19) - 1, (1 << 31) - 1 };  // 資料範圍內的 8 個梅森質數
15   int pwr[8] = {2, 3, 5, 7, 13, 17, 19, 31};          // 8 個梅森質數 2^p-1 的 2 的冪
16   int sum[MAXN];
17   int a[MAXN];
18   bool used[MAXN];
19   void init(){                      // 計算出狀態壓縮的 256 種組合每個數中含有的梅森質數的指數和
20       for(int i = 0; i < 256; i++){
```

```
21          sum[i] = 0;
22          for(int j = 0; j < 8; j++){
23              if(i & (1<<j)){
24                  sum[i] += pwr[j];      // 計算出狀態壓縮的這個數 i 中含有的梅森質數的指數和
25              }
26          }
27      }
28  }
29  int change(int x){                          // 計算 x 所包含的梅森質數的個數，傳回組成它的所有
30                                              // 梅森質數的指數和（狀態壓縮了的指數和）
31      int ret = 0;
32      for(int i = 0; i < 8; i++){
33          if(x % mersenne[i] == 0){
34              x /= mersenne[i];
35              if(x % mersenne[i] == 0) return -1;
36              ret |= 1 <<i;
37          }
38      }
39      if(x != 1) return -1;
40      return ret;
41  }
42  int main() {
43      int n,c, cnt, p, ans, k;
44      init();
45      while(~scanf("%d",&n)) {
46          memset(used,0,sizeof(used));
47          used[0] = 1;
48          for(int i = 1; i <= n; i++){
49              scanf("%d",&p);
50              p = change(p);
51              if(p == -1) continue;
52              for(int j = 0; j < 256; j++){
53                  // 根據求出的狀態壓縮的梅森質數，組合各個值，將能組合出來的值全部標記，
54                  // 因為梅森質數不能相同，所以用互斥來得出
55                  if((j & p )== p&& used[p^j] == 1){
56                      // i 裡面包含了 p，而 i-p 之後剩下的數可以由其他的梅森質數組成，
57                      // 因此 i 可以由 p 和其他梅森質數組成
58                      used[j] = 1;   // 因為 p 和 i 的範圍都是 256，所以具有相反性，
59                                     // 前面沒有出現的情況，後面一定會出現
60                  }
61              }
62          }
63          ans = 0;
64          for(int j = 0; j < 256; j++){
65              if(used[j] && ans < sum[j]){
66                  ans = sum[j];
67              }
68          }
69          if(ans == 0) printf("NO\n");
70          else
71          printf("%d\n",ans);
72      }
73      return 0;
74  }
```

3.5　高斯質數的實作範例

複數是形如 $a+b\mathrm{i}$（a、b 均為實數）的數，其中 a 稱為實部，b 稱為虛部，$\mathrm{i}=\sqrt{-1}$。

複數的加減乘除運算規則如下：

$$(a+b\mathrm{i})+(c+d\mathrm{i})=(a+c)+(b+d)\mathrm{i}$$
$$(a+b\mathrm{i})-(c+d\mathrm{i})=(a-c)+(b-d)\mathrm{i}$$
$$(a+b\mathrm{i})*(c+d\mathrm{i})=(ac-bd)+(ad+bc)\mathrm{i}$$
$$\frac{a+b\mathrm{i}}{c+d\mathrm{i}}=\frac{a+b\mathrm{i}}{c+d\mathrm{i}}\times\frac{c-d\mathrm{i}}{c-d\mathrm{i}}=\frac{ac+bd}{c^2+d^2}+\frac{(bc-ad)\mathrm{i}}{c^2+d^2}$$

定義 3.5.1　複數 $z=a+b\mathrm{i}$，則 z 的絕對值 $|z|=\sqrt{a^2+b^2}$，而 z 的範圍數 $N(z)$ 等於 $|z|^2=a^2+b^2$。

定義 3.5.2　複數 $z=a+b\mathrm{i}$ 的共軛是複數 $a-b\mathrm{i}$，記為 $\bar{z}$。

定義 3.5.3（高斯整數）　形如 $a+b\mathrm{i}$（其中 a 和 b 是整數）的複數稱為高斯整數。

定義 3.5.4　設 α 和 β 是高斯整數，如果存在一個高斯整數 γ，使得 $\beta=\alpha\gamma$，則稱 α 整除 β，記為 $\alpha|\beta$。

3.5.1 ► Secret Code

石棺由一個祕密的數字密碼鎖定。如果有人想打開它，就必須知道密碼，並把密碼精準地放在石棺的頂部，然後用一個非常複雜的裝置打開棺蓋。如果輸入了錯誤的密碼，石棺裡面的物品就會立即著火，並且會永遠喪失。密碼（包含多達 100 個整數）隱藏在亞歷山大圖書館中，但不幸的是，圖書館已經被完全燒毀了。

然而，有一位幾乎不為人知的考古學家在 18 世紀獲得了密碼的副本。他擔心密碼會傳到「錯誤的人」手裡，所以他以一種非常特殊的方式對這些數字進行編碼。他選取了一個隨機複數 B，其絕對值大於任何編碼的數字。然後，他以 B 為基礎將這些數字計為系統的數字，也就是數字序列為 $a_n, a_{n-1}, \cdots, a_1, a_0$ 被編碼為數字 $X=a_0+a_1B+a_2B^2+\cdots+a_nB^n$。

請對密碼進行解碼，即提供數字 X 和 B，請求出從 a_0 到 a_n 的數字序列。

輸入

輸入由 T 個測試案例組成。在輸入的第一行提供 T。每個測試案例在一行中提供 4 個整數 X_r、X_i、B_r、B_i（$|X_r|, |X_i| \le 1000000, |B_r|, |B_i| \le 16$）。這些數字表示數字 X 和 B 的實數和複數的部分，即 $X=X_r+X_i\mathrm{i}$，$B=B_r+B_i\mathrm{i}$。B 是系統的基礎（$|B|>1$），X 是必須表示的數字。

輸出

對每個測試案例，程式輸出一行。該行應包含用逗號分隔的 $a_n, a_{n-1}, \cdots, a_1, a_0$。必須滿足以下條件：

◆ 對每個在 $\{0, 1, 2, \cdots, n\}$ 中的 i，$0 \le a_i < |B|$；

◆ $X = a_0 + a_1B + a_2B^2 + \cdots + a_nB^n$；

◆ 如果 $n > 0$，則 $a_n \ne 0$；

◆ $n \le 100$。

如果沒有符合這些條件的數字，則輸出 "The code cannot be decrypted."。如果有多個可能性：為了答案的唯一性，只輸出字典順序最小的答案。例如，如果這兩個集合是（4，3，18，9）和（7，1，14，8），那麼只輸出第一個集合，因為它的字典順序較小。

範例輸入	範例輸出
4	8,11,18
−935 2475 −11 −15	1
1 0 −3 −2	The code cannot be decrypted.
93 16 3 2	16,15
191 −192 11 −12	

試題來源：ACM Central Europe 1999

線上測試：POJ 1381，ZOJ 2011

❖ **試題解析**

因為 a_i 的範圍很小，所以可以用 DFS 搜尋從 a_0 到 a_n 的數字序列解。對於 $X = a_0 + a_1B + a_2B^2 + \cdots + a_nB^n$，從 a_0 開始，每次 $X - a_i$ 之後，如果 $B \mid X$，則進行複數除運算 $X = \dfrac{X}{B}$，繼續對 a_{i+1} 進行 DFS。也就是說，如果能夠整除，則 $X = \dfrac{(a_0 + a_1B + a_2B^2 + \cdots + a_nB^n) - a_0}{B}$，$X = \dfrac{(a_1 + a_2B + \cdots + a_nB^{n-1}) - a_1}{B}$，以此類推。

❖ **參考程式**

```
01    #include<iostream>
02    #include<algorithm>
03    #include<cstring>
04    #include<string>
05    #include<stack>
06    #include<queue>
07    #include<set>
08    #include<map>
09    #include<stdio.h>
10    #include<stdlib.h>
11    #include<math.h>
12    #define inf 0x7fffffff
13    #define eps 1e-9
14    #define pi acos(-1.0)
15    using namespace std;
16    int a[105];
17    int sum,flag,k;
18    int bi,br;
19    void dfs(int cur,int xr,int xi)   // 對ai 進行 DFS
```

```
20  {
21      if(flag == 1 || cur > 100) return;
22      if(xi == 0 && xr == 0)
23      {
24          flag = 1;
25          k = cur-1;
26          return;
27      }
28      for(int i = 0; i < sum; i++)
29          if(((xr-i)*br+bi*xi)%(br*br+bi*bi) == 0 &&
30              (xi*br-(xr-i)*bi)%(br*br+ bi*bi) == 0)
31          {
32              a[cur] = i;
33              dfs(cur+1,((xr-i)*br+bi*xi)/(br*br+bi*bi),
34                          (xi*br-(xr-i)*bi)/(br*br+bi*bi));
35          }
36  }
37  int main() {
38      int t;
39      scanf("%d",&t);                             // t：測試案例數
40      while(t--)
41      {
42          int xi,xr;
43          scanf("%d%d%d%d",&xr,&xi,&br,&bi);     // 目前測試案例
44          sum = ceil(sqrt(br*br+bi*bi));
45          flag = 0;
46          dfs(0,xr,xi);                           // 從 a₀ 開始，進行 DFS
47          if(flag) {                   // 有符合這些條件的 aₙ，aₙ₋₁，…，a₁，a₀，則輸出
48              printf("%d",a[k]);
49              for(int i = k-1; i >= 0; i--)
50                  printf(",%d",a[i]);
51              printf("\n");
52          }
53          else printf("The code cannot be decrypted.\n");    // 沒有符合這些條件的
54      }
55      return 0;
56  }
```

定義 3.5.5　如果高斯整數 $\varepsilon \mid 1$，則稱 ε 是單位。如果 ε 是單位，α 是高斯整數，則稱 $\varepsilon\alpha$ 是 α 的一個相伴。

定理 3.5.1　一個高斯整數 ε 是單位若且唯若 $N(z)=1$。

定理 3.5.2　高斯整數的單位是 1、-1、i 和 $-$i。

定義 3.5.6（高斯質數）　如果非零高斯整數 π 不是單位，而且只能夠被單位和它的相伴整除，則稱 π 為高斯質數。

定理 3.5.3　如果 π 是高斯質數，而且 $N(\pi)=p$，p 是有理質數，則 π 和 $\bar{\pi}$ 是高斯質數，而 p 不是高斯質數。

3.5.2 ▶ Gaussian Prime Factors

設 a、b、c、d 是整數，$a+bj$ 和 $c+dj$ 是複數，其中 $j^2 = -1$。如果存在整數 e 和 f 使得 $c+dj = (a+bj)(e+fj)$，則 $a+bj$ 是 $c+dj$ 的因數。

如果複數 $a+bj$ 的因數只有 1、-1、$-a-bj$ 和 $a+bj$，則複數 $a+bj$ 是高斯質數，其中 a 和 b 是整數。例如，$1+j$、$1-j$、$1+2j$、$1-2j$、3 和 7 是高斯質數。

5 的高斯質因數是：$1+2j$ 和 $1-2j$，或者 $2+j$ 和 $2-j$，或者 $-1-2j$ 和 $-1+2j$，或者 $-2-j$ 和 $-2+j$。

請編寫一個程式，求出一個正整數的所有高斯質因數。

輸入

每一行提供一個測試案例，每個測試案例提供一個正整數 n。

輸出

對每個測試案例輸出一行，提供 n 的高斯質因數。如果 $a+bj$ 是 n 的高斯質因數，如果 $b \neq 0$，則 $a>0$，$|b| \geq a$；如果 $b=0$，則輸出 a。

範例輸入	範例輸出
2	Case #1: 1+j, 1−j
5	Case #2: 1+2j, 1−2j
6	Case #3: 1+j, 1−j, 3
700	Case #4: 1+j, 1−j, 1+2j, 1−2j, 7

提示

按 a 的升冪輸出高斯質因數；如果有多於一個因數有相同的 a，則按 b 的絕對值升冪輸出。如果兩個共軛因數共存，則具有正虛部的共軛因數先於具有負虛部的共軛因數。

試題來源： ACM Manila 2006
線上測試： POJ 3361，UVA 3196

❖ 試題解析

高斯質數有如下性質：

（1）如果一個質數 $p \equiv 3 \pmod 4$，那麼該質數 p 就是一個高斯質數。

（2）對於複數 $a+bj$，如果 a^2+b^2 是一個質數，那麼複數 $a+bj$ 是一個高斯質數。

所以，對提供的正整數 n 進行質數分解，然後在根據高斯質數的兩條性質，就可以獲取高斯質因數。

❖ 參考程式

```
01   #include<cstdio>
02   #include<cmath>
03   #include<cstring>
04   #include<algorithm>
```

```
05    using namespace std;
06    #define MAXN 1005
07    struct ele                                        // 複數 a+bj
08    {
09        int a, b;
10        bool operator < (const ele &c) const          // 比較複數，用於輸出排序
11        {
12            if(a==c.a)
13            {
14                if(abs(b)==abs(c.b))
15                    return b>c.b;
16                else
17                    return abs(b)<abs(c.b);
18            }
19            else
20                return a<c.a;
21        }
22    }e[MAXN];
23    int up;
24    void get(int p)
25    {
26        if((p-3)%4==0) e[up].a=p, e[up++].b=0; // 質數 p ≡ 3(mod 4)，那麼 p 就是一個高斯質數
27        else
28        {
29            for(int i=1;i*i<=p;i++)
30            {
31                int j=sqrt(1.0*(p-i*i));
32                if(i*i+j*j==p)                    // 如果 a²+b² 是一個質數，那麼複數 a+bj 是一個高斯質數
33                {
34                    e[up].a=i, e[up++].b=j;
35                    e[up].a=i, e[up++].b=-j;
36                    break;
37                }
38            }
39        }
40    }
41    int main()
42    {
43        int cas=1,n;
44        while(scanf("%d",&n)!=EOF)   // 輸入測試案例正整數 n
45        {
46            up=0;
47            for(int i=2;i*i<=n;i++)
48                if(n%i==0)
49                {
50                    get(i);
51                    while(n%i==0) n/=i;
52                }
53            if(n>1) get(n);
54            sort(e,e+up);
55            printf("Case #%d:",cas++);
56            for(int i=0;i<up;i++)
57            {
58                printf(" %d",e[i].a);
59                if(e[i].b<0)
```

```
60              {
61                  if(e[i].b==-1) printf("-j");
62                  else printf("%dj",e[i].b);
63              }
64              else if(e[i].b>0)
65              {
66                  if(e[i].b==1) printf("+j");
67                  else printf("+%dj",e[i].b);
68              }
69              if(i<up-1) printf(",");
70          }
71          printf("\n");
72      }
73      return 0;
74  }
```

3.5.3 ▶ Gauss Prime

在 17 世紀末，著名的數學家高斯（Gauss）發現了一種特殊的數。這些整數的形式都是 $a+b\sqrt{-k}$。它們的加法和乘法定義如下：

$$(a+b\sqrt{-k})+(c+d\sqrt{-k})=(a+c)+(b+d)\sqrt{-k}$$

$$(a+b\sqrt{-k})*(c+d\sqrt{-k})=(a*c-b*d*k)+(a*d+b*c)\sqrt{-k}$$

可以證明這些整數的加法和乘法構成了微積分中的「虛二次體」的結構。

在 $k=1$ 的情況下，這些數是常見的複數。

在 a 和 b 都是整數的情況下，這些數被稱為「高斯整數」，這正是二次代數中人們最感興趣的情況。

眾所周知，每個整數都可以分解為若干質數的乘積（算術基本定理，或唯一因數分解定理）。

質數是只能被 1 及自身整除的整數。在高斯整數中，也有類似的概念。

如果一個高斯整數不能分解成其他高斯整數的乘積（0、1、−1 除外），我們稱之為「高斯質數」或「不可除」。

這裡要注意，0、1 和 −1 不被視為高斯質數，但 $\sqrt{-k}$ 是高斯質數。

然而，唯一因數分解定理對於任意的 k 並不適用。例如，在 $k=5$ 的情況下，6 可以用兩種不同的因數分解方法：$6=2*3$，$6=(1+\sqrt{-5})*(1-\sqrt{-5})$。

由於近 200 年來數學的進步，已經證明只有 9 個整數可以作為 k，這樣唯一因數分解定理就滿足了。這些整數是 $k\in\{1, 2, 3, 7, 11, 19, 43, 67, 163\}$。

輸入

輸入的第一行提供整數 n（$1 < n < 100$），後面的 n 行每行提供一個測試案例，包含兩個整數 a 和 b（$0 \le a \le 10000$，$0 < b \le 10000$）。

輸出

為了使這個問題不太複雜，本題設定 k 為 2。

對於輸入的每個測試案例，判斷 $a + b\sqrt{-2}$ 是不是高斯質數，並在一行中輸出 "Yes" 或者 "No"。

範例說明

$(5, 1)$ 不是高斯質數，因為 $(5, 1) = (1, -1) * (1, 2)$。

範例輸入	範例輸出
2 5 1 3 4	No Yes

試題來源： AOAPC I: Beginning Algorithm Contests--Training Guide (Rujia Liu)

線上測試： UVA 1415

❖ 試題解析

如果 $a = 0$，則 $a + b\sqrt{-2}$ 肯定不是高斯質數；如果 $a \ne 0$，則判斷 $(a + b\sqrt{-2})(a - b\sqrt{-2}) = a^2 + 2b^2$ 是不是質數。如果 $a^2 + 2b^2$ 是質數，$a + b\sqrt{-2}$ 就不能分解，是高斯質數；否則，就不是。

❖ 參考程式

```
01   #include <cstdio>
02   #include <cstring>
03   #include <cmath>
04   bool is_prime (int n) {                              // 質數判定
05       int m = sqrt(n+0.5);
06       for (int i = 2; i <= m; i++)
07           if (n % i == 0)
08               return false;
09       return true;
10   }
11   bool judge (int a, int b) {                          // 判斷 a²+2b² 是不是質數
12       if (a == 0)
13           return false;
14       return is_prime(a*a+2*b*b);
15   }
16   int main () {
17       int cas;
18       scanf("%d", &cas);                               // 測試案例數 cas
19       while (cas--) {
20           int a, b;
21           scanf("%d%d", &a, &b);                       // 輸入測試案例
22           printf("%s\n", judge(a, b) ? "Yes" : "No");  // 處理和輸出結果
```

```
23        }
24        return 0;
25    }
```

3.6 相關題庫

3.6.1 ▶ Prime Frequency

提供一個僅包含字母和數字（0 ～ 9、A ～ Z 及 a ～ z）的字串，請計算頻率（字元出現的次數），並僅提供哪些字元的頻率是質數。

輸入

輸入的第一行提供一個整數 T（$0 < T < 201$），表示測試案例個數。後面的 T 行每行提供一個測試案例：一個字母 – 數字組成的字串。字串的長度是小於 2001 的一個正整數。

輸出

對輸入的每個測試案例輸出一行，提供一個輸出序號，然後提供在輸入的字串中頻率是質數的字元。這些字元按字母升冪排列。所謂「字母升冪」是指按 ASCII 值升冪排列。如果沒有字元的頻率是質數，輸出 "empty"。

範例輸入	範例輸出
3 ABCC AABBBBDDDDD ABCDFFFF	Case 1: C Case 2: AD Case 3: empty

試題來源：Bangladesh National Computer Programming Contest
線上測試：UVA 10789

提示

先離線計算出 [2, 2200] 的質數篩子 $u[]$。然後每輸入一個測試串，以 ASCII 碼為索引統計各字元的頻率 $p[]$，並按照 ASCII 碼遞增的順序（$0 \le i \le 299$）輸出頻率為質數的字元（即 $u[p[i]] = 1$ 且 ASCII 碼值為 i 的字元）。若沒有頻率為質數的字元，則輸出失敗資訊。

3.6.2 ▶ Twin Primes

雙質數（Twin Primes）形式為 $(p, p+2)$，術語「雙質數」由 Paul Stäckel（1892-1919）提供，前幾個雙質數是 (3, 5)、(5, 7)、(11, 13)、(17, 19)、(29, 31)、(41, 43)。在本題中請提供第 S 對雙質數，其中 S 是輸入中提供的整數。

輸入

輸入小於 10001 行，每行提供一個整數 S（$1 \le S \le 100000$），表示雙質數對的序列編號。輸入以 EOF 結束。

輸出

對於輸入的每一行，輸出一行，提供第 S 對雙質數。輸出對的形式為 $(p_1, 空格\ p_2)$，其中「空格」是空格字元（ASCII 32）。本題設定第 100000 對的質數小於 20000000。

範例輸入	範例輸出
1	(3, 5)
2	(5, 7)
3	(11, 13)
4	(17, 19)

試題來源： Regionals Warmup Contest 2002
線上測試： UVA 10394

提示

設雙質數對序列為 ans[]，其中 ans[i] 儲存第 i 對雙質數的較小質數（$1 \le i \le$ num）。

ans[] 的計算方法如下：

◆ 使用篩選法計算出 [2, 20000000] 的質數篩子 u[]。

◆ 按遞增順序列舉該區間的每個整數 i：若 i 和 $i+2$ 為雙質數對（$u[i]\&\&u[i+2]$），則雙質數對序列增加一個元素（ans[++num] = i）。

在離線計算出 ans[] 的基礎上，每輸入一個編號 s，則代表的雙質數對為 (ans[s], ans[s] + 2)。

3.6.3 ▶ Less Prime

設 n 為一個整數，$100 \le n \le 10000$，請找到質數 x，$x \le n$，使得 $n - p*x$ 最大，其中 p 是整數，使得 $p*x \le n < (p+1)*x$。

輸入

輸入的第一行提供一個整數 M，表示測試案例的個數。每個測試案例一行，提供一個整數 N，$100 \le N \le 10000$。

輸出

對每個測試案例，輸出一行，提供滿足上述條件的質數。

範例輸入	範例輸出
5	2203
4399	311
614	4111
8201	53
101	3527
7048	

試題來源： III Local Contest in Murcia 2005
線上測試： UVA 10852

提示

要使得 $n-p \times x$ 最大（x 為質數，p 為整數，$p \times x \leq n < (p+1) \times x$），則 x 為所有小於 n 的質數中，被 n 除後餘數最大的一個質數。由此得出演算法：

先離線計算出 [2, 11 111] 的質數表 su[]，表長為 num。然後每輸入一個整數 n，則列舉小於 n 的所有質數，計算 $tmp = \max_{1 \leq i \leq num} \{n\%su[i] | su[i] < n\}$，滿足條件的質數即為對應 $tmp = n\%su[k]$ 的質數 su[k]。

3.6.4 ► Prime Words

一個質數是僅有兩個因數的數：其本身和數字 1。例如，1、2、3、5、17、101 和 10007 是質數。

本題輸入一個單字集合，每個單字由 a ～ z 以及 A ～ Z 的字母組成。每個字母對應一個特定的值，字母 a 對應 1，字母 b 對應 2，以此類推，字母 z 對應 26；同樣，字母 A 對應 27，字母 B 對應 28，字母 Z 對應 52。

一個單字的字母的總和是質數，則這個單字是質單字（prime word）。請程式編寫，判定一個單字是否為質單字。

輸入

輸入提供一個單字集合，每個單字一行，有 L 個字母，$1 \leq L \leq 20$。輸入以 EOF 結束。

輸出

如果一個單字字母的和為質數，則輸出 "It is a prime word."；否則輸出 "It is not a prime word."。

範例輸入	範例輸出
UFRN contest AcM	It is a prime word. It is not a prime word. It is not a prime word.

試題來源： UFRN-2005 Contest 1
線上測試： UVA 10924

提示

由於字母對應數字的上限為 52，而單字的長度上限為 20，因此首先使用篩選法，離線計算出 [2, 1010] 的質數篩子 u[]。

然後每輸入一個長度為 n 的單字，計算單字字母對應的數字和 $x = \sum_{i=1}^{n} (s[i] - 'a' + 1 | s[i] \in \{'a'..'z'\}, s[i] - 'A' + 27 | s[i] \in \{'A'..'Z'\})$。如果 x 為 [2, 1010] 中的一個質數（$u[x] = 1$），則該單字為質單字；否則該單字為非質單字。

3.6.5 ► Sum of Different Primes

一個正整數可以以一種或多種方式表示為不同質數的總和。提供兩個正整數 n 和 k，請計算將 n 表示為 k 個不同的質數的和會有幾種形式。如果是相同的質數集，則被認為是相同的。例如 8 可以被表示為 $3+5$ 和 $5+3$，就被認為是相同的。

如果 n 和 k 分別為 24 和 3，答案為 2，因為有兩個總和為 24 的集合 {2, 3, 19} 和 {2, 5, 17}，但不存在其他的總和為 24 的 3 個質數的集合。如果 $n=24$，$k=2$，答案是 3，因為存在 3 個集合 {5, 19}、{7, 17} 以及 {11, 13}。如果 $n=2$，$k=1$，答案是 1，因為只有一個集合 {2}，其總和為 2。如果 $n=1$，$k=1$，答案是 0，因為 1 不是質數，不能將 {1} 計入。如果 $n=4$，$k=2$，答案是 0，因為不存在兩個不同質數的集合，總和為 4。

請編寫一個程式，對提供的 n 和 k，輸出答案。

輸入

輸入由一系列的測試案例組成，最後以一個空格分開的兩個 0 結束。每個測試案例一行，提供以一個空格分開的兩個正整數 n 和 k。本題設定 $n \le 1120$，$k \le 14$。

輸出

輸出由若干行組成，每行對應一個測試案例，一個輸出行提供一個非負整數，表示對相關輸入中提供的 n 和 k 有多少答案。本題設定答案小於 2^{31}。

範例輸入	範例輸出
24 3	2
24 2	3
2 1	1
1 1	0
4 2	0
18 3	2
17 1	1
17 3	0
17 4	1
100 5	55
1000 10	200102899
1120 14	2079324314
0 0	

試題來源： ACM Japan 2006

線上測試： POJ 3132，ZOJ 2822，UVA 3619

提示

設 su[] 為 [2, 1200] 的質數表，$f[i][j]$ 為 j 拆分成 i 個質數和的方案數（$1 \le i \le 14$，$su[i] \le j \le 1199$）。顯然，$f[0][0]=1$。

首先，採用篩選法計算質數表 su[]，表長為 num。然後每輸入一對 n 和 k，使用動態規劃方法計算 k 個不同質數的和為 n 的方案總數：

```
列舉 su[] 表中的每個質數 su[i]（1≤i≤num）；
    按遞減順序列舉質數個數 j（j = 14...1）；
        按遞減順序列舉前 j 個質數的和 p（p = 1199...su[i]）；
            累計 su[i] 作為第 j 個質數的方案總數 f[j][p] +  = f[j-1][p-su[i]];
```

最後得出的 $f[k][n]$ 即為問題的解。

3.6.6 ► Gerg's Cake

Gerg 正在舉辦派對，他邀請了他的朋友來參加。p 個朋友已經到達，但 a 個朋友來晚了。為了招待他的客人，他試圖和他的客人們玩一些團隊遊戲，但他發現不可能將 p 個客人劃分成多於 1 人的人數相同的組。

幸運的是，他還有一個備份計畫——他希望在他的朋友之間分享一個蛋糕。蛋糕是一個正方形的形狀，Gerg 一定要把蛋糕切成大小相等的正方塊。他希望給 a 個還沒有到的朋友每人預留一塊，其餘切塊在 p 個已經到達的客人之間均勻地進行劃分。他不準備給自己留一塊蛋糕。他能做到嗎？

輸入

輸入包含若干測試案例，每個測試案例在一行中提供如上所述的一個非負的整數 a 和一個正整數 p，a 和 p 都是 32 位不帶正負號的整數。最後一行提供 "−1 −1"，程式不用處理。

輸出

對每個測試案例，如果蛋糕可以被公平地劃分，則輸出 "Yes"；否則輸出 "No"。

範例輸入	範例輸出
1 3	Yes
1024 17	Yes
2 101	No
0 1	Yes
−1 −1	

試題來源：2005 ACM ICPC World Finals Warmup 2
線上測試：UVA 10831

提示

本題提供一個非負的整數 a 和一個正整數 p，問一塊蛋糕是否可以被公平地劃分為 $a+n*p$ 個相等大小的塊？

本題要求計算 $x^2 = a + n*p$ 是否有解，其中 n 為整數。公式兩邊同時對 p 取模可得 $x^2 \equiv a \pmod{p}$。應用費馬小定理，得 $x^{p-1} \equiv a^{(p-1)/2} \equiv 1 \pmod{p}$。因此本題只需要檢查 $a^{(p-1)/2} \equiv 1 \pmod{p}$ 是否成立。如果成立，就有解；否則就無解。計算的時間複雜度為 $O(\log p)$。

本題存在特例，例如 $a \equiv 0 \pmod{p}$，$p=1$ 或 $p=2$。

3.6.7 ► Widget Factory

零件工廠生產若干種不同類型的零件。每個零件由技術熟練的技術工人精心製造。製造一個零件所需的時間取決於它的類型：簡單的零件只需要 3 天，但最複雜的零件可能需要多達 9 天。

工廠目前正處於完全混亂的狀態：最近，工廠被一個新老闆收購，而新老闆幾乎解雇了所有人。新的員工對製造零件一無所知，也似乎沒有人記得製造每個不同的零件需要多少天。當一個客戶預訂了一批零件，而工廠卻不能告訴他製造所需的商品需要多少天是非常尷尬的。幸運的是，對每個技術工人，他何時開始為工廠工作，何時被工廠解雇，以及他製造了什麼類型的零件，工廠都有記錄。但問題是，工廠的記錄沒有明確提供技術工人開始工作和離職的確切日期，而是只提供一週中的某一天；而且，這方面的資料只在某些情況下是有幫助的：例如，如果一個技術工人在一個週二開始工作，製造了 1 個類型 41 的零件，並在週五被解雇，那麼我們就知道，製造 1 個類型 41 零件需要 4 天。請透過這些記錄（如果可能）計算製造不同類型的零件需要的天數。

輸入

輸入提供若干測試案例，每個測試案例的第一行提供兩個整數：$1 \leq n \leq 300$，不同類型的種類數；$1 \leq m \leq 300$，記錄的數目。這一行的後面提供 m 條記錄的描述，每條記錄描述由兩行組成，第一行提供該技術工人製造的零件的總數 $1 \leq k \leq 10000$，然後提供他星期幾開始工作，又在星期幾被解雇。星期幾用字串 "MON" "TUE" "WED" "THU" "FRI" "SAT" 和 "SUN" 提供。第二行提供用空格分開的 k 個整數，這些數在 1 和 n 之間，表示這一技術工人製造的不同類型的零件。例如，下面的兩行表示一個技術工人在週三開始為工廠幹活，製造了 1 個類型 13 的零件、一個類型 18 的零件、一個類型 1 的零件，然後再製造一個類型 13 的零件，最後在周日被解雇。

```
4 WED SUN
13 18 1 13
```

注意技術工人一週工作 7 天，在第一天和最後一天之間，他們每天都在工廠裡工作。（如果你想要週末和假期，那麼你就不可能成為一名技術工人！）

輸入以測試案例 $n = m = 0$ 結束。

注意： 對於海量輸入，建議使用 "scanf "，以避免 TLE。

輸出

對於每個測試案例，輸出一行，提供由空格分隔的 n 個整數：製造不同類型的零件所需要的天數。在第一個數字之前及最後一個數字之後，沒有空格，而在兩個數字之間有一個空格。如果有一個以上的解，則輸出 "Multiple solutions."；如果確定相關輸入無解，則輸出 "Inconsistent data."。

範例輸入	範例輸出
2 3 2 MON THU 1 2 3 MON FRI 1 1 2 3 MON SUN 1 2 2 10 2 1 MON TUE 3 1 MON WED 3 0 0	8 3 Inconsistent data.

試題來源： ACM Central Europe 2005

線上測試： POJ 2947，UVA 3529

提示

設 x_i 表示製造第 i 種零件的所需天數，t_{ij} 表示第 j 個工人做了多少個第 i 種零件，$1 \leq i \leq n$，$1 \leq j \leq m$。

對每個工人 j 都可以排出同餘方程組 $\sum_i t_{ij} \times x_i \equiv a_j \pmod 7$，其中 a_j 表示第 j 個工人從開始至結束至少經過的天數，例如 TUE 到 MON 就是 6。這樣就可以用高斯消去法求解 x 了：

◆ 若出現自由元，則表示有多解；

◆ 若係數矩陣某一行向量為 0，而增廣陣對應的變數值非為 0，則無解。

注意： 如果有解，最終答案應從 0 ～ 6 對映至 3 ～ 9，因為製造一個零件所需的時間為 3 ～ 9 天。

3.6.8 ▶ 青蛙的約會

兩隻青蛙在網路上相識了，牠們聊得很開心，於是覺得很有必要見一面。牠們很高興地發現牠們住在同一條緯度線上，於是約定各自朝著對方那裡跳，直到碰面為止。可是牠們出發之前忘記了一件很重要的事情，既沒有問清楚對方的特徵，也沒有約定見面的具體位置。不過青蛙們都是很樂觀的，牠們覺得只要一直朝著某個方向跳，總能碰到對方。但是除非這兩隻青蛙在同一時間跳到同一點上，不然是永遠都不可能碰面的。為了幫助這兩隻樂觀的青蛙，要求編寫一個程式來判斷這兩隻青蛙是否能夠碰面，以及會在什麼時候碰面。

我們把這兩隻青蛙分別叫作青蛙 A 和青蛙 B，並且規定緯度線上東經 0 度處為原點，由東往西為正方向，單位長度 1 公尺，這樣就得到了一條首尾相接的數軸。設青蛙 A 的出發點座標是 x，青蛙 B 的出發點座標是 y。青蛙 A 一次能跳 m 公尺，青蛙 B 一次能跳 n 公尺，兩隻青蛙跳一次所花費的時間相同。緯度線總長 L 公尺。現在請求出牠們跳了幾次以後才會碰面。

輸入

輸入包括多個測試資料。每個測試資料包括一行 5 個整數 x、y、m、n 和 L，其中 $x \neq y$，m、$n \neq 0$，$L > 0$。m、n 的符號表示相關的青蛙的前進方向。

輸出

對於每個測試資料，在單獨一行裡輸出碰面所需要的跳躍次數，如果永遠不可能碰面則輸出一行 "Impossible"。

輸入範例	輸出範例
1 2 3 4 5	4

試題來源： 浙江 NOI 2002
線上測試： POJ 1061

提示

首先計算兩隻青蛙出發時相隔的距離對緯度線總長的模 $D = (y-x)\%L$，兩隻青蛙跳躍一次的距離差對緯度線總長的模 $S = (m-n)\%L$（D 和 S 取最小正整數）。顯然，若 $D = 0$，說明兩隻青蛙在同一出發點，無須為碰面而跳躍；若 $D \neq 0$ 且 $S = 0$，則由於兩隻青蛙跳躍一次的距離相同而永遠不可能碰面。

若 $D\%\text{GCD}(S, L) \neq 0$，則兩隻青蛙無法碰面，否則計算同餘方程 $S*x \equiv D(\text{mod})L$ 中 x 的最小正整數解。

3.6.9 ▶ Count the factors

請編寫一個程式，計算一個正整數的不同的質因數個數。

輸入

輸入提供一個正整數的序列，每個數一行，最大值是 1000000，以數字 0 輸入結束，0 不作為測試案例。

輸出

對每個輸入值，輸出一行，格式按範例輸出。

範例輸入	範例輸出
289384	289384 : 3
930887	930887 : 2
692778	692778 : 5
636916	636916 : 4
747794	747794 : 3
238336	238336 : 3
885387	885387 : 2
760493	760493 : 2
516650	516650 : 3
641422	641422 : 3
0	

試題來源：2004 Federal University of Rio Grande do Norte Classifying Contest-Round 2

線上測試：UVA 10699

提示

先使用篩選法離線計算出 [2, 1200] 的質數表 su[]，表長為 num。然後透過下述方法計算 x 的不同質因數數 k：

循序搜尋質數表 su[]，若 x 能夠分解出因數 su[i]，則 k++。然後讓 x 連續除 su[i]，直至無法再分解出 su[i] 因數為止。

若搜尋完質數表 su[] 後，x 仍未被除盡（$x > 1$），則 k++。

3.6.10 ▶ Prime Land

在質數國（Prime Land）的每個人都使用質數庫系統（Prime Base Number System），在這一系統中，每個正整數 x 表示如下：設 $\{p_i\}_{i=0}^{\infty}$ 表示所有質數的遞增序列。已知 $x > 1$ 可以表示為質因數的冪的乘積的形式，這樣的形式是唯一的。這表示存在整數 k_x，以及確定的整數 $e_{k_x}, e_{k_x-1}, \cdots, e_1, e_0 (e_{k_x} > 0)$，使得 $x = p_{k_x}^{e_{k_x}} \times p_{k_x-1}^{e_{k_x-1}} \times \cdots \times p_1^{e_1} \times p_0^{e_0}$；序列 $(e_{k_x}, e_{k_x-1}, \cdots, e_1, e_0)$ 是 x 在質數庫系統中的表示。

在質數庫系統中，數值計算有點不尋常，甚至有點困難。在質數國的孩子學習數字的加減需要幾年的時間，但乘法和除法運算則非常簡單。

最近，有人從電腦國（Computer Land）回來度假，在電腦國，已經開始使用電腦，電腦可以使得質數庫系統的加減運算非常簡單。為了說明這一點，回來的人決定做一個實作，讓電腦做「減一」操作。

請幫助質數國的人編寫相關的電腦程式。

因為實際的原因，質數表示為 p_i 和 e_i 序列，其中 $e_i > 0$。p_i 的次序為降冪。

輸入

輸入由若干行（至少一行）組成，除了最後一行，每行提供大於 2、小於或等於 32767 的一個正整數的質數表示，在一行中，所有的數字都用一個空格分開。最後一行提供數字 0。

輸出

對每個測試案例，輸出一行。如果在輸入行中 x 是一個正整數，輸出行提供以質數庫表示的 $x-1$，所有的數字用一個空格分開。輸入的最後一行不予處理。

範例輸入	範例輸出
17 1	2 4
5 1 2 1	3 2
509 1 59 1	13 1 11 1 7 1 5 1 3 1 2 1
0	

試題來源：ACM Central Europe 1997

線上測試：POJ 1365，ZOJ 1261，UVA 516

提示

首先，離線計算區間 [2, 32767] 的質數表。

然後，對於每個測試案例（x 在質數庫系統中的表示），透過 $x = p_{k_x}^{e_{k_x}} \times p_{k_x-1}^{e_{k_x-1}} \times \cdots \times p_1^{e_1} \times p_0^{e_0}$ 來計算 x。

最後，將 $x-1$ 轉化為在質數庫系統中的表示，並輸出。

3.6.11 ▶ Prime Factors

一個整數 $g > 1$ 被稱為質數（Prime Number），若且唯若它的因數是它本身和 1，否則就被稱為合數（Composite Number）。例如，21 是合數，而 23 是質數。可以將一個正整數 g 分解為若干質因數，即如果對所有的 i，$f_i > 1$，並且對 $i < j$，$f_i \le f_j$，那麼 $g = f_1 \times f_2 \times \cdots \times f_n$ 是唯一的。

有一類有趣的質數被稱為梅森質數（Mersenne Prime），其形式為 $2^p - 1$。在 1772 年，Euler 證明 $2^{31} - 1$ 是質數。

輸入

輸入由一個整數序列組成，每行提供一個整數 g，$-2^{31} < g < 2^{31}$，但不會是 -1 和 1。輸入結束行為一個值 0。

輸出

對輸入的每一行，程式輸出一行，由輸入數及其質因數組成。對一個輸入數 $g > 0$，$g = f_1 \times f_2 \times \cdots \times f_n$，其中每個 f_i 是一個質數（對 $i < j$，$f_i \le f_j$），輸出行的格式是 $g = f_1 \times f_2 \times \cdots \times f_n$。如果 $g < 0$，$|g| = f_1 \times f_2 \times \cdots \times f_n$，則輸出行的格式是 $g = -1 \times f_1 \times f_2 \times \cdots \times f_n$。

範例輸入	範例輸出
-190	$-190 = -1 \times 2 \times 5 \times 19$
-191	$-191 = -1 \times 191$
-192	$-192 = -1 \times 2 \times 2 \times 2 \times 2 \times 2 \times 2 \times 3$
-193	$-193 = -1 \times 193$
-194	$-194 = -1 \times 2 \times 97$
195	$195 = 3 \times 5 \times 13$
196	$196 = 2 \times 2 \times 7 \times 7$
197	$197 = 197$
198	$198 = 2 \times 3 \times 3 \times 11$
199	$199 = 199$
200	$200 = 2 \times 2 \times 2 \times 5 \times 5$
0	

試題來源：ACM East Central Region 1997

線上測試：UVA 583

提示

首先，離線計算區間 $[2, \sqrt{2^{31}}]$ 的質數表 2。

然後，對於每輸入一個整數 x，如果 x 是負數，則質因數式前添加 '−'，並透過 $x = (−1)*x$ 將之轉化為正整數，然後透過試除質數表中每個質數計算和輸出 x 的每個質因數。

3.6.12 ▶ Perfect Pth Powers

如果對某個整數 b，$x = b^2$ 成立，則稱 x 為完美平方。相似地，如果對某個整數 b，$x = b^3$ 成立，則稱 x 為完美立方。以此類推，如果對某個整數 b，$x = b^p$ 成立，則稱 x 為完美 p 次冪。提供整數 x，請確定最大的 p，使得 x 為完美 p 次冪。

輸入

每個測試案例一行，提供 x，x 的值至少為 2，在 C、C++ 和 Java 的 int 型別範圍內（32 位），在最後一個測試案例後提供僅包含 0 的一行。

輸出

對每個測試案例，輸出一行，提供使得 x 是完美 p 次冪的最大整數 p。

範例輸入	範例輸出
17	1
1073741824	30
25	2
0	

試題來源： Waterloo local 2004.01.31
線上測試： POJ 1730，ZOJ 2124

提示

正整數 x 分解為質因數次冪的形式 $x = p_1^{e1} p_2^{e2} \cdots p_k^{ek}$，使得 x 是完美 p 次冪的最大整數 $p = GCD(e_1, e_2, \cdots, e_k)$。

3.6.13 ▶ Factovisors

對於非負整數 n，階乘函數 $n!$ 定義如下：

$0! = 1$
$n! = n * (n−1)!$ （$n > 0$）

如果存在一個整數 k 使得 $k*a = b$，則稱 a 整除 b。

輸入

程式輸入由若干行組成，每行提供兩個非負的整數 n 和 m，它們都小於 2^{31}。

輸出

對每個輸入行，輸出一行，說明 m 是否整除 $n!$，格式見範例輸出。

範例輸入	範例輸出
6 9	9 divides 6!
6 27	27 does not divide 6!
20 10000	10000 divides 20!
20 100000	100000 does not divide 20!
1000 1009	1009 does not divide 1000!

試題來源： 2001 Summer keep-fit 1

線上測試： UVA 10139

提示

將正整數 m 分解為質因數次冪的形式 $m = \prod_{i=1}^{k} p_i^{e_i}$。$m$ 能夠整除 $n!$ 若且唯若 $n!$ 一定能夠分解出包含質因數 $p_1, p_2, \cdots, p_k$ 的質因數次冪形式 $n! = \prod_{i=1}^{t} p_i^{e_i'}$，其中 $\{p_1, p_2, \cdots, p_k\}$ 是 $\{p_1', p_2', \cdots, p_t'\}$ 的子集，且 $e_i' \ge e_i$。

為了避免計算 $n!$ 時產生記憶體溢出，提高分解質因數的時效，可直接由 n 計算出 $n!$ 中 p_i 的質因數次冪 $e_i' = \sum_{j=1}^{k} \left\lfloor \dfrac{n}{p_i^j} \right\rfloor (p^{k+1} > n)$。

要注意的是：0 不能整除 $n!$；如果 $m \le n$，則 m 整除 $n!$。

3.6.14 ▶ Farey Sequence

對任意整數 n，$n \ge 2$，Farey 序列（Farey Sequence）F_n 是按遞增順序的不可約的有理數 a/b 的集合，其中 $0 < a < b \le n$，並且 $GCD(a, b) = 1$。前幾個是

$F_2 = \{1/2\}$
$F_3 = \{1/3, 1/2, 2/3\}$
$F_4 = \{1/4, 1/3, 1/2, 2/3, 3/4\}$
$F_5 = \{1/5, 1/4, 1/3, 2/5, 1/2, 3/5, 2/3, 3/4, 4/5\}$

請計算 Farey 序列 F_n 中項的個數。

輸入

提供若干測試案例，每個測試案例一行，包含一個正整數 n（$2 \le n \le 10^6$）。在兩個測試案例之間沒有空行。用一個包含 0 的一行結束輸入。

輸出

對每個測試案例，輸出一行，提供 $N(n)$——Farey 序列 F_n 中項的個數。

範例輸入	範例輸出
2	1
3	3
4	5
5	9
0	

試題來源： POJ Contest, Author:Mathematica@ZSU

線上測試： POJ 2478

提示

由 Farey 序列的定義可以看出，F_i 為分母 $2 \cdots i$ 且與分子不可約的有理數集合（$2 \le i \le n$）。設 F_i 中的項數為 $F[k]$；F_i 中含分母 i 的項數為 f_i'。

由於每項的分子與分母 i 互質，因此與 i 互質的整數個數即為 f_i'。顯然，f_i' 是歐拉 φ 函數 $\varphi(i)$ 的值。在計算出 f_i' 的基礎上，可直接遞迴 Farey 序列 F_i 中的項數：

$$F[i] = \begin{cases} f_i' & i = 2 \\ F[i-1] + f_i' & 3 \le i \le n \end{cases}$$

在離線計算出 $F[]$ 的基礎上，每輸入一個整數 k，便可直接獲得答案 $F[k]$。

3.6.15 ► Irreducible Basic Fractions

一個分數 m/n 是基本的（basic），如果 $0 \le m < n$；它是不可約的（irreducible），如果 $GCD(m, n) = 1$。提供一個正整數 n，本題要求找到分母為 n 的不可約的基本分數（irreducible basic fraction）的數量。

例如，分母為 12 的所有基本分數在還沒有約分前是

$$\frac{0}{12}, \frac{1}{12}, \frac{2}{12}, \frac{3}{12}, \frac{4}{12}, \frac{5}{12}, \frac{6}{12}, \frac{7}{12}, \frac{8}{12}, \frac{9}{12}, \frac{10}{12}, \frac{11}{12}$$

約分產生

$$\frac{0}{12}, \frac{1}{12}, \frac{1}{6}, \frac{1}{4}, \frac{1}{3}, \frac{5}{12}, \frac{1}{2}, \frac{7}{12}, \frac{2}{3}, \frac{3}{4}, \frac{5}{6}, \frac{11}{12}$$

所以，分母為 12 的不可約基本分數有如下 4 個：

$$\frac{1}{12}, \frac{5}{12}, \frac{7}{12}, \frac{11}{12}$$

輸入

每行輸入提供一個正整數 n（< 1000000000），n 為 0 表示輸入結束（程式不處理這一終止值）。

輸出

對於輸入中提供的每個 n，輸出一行，提供 n 為分母的不可約基本分數的數目。

範例輸入	範例輸出
12	4
123456	41088
7654321	7251444
0	

試題來源： 2001 Regionals Warmup Contest

線上測試： UVA 10179

提示

m/n 不可約分若且唯若 $GCD(m, n)=1$，而滿足 $n \leq m$ 且 $GCD(m, n)=1$ 的 m 有 $\varphi(n)$ 個，所以 n 為分母的不可約基本分數的數目是 $\varphi(n)$。

3.6.16 ▶ LCM Cardinality

一對數字有唯一的最小公倍數（LCM），但一個 LCM 可以是很多對數的 LCM。例如 12 是 (1, 12)、(2, 12)、(3, 4) 等的 LCM。對於一個提供的正整數 N，LCM 等於 N 有多少對不同的整數被稱為整數 N 的 LCM 基數。本題請找出一個整數的 LCM 基數。

輸入

輸入最多有 101 行，每行提供一個整數 N（$0 < N \leq 2*10^9$）。輸入以包含一個 0 的一行結束，程式不用處理這一行。

輸出

除了輸入的最後一行，對輸入的每一行輸出一行，提供兩個整數 N 和 C，其中 N 是輸入的整數，C 是其 LCM 基數，兩個數用一個空格分開。

範例輸入	範例輸出
2	2 2
12	12 8
24	24 11
101101291	101101291 5
0	

試題來源： UVa Monthly Contest August 2005

線上測試： UVA 10892

提示

N 的基數指的是最小公倍數為 N 的數對的個數。假設其中一對整數為 A 和 B，則 A 和 B 可以表示為質因數的冪的乘積，即 $A = \prod_i p_i^{a_i}$，$B = \prod_i p_i^{b_i}$。A 和 B 的最小公倍數 $N=LCM(A, B) = \prod_i p_i^{c_i}$，其中 $\forall i$，$c_i = \max\{a_i, b_i\}$。設 $f[i]$ 為 N 的前 i 個質因數的 LCM 基數。

N 的前 $i-1$ 個質因數對應的數對有兩種情況：

◆ $\forall j < i$，$c_j = a_j = b_j$。假設 $a_i = c_i$，那麼只有 $b_i = 0 \cdots c_i$，產生數對（$c_i, 0$）、（$c_i, 1$）、$\cdots$、（c_i, c_i），合計 $c_i + 1$ 個數對。

◆ 其他情況。共有 $2*c_i + 1$ 個數對 $(0, c_i), (1, c_i), \cdots, (c_i-1, c_i), (c_i, c_i-1), \cdots, (c_i, 0), (c_i, c_i)$。綜上可得遞迴式：$f[i] = (f[i-1]-1)*(2*c_i + 1)+c_i + 1$。

3.6.17 ▶ GCD Determinant

稱集合 $S=\{x_1, x_2, \cdots, x_n\}$ 是封閉因數，如果對任意的 $x_i \in S$ 及 x_i 的任意除數 d，$d \in S$ 成立。建構一個 GCD（最大公因數）矩陣 $(S)=(s_{ij})$，其中 $s_{ij}=GCD(x_i, x_j)$，即 s_{ij} 為 x_i 和 x_j 的最大公因數。提供封閉因數集合 S，計算行列式的值：

$$D_n = \begin{vmatrix} GCD(x_1,x_1) & GCD(x_1,x_2) & GCD(x_1,x_3) & \cdots & GCD(x_1,x_n) \\ GCD(x_2,x_1) & GCD(x_2,x_2) & GCD(x_2,x_3) & \cdots & GCD(x_2,x_n) \\ GCD(x_3,x_1) & GCD(x_3,x_2) & GCD(x_3,x_3) & \cdots & GCD(x_3,x_n) \\ \vdots & \vdots & \vdots & & \vdots \\ GCD(x_n,x_1) & GCD(x_n,x_2) & GCD(x_n,x_3) & \cdots & GCD(x_n,x_n) \end{vmatrix}$$

輸入

輸入包含若干測試案例，每個測試案例先提供一個整數 n（$0<n<1000$），表示 S 的基數。第二行提供 S 的元素 $x_1, x_2, \cdots, x_n$。已知每個 x_i 是一個整數，$0<x_i<2*10^9$。輸入資料是正確的，以 EOF 結束。

輸出

對每個測試案例，輸出 $D_n \bmod 1000000007$ 的值。

範例輸入	範例輸出
2	1
1 2	12
3	4
1 3 9	
4	
1 2 3 6	

試題來源：ACM Southeastern European Regional Programming Contest 2008
線上測試：POJ 3910，UVA 4190

❖ 試題解析

設 a_i 是矩陣的行 $(GCD(x_i, x_1) \; GCD(x_i, x_2) \; GCD(x_i, x_3) \cdots GCD(x_i, x_n))$，$a_{ij}$ 表示矩陣中的元素 $GCD(x_i, x_j)$。

對矩陣 D_n 進行線性變換 $a_b - \sum_{(d|b)\&\&(d\neq b)} a_d$，變換的順序必須保證 a_b 做變換前，所有滿足 $(d\,|\,b)\&\&(d\neq b)$ 的 a_d 都已經完成了變換。

可以證明，在對 a_b 做了變換之後，$a_{ij} = \begin{cases} 0 & GCD(x_i, x_j) < x_i \\ \varphi(x_i) & GCD(x_i, x_j) = x_i \end{cases}$。

證明：首先，行列式的值 D_n 與封閉因數集合中元素 $x_1, x_2, \cdots, x_n$ 的順序無關。對於任意一組輸入，先將 $x_1, x_2, \cdots, x_n$ 按遞增排序，再將排序後的序列重新命名為 $x_1, x_2, \cdots, x_n$。顯然，a_1 變換前後是一樣的，$a_1=(1\ 1\ 1\cdots1)$，滿足假設。

假設對於 $(d\,|\,b)\&\&(d\neq b)$ 的 a_d 都完成了變換，並且都滿足假設。現在對 a_b 做變換。對於 a_{bj} 可以有兩種情況：

◆ $GCD(x_b, x_j) < x_b$。令 $t = GCD(x_b, x_j)$，對每個 $d' | t$ 都有 $d' | b$，此時 $a_{bj} = \varphi(x_{d'})$。而對於每個不能整除 t 但能夠整除 b 的 d'，都有 $GCD(x_{d'}, x_j) < x_{d'}$，所以 $a_{d'j} = 0$。由於 $\sum\limits_{d|n} \varphi(d) = n$，可知變換後 $a_{bj} = 0$。

◆ $GCD(x_b, x_j) = x_b$。由於 $\sum\limits_{d|n} \varphi(d) = n$，可得 $\varphi(n) = n - \sum\limits_{(d|n) \&\& (d \neq n)} \varphi(d)$，可知變換後 $a_{bj} = \varphi(x_b)$。

首先，將 x_i 從小到大排序；然後，建立試題描述中的 GCD 矩陣 M；再按上述步驟對 M 的每行進行線性變換，這個過程不會改變其行列式的值。對此矩陣的每行進行變換後，這個矩陣必然是一個上三角矩陣。而矩陣的對角線上的每個元素正好為這行所對應 x_i 值的歐拉函數值。由此得到結論 $\det(M) = \prod\limits_{i=1}^{n} \varphi(x_i)$。

3.6.18 ▶ GCD & LCM Inverse

提供兩個正整數 a 和 b，我們可以很容易地計算 a 和 b 的最大公因數（Greatest Common Divisor，GCD）和最小公倍數（Least Common Multiple，LCM）。但如果反其道而行之呢？也就是說，提供 GCD 和 LCM，求 a 和 b。

輸入

輸入包含多個測試案例，每個測試案例提供兩個正整數 GCD 和 LCM。本題設定這兩個數都小於 2^{63}。

輸出

對每個測試案例，按升冪輸出 a 和 b。如果有多組解，輸出 $a+b$ 最小的那一對。

範例輸入	範例輸出
3 60	12 15

試題來源：POJ Achilles
線上測試：POJ 2429

提示

設 $LCM = LCM(a, b)$，$GCD = GCD(a, b)$，a 和 b 是 $a*b = LCM*GCD$，並且是 $a+b$ 最小的那一對。

首先，計算 $N = \dfrac{LCM}{GCD}$。如果 $N == 1$，則 $a+b$ 最小的那一對是（GCD，LCM）；否則計算 (a, b)。

設 $a = t*GCD$，則 $b = \dfrac{LCM}{t} = \dfrac{N*GCD}{t}$。所以，$a:b = t: \dfrac{N}{t}$。顯然，$a+b$ 是最小的等同於 $t + \dfrac{N}{t}$ 也是最小的。計算 t 的方法如下。

正整數 N 表示為質因數的冪的積 $N = \prod\limits_{i=1}^{k} p_i^{e_i}$，用陣列 $a[]$ 來表示 N 的質因數的冪的積，其中 $a[i] = p_i^{e_i}$，$1 \leq i \leq k$。

遞迴函數 dfs$(0, 1, N)$ 計算 t。

```
void dfs(i, t', n){    // i 是 N 的質因數次冪表 a[] 的指標，a:b=t'，n 為 LCM/GCD
    if (i==m+1){                                  // 若 a[] 表分析完
        if ((minx==-1) || (t'+n/t' <minx)){       // 若未計算出 a+b 或 a+b 為目前最小，則記下
            minx= t'+n/t';
            t= t';
        }
        return;                                    // 回溯
    }
    dfs(i+1, t'*a[i], n);                          // a:b=t'*a[i]，分析 N 的第 i+1 個質因數
    dfs(i+1, t', n);                               // a:b=t'，分析 N 的第 i+1 個質因數
}
```

遞迴 dfs(0, 1, N) 後得出 t。若 $t^2 > N$，則 $t = N/t$。由此得出滿足條件的數對 $(t*GCD, LCM/t)$。

3.6.19 ▶ The equation

提供方程 $ax + by + c = 0$，求出有多少對整數解 (x, y) 滿足 $x1 \leq x \leq x2$，$y1 \leq y \leq y2$。

輸入

按順序提供 a、b、c、$x1$、$x2$、$y1$、$y2$，所有數的絕對值都小於 10^8。

輸出
直接輸出答案。

範例輸入	範例輸出
1 1 −3 0 4 0 4	4

線上測試：SGU 106，LightOJ 1306

❖ 試題解析

首先，對於方程 $ax + by + c = 0$，討論其特例。

（1）如果 $a==0$，$b==0$，並且 $c \neq 0$，則無解。如果 $a==0$，$b==0$，並且 $c==0$，則整數根的數目為 $((x2-x1+1)*(y2-y1+1))$。

（2）如果 $a==0$ 並且 $b \neq 0$，則 $by=c$。如果 c 不是 b 的倍數，或 c/b 不是 $[y1, y2]$ 中的元素，則無解；否則對在 $[x1, x2]$ 中的每個 x，$(x, c/b)$ 是整數根。

（3）如果 $b==0$ 並且 $a \neq 0$，則和 [2] 相同。

（4）如果 c 不是 GCD(a, b) 的倍數，則無解。

然後，解答過程如下。

（1）方程式 $ax + by + c = 0$ 寫為 $ax + by = -c$。

（2）如果 *a* 是負數，則 *a* 的值取反；而且如果 *a* 的值取反，則 *x* 的值也取反。也就是說，區間 [*x*1, *x*2] 改為 [−*x*2, −*x*1]。對於 *b* 和 *y*，也是一樣。

（3）採用擴充歐幾里得演算法計算初始解 x_0 和 y_0。

（4）計算方程的整數根 (*x*, *y*)，$x = x_0 + k*b$，$y = y_0 − k*a$，$k \in Z$。如果 $x \in [x1, x2]$ 且 $y \in [y1, y2]$，(*x*, *y*) 是一個整數根。

此外，除法運算中有一個問題，即如何將實數轉換為整數。對於上界，向下取整；對於下界，向上取整。例如，如果 $2.5 \leq k \leq 5.5$，則 *k* 可以是 3、4、5；如果 $−5.5 \leq k \leq −2.5$，則 *k* 可以是 −3、−4、−5。

3.6.20 ▶ Uniform Generator

電腦模擬通常需要亂數。產生偽亂數的方法之一是使用如下形式的函數：

$$seed(x+1) = [seed(x) + STEP] \% MOD \qquad 其中 \% 是取模運算子$$

這樣的函數將產生介於 0 和 MOD−1 之間的偽亂數（seed）。這種形式函數的一個問題是，它們將一遍又一遍地產生相同的模式。為了盡量減少這種影響，就要仔細選擇 STEP 和 MOD 的值，使得所有的值在 0 和 MOD−1 之間（包含 0 和 MOD−1）均勻分佈。

例如，如果 STEP＝3，MOD＝5，函數以重複迴圈產生偽亂數序列 0、3、1、4、2。在本實例中，在 0 和 MOD−1 之間（包含 0 和 MOD−1）的所有數字由函數的每次 MOD 反覆運算產生。這裡要注意，由產生相同的 seed(x+1) 的函數的特性，每次 seed(x) 出現意味著如果一個函數產生所有在 0 和 MOD−1 之間的值，透過每次 MOD 反覆運算均勻產生偽亂數。

如果 STEP＝15，MOD＝20，函數產生序列為 0、15、10、5（如果初始的偽亂數不是 0，就產生其他的迴圈序列）。這是一個 STEP 和 MOD 的糟糕的選擇，因為不存在初始的偽亂數能產生從 0 到 MOD−1 的所有的值。

你的程式要確定是否選擇的 STEP 和 MOD 的值能產生偽亂數的均勻分佈。

輸入
輸入的每一行提供一個整數的有序對 STEP 和 MOD（$1 \leq STEP, MOD \leq 100000$）。

輸出
對於輸入的每一行，在從第 1 列到第 10 列向右對齊輸出 STEP 的值，從第 11 列到第 20 列向右對齊輸出 MOD 的值，從第 25 列開始向左對齊輸出 "Good Choice" 或 "Bad Choice"；如果選擇的 STEP 和 MOD 的值在 MOD 個值產生的時候，能產生在 0 和 MOD−1 之間的所有值，則輸出 "Good Choice"；否則輸出 "Bad Choice"。在每個測試案例輸出後，程式要輸出一個空行。

範例輸入	範例輸出
3 5	3　　5　Good Choice
15 20	15　　20　Bad Choice
63923 99999	63923　　99999　Good Choice

試題來源： ACM South Central USA 1996

線上測試： POJ 1597，ZOJ 1314，UVA 408

提示

可按照如下方法確定偽亂數是否為均勻分佈。設 $seed_i$ 為第 i 次產生的偽亂數。按照題意，偽亂數產生的函數為 $seed_{i+1} = (seed_i + step)\% \, MOD$。

從 $seed_0$ 出發，連續反覆運算上述函數 $MOD-1$ 次：如果產生的 $MOD-1$ 個偽亂數為 $[1\cdots MOD-1]$，則產生的偽亂數是均勻分佈的；否則是非均勻分佈的。

Chapter 04
組合分析的程式編寫實作

組合分析又稱「組合論」或「組合數學」，源自於「棋盤麥粒問題」、「Hanoi 塔問題」等數學遊戲，是數學的一個分支，研究集合中元素的排列、組合和列舉，及其數學性質。由於電腦科學的蓬勃發展，各種要求程式編寫求解的組合問題大量出現，也使得透過組合分析的知識程式編寫解決實際問題成為演算法設計的一個重要組成部分。

本章圍繞下面幾個問題展開實作：

◆ 排列的產生
◆ 排列和組合的計數
◆ 排容原理與鴿籠原理
◆ 波利亞定理
◆ 生成函數與遞迴關係
◆ 快速傅立葉轉換（FFT）

4.1 產生排列的實作範例

本節的實作根據字典順序的思維，對於目前排列產生下一個排列以及全部的排列。

4.1.1 ▶ 按字典順序的思維產生下一個排列

字典序法就是按字典排序的思維逐一產生所有排列。設目前排列為 $(p)=p_1\cdots p_{i-1}p_i\cdots p_n$，按字典順序的思維產生下一個排列 (q) 的方法如下：

（1）從右向左，計算最後一個增序的尾元素的索引 i：$i=\max\{j\,|\,p_{j-1}<p_j\}$。

（2）找 p_{i-1} 後面比 p_{i-1} 大的最後一個元素的索引 j：$j=\max\{k\,|\,k\geq i，p_{i-1}<p_k\}$。

（3）互換 p_{i-1} 與 p_j，得到 $p_1\cdots p_{i-2}\boxed{p_j}\,p_i\,p_{i+1}\cdots p_{j-1}\,\boxed{p_{i-1}}\,p_{j+1}\cdots p_n$。

（4）反排 p_j 後面的元素，使其遞增，得到 $(q)=p_1\cdots p_{i-2}\,p_j\,\boxed{p_n\cdots p_{j+1}\,p_{i-1}\,p_{j-1}\cdots p_{i+1}\,p_i}$。

例如，排列 $(p)=2763541$，按照字典式排序，它的下一個排列應為 $(q)=2764135$。計算過程如下：

（1）276**3**5**4**1（找到最後一個增序 35）。

（2）2763**5**4**1**（找在 3 後面比 3 大的最後一個數 4）。

（3）2764<u>53</u>1（交換 3 和 4 的位置）。

（4）2764<u>135</u>（把 4 後面的 531 反序排列為 135，即得到下一個排列 (q)）。

4.1.1.1　ID Codes

在 2084 年，大獨裁者（Big Brother）終於出現了，儘管晚出現了一個世紀。為了對人民進行更有效的控制，從法律上和秩序上防微杜漸，獨裁政府決定採取徹底的措施——所有人必須將一個微小的微型電腦植入他們的左手手腕。這台電腦包含所有的個人資訊以及一個發射器，把人們的一舉一動由一台中央電腦記錄下來，並進行監控（這一過程的另一個作用是縮短了整形外科醫生的等待佇列）。

每台微型電腦的一個必要部分是一個唯一的辨識碼，該辨識碼由多達 50 個字元組成，這些字元來自 26 個小寫字母。對於提供的任意一個辨識碼，字元集合的選擇則有些偶然。辨識碼被烙在晶片中，對製造商來說，將其他辨識碼重新排列產生新的辨識碼，比用字母的不同選擇來生產新的辨識碼更容易。因此，一旦選擇了一個字母集合，在改變這個集合之前，所有可能的辨識碼可從中匯出。

例如，假設確定一個辨識碼 'a' 出現 3 次，'b' 出現 2 次，'c' 出現 1 次，那麼在這些條件下可以有 60 個辨識碼，其中 3 個是：

> abaabc
> abaacb
> ababac

這 3 個辨識碼從上到下以字典順序排列。在由字元集產生的所有辨識碼中，這些辨識碼按這一次序連續出現。

請編寫一個程式，幫助產生這些辨識碼。程式接收不超過 50 個小寫字母的序列（可以包含重複的字元），如果存在該序列的後繼辨識碼，則輸出後繼辨識碼；如果提供的辨識碼是字元集序列的最後一個碼字，則輸出 "No Successor"。

輸入

輸入由一系列的行組成，每一行提供一個字串，表示一個辨識碼，輸入以包含一個 # 的一行結束。

輸出

對於每個辨識碼，輸出一行，或者是後繼辨識碼，或者是 "No Successor"。

範例輸入	範例輸出
abaacb cbbaa #	ababac No Successor

試題來源： New Zealand Contest 1991

線上測試： POJ 1146，UVA 146

❖ 試題解析

所謂後繼辨識碼，即為按字典順序要求產生的下一個排列。設提供的辨識碼是 $s_0 s_1 s_2 \cdots s_{l-1}$，則計算方法如下：

（1）找最後一個增序的尾元素的索引：$i = \max\{j \mid s_{j-1} < s_j\}$。

（2）如果 $i = 0$，則說明目前辨識碼為最大排列，不存在後繼辨識碼，失敗退出。

（3）否則，找 s_{i-1} 後面比 s_{i-1} 大的最後一個元素 s_j 的索引：$j = \max\{k \mid s_{i-1} < s_k\}$。

（4）互換 s_{i-1} 與 s_j，得到 $s_0 \cdots s_{i-2} \, s_j \, s_i s_{i+1} \cdots s_{j-1} \, s_{i-1} \, s_{j+1} \cdots s_{l-1}$。

（5）反排 s_j 後面的序列，得到後繼辨識碼 $(q) = s_0 \cdots s_{i-2} \, s_j \, s_{l-1} \cdots s_{j+1} s_{i-1} s_{j-1} \cdots s_{i+1} \, s_i$。

❖ 參考程式

```
01   # include <cstdio>
02   # include <cstring>
03   # include <cstdlib>
04   # include <iostream>
05   # include <string>
06   # include <cmath>
07   # include <algorithm>
08   using namespace std;
09   typedef long long int64;
10   char s[60];int l;                       // 長度為 l 的辨識碼
11   int get() {          // 若 s 的後繼辨識碼存在，則計算後繼辨識碼 s，並傳回 1；否則傳回 0
12        int i=l-1;
13        while (i>0&&s[i-1]>=s[i])      i--;        // 找最後一個增序
14         if (!i)      return 0;            // 若目前排列為最後一個排列，則傳回 0
15        int mp=i;                          // 找最後小於 s[i-1] 者 s[mp]
16        for (int j=i+1;j<l;j++) {
17              if(s[j]<=s[i-1])     continue;
18              if(s[j]<s[mp])     mp=j;
19        }
20        swap(s[mp],s[i-1]);                // 互換 s[i-1] 與 s[mp]
21        sort(s+i,s+l);                     // 反排 s[i] 後面的數
22        return 1;                          // 傳回存在後繼辨識碼的標誌
23   }
24   int main() {
25        while (~scanf("%s",s)&&s[0]!='#'){      // 反覆輸入辨識碼，直至輸入 '#' 為止
26             l=strlen(s);                  // 計算辨識碼的長度
27             if(get())     printf("%s\n",s);   // 若存在後繼辨識碼，則輸出；
28                                           // 否則輸出失敗資訊
29             else     printf("No Successor\n");
30        }
31        return 0;
32   }
```

按字典順序的思維不僅可以產生 $p_1 \cdots p_{i-1} p_i \cdots p_n$ 的下一個排列，而且能夠計算 n 個元素集合 $S = \{a_1, a_2, \cdots, a_n\}$ 的 r 組合，其中 $a_1 < a_2 < \cdots < a_n$。設目前集合 S 的 r 組合是 $\{a_{k_1}, a_{k_2}, \cdots, a_{k_r}\}$，其中 $1 \le k_1 < k_2 < \cdots < k_r \le n$。顯然，集合 S 的第一個 r 組合是 $\{a_1, a_2, \cdots, a_r\}$，最後一個 r 組合是 $\{a_{n-r+1}, a_{n-r+2}, \cdots, a_n\}$。

如果 S 的目前 r 組合 $\{a_{k_1}, a_{k_2}, \cdots, a_{k_r}\}$ 不是 $\{a_{n-r+1}, a_{n-r+2}, \cdots, a_n\}$，則下一個 r 組合計算如下。

設 i 是使 $a_{k_j} < a_{n-k_r+k_j}$ 的最大的索引 k_j。根據字典順序，下一個 r 組合是 $\{a_{k_1}, \cdots, a_{k_{j-1}}, a_{k_j+1}, \cdots, a_{k_r}, a_{k_{r+1}}\}$。所以，對於 r 組合 $\{a_{k_1}, a_{k_2}, \cdots, a_{k_r}\}$，計算下一個 r 組合的演算法如下：

◆ $i = \max\{k_j \mid a_{k_j} < a_{n-k_r+k_j}\}$。

◆ $a_i \leftarrow a_{i+1}$，其中 $k_j \le i \le k_r$。

4.1.2 ▶ 按字典順序的思維產生所有排列

在按字典順序產生下一個排列的基礎上，可得出產生所有排列的方法：將最小字典順序的排列作為第 1 個排列，然後反覆使用字典順序的思維產生下一個排列，直至最後的正序不存在，即最大字典順序的排列已產生為止。

4.1.2.1　Generating Fast, Sorted Permutation

產生排列一直是電腦科學中的一個重要問題。在本題中，請對一個提供的字串按升冪產生排列。演算法必須有效率。

輸入

輸入的第一行提供一個整數 n，表示後面提供多少字串。後面的 n 行提供 n 個字串。字串只包含字母和數字，不包含任何空格。字串的最大長度為 10。

輸出

對於每個輸入的字串，按升冪輸出所有可能的排列。字串的處理要顧慮大小寫（case sensitivity），排列不重複。在每個測試案例處理後輸出一個空行。

範例輸入	範例輸出
3	ab
ab	ba
abc	
bca	abc
	acb
	bac
	bca
	cab
	cba
	abc
	acb
	bac
	bca
	cab
	cba

試題來源：TCL Programming Contest, 2001

線上測試：UVA 10098

❖ 試題解析

設字串 s 的長度為 l，題目要求按升冪產生 $l!$ 個可能的排列。計算方法如下。

遞增排序 s，產生第 1 個排列，以後的每個排列按照下述方法計算：

（1） 找最後一個增序：$i = \max\{j \mid s_{j-1} < s_j\}$

（2） 找最後小於 s_{i-1} 的元素索引：$j = \max\{k \mid s_{i-1} < s_k\}$。

（3） 互換 s_{i-1} 與 s_j，得到 $s_0 \cdots s_{i-2}\, s_j\, s_i s_{i+1} \cdots s_{j-1}\, s_{i-1}\, s_{j+1} \cdots s_{l-1}$。

（4） 反排 s_j 後面的數，得到下一個排列 $(q) = s_0 \cdots s_{i-2}\, s_j\, s_{l-1} \cdots s_{j+1} s_{i-1} s_{j-1} \cdots s_{i+1}\, s_i$。這個過程一直進行到 $i = 0$ 為止。至此 $l!$ 個可能的排列全部產生。

❖ 參考程式

```
01  # include <cstdio>
02  # include <cstring>
03  # include <cstdlib>
04  # include <iostream>
05  # include <string>
06  # include <cmath>
07  # include <algorithm>
08  using namespace std;
09  typedef long long int64;
10  char s[60];int l;                              // 長度為 l 的辨識碼
11  int get(){       // 若存在後繼排列，則計算後繼排列並傳回 1；否則傳回 0
12      int i=l-1;                                 // 找最後一個增序
13      while(i>0&&s[i-1]>=s[i])i--;
14      if(!i)      return 0;                      // 若所有排列產生，則傳回 0
15      int mp=i;                                  // 找最後小於 s_{i-1} 者 s_{mp}
16      for(int j=i+1;j<l;j++){
17          if(s[j]<=s[i-1])     continue;
18          if(s[j]<s[mp])      mp=j;
19      }
20      swap(s[mp],s[i-1]);                        // 互換 s_{i-1} 與 s_{mp}
21      sort(s+i,s+l);                             // 反排 si 後面的數
22      return 1;                                  // 傳回後繼排列存在標誌
23  }
24  int main(){
25      int casen;scanf("%d",&casen);              // 輸入字串數
26      while(casen--){
27          scanf("%s",s);                         // 輸入目前字串
28          l=strlen(s);                           // 計算目前字串長度
29          sort(s,s+l);                           // 遞增排序目前字串
30          printf("%s\n",s);                      // 輸出第 1 個排列
31          while(get())    printf("%s\n",s);      // 輸出所有排列
32          printf("\n");
33      }
34      return 0;
35  }
```

4.2　排列組合計數的實作範例

本節的實作為排列組合計數的實作，即計算具有某種特性的物件有多少。實作內容包括如下三個部分：

◆　一般的排列組合計數公式。

◆　兩種特殊的排列組合計數公式。

◆　多重集的排列數和組合數。

4.2.1 ▶ 一般的排列組合計數公式

$P(n, r)$ 表示從 n 個不同元素中取 r 個元素，並按次序排列的排列數，$P(n, r) = \dfrac{n!}{(n-r)!}$。

若從 n 個不同元素中取出 r 個元素，而不考慮其次序，則稱為從 n 中取 r 個組合，其組合數表示為 $C(n, r) = \dfrac{n!}{r! \times (n-r)!}$（也表示為 $\dbinom{n}{r}$）。

在程式中，可以使用兩種最佳化的方法來計算 $C(n, r)$。

方法 1　連乘 r 個整商：

$$C(n,r) = \frac{(n-r+1) \times (n-r+2) \times \cdots \times n}{1 \times 2 \times \cdots \times r} = \frac{n-r+1}{r} \times \frac{n-r+2}{r-1} \times \cdots \times \frac{n}{1}$$

對於 r 個連續的自然數 $(n-r+1), (n-r+2), \cdots, n$，必定有一個數能被 r 整除，也必定有一個數能被 $r-1$ 整除，以此類推。因此，在運算過程中，按分母從大到小及時進行分子與分母的相除運算；然後，連乘 r 個整商。

方法 2　利用二項式係數公式：

$C(i, j) = C(i-1, j) + C(i-1, j-1)$，即 $C[i][0] = 1$，並且 $C[i][j] = C[i-1][j] + C[i-1][j-1]$。

4.2.1.1　Binomial Showdown

有多少種方法可以從 n 個元素中不考慮順序地選擇 k 個元素？請編寫一個程式來計算這個數字。

輸入

輸入包含一個或多個測試案例。每個測試案例一行，提供兩個整數 n（$n \geq 1$）和 k（$0 \leq k \leq n$）。輸入以 $n = k = 0$ 終止。

輸出

對每個測試案例，輸出一行，提供所要求的數。本題設定這個數在整數範圍內，也就是說，小於 2^{31}。

注意：結果在整數範圍內，演算法要保證所有的中間結果也在整數範圍內。測試案例將達到極限。

範例輸入	範例輸出
4 2	6
10 5	252
49 6	13983816
0 0	

試題來源：Ulm Local 1997

線上測試：POJ 2249，ZOJ 1938

❖ 試題解析

直接使用方法 1（連乘 k 個整商）：

$$C(n, k) = \frac{(n-k+1) \times (n-k+2) \times \cdots \times n}{1 \times 2 \times \cdots \times k} = \frac{n-k+1}{k} \times \frac{n-k+2}{k-1} \times \cdots \times \frac{n}{1}$$

❖ 參考程式

```
01    # include <cstdio>
02    # include <cstring>
03    # include <cstdlib>
04    # include <iostream>
05    # include <string>
06    # include <cmath>
07    # include <algorithm>
08    using namespace std;
09    typedef long long int64;
10    int64 work(int64 n,int64 k){              // 計算 C(n, k)
11        if(k>n/2)    k=n-k;                    // 根據組合公式，可以減少列舉量
12        int64 a=1,b=1;
13        for(int i=1;i<=k;i++){                 // 順序進行 k 次運算
14            a*=n+1-i;                          // 計算前 i 項運算結果的分子、分母
15            b*=i;
16            if(a%b==0)    a/=b,b=1;            // 整商處理
17        }
18        return a/b;                            // 傳回 C(n, k)
19    }
20    int main(){
21        int n,k;
22        while(~scanf("%d %d",&n,&k)&&n){       // 反覆輸入 n 和 k，直至輸入兩個 0 為止
23            printf("%lld\n",work(n,k));        // 計算和輸出 C(n, k)
24        }
25        return 0;
26    }
```

4.2.1.2　Combinations

如果 N 和／或 M 非常大，快速計算從 N 件物品中取 M 件物品有多少種取法，將是一個非常大的挑戰。現在將挑戰作為競賽，請進行這樣一項計算：

輸入：$5 \leq N \leq 100$；$5 \leq M \leq 100$；$M \leq N$

計算 $C = N! / (N-M)!M!$ 的精確值。

本題設定 C 的最後值是 32 位的 Pascal LongInt 或一個 C long 型別的值。對於本題，100! 的精確值是：

93 326 215 443 944 152 681 699 238 856 266 700 490 715 968 264 381 621 468 592 963 895 217 599 993 229 915 608 941 463 976 156 518 286 253 697 920 827 223 758 251 185 210 916 864 000 000 000 000 000 000 000 000

輸入

輸入為一行或多行，每行提供 0 個或多個空格、一個值 N、一個或多個空格、一個值 M。輸入的最後一行以 $N = M = 0$ 為結束，程式讀到這一行結束。

輸出

程式以如下形式輸出：

N things taken M at a time is C exactly.

範例輸入	範例輸出
100 6 20 5 18 6 0 0	100 things taken 6 at a time is 1192052400 exactly. 20 things taken 5 at a time is 15504 exactly. 18 things taken 6 at a time is 18564 exactly.

試題來源：UVA Volume III 369

線上測試：POJ 1306，UVA 369

❖　試題解析

根據二項式係數公式 $c[i][j] = c[i-1,j] + c[i-1,j-1]$ 解題。

初始時，設 $c[i][0] = 1$（$0 \leq i \leq 101$）。然後雙重列舉 i 和 j（$1 \leq i \leq 100$，$1 \leq j \leq 100$），直接按照二項式係數公式遞迴 $c[i][j]$。

在離線計算出 $c[][]$ 的基礎上，每輸入一對 n 和 m，直接輸出解 $c[n][m]$。

❖　參考程式

```
01    # include <cstdio>
02    # include <cstring>
03    # include <cstdlib>
04    # include <iostream>
05    # include <string>
```

```
06    # include <cmath>
07    # include <algorithm>
08    using namespace std;
09    typedef unsigned long long int64;
10    unsigned int c[110][110];                          // c[i][j] 即為 C(i, j)
11    void pp(){                                          // 根據二項式係數公式遞迴 c[][]
12          for (int i=0;i<102;i++)  c[i][0]=1;
13      for (int i=1;i<101;i++)
14            for(int j=1;j<101;j++)  c[i][j]=c[i-1][j-1]+c[i-1][j];
15    }
16    int main(){
17          pp();                                         // 離線計算 c[][]
18          int n,m;
19          while (~scanf("%d %d",&n,&m)&&(n||m))         // 反覆輸入 n 和 m，直至輸入兩個 0 為止
20              printf("%d things taken %d at a time is %u exactly.\n",n,m,c[n][m]);
21                                                        // 輸出 c(n, m)
22          return 0;
23    }
```

4.2.1.3　Packing Rectangles

假設有 4 個矩形塊，找出一個最小的封閉矩形將這 4 個矩形塊放入，但不得相互重疊。所謂最小的封閉矩形是指該矩形的面積最小。

所有的 4 個矩形的邊都與封閉矩形的邊相平行，圖 4-1 提供鋪放 4 個矩形的 6 種方案。這 6 種方案只是可能的基本鋪設方案，其他方案可以由這 6 種基本方案透過旋轉和鏡像反射得到。

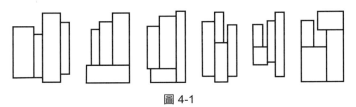

圖 4-1

可能存在滿足條件且有著同樣面積的各種不同的封閉矩形，你要輸出所有這些封閉矩形的邊長。

輸入

輸入 4 行，每行用兩個正整數來表示一個提供的矩形塊的兩個邊長。矩形塊的每條邊的邊長範圍最小是 1，最大是 50。

輸出

輸出的總行數為解的總數加 1。第 1 行是一個整數，表示封閉矩形的最小面積；接下來的每一行都表示一個解，由整數 P 和 Q 表示，並且 $P \leq Q$。這些行根據 P 的大小按升冪排列，小的行在前，大的行在後，且所有行都應該不同。

範例輸入	範例輸出
1 2	40
2 3	4 10
3 4	5 8
4 5	

試題來源： IOI 1995

線上測試： POJ 1169

❖ **試題解析**

1. 求封閉矩形的長和寬

本題提供了鋪放 4 個矩形的 6 種方案。本題關鍵是計算 6 種方案的封閉矩形的面積。

設鋪放在封閉矩形中的 4 個矩形用陣列 $t[0\cdots3]$ 表示，對矩形 $t[i]$，其長和寬分別為 $t[i].x$ 和 $t[i].y$，$0 \leq i \leq 3$。

對於每個矩形，有兩種方式將它鋪放在封閉矩形裡：水平鋪放或垂直鋪放。顯然，如果一個矩形的鋪放方式改變，則其長和寬互換。

根據本題描述，鋪放 4 個矩形的 6 種方案分析如下。

鋪放方案 1：

4 個矩形（$t[0]$、$t[1]$、$t[2]$ 和 $t[3]$）按序鋪放，如圖 4-2 所示。對鋪放方案 1，封閉矩形 p 的長度和寬度為 $p.x = \max\{t[0].x, t[1].x, t[2].x, t[3].x\}$，$p.y = t[0].y + t[1].y + t[2].y + t[3].y$。

鋪放方案 2：

在封閉矩形 p 中有兩個部分：上部分和下部分。如圖 4-3 所示。上部分順序鋪放 $t[0]$、$t[1]$ 和 $t[2]$，下部分橫放 $t[3]$。對鋪放方案 2，封閉矩形 p 的長度和寬度為 $p.x = \max\{t[0].x, t[1].x, t[2].x\} + t[3].y$，$p.y = \max\{t[3].x, t[0].y + t[1].y + t[2].y\}$。

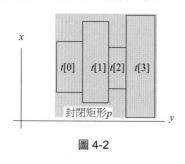

圖 4-2

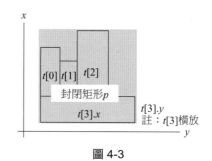

圖 4-3

鋪放方案 3：

在封閉矩形 p 中有兩個部分：左部分和右部分。如圖 4-4 所示。左部分分上下兩層：下層鋪放 $t[2]$，上層順序疊放 $t[0]$ 和 $t[1]$，$t[2]$ 和 $t[1]$ 靠右對齊。右部分鋪放 $t[3]$。對鋪放方案 3，封閉矩形 $^x p$ 的長度和寬度為 $p.x = \max\{\max\{t[0].x, t[1].x\} + t[2].x, t[3].x)\}$，$p.y = \max\{t[0].y + t[1].y, t[2].y\} + t[3].y$。

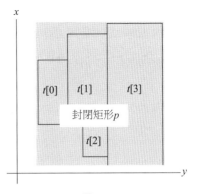

圖 4-4

鋪放方案 4 和 5：

鋪放方案 4 和 5 有一個共同的特徵：在封閉矩形 p 中，兩個矩形塊 $t[1]$ 和 $t[2]$ 疊放在一起；另兩個矩形塊 $t[0]$ 和 $t[3]$ 分別單個鋪放。如圖 4-5 所示。因此可將這兩個方案歸為一類，即封閉矩陣分左、中、右三部分。封閉矩形 p 的長度和寬度為 $p.x = \max\{t[1].x + t[2].x, t[0].x, t[3].x\}$，$p.y = t[0].y + t[3].y + \max\{t[1].y, t[2].y\}$。

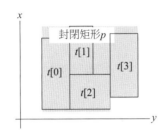 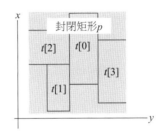

圖 4-5

鋪放方案 6：

在封閉矩形 p 中，4 個矩形塊按兩行、每行兩塊的格式，互不重疊地鋪放在其中，同時滿足 $t[1].x \le t[3].x \le t[0].x + t[1].x$，且 $t[0].y \le t[1].y$。但上下各兩塊的鋪放方案有兩種互異形式。所有上下各兩塊的鋪放方案都是由這兩種方案透過旋轉和鏡像反射後得出的，如圖 4-6 所示。顯然，這兩種方案得出的封閉矩形 p 的長度和寬度為 $p.x = \max\{t[0].x + t[1].x, t[2].y + t[3].x\}$，$p.y = \max\{t[0].y + t[2].x, t[1].y + t[3].y\}$。

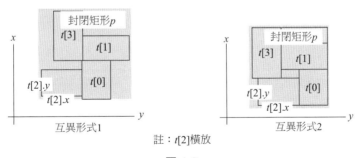

互異形式1　　　互異形式2

註：$t[2]$橫放

圖 4-6

有了封閉矩形 p 的兩條邊長，則可透過 $p.x*p.y$ 得出 p 的面積。

2. 透過列舉法求最小矩形

我們採用列舉法來列舉 4 個矩形塊排列的所有可能情況。方法如下：

列舉 4 個矩形塊序號的全排列方案（a, b, c, d）（$0 \le a, b, c, d \le 3$，$a \ne b \ne c \ne d$），且 $r[a \cdots d]$ 存入 $t[0 \cdots 3]$，設 4 個矩形塊的邊長分別為 $r[i].x$ 和 $r[i].y$，$0 \le i \le 3$，並列舉每個矩陣塊的鋪放形式，即 $v[i] = \begin{cases} 0 & \text{矩形垂直鋪放} \\ 1 & \text{矩形水平鋪放} \end{cases}$，$0 \le i \le 3$。

若發現其中矩形 $t[i]$ 為水平鋪放（$v[i] = 1$，$0 \le i \le 3$），則交換該矩形的長和寬（$t[i].x \leftrightarrow t[i].y$）。

輸入 4 個矩形，每個矩形有兩種鋪放方式。所以，有 4!*24 不同的 $t[0 \cdots 3]$。對於每個 $t[0 \cdots 3]$，依據 6 種基本鋪放方案可能產生 5 種封閉矩形面積。所以，$r[0 \cdots 3]$ 共產生 4!*24*5 = 2880 個可能的封閉矩形面積。顯然，逐一比較這些封閉矩形面積的大小，即可得出最小面積 min_area。

設 soln[$0 \cdots$ps] 儲存面積為 min_area 的封閉矩形序列，序列中每個封閉矩形的兩條邊長按 soln[i].x 的遞增順序排列（soln[i].$x \le$ soln[i].y，$0 \le i \le$ ps）。

初始時 min_area = ∞，soln[] 的尾指標 ps = 0。然後，列舉計算每個在 $r[0 \cdots 3]$ 中的封閉矩形 p：

◆ 如果 $p.x > p.y$，則交換兩條邊長（$p.x \leftrightarrow p.y$）。

◆ 如果封閉矩形 p 的面積 $p.x * p.y <$ min_area，則將 min_area 調整為 $p.x * p.y$，p 作為唯一的最佳方案存入（soln[0] $\leftarrow p$，ps = 1）。

◆ 如果 $p.x * p.y =$ min_area，則將 p 加入 soln[] 序列尾（soln[ps++] $\leftarrow p$）。

◆ 如果 $p.x * p.y >$ min_area，則放棄封閉矩形 p。

隨著列舉過程的進行，min_area 遞減，直至列舉結束，min_area 即為最小封閉矩形面積。

根據輸出格式需要，先按照邊長 x 為第一關鍵字、邊長 y 為第二關鍵字排序 soln[$0 \cdots$ps]，並刪除其中邊長 x 和 y 相同的相鄰元素，最後逐行輸出序列中每個封閉矩形的兩條邊長 x 和 y。

❖ **參考程式**

```
01    #include <fstream>
02    #include <iostream>
03    #include <vector>
04    #include <algorithm>
05    using namespace std;
06
07
08    #define MAX 0x7fffffff        // 定義無窮大
09    typedef struct                // 矩形塊的結構定義
10    {
11    int x;                        // 兩條邊長
12    int y;
13    }rec;
14    int min_area = MAX;           // 封閉矩形的最小面積初始化
```

```
15   rec soln[1000];                // 最小封閉矩形序列，長度為 ps
16   int ps = 0;
17   rec r[4];                      // 輸入的 4 個矩形塊
18   rec t[4];                      // 計算最小封閉矩形中使用的矩形塊序列
19   rec zero={0,0};                // 目前最小封閉矩形的兩條邊長初始化
20   int v[4];                      // 矩形塊鋪放方式序列
21   inline void make(rec p)        // 根據目前封閉矩形 p 調整最小封閉矩形序列 soln[]
22   {
23   if(p.x>p.y)                    // p 的兩條邊按邊長遞增順序排列
24   {
25     p.x = p.x ^ p.y; p.y = p.x ^ p.y; p.x = p.x ^ p.y;
26   }
27   if(min_area > p.x*p.y)         // 若 p 的面積為目前最小，則作為唯一方案存入 soln[0]
28   {
29     min_area = p.x*p.y;
30     ps = 0;
31     soln[ps++] = p;
32   }
33   else if(min_area==p.x*p.y)     // 若 p 的面積等於目前最小面積，則加入 soln[] 序列尾
34   {
35     soln[ps++] = p;
36   }
37   }
38   void search()                  // 使用列舉法計算面積最小的封閉矩形序列 soln[0]…soln[ps]
39   {
40   int i;
41   for(int a=0;a<4;a++)           // 列舉 4 個矩形塊序號的全排列（a,b,c,d）
42   for(int b=0;b<4;b++)
43   for(int c=0;c<4;c++)
44   for(int d=0;d<4;d++)
45   {
46     if(a != b)
47     if(a != c)
48     if(a != d)
49     if(b != c)
50     if(b != d)
51     if(c != d)
52     {
53      for(v[0]=0;v[0]<2;v[0]++)     // 列舉 4 個矩形塊的放入方式（橫或豎）
54       for(v[1]=0;v[1]<2;v[1]++)
55        for(v[2]=0;v[2]<2;v[2]++)
56         for(v[3]=0;v[3]<2;v[3]++)
57         {
58          t[0]=r[a]; t[1]=r[b]; t[2]=r[c]; t[3]=r[d];         // 得出矩形塊序列
59          for(i=0;i<4;i++)            // 交換橫放矩形塊的邊長
60           if(v[i] == 1)
61           {
62             t[i].x = t[i].x ^ t[i].y;
63             t[i].y = t[i].x ^ t[i].y;
64             t[i].x = t[i].x ^ t[i].y;
65           }
66          rec p=zero;        // 鋪放方案 1：封閉矩形 p 的兩條邊長初始化
67          p.x = max(t[0].x,max(t[1].x,max(t[2].x,t[3].x)));   // 計算 p 的兩條邊長
68          p.y = t[0].y + t[1].y + t[2].y + t[3].y;
69          make(p);           // 根據 p 調整最小封閉矩形序列 soln[]
```

```
70          if(p.x == 10 && p.y == 8) p=p;
71          p = zero;          // 鋪放方案 2：封閉矩形 p 的兩條邊長初始化
72          p.x=max(t[0].x,max(t[1].x,t[2].x))+t[3].y;            // 計算 p 的兩條邊長
73          p.y = max(t[0].y+t[1].y+t[2].y,t[3].x);
74          make(p);          // 根據 p 調整最小封閉矩形序列 soln[]
75          if(p.x == 10 && p.y == 8) p=p;
76          p=zero;          // 鋪放方案 3：封閉矩形 p 的兩條邊長初始化
77          p.x=max(max(t[0].x,t[1].x)+t[2].x,t[3].x);            // 計算 p 的兩條邊長
78          p.y = max(t[0].y+t[1].y,t[2].y)+t[3].y;
79          make(p);          // 根據 p 調整最小封閉矩形序列 soln[]
80          if(p.x == 10 && p.y == 8) p=p;
81          p=zero;          // 鋪放方案 4 和 5：目前封閉矩形 p 的兩條邊長初始化
82          p.x=max(t[0].x,max(t[1].x+t[2].x,t[3].x));            // 計算 p 的兩條邊長
83          p.y = t[0].y + max(t[1].y,t[2].y) + t[3].y ;
84          make(p);          // 根據 p 調整最小封閉矩形序列 soln[]
85          if(p.x == 10 && p.y == 8) p=p;
86          if(t[0].y>t[1].y) continue;
87          // 鋪放方案 6：若 4 個矩形塊不符合 t[1].x≤t[3].x≤t[0].x+t[1].x
88          // 且 t[0].y≤t[1].y 的條件，則繼續列舉
89          if(t[3].x > t[0].x+t[1].x) continue;
90          if(t[3].x<t[1].x) continue;
91          p= zero;          // 目前封閉矩形 p 的兩條邊長初始化
92          p.x = max(t[0].x+t[1].x,t[2].y+t[3].x);                // 計算 p 的兩條邊長
93          p.y = max(t[1].y+t[3].y,t[0].y+t[2].x);
94          make(p);          // 根據 p 調整最小封閉矩形序列 soln[]
95          if(p.x == 6 && p.y == 6) p=p;
96        }
97    }
98  }
99  }
100 bool comp(rec a,rec b)          // 判別封閉矩形 a 和 b 大小的比較函式
101                                  //（邊長 x 為第一關鍵字、邊長 y 為第二關鍵字）
102 {
103 if(a.x<b.x) return 1;
104 else if(a.x == b.x && a.y<b.y) return 1;
105 else return 0;
106 }
107 bool comp2(rec a,rec b)          // 判別封閉矩形 a 和 b 相同（邊長 x 和 y 相等）的比較函式
108 {
109 return a.x==b.x && a.y==b.y;
110 }
111 int main()
112 {
113 for(int i=0;i<4;i++)          // 輸入 4 個矩形塊的兩條邊長
114 {
115   cin>>r[i].x>>r[i].y;
116 }
117 search();      // 使用列舉法計算面積最小的封閉矩形序列 soln[0]…soln[ps]
118 // 按邊長 x 為第一關鍵字、邊長 y 為第二關鍵字排序 soln[0]…soln[ps]，刪除其中相鄰的重複矩形
119 //（邊長 x 和 y 相同）後得出尾指標 t
120 sort(&soln[0],&soln[ps],comp);
121 rec *t = unique(&soln[0],&soln[ps],comp2);
122 cout<<min_area<<endl;          // 輸出封閉矩形的最小面積 min_area
123 for(rec *i=&soln[0];i!=t;i++) // 按格式要求輸出面積為 min_area 的所有封閉矩形的兩條邊長
124   cout<<(*i).x<<" "<<(*i).y<<endl;
```

```
125 return 0;
126 }
```

定理 4.2.1.1（Pascal 三角形 / 巴斯卡三角形） 　對於任意的 $1 \leq m < n$，有 $C(n, m) = C(n-1, m) + C(n-1, m-1)$。

證明： 令 X 是 $n-1$ 元集合，$a \notin X$，則 $C(n, m)$ 為 $Y = X \bigcup \{a\}$ 的 m- 元素子集的個數。Y 的 m- 元素子集分為兩類：

◆ Y 的不包含 a 的子集。

◆ Y 的包含 a 的子集。

第一類子集相當於從 X 中選取 m 個元素，所以組合數是 $C(n-1, m)$；第二類子集相當於選取 a 後再從 X 中選取 $m-1$ 個元素，所以組合數是 $C(n-1, m-1)$。根據加法原理，$C(n, m) = C(n-1, m) + C(n-1, m-1)$。 ■

4.2.1.4　Code

傳輸和儲存資訊都要求編碼系統最大限度地利用可用的空間。眾所周知，編碼系統是一個將一個數與一個字元序列相關聯的系統。單字由英文字母 a ～ z（26 個字元）中的字元組成。在這些單字中，我們只考慮字母以字典順序排列的單字（每個字元都小於下一個字元）。

編碼系統的工作原理如下：

◆ 單字按其長度的遞增順序排列。

◆ 長度相同的單字按字典順序排列（字典中的順序）。

我們透過編號對這些單字進行編碼，從 a 開始，如下所示：

　　　a -1

　　　b -2

　　　...

　　　z -26

　　　ab - 27

　　　...

　　　az - 51

　　　bc - 52

　　　...

　　　vwxyz - 83681

　　　...

提供一個單字，如果它可以根據這個編碼系統進行編碼，就請提供其編碼。

輸入

在一行中提供一個單字，有如下限定：

◆ 單字最大長度為 10 個字母。

◆ 英文字母表 26 個字元。

輸出

輸出提供單字的編碼，如果單字無法編碼，則輸出 0。

範例輸入	範例輸出
bf	55

試題來源： Romania OI 2002

線上測試： POJ 1850

❖ 試題解析

首先，判斷輸入的單字 str 是否按字典順序排列，如果按字典順序排列，則進入下一步，否則輸出 0。

設 len 為單字 str 的長度。按字典順序排列和編碼規則，單字 str 的編碼是：長度小於 len 的所有字串個數 + 長度等於 len 但字典順序的值比 str 小的字串個數 + 1。

計算長度小於 len 的所有字串個數，分析如下：

長度為 1 的字串 a ～ z（26 個字元），字串個數為 $C(26, 1)$。

長度為 2 的字串，以 a 為首字元，字串個數為 $C(25, 1)$；以 b 為首字元，字串個數為 $C(24, 1)$……以 y 為首字元，字串個數為 $C(1, 1)$。所以長度為 2 的字串的個數是 $C(25, 1) + C(24, 1) + \cdots + C(1, 1)$。根據巴斯卡三角形，$C(n, m) = C(n-1, m) + C(n-1, m-1)$，則 $C(n-1, m) = C(n-2, m) + C(n-2, m-1)$，可得 $C(n, m) = C(n-1, m-1) + C(n-2, m-1) + C(n-2, m)$；又因為 $C(0, 0) = 0$，如果 $s < t$，$C(s, t) = 0$，所以可以推出 $C(n, m) = \sum_{i=1}^{n-1} C(i, m-1)$，因此長度為 2 的字串的個數是 $C(25, 1) + C(24, 1) + \cdots + C(1, 1) = C(26, 2)$。同理可證，長度為 3 的字串的個數是 $C(26, 3)$……長度為 k 的字串的個數是 $C(26, k)$，$1 \leq k \leq 26$。

由此，長度小於 len 的所有字串的個數是 $\sum_{i=1}^{len-1} C(26, i)$。

接下來，計算長度等於 len 但字典順序的值比 str 小的字串的個數。列舉 str 的每個字元位置 i，$0 \leq i \leq len-1$，計算目前位置比 str 小的字串個數並累計。

最後，把前面找到的所有字串的個數之和再加上 1，就是 str 的值。

❖ 參考程式

```
01   #include<cstdio>
02   #include<iostream>
03   #include<cstring>
```

```
04    #include<cmath>
05    using namespace std;
06    char str[20];                              // 單字
07    int c[27][27];                             // 組合表
08    void yanghui()                             // 計算組合表c[i][j](1≤i≤26，0≤j≤i)
09    {
10        memset(c,0,sizeof(c));
11        c[0][0]=1;
12        for(int i=1;i<=26;i++)
13        {
14            for(int j=0;j<=i;j++)
15            {
16                c[i][j]=c[i-1][j-1]+c[i-1][j];
17            }
18        }
19        c[0][0]=0;
20    }
21    int main()
22    {
23        int len,sum;              // 單字長度為len，前面找到所有字串的個數之和為sum
24        yanghui();                // 前置處理：計算組合表c[][]
25        while(~scanf("%s",str))   // 反覆輸入單字
26        {
27            len=strlen(str);
28            for(int i=0;i<len-1;i++)           // 判斷目前單字是否符合升冪要求
29            {
30                if(str[i]>=str[i+1])
31                {
32                    cout<<0<<endl;             // 若不滿足升冪要求，則輸出 0 並退出
33                    return 0;
34                }
35            }
36            sum=0;                             // 計算長度比 str 小的字串的個數 sum
37            for(int i=1;i<len;i++)
38                sum+=c[26][i];
39            // 計算長度等於 len 但值比 str 小的字串個數
40            char last='a';        // 按照升冪要求，目前字元的最小值為 last。第一個字元的最小值為 'a'
41            for(int i=0;i<len;i++)             // i 為 str 的指標，對每一個位置列舉
42            {
43                for(char j=last;j<str[i];j++)  // 按照升冪規則，目前位置值比 str 小的字串數
44                                               // c['z'-j][len-i-1] 計入 sum
45                {
46                    sum+=c['z'-j][len-i-1];
47                }
48                last=str[i]+1;                 // 記下目前字元升冪的最小值
49            }
50            cout<<sum+1<<endl;                 // 輸出單字 str 的編碼
51        }
52        return 0;
53    }
```

4.2.2 ► 兩種特殊的排列組合計數公式

1. Catalan 數

Catalan 數列是序列 C_0, C_1, $\cdots$, C_n, $\cdots$，其中 $C_0 = 1$，$C_1 = 1$，$C_n = C_0 C_{n-1} + C_1 C_{n-2} + \cdots + C_{n-1} C_0$，$n \geq 2$。

Catalan 數列的公式是 $C_n = \dfrac{C(2n, n)}{n+1}$（$n = 0, 1, 2, \cdots$）或 $C_n = \dfrac{4n-2}{n+1} * C_{n-1}$（$n > 1$）。

（1）序列 $1, \cdots, n$ 推入堆疊，C_n 是提出堆疊的排列數。

證明：設 C_n 是序列 $1, \cdots, n$ 推入堆疊後提出堆疊的排列數。顯然，$C_0 = 1$，$C_1 = 1$。對於 C_n，$n \geq 2$，如果第一個提出堆疊的數是 k，則 k 將序列 $1, \cdots, n$ 分成兩個子序列：序列 $1, \cdots, k-1$（長度為 $k-1$，已經推入堆疊）；序列 $k+1$，$\cdots$, n（長度為 $n-k$，尚未推入堆疊）。由乘法原理，如果第一個提出堆疊的數是 k，設提出堆疊的排列數為 f_k，則 $f_k = C_{k-1} * C_{n-k}$。因為 $1 \leq k \leq n$，根據加法原理，將 k 取不同值的排列數相加，得到總的排列數 $C_n = C_0 C_{n-1} + C_1 C_{n-2} + \cdots + C_{n-1} C_0$。∎

（2）對一個有 $n+2$ 條邊的凸多邊形（$n \geq 1$），用連接頂點的不相交的對角線將該凸多邊形拆分為若干三角形，C_n 是拆分的方法數。

證明：對於三角形（$n=1$）和凸四邊形（$n=2$），命題成立。對於凸 m（$m \geq 5$）邊形，凸 m 邊形的任意一條邊必定屬於某一個三角形，所以以凸 m 邊形的某一條邊為基準，設這條邊的兩個頂點為起點 P_1 和終點 P_m，將該凸多邊形的頂點依序標記為 P_1, P_2, $\cdots$, P_m，再在該凸多邊形中找任意一個不屬於這兩個點的頂點 P_k（$2 \leq k \leq m-1$），以此來構成一個三角形，用這個三角形把一個凸多邊形劃分成兩個凸多邊形：一個由 P_1, P_2, $\cdots$, P_k 構成的凸 k 邊形；一個由 P_k, P_{k+1}, $\cdots$, P_m 構成的凸 $m-k+1$ 邊形。

如果把 P_k 視為確定的一點，設 $f(k)$ 是一個凸 k 多邊形的拆分的方法數，則根據乘法原理，拆分的方法數是一個凸 k 多邊形的拆分的方法數，乘以一個凸 $m-k+1$ 多邊形的拆分的方法數，即選擇頂點 P_k 的拆分的方法數是 $f(k) * f(m-k+1)$。又因 $2 \leq k \leq m-1$，根據加法原理，將 k 取不同值的拆分的方法數，得到總的拆分方法數 $f(m) = f(2)f(m-2+1) + f(3)f(m-3+1) + \cdots + f(m-1)f(2)$。

對照 Catalan 數列的公式，得出 $f(n) = C_{n-2}$（$n = 2$，3，4，$\cdots$）。

所以，命題成立。∎

（3）C_n 是具有 n 個節點二元樹的個數。

（4）提供 n 對括號，括號正確配對的字串的個數為 C_n。

可以將括號分割看成構成二元樹的情形。

4.2.2.1 Game of Connections

這是一個很小但是很古老的遊戲。請以順時針的順序在地上寫下連續的數 1，2，3，$\cdots$，$2n-1$，$2n$，形成一個圓圈；然後，畫一些直線線段，將這些數連接成整數的數對。每一個數都必須連接到另一個數，而且沒有兩條線段是相交的。

這是一個簡單的遊戲，是不是？但是當寫下來 $2n$ 個數後，你能告訴大家可以用多少不同的方式將這些數連接成對嗎？

輸入

輸入的每行提供一個正整數 n，最後一行則提供整數 -1。本題設定 $1 \leq n \leq 100$。

輸出

對每個 n，輸出一行，提供將 $2n$ 個數連接成對會有多少種連法。

範例輸入	範例輸出
2	2
3	5
−1	

試題來源：ACM Shanghai 2004 Preliminary
線上測試：POJ 2084，ZOJ 2424

❖ 試題解析

先確定一個點，然後列舉其他點與這個點相連的線段，設線段左邊有 i 對點，則其右邊有 $n-i-1$ 對點，可得遞迴公式 $C_n = \sum_{i=0}^{n-1} C_i \times C_{n-i-1}$，這一遞迴公式就是 Catalan 數列的遞迴公式。

為了提高效率，先離線計算出 Catalan 數列 C_0，$\cdots$，C_{120}。由於 Catalan 數的上限超出了標準整數型別的取值範圍，因此需要採用高精確度運算。

❖ 參考程式

```
01  # include <cstdio>
02  # include <cstring>
03  # include <algorithm>
04  # include <iostream>
05  using namespace std;
06  struct BIGNUM{                          // 定義 BIGNUM 的結構型別，用於高精確度運算
07      short s[200],l;                     // 整數陣列為 s[]，其長度為 l
08  }c[120];                                // Catalan 數列，其中 c[i]=C_i
09  BIGNUM operator*(BIGNUM a,int b){       // a←a*b，其中 a 為整數陣列，b 為整數
10      for(int i=0;i<a.l;i++)      a.s[i]*=b;    // a 的各位數先乘 b
11      for(int i=0;i<a.l;i++){              // a 的各位數規整為十進位數字
12              a.s[i+1]+=a.s[i]/10;
13              a.s[i]%=10;
14          }
15      while(a.s[a.l]!=0){                  // 處理 a 的最高位的進位
```

```
16              a.s[a.l+1]+=a.s[a.l]/10;
17              a.s[a.l]%=10;
18              a.l++;            }
19      return a;
20  }
21  BIGNUM operator/(BIGNUM a,int b){    // a←a/b，其中 a 為整數陣列，b 為整數
22          for(int i=a.l-1;i>0;i--){    // 從 a 的最高位出發，逐位除以 b
23              a.s[i-1]+=(a.s[i]%b)*10;
24              a.s[i]/=b;
25          }
26      a.s[0]/=b;
27      while(a.s[a.l-1]==0)        a.l--;  // 計算實際位數
28      return a;
29  }
30  void print(BIGNUM a){                 // 輸出整數陣列 a
31          for(int i=a.l-1;i>=0;i--){
32                  printf("%d",a.s[i]);
33          }
34      printf("\n");
35  }
36  int n;
37  int main(){
38          c[0].l=1;c[0].s[0]=1;         // Catalan 數的初始值 C₀=1
39          for(int i=0;i<=101;i++)       // 根據遞迴公式 Cₙ = (4n-2)/(n+1) *Cₙ₋₁ 離線計算 Catalan 數列
40                  c[i+1]=(c[i]*(4*i+2))/(i+2);
41          while(~scanf("%d",&n)){       // 反覆輸入 n，直至輸入負值為止
42                  if(n<0)    break;
43                  print(c[n]);          // 輸出 Cₙ
44          }
45      return 0;
46  }
```

2. Bell 數和 Stirling 數

Bell 數是集合的劃分數，也是一個集合上等價關係的數目。Bell 數為 $B_0, B_1, \cdots, B_n, \cdots$，其中 B_n 是包含 n 個元素的集合的劃分方法的數目。顯然 $B_0 = 1$，$B_1 = 1$，$B_2 = 2$，$B_3 = 5$，$\cdots$，$B_{n+1} = \sum_{k=0}^{n} C(n,k)B_k$。

第一類 Stirling 數表示將 n 個不同元素放入 k 個環狀排列中的方式的數目，其中 $S(n, 0) = 0, S(1, 1) = 1, S(n, k) = S(n-1, k-1) + (n-1)*S(n-1, k)$。

證明：設 n 個不同元素 $a_1, \cdots, a_n$ 放入 k 個環狀排列中的方式數為 $S(n, k)$。在放置過程中，有兩種互不相容的情況：

◆ $\{a_n\}$ 是 k 個環狀排列中的一個，即把 $\{a_1, \cdots, a_{n-1}\}$ 劃分為 $k-1$ 個環狀排列，$\{a_n\}$ 作為一個環狀排列，則劃分數是 $S(n-1, k-1)$。

◆ 如果 $\{a_n\}$ 不是 k 個環狀排列中的一個，即 a_n 與其他元素構成一個環狀排列。則首先把 $\{a_1, \cdots, a_{n-1}\}$ 劃分成 k 個環狀排列，則劃分數為 $S(n-1, k)$。然後再把 a_n 加入 k 個環狀排列的一個中，則有 $n-1$ 種加入方式。因此，由乘法原理，劃分數為 $(n-1)* S(n-1, k)$。

將加法原理應用於上述兩種情況，得 $S(n, k) = S(n-1, k-1) + (n-1)*S(n-1, k)$，$n>1$，$k \geq 1$。∎

第二類 Stirling 數是將 n 個元素的集合，劃分為 k 個不為空的子集的方式的數目，$S(n, n) = S(n, 1) = 1$，$S(n, k) = S(n-1, k-1) + k*S(n-1, k)$。

證明過程與第一類 Stirling 數相似，對於 k 個非空子集，當 $\{a_n\}$ 不是 k 個子集中的一個時，將 a_n 加入 k 個子集的一個中，有 k 種加入方式。

顯然，每個 Bell 數都是第二類 Stirling 數的和，$B_n = \sum_{k=1}^{n} S(n,k)$，其中 $S(n, k)$ 是一個第二類 Stirling 數。

Bell 數和第二類 Stirling 數可以透過建構 Bell 三角形 a 得到。Bell 三角形的形式類似於巴斯卡三角形，建構方法如下：

◆ 第一行第一項是 1（$a[1, 1] = 1$）。

◆ 對於 $n>1$，第 n 行第一項等於第 $n-1$ 行最後一項 ($a[n, 1] = a[n-1, n-1]$)。

◆ 對於 $m, n>1$，第 n 行第 m 項等於它左邊和左上方的兩個數之和：$a[n, m] = a[n, m-1] + a[n-1, m-1]$。

結果如下：

1							
1	2						
2	3	5					
5	7	10	15				
15	20	27	37	52			
52	67	87	114	151	203		
203	255	322	409	523	674	877	
877	1080	1335	1657	2066	2589	3263	4140
…							

每行第一項是 Bell 數，每行之和是第二類 Stirling 數。

4.2.2.2　Bloques

小 Joan 有 N 塊大小不同的積木，他要在海灘上搭建城市，一座城市由一組建築物組成。在沙灘上的一塊積木就可以被視為一幢建築，但如果將一塊積木放在另一塊積木之上，就可以搭建更高的建築了。在一塊積木之上最多只能放一塊積木。他可以將幾塊積木一塊接一塊地像堆疊一樣疊在一起，搭建一幢建築。然而，他不能將大積木放在小積木之上，因為這會使積木堆疊倒下。一塊積木可以用一個自然數來說明，表示其大小。

建築之間的次序沒有關係。也就是說，

    1 3
    2 4

和

    3 1
    4 2

是一樣的建築。

本題要求計算使用 N 塊積木可以建構的可能的不同城市的數目。用 #(N) 表示大小為 N 的不同城市的數目。如果 $N=2$，只有兩座可能的城市。

    City #1:
    1 2

在這座城市中，大小為 1 和 2 的積木可以被放在沙灘上：

    City #2:
    1
    2

在這座城市中，大小為 1 的積木放在大小為 2 的積木之上，而大小為 2 的積木放在沙灘上，所以，#(2)=2。

輸入

一個非負的整數序列，每個數一行。最後一個數 0 表示結束。每個自然數小於 900。

輸出

對於輸入中的每個自然數 I，輸出一行，提供一對數 I, #(I)。

範例輸入	範例輸出
2	2, 2
3	3, 5
0	

試題來源：Contest ACM-BUAP 2005
線上測試：UVA 10844

❖ 試題解析

題目要求計算出一個集合被分成幾個不相交的非空子集的方案數，這符合 Bell 數的定義，#(N) 即 B_n。這裡需要注意的是，由於 Bell 數的上限超出了任意整數型別的範圍，因此需採用高精確度運算。

我們先透過 Bell 三角形的方法離線計算出範圍內的每個 Bell 數。以後每輸入一個 n，即可從表中直接取得答案。

❖ 參考程式

```
01   # include <cstdio>
02   # include <cstring>
03   # include <cstdlib>
04   # include <iostream>
05   # include <string>
06   # include <cmath>
07   # include <algorithm>
08   using namespace std;
09   typedef unsigned long long int64;
10   int64 m=1e10;                              // 帶 10 位數字壓縮的高精確度運算
11   struct Bigint{                             // 定義名為 Bigint 的結構型別，用於高精確度運算
12       int l;int64 s[200];          // 高精確度陣列為 s[]，每個元素為 10 位元十進位數字，其長度為 l
13       void read(int64 x){                    // 將整數 x 轉化為高精確度陣列 s[]
14               l=-1; memset(s,0,sizeof(s))
15               do {
16                       s[++l]=x%m;
17                       x/=m;
18               } while(x);
19       }
20       void print(){                          // 輸出高精確度陣列 s[]
21               printf("%llu",s[l]);   // s[l] 按實際位數輸出，s[l-1]…s[0] 按照 10 位一組輸出
22               for(int i=l-1;i>=0;i--)   printf("%010llu",s[i]);
23       }
24   } dp[2][1000],ans[1000];          // Bell 三角形中，(i, j) 的元素值為 dp[i&1][j]；(i-1, j) 的
25                                     // 元素值為 dp [(i&1)^1][j]，i 對應的 Bell 數為 ans[i+1]
26   Bigint operator+(Bigint a,Bigint &b){   // 高精確度加法 a←a+b
27           a.l=max(a.l,b.l);int64 d=0;       // 計算加法次數，進位初始化
28           for(int i=0;i<= a.l;i++) {        // 從低位出發，逐項相加
29                   a.s[i]+=d+b.s[i];
30                   d=a.s[i]/m;a.s[i]%=m;
31           }
32           if(d)     a.s[++a.l]=d;        // 處理最高位的進位
33           return a;
34   }
35   int n;
36   void getans(int id,int n){             // 目前行的奇偶標誌為 id，元素數為 n，計算每列元素值
37           int i=id^1;                    // 取得上一行的奇偶標誌
38           for(int j=1;j<=n-1;i++) dp[id][j+1]=dp[i][j]+dp[id][j];   // 計算目前行每一
39                                                                    // 元素的值
40   }
41   void work(){                          // 離線計算範圍內的所有 Bell 數
42           dp[1][1].read(1);ans[2]=dp[0][1]=ans[1]=dp[1][1];       // Bell 三角形初始化，
43                                                                  // B₁=B₀=1
44           for(int i=2;i<=900;i++){   // 自上而下遞迴每一行
45                   getans(i&1,i);       // 計算第 i 行每個元素的值
46                   dp[(i&1)^1][1]=ans[i+1]=dp[i&1][i]; // i+1 行的首元素即為 Bᵢ 和 i 行的尾元素
47           }
48   }
49   int main(){
50           work();
51           while(~scanf("%d",&n)&&n){                     // 反覆輸入整數 n，直至輸入 0 為止
52               printf("%d, ",n);  ans[n+1].print();       // 輸出 n 和對應的 Bell 數
53               printf("\n");
```

```
54          }
55          return 0;
56  }
```

4.2.2.3　Rhyme Schemes

一首詩（或一首長詩的詩節）的韻律是指在詩中哪些行與其他行押韻。例如，一首五行打油詩（一種通俗幽默的短詩，由五行組成，韻律的形式為 aabba）如下：

> If computers that you build are quantum
> Then spies of all factions will want 'em
> Our codes will all fail
> And they'll read our email
> `Til we've crypto that's quantum and daunt'em
> （作者：Jennifer 和 Peter Shor（http://www.research.att.com/~shor/notapoet.html））

上面的 aabba 的韻律，表示第一行、第二行和第五行押韻，並且第三行和第四行押韻。

對於一首四行詩或一段四行的詩節，則有 15 種可能的韻律：aaaa、aaab、aaba、aabb、aabc、abaa、abab、abac、abba、abbb、abbc、abca、abcb、abcc、abcd。

請編寫一個程式，計算一首 n 行詩或一段 n 行詩節的韻律的數目，其中 n 是輸入值。

輸入

輸入是一個整數 n 組成的序列，每個一行，以 0 表示輸入的結束。n 是一首詩的行數。

輸出

對於每個輸入的整數 n，程式先輸出 n 的值，後面跟一個空格，然後提供一首 n 行詩的韻律的數目，這個數字是至少 12 位的正確的十進位數字（在計算時使用倍精度浮點數）。

範例輸入	範例輸出
1	1 1
2	2 2
3	3 5
4	4 15
20	20 51724158235372
30	30 846749014511809120000000
10	10 115975
0	

試題來源：ACM Greater New York 2003
線上測試：POJ 1671，ZOJ 1819，UVA 2871

❖ **試題解析**

把詩的 n 行視為 n 個元素的集合，詩的每一行視為一個元素，詩的韻律可以被視為 k 個不為空的子集。設 n 行詩的韻律的數目為 $S(n, k)$，則 $S(n, n) = S(n, 1) = 1$；如果詩的第 n 行被單獨放入一個非空集合，則之前的前 $n-1$ 行詩被放入 $k-1$ 個非空子集，韻律的

數目為 $S(n-1, k-1)$；如果詩的第 n 行被放入 k 個不同的非空集合中，則韻律的數目為 $k*S(n-1, k)$。根據加法原理，$S(n, k) = S(n-1, k-1) + k*S(n-1, k)$。

對於 $1 \le k \le n$，n 行詩分為 k 個非空子集的韻律的數目符合第二類 Stirling 數的定義，而 n 行詩的韻律的總數則符合 Bell 數的定義。

首先，根據 $S(n, k) = S(n-1, k-1) + k*S(n-1, k)$，函式 getDP 用於離線計算第二類 Stirling 數；然後，根據輸入的 n，以及 $B_n = \sum_{k=1}^{n} S(n,k)$，在主程式中計算 Bell 數。

❖ **參考程式**

```
01   #include<stdio.h>
02   #include<iostream>
03   #include<string>
04   #include<string.h>
05   #include<math.h>
06   #include<functional>
07   #include<algorithm>
08   #include<vector>
09   #include<queue>
10   using namespace std;
11   const int maxn =105;
12   const int inf = 1<<30;// 0x7f;
13   typedef __int64 LL;
14   int n,k;
15   double dp[maxn][maxn];
16   void getDP()   // 計算第二類 Stirling 數
17   {
18           memset( dp,0,sizeof(dp) );
19        for( int i = 1; i < maxn; i ++ ){
20            dp[1][i] = 0;
21            dp[i][1] = 1;
22        }
23      for( int i = 2; i < maxn; i ++ ){
24          for( int j = 2; j <= i; j ++ ){
25              dp[i][j] = dp[i-1][j-1] + dp[i-1][j]*j;
26                  }
27          }
28   }
29   int main()
30   {
31       getDP();
32       while( scanf("%d",&n) != EOF,n )
33           {
34           double ans = 0;
35           for( int i = 1; i <= n; i ++ )  // 每個 Bell 數都是第二類 Stirling 數的和，
36                                           // Bn = ∑ S(n,k)
37               ans += dp[n][i];
38            printf("%d %.0f\n",n,ans);
39        }
40   return 0;
41   }
```

4.2.3 ▶ 多重集的排列數和組合數

多重集是可重複出現的元素組成的集合。若多重集中不同元素個數為 k，稱該多重集為 k 元多重集。多重集中元素 a_i 出現的次數 n_i 稱為元素 a_i 的重數。若有限多重集 S 有 a_1, a_2, $\cdots$, a_k 共 k 個不同元素，且 a_i 的重數為 n_i，則 S 可記為 $\{n_1 \cdot a_1, n_2 \cdot a_2, \cdots, n_k \cdot a_k\}$。

定理 4.2.3.1　設多重集 $S = \{n_1 \cdot a_1, n_2 \cdot a_2, \cdots, n_k \cdot a_k\}$，且 $n = n_1 + n_2 + \cdots + n_k = |S|$，則 S 的全排列數是 $\dfrac{n!}{n_1! \times n_2! \times \cdots \times n_k!}$。

證明： 多重集 S 的一個排列就是它的 n 個元素的一個全排列。S 中有 n_1 個 a_1，在排列時占據 n_1 個位置，所以 n_1 個 a_1 的排列就是從 n 個位置中無序選取 n_1 個位置，其排列數為 $C(n, n_1)$。以此類推，對 n_2 個 a_2 的排列則是從剩下的 $n-n_1$ 中無序選取 n_2 個，其排列數為 $C(n-n_1, n_2)\cdots\cdots$。

由乘法原理，S 的全排列數是 $C(n, n_1) \times C(n-n_1, n_2) \times \cdots \times C(n-n_1-\cdots-n_{k-1}, n_k)$。所以，$S$ 的全排列數是 $\dfrac{n!}{n_1! \times n_2! \times \cdots \times n_k!}$。　∎

4.2.3.1　X-factor Chains

提供一個正整數 X，長度為 m 的 X 因數鏈是一個整數序列：$1 = X_0, X_1, X_2, \cdots, X_m = X$。這一序列滿足 $X_i < X_{i+1}$，並且 $X_i \mid X_{i+1}$，其中 $a \mid b$ 表示 a 整除 b。

現在，請求 X 因數鏈的最大長度，以及具有最大長度的 X 因數鏈的數目。

輸入

輸入包含若干測試案例，每個測試案例提供正整數 X（$X \leq 2^{20}$）。

輸出

對於每個測試，輸出 X 因數鏈的最大長度，以及具有最大長度的 X 因數鏈的數目。

範例輸入	範例輸出
2	1 1
3	1 1
4	2 1
10	2 2
100	4 6

試題來源： POJ Monthly--2007.10.06, ailyanlu@zsu
線上測試： POJ 3421

❖ **試題解析**

根據 X 因數鏈的定義可知，將正整數 X 分解為其質因數相乘的形式後，X 因數鏈中任何一個數必定是這些質因數的某個組合。並且，對於任意相鄰的兩個數，後面的數必定是在前面的數的質因數組合的基礎上，再乘上另外的一個質因數。

建構多重集 $S = \{n_1 \cdot a_1, n_2 \cdot a_2, \cdots, n_k \cdot a_k\}$，其中 $a_1, a_2, \cdots, a_k$ 是 X 的質因數，$n_i \times a_i \mid X$，而 $(n_i + 1) \times a_i$ 不是 X 的因數，$1 \leq i \leq k$。X 因數鏈的最大長度就是多重集 S 的基數，而具有最大長度的 X 因數鏈的數目是多重集 S 的全排列數。

❖ 參考程式

```
01  #include <iostream>
02  #include <cstdio>
03  #include <cstring>
04  using namespace std;
05  const int maxn = 1000 + 5;
06  typedef long long ll;
07  ll n, id, cnt;
08  ll factor[maxn][2];      // 0 存底數，1 存指數
09  void get_fac(ll n)
10  {
11      for(ll i = 2; i*i <= n; i++)
12      {
13          if(n % i)     continue;
14          factor[++id][0] = i;
15          factor[id][1] = 0;
16          while(n % i == 0)
17          {
18              factor[id][1]++;
19              n /= i;
20          }
21      }
22      if(n != 1)
23      {
24          factor[++id][0] = n;
25          factor[id][1] = 1;
26      }
27  }
28  ll computes(ll x)
29  {
30      ll res = 1;
31      for(ll i = x; i >= 1; i--)     res *= i;
32      return res;
33  }
34  int main()
35  {
36      while(cin >> n)
37      {
38          id = 0;
39          get_fac(n);
40          ll res = 0;
41          for(int i = 1; (ll)i <= id; i++)     res += factor[i][1];
42                  cnt = computes(res);    // 計算 res!
43          for(int i = 1; (ll)i <= id; i++)     cnt /= computes(factor[i][1]);
44          cout << res << " " << cnt << endl;
45      }
46      return 0;
47  }
```

4.2.3.2　Bar Codes

條碼由交替的黑條和白條組成，從左邊的黑條開始。每個條的長度有若干個單位的寬。圖 4-7 顯示了一個條碼，由 4 個條組成，長度為 $1+2+3+1=7$ 個單位。

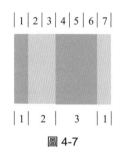

圖 4-7

BC(n, k, m) 是一個表示條碼的集合，表示條碼有 k 條，條碼延伸的長度為 n 個單位，每個條至多 m 個單位寬。例如，圖 4-7 表示的條碼屬於集合 BC(7, 4, 3)，而不屬於 BC(7, 4, 2)。

圖 4-8 提供了 BC(7, 4, 3) 的所有 16 個條碼，每個 '1' 表示黑色單元，每個 '0' 表示白色單元。這些條碼按字典順序出現。在冒號（：）左邊的數字是對應的條碼的排名。圖 4-7 的條形碼在 BC(7, 4, 3) 中排名第 4。

```
0: 1000100 | 8: 1100100
1: 1000110 | 9: 1100110
2: 1001000 | 10: 1101000
3: 1001100 | 11: 1101100
4: 1001110 | 12: 1101110
5: 1011000 | 13: 1110010
6: 1011100 | 14: 1110100
7: 1100010 | 15: 1110110
```

圖 4-8

輸入

程式輸入為標準輸入。輸入的第一行提供整數 n、k 和 m（$1 \leq n$, k, $m \leq 33$）。第二行提供整數 s（$0 \leq s \leq 100$）。接下來的 s 行，每行提供 BC(n, k, m) 中的某個條碼，'0' 和 '1' 的表示如圖 4-8 所示。

輸出

程式輸出為標準輸出。第一行提供 BC(n, k, m) 中條碼的數目，接下來的 s 行，每行提供在輸入中相關的條碼的排名。

範例輸入	範例輸出
7 4 3	16
5	4
1001110	15
1110110	3
1001100	4
1001110	0
1000100	

試題來源：IOI 1995

線上測試：POJ 1173

❖ **試題解析**

本題的條碼 BC(n, k, m) 可以視為多重集 $S = \{n_1 \cdot a_1, n_2 \cdot a_2, \cdots, n_k \cdot a_k\}$ 的方案數，其中 $n = n_1 + n_2 + \cdots + n_k$，$0 < n_i \leq m$。

本題可以轉換為這樣的模型：有 n 個小球，放入 k 個不同的盒子，每個盒子最多裝 m 個小球，至少裝 1 個小球，求方案數。

設 $d[i][j]$ 表示在 i 個盒子裡放 j 個小球的方案數。

顯然，初始值 $d[0][0] = 1$，並且 $d[i][0] = 0$（$i > 0$）。

對於 $d[i][j]$（$i > 0$，$j > 0$），考慮第 j 個小球：

◆ 如果第 j 個小球放在了一個新的盒子裡，那麼前面的 $j-1$ 個球放在第 $i-1$ 個盒子裡，這種情況下，方案數為 $d[i-1][j-1]$。又因為每個盒子最多裝 m 個球，所以第 $j-1$ 個盒子在 $i-1$ 個球中最多可以放從第 $i-m$ 個球到第 $i-1$ 個球（此時第 $j-1$ 個盒子裡放了 m 個球）。由於第 j 個球放在第 i 個盒子裡，在第 $i-1$ 個盒子裡放入其他 $j-m-1$ 個球的狀態是不合法的，所以第 j 個小球放在了一個新的盒子裡（第 i 個盒子）的方案數是 $d[i-1][j-1] - d[i-1][j-1-m]$。

◆ 如果第 j 個小球沒有放在一個新的盒子裡，即第 j 個小球放在第 i 個盒子裡，則方案數為 $d[i][j-1]$。

所以，根據加法原理，在 i 個盒子裡放 j 個小球的方案數是 $d[i][j] = d[i][j-1] + d[i-1][j-1] - d[i-1][j-1-m]$。

計算條碼的排名序號，首先將長度為 n、條數為 k 的二進位條碼轉換成長度為 k 的向量，例如，長度為 7、條數為 4 的二進位條碼 1101110 表示為長度為 4 的向量 2131（2 個 1，1 個 0，3 個 1，1 個 0）。那麼，排在 2131 之前的條碼可以分為：1???（1 個 1，後面是長度為 6、條數為 3 的條碼）；22??（2 個 1，2 個 0，後面是長度為 3、條數為 2 的條碼）；23??（2 個 1，3 個 0，後面是長度為 2、條數為 2 的條碼）；211?（2 個 1，1 個 0，1 個 1，後面是長度為 3、條數為 1 的條碼）；212?（2 個 1，1 個 0，2 個 1，後面是長度為 2、條數為 1 的條碼）。

由已經計算的 $d[i][j]$ 可知，$d[3][6]=7$，$d[2][3]=1$，$d[2][2]=2$，$d[1][3]=1$，$d[1][2]=1$，總計為 $7+1+2+1+1=12$，所以 1101110 的排名序號為 12。

❖ 參考程式

```
01   #include <cstdio>
02   #include <cstring>
03   #include <algorithm>
04   #include <iostream>
05   using namespace std;
06   int n, k, m;
07   int d[50][50];        // 前 i 堆有 n 個物品的方案數
08   int s;
09   char str[100][50];
10   int getid(int s)     // 獲取第 s 個字串的 id
11   {
12       int tp[50], ntp=0;
13       int last = 1;
14       for(int i=1; i<n; i++)
15       {
16           if(str[s][i] != str[s][i-1])
17               tp[ntp++]=last, last=0;
18           last++;
19       }
20       if(last!=0) tp[ntp++] = last;
21       int res = 0;
22       int u = n;
23       for(int i=0; i<ntp-1; i++)
24       {
25           if(i%2==0) // 1
26           {
27               for(int j=1; j<tp[i]; j++)
28                   if(u>=j) res += d[k-i-1][u-j];
29           }
30           else        // 0
31           {
32               for(int j=m; j>tp[i]; j--)
33                   if(u>=j) res += d[k-i-1][u-j];
34           }
35           u -= tp[i];
36       }
37       return res;
38   }
39   int main()
40   {
41       cin>>n>>k>>m;
42       d[0][0] = 1;
43       for(int i=1; i<=k; i++)
44           for(int j=1; j<=n; j++)
45           {
46               d[i][j] = d[i][j-1] + d[i-1][j-1];
47               if(j-m-1>=0)
48                   d[i][j] -= d[i-1][j-m-1];
49           }
50       int res1 = d[k][n];
```

```
51      cin>>s;
52      for(int i=0; i<s; i++)
53          cin>>str[i];
54      cout<<res1<<endl;
55      for(int i=0; i<s; i++)
56      {
57          int res2 = getid(i);
58          cout<<res2<<endl;
59      }
60      return 0;
61  }
```

4.3 鴿籠原理與排容原理的實作範例

本節提供鴿籠原理、排容原理和 Ramsey 定理的應用實作。

4.3.1 ▶ 利用鴿籠原理求解存在性問題

鴿籠原理（Pigeonhole Principle）也被稱為抽屜原理、鞋盒原理，是解決存在性問題的常用方法，最先是由德國數學家狄利克雷（Dirichlet）提出來的。利用這一原理，可以解決一些相當複雜甚至令人感到無從下手的存在性問題。鴿籠原理可以由三種形式表述。

定理 4.3.1.1（鴿籠原理 1） 將 $n+1$ 個元素放入 n 個集合內，則至少有一個集合有不少於兩個元素（n 為正整數）。

定理 4.3.1.2（鴿籠原理 2） 把 m 個元素任意放入 n（$n<m$）個集合裡，則至少有一個集合有不少於 $\left\lceil \dfrac{m}{n} \right\rceil$ 個元素。

定理 4.3.1.3（鴿籠原理 3） 把無窮多個元素放入有限個集合裡，則至少有一個集合有無窮多個元素。

鴿籠原理的證明很簡單，透過反證法即可證明。

應用鴿籠原理解題的一般步驟：

（1）分析題意，分清什麼是「元素」，什麼是「集合」。

（2）建構集合。這是關鍵的一步。根據題目條件和結論，結合有關的數學知識，抓住最基本的數量關係，設計和確定解決問題所需的集合及其個數，為應用鴿籠原理奠定基礎。

（3）應用鴿籠原理解題。

4.3.1.1　Find a multiple

輸入提供的 N（$N \le 10000$）個正整數，每個數不大於 15000，這些數可以相同。請在提供的數中選一些數（$1 \le \text{few} \le N$），使得被選的數的總和是 N 的倍數（即 $N*k=$ 被選數的總和，k 是某個自然數）。

輸入

輸入的第一行提供整數 N，接下來的 N 行，每行提供集合的一個整數。

輸出

本題設定不可能輸出數字 0。在輸出的第一行提供被選擇數字的數目，然後以任意的次序輸出這些被選擇的數。

如果有多於一個集合的數具有所要求的性質，只輸出一個。

範例輸入	範例輸出
5	2
1	2
2	3
3	
4	
1	

試題來源： Ural Collegiate Programming Contest 1999
線上測試： POJ 2356，Ural 1032

❖ **試題解析**

對於本題，先證明下述命題：

對於一個有 N 個自然數 $a_1, \cdots, a_N$ 的序列，存在一個子序列 $a_l, \cdots, a_r$，$\sum_{i=l}^{r} a_i$ 可以被 N 整除。

證明： 設 $B_i = \sum_{k=1}^{i} a_k$，$i = 1, 2, \cdots, N$。

如果存在一個 B_i 被 N 整除，$i = 1, 2, \cdots, N$，則命題成立；否則序列 $B_1, B_2, \cdots, B_N$ 除以 N 產生 N 個餘數，餘數的取值區間是 $[1, N-1]$。

餘數的取值區間 $[1, N-1]$ 被視為 $N-1$ 個集合，而產生的 N 個餘數被視為元素。則將 N 個元素放入 $N-1$ 個集合內，根據鴿籠原理 1，必定存在 B_j 和 B_i，$B_j\%N==B_i\%N$，$1 \le j < i \le N$。所以 $(B_i - B_j)\%N==0$，即 $\sum_{k=j+1}^{i} a_k$ 可以被 N 整除。 ■

❖ **參考程式**

```
01   # include <stdio.h>
02   int a[10004],s[10004],mod[10004],n;
03   void print(int s,int t){     // 輸出 a[s]…a[t]
04       printf("%d\n",t-s+1);    // 輸出被選數字的個數
05       for(int i=s;i<=t;i++)     // 輸出被選數字
06           printf("%d\n",a[i]);
```

```
07    }
08    int main(){
09        scanf("%d",&n);              // 輸入整數個數 n
10        for(int i=1;i<=n;i++){
11            scanf("%d",a+i);          // 輸入第 i 個整數
12            s[i]=s[i-1]+a[i];          // 累計前 i 個整數的和
13            if(s[i]%n==0){            // 若前 i 個整數的和能被 n 整除，則輸出前 i 個數並退出程式
14                print(1,i);
15                break;
16            }else    if(!mod[s[i]%n]){
17            // 否則若前 i 個整數的和除以 n 的餘數未產生過，則索引 i 進入 " 餘數鴿籠 "；否則輸出
18            // a[" 餘數鴿籠 " 裡的索引 |+1]...a[i] 並退出程式
19                mod [s[i]%n]=i;
20            }else{
21                print(mod[s[i]%n]+1,i);
22                break;
23            }
24        }
25        return 0;
26    }
```

4.3.2 ▶ 排容原理應用實作

排容原理用於計算有限集的聯集中的元素個數。排容原理如下：

設 $A_1, \cdots, A_n$ 是有限集，S 是一個包含 $A_1, \cdots, A_n$ 的有限全集。

$$\left| A_1 \bigcup A_2 \bigcup \cdots \bigcup A_n \right| = \sum_{i=1}^{n} |A_i| - \sum_{1 \le i_1 < i_2 \le n} \left| A_{i_1} \bigcap A_{i_2} \right|$$
$$+ \sum_{1 \le i_1 < i_2 < i_3 \le n} \left| A_{i_1} \bigcap A_{i_2} \bigcap A_{i_3} \right| - \cdots + (-1)^{n-1} \left| A_1 \bigcap A_2 \bigcap \cdots \bigcap A_n \right|$$

$$\left| \overline{A_1 \bigcup A_2 \bigcup \cdots A_n} \right| = \left| \overline{A_1} \bigcap \overline{A_2} \cdots \bigcap \overline{A_n} \right| = |S| - \left| A_1 \bigcup A_2 \bigcup \cdots \bigcup A_n \right|$$

其中 $|A_i|$ 是集合 A_i 的基數，$1 \le i \le n$。

對集合 $A_1, \cdots, A_n$ 使用排容原理，有 $C(n, 2) = n(n-1)/2$ 個 2- 集合的聯集運算，有 $C(n, 3) = n(n-1)(n-2)/3!$ 個 3- 集合聯集運算，以此類推。

這裡提供排容原理的應用實作用於解決兩類問題：計算聯集的元素個數和計算錯排的方案數。

4.3.2.1   Tmutarakan Exams

University of New Tmutarakan 要培養一流的心算專家。要進入這所大學學習，就必須能熟練地進行計算。其中一個系的入學考試如下：要求考生找出 K 個不同的數字，這些數字有一個大於 1 的公因數。所有的數字都不能大於一個指定的數字 S。數字 K 和 S 在考試開始時提供。為了避免抄襲，一組解只能被承認一次（承認最先提交這組解的人）。

去年，提供的數字是 $K=25$，$S=49$，但是很不幸，沒有人能夠通過考試。並且，後來系裡最有頭腦的人證明了並不存在一組數字可以滿足有關性質。今年，為了避免這樣的情況，教務長請你來幫忙。你要找到 K 個不同的數字組成的集合的數目，使這些數有一個大於 1 的公因數，並且所有的數字都不能大於一個提供的數字 S。當然，這樣的集合數量應該與該系新招學生的最大數目相等。

輸入

輸入提供數字 K 和 S（$2 \le K \le S \le 50$）。

輸出

輸出該系新生的最大可能數量（也就是解的數量）。如果這個數字不大於 10000，請輸出這個數字，否則應該輸出 10000。

範例輸入	範例輸出
3 10	11

試題來源： USU Open Collegiate Programming Contest March'2001 Senior Session
線上測試： Ural 1091

❖ 試題解析

任何自然數可拆分成不同質數冪的乘積形式。

列舉公因數 i（$2 \le i \le s$），在 $1 \cdots s$ 中含公因數 i 的數字個數為 $d = \left\lfloor \dfrac{s-i}{i} \right\rfloor + 1$，從中取 k 個數字的組合數為 $C(d, k)$，每個 k 組合中的數都含公因數 i。

◆ 若公因數 i 是質數，則 $C(d, k)$ 被累計入新生數。

◆ 若公因數 i 是兩個質數的積，則由於目前新生數中 $C(d, k)$ 被累計兩次，根據排容原理，要從目前新生數中減去被重複計算的 $C(d, k)$。

因為 s 的範圍很小，而 k 的最小值為 2，在 50 以內只有 $2*3*5=30$ 和 $2*3*7=42$ 為三個質數的積，我們可以不用考慮 3 個以上質數的積。設 ans 是該系新生的最大可能數，順序列舉 $[2 \cdots s]$ 中的每個數 i：

$$\text{if}（i \text{ 是質數}）\text{ans} += C\left(\left\lfloor \dfrac{s-i}{i} \right\rfloor + 1, k \right)$$

$$\text{else if}（i \text{ 是兩個質數的積}）\text{ans} -= C\left(\left\lfloor \dfrac{s-i}{i} \right\rfloor + 1, k \right)$$

最後輸出上限在 10000 內的 ans 值（ans > 10000?10000:ans）。

❖ 參考程式

```
01    # include <cstdio>
02    # include <algorithm>
03    # include <iostream>
04    using namespace std;
```

```
05    typedef long long int64;
06    bool pp[60];                        // 質數篩子
07    int64 c[60][60];                    // c[n][m] 是 C(n, m)
08    int k,s;
09    void cal_prime() {                  // 篩質數
10        pp[0]=pp[1]=1;
11        for(int i=2;i<=50;i++){
12            if(pp[i])    continue;
13            for(int j=i*2;j<=50;j+=i)            pp[j]=1;
14        }
15    }
16    void cal_number(){                  // 利用二項式係數公式前置處理組合數 c[][]
17        for(int i=0;i<=50;i++) c[i][0]=1;
18        for(int i=1;i<=50;i++)
19          for(int j=1;i<=50;j++)    c[i][j]=c[i-1][j]+c[i-1][j-1];
20    }
21    inline bool pxp(int a){             // 判斷 a 是否為兩個質數的積
22        for(int i=2;i<=50;i++)
23    if(a%i==0&&!pp[i]&&!pp[a/i]&&i!=a/i)    return true;
24        return false;
25    }
26    int work(){                         // 計算和傳回對應數字 k 和 s 時解的數量
27        int64 ans=0;                    // 解的數量初始化
28        for(int i=2;i<=s;i++){
29            if(!pp[i]){                 // 若 i 是質數，則加上組合數：ans+=C( ⌊(s-i)/i⌋ +1, k)
30                int cnt=0;
31                for(int j=i;j<=s;j+=i)cnt++;
32                ans+=c[cnt][k];
33            }else if(pxp(i)){           // 若 i 是兩個不同質數的積，則減去組合數：
34                                        // ans-=C( ⌊(s-i)/i⌋ +1, k)
35                int cnt=0;
36                for(int j=i;j<=s;j+=i)    cnt++;
37                ans-=c[cnt][k];
38            }
39        }
40        return ans>10000?10000:ans;     // 傳回解的數量
41    }
42    int main(){
43        cal_prime();                    // 構建質數篩子 p[]
44        cal_number();                   // 前置處理組合數 c[][]
45        scanf("%d %d",&k,&s);           // 輸入整數 k 和 s，輸出解的數量
46        cout<<work()<<endl;
47        return 0;
48    }
```

4.3.2.2 Fruit Ninja

水果忍者（Fruit Ninja）是一個在世界範圍內都很著名的遊戲，Edward 很擅長玩這個遊戲。然而，Edward 在多次打破紀錄之後，他認為在該遊戲中取得高分太容易了，他準備寫一個類似水果忍者的、更具挑戰性的遊戲。不久，Edward 開始了他的新計畫：「中國製造的水果忍者」。

根據 Edward 的設計，遊戲中有 n 種水果；在新遊戲開始時，螢幕上會出現 m 個水果。此外，為了讓遊戲展示更多色彩，有些種類的水果的數量是有限制的。例如，Edward 可以規定螢幕上顯示的蘋果數量應該小於 3，桃子的數量應該大於 1。

Edward 也是一名數學愛好者，因此，他想知道在遊戲開始時螢幕上顯示的水果組合的總數。

輸入

輸入包含多個測試案例，在測試案例之間用一個空行分隔。

每個測試案例的第一行提供兩個正整數 n 和 m。其中，n 表示水果的不同種類數；m 是在遊戲開始時螢幕上出現的水果的數目。接下來的 k 行表示一些水果的數量的限制，$k \leq n$。每一行描述的格式是 "[FruitName]: [less|greater] than [x]"，表示水果（名稱為 FruitName）的數量要小於（大於）x，x 的取值區間為 [0, 10000000]。

對於所有的測試案例，$0 \leq n \leq 16$，$1 \leq m \leq 10000000$。本題設定，在試題描述中的水果名稱是不同的，由小寫拉丁字母構成，並且長度小於 10。$n = 0$ 表示輸入結束，對於 $n = 0$ 不必處理。

輸出

對於每個測試案例，在一行中輸出一個整數：在遊戲開始時螢幕上顯示的水果組合的總數 (mod 100000007)。

範例輸入	範例輸出
2 5 apple: less than 3 peach: greater than 1	3 0 21
1 18 apple: less than 0	
4 10 fan: less than 1 rou: less than 7 tang: less than 6 cai: greater than 4	
0 1	

提示

第一個範例輸入有 3 種組合：0 個蘋果和 5 個桃子；1 個蘋果和 4 個桃子；2 個蘋果和 3 個桃子。

第二個範例輸入，很顯然，蘋果的數量不可能小於 0，所以答案為 0。

試題來源： ZOJ Monthly, August 2012
線上測試： ZOJ 3638

❖ **試題解析**

本題題意：提供 n 種水果，每一種水果的數目沒有限制。從中取出 m 個水果，對這些水果的數量有限制：

◆ 限制條件 1：某種水果數量小於 x。

◆ 限制條件 2：某種水果數量大於 x。

問有多少組合情況？

n 種水果可以表示為 n 元多重集 $S = \{\infty \cdot a_1, \infty \cdot a_2, \cdots, \infty \cdot a_n\}$，則從 S 中取 m 個水果是 S 的 m- 組合數 $C(n+m-1, m)$。如果其中一種水果至少要取 x 個，則組合數是 $C(n+m-x-1, m-x)$。設 x 是所有那些「至少」要取多少個水果的數量和，則組合數是 $C(n+m-x-1, m-x)$。

解決限制條件 1 採用與解決限制條件 2 相類似的方法，並採用排容原理公式 $|\overline{A_1 \cup A_2 \cup \cdots \cup A_n}| = |S| - |A_1 \cup A_2 \cup \cdots \cup A_n|$，用聯集計數的方法求解組合數，其中 A_i 表示「第 i 類水果至少要取 x 個」。在應用排容原理時，用二進位數字列舉所有情況。然後，按照排容原理的公式，對水果種類數是奇數的組合數做相減運算，對水果種類數是偶數的組合數做相加運算。

設輸入中有 cnt 種水果滿足限制條件 1，每種水果的上限儲存在 a[] 中，m' 為去除滿足限制條件 2 後的水果總數；列舉 cnt 位元二進位數字的所有可能情況 i（$0 \le i < 2^{cnt}-1$），搜尋 i 的每個值為 1 的二進位位元的位元數 ones，累計 a[] 中索引為這些位序號的上限和 temp。若 ones 為奇數，則減去 $C(n+m'-1-\text{temp}, n-1)$；若為偶數，則累加 $C(n+m'-1-\text{temp}, n-1)$。

❖ **參考程式**

```
01    #include <iostream>
02    #include <cstdio>
03    #include <cstring>
04    using namespace std;
05    #define mod 100000007
06    typedef long long ll;
07    const int maxn = 200;
08    int n,m;
09    int a[maxn],cnt = 0;   // 上限序列 a[]，即儲存滿足限制條件 1 的每種水果上限，長度為 cnt
10    ll x,y,d;
11    void exgcd(ll a,ll b) // 擴充歐幾里得
12    {
13        if(b==0) {
14            x=1;
15            y=0;
16            d=a;
17        }
18        else {
19            exgcd(b,a%b);
20            ll t=x%mod;
```

```
21          x=y%mod;
22          y=(t-a/b*x)%mod;
23      }
24  }
25  ll C(ll a,ll b)                  // 計算和傳回 C(a,b)
26  {
27      if(a<b||a<0||b<0) return 0;
28      ll ret=1,ret1=1;
29      for(int i=0; i<b; i++) ret=ret*(a-i)%mod,ret1=ret1*(i+1)%mod;
30      // ret=ret*quickmod(ret1,mod-2)%mod; 費馬定理求反元素
31      exgcd(ret1,mod);               // 歐幾里得求反元素
32      ret=(ret*(x+mod)%mod)%mod;
33      return ret;
34  }
35  int main()
36  {
37      char s[100],s1[1000],s2[maxn],str[1000];
38      while(scanf("%d%d",&n,&m) != EOF) {        // 反覆輸入水果的不同種類數 n 和水果總數 m，
39                                                 // 直至 n == 0 && m == 1 為止
40          if(n == 0 && m == 1) break;
41          cnt = 0;                    // 滿足限制條件 1 的水果種類數初始化
42          memset(a,0,sizeof(a));      // 上限序列初始化
43          gets(str);                  // 輸入第一種水果的數量限制
44          while(1){
45              if(!gets(str)) break;       // 若輸入完所有水果的限制，則退出迴圈
46              if(strlen(str) < 2) break;
47              int temp;                   // 水果限制數
48              sscanf(str,"%s %s %s %d",s,s1,s2,&temp);     // 輸入限制情況
49              if(s1[0] == 'g') {          // 若名為 s 的水果滿足限制條件 2，則 m 減少 temp+1
50                  m -= temp + 1;
51              }
52              else {          // 若名為 s 的水果滿足限制條件 1，則其上限 temp 送入 a[]
53                  a[cnt++] = temp;
54              }
55          }
56          if(m < 0) {     // 若滿足限制條件 1 的水果總數大於輸入的水果總數，則測試案例無解
57              printf("0\n");
58              continue;
59          }
60          ll ans = 0;     // 水果組合的總數初始化
61          ll all = (1<<cnt);
62          for(ll i = 0;i < all; i++) {        // 列舉 0≤i<2^cnt-1
63              int ones = 0;       // 計算 i 的二進位位元為 1 的位元數 ones 和 a[] 中
64                                  // 這些位所代表的水果總數 temp
65              int temp = 0;
66              for(int j = 0;j < cnt; j++) {
67                  if((1<<j)&i) {
68                      ones++;
69                      temp += a[j];
70                  }
71              }
72              if(ones&1)      // 對水果種類數是奇數的組合數做相減運算，
73                              // 對水果種類數是偶數的組合數做相加運算
74                  ans -= C(n+m-1-temp,n-1);
75              else
```

```
76                      ans += C(n+m-1-temp,n-1);
77              }
78              ans = (ans%mod+mod)%mod;      // 水果組合的總數取模後輸出
79              printf("%lld\n",ans);
80      }
81      return 0;
82  }
```

計算錯排的方案數

錯排是對一個集合的元素進行排列，使得每個元素都不在自己原來的位置。錯排數是每個元素都不在自己原來位置的排列數。

利用排容原理可以求解錯排數。設有 n 個元素 $a_1, a_2, \cdots, a_n$，a_i 的原來位置是第 i 個位置，$1 \le i \le n$；A_i 為 a_i 在第 i 個位置的全體排列。因為 a_i 不動，所以 $|A_i| = (n-1)!$。

同理，$|A_i \cap A_j| = (n-2)!$，$1 \le i,j \le n$，$i \ne j$。

……

因此，對於 n 個元素 $a_1, a_2, \cdots, a_n$，a_i 的每個元素都不在自己原來位置的排列數（錯排數）

$$D_n = \left| \overline{A_1} \cap \overline{A_2} \cap \cdots \overline{A_n} \right| = n! - C(n, 1)(n-1)! + C(n, 2)(n-2)! - \cdots = n!\left(1 - \frac{1}{1!} + \frac{1}{2!} - \cdots + (-1)^n \frac{1}{n!}\right)。$$

由上可見，用排容原理求解錯排數，需要計算階乘 $1!, \cdots, n!$，比較費時費力。下面提供 D_n 的遞迴公式。

設有 n 個元素 $a_1, a_2, \cdots, a_n$，錯排數目為 D_n。任取其中一個元素 a_i，錯排產生有兩種情況：

◆ a_i 與其他 $n-1$ 個元素之一互換，其餘 $n-2$ 個元素錯排。根據乘法原理，共產生 $(n-1)\,D_{n-2}$ 個錯排。

◆ a_i 以外的 $n-1$ 個元素先錯排，然後 a_i 與其中每個元素互換。根據乘法原理，共產生 $(n-1)\,D_{n-1}$ 個錯排。

使用加法原理綜合上述情況，可得出遞迴式：

$$D_1 = 0；D_2 = 1；D_n = (n-1)(D_{n-2} + D_{n-1})，其中 n > 2$$

注意： 當 n 較大時，錯排數可能會超過任何整數型別允許的範圍。在這種情況下一般採用高精確度運算，以避免數值溢出。

4.3.2.3　Sweet Child Makes Trouble

孩子總是讓父母感到甜蜜，但有時他們也會讓父母感到痛苦。在本題中，我們看一下丁丁，一個五歲的小男孩，如何給他的父母帶來麻煩。丁丁是一個快樂的男孩，總是忙著做一些事情，但他所做的事情並不總是讓他的父母感到愉快。他最喜歡玩家裡的東西，如他父親的手錶或他母親的梳子。在玩了以後，他就把這些東西放在其他地方。丁丁非常聰明,有著很好的記憶力。為了讓他的父母感覺事情更糟,他從來沒有把他玩的東西放回原來的地方。

想像一下,在一個早晨,丁丁「偷」了家裡的三樣東西,那麼,把這些東西不放置在原來的地方,他會有多少種方式?丁丁也不願意給他的父母帶來太多的麻煩,所以,他不會將任何東西放在一個全新的地方,他只是置換這些東西所在的地方。

輸入

輸入由若干個測試案例組成。每個測試案例提供一個小於或等於到 800 的正整數,表示丁丁放家裡的東西的數量。每個整數一行。-1 作為輸入終止,程式不用處理這一情況。

輸出

對每個測試案例,輸出一個整數,表示丁丁可以有多少種方法重新排列他取出的東西。

範例輸入	範例輸出
2	1
3	2
4	9
−1	

試題來源: The FOUNDATION Programming Contest 2004
線上測試: UVA 10497

❖ 試題解析

丁丁從不把他玩的東西放回原來的地方,目標是計算重新排列的方案數。顯然這是一個典型的錯排計數問題。我們使用遞迴的方法求解。

由於物件數的上限為 800,產生的錯排數超出了任何整數型別的數值範圍,因此需採用高精確度運算。

為了提高計算時效,我們先離線計算出 $D_1 \cdots D_{800}$。以後每輸入一個整數 n,直接輸出答案 D_n 即可。

❖ 參考程式

```
01    # include <cstdio>
02    # include <cstring>
03    # include <cstdlib>
04    # include <iostream>
05    # include <string>
06    # include <cmath>
07    # include <algorithm>
08    using namespace std;
09    typedef unsigned long long int64;
10    int64 m=1e10;                              // 高精確度陣列 s 的每個元素為 10 位元十進位數字
11    struct Bigint{                             // 定義 Bigint 的結構型別,用於高精確度運算
12        int64 s[1000];int l;                   // 高精確度陣列為 s[],其長度為 l
13        Bigint(){l=0; memset(s,0,sizeof(s))}   // 高精確度陣列初始化
14        void operator *=(int x){               // s←s*x,其中 s 為高精確度陣列,x 為整數
```

```
15                  int64 d=0;                       // 進位初始化
16                  for(int i=0;i<=l;i++){           // 逐項相乘
17                          d+=s[i]*x;s[i]=d%m;
18                          d/=m;
19                  }
20                  while(d){                        // 處理最高項的進位
21                          s[++l]=d%m;
22                          d/=m;
23                  }
24          }
25          void print(){
26                  printf("%llu",s[l]);             // 按實際位數輸出 s 的最高項
27                  for(int i=l-1;i>=0;i--)           // 按照 10 位一組的格式輸出以後的每一項
28                          printf("%010llu",s[i]);
29          }
30          void set(int64 a){                       // 將整數 a 轉化為高精確度陣列 s
31                  s[l]=a%m;a/=m;
32                  if(a)   l++,s[l]=a%m;
33          }
34  }   dp[1000];                                    // 1，2，…，n 的錯排數為 dp[n]，即 Dₙ
35  Bigint operator+(Bigint b,Bigint&a){             // b=b+a，其中 b 和 a 為高精確度陣列
36          int64 d=0;                               // 進位初始化
37          b.l=max(b.l,a.l);                        // 計算相加的項數
38          for(int i=0;i<= b.l;i++)                 // 逐項相加
39          {
40                      b.s[i]+=d+a.s[i];
41                      d=b.s[i]/m;b.s[i]%=m;
42          }
43          if(d)   b.l++,b.s[b.l]=d;                // 處理最高位的進位
44          return b;
45  }
46  int n;
47  int main(){
48          dp[1].set(0);dp[2].set(1);               // dp[1]=0, dp[2]=1
49          for(int i=3;i<=800;i++) dp[i]=dp[i-2]+dp[i-1],dp[i]*=(i-1); // 離線計算 dp[]
50          while(~scanf("%d",&n)&&~n){              // 反覆輸入 n，直至輸入 -1
51                  dp[n].print();printf("\n");      // 輸出 1，2，…，n 的錯排數
52          }
53          return 0;
54  }
```

4.3.3 ▶ Ramsey 定理的應用

定理 4.3.3.1　對於任何一個具有 6 個節點的簡單圖，要麼它包含一個三角形，要麼它的補圖包含一個三角形。

證明： 設 6 個節點的簡單圖為 G。考察 G 中的任意一個節點 a，那麼，另外 5 個節點中的任何一個節點，要麼在 G 中與 a 鄰接，要麼在 G'（G 的補圖）中與 a 鄰接。這樣，就可以把 5 個節點分成兩類：在 G 中與 a 鄰接，或在 G' 中與 a 鄰接。

因此，根據鴿籠原理，必有一類至少含有 3 個節點，不妨假設其中的 3 個節點 b、c、d 與 a 鄰接。

如果 b、c、d 間有邊相連，則命題成立；否則在補圖中 b、c、d 任意兩點間有邊相連，命題成立。∎

由上述定理，可以推出 Ramsey 定理。

定理 4.3.3.2（Ramsey 定理）　6 個人中至少存在 3 人相互認識或者相互不認識。

定義 4.3.3.1（Ramsey 數）　對於正整數 a 和 b，對應於一個整數 r，使得 r 個人中或有 a 個人相互認識，或有 b 個人互不認識；或有 a 個人互不認識，或有 b 個人相互認識。

這個數 r 的最小值用 $R(a, b)$ 來表示。

所以，$R(3, 3) = 6$。

Ramsey 數還有若干推論：$R(3, 4) = 9$，$R(4, 4) = 18$。

定理 4.3.3.3　Ramsey 數有如下性質。

◆ $R(a, b) = R(b, a)$，$R(a, 2) = 2$。

◆ 對任意的整數 $a, b \geq 2$，$R(a, b)$ 存在。

◆ 對任意的整數 a, b，$R(a, b) \leq R(a-1, b) + R(a, b-1)$；如果 $a, b \geq 2$，且 $R(a-1, b)$ 和 $R(a, b-1)$ 是偶數，則 $R(a, b) \leq R(a-1, b) + R(a, b-1) - 1$。

◆ $R(a, b) \leq C(a+b-2, a-1)$。

4.3.3.1　Friend-Graph

眾所周知，小團體不利於團隊的發展。因此，在一個好的團隊裡不應該有任何小團體。

在 n 個成員的團隊中，如果有三個或更多成員彼此不是朋友，或者有三個或更多成員彼此是朋友，那麼具有這種情況的團隊就是一個壞團隊；否則，這個團隊就是好團隊。

一家公司將對自己公司的每一個團隊進行評估。已知團隊有 n 個成員，並已知這 n 個成員之間所有的朋友關係。請判斷這個團隊是不是一個好團隊。

輸入

輸入的第一行提供測試案例的數量 T，然後提供 T 個測試案例，$T \leq 15$。

每個測試案例的第一行提供一個整數 n，表示在這個團隊裡人員的數量，$n \leq 3000$。

接下來提供 $n-1$ 行，第 i 行提供 $n-i$ 個數，其中 a_{ij} 表示第 i 個成員和第 $j+i$ 個成員之間的關係，0 表示兩人不是朋友，1 表示兩人是朋友。

輸出

如果這個團隊是一個好團隊，則輸出 "Great Team!"；否則輸出 "Bad Team!"。

範例輸入	範例輸出
1 4 1 1 0 0 0 1	Great Team!

試題來源： CCPC 2017 Preliminary

線上測試： HDOJ 6152

❖ 試題解析

根據 Ramsey 定理，$R(3, 3) = 6$。如果 $n \geq 6$，則團隊肯定是壞團隊。否則，將測試案例表示為一個有 n 個點的圖，每個點表示團隊的一個成員，如果兩個成員是朋友，則對應的兩點之間有一條邊相連。然後，根據不同的情況進行分析：

◆ 如果 $n = 5$，只有每個點的度為 2 時，團隊才是好團隊，否則，任意添加一條邊或刪除一條邊，團隊就是壞團隊。

◆ 如果 $n = 4$，則如果有一個點的度數為 3，或者為 0，團隊是壞團隊（證明參見定理證明），否則就是好團隊。

◆ 如果 $n = 3$，則如果每個點的度數都是 2 或 0，團隊是壞團隊；否則就是好團隊。

◆ 如果 $n \leq 2$，則團隊是好團隊。

❖ 參考程式

```
01  #include<cstdio>
02  #include<cmath>
03  #include<iostream>
04  #include<string.h>
05  using namespace std;
06  #define MAXN 3001
07  int a[MAXN][MAXN];
08  long du[MAXN];
09  int flag = 0;
10  int main() {
11      int T;                          // 測試案例的數量 T
12      scanf("%d", &T);
13      while (T--)                     // 每次迴圈處理一個測試案例
14      {
15          int n;                      // n：在這個團隊裡人員的數量
16          flag = 0;
17          memset(du, 0, sizeof(du));
18          scanf("%d", &n);
19          if (n >= 6) {               // n≥6，則團隊是壞團隊
20              printf("Bad Team!\n");
21              flag = 1;
22          }
23          for (int i = 1; i < n; i++)  // 將測試案例表示為一個n個點的圖
24          {
```

```
25              for (int j = i+1; j <= n; j++)
26              {
27                  scanf("%d", &a[i][j]);
28                  if (a[i][j] == 1) {
29                      du[i]++;
30                      du[j]++;
31                  }
32              }
33          }
34      if (n == 5) {                       // n=5 的情況
35          for (int i = 1; i <= n; i++)
36          {
37              if (du[i] != 2) {
38                  printf("Bad Team!\n");
39                  flag = 1;
40                  break;
41              }
42          }
43      }
44      if (n==4)                           // n=4 的情況
45      {
46          for (int i = 1; i <= n; i++) {
47              if(du[i] == 3 || du[i] == 0) {
48                  printf("Bad Team!\n");
49                  flag = 1;
50                  break;
51              }
52          }
53      }
54      if (n == 3)                         // n=3 的情況
55      {
56          if (du[1] == 0 && du[3] == 0 && du[2] == 0) {
57              printf("Bad Team!\n");
58              flag = 1;
59          }
60          if (du[1] == 2 && du[3] == 2 && du[2] == 2) {
61              printf("Bad Team!\n");
62              flag = 1;
63          }
64      }
65      if (flag == 0)                      // n≤2 的情況
66      {
67          printf("Great Team!\n");
68      }
69  }
70  return 0;
71 }
```

4.4 Pólya 計數公式的實作範例

1. 群和置換群

定義 4.4.1（群）　一個群是一個集合 G 和一個在集合 G 上被稱為 G 的群法則的操作，這一操作將任意兩個元素 a 和 b 合成為一個新元素，表示為 $a*b$ 或 ab。$(G, *)$ 滿足下述 4 個條件。

◆ 封閉性：對於任意 $a, b \in G$，$a*b \in G$。

◆ 結合律：對於任意 $a, b, c \in G$，$(a*b)*c = a*(b*c)$。

◆ 存在單位元素：在 G 中存在一個元素 e，使得對於任意 $a \in G$，$e*a = a*e = a$。

◆ 存在反元素：對於任意 $a \in G$，在 G 中存在元素 b，使得 $a*b = b*a = e$，其中 e 是單位元素。

例如，$G = \{-1, 1\}$，$(G, *)$ 是群。

如果 G 是有限集，則 $(G, *)$ 是有限群；否則 $(G, *)$ 是無限群。

定義 4.4.2（置換）　設集合 A 由 n 個不同元素 $a_1, a_2, \cdots, a_n$ 組成。A 中的元素之間的一個置換是 a_1 被 A 中的某個元素 b_1 所取代，a_2 被 A 中的某個元素 b_2 所取代……a_n 被 A 中的某個元素 b_n 所取代，並且 $b_1, b_2, \cdots, b_n$ 互不相同。

定義 4.4.3（置換群）　一個置換群是一個群 $(G, *)$，其元素是 $\{a_1, a_2, \cdots, a_n\}$ 的置換，而 $*$ 是置換的合成。

也就是說，置換群的元素是置換，操作是置換的合成。Pólya 計數公式根據置換群。

對於 $\{a_1, a_2, \cdots, a_n\}$，有 $n!$ 個置換。如果 f 是 $\{a_1, a_2, \cdots, a_n\}$ 的一個置換，置換可以用一個 $2*n$ 的陣列標示：

$$\begin{pmatrix} a_1 & a_2 & \dots & a_n \\ f(a_1) & f(a_2) & \dots & f(a_n) \end{pmatrix}$$

例如，$\{1, 2, 3, 4\}$ 有置換 f_1 和 f_2：

$$f_1 = \begin{pmatrix} 1 & 2 & 3 & 4 \\ 3 & 1 & 2 & 4 \end{pmatrix}, f_2 = \begin{pmatrix} 1 & 2 & 3 & 4 \\ 4 & 3 & 2 & 1 \end{pmatrix}, f_1 f_2 = \begin{pmatrix} 1 & 2 & 3 & 4 \\ 3 & 1 & 2 & 4 \end{pmatrix}\begin{pmatrix} 1 & 2 & 3 & 4 \\ 4 & 3 & 2 & 1 \end{pmatrix} = \begin{pmatrix} 1 & 2 & 3 & 4 \\ 2 & 4 & 3 & 1 \end{pmatrix}$$

$f_1 f_2$ 被稱為置換 f_1 和 f_2 的合成。類似的情況是 $f_2 f_1 = \begin{pmatrix} 1 & 2 & 3 & 4 \\ 4 & 3 & 2 & 1 \end{pmatrix}\begin{pmatrix} 1 & 2 & 3 & 4 \\ 3 & 1 & 2 & 4 \end{pmatrix} =$
$\begin{pmatrix} 1 & 2 & 3 & 4 \\ 4 & 2 & 1 & 3 \end{pmatrix}$。所以，$f_1 f_2 \neq f_2 f_1$。

一個置換可以表示為若干循環節的乘積。例如，$\begin{pmatrix} 1 & 2 & 3 & 4 & 5 \\ 4 & 3 & 1 & 5 & 2 \end{pmatrix} = (1\ 4\ 5\ 2\ 3)$，
$\begin{pmatrix} 1 & 4 & 5 & 2 & 3 \\ 5 & 1 & 4 & 2 & 3 \end{pmatrix} = (1\ 5\ 4)(2)(3) = (1\ 5\ 4)$，$\begin{pmatrix} 1 & 2 & 3 & 4 & 5 \\ 3 & 1 & 2 & 5 & 4 \end{pmatrix} = (1\ 3\ 2)(4\ 5)$。

如果置換 $f = (1\ 2\ \cdots\ n)$，則 $f^n = (1)(2)\ \cdots\ (n) = e$。

2 階迴圈 $(i\ j)$ 叫作 i 和 j 的對換或換位。任何一個循環節都可以表示為若干換位之積。

例如，$(1\ 2\ 3) = \begin{pmatrix} 1 & 2 & 3 \\ 2 & 3 & 1 \end{pmatrix} = \begin{pmatrix} 1 & 2 & 3 \\ 2 & 1 & 3 \end{pmatrix}\begin{pmatrix} 2 & 1 & 3 \\ 2 & 3 & 1 \end{pmatrix} = \begin{pmatrix} 1 & 2 & 3 \\ 2 & 1 & 3 \end{pmatrix}\begin{pmatrix} 1 & 2 & 3 \\ 3 & 2 & 1 \end{pmatrix} = (1\ 2)(1\ 3)$。

如果一個置換可以分解成奇數個換位之積，叫作奇置換；若可分解成偶數個換位之積，叫作偶置換。例如，（1 2 3）是偶置換。

2. 共軛類

設 S_n 是 $\{1, 2, \cdots, n\}$ 的所有置換。例如，$\{1, 2, 3, 4\}$ 的所有置換 $S_4 = \{(1)(2)(3)(4), (1\ 2), (1\ 3), (1\ 4), (2\ 3), (2\ 4), (3\ 4), (1\ 2\ 3), (1\ 2\ 4), (1\ 3\ 2), (1\ 3\ 4), (1\ 4\ 2), (1\ 4\ 3), (2\ 3\ 4), (2\ 4\ 3), (1\ 2\ 3\ 4), (1\ 2\ 4\ 3), (1\ 3\ 2\ 4), (1\ 3\ 4\ 2), (1\ 4\ 2\ 3), (1\ 4\ 3\ 2), (1\ 2)(3\ 4), (1\ 3)(2\ 4), (1\ 4)(2\ 3)\}$。

S_n 中的一個置換 P 可以分解成若干互不相交的循環節乘積，記為 $P = \underbrace{(a_1\ a_2 \cdots a_{k_1})(b_1\ b_2 \cdots b_{k_2}) \cdots (h_1\ h_2 \cdots h_{k_i})}_{i\,項循環}$，其中 $k_1 + k_2 + \cdots + k_i = n$。

設 C_k 是 k 階循環節的次數，$k = 1 \cdots n$，k 階循環節表示為 $(k)^{C_k}$，則置換 S_n 可以表示為 $(1)^{C_1}(2)^{C_2} \cdots (n)^{C_n}$。如果 $C_i = 0$，則 $(i)^{C_i}$ 可以被忽略，$i = 1 \cdots n$。顯然，$\sum_{k=1}^{n} kC_k = n$。

例如，在 S_4 中，具有相同格式的置換如下所示：

◆ $(1)^0(2)^2(3)^0(4)^0$，也就是 $(2)^2$，有 3 個置換：$(1\ 2)(3\ 4)$，$(1\ 3)(2\ 4)$ 和 $(1\ 4)(2\ 3)$。

◆ $(1)^1(3)^1$ 有 8 個置換：$(1\ 2\ 3)$，$(1\ 2\ 4)$，$(1\ 3\ 2)$，$(1\ 3\ 4)$，$(1\ 4\ 2)$，$(1\ 4\ 3)$，$(2\ 3\ 4)$ 和 $(2\ 4\ 3)$。

◆ $(1)^2(2)^1$ 有 6 個置換：$(1\ 2)$，$(1\ 3)$，$(1\ 4)$，$(2\ 3)$，$(2\ 4)$ 和 $(3\ 4)$。

◆ $(1)^4$ 只有 1 個置換：$(1)(2)(3)(4)$。

◆ $(4)^1$ 有 6 個置換：$(1\ 2\ 3\ 4)$，$(1\ 2\ 4\ 3)$，$(1\ 3\ 2\ 4)$，$(1\ 3\ 4\ 2)$，$(1\ 4\ 2\ 3)$ 和 $(1\ 4\ 3\ 2)$。

定義 4.4.4（共軛類） 在 S_n 中具有相同格式的置換全體被稱為與該格式相關的共軛類。

定理 4.4.1 在 S_n 中屬於共軛類 $(1)^{C_1}(2)^{C_2} \cdots (n)^{C_n}$ 的置換的個數是 $\dfrac{n!}{C_1! \cdots C_n! 1^{C_1} 2^{C_2} \cdots n^{C_n}}$。

例如，在 S_4 中，所有共軛類的置換數如下：

共軛類 $(2)^2$ 有 $\dfrac{4!}{2!*2^2} = 3$ 個置換；共軛類 $(1)^1(3)^1$ 有 $\dfrac{4!}{1!*3} = 8$ 個置換；共軛類 $(1)^2(2)^1$ 有 $\dfrac{4!}{2!*2} = 6$ 個置換；共軛類 $(1)^4$ 有 $\dfrac{4!}{4!} = 1$ 個置換；共軛類 $(4)^1$ 有 $\dfrac{4!}{4} = 6$ 個 = 置換。

設 G 是 $\{1, 2, \cdots, n\}$ 的置換群，顯然 G 是 S_n 的一個子群。

定義 4.4.5（K 不動置換類） 設 K 是 $\{1, 2, \cdots, n\}$ 中的一個數。G 中使 K 保持不變的置換全體，記為 Z_K，叫作 G 中使 K 不動的置換類，或簡稱 K 不動置換類。

例 如，$G = \{e, (1\ 2), (3\ 4), (1\ 2)(3\ 4)\}$。$Z_1 = \{e, (3\ 4)\}$；$Z_2 = \{e, (3\ 4)\}$；$Z_3 = \{e, (1\ 2)\}$；$Z_4 = \{e, (1\ 2)\}$。$e$ 是單位元。顯然，Z_K 是 G 的子群，K 是 $\{1, 2, 3, 4\}$ 中的一個數。對於 G，在這一置換下，1 可以置換為 2，2 可以置換為 1，3 可以置換為 4，4 可以置換為 3。

但 1 或 2 不可能置換為 3 或 4，而且 3 或 4 也不可能置換為 1 或 2。所以，1 和 2 在一個等價類中，3 和 4 在另一個等價類中。

設 G 是 $\{1, 2, \cdots, n\}$ 的置換群，K 是 $\{1, 2, \cdots, n\}$ 中的一個數。在這一置換下，$\{1, 2, \cdots, n\}$ 可以被劃分為若干等價類，K 所屬的等價類記為 E_K。

例如，$G = \{e, (1\ 2), (3\ 4), (1\ 2)(3\ 4)\}$。1 和 2 在一個等價類中，3 和 4 在另一個等價類中。$E_1 = E_2 = \{1, 2\}$，$E_3 = E_4 = \{3, 4\}$。因此，對於數 K，$1 \leq K \leq 4$，置換群 G 有對應的等價類 E_K 和不動置換類 Z_K。

3. Burnside 引理和 Pólya 計數公式

定理 4.4.2　設 G 是 $\{1, 2, \cdots, n\}$ 的置換群，K 是 $\{1, 2, \cdots, n\}$ 中的一個數，則 $|E_K| * |Z_K| = |G|$。

例如，$G = \{e, (1\ 2), (3\ 4), (1\ 2)(3\ 4)\}$；$E_1 = E_2 = \{1, 2\}$，$E_3 = E_4 = \{3, 4\}$；$|E_1| = |E_2| = |E_3| = |E_4| = 2$；$Z_1 = Z_2 = \{e, (3\ 4)\}$，$Z_3 = Z_4 = \{e, (1\ 2)\}$；$|Z_1| = |Z_2| = |Z_3| = |Z_4| = 2$。則 $|E_1| * |Z_1| = |E_2| * |Z_2| = |E_3| * |Z_3| = |E_4| * |Z_4|| = 4 = |G|$。

又例如，在 S_4 中，偶置換 $A_4 = \{(1)(2)(3)(4), (1\ 2\ 3), (1\ 2\ 4), (1\ 3\ 2), (1\ 3\ 4), (1\ 4\ 2), (1\ 4\ 3), (2\ 3\ 4), (2\ 4\ 3), (1\ 2)(3\ 4), (1\ 3)(2\ 4), (1\ 4)(2\ 3)\}$。$E_1 = \{1, 2, 3, 4\}$，$Z_1 = \{e, (2\ 3\ 4), (2\ 4\ 3)\}$，則 $|E_1| * |Z_1| = 4 \times 3 = 12 = |A_4|$。

設 $G = \{\alpha_1, \alpha_2, \cdots, \alpha_m\}$ 是一個在 $\{1, 2, \cdots, n\}$ 上的置換群，其中 $\alpha_1 = e$；α_k 可以被記為一個若干循環節的乘積，$c_1(\alpha_k)$ 是置換 α_k 中 1 階循環節的個數，$k = 1, 2, \cdots, m$。例如，$G = \{e, (1\ 2), (3\ 4), (1\ 2)(3\ 4)\}$；$\alpha_1 = e = (1)(2)(3)(4)$，$c_1(\alpha_1) = 4$；$\alpha_2 = (1\ 2) = (1\ 2)(3)(4)$，$c_1(\alpha_2) = 2$；$\alpha_3 = (3\ 4) = (1)(2)(3\ 4)$，$c_1(\alpha_3) = 2$；$\alpha_4 = (1\ 2)(3\ 4)$，$c_1(\alpha_4) = 0$。

Burnside 引理　設 $G = \{\alpha_1, \alpha_2, \cdots, \alpha_m\}$ 是 $\{1, 2, \cdots, n\}$ 的置換群，l 是 G 在 $\{1, 2, \cdots, n\}$ 上引出的不同的等價類的個數。$l = \dfrac{1}{|G|}[c_1(\alpha_1) + c_1(\alpha_2) + \cdots + c_1(\alpha_m)]$。

根據 Burnside 引理，G 在 $\{1, 2, 3, 4\}$ 上引出的不同的等價類的個數 $l = \dfrac{1}{4}(4 + 2 + 2 + 0) = 2$，也就是 $\{1, 2\}$ 和 $\{3, 4\}$。

在集合 X 的置換群作用下，Burnside 引理也可以用於計算 X 的非等價的著色數。例如，一個正方形被劃分為 4 個小正方形，並用兩種顏色對這 4 個正方形著色，有 16 種可能的著色，如圖 4-9 所示。

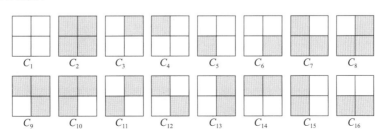

圖 4-9

這些正方形逆時針轉 90°、180° 和 270°，則是這 16 種著色的另外 3 個置換，這些置換可以表示為若干循環節的乘積。

◆ 旋轉 0°：$P_1 = (C_1)(C_2)(C_3)(C_4)(C_5)\cdots(C_{16})$，則 $c_1(P_1) = 16$。

◆ 旋轉 90°：$P_2 = (C_1)(C_2)(C_3\ C_4\ C_5\ C_6)(C_7\ C_8\ C_9\ C_{10})(C_{11}\ C_{12})(C_{13}\ C_{14}\ C_{15}\ C_{16})$，則 $c_1(P_2) = 2$。

◆ 旋轉 180°：$P_3 = (C_1)(C_2)(C_3\ C_5)(C_4\ C_6)(C_7\ C_9)(C_8\ C_{10})(C_{11})(C_{12})(C_{13}\ C_{15})(C_{14}\ C_{16})$，則 $c_1(P_3) = 4$。

◆ 旋轉 270°：$P_4 = (C_1)(C_2)(C_3\ C_4\ C_5\ C_6)(C_7\ C_8\ C_9\ C_{10})(C_{11}\ C_{12})(C_{13}\ C_{14}\ C_{15}\ C_{16})$，則 $c_1(P_4) = 2$。

所以，$G = \{P_1, P_2, P_3, P_4\}$，$|G| = 4$，根據 Burnside 引理，不相同的著色數為 $l = \dfrac{1}{4}(16+2+4+2) = 6$。相關的 6 個不相同的著色如圖 4-10 所示。

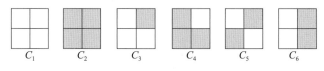

圖 4-10

可將這 4 個小正方形分別標為 1、2、3 和 4，如圖 4-11 所示。

2	1
3	4

圖 4-11

將這一正方形逆時針旋轉 0°、90°、180° 和 270°，並用置換群 $G = \{P_1, P_2, P_3, P_4\}$ 來表示這些旋轉，置換數 $|G| = 4$。設 $c(P_i)$ 是 P_i 的循環節數，$i = 1, 2, 3, 4$。所以，$P_1 = (1)(2)(3)(4)$，$c(P_1) = 4$；$P_2 = (1\ 2\ 3\ 4)$，$c(P_2) = 1$；$P_3 = (1\ 3)(2\ 4)$，$c(P_3) = 2$；$P_4 = (4\ 3\ 2\ 1)$，$c(P_4) = 1$。

設 m 是顏色數，如果在 P_i 中每個循環節著上相同的顏色，則著色數 $m^{c(P_i)}$ 是在置換 P_i 下的著色數。例如，在上例中，用兩種顏色對置換 P_1 的 4 個循環節著色，則在置換 P_1 下著色數 $2^{c(P_1)} = 2^4 = c_1(P_1) = 16$。同理，對於 P_2、P_3、P_4，每個循環節著上相同的顏色，則著色數 $2^{c(P_2)} = 2^1 = c_1(P_2) = 2$，$2^{c(P_3)} = 2^2 = c_1(P_3) = 4$，且 $2^{c(P_4)} = 2^1 = c_1(P_4) = 2$。

顯然，根據 Burnside 引理，不相同的著色數為 $l = \dfrac{1}{4}(16+2+4+2) = 6$。基於此，Pólya 計數公式如下。

Pólya 計數公式 設 G 是 n 個元素的置換群 $\{P_1, P_2, \cdots, P_k\}$，用 m 種顏色給這 n 個元素著色。則不相同的著色數為 $l = \dfrac{1}{|G|}(m^{c(P_1)} + m^{c(P_2)} + \cdots + m^{c(P_k)})$，其中 $c(P_i)$ 是置換 P_i 的循環節數，$i = 1\cdots k$。

如果存在一個集合的置換群 G，根據置換數 $|G|$ 和每個置換 P_i 的循環節數 $c(P_i)$，Pólya 計數公式也可以用於計算產生的等價類的數目。

4.4.1 ► Necklace of Beads

紅色（Red）、藍色（Blue）或綠色（Green）的珠子連在一起，構成一個環形的 n（$n<24$）顆珠子的項鍊，如圖 4-12 所示。如果圍繞著環形項鍊的中心進行的旋轉或按對稱軸的翻轉產生的重複都被忽視，項鍊有多少種不同的形式？

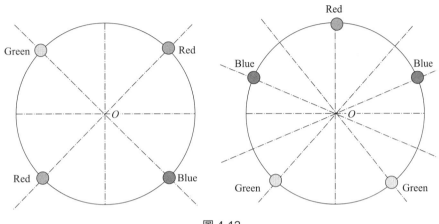

圖 4-12

輸入

輸入提供若干行，每行提供一個輸入資料 n。−1 表示輸入結束。

輸出

每行對應一個輸入資料，提供不同形式的數目。

範例輸入	範例輸出
4	21
5	39
−1	

試題來源：ACM Xi'an 2002
線上測試：POJ 1286，UVA 2708

❖ **試題解析**

設 a 為目前置換，其中 a_j 為 j 位置被置換的珠子序號（$1\leq j\leq n$）。

依次進行 i 次旋轉和翻轉（$0\leq i\leq n-1$）。

◆ 第 i 次旋轉：珠子 j 被珠子 $(j+i)\%n+1$ 置換，即 $a_j=(j+i)\%n+1$。計算目前置換 a 的循環節數 c_i，以 3 種顏色塗染目前置換的 n 顆珠子的方案數為 3^{c_i}。

◆ 第 i 次翻轉：由於沿對稱軸翻轉，j 位置的珠子與（$n+1-j$）位置的珠子交換，即 $a_j\leftrightarrow a_{n+1-j}$（$1\leq j\leq n$）。計算目前置換 a 的循環節數 c_i，以 3 種顏色塗染目前置換的 n 顆珠子的方案數為 3^{c_i}。

顯然，一共進行了 2*n 次置換。根據 Pólya 計數公式，可計算項鍊的不同形式數：

$$l = \frac{1}{2n}\sum_{i=1}^{n}(3^{c_i}+3^{c_i'})$$

❖ 參考程式

```
01   # include <cstdio>
02   # include <cstring>
03   # include <cstdlib>
04   # include <iostream>
05   # include <string>
06   # include <cmath>
07   # include <algorithm>
08   using namespace std;
09   typedef long long int64;
10   int n,vis[30],lab[30]; // lab[] 為目前置換，即珠子 j 被珠子 lab[j] 置換；j 的置換標誌為 vis[j]
11   int64 qpow(int64 a,int64 b){              // 透過反覆平方法計算和傳回冪 a^b
12          int64 ans=1;
13          while(b){
14                  if(b&1)    ans*=a;
15                  a*=a;b>>=1;
16          }
17          return ans;
18   }
19   int getloop(){                           // 計算和傳回目前置換的循環節數
20          memset(vis,0,sizeof(vis));
21          int cnt=0;
22          for(int i=1;i<=n;i++) {
23                  if(vis[i])    continue; // 若計算出 i 所在的循環節，則列舉 i+1；
24                                          // 否則增加 1 個循環，標誌 i 所在循環節的所有元素
25                  cnt++;
26                  int j=i;
27                  do{
28                          vis[j]=1;
29                          j=lab[j];
30                  }while(!vis[j]);
31          }
32          return cnt;                      // 傳回目前置換的循環節數
33   }
34   void work(){                            // 計算 n 顆珠子的項鍊有多少種不同的形式
35          if(!n){                          // n=0 特判
36                  printf("0\b");
37                  return;
38          }
39          int64 ans=0;
40          for(int i=0;i<n;i++){            // 依次進行旋轉和翻轉
41                  for(int j=1;j<=n;j++) lab[j]=(j+i)%n+1;   // 計算第 i 次旋轉的置換
42                  ans+=qpow(3,getloop());  // 累計 3 種顏色塗染目前置換的 n 顆珠子的方案數
43                  for(int j=1;j<=n/2;j++) swap(lab[j],lab[n+1-j]);  // 計算第 i 次翻轉
44                                          // 的置換
45                  ans+=qpow(3,getloop());  // 累計 3 種顏色塗染目前置換的 n 顆珠子的方案數
46          }
47          ans/=(n*2);                      // 方案總數除置換次數即為答案
48          printf("%lld\n",ans);
```

```
49    }
50    int main(){
51        while(~scanf("%d",&n)&&~n)work(); // 反覆輸入 n，計算和輸出問題解，直至輸入 0 為止
52        return 0;
53    }
```

4.4.2 ▶ Toral Tickets

對於一個長方形的橡膠板，先將橡膠板較長的兩邊黏到一起，形成一個圓桶，然後將兩個圓桶底面黏接到一起，形成一個類似救生圈的形狀，這就被稱為一個 tore。在 Eisiem 星球上，乘客的交通票也計畫設計成 tore 的形式。每個 tore 由一張長方形的包含了 $N \times M$ 方格的黑色橡膠板做成，若干方格則被白色標示，對交通票的出發地和目的地進行編碼。

在乘客買票的時候，出票的機器取橡膠板，對一些方格標示，提供乘客的路線，然後將交通票給乘客。接下來，乘客就要用膠水按上述形成 tore 的方式黏交通票。注意這張板的內側和外側是可以被區分的。這樣的 tore 是有效的交通票。

如果原來的板是正方形，就有兩種不同的方法來形成 tore。

交通票的品質很好，膠水黏合也非常好，不可能有縫，但也導致一些問題。不同的黑色橡膠板可能產生同一個 tore，而且，相同的黑色橡膠板也會導致看起來有點不同的 tore。

Eisiem 的交通公司希望知道，可以辨識多少不同的路線，下述條件要被滿足：

◆ 不同的 tore 表示不同路線的交通票；

◆ 如果對某些路線標誌了一些橡膠板產生 tore，這個 tore 不能用於另一條路線。

請幫交通公司計算所能組織的不同路線的數目。

輸入
輸入的每一行提供 N 和 M（$N \leq 1, M \leq 20$）。

輸出
對每個測試案例，輸出 Eisiem 交通公司可以組織的路線數。

範例輸入	範例輸出
2 2	6
2 3	13

試題來源：Petrozavodsk Summer Trainings 2003, 2003-08-23（Andrew Stankevich's Contest #2）
線上測試：ZOJ 2344，SGU 208

❖ 試題解析

由上而下、由左而右給長方形的每個方格標號 $1 \cdots n \times m$。長方形共產生 $n \times m$ 類置換,其中長方形的每個方格迴圈左移 i 格、迴圈下移 j 格屬於一類置換($0 \leq i \leq n-1$,$0 \leq j \leq m-1$)。

該類置換又細分成如下置換:

①不旋轉:方格 k 被方格 $y*n+x$ 置換。

②旋轉 180°:方格 k 被方格 $(m-1-y)*n+(n-1-x)$ 置換。

若為正方形($m==n$),又多出兩種置換:

③旋轉 90°:方格 k 被方格 $(m-1-x)*n+y$ 置換。

④旋轉 270°:方格 k 被方格 $x*n+(n-1-y)$ 置換。

其中 $x=(k\%n+i)\%n$,$y=(k/n+j)\%m$。

分別計算長方形在該類置換方式①②③④下的循環節數 c_{ij}^1、c_{ij}^2($n==m$ 時,增加 c_{ij}^3、c_{ij}^4)。

顯然,若 $n \neq m$,則總共產生 $s=2*n*m$ 個置換;若 $n=m$,則總共產生 $s=4*n*m$ 個置換。由於每個方格有兩種方式可供選擇,相當於用兩種顏色塗色。將這些要素代入波利亞定理公式,可得出不同路線數 $l = \dfrac{1}{s} \displaystyle\sum_{0 \leq i \leq n-1,\, 0 \leq j \leq m-1} (2^{c_{ij}^1} + 2^{c_{ij}^2} (+2^{c_{ij}^3} + 2^{c_{ij}^4} \,|\, n=m))$。

注意: 由於 n 和 m 的上限為 20,因此產生的不同路線數可能超出任何整數型別允許的數值範圍,因此需採用高精確度運算。另外,為了提高運算時效,可先離線計算出 2 的冪表。

❖ 參考程式

```
01   # include <cstdio>
02   # include <cstring>
03   # include <iostream>
04   # include <algorithm>
05   using namespace std;
06   struct BIGNUM{                       // 定義結構體 BIGNUM,用於高精確度運算
07       int s[200];                      // 高精確度陣列 s[],實際長度為 l
08       int l;
09   }  ans,two[405]; // Eisiem 交通公司可以組織的路線數為 ans;two[i] 為 2ⁱ
10
11   inline BIGNUM operator*(BIGNUM a,int b){ // 計算 a←a*b,其中 a 為高精確度陣列,b 為整數
12       for(int i=0;i< a.l;i++)a.s[i]*=b;
13       for(int i=0;i< a.l;i++){
14           a.s[i+1]+=a.s[i]/10;
15           a.s[i]%=10;
16       }
17       while(a.s[a.l]){                  // 處理進位
18           a.s[a.l+1]+=a.s[a.l]/10;
19           a.s[a.l]%=10;
20           a.l++;
```

```
21          }
22          return a;                              // 傳回 a*b
23   }
24   inline BIGNUM operator+(BIGNUM a,BIGNUM b){  // 計算 a←a+b，其中 a 和 b 為高精確度陣列
25          a.l=max(a.l,b.l);
26          for(int i=0;i< a.l;i++)a.s[i]+=b.s[i];
27          for(int i=0;i< a.l;i++){
28               a.s[i+1]+=a.s[i]/10;
29               a.s[i]%=10;
30          }
31          while(a.s[a.l]){                        // 處理進位
32               a.s[a.l+1]+=a.s[a.l]/10;
33               a.s[a.l]%=10;
34               a.l++;
35          }
36          return a;                              // 傳回 a+b
37   }
38   inline BIGNUM operator/(BIGNUM a,int b){  // 計算 a←a/b，其中 a 為高精確度陣列，b 為整數
39     for(int i=a.l-1;i>0;i--){
40               a.s[i-1]+=(a.s[i]%b)*10;
41               a.s[i]/=b;
42          }
43          a.s[0]/=b;
44          while(!a.s[a.l-1])    a.l--;
45          return a;                              // 傳回 a/b
46   }
47   void print(BIGNUM a){                          // 輸出高精確度數 a
48        for(int i=a.l-1;i>=0;i--){
49               printf("%d",a.s[i]);
50          }
51          printf("\n");
52   }
53   void cal_two(){                                // 2^i
54        two[0].l=1;two[0].s[0]=1;
55        for(int i=1;i<=400;i++)
56               two[i]=two[i-1]*2;
57   }
58   int n,m,p[4][500],nm,vis[500];                 // 長方形規模為 n*m，置換 i 中替代 j 的元素序號
59                                                  // 為 p[i][j]；元素 j 被置換的標誌為 vis[j]
60   int circle(int la){                            // 計算置換 la 的循環節數
61        int a=0;                                  // 循環節數初始化
62        memset(vis,0,sizeof(vis));
63        for(int i=0;i< nm;i++) {                  // 列舉每個元素
64               if(!vis[i])    a++;                 // 若元素 i 未置換，則循環節數 +1
65               vis[i]=1;                           // 設元素 i 置換標誌
66               for(int j=p[la][i];!vis[j];j=p[la][j])  // 元素 i 所在循環節內的元素設置換標誌
67                    vis[j]=1;
68          }
69          return a;                              // 傳回置換 la 的循環節數
70   }
71   void work(){                                   // 計算和輸出 Eisiem 交通公司可以組織的路線數
72        int div=0;
73        memset(ans.s,0,sizeof(ans.s));            // 路線數初始化為 0
74        ans.l=0;
75        for(int i=0;i<n;i++)                       // 列舉每個方格迴圈左移和迴圈下移的格子數 i 和 j
```

```
76          for(int j=0;j<m;j++)      {
77   for(int k=0;k<nm;k++)    {
78                   int x=(k%n+i)%n,y=(k/n+j)%m;
79                   p[0][k]=y*n+x;           // 旋轉 0°
80                   p[1][k]=(m-1-y)*n+(n-1-x);  // 旋轉 180°
81                    if(n==m){              // 正方形，旋轉 90°、270°
82                          p[2][k]=(m-1-x)*n+y;  p[3][k]=x*n+(n-1-y);          }
83                    }
84                div+=2;                    // 累計置換數
85                ans=ans+two[circle(0)];   // 累計 2^不旋轉置換的循環節數
86                ans=ans+two[circle(1)];   // 累計 2^旋轉 180° 置換的循環節數
87                if(n==m){                 // 正方形
88                    div+=2;
89                    ans=ans+two[circle(2)]; // 累計 2^旋轉 90° 置換的循環節數
90                    ans=ans+two[circle(3)]; // 累計 2^旋轉 270° 置換的循環節數
91                }
92            }
93        ans=ans/div;
94        print(ans);                       // 輸出答案
95  }
96  int main(){
97      cal_two();                          // 計算 2 的冪表
98      while(~scanf("%d %d",&n,&m)){       // 反覆輸入長方形的行數和列數
99          if(n<m)    swap(n,m);           // 保證行數不小於列數
100         nm=n*m;                         // 計算格子數
101         work();      // 計算和輸出 Eisiem 交通公司可以組織的路線數
102     }
103     return 0;
104 }
```

4.4.3 ▶ Color

N 種顏色的珠子連在一起構成一個環形的 N 顆珠子的項鍊（$N \le 1000000000$）。請計算可以產生多少不同的項鍊。要注意項鍊可以不用光所有 N 種顏色，並且環形項鍊圍繞著中心的旋轉所產生的重複都要被略去。

輸出的答案用數 P 取模。

輸入

輸入的第一行提供一個整數 X（$X \le 3500$），表示測試案例的數目。接下來的 X 行每行提供兩個數字 N 和 P（$1 \le N \le 1000000000$，$1 \le P \le 30000$），表示一個測試案例。

輸出

對每個測試案例，輸出一行，提供答案。

範例輸入	範例輸出
5	1
1 30000	3
2 30000	11
3 30000	70
4 30000	629
5 30000	

試題來源： POJ Monthly, Lou Tiancheng
線上測試： POJ 2154

❖ 試題解析

方法 1：應用 Pólya 定理

一個單純的想法是直接考慮每個旋轉，計算其循環節個數，再使用 Pólya 方法求出不等價類的總數。但是可以發現本題的特殊地方在於只考慮旋轉等價，不考慮翻轉等價，考慮一個旋轉 s 的置換，我們有 $a_i = a_{(i+k*s)\%n}$，其中 a_i 表示第 i 個珠子，這些珠子都在一個循環節中，根據數論知識，我們可得 s 的倍數對 n 的模分別為 $0, d, 2*d, \cdots, n-d$，其中有 $d = \text{GCD}(n, s)$，這有 $\frac{n}{d}$ 個不同的數，這樣我們能確定此時不同的循環節數目為 $\frac{n}{\frac{n}{d}} = d$ 個。代入 Pólya 公式，可得 $\text{ans} = \frac{1}{n}\sum_{i=0}^{n-1} n^{\text{GCD}(n,i)}$。

這樣，演算法複雜性就降到了 $O(n*\log_2 n)$ 等級，但是在這道題中 n 的範圍過大，顯然，還需要再次進行最佳化。

方法 2：使用歐拉函數

換一個角度，列舉每個循環節長度，可以考慮這個長度的旋轉 s 的置換共有多少個。對於所有 $\text{GCD}(i, n) = k$ 的 i，都可得 $\frac{i}{k}$ 與 $\frac{n}{k}$ 互質，而與 $\frac{n}{k}$ 互質的數有 $\varphi\left(\frac{n}{k}\right)$ 個（φ 為歐拉函數）。最終可得到公式 $\text{ans} = \frac{1}{n}\sum_{p|n}\varphi\left(\frac{n}{p}\right)*n^p = \sum_{p|n}\varphi\left(\frac{n}{p}\right)*n^{p-1}$。

列舉 p 需要 $O(\sqrt{n})$ 的時間，而此範圍內計算一個數的歐拉函數需要 $O(\sqrt{\sqrt{n}})$ 的時間，最終演算法的複雜度大約是 $O(n^{\frac{3}{4}})$ 等級的。

方法 2 說明，Pólya 定理求解置換作用下產生的等價類個數固然是好，但未必最好。「條條大路通羅馬」，不妨突破思維定式，看看有沒有正確且效率更高的解法。下面提供方法 2 的程式範例。有興趣的讀者可以自行編寫方法 1 的解答程式。

❖ 參考程式

```
01   # include <cstdio>
02   # include <cstring>
03   # include <cstdlib>
04   # include <iostream>
05   # include <string>
06   # include <cmath>
07   # include <algorithm>
08   using namespace std;
09   typedef long long int64;
10   bool np[50000];                    // 篩子
11   int prime[50000],pn,lim=50000;     // 質數表為 prime[]，表長為 pn，質數的上限為 lim
12   int n,p;
13   void pp(){                         // 計算 [2…lim-1] 的質數表 prime[]，表長為 pn
14        np[0]=np[1]=1;                // 濾去合數 0 和 1
15        for(int i=2;i<lim;i++){       // 列舉篩子中的最小質數
```

```
16              if(np[i])        continue;
17              prime[pn++]=i;                              // i 進入質數表
18              for(int j=i*2;j<lim;j+=i)      np[j]=1; // 將 i 的倍數從篩子中濾去
19          }
20  }
21  int phi(int n){                                // 計算歐拉函數 φ(n)%p
22          int ans=n;
23          for(int i=0;i<pn&&prime[i]*prime[i]<=n;i++){   // 列舉 n 的每個質因數
24                  if(n%prime[i]!=0)     continue;
25                  ans-=ans/prime[i];
26                  do{                    // 去除 n 中以 prime[i] 為基底的冪
27                          n/=prime[i];
28                  }while(n%prime[i]==0);
29          }
30          if(n!=1)    ans-=ans/n;
31          return ans%p;
32  }
33  int exp_m(int64 a,int b){              // 使用反覆平方法計算 (a^b)%p
34          int ans=1,x=a%p;
35          while(b){
36                  if(b&1)    ans=(ans*x)%p;
37                  x=(x*x)%p;
38                  b>>=1;
39          }
40          return ans;                   // 傳回 (a^b)%p
41  }
42  int main(){
43          int casen;                // 測試案例數
44          pp();                     // 計算質數表
45          scanf("%d",&casen);       // 輸入測試案例數
46          while(casen--){
47                  int ans=0,i;
48                  scanf("%d %d",&n,&p); // 輸入珠子數和模
49                  for(i=1;i*i<n;i++){    // 列舉 n 的每個因數 i，
```

$$50 \quad // \text{ 計算 ans}=\left(\sum_{i^2<n,\,n\%i=0} \varphi\left(\frac{n}{i}\right)*n^{i-1}+\varphi(i)*n^{\frac{n}{i}-1} \% p\right)$$

```
51                  if(n%i!=0)        continue;
52                  ans+=(((phi(n/i)%p)*exp_m(n,i-1))+((phi(i)%p)*exp_m(n,n/
53                  i-1)));
54                  ans%=p;
55              }
```

```
56          if(i*i==n){                       // 若 n==i², 則 ans=(ans+φ(i)*n^{i-1})% p
57                  ans+=((phi(i)%p)*exp_m(n,i-1));
58                  ans%=p;
59          }
60          printf("%d\n",ans);            // 輸出不同的項鍊數對 p 取模
61      }
62          return 0;
63  }
```

4.5 生成函數與遞迴關係的實作範例

4.5.1 ▶ 冪級數型生成函數

定義 4.5.1.1（冪級數型生成函數） 設 $a_0, a_1, a_2, \cdots, a_n, \cdots$ 是一個數列，建構形式冪級數 $f(x) = a_0 + a_1 x + a_2 x^2 + \cdots + a_n x^n + \cdots$，稱 $f(x)$ 是數列 $a_0, a_1, a_2, \cdots, a_n, \cdots$ 的冪級型生成函數。

冪級型生成函數可用來求解多重集的組合計數的問題。

4.5.1.1 Dividing

Marsha 和 Bill 收藏了一批大理石。他們想要在他們之間分割收藏的大理石，使得他倆擁有相等的大理石份額。如果所有大理石的價值相同，那麼就很容易，因為他們只要將他們的收藏一分為二就可以了。但不幸的是，一些大理石比較大，或者比其他的大理石更漂亮。所以，Marsha 和 Bill 開始給每塊大理石賦一個值——一個在 1 與 6 之間的自然數。現在他們想平分這些大理石，使每個人得到的總價值相同。但不幸的是，他們意識到，以這種方式劃分大理石是不可能的（即使所有的大理石的總價值是偶數）。例如，如果有一塊大理石的價值為 1，一塊大理石的價值為 3，兩塊大理石的價值為 4，那麼它們不可能被分成具有相等價值的大理石集合。因此，他們要求你寫一個程式，確定是否有一種公平劃分大理石的方法。

輸入

在輸入的每一行描述一個要被分割的大理石的集合。行中包含六個非負整數 $n_1, \cdots, n_6$，其中 n_i 是價值為 i 的大理石的數目。所以，上述例子可以用行 "1 0 1 2 0 0" 描述。大理石價值的總數不超過 20000。

輸入檔案的最後一行是 "0 0 0 0 0 0"；程式不必處理這一行。

輸出

對於每個集合，輸出 "Collection #*k*:"，其中 k 是測試案例的編號，然後輸出 "Can be divided." 或 "Can't be divided."。

在每個測試案例後，輸出一個空行。

範例輸入	範例輸出
1 0 1 2 0 0 1 0 0 0 1 1 0 0 0 0 0 0	Collection #1: Can't be divided. Collection #2: Can be divided.

試題來源： ACM Mid-Central European Regional Contest 1999
線上測試： POJ 1014，ZOJ 1149，UVA 711

❖ **試題解析**

每一個測試案例（一個要被分割的大理石的集合）表示為六個非負整數 $n_1, \cdots, n_6$，其中 n_i 是價值為 i 的大理石的數目。所以，一個要被分割的大理石的集合是一個多重集。對於價值為 i 的大理石，組合數可以表示為冪級數型生成函數 $f_i(x) = 1 + x^i + x^{2i} + \cdots + x^{n_i \times i}$，$1 \leq i \leq 6$。

大理石的集合是一個多重集，其組合計數用冪級數型生成函數表示：

$$f(x) = (1 + x + x^2 + \cdots + x^{n_1})(1 + x^2 + x^4 + \cdots + x^{2n_2}) \cdots (1 + x^6 + x^{12} + \cdots + x^{6n_6})$$

設這個大理石的集合的總價值為 value。如果 value 是奇數，則大理石集合不可劃分；否則，如果在 $f(x)$ 中 $x^{\wedge}(value/2)$ 的係數不為 0，即存在公平劃分的組合，則大理石集合可以公平劃分；否則大理石集合不可劃分。

當任意一種大理石的數目 n_i（$1 \leq i \leq 6$）比較大時，程式會超時，需要剪枝最佳化，有如下定理：

對於任意一種大理石的數目 n_i（$1 \leq i \leq 6$），當 $n_i \geq 8$ 時，如果 n_i 為奇數，則 $n_i = 11$；如果 n_i 為偶數，則 $n_i = 12$。

❖ **參考程式**

```
01  #include <iostream>
02  #include <cstdio>
03  #include <algorithm>
04  #include <map>
05  #include <vector>
06  #include <cstring>
07  #include <cmath>
08  using namespace std;
09  typedef long long ll;
10  const int maxn = 6e3+10;
11  int a[10],c1[maxn],c2[maxn];
12  int judge(int n)              // 剪枝操作，對某一價值大理石數目 n≥8 的處理，避免 TLE
13  {
14      if(n&1) return 11;
15      return 12;
16  }
17  int solve(int value)         // 傳回 x^(value/2) 的係數
18  {
19      value/=2;                 // 總價值的一半
20      memset(c1,0,sizeof(c1));  // c1 用於儲存最終結果
21      memset(c2,0,sizeof(c2));  // c2 用於保留中間結果
22      for(int i=0;i<=a[1];i++) c1[i]=1;             // 第一個運算式初始化
23      for(int i=2;i<=6;i++){
24        for(int j=0;j<=value;j++)  // 尋訪第二個運算式的指數，找到對應係數非 0 的數
25          if(c1[j]){
26            for(int k=0;k+j<=value&&k<=i*a[i];k+=i)  // 後一運算式尋訪
27              c2[j+k]+=c1[j];
28          }
29        memcpy(c1,c2,sizeof(c2));
```

```
30          memset(c2,0,sizeof(c2));
31      }
32      if(c1[value]) return c1[value];
33      return 0;
34  }
35  int main()
36  {
37      int count=1;
38      while(1){
39       int sum=0;
40       for(int i=1;i<=6;i++){
41          cin>>a[i];
42          if(a[i]>=8) a[i]=judge(a[i]);
43          sum+=i*a[i];
44       }
45       if(sum==0) break;            // 跳出迴圈
46       else if(sum&1) cout<<"Collection #"<<count++<<":"<<endl<<"Can't be divide
47  d."<<endl;                       // 剪枝操作，奇數肯定不能均分
48       else{
49         cout<<"Collection #"<<count++<<":"<<endl;
50         if(solve(sum)) cout<<"Can be divided."<<endl;
51         else cout<<"Can't be divided."<<endl;
52       }
53       cout<<endl;                  // 注意每組資料之間有一個空行
54      }
55      return 0;
56  }
```

4.5.2 ▶ 指數型生成函數

定義 4.5.2（指數型生成函數）　設 $a_0, a_1, a_2, \cdots, a_n, \cdots$ 是一個數列，建構形式冪級數 $f(x)=\sum_{r=0}^{\infty}\frac{a_r}{r!}x^r=a_0+a_1x+\frac{a_2}{2!}x^2+\cdots+\frac{a_n}{n!}x^n+\cdots$，稱 $f(x)$ 是數列 $a_0, a_1, a_2, \cdots, a_n, \cdots$ 的指數型生成函數。

指數型生成函數可用來求解多重集的排列計數的問題。

數列 1, 1, 1, $\cdots$ 的指數型生成函數為 $e^x=\sum_{n=0}^{\infty}\frac{x^n}{n!}=1+x+\frac{x^2}{2!}+\frac{x^3}{3!}+\cdots$，由此提供泰勒級數公式：

$$e^{kx}=\sum_{n=0}^{\infty}\frac{(kx)^n}{n!}$$

$$e^{-x}=\sum_{n=0}^{\infty}(-1)^n\frac{x^n}{n!}=1-x+\frac{x^2}{2!}-\frac{x^3}{3!}+\cdots$$

$$\frac{1}{2}(e^x+e^{-x})=1+\frac{x^2}{2!}+\frac{x^4}{4!}+\cdots$$

$$\frac{1}{2}(e^x-e^{-x})=x+\frac{x^3}{3!}+\frac{x^5}{5!}+\cdots$$

4.5.2.1 Blocks

Panda 接到了一項任務：給一排方格著色。Panda 是一個聰明的孩子，他想到了一個著色的數學問題：假如在一排中有 N 個方格，每個方格可以著紅色、藍色、綠色或黃色。由於一些神秘的原因，Panda 希望紅色方格和綠色方格的數量都是偶數。在這樣的條件下，Panda 想知道對這些方格著色會有多少種不同的方法。

輸入

第一行提供整數 T（$1 \leq T \leq 100$），表示測試案例的數目。接下來的 T 行每行提供一個整數 N（$1 \leq N \leq 10^9$），表示方格的數目。

輸出

對每個測試案例，在一行中輸出方格著色的方法數。因為答案可能會相當大，所以結果要用 10007 取餘。

範例輸入	範例輸出
2	2
1	6
2	

試題來源：PKU Campus 2009 (POJ Monthly Contest-2009.05.17), Simon
線上測試：POJ 3734

❖ **試題解析**

多重集的排列計數用指數型生成函數求解。因為紅色方格和綠色方格的數量是偶數，所以生成函數 $f(x) = \left(1 + \dfrac{x^2}{2!} + \dfrac{x^4}{4!} + \cdots\right)^2 \left(1 + x + \dfrac{x^2}{2!} + \dfrac{x^3}{3!} + \cdots\right)^2$。

根據泰勒級數，$e^x = 1 + x + \dfrac{x^2}{2!} + \dfrac{x^3}{3!} + \cdots$，$e^{-x} = 1 - x + \dfrac{x^2}{2!} - \dfrac{x^3}{3!} + \cdots$，則生成函數 $f(x) = e^{2x} \times \left(\dfrac{e^x + e^{-x}}{2}\right)^2$。所以，$f(x) = \dfrac{e^{4x} + 2e^{2x}}{4}$。

因為在 e^{kx} 中 $\dfrac{x^n}{n!}$ 的係數是 k^n，所以 $f(x)$ 中 $\dfrac{x^n}{n!}$ 的係數是 $\dfrac{4^n + 2^{n+1}}{4}$。

❖ **參考程式**

```
01   #include<iostream>
02   #include<cstdio>
03   #include<cstring>
04   #include<algorithm>
05   #define p 10007
06   using namespace std;
07   int n,T;
08   int quickpow(int num,int x) // 計算 num^x
09   {
10       int ans=1; int base=num;
11       while (x) {
12           if (x&1) ans=ans*base%p;
```

```
13          x>>=1;
14          base=base*base%p;
15      }
16      return ans;
17  }
18  int main()
19  {
20      scanf("%d",&T);          // T：測試案例的數目
21      while (T--) {
22          scanf("%d",&n);      // n：方格的數目
23          int t=quickpow(4,n)+quickpow(2,n+1);
24          t=(t%p+p)%p;
25          printf("%d\n",t*quickpow(4,p-2)%p);
26      }
27  }
```

4.5.2.2 Chocolate

在 2100 年，ACM 巧克力將成為世界上最受歡迎的食物之一。

「綠色、橙色、棕色、紅色……」，彩色糖衣外殼可能是 ACM 巧克力最吸引人的特徵。你見過多少種顏色的 ACM 巧克力？現在，據說 ACM 要從 24 種顏色的調色板中挑選顏色來做出美味的巧克力。

有一天，Sandy 用一大包 ACM 巧克力玩了一個遊戲，這包巧克力有 5 種顏色（綠色、橙色、棕色、紅色和黃色）。每次他從包裡拿出一塊巧克力，就放在桌子上。如果桌子上有兩塊顏色相同的巧克力，他就把它們都吃了。他發現了一件非常有趣的事情，在大多數時間，桌子上總是有兩塊或三塊巧克力。

現在，就有這樣的問題：如果在包中有 c 種顏色的 ACM 巧克力（顏色分佈均勻），那麼從包中取出 n 塊巧克力之後，在桌子上恰好有 m 塊巧克力的機率是多少？可以寫一個程式來回答這個問題嗎？

輸入

本題輸入包含若干測試案例，每個測試案例一行。每個測試案例提供 3 個非負整數：c（$c \leq 100$）、n 和 m（$n, m \leq 1000000$）。輸入用僅有一個 0 的一行來結束。

輸出

對每個測試案例，輸出一行，提供一個實數，精確到小數點後 3 位。

範例輸入	範例輸出
5 100 2 0	0.625

試題來源：ACM Beijing 2002

線上測試：POJ 1322，ZOJ 1363，UVA 2522

❖ 試題解析

因為某種顏色的巧克力被取出第 2 塊的時候，這兩塊巧克力就會被吃掉，也就是說，在桌子上，每種巧克力要麼只有一個，要麼沒有，所以 $m \leq c$，並且 $(n-m)\%2==0$。因此，在提供的測試案例中，如果 $(n-m)\%2 \neq 0$，或者 $m > n$，或者 $m > c$，那麼機率為 0。

現在討論 $(n-m)\%2==0$，$m \leq n$，並且 $m \leq c$ 的情況。

在包中有 c 種顏色的巧克力（顏色分佈均勻），從包中取出 n 塊巧克力，由於每次從包中取出每種顏色的巧克力的機率是相等的，所以 n 次取走巧克力的排列數是 c^n，本題用指數型生成函數來解決。

在桌子上恰好有 m 塊巧克力，就是在 c 種巧克力中 m 種巧克力被取出的次數為奇數，另外的 $c-m$ 種巧克力被取出的次數為偶數。對應的指數型生成函數為

$$f(x) = \left(\frac{x}{1!} + \frac{x^3}{3!} + \frac{x^5}{5!} + \cdots \right)^m \left(1 + \frac{x^2}{2!} + \frac{x^4}{4!} + \cdots \right)^{c-m}$$

由泰勒級數公式，$\frac{e^x - e^{-x}}{2} = \frac{x}{1!} + \frac{x^3}{3!} + \frac{x^5}{5!} + \cdots$，$\frac{e^x + e^{-x}}{2} = 1 + \frac{x^2}{2!} + \frac{x^4}{4!} + \cdots$，所以，$f(x) = \frac{(e^x - e^{-x})^m (e^x + e^{-x})^{c-m}}{2^c}$。設在 $f(x^n)$ 中 x 的係數為 f_n，則我們所要求解的桌子上恰好有 m 塊巧克力的排列數為 $f_n \times n! \times C(c, m)$，其中 $n!$ 是指數型生成函數需要乘的，而 $C(c, m)$ 是因為在 c 種巧克力中不確定是哪 m 種巧克力被取了奇數次。所以，在桌子上恰好有 m 塊巧克力的機率是 $\frac{f_n \times n! \times C(c,m)}{c^n}$。

為了簡便，把 e^x 視為一個整體，現在考慮將 $(e^x - e^{-x})^m (e^x + e^{-x})^{c-m}$ 展開得到每個 e^{kx} 中的 x^n 的係數，然後將它們加起來。根據二項式定理和多項式相乘的公式，列舉 $(e^x - e^{-x})^m$ 中每個 e^x 的指數 i，則 e^{-x} 的指數為 $m-i$。再列舉 $(e^x + e^{-x})^{c-m}$ 中每個 e^x 的指數 j，則 e^{-x} 的指數為 $c-m-j$。由這兩項得到的 e^{kx} 中的 k 值為 $2*(i+j)-c$，並由 $m-i$ 的奇偶性確定正負。因此，這兩項相對於 x^n 的係數是 $\frac{k^n}{n!} \times C(m,i) \times C(c-m, j) \times (-1)^{m-i}$，再乘以 $\frac{n!}{c^n}$，得 $\left(\frac{k}{c} \right)^n \times C(m,i) \times C(n-m, j) \times (-1)^{m-i}$。將每個 e^{kx} 中的 x^n 的係數加起來，得 $T = \sum \left(\frac{k}{c} \right)^n \times C(m,i) \times C(n-m, j) \times (-1)^{m-i}$，則在桌子上恰好有 m 塊巧克力的機率是 $\frac{T \times C(c,m)}{2^c}$。

❖ 參考程式

```
01    #include<iostream>
02    #include<cstdio>
03    #include<cstring>
04    #include<algorithm>
05    #include<cmath>
06    #define N 100
07    using namespace std;
08    double C[N+3][N+3];
09    int c,m,n;
10    double quickpow(double num,int x) // 計算 numx
11    {
```

```
12      double ans=1; double base=num;
13      while (x) {
14          if (x&1) ans=ans*base;
15          x>>=1;
16          base=base*base;
17      }
18      return ans;
19  }
20  int main()
21  {
22      for (int i=0;i<=N;i++) C[i][0]=1;
23      for (int i=1;i<=N;i++)
24       for (int j=1;j<=i;j++) C[i][j]=C[i-1][j-1]+C[i-1][j];
25      while (true) {
26          scanf("%d",&c);
27          if (!c) break;
28          scanf("%d%d",&n,&m);          // 輸入測試案例
29          if ((n-m)%2||m>c||m>n) {   // 機率為 0 的情況
30              printf("0.000\n");
31              continue;
32          }
33          double ans=0;
34          for (int i=0;i<=m;i++)
35           for (int j=0;j<=c-m;j++) {
36              double k=2.0*(i+j)-c;
37              if ((m-i)&1) ans-=quickpow(k*1.0/c,n)*C[m][i]*C[c-m][j];
38              else ans+=quickpow(k*1.0/c,n)*C[m][i]*C[c-m][j];
39           }
40          ans/=quickpow(2.0,c);
41          ans*=C[c][m];
42          printf("%.3lf\n",ans);
43      }
44  }
```

4.5.3 ▶ 遞迴關係

遞迴關係是離散變數之間變化規律中常見的一種方式，與生成函數一樣是解決計數問題的有力工具。對數列 $\{u_n\}$，如從某項後，u_n 前 k 項可推出 u_n 的普遍規律，就稱為遞迴關係。利用遞迴關係和初值，求出序列的通項運算式 u_n，稱為遞迴關係的求解。

4.5.3.1　Tri Tiling

提供一個 $3 \times n$（$0 \leq n \leq 30$）的矩陣，要求用 1×2 的多米諾骨牌來覆蓋，問有多少種完美覆蓋的方式？

圖 4-13 是一個 3×12 的矩陣用 1×2 的多米諾骨牌完美覆蓋的一個範例。

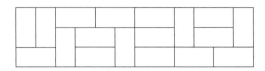

圖 4-13

輸入

輸入提供多個測試案例，每個測試案例一行，提供一個 n 值，$0 \leq n \leq 30$。輸入 -1 的一行表示結束。

輸出

對每一行的 n 值，輸出 $3 \times n$ 矩陣的不同完美覆蓋的總數。

範例輸入	範例輸出
2	3
8	153
12	2131
−1	

試題來源： Waterloo local 2005.09.24
線上測試： POJ 2663，ZOJ 2547

❖ 試題解析

當 n 為奇數時，$3 \times n$ 是奇數，所以 $3 \times n$ 矩陣不可能被 1×2 的多米諾骨牌完美覆蓋，完美覆蓋數為 0。

當 n 為偶數時，$3 \times n$ 矩陣的任何一個 1×2 的多米諾骨牌完美覆蓋，必定由且僅由 3×2，3×4，…，$3 \times n$ 的不可分割的小矩形（不能繼續分割產生被 11×2 多米諾骨牌完美覆蓋的更小的 $3 \times x$ 小矩形）構成。

設 $a[i]$ 為 $n = i$ 時 $3 \times n$ 矩陣被 1×2 的多米諾骨牌完美覆蓋的方法數，則 $a[0] = 1$。

3×2 被 1×2 的多米諾骨牌完美覆蓋如圖 4-14 所示，有 3 種方法覆蓋，所以 $a[2] = 3$。

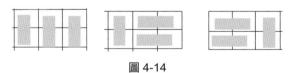

圖 4-14

3×4 被 1×2 的多米諾骨牌完美覆蓋，產生的不可分割的小矩形如圖 4-15 所示，有兩種方法覆蓋。

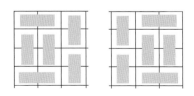

圖 4-15

3×6，3×8，⋯被 1×2 的多米諾骨牌完美覆蓋，產生的不可分割的小矩形的情況，和 3×4 被 1×2 的多米諾骨牌完美覆蓋類似，都是有兩種方法覆蓋。

$a[i]$ 可以是 $3\times(i-2)$ 的矩形加上一個 3×2 的不可分割的小矩形組成的，也可以是 $3\times(i-4)$ 的矩形加上一個 3×4 的不可分割的小矩形組成的，同理，也可以是 $3\times(i-6)$ 的矩形加上 3×6 的不可分割的小矩形組成的……$a[i]$ 也可以是一個 $3\times i$ 的不可分割的矩形，有兩種方法覆蓋。所以，$a[i]=3*a[i-2]+2*(a[i-4]+a[i-6]+\cdots+a[0])$（公式 1），$a[i-2]=3*a[i-4]+2*(a[i-6]+\cdots a[0])$（公式 2），由公式 1 和公式 2，得遞迴公式 $a[i]=4*a[i-2]-a[i-4]$，i 是大於等於 4 的偶數。

❖ **參考程式**

```
01  #include <stdio.h>
02  #include <stdlib.h>
03  int main()
04  {
05      int i,n;
06      long long int a[31];
07      a[0]=1;                      // n=0 時，完美覆蓋的方法數 1
08      a[2]=3;                      // n=2 時，完美覆蓋的方法數 3
09      for(i=4;i<=30;i+=2){         // 離線計算完美覆蓋的方法數
10          a[i]=4*a[i-2]-a[i-4];    // 完美覆蓋的方法數遞迴公式 a[i]=4*a[i-2]-a[i-4]
11      }
12      while(scanf("%d",&n)&&n!=-1){ // 輸入測試案例 n 值
13          if(n%2==1){              // n 為奇數時，完美覆蓋數為 0
14              printf("0\n");
15              continue;
16          }
17          else                     // n 為偶數時，輸出結果
18              printf("%I64d\n",a[n]);
19      }
20      return 0;
21  }
```

4.5.3.2　Attack on Titans

幾個世紀以前，人類面臨著一個新的敵人：Titan。人類和新發現的敵人之間力量差異是巨大的。沒過多久，人類就被驅趕到了滅絕的邊緣。幸運的是，倖存下來的人類建了三堵牆：Maria 牆、Rose 牆和 Sina 牆。由於牆的保護，人類和平地生活了一百多年。

但不久，突然出現了一個巨大的 Titan。頃刻間，Maria 牆被推倒，人類日常的和平生活也隨之結束。Maria 牆失守之後，人類退守 Rose 牆。於是人類開始意識到，躲在牆的後面等於死亡，他們應該對 Titan 進行反擊。

因此，最強壯的 Levi 上尉受命建立一個由 N 人組成的特種作戰小隊，編號從 1 到 N，每個編號分配給一名士兵。特種作戰小隊的士兵來自三個不同的單位：守備部隊（Garrison）、偵察兵（Recon）以及憲兵（Military Police）。守備部隊在城牆上保衛城

市；偵察兵冒著生命危險，在敵方的領土上與 Titan 戰鬥；而憲兵則在城內維持秩序，為國王服務。為了讓特種作戰小隊更加強大，Levi 要瞭解不同單位之間的差異，他必須滿足一些條件。

守備部隊擅長團隊合作，所以 Levi 要求至少有 M 個守備部隊士兵有連續的號碼。另一方面，偵察兵都是人類軍隊的精英力量，不會超過 K 個偵察兵被分配到連續的號碼。假設每個單位的兵員數量是無限的，Levi 想知道有多少種方式來組建特種作戰小隊。

輸入

有多個測試案例，每個測試案例提供 3 個用空格分開的整數 N（$0<N<1000000$）、M（$0<M<10000$）和 K（$0<K<10000$）。

輸出

對每個測試案例，輸出方式數 mod 1000000007。

範例輸入	範例輸出
3 2 2	5

提示

對範例輸入和輸出，守備部隊（Garrison）、偵察兵（Recon）以及憲兵（Military Police）分別表示為 G、R 和 P，合理的安排是：GGG，GGR，GGP，RGG，PGG。

試題來源： ZOJ Monthly, January 2014
線上測試： ZOJ 3747

❖ 試題解析

給 N 個士兵排隊，每個士兵有三種類型 G、R、P 可選，求解至少有 M 個連續的 G 士兵，至多有 K 個連續的 R 士兵的排列種數。

由於問題中又是「至多連續」又是「至少連續」，難以處理，所以要將問題中「至少連續」轉化成「至多連續」的情況：設集合 A 是「至少有 M 個連續的 G 士兵，並且至多有 K 個連續的 R 士兵」組成的集合，集合 B 是「至多有 N 個連續的 G 士兵，並且至多有 K 個連續的 R 士兵」組成的集合，集合 C 是「至多有 $M-1$ 個連續的 G 士兵，並且至多有 K 個連續的 R 士兵」組成的集合，則 $A=B-C$。

設 dp[i][j] 表示前 i 個士兵，當第 i 個士兵是第 j 種兵（設定 G 為 0、R 為 1、P 為 2）時，至多有 u 個連續的 G 士兵，並且至多有 v 個連續的 R 士兵的排列個數。這裡的 u 和 v 是固定的。

分別考慮第 i 個士兵是第 j 種兵（設定 G 為 0、R 為 1、P 為 2）時 dp[i][j] 的值：

◆ 當第 i 個士兵是 P 士兵時，不會對連續的 R 和 G 產生影響，即 dp[i][2] = dp[$i-1$][0] + dp[$i-1$][1] + dp[$i-1$][2]。

◆ 當第 i 個士兵是 G 士兵時，如果 $i \le u$，則不會改變 u 個連續的 G 這個限制條件，所以 $dp[i][0] = dp[i-1][0] + dp[i-1][1] + dp[i-1][2]$；如果 $i = u + 1$，要排除前面的 u 個位置都放了 G 的情況，所以 $dp[i][0] = dp[i-1][0] + dp[i-1][1] + dp[i-1][2] - 1$；如果 $i > u + 1$，要排除從 $i-1$ 到 $i-u$ 位置都放了 G 的情況，所以 $dp[i][0] = dp[i-1][0] + dp[i-1][1] + dp[i-1][2] - dp[i-u-1][1] - dp[i-u-1][2]$。

◆ 對於 R 士兵，則與上述的 G 士兵類似：當第 i 個士兵是 R 士兵時，如果 $i \le v$，則不會改變 v 個連續的 R 這個限制條件，所以 $dp[i][1] = dp[i-1][0] + dp[i-1][1] + dp[i-1][2]$；如果 $i = v + 1$，要排除前 v 個位置都放了 R 的情況，$dp[i][1] = dp[i-1][0] + dp[i-1][1] + dp[i-1][2] - 1$；如果 $i > v + 1$，要排除從 $i-1$ 到 $i-v$ 位置都放了 R 的情況，$dp[i][1] = dp[i-1][0] + dp[i-1][1] + dp[i-1][2] - dp[i-v-1][0] - dp[i-v-1][2]$。

初始化時，$dp[0][2] = 1$，$dp[0][0] = dp[0][1] = 0$。令 u 分別等於 N 和 $M-1$，v 等於 K，進行兩次遞迴，得到的結果相減即答案。

❖ 參考程式

```
01  #include <bits/stdc++.h>
02  #define MAX 1000000+100
03  #define MOD 1000000007
04  using namespace std;
05  typedef long long ll;
06  int n,m,k;
07  ll dp[MAX][3];// dp[i][0]:表示第 i 個位置放 0（G士兵）的方法數目，一直放滿 N 個位置
08  ll solve(int u,int v)
09  {
10      // 初始化
11      dp[0][0] = dp[0][1] = 0;
12      dp[0][2] = 1;
13      ll sum = 0;
14      for (int i=1;i<=n;++i)
15      {
16          sum = ( dp[i-1][0] + dp[i-1][1] + dp[i-1][2] )%MOD;
17          dp[i][2] = sum;
18          // 對於G士兵
19          if ( i <= u)
20            dp[i][0] = sum;
21          else if ( i == u +1) dp[i][0] = sum-1;
22          else dp[i][0] = (sum - dp[i-u-1][1] - dp[i-u-1][2] ) % MOD;
23          // 對於R士兵
24          if ( i <= v)
25            dp[i][1] = sum;
26          else if ( i == v +1) dp[i][1] = sum-1;
27          else dp[i][1] = ( sum - dp[i-v-1][0] - dp[i-v-1][2] ) % MOD;
28      }
29      return  ( ( dp[n][0] + dp[n][1] + dp[n][2] ) % MOD );
30  }
31  int main ()
32  {
33      while(~scanf("%d%d%d",&n,&m,&k))
34      {
```

```
35        ll ans = solve(n,k);
36        cout << ( ( (ans - solve(m-1,k))%MOD +MOD ) % MOD) << endl;
37        // 注意減法可能出現負數，取模的時候要特別處理一下
38    }
39    return 0;
40 }
```

4.6　快速傅立葉轉換的實作範例

多項式 $A(x) = a_0 + a_1x + a_2x^2 + \cdots + a_{n-1}x^{n-1}$ 有兩種標記法：係數標記法和點值標記法。

在拙作《提升程式設計的資料結構力》（第 3 版）的 4.1 節中，我們闡述了多項式的係數標記法，並提供了實作範例。係數標記法是用一個係數向量 $(a_0, a_1, a_2, \cdots, a_{n-1})$ 來表示多項式 $A(x) = a_0 + a_1x + a_2x^2 + \cdots + a_{n-1}x^{n-1}$。

點值標記法是用 n 個點值對組成的集合 $\{(x_1, A(x_1)), (x_2, A(x_2)), \cdots, (x_n, A(x_n))\}$ 來表示多項式 $a_0 + a_1x + a_2x^2 + \cdots + a_{n-1}x^{n-1}$，其中 $x_1, x_2, \cdots, x_n$ 互不相同。設多項式 $A(x)$ 的點值表示是 $\{(x_1, A(x_1)), (x_2, A(x_2)), \cdots, (x_n, A(x_n))\}$，多項式 $B(x)$ 的點值表示是 $\{(x_1, B(x_1)), (x_2, B(x_2)), \cdots, (x_n, B(x_n))\}$，則多項式 $A(x) + B(x)$ 的點值表示是 $\{(x_1, A(x_1) + B(x_1)), (x_2, A(x_2) + B(x_2)), \cdots, (x_n, A(x_n) + B(x_n))\}$，而多項式 $A(x)*B(x)$ 的點值表示是 $\{(x_1, A(x_1)*B(x_1)), (x_2, A(x_2)*B(x_2)), \cdots, (x_n, A(x_n)*B(x_n))\}$。

多項式的係數表示和點值表示的關係如下：

$$\begin{pmatrix} 1 & x_1 & x_1^2 & \cdots & x_1^{n-1} \\ 1 & x_2 & x_2^2 & \cdots & x_2^{n-1} \\ \vdots & \vdots & \vdots & & \vdots \\ 1 & x_n & x_n^2 & \cdots & x_n^{n-1} \end{pmatrix} \begin{pmatrix} a_0 \\ a_1 \\ \vdots \\ a_{n-1} \end{pmatrix} = \begin{pmatrix} A(x_1) \\ A(x_2) \\ \vdots \\ A(x_n) \end{pmatrix}$$

因此，提供多項式 $A(x)$ 的點值表示，可以唯一地確定多項式 $A(x)$ 的係數 $a_0, a_1, a_2, \cdots, a_{n-1}$：

$$\begin{pmatrix} a_0 \\ a_1 \\ \vdots \\ a_{n-1} \end{pmatrix} = \begin{pmatrix} 1 & x_1 & x_1^2 & \cdots & x_1^{n-1} \\ 1 & x_2 & x_2^2 & \cdots & x_2^{n-1} \\ \vdots & \vdots & \vdots & & \vdots \\ 1 & x_n & x_n^2 & \cdots & x_n^{n-1} \end{pmatrix}^{-1} \begin{pmatrix} A(x_1) \\ A(x_2) \\ \vdots \\ A(x_n) \end{pmatrix}$$

由點值表示求出多項式係數和由多項式求解多項式點值表示互逆，其演算法的時間複雜度都是 $O(n^2)$。

由係數標記法轉為點值標記法的過程，稱為**離散傅立葉轉換**（Discrete Fourier Transform，DFT）；把一個多項式的點值標記法轉化為係數標記法的過程，就是**逆離散傅立葉轉換**（Inverse Discrete Fourier Transform，IDFT）。

快速傅立葉轉換（Fast Fourier Transformation，FFT）就是透過取某些特殊的 x 的點值來加速 DFT 和 IDFT 的過程。

在本節，設 n 是 2 的冪。如果複數 w 滿足 $w^n = 1$，則複數 w 是 n 次單位複數根；n 次單位複數根有 n 個，對於 $k = 0, 1, \cdots, n-1$，這些根是 $e^{2\pi ik/n}$（$e^{iu} = \cos u + i\sin u$）。值 $w_n = e^{2\pi i/n}$ 稱為主 n 次單位根，其他 n 次單位複數根都是 w_n 的冪次。

n 個 n 次單位複數根 $w_n^0, w_n^1, \cdots, w_n^{n-1}$ 在乘法意義下形成一個群。

例如，在複平面上，$w_8^0, w_8^1, \cdots, w_8^7$ 的值如圖 4-16 所示。

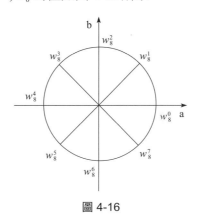

圖 4-16

n 次單位複數根的性質如下。

定理 4.6.1（消去引理）　對於任何整數 $n \geq 0$、$k \geq$ 以及 $d > 0$，$w_{dn}^{dk} = w_n^k$。

推論 4.6.1　對於任意偶數 $n > 0$，$w_n^{n/2} = w_2 = -1$。

定理 4.6.2（折半引理）　如果偶數 $n > 0$，那麼 n 個 n 次單位複數根的平方的集合就是 $n/2$ 個 $n/2$ 次單位複數根的集合。

例如，在複平面上，w_4^0、w_4^1、w_4^2、w_4^3 的值為 1、i、-1、$-i$。平方的集合就是 $\{1, -1\}$。

定理 4.6.3（求和引理）　對於任意整數 $n \geq 1$ 和不能被 n 整除的非負整數 k，有 $\sum_{j=1}^{n-1} (w_n^k)^j = 0$。

我們將闡述用 n 次單位複數根，在 $O(n\lg n)$ 時間內完成 DFT 和 IDFT。對於多項式 $A(x) = a_0 + a_1 x + a_2 x^2 + \cdots + a_{n-1} x^{n-1}$，透過添加係數為 0 的高階係數，可以使得 n 是 2 的冪。

設多項式 $A(x) = a_0 + a_1 x + a_2 x^2 + \cdots + a_{n-1} x^{n-1}$ 以係數標記法提供，係數向量為 $(a_0, a_1, a_2, \cdots, a_{n-1})$。要求計算 $A(x)$ 在 $w_n^0, w_n^1, \cdots, w_n^{n-1}$ 處的值，提供 $A(x)$ 的點值表示。設 $A(x)$ 對 $k = 0, 1, \cdots, n-1$，$A(w_n^k) = \sum_{j=0}^{n-1} a_j w_n^{kj}$，而且向量 $y = (A(w_n^0), A(w_n^1), \cdots, A(w_n^{n-1}))$ 是係數向量 $a = (a_0, a_1, a_2, \cdots, a_{n-1})$ 的離散傅立葉轉換（DFT），記為 $y = \text{DFT}_n(a)$。

利用複數單位根的特殊性質，採用分治策略，在 $O(n\lg n)$ 時間內計算 $\text{DFT}_n(a)$，思維如下：

設 $A_0(x) = a_0 + a_2 x + \cdots + a_{n-2} x^{n/2-1}$，$A_1(x) = a_1 + a_3 x + \cdots + a_{n-1} x^{n/2-1}$，則 $A(x) = A_0(x^2) + xA_1(x^2)$，求 $A(x)$ 在 $w_n^0, w_n^1, \cdots, w_n^{n-1}$ 處的值的方法如下。

設 $k < n/2$，則 $A(w_n^k) = A_0((w_n^k)^2) + w_n^k A_1((w_n^k)^2) = A_0(w_n^{2k}) + w_n^k A_1(w_n^{2k}) = A_0(w_{n/2}^k) + w_n^k A_1(w_{n/2}^k)$，而 $A(w_n^{k+n/2}) = A_0(w_n^{2k+n}) + w_n^{k+n/2} A_1(w_n^{2k+n}) = A_0(w_n^{2k} w_n^n) + w_n^k w_n^{n/2} A_1(w_n^{2k} w_n^n) = A_0(w_n^{2k} w_n^n) + w_n^k w_n^{n/2} A_1(w_n^{2k} w_n^n) = A_0(w_n^{2k}) - w_n^k A_1(w_n^{2k}) = A_0(w_{n/2}^k) - w_n^k A_1(w_{n/2}^k)$。所以，只要知道 $A_0(w_{n/2}^k)$ 和 $A_1(w_{n/2}^k)$，就可以計算 $A(w_n^k)$ 和 $A(w_n^{k+n/2})$。

演算法模板如下：

```
void DFT(Complex* a, int len){
    if (len==1) return;
    Complex* a0=new Complex[len/2];
    Complex* a1=new Complex[len/2];
    for (int i=0; i<len; i+=2){
        a0[i/2]=a[i];
        a1[i/2]=a[i+1];
    }
    DFT(a0, len/2); DFT(a1, len/2);
    Complex wn(cos(2*Pi/len),sin(2*Pi/len));
    Complex w(1,0);
    for (int i=0; i<(len/2); i++){
        a[i]=a0[i]+w*a1[i];
        a[i+len/2]=a0[i]-w*a1[i];
        w=w*wn;
    }
    return;
}
```

上述遞迴的 DFT 演算法可以透過反覆運算進行最佳化。例如，對於多項式 $A(x) = a_0 + a_1 x + a_2 x^2 + a_3 x^3 + a_4 x^4 + a_5 x^5 + a_6 x^6 + a_7 x^7$，第一步分治，$(a_0, a_1, a_2, a_3, a_4, a_5, a_6, a_7)$ 轉換為 (a_0, a_2, a_4, a_6)、(a_1, a_3, a_5, a_7)；第二步分治，轉換為 (a_0, a_4)、(a_2, a_6)、(a_1, a_5)、(a_3, a_7)；第三步分治，轉換為 (a_0)、(a_4)、(a_2)、(a_6)、(a_1)、(a_5)、(a_3)、(a_7)。所以有下表。

元素原位置	0	1	2	3	4	5	6	7
原位置的二進位表示	000	001	010	011	100	101	110	111
元素重排位置	0	4	2	6	1	5	3	7
重排位置的二進位表示	000	100	010	110	001	101	011	111

也就是說，每個位置分治後的最終位置為其位置的二進位表示翻轉後得到的位置。所以，我們可以在 $O(n)$ 時間內預先處理第 i 位最終的位置 pos[i]（for ($i = 0$; $i <= n-1$; $i++$) pos[i] $= ($pos$[i >> 1] >> 1)|((i\&1) << (bit-1))$;），先對原序列進行變換，把每個數放在最終的位置上，然後再一步一步向上合併。

DFT 的反覆運算演算法模板如下：

```
void DFT(Complex a[]){
for (int i=0; i<len; i++)                    // pos[i]:i的二進位翻轉後的位置
  if (i<pos[i])
    swap(a[i], a[pos[i]]);                    // 把每個數放在最終的位置上
for (int i=2,mid=1; i<=len; i<<=1,mid<<=1){   // len:多項式最高次項,i:合併到哪一層
  Complex wm(cos(2.0*pi/i), sin(2.0*pi/i));
```

```
    for (int j=0; j<len; j+=i){              // j：列舉合併區間
        Complex w(1,0);
        for (int k=j; k<j+mid; k++,w=w*wm){  // k：列舉區間內的索引
            Complex l=a[k], r=w*a[k+mid];
            a[k]=l+r;
            a[k+mid]=l-r;
        }
    }
}
return;
}
```

提供多項式 $A(x)=a_0+a_1x+a_2x^2+\cdots+a_{n-1}x^{n-1}$ 在 $w_n^0, w_n^1, \cdots, w_n^{n-1}$ 處的點值表示，在 $O(n\lg n)$ 時間內計算其係數表示，即計算 IDFT，方法如下。

因為

$$
\begin{pmatrix} A(w_n^0) \\ A(w_n^1) \\ \vdots \\ A(w_n^{n-1}) \end{pmatrix} = \begin{pmatrix} 1 & 1 & 1 & \cdots & 1 \\ 1 & w_n^1 & w_n^2 & \cdots & w_n^{n-1} \\ \vdots & \vdots & \vdots & & \vdots \\ 1 & w_n^{n-1} & w_n^{2(n-1)} & \cdots & w_n^{(n-1)(n-1)} \end{pmatrix} \begin{pmatrix} a_0 \\ a_1 \\ \vdots \\ a_{n-1} \end{pmatrix}
$$，則多項式係數表示為

$$
\begin{pmatrix} a_0 \\ a_1 \\ \vdots \\ a_{n-1} \end{pmatrix} = \begin{pmatrix} 1 & 1 & 1 & \cdots & 1 \\ 1 & w_n & w_n^2 & \cdots & w_n^{n-1} \\ \vdots & \vdots & \vdots & & \vdots \\ 1 & w_n^{n-1} & w_n^{2(n-1)} & \cdots & w_n^{(n-1)(n-1)} \end{pmatrix}^{-1} \begin{pmatrix} A(w_n^0) \\ A(w_n^1) \\ \vdots \\ A(w_n^{n-1}) \end{pmatrix}
$$，則可以推出

$$
\begin{pmatrix} 1 & 1 & 1 & \cdots & 1 \\ 1 & w_n & w_n^2 & \cdots & w_n^{n-1} \\ \vdots & \vdots & \vdots & & \vdots \\ 1 & w_n^{n-1} & w_n^{2(n-1)} & \cdots & w_n^{(n-1)(n-1)} \end{pmatrix}^{-1}
$$ 在 (j, k) 處的元素為 w_n^{-kj}/n，其中 $0 \le j, k \le n-1$；

$a_j = \dfrac{1}{n}\sum_{k=0}^{n-1} A(w_n^k)w_n^{-kj}$，其中 $0 \le j \le n-1$。因此，可以在 $O(n\lg n)$ 時間內計算其係數表示。

因此，IDFT 只要將所有 w_n^m 換成 $w_n^{m+(n-1)/2}$，也就是所有的虛部取相反數，再將最終結果除以 n，就是 IDFT 的過程了。

因此，FFT 加速 DFT 和 IDFT 過程的演算法模板如下。

```
const double DFT=2.0, IDFT=-2.0;
void FFT(Complex a[], double mode){          // 第二個參數確定是 DFT 還是 IDFT
for (int i=0; i<len; i++)                     // pos[i]：i 的二進位翻轉後的位置
  if (i<pos[i])
    swap(a[i], a[pos[i]]);                     // 把每個數放在最終的位置上
for (int i=2,mid=1; i<=len; i<<=1,mid<<=1){   // len：多項式最高次項，i：合併到哪一層
  Complex wm(cos(2.0*pi/i), sin(2.0*pi/i));
    for (int j=0; j<len; j+=i){                // j：列舉合併區間
        Complex w(1,0);
        for (int k=j; k<j+mid; k++,w=w*wm){    // k：列舉區間內的索引
            Complex l=a[k], r=w*a[k+mid];
            a[k]=l+r;
            a[k+mid]=l-r;
```

```
        }
    }
}
if (mode==IDFT)                                    // IDFT
    for (int i=0; i<len; i++)
        a[i].x/=len;
return;
}
```

兩個係數表示的多項式直接相乘，其時間複雜度為 $O(n^2)$。基於上述討論，利用 FFT 進行兩個多項式乘法運算的演算法如下，其時間複雜度為 $O(n\lg n)$。

（1）補 0：在兩個多項式的前面補 0，得到兩個 $2n$ 次多項式，設係數向量分別為 a_1 和 a_2。

（2）DFT：利用 FFT 在 $O(n\lg n)$ 時間內計算 $y_1 = \mathrm{DFT}(a_1)$ 和 $y_2 = \mathrm{DFT}(a_2)$，其中 y_1 和 y_2 分別是兩個多項式在 $2n$ 次單位複數根處的各個取值，提供兩個多項式的點值表示。

（3）計算兩個多項式相乘的點值表示：把兩個向量 y_1 和 y_2 的每一維對應相乘，得到向量 y，以此提供兩個多項式乘積的點值表示，其時間複雜度為 $O(n)$。

（4）IDFT：利用 FFT 在 $O(n\lg n)$ 時間內計算 $C=\mathrm{IDFT}(y)$，其中 C 就是兩個多項式乘積的係數向量。

4.6.1 ▶ Bull Math

公牛的數學比母牛好得多。它們能夠將大整數相乘，並得到正確的答案；或者，只是公牛們自己這麼說而已。農夫約翰想知道它們的運算答案是否正確。請幫農夫約翰檢查公牛們的答案。讀取兩個正整數（每個正整數不超過 40 位），計算它們的乘積。輸出為正常數字（沒有額外的前置字元為零）。

農夫約翰要求你獨力完成，不要使用特殊的程式庫函式進行乘法運算。

輸入
第 1 行和第 2 行，每行提供一個十進位數字。

輸出
輸出一行，提供兩個輸入數字的精確乘積。

範例輸入	範例輸出
11111111111111 1111111111	12345679011110987654321

試題來源： USACO 2004 November
線上測試： POJ 2389

❖ 試題解析

高精確度整數的乘法也可以和多項式乘法運算一樣，利用 FFT 在 $O(n\lg n)$ 時間內計算：個位數視為常數項，十位數視為一次項的係數，百位數視為二次項的係數，以此類推。

❖ 參考程式

```
01  #include <iostream>
02  #include <algorithm>
03  #include <cstdio>
04  #include <cstring>
05  #include <cstdlib>
06  #include <complex>
07  using namespace std;
08  const int N=100000;
09  typedef complex<double> c;
10  char a[N],b[N];                          // 需要相乘的兩個數，以高精確度方式儲存
11  c F[N*2],A[N*2], B[N*2];
12  int ans[N*2];
13  int rev(int x,int n){                    // 計算每個位置分治後的最終位置
14      int ret=0;
15      for(int i=0;(1<<i)<n;i++) ret=(ret<<1)|((x&(1<<i))>0);
16      return ret;
17  }
18  void fft(c *a,int n,int f){              // FFT，f 確定是 DFT 還是 IDFT
19      for(int i=0;i<n;i++) F[rev(i,n)]=a[i]; // 初始化，計算每個位置分治後的最終位置
20      for(int i=2;i<=n;i<<=1){
21          c wn=c(cos(2*acos(-1)*f/i),sin(2*acos(-1)*f/i));
22          for(int j=0;j<n;j+=i){
23              c w=1;
24              for(int k=j;k<j+i/2;k++){
25                  c u=F[k],t=w*F[k+i/2];
26                  F[k]=u+t,F[k+i/2]=u-t,w*=wn;
27              }
28          }
29      }
30      for(int i=0;i<n;i++) a[i]=F[i]/=(f==-1?n:1);
31  }
32  int main(){
33      scanf("%s%s",a,b);                   // 輸入測試案例
34      int len1=strlen(a),len2=strlen(b),n1=1,n2=1,n=1;
35      while(n1<=len1) n1<<=1;
36      while(n2<=len2) n2<<=1;
37      while(n<2*max(n1,n2)) n<<=1;
38      for(int i=0;i<n;i++) A[i]=(i<len1?a[len1-i-1]-'0':0); // 轉換為高精確度數
39      for(int i=0;i<n;i++) B[i]=(i<len2?b[len2-i-1]-'0':0);
40      fft(A,n,1); // DFT
41      fft(B,n,1);
42      for(int i=0;i<n;i++) A[i]*=B[i];
43      fft(A,n,-1); // IDFT
44      for(int i=0;i<n;i++) ans[i]=int(A[i].real()+0.5);
45      for(int i=0;i<n-1;i++) ans[i+1]+=ans[i]/10,ans[i]%=10;  // 處理進位
46      bool f=0;
47      for(int i=n-1;i>=0;i--) ans[i]?printf("%d",ans[i]),f=1:f||!i?printf("0"):0;
48                                      // 輸出結果
49  }
```

4.7　相關題庫

4.7.1 ▶ Common Permutation

提供兩個小寫字母的字串 a 和 b，輸出最長的小寫字母字串 x，使得存在 x 的一個排列是 a 的子序列，同時也存在 x 的一個排列是 b 的子序列。

輸入

輸入有若干行。連續的兩行組成一個測試案例，也就是說，第 1 和 2 行構成一個測試案例，第 3 和 4 行構成一個測試案例，等等。每個測試案例的第一行是字串 a，第二行是字串 b。每個字串一行，至多由 1000 個小寫字母組成。

輸出

對每個測試案例，輸出一行，提供 x。如果有若干個 x 滿足上述要求，選擇按字母序列的第一個。

範例輸入	範例輸出
pretty women walking down the street	e nw et

試題來源： World Finals Warm-up Contest, University of Alberta Local Contest
線上測試： UVA 10252

提示

試題要求按遞增順序輸出兩串公共字元的排列。計算方法如下：

設 $S_1 = a_1 a_2 \cdots a_{l_a}$，$S_2 = b_1 b_2 \cdots b_{l_b}$。

首先，分別統計 S_1 中各字母的頻率 $c_1[i]$ 和 S_2 中各字母的頻率 $c_2[i]$（$1 \le i \le 26$，其中字母 'a' 對應數字 1，字母 'b' 對應數字 2……字母 'z' 對應數字 26）。

然後，計算 S_1 和 S_2 的公共字元的排列：遞增列舉 i（$1 \le i \le 26$），若 i 對應的字母在 S_1 和 S_2 中同時存在（（$c_1[i] \ne 0$）&&（$c_2[i] \ne 0$）），則字母 'a' $+ i$ 在排列中出現 $k = \min\{c_1[i], c_2[i]\}$ 次。

4.7.2 ▶ Anagram

提供一個字母的集合，請編寫一個程式，產生從這個集合能構成的所有可能的單字。例如：提供單字 "abc"，程式產生這三個字母的所有不同的組合 —— 輸出單字 "abc"、"acb"、"bac"、"bca"、"cab" 和 "cba"。

程式從輸入中獲取一個單字，其中的一些字母會出現一次以上。對一個提供的單字，程式產生相同的單字只能一次，而且這些單字按字母升冪排列。

輸入

輸入提供若干單字。第一行提供單字數，然後每行提供一個單字。一個單字由 A 到 Z 的大寫或小寫字母組成。大寫字母和小寫字母被認為是不同的，每個單字的長度小於 13。

輸出

對輸入中的每個單字，輸出這個單字的字母產生的所有不同的單字。輸出的單字按字母升冪排列。大寫字母排在相關的小寫字母前，即 'A' < 'a' < 'B' < 'b' < … < 'Z' < 'z'。

範例輸入	範例輸出
3	Aab
aAb	Aba
abc	aAb
acba	abA
	bAa
	baA
	abc
	acb
	bac
	bca
	cab
	cba
	aabc
	aacb
	abac
	abca
	acab
	acba
	baac
	baca
	bcaa
	caab
	caba
	cbaa

試題來源： ACM Southwestern European Regional Contest 1995
線上測試： POJ 1256，UVA 195

提示

有不同的策略來解決這個問題。最有效的策略是首先對輸入詞中的字母進行排序，然後直接產生所有可能的無重複的變位詞。

4.7.3 ▶ How Many Points of Intersection?

提供兩行，在第一行有 a 個點，在第二行有 b 個點。我們用直線將第一行的每個點與第二行的每個點相連接。這些點以這樣的方式排列，使得這些線段之間相交的數量最大。為此，不允許兩條以上的線段在一個點上相交。在第一行和第二行中的相交點不被計入，在兩行之間允許兩條以上的線段相交。提供 a 和 b 的值，請計算 $P(a, b)$ 在兩行之間相交的數量。例如，在圖 4-17 中 $a = 2$，$b = 3$，該圖表示 $P(2, 3) = 3$（交點為 A、B 和 C）。

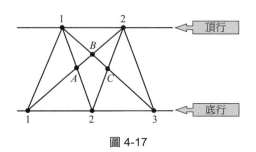

圖 4-17

輸入

輸入的每行提供兩個整數 a（$0 < a \le 20000$）和 b（$0 < b \le 20000$）。輸入以 $a = b = 0$ 的一行為結束標誌，這一測試案例不用處理。測試案例數最多 1200 個。

輸出

對輸入的每一行，輸出一行，提供序列編號，然後提供 $P(a, b)$ 的值。本題設定輸出值在 64 位元有符號整數範圍內。

範例輸入	範例輸出
2 2	Case 1: 1
2 3	Case 2: 3
3 3	Case 3: 9
0 0	

試題來源：Bangladesh National Computer Programming Contest, 2004
線上測試：UVA 10790

提示

如 3 線交於一點，則一定可以透過左右移動一個點使其交點分開，上面線段上的兩點與下面線段上的兩點可以產生一個交點。按照乘法原理，$P(a, b) = C(a, 2)*C(b, 2)$。

4.7.4 ► Permutations

某個集合的排列是該集合到自身的一一對應，或者不正式地說，就是對集合中的元素進行重新排列。例如，集合 {1,2,3,4,5} 的一個排列如下：

$$P(n) = \begin{pmatrix} 1 & 2 & 3 & 4 & 5 \\ 4 & 1 & 5 & 2 & 3 \end{pmatrix}$$

這一記錄定義排列 P 如下：$P(1) = 4, P(2) = 1, P(3) = 5$，等等。

運算式 $P(P(1))$ 的值是什麼？很明顯，$P(P(1)) = P(4) = 2$，$P(P(3)) = P(5) = 3$。可以看到如果 $P(n)$ 是一個排列，那麼 $P(P(n))$ 也是一個排列。

$$P(P(n)) = \begin{pmatrix} 1 & 2 & 3 & 4 & 5 \\ 2 & 4 & 3 & 1 & 5 \end{pmatrix}$$

用 $P^2(n) = P(P(n))$ 來標示排列。這一定義的一般形式為：$P(n) = P^1(n), P^k(n) = P(P^{k-1}(n))$。在這些排列中有一個非常重要——還原：

$$E_N(n) = \begin{pmatrix} 1 & 2 & 3 & \cdots & n \\ 1 & 2 & 3 & \cdots & n \end{pmatrix}$$

對每個 k 滿足下述關係：$(E_N)^k = E_N$。以下的陳述是正確的（這裡不進行證明，可以自己證明）：設 $P(n)$ 是一個 N 個元素集合的排列，存在一個自然數 k，$P^k = E_N$。使得 $P^k = E_N$ 的最小的自然數 k 被稱為排列 P 的一個序列。

提供一個排列，找到其序列。

輸入

輸入的第一行提供一個自然數 N（$1 \leq N \leq 1000$），表示集合中要重新排列的元素個數。在第二行提供範圍從 1 到 N 的用空格分開的 N 個自然數，這些自然數定義了一個排列——$P(1), P(2), \cdots, P(N)$。

輸出

輸出一個自然數，這一排列的序列。答案不超過 10^9。

範例輸入 1	範例輸出 1
5 4 1 5 2 3	6
範例輸入 2	範例輸出 2
8 1 2 3 4 5 6 7 8	1

試題來源： Ural State University Internal Contest October'2000 Junior Session
線上測試： POJ 2369

提示

排列 $P(1)$，$P(2)$，$\cdots$，$P(N)$ 對應一個置換，計算置換中每個循環節內元素的個數。顯然，所有循環節內元素個數的最小公倍數即為使得 $P_k = E_N$ 的最小自然數 k。

4.7.5 ▶ Coupons

麥片食品盒裡的優惠券編號從 1 到 n（n 種不同類型的優惠券），每個食品盒有一張任一類型的優惠券，要給一份獎品。要收集齊一整套的 n 張優惠券（每種類型的優惠券至少一張），預計需要多少盒麥片盒？

輸入

輸入由一個行序列組成，每行一個正整數 n，$1 \leq n \leq 33$，表示優惠券集合的基數。輸入以 EOF 結束。

輸出

對於每個輸入行，輸出收集齊一整套的 n 張優惠券，預期要麥片盒的平均數。如果答案是整數，則輸出該數字；如果答案不是整數，則輸出答案的整數部分，然後輸出一個空格，再按下述格式輸出適當的分數。小數部分不能減少。在輸出行後不能有後續空格。

範例輸入	範例輸出
2	3
5	5
17	11 --
	12
	340463
	58 ------
	720720

試題來源：Math Lovers' Contest, Source: University of Alberta Local Contest
線上測試：UVA 10288

提示

假設共有 n 種優惠券，現在收集到了 k 種，買了 E_k 個盒子。考慮下一次操作的期望代價。一次拿到優惠券的機率為 $\dfrac{n-k}{n}$，兩次拿到優惠券的機率為 $\dfrac{n-k}{n}*\dfrac{k}{n}$，以此類推，得到遞迴式 $E_{k+1}=E_k+\dfrac{n-k}{n}\sum_{i=0}^{\infty}(i+1)\left(\dfrac{k}{n}\right)^i$。

使用公式 $\sum_{k=0}^{\infty}kx^k=\dfrac{x}{(1-x)^2}$（對 $\sum_{k=0}^{\infty}x^k=\dfrac{1}{(1-x)}$ 兩邊求導得到）對上述公式中的 $\dfrac{n-k}{n}\sum_{i=0}^{\infty}(i+1)\left(\dfrac{k}{n}\right)^i$ 求和＝，可以得到 $E_{k+1}=E_k+\dfrac{n}{n-k}$。對此數列求通項，得 $E_n=n*\sum_{i=1}^{n}\dfrac{1}{i}$。

4.7.6 ► Pixel Shuffle

在點陣圖中移動像素有時產生隨機的圖片。然而重複移動足夠多的次數，最終會恢復到最初的圖片。這並不奇怪，因為「移動」意味著在一個圖片的元素上採用一個一一對應的對映（或排列），而這樣的對映是有限次的（如圖 4-18 所示）。

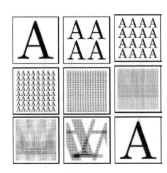

圖 4-18

程式輸入一個整數 n，以及一系列的定義一個 $n\times n$ 圖片的「移動」φ 的基本轉換。以程式計算最少次數 m（$m>0$），使得 m 次應用 φ 產生最初的 $n\times n$ 圖片。

輸入

輸入由兩行組成，第一行提供整數 n（$2 \leq n \leq 2^{10}$，n 為偶數），n 是圖片的大小，一個圖片表示為一個 $n \times n$ 的像素矩陣圖片（a_i^j），其中 i 是行號，j 是列號。在左上角的像素是 0 行 0 列。

第二行提供一個非空的列表，最多 32 個單字，單字間用空格分開。有效的單字是關鍵字 id、rot、sym、bhsym、bvsym、 div 和 mix，或者是後面跟著「-」。每個關鍵字表示一個基本轉換（如圖 4-19 所示），關鍵字「−」表示關鍵字的反向轉換。

id，同一（identity）。沒有變化：$b_i^j = a_i^j$（如圖 4-19a 所示）。

rot，逆時針旋轉 90°（如圖 4-19b 所示）。

sym，水平對稱（horizontal symmetry）：$b_i^j = a_i^{n-1-j}$（如圖 4-19c 所示）。

bhsym，在圖片的下半部分應用水平對稱：當 $i \geq n/2$，$b_i^j = a_i^{n-1-j}$；否則，$b_i^j = a_i^j$（如圖 4-19d 所示）。

bvsym，在圖片的下半部分應用垂直對稱（$i \geq n/2$）（如圖 4-19e 所示）。

div，分割（division）。第 0，2，…，$n-2$ 行變成第 0，1，…，第 $n/2-1$ 行，而第 1，3，…，$n-1$ 行則變成第 $n/2$，$n/2+1$ 行，…，$n-1$ 行（如圖 4-19f 所示）。

mix，行混合（row mix）。第 $2k$ 行和第 $2k+1$ 行交錯，在新的圖片中，第 $2k$ 行的像素是 a_{2k}^0，a_{2k+1}^0，a_{2k}^1，a_{2k+1}^1，…，$a_{2k}^{n/2-1}$，$a_{2k+1}^{n/2-1}$，而第 $2k+1$ 行的像素是 $a_{2k}^{n/2}$，$a_{2k+1}^{n/2}$，$a_{2k}^{n/2+1}$，$a_{2k+1}^{n/2-1}$，…，a_{2k}^{n-1}，a_{2k+1}^{n-1}（如圖 4-19g 所示）。

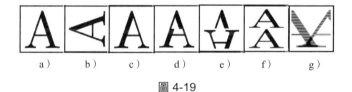

圖 4-19

例如，rot- 是逆時針旋轉 90° 的反向操作，也就是順時針旋轉 90°。最後，列表 k_1，k_2，…，k_p 表示組合的轉換 $\varphi = k_1 k_2 \cdots k_p$。例如，"bvsym rot-" 是這樣的轉換：首先，順時針旋轉 90°；然後在圖片的下半部分應用垂直對稱（如圖 4-20 所示）。

圖 4-20

輸出

程式輸出一行，提供最小值 m（$m > 0$），使得 m 次應用 φ 產生最初的 $n \times n$ 圖片。本題設定，對所有的輸入，$m < 2^{31}$。

範例輸入 1	範例輸出 1
256 rot-div rot div	8
範例輸入 2	**範例輸出 2**
256 bvsym div mix	63457

試題來源：ACM Southwestern Europe 2005

線上測試：POJ 2789，UVA 3510

提示

列舉每個像素，對每個像素不斷進行操作，得到要這個像素傳回原位所需的次數（此像素在變化中經過的像素可以不用重複計算），最終答案為每個像素所需次數的最小公倍數。

4.7.7 ► The Colored Cubes

一個立方體的所有 6 個面都被塗上油漆，每個面均勻地塗一種顏色。對 n 種不同顏色的油漆的一個選擇成立時，可以產生多少不同的立方體？

兩個立方體被稱為「不同」，如果不能將一個立方體旋轉到這樣一個位置使得它和另外一個顏色看起來相同。

輸入

輸入的每行提供一個整數 n（$0 < n < 1000$），表示不同顏色的數量。輸入以 $n = 0$ 結束，程式不用處理這一行。

輸出

對輸入的每一行產生一行輸出，提供使用相關的顏色數目可以產生多少不同的立方體。

範例輸入	範例輸出
1 2 0	1 10

試題來源：2004 ICPC Regional Contest Warmup 1

線上測試：UVA 10733

提示

6 面立方體群，共計 24 個置換，構成一個群 G：

  ① 不轉（1 個置換）；
  ② 沿 x 軸轉 90°，180°，270°（3 個置換）；
  ③ 沿 y 軸轉 90°，180°，270°（3 個置換）；
  ④ 沿 z 軸轉 90°，180°，270°（3 個置換）；
  ⑤ 繞對邊中心轉（6 個置換）；
  ⑥ 繞體對角線轉 1 次（4 個置換），轉 2 次（4 個置換）。

依次列舉 24 個置換，求出每個置換的循環節數，代入 Polya 公式就可以得出解。因為這個置換群是固定的，與顏色無關。

實際上，可透過數學分析得出 G 中 1 個置換（①類置換）有 6 個循環節數；3 個置換（⑤類置換）有 4 個循環節數；12 個置換（②③④⑤類置換）有 3 個循環節數；8 個置換（⑥類置換）有 2 個循環節數。

顯然，若不同顏色數為 n，則產生的不同立方體數 $S = \dfrac{1}{24}(n^6 + 3*n^4 + 12*n^3 + 8*n^2)$。

4.7.8 ► Binary Stirling Numbers

第二類 Stirling 數 $S(n, m)$ 是將 n 個元素組成的一個集合，劃分成 m 個非空子集的方法數。例如，有七種方法將一個 4 個元素的集合劃分成兩個非空子集：

$\{1, 2, 3\} \cup \{4\}$、$\{1, 2, 4\} \cup \{3\}$、$\{1, 3, 4\} \cup \{2\}$、$\{2, 3, 4\} \cup \{1\}$、
$\{1, 2\} \cup \{3, 4\}$、$\{1, 3\} \cup \{2, 4\}$ 和 $\{1, 4\} \cup \{2, 3\}$。

可以用一個遞迴，對於所有 m 和 n，計算 $S(n, m)$：

◆ $S(0, 0) = 1$；

◆ 如果 $n > 0$，$S(n, 0) = 0$；

◆ 如果 $m > 0$，$S(0, m) = 0$；

◆ 如果 $n, m > 0$，$S(n, m) = m\, S(n-1, m) + S(n-1, m-1)$。

你的任務就「簡單」多了，提供滿足 $1 \le m \le n$ 的整數 n 和 m，計算 $S(n, m)$ 的奇偶性，即 $S(n, m) \bmod 2$。

例如，$S(4, 2) \bmod 2 = 1$。

本題要求：請編寫一個程式，對於每個測試案例，讀取兩個正整數 n 和 m，計算 $S(n, m) \bmod 2$，並輸出結果。

輸入
輸入的第一行提供一個正整數 d，表示測試案例的數目，$1 \le d \le 200$。然後捿供測試案例。

第 $i + 1$ 行提供第 i 個測試案例：用一個空格分隔開的兩個整數 n_i 和 m_i，$1 \le m_i \le n_i \le 10^9$。

輸出
輸出 d 行，每行對應一個測試案例，第 i 行提供 0 或 1，表示 $S(n_i, m_i) \bmod 2$ 的值，$1 \le i \le d$。

範例輸入	範例輸出
1 4 2	1

試題來源： ACM Central Europe 2001

線上測試： POJ 1430，ZOJ 1385

提示

第二類 Stirling 數 $S(n, k)$ 的奇偶性等價於 $C(z, w)$ 的奇偶性：$S(n, k) \equiv C(z, w) \bmod 2$，其中 $z = n - \left\lceil \dfrac{k+1}{2} \right\rceil$，$w = \left\lfloor \dfrac{k-1}{2} \right\rfloor$。因為 $C(z, w) = \dfrac{z!}{(z-w)! \times w!}$，$\equiv$ 所以，判斷 $C(z, w)$ 的奇偶性只需要計算和比較 $C(z, w)$ 展開式中分子和分母所含的因數 2 的個數，如果分子所含的因數 2 的個數多於分母所含的因數 2 的個數，則結果是偶數，輸出 "0"；否則，輸出 "1"。

4.7.9 ▶ Halloween treats

每年的萬聖節都會有同樣的問題：在那一天，不管有多少孩子來拜訪，每位鄰居只願意拿出一定數量的糖果；所以如果一個孩子來晚了，他就可能一無所獲。為了避免衝突，孩子們決定把所得的糖果全部放在一起，然後在他們之間平均分配。根據去年的萬聖節經驗，他們知道從每個鄰居那裡能得到糖果的數量。由於孩子們更在乎公平，而不是他們得到的糖果的數量，所以他們準備在鄰居中選擇一個鄰居的子集去拜訪，使得在分享糖果的時候，每個孩子都能得到同樣數量的糖果。如果有剩下沒有被分出去的糖果，他們就會不滿意。

請幫助孩子們，提供一個解決問題的辦法。

輸入

輸入包含若干測試案例。

每個測試案例的第一行提供兩個整數 c 和 n（$1 \leq c \leq n \leq 100000$），分別表示孩子和鄰居的數量。下一行提供 n 個用空格分開的整數 $a_1, \cdots, a_n$（$1 \leq a_i \leq 100000$），其中 a_i 表示如果孩子們拜訪鄰居 i，從他那裡可以得到的糖果的數量。

在最後的一個測試案例之後，跟著兩個 0，表示結束。

輸出

對於每個測試案例，輸出一行孩子們選擇的鄰居的索引（索引 i 對應給孩子們糖果總數 a_i 的鄰居 i）。如果沒有解決辦法，則輸出 "no sweets" 代替。注意，如果有幾個解決方案，每個孩子都至少得到一個糖果，可以輸出其中任何一個方案。

範例輸入	範例輸出
4 5 1 2 3 7 5 3 6 7 11 2 5 13 17 0 0	3 5 2 3 4

試題來源： Ulm Local 2007

線上測試： POJ 3370

提示

提供兩個整數 c 和 n（$1 \leq c \leq n \leq 100000$），然後提供 n 個整數 $a_1, \cdots, a_n$（$1 \leq a_i \leq 100000$），要求從 n 個整數序列中找到若干數，使得它們的和剛好是 c 的倍數，輸出這些整數的序號。

設 Sum[i] 為序列中前 i 項的和。

如果 Sum[i] 是 c 的倍數，則直接輸出前 i 項的序號；否則，如果沒有任何的 Sum[i] 是 c 的倍數，則因為 $c \leq n$，根據鴿巢原理，必定存在 i 和 j，$i<j$，使得 Sum[i] % c == Sum[j] % c，即第 $i+1$ 項數到第 j 項數的和為 c 的倍數，則輸出第 $i+1$ 項到第 j 項的序號。

4.7.10 ▶ Let it Bead

「Let it Bead」公司在加州 Monterey 市 Cannery 街 700 號的樓上。從公司名稱可以推斷出，該公司的業務是珠子。他們的的公關部門發現顧客對於購買有色手鐲感興趣。然而，有超過 90% 的顧客堅持她們的手鐲必須是獨一無二的。想像一下，如果兩位女士戴著同樣的手鐲出現在同一個派對上會發生什麼事！請幫助老闆估算，要獲取最大利潤，可以生產多少不同的手鐲。

手鐲是 s 個珠子組成的環狀序列，每個珠子的顏色是 c 種不同顏色中的一種。手鐲的環是封閉的，也就是說，沒有起點或終點，也沒有方向。假設每種顏色的珠子的數量都是無限的。對於 s 和 c 的不同值，請計算可以製作出的不同手鐲的數量。

輸入

輸入的每一行提供一個測試案例，一個測試案例包含兩個整數：先提供可用的顏色的數量 c，然後是手鐲的長度 s。輸入以 $c=s=0$ 結束。c 和 s 都是正數，由於手鐲製造機器中的技術困難，$cs \leq 32$，即它們的乘積不超過 32。

輸出

對於每個測試案例，輸出一行，提供獨一無二的手鐲的數量。

圖 4-21 顯示 8 個不同的手鐲，這些手鐲用 2 種顏色和 5 顆珠子製成。

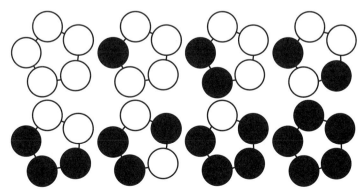

圖 4-21

範例輸入	範例輸出
1 1	1
2 1	2
2 2	3
5 1	5
2 5	8
2 6	13
6 2	21
0 0	

試題來源： Ulm Local 2000

線上測試： POJ 2409，ZOJ 1961

提示

本題應用 Pólya 計數公式求解：用 c 種顏色給 s 個珠子著色，且 s 個珠子的置換群為 $\{P_1, P_2, \cdots, P_k\}$，則不同手鐲的數量為 $l = \dfrac{1}{|G|}(c^{c(P_1)} + c^{c(P_2)} + \cdots + c^{c(P_k)})$，其中 $c(P_i)$ 是置換 P_i 的循環節數，$i = 1 \cdots k$。所以，對於本題，關鍵要推導出置換群有多少置換，以及每個置換的循環節有多少。

在本題中允許兩種置換：旋轉和翻轉。

◆ 旋轉：對於旋轉，有 s 個置換，將手鐲的環順時針旋轉 i 格，則由此產生的循環節的個數為 $\text{GCD}(s, i)$，其中 $i = 1, 2, 3, 4, \cdots, s$。

◆ 翻轉：如果 s 是奇數，則將每個珠子作為對稱軸來翻轉，置換數是 s，每個置換的循環節的個數都是 $s/2 + 1$；如果 s 是偶數，則可以將過每兩個對角的珠子的對角線作為對稱軸來翻轉，置換數是 $s/2$，每個置換的循環節的個數是 $s/2 + 1$；也可以將不過對角珠子的對角線作為對稱軸來翻轉，則置換數同樣是 $s/2$，而每個置換的循環節的個數是 $s/2$。

所以，置換群有 $2s$ 個置換。將上述結果代入 Pólya 計數公式，即可計算出不同手鐲的數量。

4.7.11 ▶ Ant Counting

一天，Bessie 在螞蟻山閒逛，看著螞蟻在收集食物的時候來回走動，她就想到，很多螞蟻是兄弟姐妹，彼此之間是無法區分的。她也想到，有時只有一隻螞蟻出來覓食，有時是一些螞蟻出來覓食，而有時則是所有的螞蟻去覓食。這就會產生大量的不同的螞蟻組合。

Bessie 有點數學基礎，她就開始考慮這個問題。Bessie 注意到，在一個螞蟻的巢穴裡，有 T 個螞蟻家族（$1 \leq T \leq 1000$），被標記為 $1 \cdots T$（在螞蟻的巢穴裡一共有 A 隻螞蟻）。每個螞蟻家族的螞蟻數量為 N_i（$1 < N_i < 100$）。

這些螞蟻可以組成多少個這樣的組合，即在每個組合裡，螞蟻的數量為 $S, S+1, \cdots, B$（$1 \leq S \leq B \leq A$）？

例如，由 3 個螞蟻家族組成的多重集合被表示為 {1, 1, 2, 2, 3}，不考慮排列，螞蟻可能的組合如下。

◆ 每個組合 1 隻螞蟻，則有 3 個組合：{1}，{2}，{3}。

◆ 每個組合 2 隻螞蟻，則有 5 個不同的組合：{1, 1}，{1, 2}，{1, 3}，{2, 2}，{2, 3}。

◆ 每個組合 3 隻螞蟻，則有 5 個不同的組合：{1, 1, 2}，{1, 1, 3}，{1, 2, 2}，{1, 2, 3}，{2, 2, 3}。

◆ 每個組合 4 隻螞蟻，則有 3 個不同的組合：{1, 2, 2, 3} {1, 1, 2, 2} {1, 1, 2, 3}。

◆ 每個組合 5 隻螞蟻，則有 1 個組合：{1, 1, 2, 2, 3}。

提供上述資料，請計算螞蟻可能的組合的數目。

輸入

第一行：4 個空格分開的整數，即 T、A、S 和 B。

第 2 行到第 $A+1$ 行：每行提供一個整數，表示在螞蟻巢穴裡的一隻螞蟻。

輸出

第一行：每個集合的基數從 S 到 B（包含 S 和 B）的組合數目。集合 {1, 2} 和集合 {2,1} 是一樣的，不要重複計算。輸出這個數字的最後 6 位數，不帶前導 0 或空格。

範例輸入	範例輸出
3 5 2 3 1 2 2 1 3	10

範例輸入解釋：

螞蟻的家族為（1…3），一共有 5 隻螞蟻，組合中集合的基數為 2 或 3，可以構成的組合數有多少？

範例輸出解釋：

5 個基數為 2 的螞蟻集合，5 個基數為 3 的螞蟻集合。

試題來源： USACO 2005 November Silver
線上測試： POJ 3046

提示

設 ant[i] 表示第 i 個螞蟻家族中螞蟻的數量，dp[i][j] 表示前 i 個螞蟻家族中選 j 隻螞蟻可以組成的組合數。

dp[i][j] 有兩種情況：第 i 個螞蟻家族中螞蟻不選或者至少選一隻螞蟻。如果不選，則組合數為 dp[$i-1$][j]；如果至少選一隻螞蟻，那麼 dp[i][$j-1$] 包含在前 i 個螞蟻家族中第 i 個螞蟻家族已經選了 ant[i] 隻螞蟻的組合數，也就是 dp[$i-1$][$j-$ant[i]-1]，但 dp[i][j] 在第 i 個螞蟻家族已經選了最多 ant[i] 隻螞蟻，所以組合數是 dp[i][$j-1$]$-$dp[$i-1$][$j-$ant[i]-1]。

所以，根據加法原理，dp[i][j]$=$dp[$i-1$][j]$+$dp[i][$j-1$]$-$dp[$i-1$][$j-$ant[i]-1]。

4.7.12 ▶ Ignatius and the Princess III

「嗯，第一個問題似乎太簡單了。我以後會告訴你，你有多愚蠢。」FENG 5166 說。

「第二個問題是，提供一個正整數 N，我們定義如下方程：$N=a[1]+a[2]+a[3]+\cdots+a[m]$；$a[i]>0$，$1\leq m\leq N$。我的問題是，對於提供的 N，你能找到多少個不同的方程。例如，假設 N 為 4，可以發現：

$4=4$；
$4=3+1$；
$4=2+2$；
$4=2+1+1$；
$4=1+1+1+1$。

所以，當 N 為 4 時，結果是 5。注意，「$4=3+1$」和「$4=1+3$」在這個問題上是相同的。現在，請你來解答這個問題吧！」

輸入

輸入包含若干測試案例，每個測試案例提供一個如上所述的正整數 N（$1\leq N\leq 120$），輸入以 EOF 結束。

輸出

對於每個測試案例，輸出一行，提供一個整數 P，表示有多少個不同的方程。

範例輸入	範例輸出
4	5
10	42
20	627

線上測試：HDOJ 1028

提示

本題是一道經典的採用冪級數型生成函數解答的試題。提供一個正整數 N，產生的整數分劃的組合計數用冪級數型生成函數 $f(x)=(1+x+x^2+\cdots+x^N)(1+x^2+x^4+\cdots+x^{2N})(1+x^3+x^6+\cdots+x^{3N})\cdots(1+x^N+x^{2N}+\cdots+x^{N\times N})$ 表示。所以，多項式相乘之後，x^N 的係數即為對於提供的 N，能有多少個不同的方程的組合數。

4.7.13 ▶ 放蘋果

把 M 個同樣的蘋果放在 N 個同樣的盤子裡，允許有的盤子空著不放，問共有多少種不同的分法（用 K 表示）？5，1，1 和 1，5，1 是同一種分法。

輸入

第一行是測試資料的數目 t（$0 \le t \le 20$）。以下每行均包含兩個整數 M 和 N，以空格分開，$1 \le M，N \le 10$。

輸出

對輸入的每組資料 M 和 N，用一行輸出相關的 K。

範例輸入	範例輸出
1 7 3	8

線上測試：POJ 1664

提示

本題解法 1，分析遞迴關係，提供其遞迴函式。設把 M 個同樣的蘋果放在 N 個同樣的盤子裡的分法為函式 apple(M, N)，分析如下：

◆ 如果 $M = 1$（只有一個蘋果），或者 $N = 1$（只有一個盤子），則只有一種分法，即 apple($1, N$) = apple($M, 1$) = 1。

◆ 如果 $M < N$，把 M 個同樣的蘋果放在 N 個同樣的盤子裡的分法，和把 M 個同樣的蘋果放在 M 個同樣的盤子裡的分法是一樣的，即 apple(M, N) = apple(M, M)。

◆ 如果 $M \ge N$，則有兩種情況。一種情況是，所有盤子都放有蘋果，也就是說，每個盤子裡至少有一個蘋果，M 個蘋果中有 N 個蘋果在 N 個盤子裡各放一個，其餘 $M-N$ 個蘋果放在 N 個盤子裡，分法是 apple($M-N, N$)。另一種情況是，至少有一個盤子裡沒有放蘋果，分法是 apple($M, N-1$)。根據加法原理，apple(M, N) = apple($M-N, N$) + apple($M, N-1$)。

根據遞迴關係，提供程式。

本題也可以直接採用冪級數型生成函數求解，和【4.7.12　Ignatius and the Princess III】類似，冪級數型生成函數 $f(x) = (1 + x + x^2 + \cdots + x^N)(1 + x^2 + x^4 + \cdots + x^{2N})(1 + x^3 + x^6 + \cdots + x^{3N})$ $\cdots$，多項式相乘之後，x^M 的係數就是放蘋果的分法。

Chapter 05
貪心法的程式編寫實作

貪心演算法（Greedy Algorithm，又稱貪婪演算法）用於解決多階段的最佳化問題。所謂貪心演算法，是在總體最佳策略無法提供的情況下，每一步的選擇都是求局部最佳解：當求目標函數值最大時，選擇目前最大值；當求目標函數值最小時，選擇目前最小值。

產生最小產生樹的 Kruskal 演算法、求解單源最短路徑問題的 Dijkstra 演算法、產生 Huffman 樹的 Huffman 演算法等都採用貪心演算法的思維。應當注意的是，使用貪心法能否得到最佳解，是必須加以證明的。例如，採用貪心演算法求解業務員旅行問題（Traveling SalesMan Problem）的最鄰近方法，可以舉出反例說明該演算法是一個近似演算法，而業務員旅行問題的最佳演算法還未找到。

本章將圍繞三個方面展開貪心法的程式編寫實作：

◆ 體驗貪心法內涵的實作。

◆ 在資料有序化的基礎上嘗試貪心法的實作。

◆ 在綜合類型試題中使用貪心法的實作貪心演算法。

5.1 體驗貪心法內涵的實作範例

貪心演算法的核心是根據題意選取能產生問題最佳解的貪心策略。然後，在每一個階段，貪心演算法根據貪心策略提供局部最佳解。例如，產生最小產生樹的 Kruskal 演算法，貪心策略就是每一步從邊集中選取一條權值最小的邊，若該條邊的兩個頂點分屬不同的樹，則將該邊加入，即把兩棵樹合成一棵樹。

對於 Kruskal 演算法、Dijkstra 演算法、Huffman 演算法等，我們都可以證明，最佳解可以透過一系列局部最佳的選擇即貪心選擇來求解。

對於具體的最佳化問題，是否適用於貪心法求解，按照貪心法得到的全域解是否一定最佳，沒有一個通用的判定方法。但適用於貪心法求解的最佳化問題一般具有兩個特點：

◆ 最佳子結構——問題的最佳解包含子問題的最佳解（必要性）。

◆ 貪心選擇性質——可透過做局部最佳（貪心）選擇來達到全域最佳解（可行性）。

在本節中，我們首先討論採用貪心演算法求解的經典問題：背包問題、任務排程問題、區間排程問題。在此基礎上，再透過兩個實例使大家體驗和掌握貪心演算法的內涵。

5.1.1 ▶ 貪心法的經典問題

背包問題（Knapsack Problem）描述如下：提供 n 個物品和一個背包，物品 i 重量為 w_i，價值為 p_i，其中 $w_i > 0$，$p_i > 0$，$1 \leq i \leq n$。如果將物品 i 的 x_i（$0 \leq x_i \leq 1$）部分裝入背包，則獲得價值 $p_i x_i$，背包的載荷能力為 M。背包問題的目標是使背包裡所放物品的總價值最高，即在約束條件 $\sum_{i=1}^{n} w_i x_i \leq M$ 下，使目標 $\sum_{i=1}^{n} p_i x_i$ 達到最大。

在背包的載荷能力限定的情況下，每次把目前單位價值最高的物品放入背包。不難證明，這樣做可以使得背包裡所放物品的總價值最高。所以，求解背包問題的演算法步驟如下：

```
for (i=1; i<=n; i++)
    v_i=p_i/w_i;                // 計算每個物品的單位價值
對物品的單位價值 v_i 由高到低排序，1≤i≤n；
W=0; P=0;                       // W：背包中已經放置物品的總重量；P：背包中已經放置物品的總價值
while (W<M)
{ 取目前 v_i 最高的物品 i;      // 貪心策略：每次把目前單位價值最高的物品放入背包
if (M-W-w_i≥0) {
    W+= w_i;  P+= p_i;          // 物品 i 放入背包
    }
else {
    a=(M-W)/ w_i;
    W+= aw_i;  P+= ap_i;        // 物品 i 部分 a 放入背包
    }
}
```

5.1.1.1　FatMouse' Trade

FatMouse 準備了 M 磅貓糧，它想和守衛倉庫的貓進行交易，以獲取倉庫裡的食物 Javabean。

倉庫裡有 N 個房間，在第 i 間房間裡有 $J[i]$ 磅 Javabean，需要用 $F[i]$ 磅貓糧來進行交換。FatMouse 不必買房間裡的全部 Javabean，它可以給貓 $F[i]*a\%$ 磅貓糧，來換取 $J[i]*a\%$ 磅的 Javabean，其中 a 是一個實數。現在 FatMouse 出了作業要考考你，請告訴它，它最多能夠獲得多少磅 Javabean。

輸入

輸入包含多個測試案例。每個測試案例的第一行提供兩個非負整數 M 和 N，接下來的 N 行每行提供兩個非負整數 $J[i]$ 和 $F[i]$，最後一個測試案例是兩個 -1，所有整數的值不超過 1000。

輸出

對於每個測試案例，在一行上輸出一個 3 位小數的實數，這個實數是 FatMouse 能夠透過交易得到的最大數量的 Javabean。

範例輸入	範例輸出
5 3	13.333
7 2	31.500
4 3	
5 2	
20 3	
25 18	
24 15	
15 10	
−1 −1	

試題來源： Zhejiang Provincial Programming Contest 2004

線上測試： ZOJ 2109

❖ 試題解析

本題要求計算 FatMouse 能夠透過交易得到的最大數量的 Javabean。

首先，計算 $J[i]$ 除以 $F[i]$，結果為 $a[i]$；然後，對陣列 a 按由大到小的順序進行排序。在交易的時候，FatMouse 為了獲得最多的 Javabean，要先交易 $a[i]$ 值大的，這樣就能確保獲得最多的 Javabean。

❖ 參考程式

```
01  #include <iostream>
02  #include <cstdio>
03  #include <cstdlib>
04  #include <cstring>
05  #include <vector>
06  #include <set>
07  #define MAXN 10005
08  #define RST(N)memset(N, 0, sizeof(N))
09  #include <algorithm>
10  using namespace std;
11  typedef struct Mouse_ {
12      double J, F; // J[i] 磅 Javabean 可以換 F[i] 磅貓糧
13      double a;     // J[i] 除以 F[i]，結果為 a[i]
14  }Mouse;
15  int n, m;
16  vector <Mouse> v;
17  vector <Mouse> ::iterator it;
18  bool cmp(const Mouse m1, const Mouse m2)          // 比較 a[i] 的大小
19  {
20      if(m1.a != m2.a) return m1.a > m2.a;
21      else return m1.F < m2.F;
22  } int main()
23  {
24      while(~scanf("%d %d", &n, &m)) {              // 輸入測試案例第一行
25          if(n == -1 && m == -1) break;
26          Mouse mouse;
27          v.clear();
28          for(int i=0; i<m; i++) {
29              scanf("%lf %lf", &mouse.J, &mouse.F); // 每個房間的 Javabean 可換多少貓糧
```

```
30          mouse.a = mouse.J/mouse.F;              // J[i] 除以 F[i]，結果為 a[i]
31          v.push_back(mouse);
32      }
33      sort(v.begin(), v.end(), cmp);              // 對 a 按由大到小的順序進行排序
34      double sum = 0;
35      for(int i=0; i<v.size(); i++) {             // 背包問題的演算法
36          if(n > v[i].F) {
37              sum += v[i].J;
38              n -= v[i].F;
39          }else {
40              sum += n*v[i].a;
41              break;
42          }
43      }
44      printf("%.3lf\n", sum);
45  }
46  return 0;
47 }
```

任務排程（Task Schedule）問題描述如下：提供 n 項任務，每項任務的開始時間為 s_i，結束時間為 e_i（$1 \leq i \leq n$，$0 \leq s_i < e_i$），且每項任務只能在一台機器上完成，每台機器一次只能完成一項任務。如果任務 i 和任務 j 滿足 $e_i \leq s_j$ 或 $e_j \leq s_i$，則任務 i 和任務 j 是不衝突的，可以在一台機器上完成。任務排程就是以不衝突的方式，用盡可能少的機器完成 n 項任務。

設 n 項任務組成的集合為 T，所使用的最少機器台數為 m。貪心策略是每次都安排目前最小開始時間的任務，這樣，新添加的機器就盡可能地少了。求解任務排程的演算法步驟如下：

```
對 n 項任務的開始時間進行升冪排序；m=0；
while (T≠∅) {
從 T 中刪除目前最小開始時間的任務 i；// 貪心策略：每次選擇目前最小開始時間的任務
if（任務 i 和已經執行的任務不衝突）
    安排任務 i 在空閒的機器上完成；
else {
    m++; // 添加一台新機器
    任務 i 在新機器 m 上完成；
    }
}
```

5.1.1.2 Schedule

有 n 項加工任務，第 i 項加工任務的開始時間為 s_i，結束時間為 e_i（$1 \leq i \leq n$）。有若干台機器。任何兩個在完成加工的時間段上有交集的任務都不能在同一台機器上完成。每台機器的工作時間定義為 $time_{end}$ 和 $time_{start}$ 的差，其中，$time_{end}$ 是關機的時間，而 $time_{start}$ 是開機的時間。本題設定，一台機器在 $time_{start}$ 和 $time_{end}$ 之間不會停機。請計算完成所有的加工任務所需要機器的最少數量 k，以及當僅使用 k 台機器時，所有的工作時間的最小總和。

輸入

輸入的第一行提供整數 t（$1 \leq t \leq 100$），表示測試案例的個數。每個測試案例的第一行提供一個整數 n（$0 < n \leq 100000$），接下來 n 行中的每一行提供兩個整數 s_i 和 e_i（$0 \leq s_i < e_i \leq 1e9$）。

輸出

對於每個測試案例，輸出兩個整數，分別表示最少機器台數和所有機器所用的工作時間的總和。

範例輸入	範例輸出
1 3 1 3 4 6 2 5	2 8

試題來源： 2017 Multi-University Training Contest-Team 10
線上測試： HDOJ 6180

❖ 試題解析

本題是經典的任務排程問題。

首先，對於每個測試案例，輸入 n 項加工任務的開始時間和結束時間，一共有 $2n$ 個時間點。對這 $2n$ 個時間點按升冪進行排序，如果有相同的時間點，則結束時間點排在前，開始時間點排在後。每個時間點用 pair<int, int> 表示，其中，前一個（first）表示時間點的時間值，後一個（second）表示這個時間點是開始時間還是結束時間。如果是某項任務的開始時間，則 second 取值為 1；否則，second 取值為 −1。

然後，num 表示目前執行的機器數量，ans 表示到目前一共開過多少台機器。從前到後對 $2n$ 個時間點進行掃描：

◆ 如果目前時間點是某項任務的開始時間，則 num 增加 1，如果這台機器是新添加的機器，則該時間點的時間值作為機器的開機時間；調整到目前一共開過的機器的數量。

◆ 如果目前時間點是某項任務的結束時間，則目前時間點的時間值作為機器的關機時間，num 減少 1。

在完成加工任務後，累加所有機器的關機和開機時間的差，作為所用機器的工作時間的總和。其中，$l[]$ 表示每台機器的開機時間，$r[]$ 表示每台機器的關機時間。這裡要說明，$l[i]$ 是機器 i 的開機時間，但 $r[i]$ 是某一台機器（不一定是機器 i）的關機時間，所有機器的關機和開機時間的差是所用的工作時間的總和。

❖ 參考程式

```
01  #include <cstdio>
02  #include <cstring>
```

```
03    #include <algorithm>
04    using namespace std;
05    typedef long long ll;
06    const int INF = 0x3f3f3f3f;
07    const int N = 1e5 + 10;
08    typedef pair<int, int> pii;                    // 時間點，前一個表示時間點的時間值，
09                                                   // 後一個表示這個時間點是開始時間還是結束時間
10    pii a[2 * N];                                  // 2n 個時間點
11    int l[N], r[N];                                // l[]：機器的開機時間，r[]：機器的關機時間
12    int main()
13    {
14        int T;                                     // 測試案例數
15        scanf("%d", &T);
16        while (T--)                                // 每次迴圈處理一個測試案例
17        {
18            int n;                                 // n 項加工任務
19            scanf("%d", &n);
20            for (int i = 1; i <= n; i++)           // 輸入 n 項加工任務的開始時間和結束時間
21            {
22                int left, right;
23                scanf("%d%d", &left, &right);
24                a[2 * i - 1] = pii(left, 1);       // 1 為開始時間，2 為結束時間
25                a[2 * i] = pii(right, -1);
26            }
27            sort(a + 1, a + 2 * n + 1);            // 對這 2n 個時間點按升冪進行排序
28            memset(l, -1, sizeof(l));
29            memset(r, -1, sizeof(r));
30            int num = 0, ans = 0;                  // num 表示目前執行的機器數量，
31                                                   // ans 表示到目前一共開過多少台機器
32            for (int i = 1; i <= 2 * n; i++)       // 從前到後對 2n 個時間點進行掃描
33            {
34                if (a[i].second == 1)              // 如果目前時間點是某項任務的開始時間
35                {
36                    num++;
37                    if (l[num] == -1) l[num] = r[num] = a[i].first;   // 機器 num 是新開
38                                                                      // 的機器
39                    ans = max(ans, num);
40                }
41                else                               // 如果目前時間點是某項任務的結束時間
42                {
43                    r[num] = a[i].first;
44                    num--;
45                }
46            }
47            ll sum = 0;                            // sum：所有機器所用的工作時間的總和
48            for (int i = 1; i <= ans; i++) sum += r[i] - l[i];   // 累加所有機器的關機
49                                                                 // 和開機時間的差
50            printf("%d %lld\n", ans, sum);
51        }
52        return 0;
53    }
```

區間排程問題描述如下：提供 n 項任務，每項任務的開始時間為 s_i，結束時間為 e_i（$1 \leq i \leq n$，$0 \leq s_i < e_i$），只有一台機器，機器一次只能完成一項任務。這台機器最多能完成多少項任務？

區間任務排程問題用貪心法求解，貪心策略是每次選取結束時間最早的任務來完成，這樣就可以讓機器完成盡可能多的任務。

5.1.1.3　Gene Assembly

隨著大量的基因組 DNA 序列資料被獲得，在這些序列中尋找基因（基因組 DNA 中負責蛋白質合成的部分）變得越來越重要。眾所周知，對於真核生物（相關於原核生物），這一過程更為複雜，因為存在干擾基因組序列中基因編碼區域的垃圾 DNA。也就是說，一個基因由幾個編碼區域（被稱為外顯子，exon）組成。眾所周知，外顯子在蛋白質合成過程中的排列順序是保持不變的，但外顯子的數目和長度是任意的。

大多數的基因發現演算法有兩個步驟：第一步，搜尋可能的外顯子；第二步，試圖透過尋找一個具有盡可能多的外顯子的鏈，來組裝一個可能最大的基因。這條鏈必須遵循外顯子在基因組序列中出現的順序。如果外顯子 i 的末端在外顯子 j 的開始端之前，則稱外顯子 i 出現在外顯子 j 之前。

本題要求，提供一組可能的外顯子，找到具有盡可能多的外顯子的鏈，這些外顯子可以組裝起來產生一個基因。

輸入

輸入提供若干測試案例。每個測試案例首先提供序列中可能的外顯子的個數 $0 < n < 1000$。接下來的 n 行每行提供一對整數，表示外顯子在基因組序列中的開始位置和結束位置。本題設定基因組序列最多有 50000 個城基。輸入以提供單個 0 的一行結束。

輸出

對於每個測試案例，程式透過列舉鏈中的外顯子，輸出一行，提供具有可能最多的外顯子的鏈。如果有多個鏈具有相同數量的外顯子，輸出其中的任何一個。

範例輸入	範例輸出
6	3 1 5 6 4
340 500	2 3 1
220 470	
100 300	
880 943	
525 556	
612 776	
3	
705 773	
124 337	
453 665	
0	

試題來源： ACM South America 2001
線上測試： ZOJ 1076，UVA 2387

❖ 試題解析

本題是一道經典的採用貪心法求解區間排程的試題，對於每個可能的外顯子的區間，按照區間的右端點從小到大排序。然後，每次選取區間右端點小的外顯子，同一個位置只能放一個外顯子。

❖ 參考程式

```cpp
01   #include<cstdio>
02   #include<string>
03   #include<cstring>
04   #include<iostream>
05   #include<cmath>
06   #include<algorithm>
07   using namespace std;
08   typedef long long ll;
09   const int INF =0x3f3f3f3f;
10   const int maxn= 1000    ;
11   int n;
12   struct Seg                    // 外顯子表按照區間右端點遞增的順序排列
13   {
14       int le,ri,ind;
15       bool operator<(const Seg y)const
16       {
17           return ri<y.ri;
18       }
19   }a[maxn+5];
20   int main()
21   {
22       while(~scanf("%d",&n)&&n)    // 反覆輸入外顯子的個數 n，直至輸入 0 為止
23       {
24           for(int i=1;i<=n;i++)    // 輸入每個外顯子區間的左右端點
25           {
26               scanf("%d%d",&a[i].le,&a[i].ri);
27               a[i].ind=i;          // 記下該外顯子的序號
28           }
29           sort(a+1,a+1+n);         // 按照區間右端點遞增順序對外顯子表排序
30           int now=a[1].ri+1;       // 第 2 個外顯子的左端位置至少從第 1 個外顯子右端位置 +1
31                                    // 開始，因為一個位置不能由兩個外顯子同時佔用
32           cout<<a[1].ind;          // 輸出右端點位置最小的外顯子序號
33           for(int i=2;i<=n ;i++)   // 搜尋左端點不在 now 左方的外顯子，將其右端點位置 +1
34                                    // 設為 now，並輸出該外顯子的序號
35           {
36               if(a[i].le < now )  continue;
37
38               now=a[i].ri+1;
39               cout<<" "<<a[i].ind;
40           }
41           cout<<endl;             // 目前測試案例處理完畢，換行
42       }
43       return 0;
44   }
```

5.1.2 ▶ 體驗貪心法內涵

由 5.1.1 節可知，用貪心法設計演算法的特點是一步一步地進行，根據解決問題的貪心策略，在每一步都要獲得局部最佳解。

在掌握了貪心法經典問題的基礎上，下面透過兩個實例來進一步體驗貪心法的內涵。

5.1.2.1　Pass-Muraille

在魔術表演中，穿牆術是非常受歡迎的，魔術師在一個預先設計好的舞臺上表演穿越若干面牆壁。在每次穿越牆壁的表演中，魔術師有一個有限的穿牆能量，可透過至多 k 面牆。牆壁被放置在一個網格狀的區域中。圖 5-1 提供了舞臺的俯視圖，圖中所有牆的厚度是一個單元，但長度不同。本題設定沒有一個方格會在兩面牆或更多面牆中。觀眾選擇一列方格。穿牆魔術師從圖的上方沿著一列方格向下走，穿過路上遇到的每一面牆，到達圖的下方。如果試圖走的那一列要穿過的牆超過 k 面，他將無法完成這個節目。例如，對於圖 5-1 所示的舞臺，一個穿牆者在 $k = 3$ 的情況下，從上到下可以選擇除第 6 列以外的任何一列。

灰色格子代表牆

圖 5-1

提供穿牆魔術師的能量以及一個表演舞臺，要求在舞臺上拆除最少數量的牆，使得穿牆魔術師可以沿任意觀眾選擇的列穿過所有的牆。

輸入

輸入的第一行提供一個整數 t（$1 \leq t \leq 10$），表示測試案例的個數，然後提供每個測試案例的資料。每個測試案例的第一行提供兩個整數 n（$1 \leq n \leq 100$）和 k（$0 \leq k \leq 100$），n 表示牆的數量，k 表示穿牆魔術師可以透過的牆的最大數量。在這一行後提供 n 行，每行包含兩個（x, y）對，表示一面牆的兩個端點座標。座標是小於等於 100 的非負整數，左上角方格的座標為（0, 0）。下面提供的第二個測試範例對應圖 5-1。

輸出

對每個測試案例，輸出一行，提供一個整數，表示最少拆除牆的數量，使得穿牆魔術師能從上方任何一列開始穿越。

範例輸入	範例輸出
2	1
3 1	1
2 0 4 0	
0 1 1 1	
1 2 2 2	
7 3	
0 0 3 0	
6 1 8 1	

範例輸入	範例輸出
2 3 6 3	
4 4 6 4	
0 5 1 5	
5 6 7 6	
1 7 3 7	

提示

牆與 X 軸平行。

試題來源： ACM Tehran 2002 Preliminary

線上測試： POJ 1230，ZOJ 1375

❖ 試題解析

從左往右掃描每一列，要使得拆牆數最少，必須保證左方舞臺可穿越的情況下被拆牆數最少，因此本題具備最佳子結構的特點。本題關鍵是怎樣透過做局部最佳（貪心）選擇來達到全域最佳解。

若當前列的牆數 $D \le K$，則不處理；若當前列的牆數 $D > K$，則需拆 $D-K$ 面牆。對於拆除哪些牆，採取這樣一個貪心策略：在當前列所有的有牆格中，選擇右方最長的 $D-K$ 面牆拆除。

由於當前列左方的舞臺都可穿越，所有影響穿越的牆從當前列開始，因此途經當前列的所有面牆中，往右的牆格越多，影響穿越的列範圍就越大，也就越應被拆除。這個簡單邏輯引出了上述貪心策略。從左往右掃描每一列，在每一列做這樣的貪心選擇，被拆牆的數量肯定是最少的。

❖ 參考程式

```
01    #include<iostream>
02    using namespace std;
03    int t,n,k,x,y,x1,y2,max_x,max_y,sum_s=0;
04    // 測試案例數為 t，牆數為 n，穿牆者可通過的牆的最大數量為 k，牆的端點座標為 (x,y) 和 (x1, y2)，
05    // 所有牆的最大列座標為 max_x，最大行座標為 max_y，最少拆除牆的數量為 sum_s
06    int map[105][105];                          // (i, j) 所在的牆序號為 map[i][j]
07    int main()
08    {
09        scanf("%d",&t);                         // 輸入測試案例數
10        while(t--)                              // 依次處理每個測試案例
11        {
12            memset(map,0,sizeof(map));          // 初始時舞臺未有牆
13            max_x=0;                            // 牆的最大行列座標初始化
14            max_y=0;
15            sum_s=0;                            // 最少拆除牆的數量初始化
16            scanf("%d %d",&n,&k);               // 輸入牆數和穿牆者可透過的牆的最大數量
17            for (int i=1;i<=n;i++)
18            {
19                scanf("%d %d %d %d",&x,&y,&x1,&y2); // 輸入第 i 面牆的兩個端點座標
20                if (x>max_x)max_x=x;            // 調整牆的最大行列座標
21                if (x1>max_x)max_x=x1;
22                if(y>max_y)max_y=y;
```

```
23              if (x<x1)                              // 標記第 i 面牆
24                  for (int j=x;j<=x1;j++) map[j][y]=i;
25              else
26                  for (int j=x1;j<=x;j++) map[j][y]=i;
27          }
28      for (int i=0;i<=max_x;i++)                      // 由左而右掃描每一列
29      {
30              int tem=0;                              // 統計第 i 列中牆的格子數
31              for (int j=0;j<=max_y;j++)
32                  if (map[i][j]>0) tem++;
33              int offset=tem-k;
34              if (offset>0)          // 若第 i 列中牆的格子數大於 k，則需要拆 offset 面牆，
35                                     // 將 offset 計入最少拆除牆的數量
36              {
37                  sum_s+=offset;
38                  while(offset--)
39                  {
40                      int max_s=0,max_bh;
41                      for (int k=0;k<=max_y;k++)  // 搜尋 i 列每個有牆的格子
42                      {
43                          if (map[i][k]>0)
44                  // 若 (i, k) 為有牆格，則統計 k 行 i 列右方屬於同堵牆的格子數 tem_s
45                          {
46                              int tem_s=0;
47                              for (int z=i+1;z<=max_x;z++)
48                                  if (map[z][k]==map[i][k]) tem_s++;
49                                      else  break;
50                              if (max_s<tem_s) // 若該堵牆的格子數最多，則記下
51                              {
52                                  max_s=tem_s; max_bh=k;
53                              }
54                          }
55                      }
56                      for (int a=i;a<=i+max_s;a++) map[a][max_bh]=0;
57                      // 拆除含格子數最多的牆（第 max_bh 行上第 i 列開始的 max_s 個格子）
58                  }
59              }
60      }
61      printf("%d\n",sum_s);                           // 輸出最少拆除牆的數量
62      }
63      return 0;
64 }
```

這是一道相對簡單的貪心題，比較容易判定其解法的最佳化。下面提供一道稍有難度的試題。需要讀者經過縝密的分析推理，得出貪心處理的度量標準。

5.1.2.2　Tian Ji──The Horse Racing

這是一個在中國歷史上很著名的故事。

大約 2300 年前，田忌是齊國的將軍，他喜歡與齊王和其他人一起玩賽馬。

田忌和齊王都有三匹不同類型的賽馬,即下等馬、中等馬和上等馬。規則是有三輪比賽,每一匹馬只能在一輪中使用。單輪勝者從失敗者那裡獲得兩百銀元。

因為齊王是齊國最有權勢的人,齊王有很好的馬,在每類賽馬中他的馬都比田忌的馬好。因此,每次都是齊王贏田忌六百銀元。

田忌為此很不高興,直到他遇見了孫臏,孫臏是中國歷史上最有名的軍事家之一。由於孫臏使用一個小竅門,使得田忌贏了齊王兩百銀元。

這是一個相當簡單的小竅門。田忌用下等馬對齊王的上等馬,他肯定會輸掉這一輪。但隨後他的中等馬擊敗齊王的下等馬,而他的上等馬擊敗齊王的中等馬。如何評價田忌賽馬?

你可能會發現,賽馬問題可以簡單地被視為一個二分圖最大匹配問題。在一邊畫上田忌的馬,另一邊畫上齊王的馬。當田忌的一匹馬能擊敗齊王的一匹馬,就在這兩匹馬之間畫一條邊,表示要建立這一對馬的關係(如圖 5-2 所示)。因此,贏得盡可能多輪的問題就是找到這個圖的最大匹配。如果出現平局,問題就變得很複雜,就要給所有可能的邊分配權重 0、1 或 −1,並找到一個最大加權完善的匹配。

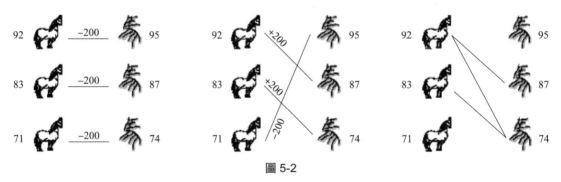

圖 5-2

然而,賽馬問題是二分圖匹配的一個非常特殊的情況,馬匹的速度決定這幅圖──速度快的擊敗速度慢的。在這種情況下,加權二分匹配演算法是處理這個問題的非常先進的工具。

在這個問題中,請編寫一個程式來解決匹配問題的特殊情況。

輸入

輸入由多達 50 個測試案例組成,每個測試案例的第一行提供一個正整數 n($n \leq 1000$),表示在每一邊的馬匹數目;在第 2 行提供 n 個整數,表示田忌的馬匹的速度;第 3 行提供 n 個整數,表示齊王的馬匹的速度。最後一個測試案例後以一個 '0' 結束輸入。

輸出

對每個測試案例,輸出一行,提供一個整數,即田忌贏得銀幣的最大數目。

範例輸入	範例輸出
3	200
92 83 71	0
95 87 74	0
2	
20 20	
20 20	
2	
20 19	
22 18	
0	

試題來源：ACM Shanghai 2004

線上測試：POJ 2287，ZOJ 2397，UVA 3266

❖ **試題解析**

本題可以「一題多解」，二分圖匹配演算法、動態規劃方法都可用來解這道題，但最為簡單和高效率的是貪心演算法。下面提供貪心策略的分析。

首先，將田忌和齊王的馬按馬的速度遞增順序分別排列，得到遞增序列 A 和 B，其中田忌的馬為 $A = a_1 \cdots a_n$，齊王的馬為 $B = b_1 \cdots b_n$。

◆ 若田忌最慢的馬快於齊王最慢的馬（$a_1 > b_1$），則將 a_1 和 b_1 比，因為齊王最慢的馬 b_1 一定輸，輸給田忌最慢的馬 a_1 合適。

◆ 若田忌最慢的馬慢於齊王最慢的馬（$a_1 < b_1$），則將 a_1 和 b_n 比，因為 a_1 一定會輸，輸給齊王最快的馬合適。

◆ 若田忌最快的馬快於齊王最快的馬（$a_n > b_n$），則將 a_n 和 b_n 比，因為 a_n 一定贏，贏齊王最快的馬合適。

◆ 若田忌最快的馬慢於齊王最快的馬（$a_n < b_n$），則將 a_1 和 b_n 比，因為 b_n 一定贏，贏田忌最慢的馬合適。

◆ 田忌最慢的馬和齊王最慢的馬的速度相等（$a_1 = b_1$），並且田忌最快的馬比齊王最快的馬快（$a_n > b_n$）時，將 a_n 和 b_n 比。

◆ 田忌最快的馬和齊王最快的馬的速度相等（$a_n = b_n$）時，則將 a_1 和 b_n 比有最佳解。

上述貪心策略提供了田忌賽馬的過程。

❖ **參考程式**

```
01   #include<cstdio>
02   #include<cstring>
03   #include<algorithm>
04   using namespace std;
05   int a[1010],b[1010];                    // 田忌和齊王的馬速序列
06   int main()
07   {
08       int n;
```

```
09      while(scanf("%d",&n),n)                // 輸入田忌和齊王馬的匹數
10      {
11          for(int i=1; i<=n; i++)  scanf("%d",&a[i]); // 輸入田忌 n 匹馬的速度
12          for(int i=1; i<=n; i++)  scanf("%d",&b[i]); // 輸入齊王 n 匹馬的速度
13          sort(a+1,a+1+n);                   // 按照馬速遞增順序排列田忌的 n 匹馬
14          sort(b+1,b+1+n);                   // 按照馬速遞增順序排列齊王的 n 匹馬
15          int tl=1,tr=n,ql=1,qr=n;           // A 序列的首尾指標和 B 序列的首尾指標初始化
16          int sum=0;                         // 田忌贏得的銀幣數初始化
17          while(tl<=tr)                      // 若比賽未進行完
18          {
19              if(a[tl]<b[ql])                // 若田忌最慢的馬慢於齊王最慢的馬,
20                                             // 則田忌最慢的馬與齊王最快的馬比,輸一場
21              {
22                  qr--;tl++;sum=sum-200;
23              }
24              else if(a[tl]==b[ql])          // 若田忌最慢的馬與齊王最慢的馬速度相同
25              {
26                  while(tl<=tr&&ql<=qr)      // 迴圈,直至田忌或齊王的馬序列空為止
27                  {
28                      if(a[tr]>b[qr])        // 若田忌最快的馬快於齊王最快的馬,
29                                             // 則田忌最快的馬與齊王最快的馬比,贏一場
30                      {
31                          sum+=200;tr--;qr--;
32                      }
33                      else                   // 否則若田忌最慢的馬慢於齊王最快的馬,則田忌
34                                             // 最慢的馬與齊王最快的馬比,輸一場,退出 while
35                      {
36                          if(a[tl]<b[qr])  sum-=200;
37                          tl++;qr--; break;
38                      }
39                  }
40              }
41              else                           // 若田忌最慢的馬快於齊王最慢的馬,
42                                             // 則田忌最慢的馬與齊王最慢的馬比,贏一場
43              {
44                  tl++;ql++;sum=sum+200;
45              }
46          }
47          printf("%d\n",sum);                // 輸出田忌贏得的銀幣數
48      }
49      return 0;
50  }
```

5.2　利用資料有序化進行貪心選擇的實作範例

　　貪心演算法的核心是根據題意選取貪心的量度標準,因此,往往要將輸入資料排成按這種量度標準所要求的順序,然後,在此基礎上展開貪心選擇。本節將結合實例,討論利用資料有序化進行貪心選擇的解題策略。

5.2.1 ▶ Shoemaker's Problem

製鞋工有 N 項工作（來自客戶的訂單）要完成。製鞋工每天只能做一件訂單上的工作。本題對於第 i 件訂單，提供整數 T_i（$1 \leq T_i \leq 1000$），表示製鞋工完成這一訂單要花費的天數。對於第 i 件訂單，從製鞋工開工開始算，延遲一天就要繳納罰金 S_i（$1 \leq S_i \leq 10000$）分。請幫助製鞋工編寫一個程式，提供一個總的罰金最少的訂單工作的序列。

輸入
首先在第一行提供一個正整數，表示測試案例的個數。然後提供一個空行，在兩個連續測試案例之間也提供一個空行。

每個測試案例的第一行提供一個整數 N（$1 \leq N \leq 1000$），後面的 N 行每行提供兩個整數，分別按次序提供時間和罰金。

輸出
對每個測試案例，按範例格式輸出，在輸出的連續兩個測試案例之間有空行分隔。

程式輸出罰金最少的訂單工作序列。每個訂單用輸入中的編號表示。所有的整數在一行中提供，用一個空格分開。如果有多個可能的解，輸出按字典順序排列的第一個解。

範例輸入	範例輸出
1	2 1 3 4
4	
3 4	
1 1000	
2 2	
5 5	

試題來源：Second Programming Contest of Alex Gevak，2000
線上測試：UVA 10026

❖ 試題解析

第 i 件訂單延誤 1 天，則規定的工作時間內每天需繳納罰金 S_i / T_i，這個數值為第 i（$1 \leq i \leq n$）件訂單罰金的影響程度。顯然，要使得 n 個訂單的總罰金最少，罰金影響程度越大的工作應越早完成。但如果存在多項罰金影響程度相同的工作，則按照字典順序要求，編號小的在先。由此得出演算法如下。

每件訂單的度量標準為罰金的影響程度最小。貪心的實作方法以罰金的影響程度為主關鍵字（順序遞減）、編號為次關鍵字（順序遞增）將 n 項工作排成一個序列。這個序列就是罰金最少的工作序列。

❖ 參考程式

```
01    #include<iostream>
02    #include<cstdlib>
03    #include<cstdio>
04    #include<cmath>
```

```
05    #include<cstring>
06    #include<algorithm>
07    using namespace std;
08    const int maxN=1010;                    // 工作數的上限
09    struct job
10    {
11        double a;                           // 單位時間的罰金
12        int num;                            // 編號
13    } p[maxN];                              // 罰金序列
14    int n;
15    void init()
16    {
17        double a1,a2;
18        scanf("%d",&n);                     // 輸入工作數
19        for (int i=1;i<=n;i++)              // 依次輸入每項工作的時間和罰金
20        {
21            scanf("%lf%lf",&a1,&a2);
22            p[i].a=a2/a1;p[i].num=i;        // 計算比值，記錄號碼
23        }
24    }
25    bool cmp(job x,job y)                    // 按照單位時間罰金為第 1 關鍵字（遞減）、
26                                            // 編號為第 2 關鍵字（遞增）比較工作 x 和 y 的大小
27    {
28        if ((x.a>y.a)||((x.a==y.a)&&(x.num<y.num))) return true;
29        return false;
30    }
31    void work()                             // 按照單位時間罰金為第 1 關鍵字（遞減）、編號為第 2 關鍵字
32                                            // （遞增）排序 p 序列的工作，形成罰金最少的工作序列
33    {
34        sort(p+1,p+n+1,cmp);                // 排序
35        for (int i=1;i<n;i++) printf("%d ",p[i].num);      // 輸出排序後 n 項工作的編號
36        printf("%d\n",p[n].num);
37    }
38    int main()
39    {
40        int t;
41        scanf("%d",&t);                     // 輸入測試案例數
42        for (int i=1;i<=t;i++)             // 依次處理每個測試案例
43        {
44            if (i>1) printf("\n");
45            init();                         // 輸入目前測試案例的資料
46            work();                         // 計算和輸出罰金最少的工作序列
47        }
48        return 0;
49    }
```

5.2.2 ▶ Add All

如本題的名稱所示，本題提供的任務是將一個集合中的數相加。但是僅僅讓你寫一個 C/C++ 程式將集合中的數相加可能會讓你感到屈尊，因此本題增加了一些創造性。

加法操作要求算價錢，而價錢是兩個被加數的總和。因此，將 1 和 10 相加，要付價錢為 11。如果要加 1、2 和 3，有幾種方法：

1+2=3, cost=3	1+3=4, cost=4	2+3=5, cost=5
3+3=6, cost=6	2+4=6, cost=6	1+5=6, cost=6
Total=9	Total=10	Total=11

本題提供的任務是將一個集合中的數相加，使得價錢最小。

輸入

每個測試案例先提供一個正整數 N（$2 \leq N \leq 5000$），後面提供 N 個正整數（全部小於 100000）。輸入以一個 N 為 0 的測試案例結束。這一測試案例不用被處理。

輸出

對每個測試案例，在一行中輸出相加的最小的價錢。

範例輸入	範例輸出
3	9
1 2 3	19
4	
1 2 3 4	
0	

試題來源：UVa Regional Warmup Contest 2005
線上測試：UVA 10954

❖ 試題解析

在一個包含 N 個正整數的集合中，每次選兩個數相加，一共要進行 $N-1$ 次相加，本題要求 $N-1$ 個數和的總和最小。

每次相加，被加的兩個數從集合中刪除，數和進入集合。顯然，要使得 $N-1$ 個數和的總和最小，貪心策略是每次選擇目前集合中兩個最小的數相加。

由於最小堆積的根值最小且易於維護，因此採用最小堆積作為數集的儲存結構。

❖ 參考程式

```
01  #include<iostream>
02  #include<cstdio>
03  #include<cstdlib>
04  #include<cmath>
05  #include<cstring>
06  #include<algorithm>
07  using namespace std;
08  const int maxN=5010;                     // 數集的規模上限
09  int n,a[maxN];                           // 堆積長度為 n，堆積為 a[]
10  void sift(int i)                         // 將以 i 為根的子樹調整為堆積
11  {
12      a[0]=a[i];                           // 暫存 a[i]
13      int k=i<<1;                          // 計算左子樹指標 k
14      while (k<=n)
15      {
16          if ((k<n)&&(a[k]>a[k+1])) k++;   // 計算左右子樹中較小者的索引 k
```

```
17          if (a[0]>a[k]) { a[i]=a[k];i=k;k=i<<1;} else k=n+1;
18          // 若 k 位置的值小於子根，則上移至父代位置；否則退出迴圈
19      }
20      a[i]=a[0];                          // 將子根值送入騰出的 i 位置
21  }
22  void work()                             // 計算和輸出相加的最小價錢
23  {
24      for (int i=n >> 1;i;i--) sift(i);    // 建立最小堆積
25      long long ans=0;                    // 相加的最小的價錢初始化
26      while (n!=1)
27      {
28          swap(a[1],a[n--]);              // 取出堆積首的最小數（與堆積尾交換，堆積長度 -1）
29          sift(1);                        // 重新調整堆積
30          a[1]+=a[n+1];ans+=a[1];sift(1); // 兩個最小數相加，調整堆積
31      }
32      cout << ans << endl;                // 輸出相加的最小價錢
33  }
34  int main()
35  {
36      while (scanf("%d",&n),n)            // 反覆輸入數的個數，直至輸入 0 為止
37      {
38          for (int i=1;i<=n;i++) scanf("%d",&a[i]);   // 輸入 n 個數
39          work();                         // 計算和輸出相加的最小價錢
40      }
41      return 0;
42  }
```

5.2.3 ▶ Wooden Sticks

n 根木棍組成一堆，每根棍子的長度和重量事先知道。這些木棍要被木工機器一個接一個地處理，機器準備處理一根棍子需要的時間被稱為啟動時間。啟動時間與清潔操作、機器中的工具和外形有關。木工機器的啟動時間如下：

（1）第一根木棍的啟動時間是 1 分鐘。

（2）在處理好長度為 l，重量為 w 的一根木棍後，如果下一根長度為 l' 且重量為 w' 的木棍滿足 $l \leq l'$ 並且 $w \leq w'$，則機器對下一根木棍不需要啟動時間，否則需要 1 分鐘來啟動。

提供 n 根木棍組成的一堆，請求出處理這一堆木棍的最小啟動時間。例如，如果有 5 根木棍，長度和距離組成的對是 (9, 4)、(2, 5)、(1, 2)、(5, 3) 和 (4, 1)，那麼最小的啟動時間是 2 分鐘，處理的對的序列是 (4, 1)、(5, 3)、(9, 4)、(1, 2)、(2, 5)。

輸入

輸入包含 T 個測試案例，在輸入的第一行提供測試案例的數目（T）。每個測試案例由兩行組成：第一行為一個整數 n，$1 \leq n \leq 5000$，表示這一測試案例中木棍的個數；第二行則提供 $2n$ 個正整數 $l_1, w_1, l_2, w_2, \cdots, l_n, w_n$，每個值最多為 10000，其中 l_i 和 w_i 分別是第 i 根木棍的長度和重量，這 $2n$ 個整數用一個或多個空格分開。

輸出

輸出以分鐘為單位的最小啟動時間，每個測試案例一行。

範例輸入	範例輸出
3	2
5	1
4 9 5 2 2 1 3 5 1 4	3
3	
2 2 1 1 2 2	
3	
1 3 2 2 3 1	

試題來源：ACM Taejon 2001

線上測試：POJ 1065，ZOJ 1025，UVA 2322

❖ **試題解析**

對目前長度為 l 且重量為 w 的木棍來說，如果下一根長度為 l' 且重量為 w' 的木棍滿足 $l \le l'$ 並且 $w \le w'$，則機器對下一根木棍不需要啟動時間。為了盡可能減少啟動時間，引出貪心法所用的度量標準：在未使用的木棍中優先選擇長度最小的木棍，在長度相等的情況下優先選擇重量小的木棍。

首先，對木棍進行非降冪排序，每個木棍的結構為 (l, w)，以 l（長度）為主關鍵字，w（重量）為次關鍵字，即 $(l_1, w_1) < (l_2, w_2)$ 的條件是 $l_1 < l_2 \| (l_1 == l_2 \&\& w_1 < w_2)$。

然後，在排序的基礎上依次進行貪心選擇。

初始時，啟動時間 $c = 0$，將木棍排序序列的第 1 根木棍標誌為 cur。然後反覆進行如下操作：

步驟 1：將序列 cur 位置後的所有可以處理的木棍設為已經處理，機器加工這些木棍不需要啟動時間。

步驟 2：啟動時間 c++。

步驟 3：循序搜尋木棍排序序列中第 1 根未被處理的木棍。如果不存在未被處理的木棍，則輸出最小啟動時間 c，結束程式；否則該木棍記為 cur，轉步驟 1。

❖ **參考程式**

```
01   #include <iostream>
02   using namespace std;
03   const int N = 5000;
04   struct node{                    // 定義木棍為結構型別 node
05       node& operator=(node &n){
06              l=n.l, w=n.w, isUsed=n.isUsed; // 記錄木棍 n 的長度、重量和使用標記
07              return *this;
08       }
09       bool operator>(node &n){        // 比較木棍的大小
10          return l>n.l || (l==n.l && w>n.w);
11       }
```

```
12      void swap(node &n){                 // 交換木棍
13          node tmp=*this;
14          *this=n;
15          n=tmp;
16      }
17      int l, w;
18      bool isUsed;
19  }A[N];                                   // 木棍序列 A[] 的元素為 node 的結構型別
20  int main()
21  {
22      int t, n, i, j, k;
23      cin >> t;                            // 輸入測試案例數
24      for(i=0;i<t;i++){                     // 依次處理每個測試案例
25          cin >> n;
26          for(j=0;j<n;j++){                 // 輸入每個木棍的長度和重量,並標記未用過
27              cin >> A[j].l >> A[j].w;
28              A[j].isUsed=false;
29          }
30          for(j=1;j<n;j++)                  // 以長度為第 1 關鍵字、重量為第 2 關鍵字排序 A
31              for(k=1;k<=n-j;k++)
32                  if(A[k-1] > A[k])
33                      A[k-1].swap(A[k]);
34          node cur = A[0];                  // 木棍 0 為目前最後被用過的木棍
35          A[0].isUsed=true;
36          int c=0;                          // 啟動時間初始化
37          while(true){
38              for(j=1;j<n;j++)              // 在未使用的木棍中,將長度和重量不小於目前木棍的
39                                            // 所有木棍設為使用狀態
40  if(A[j].isUsed==false)
41                  if(A[j].l >= cur.l && A[j].w >= cur.w){
42                      A[j].isUsed=true;
43                      cur = A[j];
44                  }
45              c++;                          // 啟動時間 +1
46              for(j=1;j<n;j++) if(A[j].isUsed==false){
47              // 尋找第 1 根未使用的木棍,標記該木棍為最後被用過的木棍,並退出 for 迴圈
48                  cur = A[j];
49                  A[j].isUsed=true;
50                   break;
51              }
52              if(j==n) break;               // 若所有木棍都使用了,則退出 while 迴圈
53          }
54          cout << c << endl;                // 輸出最小啟動時間
55      }
56      return 0;
57  }
```

5.2.4 ▶ Radar Installation

假定海岸線是一條無限長的直線,陸地在海岸線的一側,大海在海岸線的另一側,而每個小島是大海中的一個點。在海岸線上安裝的雷達只能覆蓋距離 d,因此在海上的一個島嶼如果和雷達的距離在 d 以內,它就在雷達的覆蓋半徑內。

本題採用笛卡爾座標系統，將海岸線定義為 x 軸。大海在 x 軸的上方，陸地在 x 軸的下方。提供海中每個島嶼的位置，以及所安裝雷達的覆蓋距離，請編寫一個程式，找到要覆蓋所有的島嶼需要安裝的雷達的最少數量。島嶼的位置是用其 (x, y) 座標來表示的。

輸入

輸入包含若干測試案例。每個測試案例的第一行提供兩個整數 n（$1 \leq n \leq 1000$）和 d，其中 n 是大海中的島嶼數量，d 則是所安裝雷達的覆蓋距離；然後的 n 行每行提供兩個整數，表示每個島嶼的座標位置。在測試案例之間用一個空行分開。輸入以包含兩個 0 的一行結束。

輸出

對每個測試案例，輸出一行，提供測試案例編號以及需要安裝的雷達的最小數目；如果無解，則輸出 "–1"。

範例輸入	範例輸出
3 2	Case 1: 2
1 2	Case 2: 1
–3 1	
2 1	
1 2	
0 2	
0 0	

試題來源： ACM Beijing 2002
線上測試： POJ 1328，ZOJ 1360，UVA 2519

❖ 試題解析

首先，將每個島嶼轉化為雷達能覆蓋其位置的海岸線上的一條線段。設島嶼位置為 (x, y)，則在海岸線從 $(x-h, 0)$ 到 $(x+h, 0)$ 的這條線段上放置一個雷達，就能夠覆蓋這個島嶼，其中 $h = \sqrt{d^2 - y^2}$（如圖 5-3 所示）。

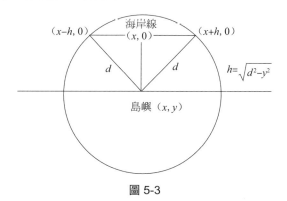

圖 5-3

然後，對島嶼轉化的線段進行排序：以線段右端點為主關鍵字（順序遞增），左端點為次關鍵字（順序遞增），排列 n 條島嶼轉化的線段。貪心所用的度量標準是每個島嶼線段放且僅放一個雷達。實作的方法是依次掃描每條島嶼線段：

◆ 若目前島嶼線段未被雷達覆蓋（即線段左端點在上一個雷達位置的右方），則在該線段右端點處放一個雷達。

◆ 若目前島嶼線段已被雷達覆蓋，則繼續掃描下一條島嶼線段。

❖ **參考程式**

```cpp
01  #include <iostream>
02  #include <cstdio>
03  #include <algorithm>
04  #include <cmath>
05  using namespace std;
06  const int maxn = 1010;   // 線段數的上限
07  struct tt {
08      double l,r;          // 左右端點
09  } p[maxn];               // 線段序列，第 i 個島嶼被表示為線段 [p[i].l, p[i].r]
10  int n,d;                 // n：島嶼數目；d：雷達覆蓋半徑
11  bool flag;
12  void init( ) {           // 輸入島嶼位置，計算相關線段
13      flag = true;
14      int i;
15      double x,y;
16      for(i = 1 ; i <= n ; ++i){
17          scanf("%lf%lf",&x,&y);
18          if(d < y){       // 如果 d<y，無解
19              flag = false;
20          }
21          double h = sqrt(d*d - y*y);
22          p[i].l = x - h;
23          p[i].r = x + h;
24      }
25  }
26  bool cmp (tt a, tt b){ // 以右端點為第 1 關鍵字、左端點為第 2 關鍵字比較線段 a 和 b 的大小
27      if( b.r - a.r > 10e-7){
28          return true;
29      }
30      if(abs(a.r - b.r) < 10e-7 && ( b.l - a.l > 10e-7)) {
31          return true;
32      }
33      return false;
34  }
35  void work( ) {           // 計算和輸出需安裝的最少雷達數
36      if( d == -1){ printf("-1\n");  return ;  }
37      sort(p+1,p+1+n,cmp);              // 線段排序
38      int ans = 0;                      // 初始化要放置的雷達的最小數
39      double last = -10000.0;           // 安裝雷達的位置初始化
40      int i;
41      for(i = 1 ; i <= n ; ++i){        // 逐條掃描線段
42          if(p[i].l <= last){           // 線段上有雷達
43              if(p[i].r <= last){
```

```
44              last = p[i].r;
45              }
46          continue;
47          }
48      ans++;                          // 右端點放一個雷達
49      last = p[i].r;
50      }
51 printf("%d\n",ans);                  // 輸出結果 t
52 }
53 int main(){
54 int counter = 1;
55 while(scanf("%d%d",&n,&d)!=EOF,n||d){     // 輸入測試案例
56      printf("Case %d: ",counter++);       // 測試案例編號
57      init();
58      if(!flag){
59          printf("-1\n");
60      }else{
61          work();
62      }
63      }
64 return 0;
65 }
```

5.3 在綜合性的 P 類型問題中使用貪心法的實作範例

在現實世界中，可以將待解的問題分為兩大類。

◆ P 類型問題，它存在有效演算法，可求得最佳解。

◆ NPC 類型問題，這類問題到目前為止人們尚未找到求得最佳解的有效演算法，這就需要程式編寫者根據自己對題目的瞭解設計出求解方法。

不能因為貪心處理所用的許多度量標準所得到的解僅是該量度意義下的最佳解，而不一定是問題的最佳解，就斷言貪心法僅適用於 NPC 類型問題，實際上貪心法也成功地應用於許多 P 類型問題，例如 Kruskal、Prim、Dijkstra、哈夫曼編碼等圖論演算法就呈現了「貪心」思維。

可使用貪心法求解的 P 類型問題形式多樣，有的可用貪心策略直接求解，前面所列舉的試題基本屬於簡單的 P 類型問題；有的 P 類型問題屬於綜合性的，即不能屬於單一的演算法。如果在局部環節上運用貪心策略，不僅不會與其他演算法形成衝突，甚至會為它們創造便利，使問題得到極大簡化，使程式實作具有更高的效率。

5.3.1 ▶ Color a Tree

Bob 對樹的資料結構非常感興趣，一棵樹是一個有向圖，有一個特定的節點只有出度，被稱為樹的根，從根到樹的每個其他節點只有唯一的一條路徑。

Bob 打算用一支鉛筆為樹的所有節點著色，一棵樹有 N 個節點，編號為 1, 2, …, N。假設對一個節點著色要用一個單位時間，並且只有在對一個節點著好色以後，才可以對另一個節點著色。此外，在一個節點的父節點已經被著好色以後，才能對這個節點著色。顯然，Bob 只能首先對根進行著色。

每個節點都有一個「著色費用因數」 C_i。每個節點的著色費用根據 C_i 和 Bob 完成這個節點的著色時間。起始時間被設定為 0，如果節點 i 的著色完成時間是 F_i，那麼節點 i 的著色費用是 C_i*F_i。

例如，一棵樹有 5 個節點，如圖 5-4 所示。每個節點的著色費用因數是 1、2、1、2 和 4。Bob 可以對這棵樹按 1、3、5、2、4 的次序著色，最小的總著色費用是 33。

提供一棵樹以及每個節點的著色費用因數，請幫助 Bob 找到對所有節點著色可能的最小著色費用。

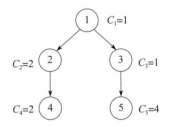

圖 5-4

輸入

輸入包含若干測試案例，每個測試案例的第一行提供兩個整數 N 和 R（$1 \le N \le 1000$，$1 \le R \le N$），其中 N 是一棵樹的節點數，R 是根節點的節點編號。第二行提供 N 個整數，第 i 個整數是 C_i（$1 \le C_i \le 500$），表示節點 i 的著色費用因數。接下來的 $N-1$ 行每行提供兩個用空格分開的節點編號 V_1 和 V_2，表示樹的一條邊的兩個端點，V_1 是 V_2 的父節點，每條邊僅出現一次，且所有的邊都被列出。

$N=0$ 和 $R=0$ 表示輸入結束，程式不必處理。

輸出

對每個測試案例輸出一行，提供 Bob 對所有節點著色的最小著色費用。

範例輸入	範例輸出
5 1 1 2 1 2 4 1 2 1 3 2 4 3 5 0 0	33

試題來源： ACM Beijing 2004
線上測試： POJ 2054，ZOJ 2215，UVA 3138

❖ 試題解析

著色費用取決於兩個因素：每個節點的著色費用因數和著色時間。著色費用因數是提供的，關鍵是計算節點的著色順序。

由於著色按照先父後子的順序進行，因此在輸入邊的時候設定每個節點的父指標（如果輸入未提供樹邊端點的父子關係，則可透過 dfs 搜尋計算每個節點的父指標）。

可將著色過程看作一個合併過程，對於父子邊（k, x），著色父代 k 後才能著 x，將節點 x 併入節點 k。但問題是，在父代有多個子代的情況下，如何確定著色順序呢？

設 now[i] 為被合併到 i 的所有節點的費用平均值，cnt[i] 為節點 i 合併的節點數。初始時，now[i] = 節點 i 的著色費用因數，cnt[i] = 1（$1 \leq i \leq n$）。在 x 被著色後，節點 x 被併入節點 k，節點 k 的費用平均值和合併的節點數調整為 $\text{now}[k] = \dfrac{\text{now}[k] * \text{cnt}[k] + \text{now}[x] * \text{cnt}[x]}{\text{cnt}[k] + \text{cnt}[x]}$，

cnt[k] = cnt[k] + cnt[x]。這樣的合併過程進行 $n-1$ 次。每次合併的度量標準是：在未著色的節點中選擇 now 值最大的節點，即平均費用越大的節點越先著色。顯然這是一個貪心策略，實作演算法如下：

```
依次進行 n-1 次合併：
    在根以外未被合併的節點中尋找費用最大的節點 k；
    設節點 k 合併標誌；
    確定其父 f 和 k 的著色順序；
    沿 k 的父指標尋找離 k 最近且還未被合併的節點 f，調整 now[f] 和 cnt[f]；
最後從根出發，沿著色順序表計算 Bob 對所有節點著色的最小著色費用
ans= ∑ᵢ₌₁ⁿ i* 著色順序表中第 i 個節點的著色費用因數。
```

❖ 參考程式

```cpp
01  #include<iostream>
02  #include<cstdlib>
03  #include<cstdio>
04  #include<cmath>
05  #include<cstring>
06  #include<algorithm>
07  using namespace std;
08  const int maxN=1100;          // 節點數的上限
09  int root,n,fa[maxN],l[maxN],next[maxN],cnt[maxN],c[maxN],e[maxN][maxN];
10  // 根為 root；n 為節點數；fa[] 記錄每個節點的父代；next[] 為著色順序表，x 節點著色之後著色節點
11  // next[x]；cnt[] 記錄每個節點合併了多少個節點；c[] 為節點的著色費用因數；e[][] 為樹的鄰接矩陣
12  double now[maxN];             // 記錄合併之後每個節點的著色費用
13  void init()                  // 輸入 n 個節點的著色費用因數和邊資訊，建構鄰接矩陣 e[][]
14  {
15      int x,y;
16      memset(e,0,sizeof(e));
17      for (int i=1;i<=n;i++) scanf("%d",&c[i]);
18      for (int i=1;i<n;i++) { scanf("%d%d",&x,&y);e[x][++e[x][0]]=y;e[y][++e[y][0]]=x;}
19  }
20  void dfs(int x)              // 計算樹中每個節點的父指標
21  {
22      int y;
23      for (int i=1;i<=e[x][0];i++) // 遞迴 x 的每個兒子，將其父指標設為 x
24      {
25          y=e[x][i];
26          if (fa[y]==0) { fa[y]=x;dfs(y);}
27      }
28  }
29  void addedge(int x,int y)    // 確定 x 和 y 的著色順序，即 y 緊跟在 x 最近著色的樹枝後被著色
30  {
```

```
31        while (next[x]) x=next[x];
32        next[x]=y;
33  }
34  void work()                          // 計算和輸出最小著色費用
35  {
36        memset(fa,0,sizeof(fa));              // 每個節點的父指標初始化為空
37        fa[root]=-1;
38        dfs(root);                            // 尋訪以 root 為根的樹，確立父子關係
39        for (int i=1;i<=n;i++) now[i]=c[i];   // 合併後每個節點的著色費用初始化
40        bool flag[maxN];                      // 節點被合併的標誌
41        int k,f;
42        double max;
43        // 初始時，設定每個節點未被合併，著色的後繼指標為空，合併的節點數為 1
44        memset(flag,1,sizeof(flag));  memset(next,0,sizeof(next));
45        for (int i=1;i<=n;i++) cnt[i]=1;
46        for (int i=1;i<n;i++)                  // 依次進行 n-1 次合併
47        {
48            max=0;                             // 在根以外未被合併的節點中尋找費用最大的節點 k
49            for (int j=1;j<=n;j++)
50                if ((j!=root)&&(flag[j])&&(max<now[j]))
51                {
52                    max=now[j];k=j;
53                }
54            f=fa[k];addedge(f,k);              // 計算 k 的父代，確定 k 與父代的著色順序
55            while (!flag[f]) f=fa[f];          // 沿父指標尋找離 k 最近且還未被合併的
56                                               // 節點 f，即合併後 k 的父節點
57            flag[k]=false;                     // 設節點 k 合併標誌
58            now[f]=(now[f]*cnt[f]+now[k]*cnt[k])/(cnt[f]+cnt[k]);
59            // 合併後 f 的著色費用為合併到一起的所有節點的著色費用的平均值
60            cnt[f]+=cnt[k];                    // 將 k 合併的節點數累計入 f 合併的節點數
61        }
62        int p=root,ans=0;                      // 從根出發，沿著色順序計算對所有節點
63                                               // 著色的最小著色費用
64        for (int i=1;i<=n;i++)
65        {
66            ans+=i*c[p];p=next[p];
67        }
68        printf("%d\n",ans);                    // 輸出最小著色費用
69  }
70  int main()
71  {
72        while (scanf("%d%d",&n,&root),n+root)  // 反覆輸入節點數和根，直至輸入 2 個 0 為止
73        {
74            init();            // 輸入 n 個節點的著色費用因數和邊資訊，建構鄰接矩陣 e[][]
75            work();            // 計算和輸出最小著色費用
76        }
77        return 0;
78  }
```

5.3.2 ► Copying Books

在書本印刷被發明之前，製作一本書的副本非常困難，所有的內容都要手工重寫，從事這一工作的人也被稱為抄書員（scriber）。將一本書交給一位抄書員，幾個月後他完成這

本書的副本。最著名的一位抄書員生活在 15 世紀，他叫 Xaverius Endricus Remius Ontius Xendrianus（XEROX）。無論怎樣，這項工作是非常讓人煩惱和乏味的，加快工作進度的唯一方法是雇傭更多的抄書員。

有個劇場要上演一部著名的古典悲劇。演出的劇本被劃分為許多本書，並且演員需要這些書的許多副本。因此他們雇傭了許多抄書員製作這些書的副本。假設有 m 本書（編號 1，2，$\cdots$，m），每本書的頁數不同（p_1，p_2，$\cdots$，p_m），要給每一本書做一份副本。要將這些書在 k 位抄書員中劃分工作，$k \leq m$。每本書僅分配給一個抄書員，並且每位抄書員得到一個連續的書的序列。這就意味著，存在一個數的連續增量序列 $0 = b_0 < b_1 < b_2 < \cdots < b_{k-1} \leq b_k = m$，使得第 i 個抄書員得到一個書的序列，數目在 $b_{i-1}+1$ 和 b_i 之間。為所有的書製作副本所需要的時間由分配了最多工作的抄書員決定。所以，我們的目標是將分配給一個抄書員的最多頁數最小化。請找出最佳分配。

輸入

輸入由 N 個測試案例組成，輸入的第一行僅包含正整數 N，然後提供測試案例。每個測試案例包括兩行，第一行提供兩個整數 m 和 k，$1 \leq k \leq m \leq 500$，第二行提供用空格分開的整數 p_1，p_2，$\cdots$，p_m。所有這些值都是正整數且小於 10000000。

輸出

對於每個測試案例輸出一行，將輸入的序列 p_1，p_2，$\cdots$，p_m 劃分為 k 個部分，使得每個部分的和的最大值盡可能小。用斜線字元（'/'）分隔這些部分。在兩個連續的數字之間，以及在數字和斜線字元之間，只有一個空格。

如果有多於一個解，輸出給第一個抄書員分配工作最小的解，然後輸出給第二個抄書員分配工作最小的解，以此類推。但每個抄書員必須至少分配一本書。

範例輸入	範例輸出
2	100 200 300 400 500 / 600 700 / 800 900
9 3	100 / 100 / 100 / 100 100
100 200 300 400 500 600 700 800 900	
5 4	
100 100 100 100 100	

試題來源：ACM Central European Regional Contest 1998
線上測試：POJ 1505，ZOJ 2002，UVA 714

❖ 試題解析

若最大工作量為 x 可行，則減少最大工作量，以尋找最大工作量的最小值；否則，加大最大工作量，以尋找最大工作量的最小值。所以，二元搜尋是最佳的辦法。

現在問題的核心是如何判斷最大工作量 x 是否可行。題目要求 k 位抄書員的工作量由左而右是遞增的，即前面抄書的工作量要盡量小，以保證後面抄書員的工作量盡量大。為此，我們設計一個貪心策略：由後往前掃描每本書，該書使用目前抄書員的度量標準是「加入該書後的頁數不超過 x 且剩餘每個抄書員至少可處理一本書」。

如果該書符合這個度量標準，則交由目前抄書員製作副本；否則新增一個抄書員，交由新抄書員處理，該書前加斜線字元（'/'）。

顯然，如果 k 位抄書員被用完，而 m 本書的副本還未完成，則最大工作量 x 不可行；否則，如果在未超出 k 位抄書員的情況下，完成 m 本書的副本，則最大工作量 x 可行。

在二元搜尋出最大工作量的最小值 min 後，透過上述貪心演算法即可得出 k 位抄書員分配工作的方案。

❖ **參考程式**

```
01   #include<iostream>
02   #include<cstdlib>
03   #include<cstdio>
04   #include<cmath>
05   #include<cstring>
06   #include<algorithm>
07   using namespace std;
08   const int maxN=510;                  // 書本數的上限
09   int n,m,a[maxN];                     // n 本書、 m 個抄書員，書的序列為 a[]
10   long long sum;                       // 總頁數
11   bool flag[maxN];                     // 記錄在這本書後面是否被劃分開
12   void init()                          // 輸入目前測試案例的資訊
13   {
14       sum=0;
15       scanf("%d%d",&n,&m);             // 輸入書本數和抄書員數
16       for (int i=1;i<=n;i++)           // 讀入每本書的頁數，累計總頁數
17       {
18           scanf("%d",&a[i]);sum+=a[i];
19       }
20   }
21   bool judge(long long lmt)            // 判斷最大工作量為 lmt 時是否可行
22   {                                    // 判斷第 i 本書是否需要更換抄書員，有兩個限制：不超過 lmt；
23                                        // 剩餘所有抄書員至少有一本書處理
24                                // 從後往前劃分，使得在小於 lmt 前提下，越靠後的抄書員處理的頁數盡量多
25       memset(flag,0,sizeof(flag));
26       int cnt=m;                       // 從第 m 個抄書員出發
27       long long now=0;                 // 目前抄書員處理的頁數初始化
28       for (int i=n;i;i--)              // 倒序掃描每本書
29       {
30           if ((now+a[i]>lmt)||(i<cnt))      // 若加上第 i 本書後的工作量超過 lmt，
31                                        // 或者剩餘的每個抄書員不能做到至少處理一本書
32           {
33               now=a[i];cnt--;flag[i]=true; // 更換抄書員
34               if (cnt==0) return false;    // 需要更多的抄書員完成 lmt 工作量，失敗退出
35           }
36           else now+=a[i];                  // 第 i 本書的頁數累計到目前抄書員
37       }
38       return true;                     // 最大工作量為 lmt 時可行
39   }
40   void work()                          // 計算和輸出目前測試案例的解
41   {
42       long long l=0,r=sum,mid;         // 初始區間為 [l,sum]，中間指標為 mid
43       for (int i=1;i<=n;i++) if (l<a[i]) l=a[i]; // 計算書的最大頁數
```

```
44        while (l!=r)                        // 在 [l, r] 區間反覆二分
45        {
46            mid=(l+r)>>1;                   // 計算中間指標
47            if (judge(mid)) r=mid;else l=mid+1;
48            // 若最大工作量為 mid 時可行，則在左子區間尋找最大工作量的最小值；否則在右子區間尋找
49        }
50        judge(l);                           // 計算最大工作量的最小值為 l 時的劃分方案
51        for(int i=1;i<=n;i++)               // 輸出劃分方案
52        {
53            printf("%d",a[i]);              // 第 i 本書在目前抄書員內
54            if (i<n) printf(" ");
55            if (flag[i]) printf("/ ");      // 第 i 本書後被分配新的抄書員
56        }
57        printf("\n");
58  }
59  int main()
60  {
61      int t;
62      scanf("%d",&t);                       // 輸入測試案例數
63      for (int i=1;i<=t;i++)                // 依次處理每個測試案例
64      {
65          init();                           // 輸入第 i 個測試案例的資訊
66          work();                           // 計算和輸出第 i 個測試案例的解
67      }
68      return 0;
69  }
```

5.4　相關題庫

5.4.1 ▶ Stripies

生化學家發明了一種很有用的生物體，叫 stripies（實際上，最早的俄羅斯名叫 polosatiki，不過科學家為了申請國際專利時方便，不得不另取英文名稱）。stripies 是透明、無定型的，群居在一些像果凍那樣有營養的環境裡。stripies 大部分時間處於移動中，當兩條 stripies 碰撞時，這兩條 stripies 就融合產生一條新的 stripies。經過長時間的觀察，科學家發現當兩條 stripies 碰撞融合在一起時，新的 stripies 的重量並不等於碰撞前兩條 stripies 的重量。不久又發現兩條重量為 m_1 和 m_2 的 stripies 碰撞融合在一起，其重量變為 $2*\mathrm{sqrt}(m_1*m_2)$。科學家很希望知道有什麼辦法可以限制一群 stripies 總重量的減少。

請編寫程式來解決這個問題。本題設定 3 條或更多的 stripies 從來不會碰撞在一起。

輸入

第一行提供 N（$1 \leq N \leq 100$），表示群落中 stripies 的數量。後面的 N 行每行為一條 stripie 的重量，範圍為 1 ～ 1000。

輸出

輸出 stripies 群落可能的最小總重量，精確到小數點後兩位。

範例輸入	範例輸出
3 72 30 50	120.00

試題來源： ACM Northeastern Europe 2001, Northern Subregion

線上測試： POJ 1862，ZOJ 1543，Ural 1161

提示

設群落中 n 條 stripies 的重量分別為 $m_1, m_2, \cdots, m_n$。經過 $n-1$ 次碰撞後的總重量為

$$W = 2^{n-1} \left((m_1 m_2)^{\frac{1}{2^{n-1}}} m_3^{\frac{1}{2^{n-2}}} \cdots m_n^{\frac{1}{2}} \right)。$$

顯然，如果 $m_1, m_2, \cdots, m_n$ 按照重量遞減的順序排列，得出的總重量 W 是最小的。

5.4.2 ▶ The Product of Digits

請尋找一個最小的正整數 Q，Q 各個位置上的數字乘積等於 N。

輸入

輸入提供一個整數 N（$0 \le N \le 10^9$）。

輸出

輸出一個整數 Q，如果這個數不存在，則輸出 -1。

範例輸入	範例輸出
10	25

試題來源： USU Local Contest 1999

線上測試： Ural 1014

提示

分解 N 的因數的度量標準：盡量分解出大因數。

有兩個特例：

$N=0$，$Q=0$
$N=1$，$Q=1$

否則採取貪心策略，按從 9 到 2 的順序分解 N 的因數：先試將 N 分解出盡量多的因數 9；再試分解出盡量多的因數 8……若最終分解後的結果不為 1，則無解，否則因數由小到大組成最小的正整數 Q。

5.4.3 ▶ Democracy in Danger

假設在 Caribbean 盆地中有一個國家，所有決策需經過公民大會上的多數投票才能執行。當地的一個政黨希望權力盡可能地合法，要求改革選舉制度。他們的主要論點是，島上的居民最近增加了，不再輕易舉行公民大會。

改革的方式如下：投票者被分成 K 個組（不一定相等），在每個組中對每個問題進行投票，而且，如果一個組半數以上的成員投「贊成」票，那麼這個組就被認為投「贊成」票，否則這個組就被認為投「反對」票。如果超過半數的組投「贊成」票，決議就被通過。

開始島上的居民高興地接受了這一作法，然而，引入這一作法的黨派可以影響投票組的構成。因此，他們就有機會對不是多數贊同的決策施加影響。

例如，有 3 個投票組，人數分別是 5 人、5 人和 7 人，那麼，對於一個政黨，只要在第一組和第二組各有 3 人支持就足夠了，有 6 個人贊成，而不是 9 個人贊成，決議就能通過。

請編寫程式，根據提供的組數和每組的人數，計算通過決議至少需要多少人贊成。

輸入

第一行提供 K（$K \leq 101$），表示組數；第二行提供 K 個數，分別是每一組的人數。K 以及每組的人數都是奇數。總人數不會超過 9999 人。

輸出

支援某個黨派對決策產生影響至少需要的人數。

範例輸入	範例輸出
3 5 7 5	6

試題來源： Autumn School Contest 2000
線上測試： Ural 1025

提示

把每組人數從小到大排序，總共 n 組，則需要有 $\left\lfloor \dfrac{n}{2} \right\rfloor + 1$ 組同意，即人數最少的前 $\left\lfloor \dfrac{n}{2} \right\rfloor + 1$ 組。對於一個人數為 k 的組需要同意，則需要有 $\left\lfloor \dfrac{k}{2} \right\rfloor + 1$ 人同意。

由此得出貪心策略：人數最少的前 $\left\lfloor \dfrac{n}{2} \right\rfloor + 1$ 組中，每組取半數剛過的人數。

5.4.4 ▶ Box of Bricks

小 Bob 喜歡玩方塊磚，他把一塊放在另一塊的上面堆砌起來，堆成不同高度的堆疊。「看，我建了一面牆。」他告訴姐姐 Alice。「不，你要讓所有的堆疊有相同的高度，這樣才建了一面真正的牆。」Alice 反駁說。Bob 考慮了一下，認為姐姐是對的。因此他開始一塊接一塊地重新安排磚塊，讓所有的堆疊都有相同的高度（如圖 5-5 所示）。但由於 Bob 很懶惰，他要移動磚塊的數量最少。你能幫助他嗎？

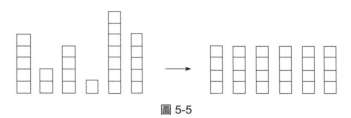

圖 5-5

輸入

輸入由若干組測試案例組成。每組測試案例的第一行提供整數 n，表示 Bob 建的堆疊的數目。下一行提供 n 個數字，表示 n 個堆疊的高度 h_i，本題設定 $1 \leq n \leq 50$，並且 $1 \leq h_i \leq 100$。

磚塊的總數除以堆疊的數目是可除盡的。也就是說，重新安排磚塊使得所有的堆疊有相同的高度是可以的。

輸入由 $n = 0$ 作為結束，程式對此不必處理。

輸出

對每個測試案例，首先如範例輸出所示，輸出測試案例編號。然後輸出一行 "The minimum number of moves is k."，其中 k 是移動磚塊使所有的堆疊高度相同的最小數。在每個測試案例後輸出一個空行。

範例輸入	範例輸出
6 5 2 4 1 7 5 0	Set #1 The minimum number of moves is 5.

試題來源：ACM Southwestern European Regional Contest 1997
線上測試：POJ 1477，ZOJ 1251，UVA 591

提示

設平均值 $\mathrm{avg} = \dfrac{\sum\limits_{i=1}^{n} h_i}{n}$，avg 即為移動後堆疊的相同高度。

第 i 個堆疊中磚被移動的度量標準：若 $h_i > \mathrm{avg}$，則堆疊中有 $h_i - \mathrm{avg}$ 塊磚被移動。

貪心使用這個度量標準是正確的，因為磚被移動到高度低於 avg 的堆疊中。由於磚塊總數除以堆疊的數目是可除盡的，因此這些堆疊中的磚是不用再移動的。由此得出最少移動的磚數 $\mathrm{avg} = \sum\limits_{i=1}^{n} (h_i - \mathrm{avg} \,|\, h_i > \mathrm{avg})$。

5.4.5 ► Minimal coverage

提供直線上的若干條線段，直線是 X 軸，線段的座標為 $[L_i, R_i]$。求最少要用多少條線段可以覆蓋區間 $[0, m]$。

輸入

輸入的第一行提供測試案例的數目，後面提供一個空行。

每個測試案例首先提供一個整數 M（$1 \leq M \leq 5000$），對於接下來的若干行，每行以 "$L_i\ R_i$"（$|L_i|, |R_i| \leq 50000, i \leq 100000$）表示線段。每個測試案例以 "0 0" 為結束。

兩個測試案例之間用一個空行分開。

輸出

對每個測試案例，輸出的第一行是一個數字，表示覆蓋區間 $[0, m]$ 的最少線段數。接下來若干行表示選擇的線段，提供線段的座標，按左端（L_i）排序。程式不處理 "0 0"。若無解，即 $[0, m]$ 不可能被提供的線段覆蓋，則輸出 "0"（沒有引號）。

在兩個連續的測試案例之間輸出一個空行。

範例輸入	範例輸出
2	0
1	1
−1 0	0 1
−5 −3	
2 5	
0 0	
1	
−1 0	
0 1	
0 0	

試題來源：USU Internal Contest March'2004

線上測試：UVA 10020，Ural 1303

提示

把所有線段按左端點為第一關鍵字、右端點為第二關鍵字遞增排序（$L_i \leq L_{i+1} \| ((L_i == L_{i+1})$ && $(R_i < R_{i+1}))$，$1 \leq i \leq$ 線段數 -1）。

選取覆蓋線段的度量標準：在所有左端點被覆蓋的線段中找右端點最遠的線段。

貪心實作的過程：

```
設目前線段覆蓋到的位置為 now；所有左端點被覆蓋的線段中可以覆蓋最遠的位置為 len，該線段為 k。
初始時 ans=now=len=0。
依次分析序列中的每條線段：
    if (Lᵢ≤now)&&(len< Rᵢ){ len= Rᵢ;k=i;}
    if (Lᵢ₊₁>now) && (now<len) { now=len；將線段 k 作為新增的覆蓋線段；}
        if (now≥m) 輸出覆蓋線段並退出程式；
```

分析了所有線段後 now$<m$，說明無法覆蓋 $[0, m]$，無解退出。

5.4.6 ► Annoying painting tool

你想知道一個惱人的繪畫工具是什麼嗎？首先，本題所講的繪畫工具僅支援黑色和白色，因此，圖片是一個像素組成的矩形區域，像素不是黑色就是白色。其次，只有一個操作來改變像素的顏色。

選擇一個由 r 行 c 列的像素組成的矩形，這個矩形完全在一個圖片內。作為操作的結果，在矩形內的每個像素會改變其顏色（從黑到白，從白到黑）。

最初，所有的像素都是白色的。建立一個圖片，應用上述操作數次。你能描繪出自己心中的那幅圖片嗎？

輸入

輸入包含若干測試案例。每個測試案例的第一行提供 4 個整數 n、m、r 和 c（$1 \leq r \leq n \leq 100$，$1 \leq c \leq m \leq 100$），然後的 n 行每行提供要畫的圖的一行像素。第 i 行由 m 個字元組成，描述在結束繪畫時第 i 行的像素值（'0' 表示白色，'1' 表示黑色）。

最後一個測試案例後的一行提供 4 個 0。

輸出

對每個測試案例，輸出產生最終繪畫結果需要操作的最小數；如果不可能，則輸出 −1。

範例輸入	範例輸出
3 3 1 1	4
010	6
101	−1
010	
4 3 2 1	
011	
110	
011	
110	
3 4 2 2	
0110	
0111	
0000	
0 0 0 0	

試題來源：Ulm Local 2007
線上測試：POJ 3363

提示

進行一次操作的度量標準：目前子矩陣左上角的像素和目標矩陣的對應像素的顏色不同。貪心策略如下。

由左而右、自上而下列舉子矩陣的左上角 $a[i][j]$（$1 \leq i \leq n-r+1$，$1 \leq j \leq m-c+1$）。

若左上角像素的顏色與目標矩陣對應元素的顏色不同（$a[i][j]!=b[i][j]$），則操作次數 $c+1$；子矩陣內所有像素的顏色取反（$a[k][l]\^=1$，$i \le k \le i+k-1$，$j \le l \le j+c-1$）。

最後再檢驗一遍目前矩陣 $a[][]$ 和目標矩陣 $b[][]$ 是否完全一樣。若還有不一樣的地方，則說明無解；否則 c 為產生最終繪畫結果需要操作的最少次數。

5.4.7 ▶ Troublemakers

每所學校都有「麻煩製造者」（troublemaker）——那些孩子使教師的生活苦不堪言。一個麻煩製造者還是可以管理的，但是當把若干對麻煩製造者放在同一個房間裡時，教學就變得非常困難。在 Shaida 夫人的數學課上有 n 個孩子，其中有 m 對麻煩製造者。情況變得很差，使得 Shaida 夫人決定將一個班級分成兩個班級。請幫 Shaida 夫人將麻煩製造者的對數至少減少一半。

輸入
輸入的第一行提供測試案例數 N，然後提供 N 個測試案例。每個測試案例的第一行提供 n（$0 \le n \le 100$）和 m（$0 < m < 5000$），然後的 m 行每行提供一對整數 u 和 v，表示 u 和 v 在同一個房間裡的時候，他們是一對麻煩製造者。孩子編號從 1 到 n。

輸出
對於每個測試案例，先輸出一行 "Case #x:"，後面提供 L——要轉到另一間房間的孩子的數目，下一行列出那些孩子。在兩個房間中麻煩製造者對數的總數至多是 $m/2$。如果不可能，則輸出 "Impossible." 代替 L，然後輸出一個空行。

範例輸入	範例輸出
2	Case #1: 3
4 3	1 3 4
1 2	Case #2: 2
2 3	1 2
3 4	
4 6	
1 2	
1 3	
1 4	
2 3	
2 4	
3 4	

試題來源：Abednego's Graph Lovers' Contest, 2006
線上測試：UVA 10982

提示
以孩子為節點，每對麻煩製造者之間相連，建構無向圖 G。設兩個班級分別對應集合 $s[0]$ 和集合 $s[1]$，其中 $s[1]$ 中的人數較少。

依次確定每個孩子 i（$1 \leq i \leq n$）所在的班級：將孩子 1 ～孩子 $i-1$ 中，與孩子 i 結對製造麻煩的孩子劃分成 $s[0]$ 和 $s[1]$ 集合。若 $s[1]$ 中的孩子數較少，則孩子 i 送入 $s[1]$ 集合，否則送入 $s[0]$ 集合。這也是孩子 i 轉移到另一間房間的度量標準。演算法如下：

```
依次搜尋每個節點 i (1≤i≤n)：
    統計節點 1…i−1 中與節點 i 有邊相連的點在集合 s[0] 和集合 s[1] 的點數；
    若 s[1] 中的點數較少，則節點 i 送入 s[1] 集合；否則孩子 i 送入 s[0] 集合；
最後 s[1] 集合中的節點對應要轉到另一間房間的孩子。
```

5.4.8 ▶ Constructing BST

BST（Binary Search Tree，二元搜尋樹）是一個用於搜尋的有效資料結構。在一個 BST 中，所有左子樹中的元素小於根，右子樹中的元素大於根（如圖 5-6 所示）。

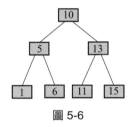

圖 5-6

我們通常透過連續地插入元素來建構 BST，而插入元素的順序對於樹的結構有很大的影響，如圖 5-7 所示。

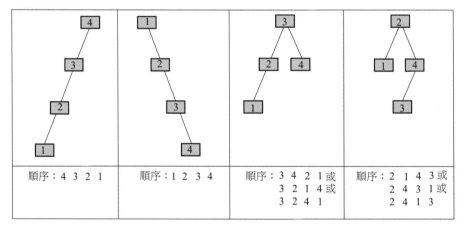

圖 5-7

在本題中，我們要提供從 1 到 N 的整數來建構 BST，使樹的高度至多為 H。BST 的高度定義如下：

◆ 沒有節點的 BST 的高度為 0。

◆ 否則，BST 的高度等於左子樹和右子樹高度的最大值加 1。

存在若干順序可以滿足這一要求。在這種情況下，取小數字排在前的序列。例如，對於 $N=4$，$H=3$，我們提供的序列是 1 3 2 4，而不是 2 1 4 3 或 3 2 1 4。

輸入

每個測試案例提供兩個正整數 N（1≤N≤10000）和 H（1≤H≤30）。輸入以 N=0，H=0 結束，不用處理這一情況。至多有 30 個測試案例。

輸出

對於每個測試案例，輸出一行，以 "Case #:" 開始，其中 '#' 是測試案例的編號；然後在這一行中提供 N 個整數的序列，在一行的結束沒有多餘的空格。如果無法建構這樣的樹，則輸出 "Impossible."。

範例輸入	範例輸出
4 3 4 1 6 3 0 0	Case 1: 1 3 2 4 Case 2: Impossible. Case 3: 3 1 2 5 4 6

試題來源：ACM ICPC World Finals Warmup 1，2005
線上測試：UVA 10821

提示

試題要求輸出 BST 的前序尋訪，即第一個輸出根。因為「如果若干順序可以滿足這一要求，取小數字排在前的序列」，所以要讓根盡量小。

對於把編號為 1 到 n 的節點排成一個高度不高於 h 的 BST，左右子樹的節點數不應超過 $2^{h-1}-1$。根節點的度量標準是：若根的右側可以放滿節點，則根的編號 root 為 $n-(2^{h-1}-1)$；否則根的編號 root 為 1，即根編號 root＝max$\{1, n-(2^{h-1}-1)\}$。

之後問題就轉化成了把編號為 1 到 root–1 的節點排成一個高度不高於 h–1 的左 BST 子樹，和把編號為 root＋1 到 n 的節點排成一個高度不高於 h–1 的右 BST 樹。

上述貪心解法是遞迴定義的，可用遞迴解決。

5.4.9 ▶ Gone Fishing

John 打算去釣魚，他有 h（1≤h≤16）個小時的時間。在這一地區有 n（2≤n≤25）個湖，所有的湖都是沿著一條單向路順序可達的，John 必須從第 1 個湖開始釣魚，但他可以在任何一個湖結束此次釣魚的行程。John 每次在一個湖釣完魚後，只能走到下一個湖繼續釣魚。John 從第 i 個湖到第 i＋1 個湖需要走 $5 \times t_i$ 分鐘的路（$0 < t_i \le 192$），例如，$t_3 = 4$ 表示 John 從第 3 個湖到第 4 個湖需要走 20 分鐘。為了規劃釣魚安排，John 蒐集了有關湖的資訊。對第 i 個湖，在開始的 5 分鐘能釣到的魚的數量為 f_i（$f_i \ge 0$），以後每 5 分鐘釣到的魚的數量減少 d_i（$d_i \ge 0$）（在本題中，以 5 分鐘作為單位時間），如果在某個 5 分鐘區間預期釣到的魚的數量小於或等於 d_i，則在下一個 5 分鐘在這個湖中就沒有魚可釣了。為了使規劃簡單，John 假定沒有其他人在釣魚，不會對預期釣魚有影響。

輸入

輸入提供若干測試案例,每個測試案例的第一行提供 n,第二行提供 h,第三行提供 n 個整數,表示 f_i($1 \leq i \leq n$),第四行提供 n 個整數 d_i($1 \leq i \leq n$),最後一行提供 $n-1$ 個整數 t_i($1 \leq i \leq n-1$)。輸入以 $n=0$ 的測試案例結束。

輸出

對每個測試案例,輸出預期釣到的最大數量的魚,以及在每個湖釣魚的分鐘數,用逗號分開(在一行內輸出,即使超過了 80 個字元),在下一行提供預期釣到的魚的數量。

如果存在多個計畫,選擇在第一個湖停留時間最長的;如果還是有多個計畫,則選擇在第二個湖停留時間最長的,以此類推。在兩個測試案例之間插入一個空行。

範例輸入	範例輸出
2	45, 5
1	Number of fish expected: 31
10 1	
2 5	240, 0, 0, 0
2	Number of fish expected: 480
4	
4	115, 10, 50, 35
10 15 20 17	Number of fish expected: 724
0 3 4 3	
1 2 3	
4	
4	
10 15 50 30	
0 3 4 3	
1 2 3	
0	

試題來源: ACM East Central North America 1999

線上測試: POJ 1042,UVA 757

提示

顯然,在解答中不會走回頭路,也就是說,John 從起點走到終點,經過某個湖時釣魚,之後不再返回這個湖。

假設 John 釣魚的終點為第 ed 個湖,那麼怎樣計算 John 以第 ed 個湖作為終點時能釣到的最多魚的數量呢?

選擇在哪個湖釣魚的貪心度量標準是,在時間允許的情況下,選擇目前可以釣魚最多的湖。貪心實作的方式如下:

開始,每個湖可釣的魚數 f2[i] 設為最初 5 分鐘能釣到的魚數 f_i,該湖釣魚的時間 tt[i] 為 0($1 \leq i \leq ed$);可用作釣魚的總時間 $h2 = h - \sum_{i=1}^{ed} t_i$,因為最佳必然不走回頭路;目前釣到的總魚數 now=0;

　　然後反覆進行如下操作,直至用完釣魚總時間(h2≤0)為止:

　　　　尋找這一次能釣最多魚的湖 p,即 f2[p] = $\max_{1 \leq i \leq ed}$ {f2[i]}

　　　　　　釣魚的剩餘時間 h2-=5;湖 p 停留的時間 tt[p]+=5;
　　　　　　釣到的魚數 now+=f2[p];

湖 p 可釣的魚數 `f2[p] =max(f2[p]-dp，0)`
最後，若 ed 湖結束時所釣的魚最多（ans<now），則 ans=now，將每湖釣魚的時間 `tt[]` 記入 `ans_tt[]`；

顯然，依次列舉終點 ed（$1 \leq ed \leq n$），最後得出的 ans 即為能釣到的最大魚和釣魚方案 ans_tt[]。

5.4.10 ▶ Saruman's Army

Saruman the White 要帶領他的軍隊沿著一條從 Isengard 到 Helm's Deep 的筆直道路前進。為了看到部隊的行進，Saruman 在部隊中分配了被稱為 palantir 的可見石。每個 palantir 的最大有效範圍是 R，要由軍隊中的一些部門來攜帶（也就是說，palantir 不允許在空中「自由浮動」）。為了幫助 Saruman 控制軍隊，請確定 Saruman 需要的 palantir 的最少數量，以確保他的每個部下都在某個 palantir 的 R 之內。

輸入
輸入包含若干測試案例。每個測試案例的第一行提供整數 R，表示每個 palantir 的最大有效範圍（$0 \leq R \leq 1000$）；整數 n，表示 Saruman 軍隊中部門的數量（$1 \leq n \leq 1000$）。接下來的一行提供 n 個整數，表示每個部門的位置 $x_1, \cdots, x_n$（$0 \leq x_i \leq 1000$）。輸入以測試案例 $R = n = -1$ 標誌結束。

輸出
對於每個測試案例，輸出一個整數，表示所需 palantir 的最少數。

範例輸入	範例輸出
0 3	2
10 20 20	4
10 7	
70 30 1 7 15 20 50	
−1 −1	

範例說明： 在第一個測試案例中，Saruman 可以在位置 10 和位置 20 放一個 palantir。這裡，請注意，一個有效範圍為 0 的 palantir 可以覆蓋在位置 20 的兩個部門。

在第二個測試案例中，Saruman 可以在位置 7（覆蓋在位置 1、位置 7 和位置 15 的部門）、位置 20（覆蓋在位置 20 和位置 30 的部門）、位置 50 和位置 70 放置 palantir。這裡，請注意，palantir 必須分配給部門，不允許「自由浮動」。因此，Saruman 不能將 palantir 放置在位置 60，來覆蓋在位置 50 和位置 70 的部門。

試題來源： Stanford Local 2006
線上測試： POJ 3069

提示
一共 n 個點，位置為 $x_1, \cdots, x_n$，可以在每個點上放置 palantir，每個 palantir 可以覆蓋的半徑為 R，問至少放置多少個 palantir，使得所有點都能覆蓋。

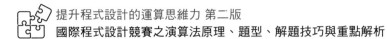

首先，對 n 個點按位置進行排序；然後，每次對第一個未被 palantir 覆蓋的點，取其半徑 R 範圍最遠未被覆蓋的點，放置 palantir，標誌半徑 R 範圍內的點為覆蓋點，直至所有點被覆蓋。

Chapter 06
動態規劃方法的程式編寫實作

在現實中有一類活動，其過程可以分成若干個互相聯繫的階段，在它的每一個階段都需要做出決策，從而使整個過程達到最好的活動效果。在各個階段，決策依賴於目前狀態，也引起狀態的轉移，而一個決策序列就是在變化的狀態中產生出來的，故有「動態」的涵義。我們稱這種解決多階段決策問題的方法為動態規劃（Dynamic Programming，DP）方法，簡稱為 DP 方法，如圖 6-1 所示。

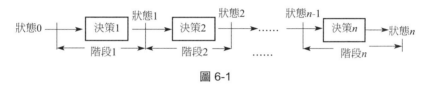

圖 6-1

DP 方法的思維是，在每一決策步驟，列出各種可能的局部解答，然後按某些條件，捨棄那些一定不能得到最佳解的局部解。每一步驟都經過這樣的篩選後，就能大大減少工作量。DP 依據的是所謂「最佳化原理」，它可以陳述為：「一個最佳的決策（判定）序列具有以下性質：不論初始狀態和第一步的決策是什麼，餘下的決策必須相對於前一次決策所產生的新狀態構成一個最佳決策序列。」換言之，如果有一個決策序列，它包含非局部最佳的決策子序列時，該決策序列一定不是最佳的。

滿足最佳化原理的問題可以試著使用 DP 方法來求解，而適用 DP 方法求解的問題必須具備兩條性質。

◆ 最佳化原理：問題的最佳策略的子策略也是最佳的，滿足最佳化原理的問題必須擁有最佳子結構的性質。

◆ 無後效性：將各階段按照一定的次序排列好之後，對於某個給定階段的狀態，其未來的決策不受這個階段以前各階段狀態的影響。換句話說，每個狀態都是過去歷史的一個完整總結。

DP 方法與貪心法既有相同之處又有不同之處。相同的是兩者都屬於最佳化問題的求解，面對的問題都必須具備最佳子結構的性質，滿足最佳化原理。不同的是，貪心法是從問題端出發，每一步都採取逼近最佳解的貪心選擇，直至找到問題的解；而 DP 則要從考慮問題的子問題著手，透過列舉和比較相關子問題的解來確定目前問題的最佳解。相對貪心法，由於 DP 需要儲存和比較子問題的解，因此無論是時間效率和空間效率都要遜於貪心法，是一種以時空效率換正確的技術；但相對於求解同類問題的搜尋演算法，DP 直接從記憶串列中取出子問題的解,避免了重複計算,可將原本指數級的時間複雜度降為多項式級。但在實作過程中需要透過記憶串列儲存產生過程中的各種狀態,所以它的空間複雜度一般要大於搜尋演算法,是一種以空間換時間的技術。正是由於 DP 需要回顧子問題的這一特性,因此 DP 可用於求解所有可行方案。DP 的計算步驟大致如下:

(1)確定問題的決策物件。

(2)對決策過程劃分階段。

(3)對各階段確定狀態變數。

(4)根據狀態變數確定費用函式和目標函式。

(5)建立各階段狀態變數的轉移過程,確定狀態轉移方程。

由上述計算步驟的廣義和原則性表述可以看出,DP 是對求解最佳化問題或可行方案的一種途徑、一種思維方法,而不是一種模式化的演算法,不像組合分析、數論或高階資料結構、計算幾何中的許多經典演算法那樣,具有一個標準的數學運算式和明確清晰的解題方法。雖然 DP 面對的問題需具備最佳化原理和無後效性的性質,但這類問題呈現方式各異,適用的條件不同,因而 DP 的方法因題而異,不可能千篇一律,更不可能存在一種「放之四海而皆準」的普及性方法。在應用 DP 方法解題時,除了要正確瞭解其基本概念的內涵外,還必須具體問題具體分析,以豐富的想像力去建模,用創造性的技巧去求解。

在本章中,我們從 4 個方面展開 DP 的程式編寫實作:

(1)線性 DP。

(2)樹形 DP。

(3)狀態壓縮 DP。

(4)單調最佳化 DP。

其中(1)(2)提供了 DP 的兩種實作方式,(3)(4)提供 DP 的兩種最佳化方法。

6.1　線性 DP 的實作範例

6.1.1 ▶ 初步體驗線性 DP 問題

首先,透過一個簡單實例瞭解什麼是多階段決策問題,DP 是怎樣解決多階段決策問題的:提供一張地圖(如圖 6-2 所示),節點代表城市,兩節點間的連線代表道路,線上的數字代表城市間的距離。試找出從節點 1 到節點 10 的最短路徑。

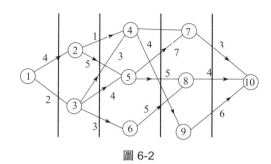

圖 6-2

上述問題可採用窮舉法求解：把從節點 1 至節點 10 的所有路徑完全列舉出來，分別計算路徑長度，在此基礎上比較，找出其中長度最小的一條路徑。雖然，這種蠻力方法能解決問題，但其運算量隨節點數的增加呈指數級增長，其效率實在太低。下面提供 DP 的基本概念和線性 DP 的一般方法。

◆ **階段 k 和狀態 s_k**：把問題分成 n 個有順序且相互聯繫的階段，$1 \le k \le n$。例如圖 6-2 表示問題被劃分成 5 個階段。狀態 s_k 為第 k 階段的某個出發位置。通常一個階段包含若干狀態，狀態相對階段而言，例如圖 6-2 中的階段 3 就有節點 4、5、6。

◆ **決策 u_k 和允許決策的集合 $D_k(s_k)$**：從第 k−1 階段的一個狀態演變到第 k 階段某狀態的選擇為決策 u_k。通常可達到該狀態的決策不止一個，這些狀態組成了集合 $D_k(s_k)$。例如，在圖 6-2 中，到節點 5 有兩個決策可選擇，即 2 → 5 和 3 → 5，所以 $D_3(5) = \{2, 3\}$。由始點至終點的一個決策序列簡稱策略，例如，在圖 6-2 中，1 → 3 → 5 → 8 → 10 即為一個策略。

◆ **狀態轉移方程和最佳化概念**：前一階段的終點就是後一階段的起點，前一階段的決策選擇匯出了後一階段的狀態，這種關係描述了由第 k 階段到第 k+1 階段狀態的演變規律，稱為狀態轉移方程。最佳化概念是指經過狀態轉移方程所確定的運算以後，使全過程的總效益達到最佳。

狀態轉移方程的一般形式為 $f_k(s_k) = \underset{u_k \in D_k(s_k)}{\text{opt}}\, g\big(f_{k-1}\big(T_k(s_k, u_k)\big), u_k\big)$，其中 $T_k(s_k, u_k)$ 是由 s_k 和 u_k 所關聯的第 k−1 階段的某個狀態 s_{k-1}，$f_{k-1}(T_k(s_k, u_k))$ 即為該狀態的最佳解；$g(x, u_k)$ 是定義在數值 x 和決策 u_k 上的一個函數，即 $g\big(f_{k-1}(T_k(s_k, u_k)), u_k\big)$ 是 s_{k-1} 透過決策 u_k 取得 s_k 的解；opt 表示最佳化，根據具體問題分別表示為 max 或 min。由於 u_k 僅是決策集合 $D_k(s_k)$ 中的一個，因此只有透過列舉 $D_k(s_k)$ 中的每個決策，才能得出 s_k 的最佳解。我們從初始狀態（$f_1(s_1)$ 為某個初始值）出發，按照狀態轉移方程計算至最後第 n 個階段的目標狀態，即可得出最佳解 f_n（目標狀態）。如果去掉最佳化要求 opt，可得出初始狀態至目標狀態的所有可行方案。

在圖 6-2 中，若對於階段 3 的節點 5，可選擇 1-2-5 和 1-3-5 這兩條路徑，後者的費用要小於前者。假設在所求的節點 1 到節點 10 最短路徑中要經過節點 5，那麼在節點 1 到節點 5 就應該取 1-3-5。也就是說，當某階段節點確定時，後面各階段路線的發展就不受這點以前各階段的影響。反之，到該點的最佳決策也不受該點以後的發展影響。為此，將整個計算過程劃分成 5 個計算輪次，從階段 1 開始，往後依次求出節點 1 到階段 2、3、4、5 各節點的最短距離，最終得出答案。在計算過程中，到某階段上一個節點的決策，只依賴於上一階段的計算結果，與其他無關。例如，已求得從節點 1 到節點 5 的最佳值是 6，到節點 6 的最佳值是 5，那麼要求到下一階段的節點 8 的最佳值，只需比較 $\min\{6+5, 5+5\}$ 即可。由此得出狀態轉移方程：

$$\begin{cases} f_i(1) = 0 & i = 1 \\ f_i(k) = \min_{\text{節點 } j \text{ 和 } k \text{ 鄰接}}\{f_{i-1}(j) + (j,k)\text{的權值}\} & 2 \leq i \leq 5 \end{cases}$$

問題解為 $f_5(10)$。

如果 DP 面對的問題是線性序列或圖且決策序列呈線性關係的話，則可採用列舉方法求解線性 DP 問題：

```
for ( 順推階段 i)
{
    for （列舉階段 i 中的所有狀態 j (j∈Sᵢ))
    { for（列舉階段 i-1 中與狀態 j 相關聯的狀態 k (k∈Sᵢ₋₁))
        { 計算 fᵢ(j)= opt g(fᵢ₋₁(k),uₖ) }
             uₖ∈Dₖ(k)
    }
}
```

6.1.1.1　Brackets Sequence

我們定義合法的括號序列如下：

◆ 空序列是一個合法的序列。

◆ 如果 *S* 是一個合法的序列，那麼 *(S)* 和 *[S]* 都是合法的序列。

◆ 如果 *A* 和 *B* 是合法的序列，那麼 *AB* 是合法的序列。

例如，下面提供的序列是合法的括號序列：

$$() \text{、} [] \text{、} (()) \text{、} ([]) \text{、} ()[] \text{、} ()[] $$

而下面的序列則不是合法的括號序列：

$$(\text{、} [\text{、}) \text{、})(\text{、} ([] \text{、} []]$$

提供序列的字元 '('、')'、'[' 和 ']'，請找出包含提供字元序列作為子序列的最短的合法括號序列。字串 $a_1 a_2 \cdots a_n$ 被稱為字串 $b_1 b_2 \cdots b_m$ 的子序列，如果存在這樣的索引 $1 \leq i_1 < i_2 < \cdots < i_n \leq m$，使得對所有的 $1 \leq j \leq n$，$a_j = b_{ij}$。

輸入
輸入包含在一行中提供的至多 100 個括號（字元 '('、')'、'[' 和 ']'），其中沒有其他字元。

輸出

輸出一行，提供包含提供序列作為子序列的具有最小可能長度的合法括號序列。

範例輸入	範例輸出
([[]	()[()]

試題來源： ACM Northeastern Europe 2001

線上測試： POJ 1141，ZOJ 1463，Ural 1183，UVA 2451

❖ 試題解析

設階段 r 為子序列的長度（$1 \leq r \leq n-1$），狀態 i 為目前子序列的開頭指標（$0 \leq i \leq n-r$）。由目前子序列的開頭指標 i 和長度 r 可以得出結尾指標 $j = i + r$。目前子序列 $s_i \cdots s_j$ 需要添加的最少字元數為 $dp[i, j]$。顯然，當子序列長度為 1 時，$dp[i, i] = 1$（$0 \leq i < \mathrm{strlen}(s)$）；當子序列長度大於 1 時，分析如下：

若 $(s_i = \text{'['} \ \&\& \ s_j = \text{']'}) \| (s_i = \text{'('} \ \&\& \ s_j = \text{')'})$，則 $s_i \cdots s_j$ 需要添加的最少字元數等於 $s_{i+1} \cdots s_{j-1}$ 需要添加的最少字元數，即 $dp[i, j] = dp[i+1, j-1]$；否則需要二分 $s_i \cdots s_j$，決策產生最少添加字元數的中間指標 k（$i \leq k < j$），即 $dp[i, j] = \min\limits_{i \leq k < j} (dp[i, k] + dp[k+1, j])$。我們透過記憶串列 path[][] 儲存所有子問題的解：

$$path[i][j] = \begin{cases} -1 & s_i \text{與} s_j \text{括號匹配} \\ \text{左右子序列的最佳劃分位置 } k & \text{其他} \end{cases}$$

在經過 DP 得到記憶串列 path[][] 後，可透過遞迴求出最短的合法括號序列。

❖ 參考程式

```
01    #include<cstdio>
02    #include<cstring>
03    const int N=100;
04    char str[N];              // 初始字串
05    int dp[N][N];             // 狀態轉移方程陣列
06    int path[N][N];           // path[i][j] 儲存字元區間 [i, j] 的最佳中間位置
07    void oprint(int i,int j)  // 輸出子序列 str [i, j] 的括號方案
08    {
09        if(i>j)              // 傳回無效位置
10            return;
11        if(i==j)             // 若子序列 str[i, j] 含一個字元，則對單括號輸出匹配的括號對
12            {
13                if(str[i]=='['||str[i]==']')
14                    printf("[]");
15                else
16                    printf("()");
17            }
18        else if(path[i][j]==-1)   // 若 str[i] 和 str[j] 匹配，則輸出左括號，遞迴中間子序列，
19                                  // 輸出右括號
20            {
21                printf("%c",str[i]);
22                oprint(i+1,j-1);
```

```
23              printf("%c",str[j]);
24              }
25      else      // 否則分別遞迴 [i, path[i][j]] 和 [path[i][j]+1, j] 的括號方案
26          {
27              oprint(i,path[i][j]);
28              oprint(path[i][j]+1,j);
29          }
30  }
31  int main(void)
32  {
33      while(gets(str))
34          {
35              int n=strlen(str);
36              if(n==0)                        // 跳過空行
37                  {
38                      printf("\n");
39                      continue;
40                  }
41              memset(dp,0,sizeof(dp));        // 清空狀態轉移方程陣列
42              for(int i=0;i<n;i++)            // 賦單括號的匹配數
43              dp[i][i]=1;
44              for(int r=1;r<n;r++)            // 階段：遞迴子序列的長度 r
45                  {
46                  for(int i=0;i<n-r;i++)      // 狀態：列舉子序列的開始位置
47                    {
48                      int j=i+r;              // 計算子序列的結束位置
49                      dp[i][j]=0x7fffffff;    // 狀態轉移方程初始化為無窮大
50                      if((str[i]=='(' && str[j]==')') ||
51                              (str[i]=='[' && str[j]==']'))
52                      // 若目前子序列的最外層括號 str[i] 和 str[j] 已經配對，
53                      // 則說明括號中的子序列亦已匹配
54                        {
55                          dp[i][j]=dp[i+1][j-1];
56                          path[i][j]=-1;          // path=-1 表示 [i, j] 括號匹配
57                        }
58                      for(int k=i; k<j; k++)      // 列舉中間指標 k
59                        {
60                          if(dp[i][j]>dp[i][k]+dp[k+1][j])
61                          // 若左右子序列添加的字元數少，記下
62                            {
63                              dp[i][j]=dp[i][k]+dp[k+1][j];
64                              path[i][j]=k;        // path 表示 i，j 之間從 k 分開
65                            }
66                        }
67                    }
68                  }
69          oprint(0,n-1);                          // 輸出具體的括號序列
70          printf("\n");
71      }
72      return 0;
73  }
```

下面，我們提供線性 DP 方法在如下 3 個經典問題上的應用。

◆ 子集合和問題（Subset Sum）

◆ 最長共同子序列問題（Longest Common Subsequence，LCS）

◆ 最長遞增子序列問題（Longest Increasing Subsequence，LIS）

6.1.2 ▶ 子集合和問題

子集合和問題（Subset Sum）如下。設 $S = \{x_1, x_2, \cdots, x_n\}$ 是一個正整數的集合，c 是一個正整數。子集合和問題就是判定是否存在 S 的一個子集合 S_1，使得 S_1 中元素的和為 c。

子集合和問題的一個實例是硬幣計數問題（Coin Counting）：提供一個由 n 個正整數組成的集合 $\{a_1, a_2, \cdots, a_n\}$，$k_1 a_1 + k_2 a_2 + \cdots + k_n a_n = T$ 有多少解（對所有的 i, $k_i \geq 0$）？

可以使用 DP 方法求解硬幣計數問題。設 $c[j]$ 是在 $a_1, a_2, \cdots, a_n$ 中考慮 $a_1, a_2, \cdots, a_i$ 且數的和為 j 的方案數；則目標是計算 $c[T]$。為了計算 $c[j]$，我們將前 i 個正整數設為階段（$1 \leq i \leq n$），將 $k_1 a_1 + k_2 a_2 + \cdots + k_i a_i$ 的可能數和 j（$a_i \leq j \leq T$）設為狀態，顯然，狀態轉移方程為 $c[j] = c[j] + c[j - a_i]$，其涵義為：使用前 i 類硬幣時組成的方案數（$c[j]$）= 使用前 $i-1$ 類硬幣時組成的方案數（$c[j]$）+ 至少選擇了一個第 i 類硬幣組成的方案數（$c[j - a_i]$）。

6.1.2.1　Dollars

紐西蘭的貨幣由 100 元、50 元、20 元、10 元和 5 元的紙幣以及 2 元、1 元、50 分、20 分、10 分和 5 分的硬幣組成。請編寫一個程式，對於任何提供的貨幣數量，確定可以由多少種方式構成這個數量。更改排列順序，並不會增加計數。20 分由 4 種方式構成：1×20 分、2×10 分、10 分 $+ 2 \times 5$ 分以及 4×5 分。

輸入

輸入由一個實數序列組成，每個實數一行，不超過 300.00 元。每個數字都是有效的，也就是 5 分的倍數。最後一行提供零（0.00）為結束。

輸出

對於輸入中的每個數量，輸出一行，每行由錢的數量（小數部分兩位數，向右對齊，寬度為 6）和構成數量的方式的數目組成，方式數也向右對齊，寬度為 17。

範例輸入	範例輸出	
0.20	0.20	4
2.00	2.00	293
0.00		

試題來源：New Zealand Contest 1991

線上測試：UVA 147

❖ **試題解析**

首先，離線用 DP 求出範圍內的所有答案。由於最小幣值是 5 分，因此本題的 11 種貨幣以 5 分為計算單位。設 $b[i]$ 為第 i（$1 \leq i \leq 11$）種貨幣含 5 分硬幣的數量，$a[j]$ 是用前 i 種貨幣構成 j（$0 \leq j \leq 6000$）個 5 分硬幣的方案數。顯然，僅用 5 分硬幣構成 j 個 5 分硬幣的方案數為 1，即初始值 $a[j] = 1$，$0 \leq j \leq 6000$。

前 i（$2 \leq i \leq 11$）種貨幣構成 j 個 5 分硬幣的方式數，是在前 $i-1$ 種貨幣構成 j 個 5 分硬幣、和至少選擇了一個第 i 類貨幣組成 j 個 5 分硬幣的基礎上產生，即 $a[j] += a[j-b[i]]$。

然後，在 a 陣列的基礎上直接處理每個測試資料：若新元為實數 n，則構成該數值的方案數為 $a[\lfloor n \times 20 \rfloor]$。

本題還可以利用組合數學中的母函數來求解。

❖ **參考程式**

```
01   #include <cstdio>
02   long long a[6001];                              // 用 11 種貨幣構成 n 個 5 分的方式數為 a[n]
03   int b[]={1,2,4,10,20,40,100,200,400,1000,2000}; // 各類貨幣含 5 分的數量
04   int main(void)
05   {
06       // 先離線用 DP 求出範圍內的所有答案
07       for (int i=0;i<=6000;++i) a[i]=1;           // 用 5 分構成所有可能的數值
08       for (int i=1;i<11;++i)                      // 依次添加每類幣值
09           {
10               for (int j= b[i];j<=6000;++j)       // 列舉可使用第 i 類貨幣每一種可能的數和
11                   a[j]+=a[j-b[i]];                // 前 i-1 種貨幣構成 j 個 5 分硬幣、和至少選擇了
12                                                   // 一個第 i 類貨幣組成 j 個 5 分硬幣
13           }
14       while(true)                                 // 處理每個測試資料
15           {
16               double d;
17               scanf("%lf",&d);                    // 讀入資料
18               if(d==0.0) break;                   // 若檢測到結束標誌，則退出
19               int n=int(d*20.0);                  // 轉化成 5 分為基本單位
20               printf("%6.2lf%17I64d\n",d,a[n]);   // 查表輸出結果
21           }
22       return 0;
23   }
```

6.1.3 ▶ 最長共同子序列問題

提供一個序列，將序列中的一些元素以原來序列中的次序出現，但這些元素不一定相鄰，這樣產生的序列稱為原序列的子序列。例如，對於字串 "abcdefg"，"abc"、"abg"、"bdf"、"aeg" 都是子序列。而對於字串 "HIEROGLYPHOLOGY" 和 "MICHAELANGELO"，字串 "HELLO" 是共同子序列。

最長共同子序列（Longest Common Subsequence，LCS）問題表述為：提供兩個序列，找出兩個序列的最長共同子序列。

最簡單的方法是窮舉 X 的所有子序列，一一檢查其是否為 Y 的子序列，並隨時記錄下所發現的最長子序列。顯然這種演算法對長序列來說是不實際的。因為一個長度為 m 的序列有 2^m 種子序列，這一演算法需要付出指數級時間的代價。

可採用 DP 方法求解最長共同子序列問題，關鍵是定義階段、狀態和決策。

提供兩個序列 x 和 y，其長度分別為 m 和 n，x 和 y 的最長共同子序列 z 計算如下：

設序列 $x=<x_1, x_2, \cdots, x_m>$，其第 i 個前綴為 $x'_i==<x_1, x_2, \cdots, x_i>$，$i=0, 1, \cdots, m$；序列 $y=<y_1, y_2, \cdots, y_n>$，其第 i 個前綴為 $y'_i==<y_1, y_2, \cdots, y_i>$，$i=0, 1,\cdots, n$；序列 $z=<z_1, z_2, \cdots, z_k>$ 是 x 和 y 的 LCS。例如，如果 $x=<A, B, C, B, D, A, B>$，則 $x'_4=<A, B, C, B>$，且 x'_0 是空序列。

階段和狀態分別是 x 的前綴指標 i 和 y 的前綴指標 j，這樣可以保證 x_{i-1} 和 y_{j-1} 的 LCS 已經求出。決策是根據 LCS 的三個性質做最佳選擇。

性質 1　如果 $x_m=y_n$，則 $z_k=x_m=y_n$，且 z'_{k-1} 是 x'_{m-1} 和 y'_{n-1} 的 LCS。

性質 2　如果 $x_m \neq y_n$，則 $z_k \neq x_m$，並且 z 是 x'_{m-1} 和 y 的 LCS。

性質 3　如果 $x_m \neq y_n$，則 $z_k \neq y_n$，並且 z 是 x 和 y'_{n-1} 的 LCS。

設 $c[i, j]$ 是 x'_i 和 y'_j 的 LCS 的長度，

$$c[i, j] = \begin{cases} 0 & i=0 \text{ 或 } j=0 \\ c[i-1, j-1]+1 & i, j>0 \text{ 並且} x_i = y_j \\ \max\{c[i, j-1], c[i-1, j]\} & i, j>0 \text{ 並且} x_i \neq y_j \end{cases}$$

計算 $c[i, j]$ 的時間複雜度為 $O(n^2)$。

6.1.3.1　Longest Match

一家新開張的偵探社正在努力用偵探們有限的智慧來設計他們之間進行祕密資訊傳遞的技術。因為在這個專業領域是新手，所以他們很清楚自己的資訊會被其他團隊截獲和修改。他們要透過檢查被改變的資訊部分來猜測其他部分的內容。首先，他們要獲取最長的匹配長度。請幫助他們。

輸入

輸入包含若干測試案例。每個測試案例包含兩行連續的字串。也可以出現空行和可列印的非字母的標點符號字元。一行字串不超過 1000 個字元，每個單字的長度小於 20 個字元。

輸出

對於輸入的每個測試案例，輸出一行，先向右對齊按兩位寬度輸出測試案例編號，然後如範例輸出所示輸出最長匹配。如果在輸入中有空行，則輸出 "Blank!"。要把可列印的非字母的標點符號字元作為空格。

範例輸入	範例輸出
This is a test. test Hello! The document provides late-breaking information late breaking.	1. Length of longest match: 1 2. Blank! 3. Length of longest match: 2

試題來源：TCL Programming Contest 2001

線上測試：UVA 10100

❖ 試題解析

我們將字串中連續的字母認作一個單字，依次計算出兩個字串中的單字，其中第 1 個字串的單字序列為 $T1.word[1]\cdots T1.word[n]$，第 2 個字串的單字序列為 $T2.word[1]\cdots T2.word[m]$。

接下來，將每個單字縮成一個「字元」，使用 LCS 演算法計算出兩個串的最長共同子序列，該序列的長度即為最長匹配。

❖ 參考程式

```cpp
01  #include<iostream>
02  #include<cstring>
03  #include<cstdio>
04  #include<string>
05  #include<algorithm>
06  #define N (1024)
07  using namespace std;
08  struct text{                        // 待匹配兩串的結構型別
09      int num;                        // 單字數
10      string word[1024];              // 單字序列
11  }t1,t2;
12  string s1,s2;
13  int f[N][N];                // s1 中前 i 個單字與 s2 中前 j 個單字中匹配的最多單字數為 f[i, j]
14  void divide(string s,text &t)   // 從 s 中截出長度為 t.num 的單字序列 t.word[]
15  {
16      int l=s.size();             // 計算 s 的字串長度
17      t.num=1;
18      for(int i=0;i<1000;i++)    t.word[i].clear();
19      for(int i=0;i<l;++i)
20          if ('A'<=s[i] && s[i]<='Z' || 'a'<=s[i] && s[i]<='z'||'0'<=s[i]&&s[i]<='9')
21              t.word[t.num]+=s[i];
22          else      ++t.num;
23      int now=0;
24      for(int i=1;i<=t.num;i++)    if(!t.word[i].empty())    t.word[++now]=t.word[i];
25      t.num=now;
26  }
27  int main(void)
28  {
29      int test=0;                     // 測試案例編號初始化
30      while (!cin.eof())
31      {
```

```
32          ++test;                       // 計算測試案例編號
33          getline(cin,s1);              // 讀字串 s1
34          divide(s1,t1);                // 從 s1 中截出長度為 t1.num 的單字序列 t1.word[]
35          getline(cin,s2);              // 讀字串 s2
36          divide(s2,t2);                // 從 s2 中截出長度為 t2.num 的單字序列 t2.word[]
37          printf("%2d. ",test);         // 輸出測試案例編號
38          if(s1.empty() || s2.empty())  // 輸入中有空行
39          {
40              printf("Blank!\n");
41              continue;
42          }
43          memset(f,0,sizeof(f));        // 初始化
44          for (int i=1;i<=t1.num;++i)   // 遞迴 s1 中的單字
45              for (int j=1;j<=t2.num;++j) // 遞迴 s2 中的單字
46              { // 計算 s1 中前 i 個單字與 s2 中前 j 個單字中匹配的最多單字數
47                  f[i][j]=max(f[i-1][j],f[i][j-1]);
48                  if (t1.word[i]==t2.word[j])
49                      f[i][j]=max(f[i][j],f[i-1][j-1]+1);
50              }
51          printf("Length of longest match: %d\n",f[t1.num][t2.num]);
52          // 輸出 s1 和 s2 中匹配的最多單字數
53      }
54      return 0;
55  }
```

6.1.4 ▶ 最長遞增子序列問題

設 $A=<a_1, a_2, \cdots, a_n>$ 是由 n 個不同的實數組成的序列，A 的遞增子序列 L 是這樣一個子序列 $L=<a_{k_1}, a_{k_2}, \cdots, a_{k_m}>$，其中 $k_1<k_2<\cdots<k_m$ 且 $a_{k_1}<a_{k_2}<\cdots<a_{k_m}$。最長遞增子序列（Longest Increase Subsequence，LIS）問題就是求 A 的最長遞增子序列，也就是說，求最大的 m 值。

有三種 DP 方法可用於最長遞增子序列問題的計算。

方法 1：LIS 問題轉化為 LCS 問題

把 LIS 問題轉化為 LCS 問題來求解。設序列 $X=<b_1, b_2, \cdots, b_n>$ 是對序列 $A=<a_1, a_2, \cdots, a_n>$ 按遞增排好序的序列。顯然，X 與 A 的最長共同子序列即為 A 的最長遞增子序列。這樣，求 LIS 的問題就轉化為求 LCS 的問題了。

這一演算法的效率分析如下：對序列 A 進行排序，產生序列 X，用時 $O(n\log_2(n))$；計算序列 A 和 X 的最長共同子序列，用時 $O(n^2)$。所以，總共的時間複雜度為 $O(n\log_2(n)+n^2)$。

顯然，在遞增序列 X 已知的前提下，使用方法 1 是最為簡便的。

方法 2：DP 方法

設 $f(i)$ 是序列 A 中以 a_i 為尾的最長遞增子序列的長度。顯然 $f[1]=1$，$f(i)=\max\limits_{1\le j\le i-1}\{f(j)\mid a_j<a_i\}+1$，則 $f(n)$ 即為 A 的最長遞增子序列的長度。顯然，使用 DP 方法的時間複雜度為 $O(n^2)$。

方法 3：二元搜尋

第二種 DP 方法在計算每一個 $f(i)$ 時，都要找出最大的 $f(j)$，其中 $j < i$。由於 $f(j)$ 沒有順序，只能順序搜尋滿足 $a_j < a_i$ 最大的 $f(j)$，如果能將讓 $f(j)$ 有序，就可以使用二元搜尋，這樣演算法的時間複雜度就可能降到 $O(n\log_2 n)$。用一個陣列 B 來儲存「子序列的」最大遞增子序列的尾元素，即 $B[f(j)] = a_j$。在計算 $f(i)$ 時，在陣列 B 中用二元搜尋法找到滿足 $j < i$ 且 $B[f(j)] = a_j < a_i$ 的最大的 j，並將 $B[f[j] + 1]$ 置為 a_i。

下面提供這三種 DP 方法的範例。

6.1.4.1　History Grading

在電腦科學中的許多問題是按一定的約束最大化某些測量值。在一次歷史考試中，要求學生按時間順序排列若干歷史事件。將所有事件按正確的次序排列的學生將得滿分，但對於那些將歷史事件一次或多次不正確排列的學生，應該如何給他們的部分分數呢？

部分分數的某些可能性包括：

◆ 每個事件排名與其正確的排名匹配，得 1 分。

◆ 在事件的最長序列（並不一定是相鄰的）中，以相對正確的次序排列的每個事件得 1 分。

例如，如果 4 個事件正確的排列為 1 2 3 4，那麼次序 1 3 2 4 根據第一條規則得 2 分（事件 1 和 4 排列位置正確），根據第 2 條規則得 3 分（事件次序 1 2 4 和 1 3 4 相對的次序都是正確的）。

請編寫一個程式，採用第 2 條規則為這樣的問題評分。

提供 n 個事件 1，2，$\cdots$，n 按時間排列的順序 c_1，c_2，$\cdots$，c_n，其中 $1 \le c_i \le n$，表示按時間順序事件 i 的排列位置。

輸入

輸入的第一行提供一個整數 n，表示事件的數量，$2 \le n \le 20$。第二行提供 n 個整數，表示 n 個按時間順序的正確排列。在後面的若干行中，每行提供 n 個整數，表示某個學生對 n 個事件提供的按時間順序的排列，所有的行每行提供 n 個數字，範圍是 $[1 \cdots n]$，在一行中每個數字僅出現一次，用一個或多個空格分開。

輸出

對於每個學生提供的事件排列，程式要在一行中輸出這一排列的得分。

範例輸入 1	範例輸出 1
4	1
4 2 3 1	2
1 3 2 4	3
3 2 1 4	
2 3 4 1	

範例輸入 2	範例輸出 2
10	6
3 1 2 4 9 5 10 6 8 7	5
1 2 3 4 5 6 7 8 9 10	10
4 7 2 3 10 6 9 1 5 8	9
3 1 2 4 9 5 10 6 8 7	
2 10 1 3 8 4 9 5 7 6	

試題來源：Internet Programming Contest 1991
線上測試：UVA 111

❖ 試題解析

設正確排列為 st[]，其中 t 時刻發生的事件序號為 st[t]；目前學生提供的排列為 ed[]，其中 t 時刻發生的事件序號為 ed[t]。顯然，st[] 與 ed[] 的最長共同子序列即為 ed[] 的最長遞增子序列，其長度即目前學生的最大得分。可以使用方法 1 求出這個得分。

❖ 參考程式

```
01  #include<iostream>
02  #include<cstring>
03  #include<cstdio>
04  using namespace std;
05  int n;                          // 事件數
06  int f[30][30];                  // 狀態轉移方程
07  int st[30];                     // 正確排列中 t 時刻發生的事件序號為 st[t]
08  int ed[30];                     // 目前學生排列中 t 時刻發生的事件序號為 ed[t]
09  int tmp[30];                    // n 個事件發生時間的排列
10  int main(void)
11  {
12      freopen("111.in","r",stdin);
13      freopen("HG.out","w",stdout);
14      scanf("%d",&n);             // 輸入事件數
15      for(int i=1;i<=n;++i)       // 輸入 n 個整數，表示 n 個按時間順序的正確排列，
16                                  // 記下每個事件發生時間對應的事件序號
17      {
18          cin >> tmp[i];
19          st[tmp[i]]=i;
20      }
21      while(!cin.eof())           // 反覆輸入每個學生對 n 個事件提供的按時間順序的排列
22      {
23          for(int i=1;i<=n;++i)   // 輸入目前學生對 n 個事件提供的按時間順序的排列，
24                                  // 記下每個事件發生時間對應的事件序號
25          {
26              cin >> tmp[i];
27              ed[tmp[i]]=i;
28          }
29          if(cin.eof()) break;
30          memset(f,0,sizeof(f));
31          for(int i=1;i<=n;++i)   // 計算 st[] 與 ed[] 的 LCS
32              for(int j=1;j<=n;++ j)
33              {
34                  f[i][j]=max(f[i-1][j],f[i][j-1]);
```

```
35              if(st[i]==ed[j])
36                  f[i][j]=max(f[i][j],f[i-1][j-1]+1);
37          }
38      cout << f[n][n] << endl; // 輸出目前學生排列的最大得分
39      }
40      return 0;
41 }
```

6.1.4.2 滑雪

Michael 喜歡滑雪,這並不奇怪,因為滑雪的確很刺激。可是為了獲得速度,滑的區域必須向下傾斜,而且當你滑到坡底,不得不再次走上坡或者等待升降機來載你。Michael 想知道在一個區域中最長的滑坡。區域由一個二維陣列提供,陣列中的每個數字代表點的高度。下面是一個例子:

$$
\begin{array}{ccccc}
1 & 2 & 3 & 4 & 5 \\
16 & 17 & 18 & 19 & 6 \\
15 & 24 & 25 & 20 & 7 \\
14 & 23 & 22 & 21 & 8 \\
13 & 12 & 11 & 10 & 9
\end{array}
$$

若且唯若高度減小,一個人可以從某個點滑向上下左右相鄰的四個點之一。在上面的例子中,一條可滑行的滑坡為 24-17-16-1。當然 25-24-23-…-3-2-1 更長。事實上,這是最長的一條。

輸入

輸入的第一行表示區域的行數 R 和列數 C(1≤R, C≤100)。下面是 R 行,每行有 C 個整數,代表高度 h,0≤h≤10000。

輸出

輸出最長區域的長度。

範例輸入	範例輸出
5 5 1 2 3 4 5 16 17 18 19 6 15 24 25 20 7 14 23 22 21 8 13 12 11 10 9	25

試題來源:SHTSC 2002 第一試(周詠基命題)
線上測試:POJ 1088

❖ **試題解析**

試題要求計算的滑坡是一條節點高度遞減且依次相鄰的最長路徑。如果以高度作為關鍵字的話,這條路徑是最長的遞減子序列。我們採用類似方法 2 求解,不同的是:

◆ 先將 $R*C$ 個點按高度遞減的順序進行排序。

◆ 在上述序列中透過方法 2 計算一個含點數最多的滑坡。注意，若且唯若兩個點相鄰時才可進行狀態轉移。

❖ 參考程式

```cpp
01   #include <iostream>
02   #include <cstdlib>
03   using namespace std;
04   struct stDP                            // 動規結構
05   {
06       int nSteps;                        // 以本格子為最後一個格子時最長滑雪區域的區域長度
07       int nRow;                          // 格子的行
08       int nCol;                          // 格子的列
09   };
10   int nR;                                // 區域的行數
11   int nC;                                // 區域的列數
12   int grids[100][100];                   // 區域的相鄰矩陣
13   stDP dp[10000];                        // 狀態轉移方程
14   int nMaxSteps=1;                       // 最長滑雪區域的長度
15   int compare( const void* p1, const void* p2 )  // 排序的比較函式
16   {
17       stDP *q1=(stDP *)p1;
18       stDP *q2=(stDP *)p2;
19       if(grids[q1->nRow][q1->nCol]<grids[q2->nRow][q2->nCol])
20           return -1;
21       else if(grids[q1->nRow][q1->nCol]>grids[q2->nRow][q2->nCol])
22           return 1;
23       else
24           return 0;
25   }
26   int main(void)
27   {
28       cin>>nR>>nC;                       // 讀區域的行數和列數
29       int k=0;                           // dp 陣列的長度初始化
30       for (int i=0;i<nR;++i)
31           {
32               for (int j=0;j<nC;++j)
33                   {
34                       cin>>grids[i][j]; // 讀入目前格的高度
35                       dp[k].nSteps=1;    // 目前格設為最長區域的尾格子，長度初始化為 1
36                       dp[k].nRow=i;
37                       dp[k].nCol=j;
38                       ++k;
39           }
40   }
41   qsort(dp,k,sizeof(stDP),compare);      // 按高度遞減排列 dp[] 中的格子
42   for (int i=1;i<k;++i)
43   {
44       int r1=dp[i].nRow;                 // 取出 dp[] 中第 i 個格子的行列位置
45       int c1=dp[i].nCol;
46       for (int j=0;j<i;++j)              // 依次取出前面的每個格子 j
47           {
48               int r2=dp[j].nRow;
```

```
49              int c2=dp[j].nCol;
50              if(r1==r2 && c1==c2+1 || r1==r2 && c1==c2-1 ||
51                 c1==c2 && r1==r2+1 || c1==c2 && r1==r2-1)
52                 // 若 dp 中第 i 個格子和第 j 個格子同行相鄰或者同列相鄰，
53                 // 且從第 i 個格子滑到第 j 個格子路徑更長，則保存，並調整最長區域的長度
54              {
55                  if(dp[i].nSteps<dp[j].nSteps+1)
56                  { dp[i].nSteps=dp[j].nSteps+1;
57                    nMaxSteps=nMaxSteps>dp[i].nSteps?nMaxSteps:dp[i].nSteps;
58                  }
59              }
60          }
61      }
62      cout<<nMaxSteps<<endl;                // 輸出最長區域的長度
63      return 0;
64  }
```

6.1.4.3　Wavio Sequence

Wavio 是一個整數序列，具有如下的有趣特性：

◆ Wavio 的長度是奇數，即 $L = 2*n+1$。

◆ Wavio 序列的前 $n+1$ 個整數是一個嚴格的遞增序列。

◆ Wavio 序列的後 $n+1$ 個整數是一個嚴格的遞減序列。

◆ 在 Wavio 序列中，沒有兩個相鄰的整數是相同的。

例如 1, 2, 3, 4, 5, 4, 3, 2, 0 是一個長度為 9 的 Wavio 序列，但 1, 2, 3, 4, 5, 4, 3, 2, 2 不是一個合法的 Wavio 序列。在本問題中，提供一個整數序列，請找出提供序列中的一個子序列，這個子序列是具有最長長度的 Wavio 序列。例如，提供的序列為：

$$1\ 2\ 3\ 2\ 1\ 2\ 3\ 4\ 3\ 2\ 1\ 5\ 4\ 1\ 2\ 3\ 2\ 2\ 1$$

最長的 Wavio 序列為 1 2 3 4 5 4 3 2 1，因此輸出 9。

輸入

輸入的測試案例的個數小於 75 個。每個測試案例的描述如下，輸入以檔案結束符號結束。

每個測試案例以一個正整數 N（$1 \le N \le 10000$）開始，在後面的行提供 N 個整數。

輸出

對輸入的每個測試案例，在一行中輸出最長的 Wavio 序列的長度。

範例輸入	範例輸出
10	9
1 2 3 4 5 4 3 2 1 10	9
19	1
1 2 3 2 1 2 3 4 3 2 1 5 4 1 2 3 2 2 1	
5	
1 2 3 4 5	

試題來源：The Diamond Wedding Contest: Elite Panel's 1st Contest 2003

線上測試：UVA 10534

❖ 試題解析

設原序列為 $A = a_1 \cdots a_n$，LIS$[k]$ 為 $[a_1 \cdots a_k]$ 中最長遞增子序列的長度，LDS$[k]$ 為 $[a_k \cdots a_n]$ 中最長遞減子序列的長度。

首先，使用方法 3 計算序列 A 中以 a_i 為尾的前綴的最長遞增子序列的長度 $f[i]$，其中 $1 \le i \le k$；LIS$[k] = \max\limits_{1 \le i \le k} \{f[i]\}$。

然後，再使用方法 3 計算序列 A 中以 a_i 為首的後綴的最長遞減子序列的長度 $f[i]$，其中 $k \le i \le n$；LDS$[k] = \max\limits_{k \le i \le n} \{f[i]\}$。

如果以 k 為 Wavio 序列的中間指標的話，左右端等長的元素數應取 $\min\{$LIS$[k],$ LDS$[k]\}$，則 Wavio 序列的長度為 ans$[k] = 2*\min\{$LIS$[k],$ LDS$[k]\} - 1$。

顯然，依次列舉中間指標 k，得到 Wavio 序列的最大長度 ans $= \max\limits_{1 \le k \le n} \{ans[k]\}$。

❖ 參考程式

```
01  #include<cstdio>
02  #include<cstring>
03  using namespace std;
04  const int MAXN = 10010,INF = 2147483647;
05  int N,A[MAXN],F[MAXN],G[MAXN],L[MAXN]; // 整數個數為 N，原序列為 A[]，遞增序列為 L[]，
06                                        //  f[] 同 LIS[]，G[] 同 LDS[]
07  int binary(int l,int r,int x)         // 傳回遞增序列 L[l, r] 中不大於 x 的元素數
08  {
09      int mid;
10      l = 0; r = N;
11      while (l<r)
12      {
13          mid = (l+r)>>1;
14          if (L[mid+1]>=x) r = mid; else l = mid+1;
15      }
16      return l;
17  }
18  inline int min(int x,int y) { return (x<y) ? (x) : (y); } // 傳回 min{x, y}
19  int main()
20  {
21      int i,j,k,Ans;
22      while (scanf("%d",&N) != EOF)        // 反覆輸入整數個數 N, 直至輸入 EOF 為止
23      {
24          for (i=1;i<=N;i++) scanf("%d",A+i);     // 輸入 N 個整數，建構陣列 A
25          for (i=1;i<=N;i++) L[i]=INF; L[0]=-INF-1; // 遞增序列 L 初始化
26          for (i=1;i<=N;i++)                   // 右推 A 的每個元素
27          {
28              F[i]=binary(1,N,A[i])+1;   // 計算遞增序列 L 中 A[i] 的插入位置
29              if (A[i]<L[F[i]]) L[F[i]]=A[i];    // 若 L 中目前未插入 A[i]，則插入
30          }
31          for (i=1;i<=N;i++) L[i]=INF; L[0]=-INF-1; // 遞增序列 L 初始化
32          for (i=N;i>=1;i--)                   // 左推 A 的每個元素
```

```
33        {
34            G[i]=binary(1,N,A[i])+1;      // 計算遞增序列 L 中 A[i] 的插入位置
35            if (A[i] < L[G[i]]) L[G[i]]=A[i];    // 若 L 中目前未插入 A[i]，則插入
36        }
37        Ans=0;                              // 兩個方向上嚴格遞增序列的最大長度初始化
38        for (i=1;i<=N;i++)  // 依次以 A[] 的每個元素為中間元素，調整兩端等長的最多元素數
39            if ((k = min(F[i],G[i])) > Ans) Ans = k;
40        printf("%d\n",Ans*2-1);            // 輸出最長的 Wavio 序列長度
41    }
42    return 0;
43 }
```

6.2　0-1 背包問題

在 5.1.1 節的背包問題和任務排程問題中，我們提供了背包問題的實作範例。在這一基礎上，本節提供 0-1 背包問題（0-1 Knapsack Problem）的實作範例。

6.2.1 ▶ 基本的 0-1 背包問題

基本的 0-1 背包問題描述如下：給定 n 個物品和一個背包，物品 i 重量為 w_i，價值為 p_i，其中 $w_i>0$，$p_i>0$，$1 \leq i \leq n$；每個物品或者裝入背包，或者不裝入背包。背包的載荷能力為 M。基本的 0-1 背包問題的目標是在 n 個物品中尋找一個子集合 S，使背包裡所放物品的總重量不超過 M，即在約束條件 $\sum_{i \in S} w_i \leq M$ 限制下，使背包中物品的價值總和 $\sum_{i \in S} p_i$ 達到最大。

用動態規劃演算法對基本的 0-1 背包問題進行分析。設 $B(i, w)$ 表示選擇物品 $\{1, 2, \cdots, i\}$ 的一個子集合且重量限制為 w 的最佳解的值，則對於每個 $w \leq M$，$B(0, w)=0$；對於第 i 件物品，有放入背包（$B(i, w)=B(i-1, w-w_i)+p_i$）和不放入背包（$B(i, w)=B(i-1, w)$）兩種選擇。所以，$B(i, w)$ 計算公式如下：

$$B(i,w) = \begin{cases} B(i-1,w) & w_i > M \\ \max\{B(i-1,w), B(i-1,w-w_i)+p_i\} & \text{其他情況} \end{cases}$$

因此，求解基本的 0-1 背包問題的演算法步驟如下。

```
輸入：n 個物品組成的集合，物品 i 重量為 wi，價值為 pi；背包的載荷能力 M；
輸出：對於 w=0, …, M，在總重量最多為 w 的條件下，使得 n 個物品集的子集合的價值 B[w] 達到最大；
for (w=0; w≤M; w++)                  // 初始化
    B[w]=0;
for (i=1; i≤n; i++)                  // 階段：遞迴 n 個物品
    for (w=M; w≥wi; w--)            // 狀態：列舉重量限制
        if (B[w- wi]+ pi> B[w])     // 決策：若第 i 件物品放入背包較佳，則調整
            B[w]= B[w- wi] + pi;
```

6.2.1.1　Charm Bracelet

Bessie 去商場的珠寶店，看到一個迷人的手鐲。她想用 $N(1 \leq N \leq 3402)$ 個小裝飾品來裝飾這個手鐲。在 Bessie 提供的小裝飾品列表中，每個小裝飾品 i 都有一個重量 $W_i(1 \leq W_i \leq 400)$，和一個期望因數 $D_i(1 \leq D_i \leq 100)$，每個小裝飾品最多只能在手鐲上裝飾一次。Bessie 只能買小裝飾品的總重量不超過 $M(1 \leq M \leq 12880)$ 的手鐲。

本題提供小裝飾品的總重量限制作為約束條件，並提供了小裝飾品重量和期望因數的列表，請計算小裝飾品的期望因數可能的最大總和。

輸入

第 1 行：兩個用空格分隔的整數 N 和 M。

第 2 行到第 $N+1$ 行：第 $i+1$ 行用兩個空格分隔的整數 W_i 和 D_i 描述小裝飾品 i。

輸出

輸出一行，提供一個整數，它是在總重量約束下所能達到的期望因數值的最大和。

範例輸入	範例輸出
4 6 1 4 2 6 3 12 2 7	23

試題來源：USACO 2007 December Silver
線上測試：POJ 3624

❖ **試題解析**

提供 N 個小裝飾品，每個小裝飾品 i 都有一個重量 W_i 和一個期望因數 D_i，每個小裝飾品只有加到手鐲上和不加到手鐲上兩種選擇，小裝飾品的總重量限制為 M，求手鐲能夠承載的小裝飾品的期望因數值的最大和。所以本題是基本的 0-1 背包問題。

本題採用基本的 0-1 背包問題的演算法求解。

❖ **參考程式**

```
01    #include<iostream>
02    #include<cstdio>
03    #include<string.h>
04    #include<algorithm>
05    using namespace std;
06    int dp[12881];    // 最大總重量不超過12880，索引表示重量，dp 存的是不超過該總重量能得到的最大期望值
07    int wi[3405];     // 小裝飾品的重量
08    int di[3405];     // 小裝飾品的期望值
09    int main()
10    {
11        int n,m;
12        scanf("%d%d",&n,&m);                  // n 個小裝飾品，總重量限制為 m
13        for(int i=0;i<n;i++)
```

```
14          scanf("%d%d",&wi[i],&di[i]);     // 小裝飾品重量和期望因數的列表
15      memset(dp,0,sizeof(dp));             // 清零
16      for(int i=0;i<n;i++)                 // 階段
17          for(int j=m;j>=wi[i];j--)        // 狀態
18              dp[j]=max(dp[j],dp[j-wi[i]]+di[i]);  // 決策：在放入或不放入第 i 個
19                                           // 小裝飾品之間選擇最佳方案
20      printf("%d\n",dp[m]);                // 輸出在總重量 m 約束下所能達到的最大期望因數值和
21  }
```

6.2.2 ▶ 完全背包

完全背包問題描述如下：提供 n 種物品和一個載荷能力為 M 的背包，每種物品都有無限件，物品 i 重量為 w_i，價值為 p_i，其中 $w_i > 0$，$p_i > 0$，$1 \leq i \leq n$。求將哪些物品裝入背包，可使得使背包裡所放物品的總重量不超過 M，且背包中物品的價值總和達到最大。

完全背包問題和基本的 0-1 背包問題非常類似，區別就是在完全背包問題中，每種物品有無限件。如果從每種物品的角度考慮，求解完全背包問題的策略由對某種物品取或者不取變成了取 0 件、取 1 件、取 2 件等很多種。按基本的 0-1 背包問題求解演算法的思路，設 $f[i][v]$ 表示前 i 種物品恰放入一個載荷能力為 v 的背包的最大價值，則狀態轉移方程為 $f[i][v] = \max\{f[i-1][v-k*w[i]] + k*p[i] \mid 0 \leq k*w[i] \leq v\}$。

因此，求解完全背包問題的演算法步驟如下：

```
for (i=1; i≤n; i++)                   // 階段：列舉每個物品
    for (v=0; v≤M; v++)               // 狀態：列舉背包載荷能力
        for (k=1; k≤v div w[i]; k++)  // 決策
            f[i][v]=max{ f[i-1][v], f[i-1][v-k*w[i]]+k*p[i]}
```

完全背包問題有兩個簡單的最佳化：

◆ **最佳化 1**：精簡第一維，即 $f[v]$ 表示前 i 種物品恰放入一個容量為 v 的背包的最大價值，狀態轉移方程為 $f[j] = \max\{f[j], f[j-k*w[i]] + k*p[i]\}$，$1 \leq k \leq \left\lfloor \dfrac{v}{w[i]} \right\rfloor$。

◆ **最佳化 2**：如果兩件物品 i 和 j 滿足 $p_i \leq p_j$ 且 $w_i \geq w_j$，則將物品 i 去掉，不用考慮。

6.2.2.1 Dollar Dayz

農夫 John 去了在 Cow Store 的 Dollar Days，發現有無限數量的工具在出售。在他第一次去的時候，這些工具以 1 美元、2 美元和 3 美元的價格出售。農夫 John 正好有 5 美元，他可以買每件 1 美元的工具 5 個；或者買每件 3 美元的工具 1 個，然後買每件 2 美元的工具 1 個；等等。如果農夫 John 把所有的錢花在買工具上，那麼就一共有 5 種不同的組合方式，如下所示：

    1 @ US\$3 + 1 @ US\$2
    1 @ US\$3 + 2 @ US\$1
    1 @ US\$2 + 3 @ US\$1

2 @ US$2 + 1 @ US$1

5 @ US$1

請編寫一個程式，計算農夫 John 在 Cow Store 花費 N 美元（$1 \leq N \leq 1000$）可以購買的工具組合方式數量，工具的價格成本從 1 美元到 K 美元（$1 \leq K \leq 100$）。

輸入

輸入一行，提供兩個用空格分隔的整數 N 和 K。

輸出

輸出一行，提供農夫 John 花費他的錢的方式數。

範例輸入	範例輸出
5 3	5

試題來源： USACO 2006 January Silver
線上測試： POJ 3181

❖ **試題解析**

提供兩個整數 N 和 K。從多重集 $\{\infty \cdot 1, \infty \cdot 2, \cdots, \infty \cdot K\}$ 中找出一個多重子集合，元素的和為 N，一共有多少組合方法？

設 dp[i][j] 表示農夫 John 花費 j 美元購買前 i 種工具（價格分別為 1, 2, $\cdots$, i 美元）的組合方式數量，對於第 i 種工具，決策是不買或者至少買一個。不買的話，組合方式數量是 dp[$i-1$][j]；至少買一個的話，組合方式數量是 dp[i][$j-i$]。所以 dp[i][j] = dp[$i-1$][j] + dp[i][$j-i$]。

由於本題的資料範圍較大，而 long long 可以儲存 19 位元，因此，將超過 19 位元的部分稱為高位元部分（如果存在），19 位元以內的部分稱為低位元部分。設兩個 long long 型別的變數 dp1[ ] 和 dp2[ ]，其中 dp1[ ] 儲存高位元部分，dp2[ ] 儲存低位元部分。這樣，就可以按照題目要求的資料規模儲存和輸出方式數了。

❖ **參考程式**

```
01    #include<iostream>
02    using namespace std;
03    int n, k;                // John 的錢數 n，工具價格成本的上限 k
04    long long MOD = 1;
05    long long dp1[1005], dp2[1005];     // John 花費 j 美元購買前 i 種工具的方式數的
06                                        // 高位元部分為 dp1[j]，低位元部分為 dp2[j]
07    int main()
08    {
09        scanf("%d%d", &n, &k);              // 輸入 John 的錢數和工具價格成本的上限
10        for (int i = 0; i < 18; i++)       // MOD=10^18
11            MOD *= 10;
12        dp2[0] = 1;                        // 初始化：工具數和錢數為
13        for (int i = 1; i <= k; i++)       // 遞迴工具數
```

```
14          for (int j = 0; j <= n; j++)        // 列舉 John 的錢數
15          {
16              if (j - i >= 0)                  // 買第 i 種工具
17              {
18                  dp1[j]=dp1[j]+dp1[j-i]+(dp2[j]+dp2[j-i])/MOD; // 算出 i、j 對應的高位元
19                  dp2[j] = (dp2[j] + dp2[j - i]) % MOD;          // 算出低位元
20              }
21              else  // 不買第 i 種工具
22              {
23                  dp1[j] = dp1[j];
24                  dp2[j] = dp2[j];
25              }
26          }
27      if (dp1[n]) printf("%lld", dp1[n]);    // 若方式數高於 19 位元，則輸出高位元部分
28      printf("%lld\n", dp2[n]);              // 輸出方式數的低位元部分
29      return 0;
30  }
```

6.2.2.2　Piggy-Bank

ACM 在做任何事情之前，必須編制預算以獲得必要的財政經費支持，而財政經費則來自「不可逆轉的束縛貨幣」（Irreversibly Bound Money，IBM）。這一作法的思維很簡單。某個 ACM 成員只要有一點零錢，他就要把所有的硬幣都扔進一個儲蓄罐。這個過程是不可逆的，如果不打破儲蓄罐的話，硬幣就不能被取出。在足夠長的時間之後，儲蓄罐裡就會有足夠的錢來支援所有需要進行的工作。

但是儲蓄罐有一個大問題，就是不能確定裡面有多少錢。這就有可能在我們把儲蓄罐打碎之後，結果卻發現錢不夠。我們希望能夠避免這種情況，唯一可能的方法就是秤一下儲蓄罐的重量，然後試著猜測裡面有多少硬幣。本題設定，我們能夠精確地確定儲蓄罐的重量，並且知道每一種硬幣的重量。本題需要確定在儲蓄罐裡可以保證有的最低總金額。請找出最壞的情況，確定儲蓄罐內的最小的現金量。我們需要你的幫助，不要過早地打碎儲蓄罐。

輸入

輸入提供 T 個測試案例。在輸入的第一行提供測試案例的數目 T。每個測試案例的第一行提供兩個整數 E 和 F，表示空的儲蓄罐和裝滿硬幣的儲蓄罐的重量，這兩個重量均以克為單位。儲蓄罐的重量不會超過 10 公斤，也就是說，$1 \leq E \leq F \leq 10000$。在測試案例的第二行提供一個整數 N（$1 \leq N \leq 500$），提供在給定的貨幣系統中硬幣的種類數量。接下來的 N 行，每行提供兩個整數 P 和 W（$1 \leq P \leq 50000, 1 \leq W \leq 10000$）表示一種硬幣，$P$ 是該種硬幣的面值，W 是該種硬幣的重量，單位是克。

輸出

對於每個測試案例，輸出一行。該行輸出 "The minimum amount of money in the piggybank is X."，其中 X 是給定硬幣總重量，儲蓄罐內可以達到的最小金額。如果對於提供的硬幣重量，無法計算出儲蓄罐內的最小金額，則輸出一行 "This is impossible."。

範例輸入	範例輸出
3 10 110 2 1 1 30 50 10 110 2 1 1 50 30 1 6 2 10 3 20 4	The minimum amount of money in the piggy-bank is 60. The minimum amount of money in the piggy-bank is 100. This is impossible.

試題來源：ACM Central Europe 1999

線上測試：POJ 1384，ZOJ 2014，HDOJ 1114

❖ 試題解析

本題提供硬幣的種類數量 n，每種硬幣的面值 val[i] 和重量 cost[i]，以及硬幣總重量 m（裝滿硬幣的儲蓄罐的重量 − 空的儲蓄罐的重量），求解儲蓄罐內可以達到的最小金額。由於每一種硬幣可以有無限個，所以本題是完全背包問題。

設 dp[i][j] 表示只用前 i 種硬幣，且當總重量達到 j 克時的最小金額，則 dp[i][j] = min {dp[i−1][j], dp[i][j−cost[i]] + val[i]}，前者表示第 i 種硬幣一個都不選，後者表示至少選一個第 i 種硬幣。

因為本題的目標是求解儲蓄罐內可以達到的最小金額，所以初始化時所有 dp 都為 INF（無窮大），且 dp[0] = 0（如果要求解儲蓄罐內可以達到的最大金額，那麼應該初始化為 −1）。本題的解為 dp[n][m]，如果 dp[n][m] 為 INF，則說明 m 克是一個不可達的狀態。

本題 dp 陣列為一維，索引為硬幣重量。

❖ 參考程式

```
01   #include<cstdio>
02   #include<cstring>
03   #include<algorithm>
04   using namespace std;
05   const int maxn=10000+5;     // 硬幣總重量的上限
06   #define INF 1e9
07   int n;                      // 硬幣種數
08   int m;                      // 硬幣的總重量
09   int dp[maxn];               // 目前選擇硬幣的總重量達到 j 克時的最小金額 dp[j]
10   int cost[maxn];             // 每種硬幣的重量
11   int val[maxn];              // 每種硬幣的面值
12   int main()
13   {
14       int T; scanf("%d",&T);  // 測試案例的數目 T
15       while(T--)              // 依次處理每個測試案例
```

```
16      {
17          int m1,m2;
18          scanf("%d%d%d",&m1,&m2,&n);    // 空的儲蓄罐和裝滿硬幣的儲蓄罐的重量分別是 m1 和 m2，
19                                         // 以及硬幣的種類數量 n
20          m=m2-m1;              // 計算硬幣總重量
21          for(int i=1;i<=n;i++)
22              scanf("%d%d",&val[i],&cost[i]);              // 硬幣的面值和重量
23          for(int i=0;i<=m;i++) dp[i]=INF;              // 初始化
24          dp[0]=0;             // 硬幣總重量為 0 時的最小金額為 0
25          for(int i=1;i<=n;i++)                         // 遞迴每種硬幣
26          {
27              for(int j=cost[i];j<=m;j++)
28                  dp[j] = min(dp[j], dp[j-cost[i]]+val[i]);
29          }
30          if(dp[m]==INF) printf("This is impossible.\n");    // 輸出結果
31          else printf("The minimum amount of money in the piggy-bank is %d.\n", dp[m]);
32      }
33      return 0;
34  }
```

6.2.3 ▶ 多重背包

多重背包問題描述如下：假設有 n 種物品和一個載荷能力為 M 的背包，物品 i 重量為 w_i，數量為 num_i，價值為 p_i，其中 $w_i>0$，$p_i>0$，$\mathrm{num}_i>0$，$1\leq i\leq n$。求解將哪些物品裝入背包，可使得背包裡所放物品的總重量不超過 M，且背包中物品的價值總和達到最大。

相關於完全背包問題，多重背包問題的每個物品多了數目限制，因此初始化和遞迴公式都需要更改一下。設 $f[i][v]$ 表示前 i 種物品放入一個載荷能力為 v 的背包的最大價值。初始化時，只考慮第一件物品，$f[1][v]=\min\{p_1*\mathrm{num}_1,\ p_1*v/w_1\}$。計算考慮前 i 件物品放入一個載荷能力為 v 的背包的最大價值 $f[i][v]$ 時，遞迴公式考慮兩種情況：要麼第 i 件物品一件也不放，就是 $f[i-1][v]$，要麼第 i 件物品放 k 件，其中 $1\leq k\leq(v/w_i)$；對於這 $k+1$ 種情況，取其中的最大價值即為 $f[i][v]$ 的值，即 $f[i][v]=\max\{f[i-1][v],(f[i-1][v-k*w_i]+k*p_i\}$。

6.2.3.1 Space Elevator

乳牛們要上太空了！它們計畫建造一座太空電梯作為登上太空的軌道：電梯是一個巨大的、由塊組成的塔，有 K（$1\leq K\leq 400$）種不同類型的塊用於建造塔。類型 i 的塊的高度為 h_i（$1\leq h_i\leq 100$），塊的數量為 c_i（$1\leq c_i\leq 10$）。由於宇宙射線可能造成損害，在塔中，由類型 i 的塊組成的部分不能超過最大高度 a_i（$1\leq a_i\leq 40000$）。

請幫助乳牛們建造最高的太空電梯，根據規則，太空電梯是塊堆疊起來的。

輸入

第 1 行：提供整數 K。

第 2 行到第 $K+1$ 行：每行提供 3 個用空格分隔的整數，即 h_i、a_i 和 c_i，其中第 $i+1$ 行描述類型 i 的塊。

輸出
輸出一行，提供整數 H，表示可以建造的塔的最大高度。

範例輸入	範例輸出
3	48
7 40 3	
5 23 8	
2 52 6	

範例輸出說明
由下而上：3 塊類型 2 的塊，然後堆疊 3 塊類型 1 的塊，再疊上 6 塊類型 3 的塊。在 4 塊類型 2 的塊上堆疊 3 塊類型 1 的塊是不符合規則的，因為最頂端的類型 1 的塊高度超過 40。

試題來源：USACO 2005 March Gold
線上測試：POJ 2392

❖ 試題解析

有 n 種不同類型的塊，第 i 類塊的數量為 c_i，每個塊的高度為 h_i，允許這種類型的塊達到的最高高度為 a_i，求將這些塊組合能達到的最高高度。

首先，給這些塊按能達到的最高高度遞增排序，這樣就能使塔的高度最大；排序後按多重背包演算法計算每一個塔高的可行性。設 dp[k] 為建造高度 k 的塔的可行性，則 $dp[k] = dp[k] | dp[k - num[i].h_i]$，其中 $0 \le i \le n-1$，$1 \le j \le num[i].c_i$，$k = num[i].a_i \cdots num[i].h_i$。最後，按照可能塔高的遞減循序搜尋 dp[]，第一個 dp[i] = 1 的塔高 i 即為塔的最大高度。

❖ 參考程式

```
01  #include<iostream>
02  #include<cmath>
03  #include<cstdio>
04  #include<algorithm>
05  #include<cstring>
06  using namespace std;
07  struct node{              // 定義名為 node 的結構體
08      int ci,hi,ai;         // 該類型塊的數量 cᵢ、高度 hᵢ 和最高高度 aᵢ
09      bool operator < (const node &a)const // 以最高高度 aᵢ 為關鍵字比較結構塊的大小
10      {
11          return ai<a.ai;
12      }
13  }num[500];               // 結構陣列 num[500] 儲存各類塊
14  bool cmp(node a,node b)   // 以最高高度為關鍵字，比較結構塊 a 和 b 的大小
15  {
16      return a.ai<b.ai;
17  }
18  int dp[40010];           // dp[i] 為建造高度 i 的塔的可行性
```

```
19   int main() {
20       int n;
21       scanf("%d",&n);                          // 輸入塊的種類數
22       for(int i=0;i<n;i++)                     // 輸入每種塊的高度、最高高度和數量
23           scanf("%d%d%d",&num[i].hi,&num[i].ai,&num[i].ci);
24       sort(num,num+n);                         // 按照最高高度遞增順序排列 num[]
25       dp[0]=1;                                 // 初始化：塔高可以為 0
26       for(int i=0;i<n;i++)                     // 列舉塊的種類
27       {
28           for(int j=1;j<=num[i].ci;j++)        // 遞增列舉第 i 類塊的數量
29           {
30               for(int k=num[i].ai;k>=num[i].hi;k--) // 按照遞減順序列舉第 i 類塊的總高度
31                   dp[k]|=dp[k-num[i].hi];      // 計算加入 1 個 i 類塊後塔高為 k 的可行性
32           }
33       }
34       for(int i=40000;i>=0;i--)                // 按照遞減順序列舉高度
35           if(dp[i]==1){                        // 若能夠建造高度為 i 的塔，則輸出最大塔高 i
36               printf("%d\n",i);break;
37           }
38       return 0;
39   }
```

6.2.4 ▶ 混合背包

在基本的 0-1 背包、完全背包和多重背包的基礎上，將三者混合起來。也就是說，有的物品只可以取一次或不取（基本的 0-1 背包），有的物品可以取無限次（完全背包），有的物品可以取的次數有一個上限（多重背包），就是混合背包問題。

一般情況下，先考慮 0-1 背包與完全背包的混合，因為 0-1 背包與完全背包的第一重迴圈都是遞增列舉物品數 $1 \leq i \leq n$，而第二重迴圈列舉重量限制 w 時逆序：0-1 背包是遞減的，完全背包遞增。因此可以放在一起處理：

```
for (i=1; i≤n; i++)                            // 按照遞增順序遞迴物品數
    if 物品 i 屬於基本的 0-1 背包
        { for (w=M; w≥wᵢ; w--)                 // 按照遞減順序列舉重量限制
            B(i, w)=max{B(i-1, w-wᵢ)+pᵢ，B(i-1, w)}
        }
    else if 物品 i 屬於完全背包
        { for (w=0; w≤M; w++)                   // 按照遞增順序列舉背包載荷能力
            for (k=1; k≤w div wᵢ; k++)          // 按照遞增順序列舉物品 i 的數量
                B(i, w)=max{ B(i-1, w), B(i-1,w-k*wᵢ)+k*pᵢ }
        }
    else                                        // 物品 i 屬於多重背包
        計算多重背包的狀態轉移方程 B(i, w);
```

有些綜合性問題往往是由簡單問題疊加而來的，這在混合背包問題中得到了充分呈現。基本的 0-1 背包、完全背包、多重背包都屬於簡單的基本背包問題。

在混合背包問題中，只要能夠判別出目前物品屬於這三類基本背包問題中的哪一類，並使用該類背包演算法按最佳化要求決策目前物品放還是不放入背包，便可以迎刃而解。

由此可見，只要基礎扎實，領會 0-1 背包、完全背包、多重背包這三種基本背包問題的思維，就可以化繁為簡，分而治之，將綜合性的背包問題拆分成若干基本的背包問題來解決。

6.2.4.1 Coins

Silverland 的人們使用硬幣，硬幣的面值為 $A_1, A_2, A_3, \cdots, A_n$「Silverland 元」。有一天，Tony 打開他的錢箱，發現裡面有一些硬幣。他決定在附近的一家商店買一隻非常漂亮的手錶。他想要按照價格準確地支付（沒有找零），他知道價格不會超過 m，但他不知道手錶的準確價格。

請編寫一個程式，輸入 $n, m, A_1, A_2, A_3, \cdots, A_n$ 以及 $C_1, C_2, C_3, \cdots, C_n$，其中 $C_1, C_2, C_3, \cdots, C_n$ 對應於 Tony 發現的面值為 $A_1, A_2, A_3, \cdots, A_n$ 的硬幣的數量；然後，計算 Tony 可以用這些硬幣支付多少的價格（價格從 1 到 m）。

輸入

輸入提供若干測試案例。每個測試案例的第一行提供兩個整數 n（$1 \leq n \leq 100$）和 m（$m \leq 100000$）。第二行提供 $2n$ 個整數，對應於 $A_1, A_2, A_3, \cdots, A_n$ 和 $C_1, C_2, C_3, \cdots, C_n$（$1 \leq A_i \leq 100000, 1 \leq C_i \leq 1000$）。最後一個測試案例後提供兩個 0，表示輸入結束。

輸出

對於每個測試案例，輸出一行，提供答案。

範例輸入	範例輸出
3 10	8
1 2 4 2 1 1	4
2 5	
1 4 2 1	
0 0	

試題來源： 做男人不容易系列：是男人就過 8 題 --LouTiancheng
線上測試： POJ 1742

❖ **試題解析**

本題提供 n 種硬幣，設第 i 種硬幣的面值為 $A[i]$，數量為 $C[i]$，求這些硬幣能夠組成從 1 到 m 中的哪些數字？

對於第 i 種硬幣，如果 $A[i]*C[i] \geq m$，則可以把第 i 種硬幣的數量視為無窮，也就是說，作為一個完全背包來求解；否則，就作為一個多重背包來求解。

❖ **參考程式**

```
01  #include<stdio.h>
02  #include<algorithm>
03  #include<string.h>
04  #include<iostream>
```

```
05    #define N 1005
06    #define M 100005
07    using namespace std;
08    int  A[105],C[105],W[N]; // A[i]、C[i]為第 i 種硬幣的面值和數量，可組成第 k 個數字為 W [k]
09    bool dp[M];               // 可組成數字 v 的可行性 dp[v]
10    int main()
11    {
12        int n,m;
13        while(scanf("%d%d",&n,&m)!=EOF,n+m)   // 反覆輸入硬幣種類數 n 和價格上限 m
14        {
15            memset(dp,0,sizeof(dp));
16            for(int i=1; i<=n; i++)
17            {
18                scanf("%d",&A[i]);  // 輸入硬幣的面值 A[i]
19            }
20            for(int i=1; i<=n; i++)
21            {
22                scanf("%d",&C[i]);  // 輸入硬幣的數量 C[i]
23            }
24            int k = 1;
25            dp[0]=1;  // 初始化：0 元方案是存在的
26            int ans = 0;
27            for(int i=1; i<=n; i++)
28            {
29                if(C[i]*A[i]>=m) {  // 如果 A[i]*C[i]≥m，第 i 種硬幣作為完全背包問題處理
30                    for(int v = A[i];v<=m;v++){
31                        if(!dp[v]&&dp[v-A[i]]) {
32                            dp[v]=true;
33                            ans++;
34                        }
35                    }
36                }else{                // 第 i 種硬幣作為多重背包來處理
37                    int t = 1;
38                    while(C[i]>0){
39                        if(C[i]>=t){
40                            W[k]=A[i]*t;
41                            C[i]-=t;
42                            t = t<<1;
43                        }else{W[k]=A[i]*C[i];C[i]=0;}
44                        for(int v=m;v>=W[k];v--){
45                            if(!dp[v]&&dp[v-W[k]]) { // 當 dp[v-W[k]] 存在時，推導出 dp[v]
46                                dp[v]=true;
47                                ans++;
48                            }
49                        }
50                        k++;
51                    }
52                }
53            }
54            printf("%d\n",ans);      // 輸出用這些硬幣支付的價格數
55        }
56        return 0;
57    }
```

6.2.4.2　The Fewest Coins

農夫 John 到城裡去買一些農具。John 是一個非常有效率的人,他總是以這樣一種方式來買貨物:最少數量的硬幣易手,也就是他用來支付的硬幣的數量加上他收到的找零的硬幣數量要最小化。請幫助他確定這個最小值是多少。

農夫 John 想購買 T($1 \leq T \leq 10000$)美分的商品。貨幣系統有 N($1 \leq N \leq 100$)種不同的硬幣,其面值為 V_1, V_2, $\cdots$, V_N($1 \leq V_i \leq 120$)。農夫 John 有面值為 V_1 的硬幣 C_1 枚,面值為 V_2 的硬幣 C_2 枚……面值為 V_N 的硬幣 C_N 枚($0 \leq C_i \leq 10000$)。店主則擁有所有的硬幣無限枚,並且總是以最有效的方式進行找零(儘管農夫 John 必須確保以能夠進行正確的找零方式付款)。

輸入
第一行:兩個用空格分隔的整數 N 和 T。

第二行:N 個用空格分隔的整數,分別為 V_1, V_2, $\cdots$, V_N。

第三行:N 個用空格分隔的整數,分別為 C_1, C_2, $\cdots$, C_N。

輸出
輸出一行,提供一個整數,在支付和找零中使用硬幣的最小數。如果農夫 John 支付和接收準確的找零是不可能的,輸出 -1。

範例輸入	範例輸出
3 70 5 25 50 5 2 1	3

範例資料說明
農夫 John 用一個 50 美分和一個 25 美分的硬幣,付給店主 75 美分,獲得 5 美分的找零,所以在交易中一共使用了 3 枚硬幣。

試題來源:USACO 2006 December Gold
線上測試:POJ 3260

❖ 試題解析

農夫 John 有不同面值的硬幣,每種面值的硬幣有若干枚。他用這些硬幣買農具,而店主則有所有的硬幣無限枚,可以找零。

所以,首先用完全背包前綴處理找零 j 的時候最少需要多少硬幣,然後用多重背包處理付款 j 的時候最少需要多少硬幣,最後將兩個加起來,求最小值。

❖ 參考程式

```
01  #include <cstdio>
02  #include <cstring>
```

```
03   #include <algorithm>
04   using namespace std;
05   const int inf = 0x3f3f3f3f;
06   int N, T;
07   int V[100 + 10];        // V[i] 為第 i 種硬幣的面值
08   int C[100 + 10];        // C[i] 為第 i 種硬幣的數量
09   int back[30000 + 10];   // 找零為 j 時需要的最少的硬幣的數量
10   int f[30000 + 10];      // 付款為 j 時所需要的最少的硬幣數量
11   void CompletePack(int cost, int weight)   // 完全背包，其中目前硬幣的 1 個單位
12                                             // 含硬幣數 weight， 面值為 cost
13   {
14       for(int j=cost; j<=30000; j++)        // 遞增列舉付款數 j
15           if(f[j]>f[j-cost]+weight && f[j-cost]!=inf)
16           // 若付款 j-cost 的方案存在且加入總面值為 cost、數量單位為 weight 的硬幣後硬幣數最少，
17           // 則調整 f[j]
18               f[j] = f[j-cost] + weight;
19       return ;
20   }
21   void ZeroOnePack(int cost, int weight)    // 基本的 0-1 背包
22   {
23       for(int j=30000; j>=cost; j--)
24           if(f[j]>f[j-cost]+weight && f[j-cost]!=inf)
25               f[j] = f[j-cost] + weight;
26       return ;
27   }
28   void MultiPack(int cost, int weight, int number)   // 多重背包
29   {
30       if(cost*number>30000)                         // 若剩餘硬幣總值超過上限，則計算完全背包
31       {
32           CompletePack(cost, weight);
33           return ;
34       }
35       int k = 1;                                    // 否則轉化為二進位的基本 0-1 背包
36       while(k < number)
37       {
38           ZeroOnePack(k*cost, k*weight);            // 以 k 枚目前硬幣為 1 個單位（面值為 k*cost，
39                                                     // 含硬幣 k*weight 枚）計算基本 0-1 背包
40           number -= k;                              // 調整剩餘單位數
41           k *= 2;
42       }
43       ZeroOnePack(number*cost, number*weight);
44       // 以剩餘硬幣為 1 個單位（面值為 number*cost，含硬幣 number*weight 枚）計算基本 0-1 背包
45   }
46   int main()
47   {
48       while(scanf("%d%d", &N, &T) == 2)             // 反覆輸入硬幣種類數 N 和商品價格 T
49       {
50           for(int i=0; i<N; i++)                    // 輸入每種硬幣的面值
51               scanf("%d", &V[i]);
52           for(int i=0; i<N; i++)                    // 輸入每種硬幣的數量
53               scanf("%d", &C[i]);
54           memset(back, 0x3f, sizeof(back));
55           // 用完全背包前綴處理找零為 j 時所需的最少硬幣數 back[j]
56           back[0] = 0;                              // 找零為 0 時所需的最少硬幣數為 0
57           for(int i=0; i<N; i++)                    // 遞增列舉硬幣種類數 i
```

```
58              for(int j=V[i]; j<=30000; j++)      // 遞增列舉找零數 j
59                  if(back[j]>back[j-V[i]]+1 && back[j-V[i]]!=inf)
60                      // 若找零 j-V[i] 的方案存在且加入 1 枚第 i 種硬幣後使得找零為 j 的硬幣數最少，則
61                      // 該硬幣數設為 back[j]
62                          back[j] = back[j-V[i]] + 1;
63          memset(f, 0x3f, sizeof(f));
64          f[0] = 0;                          // 付款 0 的硬幣數為 0
65          for(int i=0; i<N; i++)             // 列舉每種硬幣，以 1 枚硬幣為單位計算多重背包
66              MultiPack(V[i], 1, C[i]);
67          int res = inf;
68          for(int i=T; i<=30000; i++)        // 按遞增順序列舉付款數 i
69          {
70              if(back[i-T]!=inf&&f[i]!=inf&&back[i-T]+f[i]<res)
71              // 若付款 i 和還款 i-T 的方案存在且使用的硬幣數目前最少，則記下
72                  res = back[i-T] + f[i];
73          }
74          // 若支付和找零不可能實作，則輸出 -1，否則輸出支付和找零中使用硬幣的最小數
75          if(res == inf)
76              printf("-1\n");
77          else
78              printf("%d\n", res);
79      }
80      return 0;
81  }
```

6.2.5 ▶ 二維背包

二維費用的背包問題是指對於每件物品，具有兩種不同的費用，即選擇一件物品必須同時付出這兩種代價。問怎樣選擇物品可以得到最大的價值。

設這兩種代價分別為代價 1 和代價 2，兩種代價可付出的最大值，即兩種背包容量分別為 V 和 U；第 i 件物品所需的兩種代價分別為 $a[i]$ 和 $b[i]$，價值為 $w[i]$。費用加了一維，所以狀態也增加一維。設 $f[i][v][u]$ 表示前 i 件物品付出兩種代價分別為 v 和 u 時可獲得的最大價值。狀態轉移方程為 $f[i][v][u] = \max\{f[i-1][v][u], f[i-1][v-a[i]][u-b[i]] + w[i]\}$。

如前述方法，也可以將三維陣列精簡為二維陣列：當每件物品只可以取一次時，變數 v 和 u 採用逆序的迴圈；當物品有完全背包問題時，採用順序迴圈；當物品有多重背包問題時，拆分物品。

有時「二維費用」的條件以兩種隱含的方式提供。

（1）要求最多只能取 M 件物品：這事實上相當於每件物品多了一種「件數」的費用，每個物品的件數費用均為 1，可以付出的最大件數費用為 M。換句話說，設 $f[v][m]$ 表示付出費用 v、最多選 m 件時可得到的最大價值，則根據物品的類型（基本 0-1、完全、多重）用不同的方法迴圈更新，最後在 $f[0\cdots V][0\cdots M]$ 範圍內尋找答案。

（2）要求恰取 M 件物品：顯然，是在 $f[0\cdots V][M]$ 範圍內尋找答案。

6.2.5.1　Tug of War

在當地辦公室組織的野餐會上要進行一場拔河比賽。在拔河比賽中，野餐者被分為兩隊，每個人必須在其中一隊或另一隊；兩隊的人數相差不得超過 1 人；每隊成員的總體重應盡可能地接近。

輸入

輸入的第一行提供參加野餐會的人數 n。接下來提供 n 行。第一行提供第 1 人的體重，第二行提供第 2 人的體重，以此類推。每個人的體重都是 1 ～ 450 之間的整數。最多有 100 人參加野餐。

輸出

輸出一行，提供兩個數字：某一隊成員的總體重，另一隊成員的總體重。如果這兩個數字不同，先提供比較小的數字。

範例輸入	範例輸出
3 100 90 200	190 200

試題來源：Waterloo local 2000.09.30
線上測試：POJ 2576

❖ 試題解析

本題提供 n 個人的體重分別為 $w[1], w[2], \cdots, w[n]$，要求將這 n 個人分為兩隊，人數相差不得大於 1，兩隊成員的體重總和最接近。

設 $f[n][i][j]$ 表示考慮 n 個人時，第 1 隊成員能否達到體重和為 i，且人數為 j 的狀態。則初始值 $f[0][0][0]=1$，狀態轉移方程 $f[k][i][j]=f[k-1][i][j]$，或者 $f[k-1][i-w[k]][j-1]$，$i \geq w[k]$ && $j \geq 1$，其中 $1 \leq k \leq n$，$0 \leq i \leq k*450$，$0 \leq j \leq k$。

❖ 參考程式

```
01   #include <iostream>
02   #include <cstring>
03   #include <algorithm>
04   using namespace std;
05   bool f[45010][110];    // 目前階段第 1 隊成員的體重和為 i、人數為 j 的存在標誌為 f[i][j]
06   int w[110];                         // n 個人的體重序列
07   struct poj2576 {                    // 定義結構體 poj2576
08       int n;                          // 人數
09       void work() {                   // 成員函式 work()
10           while (cin >> n) {          // 反覆輸入人數 n
11               int total = 0;
12               for (int i = 1; i <= n; i++) { // 輸入每個人的體重 w[i]，累計體重和 total
13                   cin >> w[i];
14                   total += w[i];
```

```
15                    }
16              memset(f, 0, sizeof(f));          // 狀態轉移方程初始化
17              f[0][0] = 1;
18              for (int k = 1; k <= n; k++) { // 階段：順推前 k 個人
19                  for (int i = k * 450; i >= 0; i--) {
20                      for (int j = k; j >= 0; j--) {
21                          // 狀態：按遞減順序列舉第 1 隊成員的體重和 i，
22                          // 按遞減順序列舉第 1 隊成員的人數 j
23                          f[i][j] = f[i][j];
24                          // f[i][j] 初始時為前 k-1 個人中第 1 隊成員體重和 i、
25                          // 人數 j 的存在標志。若為 true，則前 k 個人的 f[i][j]=true;
26                          // 若為 false，則看是否允許第 1 隊加入成員 k 且 f[i - w[k]][j - 1]
27                          // 是否為 true。若可以，則說明在前 k-1 個人的基礎上，
28                          // 給第 1 隊加上成員 k 即可達到第 1 隊成員的體重和 i 且人數 j 的結果，
29                          // 即前 k 個人的 f[i][j]=true
30                          if (i >= w[k] && j >= 1)
31                              f[i][j] = f[i][j] || f[i - w[k]][j - 1];
32                      }
33                  }
34              }
35              int Sum, Min = 1 << 30; // 第 1 隊的體重和為 Sum，兩隊體重的最小差值初始化
36              for (int i = 0; i <= 45000; i++) {       // 列舉第 1 隊的體重和 i
37                  for (int j = n >> 1; j <= (n + 1) >> 1; j++) {
38                      // 列舉第 1 隊的人數 ⌊n/2⌋ ≤ j ≤ ⌊(n+1)/2⌋
39                      if (f[i][j] && abs(total - 2 * i) < Min) {
40                          // 若第 1 隊的體重和 i 和人數 j 存在且兩隊體重的差值目前最少，
41                          // 則調整答案中第 1 隊人數 Sum 和兩隊體重的最小差值 Min
42                          Sum = i;
43                          Min = abs(total - 2 * i);
44                      }
45                  }
46              }
47              if (Sum > total - Sum)               // 兩隊人數遞增排序後輸出
48                  Sum = total - Sum;
49              cout << Sum << " " << total - Sum << endl;
50          }
51      }
52  };
53  int main()
54  {
55      poj2576 solution; // 呼叫結構體 poj2576
56      solution.work();  // 執行結構體中的成員函式 work()
57      return 0;
58  }
```

6.2.6 ▶ 分組背包

分組背包問題描述如下：給定 n 個物品和一個載荷能力為 M 的背包，物品 i 重量為 w_i，價值為 p_i，其中 $w_i > 0$，$p_i > 0$，$1 \le i \le n$。這 n 個物品被劃分為若干組，每組中的物品互相衝突，最多選一件放入背包。求將哪些物品裝入背包，可以使這些物品的重量總和不超過 M，且價值總和最大。

這個問題變成了每組物品有若干種策略：是選擇本組的某一件，還是一件都不選。也就是說設 $f[k][v]$ 表示前 k 組物品重量為 v 時的最大價值，則有 $f[k][v] = \max\{f[k-1][v],$ $f[k-1][v-w[i]] + p[i]$ 且物品 i 屬於第 k 組 $\}$。

將代表組數的第一維省略，使之變成一維。分組背包的演算法如下：

```
for 所有的組 k
    for (v=0; v<=M; v++ )
        for 所有屬於組 k 的物品 i
            f[v]=max{f[v], f[v- w[i]]+ p[i]};
```

上述演算法的三層迴圈順序保證了每一組內的物品最多只有一個會被添加到背包中。

分組背包問題將彼此互斥的若干物品稱為一個組，為解題提供了思路。不少背包問題的變形都可以轉化為分組背包問題，由分組的背包問題進一步可定義「泛化物品」的概念（即物品沒有固定的費用和價值，而是它的價值隨著分配給它的費用而變化），這十分有利於解題。

6.2.6.1　Balance

Gigel 有一種奇特的「天平」，他想保持其平衡。這一裝置實際上不同於任何其他普通的天平。

這一「天平」兩個臂的重量可以忽略不計，每個臂的長度為 15。一些鉤子被掛在臂上，Gigel 要從他收集的 G（$1 \leq G \leq 20$）個砝碼中掛一些砝碼在鉤子上，已知這些砝碼的重量不同，在 1 ～ 25 之間。Gigel 可以調整鉤子上掛的砝碼，但他要用上所有的砝碼。

最後，Gigel 利用他在全國資訊學奧林匹克競賽上獲得的經驗，設法平衡了這個「天平」。現在，他想知道有多少種方法可以使「天平」達到平衡。

提供鉤子的位置和砝碼的集合，請編寫一個程式來計算平衡「天平」可能的數目。

本題設定，對於每個測試案例，保證至少存在一個平衡方案。

輸入

輸入結構如下：

第一行提供數字 C（$2 \leq C \leq 20$）和 G（$2 \leq G \leq 20$）。

接下來的一行提供 C 個整數（這些數字是不同的，按升冪排序），範圍為 $-15 \cdots 15$，表示鉤子所在的位置；每個數字表示相對於 X 軸上「天平」中心的位置（當沒有掛砝碼時，這一「天平」是平衡的，並且與 X 軸對齊；數字的絕對值表示鉤子與「天平」中心之間的距離，數字正負號表示鉤子所在的平衡臂：「－」表示左臂，「＋」表示右臂）。

再接下來的一行提供 G 個不同的、按升冪排列的自然數，範圍為 1 ～ 25，表示砝碼的重量值。

輸出

輸出提供數字 M，表示保持平衡的可能性數量。

範例輸入	範例輸出
2 4 −2 3 3 4 5 8	2

試題來源：Romania OI 2002
線上測試：POJ 1837

❖ 試題解析

本題提供一個「天平」，兩個臂上在不同的位置有 C 個鉤子，可以掛砝碼，有 G 個砝碼要全部掛上去，問把全部砝碼掛在鉤子上並保持平衡，有多少種方法？

設 $dp[i][v]$ 為前 i 個砝碼掛到「天平」上的力矩和為 v 的方案數。所有的砝碼都要掛在鉤子上，一個砝碼的所有位置為一組，所以用分組背包解題。由於力矩 = 力 × 力臂，所以 $dp[i][v+H[j]*G[i]]$ 的組成是用第 i 個砝碼、第 j 個鉤子去跟 $dp[i-1][v]$ 組合，也就是說 $dp[i][v+H[j]*G[i]] = dp[i][v+H[j]*G[i]] + dp[i-1][v]$。

❖ 參考程式

```
01  #include<stdio.h>
02  #include<string.h>
03  int dp[25][15005];
04  int main()
05  {
06      int hn,gn,H[25],G[25],mid0=7500;
07      // hn 為鉤子數，H[] 為鉤子的位置序列。gn 為砝碼數，G[] 為砝碼的重量序列。
08      // 設 15000 為最大力矩和，由於左臂上鉤子的位置為 "+"，右臂上鉤子的位置為 "-"，
09      // 因此平衡的力矩和為 7500，設為常數 mid0
10      while(scanf("%d%d",&hn,&gn)>0)       // 反覆輸入鉤子數 hn 和砝碼數 gn
11      {
12          for(int i=1;i<=hn; i++)          // 輸入每個鉤子的位置
13              scanf("%d",&H[i]);
14          for(int i=1;i<=gn; i++)          // 輸入每個砝碼的重量
15              scanf("%d",&G[i]);
16          memset(dp,0,sizeof(dp));
17          dp[0][mid0]=1;                   // 不掛砝碼的平衡狀態數為 1
18          for(int i=0;i<gn; i++)           // 遞增列舉砝碼數 i
19              for(int v=0;v<=15000;v++)    // 遞增列舉力矩 v
20                  if(dp[i][v])             // 若已計算出前 i 個砝碼組成力矩和 v 的方案數
21                  {
22                      for(int j=1;j<=hn; j++)
23                      // 列舉每個鉤子 j：若第 i+1 個砝碼掛到第 j 個鉤子產生的力矩和在範圍內，
24                      // 則第 i+1 個砝碼、第 j 個鉤子與 dp[i][v] 組合成 dp[i+1][v+H[j]*G[i+1]]
25                          if(v+H[j]*G[i+1]>=0&&v+H[j]*G[i+1]<=15000)
26                              dp[i+1][v+H[j]*G[i+1]]+=dp[i][v];
27                  }
28          printf("%d\n",dp[gn][mid0]);     // 輸出保持平衡的方案數
```

```
29        }
30  }
```

6.2.6.2　Diablo III

《暗黑破壞神 3》（Diablo III）是一款動作角色扮演遊戲。在幾天前，《暗黑破壞神 3》發行了《奪魂之鐮》（Reaper of Souls，ROS），瘋狂的電子遊戲迷 Yuzhi 得知這個訊息時，欣喜若狂：「我太興奮了！我太興奮了！我想再殺一次暗黑破壞神！」

ROS 引入了許多新的特性和變化。例如，遊戲中的玩家有兩個新屬性：傷害和韌性。傷害屬性表示玩家每秒可以造成暗黑破壞神的傷害量，而韌性屬性則是玩家可以承受的遭到傷害總量。

為了打敗暗黑破壞神，Yuzhi 需要為自己選擇最合適的裝備。一個玩家可以從 13 個設備槽中最多帶走 13 件裝備：Head（頭）、Shoulder（肩）、Neck（頸）、Torso（軀幹）、Hand（手）、Wrist（手腕）、Waist（腰）、Legs（腿）、Feet（腳）、Shield（盾牌）、Weapon（武器）以及 2 Fingers（2 根手指）。還有一種特殊的設備：Two-Handed（雙手），Two-Handed 在設備槽中占據了 Weapon 槽和 Shield 槽。

每種裝備在傷害屬性和韌性屬性上有著不同的值，比如一隻手套，標誌著「30-20」，就意味著如果一個玩家從設備槽的 Hand 槽中選擇了它來裝備，那麼這個玩家在傷害屬性值上增加 30，在韌性屬性值上增加 20。而一個玩家總共的傷害量和韌性量是這個玩家身體上所有裝備的傷害量和韌性量之和。一個沒有任何裝備的玩家的傷害量和韌性量都為 0。

Yuzhi 收藏了 N 件裝備。為了不輸掉和暗黑破壞神的戰鬥，他的韌性量必須至少為 M。此外，他還想要儘快地解決戰鬥，這也就意味著他獲得裝備的傷害量要盡可能地大。請幫助 Yuzhi，確定他應該使用哪些裝備。

輸入

輸入有若干測試案例。輸入的第一行提供整數 T，表示測試案例的數目。對於每個測試案例：

第一行提供 2 個整數 N（$1 \leq N \leq 300$）和 M（$0 \leq M \leq 50000$）。接下來的 N 行描述裝備。第 i 行提供一個字串 S_i 及兩個整數 D_i 和 T_i（$1 \leq D_i, T_i \leq 50000$），其中 S_i 是在集合 {"Head", "Shoulder", "Neck", "Torso", "Hand", "Wrist", "Waist", "Legs", "Feet", "Finger", "Shield", "Weapon", "Two-Handed"} 中提供的裝備類型，而 D_i 和 T_i 則是裝備的傷害量和韌性量。

輸出

對每個測試案例，輸出 Yuzhi 能夠獲得的最大傷害量；如果他不能達到所要求的韌性量，則輸出 −1。

範例輸入	範例輸出
2 1 25 Hand 30 20 5 25 Weapon 15 5 Shield 5 15 Two-Handed 25 5 Finger 5 10 Finger 5 10	−1 35

試題來源：The 14th Zhejiang University Programming Contest
線上測試：ZOJ 3769

❖ 試題解析

本題提供 13 種裝備，每種裝備可能會有多件，而每件裝備有兩個屬性：傷害屬性和韌性屬性。Yuzhi 要從他收藏的 N 件裝備中選取裝備，要求是：

（1）在 13 種裝備中，一般每種裝備只取一件，但 Finger 可以取兩件。如果 Yuzhi 裝備了 Two-Handed，那麼他就不可以裝備 Shield 和 Weapon 中的任意一種；反之，如果 Yuzhi 裝備了 Shield 和 Weapon 中的任意一種，那麼他也就不可以再裝備 Two-Handed。

（2）裝備的目標是韌性值要大於等於 M，而傷害值最高，並輸出最高傷害值。如果韌性值達不到 M，則輸出 −1。

本題採用分組背包演算法求解。對於 Two-Handed，把它和 Weapon 與 Shield 當作一種商品，並且 Weapon 與 Shield 的組合也放在一起。這樣在挑選時就不會起衝突了。類似地，Finger 及其組合放在一起，當作一種商品，這樣也不會有衝突。

設 dp[i][j] 是前 i 種裝備韌性值為 j 時的最大傷害值，則是否可以選取第 i 種裝備是建立在前 $i-1$ 種裝備選取的基礎上的，也就是 dp[i][j] = max (dp[i][j], dp[$i-1$][j])，這樣只需要尋訪第 i 種裝備的每一件即可，過程類似於 BFS。

❖ 參考程式

```
01  #include <queue>
02  #include <vector>
03  #include <stdio.h>
04  #include <stdlib.h>
05  #include <string.h>
06  #include <iostream>
07  #include <algorithm>
08  using namespace std;
09  char cnt[50][50]={"Head", "Shoulder", "Neck", "Torso", "Hand", "Wrist", "Waist",
10                    "Legs", "Feet", "Finger", "Shield", "Weapon", "Two-Handed"};
11                    // cnt[i] 儲存第 i 種裝備的字串
12  int found(char s[]){
13      int i;
```

```
14        for(i=0;i<13;i++)
15            if(strcmp(s,cnt[i])==0)
16            return i;
17    }
18    struct node{            // 容器元素型別為名為 node 的結構體，用於儲存一個裝備
19        int x,y;            // 成員有韌性值 x 和傷害值 y
20        node(int a,int b){
21            x=a,y=b;
22        }
23    };
24    vector<node> G[20];    // 動態陣列 G[20]，陣列元素為儲存所有同類裝備的容器，
25                           // 容器元素的資料型別為結構體 node，其成員有韌性值 x 和傷害值 y
26    int cmp(vector<node> x,vector<node> y){    // 比較函式：比較容器 x 和 y 的大小，
27                                               // 即比較兩類裝備的數量大小
28        return x.size()>y.size();
29    }
30    int dp[305][50005];    // dp[i][j] 是前 i 種裝備韌性值為 j 時的最大傷害值
31    int main(){
32        char str[105];            // 裝備串
33        int n,m,i,j,k,t,a,b,tmp,len;
34        scanf("%d",&t);           // 輸入測試案例數
35        while(t--){               // 依次處理每個測試案例
36            scanf("%d%d",&n,&m);  // 輸入裝備數 n 和韌性值的下限 m
37            for(i=0;i<13;i++)     // 動態陣列 G[] 初始化
38                G[i].clear();
39            for(i=0;i<n;i++){     // 輸入每種裝備的字串 str、傷害值 b 和韌性值 a，建立 G[]
40                scanf("%s %d %d",str,&b,&a);
41                G[found(str)].push_back(node(a,b));
42            }
43            tmp=G[9].size();      // 計算 Finger 裝備的個數
44            for(i=0;i<tmp;i++){   // 將所有 Finger 的情況合併
45                for(j=i+1;j<tmp;j++)
46                G[9].push_back(node(G[9][i].x+G[9][j].x,G[9][i].y+G[9][j].y));
47            }
48            tmp=G[10].size();     // 計算 Shield 裝備的個數
49            for(i=0;i<tmp;i++){   // 將 Shield 和 Weapon 合併
50                for(j=0;j<G[11].size();j++)
51                G[10].push_back(node(G[10][i].x+G[11][j].x,G[10][i].y+G[11][j].y));
52            }
53            for(j=0;j<G[11].size();j++)            // 把 Shield 和 Weapon 合併
54                G[10].push_back(node(G[11][j].x,G[11][j].y));
55            for(j=0;j<G[10].size();j++)            // 並且和 Two-Handed 合併
56                G[12].push_back(node(G[10][j].x,G[10][j].y));
57            G[10].clear(),G[11].clear();
58            sort(G,G+13,cmp);                      // 按照每種武器的數量從大到小排序
59            memset(dp,-1,sizeof(dp));              // 可以快速增加有用的狀態
60            dp[0][0]=0;
61            for(i=1;i<=13;i++){    // 遞增列舉裝備種類 i
62                len=G[i-1].size(); // 計算前 i-1 種裝備的數量
63                for(j=0;j<=m;j++){ // 遞增列舉韌性值 j
64                    dp[i][j]=max(dp[i][j],dp[i-1][j]);    // 比較 dp[i][j] 和 dp[i-1][j]
65                                                          // 的大小，調整 dp[i][j]
66                    if(dp[i-1][j]==-1)    // 若未計算出前 i-1 種裝備韌性值為 j 時的傷害情況，
67                                          // 則進行 j 的下一次迴圈
68                        continue;
```

```
69                    for(k=0;k<len;k++){              // 變成一個分組背包
70                        tmp=min(m,j+G[i-1][k].x);    // 第 i-1 種裝備集中的第 k 個裝備的
71                                                      // 韌性值計入 j 後不得高於 m
72                        dp[i][tmp]=max(dp[i][tmp],dp[i-1][j]+G[i-1][k].y);
73                        // 調整 dp[i][tmp]
74                    }
75                }
76            }
77        printf("%d\n",dp[13][m]);  // 輸出 Yuzhi 能夠獲得的最大傷害值
78    }
79    return 0;
80 }
```

6.2.7 ▶ 有依賴的背包

有依賴的背包問題是基本的 0-1 背包的變形。與基本的 0-1 背包不同的是，物品之間存在某種「依賴」的關係。也就是說，如果物品 i 依賴於物品 j，則表示如果要選物品 i，則必須先選物品 j。

我們將不依賴於別的物品的物品稱為「主件」，依賴於某主件的物品稱為「附件」，則所有的物品由若干主件和依賴於每個主件的一個附件集合組成。

首先對主件 i 的「附件集合」先進行一次 0-1 背包，得到費用依次為 $0 \cdots V-c[i]$ 所有這些值時相關的最大價值 $f'[0 \cdots V-c[i]]$。那麼這個主件及它的附件集合相當於 $V-c[i]+1$ 個物品的物品組，其中費用為 $c[i]+k$ 的物品的價值為 $f'[k]+w[i]$。也就是說，原來指數級的策略中有很多策略都是冗餘的，透過一次 0-1 背包後，將主件 i 轉化為 $V-c[i]+1$ 個物品的物品組，然後再在所有的物品組中計算最佳解。

6.2.7.1　Consumer

FJ 要去買東西，而在買東西之前，他需要一些箱子來裝要買的不同種類的東西。每個箱子都被指定裝一些特定種類的東西（也就是說，如果他要買這些東西中的一種，就必須事先購買箱子）。每種東西都有價值。現在 FJ 有 w 美元用於購物，他打算用這些錢買到具有最高價值的東西。

輸入
輸入的第一行提供兩個整數 n（箱子的數目，$1 \leq n \leq 50$）和 w（FJ 手裡有的美元的數量，$1 \leq w \leq 100000$）；然後提供 n 行，每行提供數字 p_i（第 i 個箱子的價格，$1 \leq p_i \leq 1000$）、m_i（第 i 個箱子可以攜帶的商品數量，$1 \leq m \leq 10$），以及 m 對數字——價格 c_j（$1 \leq c_j \leq 100$）以及價值 v_j（$1 \leq v_j \leq 1000000$）。

輸出
對於每個測試案例，輸出 FJ 可以買到的東西的最大價值。

範例輸入	範例輸出
3 800 300 2 30 50 25 80 600 1 50 130 400 3 40 70 30 40 35 60	210

試題來源: 2010 ACM-ICPC Multi-University Training Contest(2)——Host by BUPT

線上測試: HDOJ 3449

❖ 試題解析

本題是典型的有依賴的背包試題,每個箱子是主件,每個箱子所對應的物品是它的附件,有依賴的背包的過程就是把一組主件和附件集合中的附件進行 0-1 背包處理,然後把主件加到 0-1 後的組裡,然後再在所有的集合中選擇最佳的 dp 的值。

設 FJ 有錢 V,提供 n 個箱子可選擇,每個箱子可以選擇 m 個物品,要買物品前必須先買箱子,箱子花費 q;物品價格為 $w[i]$,價值為 value$[i]$。dp$[i][j]$ 表示前 i 個箱子花錢為 j 時的最大價值。

首先,當輸入目前箱子的時候,要進行初始化工作,箱子的價格是 q,如果花費不超過 q,則價值 dp$[i][j]$ 指定為 $-$INF。如果花費超過 q,則在上一組的基礎上進行轉移,但是要注意,買箱子不能獲得相關的價值。

當選擇這個箱子裡面的物品時,對這些物品進行 0-1 背包處理。然後修正,這個箱子及其物品選或者不選,取較大值。

❖ 參考程式

```
01   #include<stdio.h>
02   #include<string.h>
03   #include<algorithm>
04   using namespace std;
05   #define INF 1<<29
06   int n,V,m,q;              // 箱子數 n,FJ 手裡的美元數 V,目前箱子可攜帶的商品數 m 和箱子價格 q
07   int w[11],value[11];     // 目前箱子中商品的價格序列 w[] 和價值序列 value[]
08   int dp[51][100003];      // dp[i][j] 表示前 i 個箱子花錢為 j 時的最大價值
09   int main()
10   {
11       int i, j, x;
12       while(~scanf("%d%d", &n, &V ))   // 反覆輸入箱子數 n 和 FJ 手裡的美元數 V
13       {
14           memset(dp,0,sizeof(dp));     // dp[][] 初始化
15           for(i=1; i<=n; i++)          // 依次處理每個箱子的資訊
16           {
17               scanf("%d%d", &q, &m);   // 輸入第 i 個箱子的價格 q 和可攜帶的商品數 m
18               for(x=1; x<=m; x++)      // 輸入第 i 個箱子中每個商品的價格 w[x] 和價值 value[x]
19                   scanf("%d%d",&w[x],&value[x]);
20               for(j=0; j<=q; j++)      // 所有花費不超過 q 的價值 dp[i][j] 指定為 -INF
21                   dp[i][j]=-INF;
22               for(j=q; j<=V ; j++)     // 在上一組的基礎上進行轉移,但是沒有價值
23                   dp[i][j]=dp[i-1][j-q];
```

```
24              for(x=1; x<=m; x++)        // 對可以放入目前箱子裡的所有物品進行 0-1 背包
25                  for(j=V ; j>=w[x]; j--)
26                      dp[i][j]=max(dp[i][j],dp[i][j-w[x]]+value[x]);
27              // 如果選 dp[i][j]，說明選了目前組的物品和箱子；如果選 dp[i-1][j]，
28              // 說明沒有選目前組的物品和箱子
29              for(j=0; j<=V ; j++)
30                  dp[i][j]=max(dp[i][j],dp[i-1][j]);
31          }
32          printf("%d\n",dp[n][V ]);      // 輸出 FJ 可以買到的東西的最大價值
33      }
34      return 0;
35  }
```

6.3　樹形 DP 的實作範例

線性 DP 面對的問題一般為線性序列或圖，但若可用 DP 求解的問題是以樹為背景，或者各階段聯繫呈現樹狀關係的話，則可採用樹形 DP 的方法。由於樹為無環的連通圖，具有明顯的層次關係，因此採用 DP 方法求解樹的最佳化問題是非常適宜的。

樹形 DP 過程一般可以分為兩個部分。

（1）如果問題是一棵隱性樹（即不直接以樹為背景），則需要將問題轉化為一棵顯性樹，並儲存各階段的樹狀聯繫。

（2）在「樹」的資料結構上進行 DP，但其求解方式與線性 DP 有所不同：

◆ 計算順序不同。線性 DP 有兩種方向，即往前（順推）與往後（逆推）；而樹形 DP 亦有兩個方向，由根至葉的先根尋訪方向下的計算方式在實際問題中很少運用，一般採用的是由葉至根的後根尋訪，即子節點將有用資訊向上傳遞給父節點，逐層上推，最終由根得出最佳解。

◆ 計算方式不同。線性 DP 採用的是傳統的反覆運算形式，而樹形 DP 是透過記憶化搜尋實作的，因此採用的是遞迴方式。

6.3.1 ▶ Binary Apple Tree

有一棵蘋果樹，如果樹枝有分叉，一定是分兩叉（沒有僅一子代的節點）。這棵樹共有 N 個節點（葉子點或者樹枝分叉點），編號為 1 ～ N，樹根編號一定是 1。我們用樹枝兩端連接的節點的編號來描述樹枝。圖 6-3 是一棵有 4 個樹枝的樹。

圖 6-3

現在樹枝太多了，需要剪枝。但是一些樹枝上長有蘋果。給定需要保留的樹枝數量，求出最多能留住多少蘋果。

輸入

第 1 行有 2 個數 N 和 Q（$1 \leq Q \leq N$，$1 < N \leq 100$）。N 表示樹的節點數，Q 表示要保留的樹枝數量。

接下來的 $N-1$ 行描述樹枝的資訊。每行 3 個整數，前兩個是樹枝連接節點的編號，第 3 個數是這個樹枝上蘋果的數量。

每個樹枝上的蘋果不超過 30000 個。

輸出

一個數，即最多能留住的蘋果的數量。

範例輸入	範例輸出
5 2 1 3 1 1 4 10 2 3 20 3 5 20	21

試題來源：Ural State University Internal Contest '99 #2
線上測試：Ural 1018

❖ 試題解析

本題提供的蘋果樹是一棵顯性樹，要求計算其中含 Q 條邊（即含 $Q+1$ 個節點），並且邊權之和最大的一棵子樹。對每個分支節點來說，有三種選擇：要麼剪去左子樹，要麼剪去右子樹，要麼在將節點數合理分配給左右子樹。需要在這三種選擇中做出使邊權和最大的最佳決策。

設以 x 為根、含 k 個節點的子樹的最大邊權和（包括 x 通往父節點的邊權）為 $g[x][k]$。我們從葉節點出發，按照由下而上的後序尋訪順序對這棵樹的每個節點進行 DP。DP 的狀態轉移方程如下。

若 x 為葉節點，則 $g[x][k]$ 為 x 通往父節點的邊權；否則列舉 $k-1$ 個節點分配在左右子樹的所有可能方案，從中找出最佳方案，即

$$g[x][k] = \begin{cases} 0 & k=0 \\ x\text{通往父節點的邊權} & x\text{為葉節點} \\ x\text{通往父節點的邊權} + \max_{0 \leq k \leq k-1}\{g[x\text{的左子代}][i]+g[x\text{的右子代}][k-i-1]\} & x\text{為非葉節點} \end{cases}$$

直至向上倒退至根 root 為止。最後結果為 ans $= g[\text{root}][Q+1]$。

❖ 參考程式

```
01  #include <cstdio>
02  #include <cstdlib>
03  #include <cstring>
04  #define Max(a,b) ((a)>(b)?(a):(b))
```

```
05    #define N (256)
06    using namespace std;
07    int n,m,ne,x,y,z;      // 節點數為 n，要保留的樹枝數為 m，邊序號為 ne，樹枝邊為（x, y），權為 z
08    int id[N],w[N],v[N],next[N],head[N],lch[N],rch[N],f[N];
09    // 第 i 條邊的鄰接點為 id[i]，邊權為 w[i]，後繼指標為 next[i]，節點 x 的相鄰串列指標為 head[x]，
10    // 二元樹中節點 i 的左子代為 lch[i]、右子代為 rch[i]、父代為 f[i]，通往父節點的邊權為 v[i]
11    int g[N][N];                    // 狀態轉移方程
12    void add(int x,int y,int z)     // 將權值為 z 的樹枝邊（x, y）加入相鄰串列
13    {
14        id[++ne]=y; w[ne]=z; next[ne]=head[x]; head[x]=ne;
15    }
16    void dfs(int x)                 // 從節點 x 出發，建構二元樹
17    {
18    for (int p=head[x];p;p=next[p])     // 搜尋 x 的所有鄰接邊 p
19     if (id[p]!=f[x])                   // 若邊 p 的鄰接點非 x 的父代，則作為 x 的左（或右）子代
20        {
21         if (!lch[x]) lch[x]=id[p]; else rch[x]=id[p];
22         f[id[p]]=x;v[id[p]]=w[p];dfs(id[p]);  // x 作為邊 p 的鄰接點的父代，設定邊權，
23                                               // 繼續遞迴邊 p 的鄰接點
24        }
25    }
26    int dp(int x,int k)              // 從 x 出發，建構含 k 個節點且能留住最多蘋果數的子樹
27    {
28        if (!k) return 0;           // 若子樹空，則傳回 0
29        if (g[x][k]>=0) return g[x][k];  // 若已計算出結果，則傳回結果
30        if (!lch[x]) return (g[x][k]=v[x]);  // 若 x 為葉子，則傳回 x 通往父節點的邊權
31        for (int i=0;i<k;++i)       // 計算 k 個節點分配在左右子樹的最佳方案
32            g[x][k]=Max(g[x][k],dp(lch[x],i)+dp(rch[x],k-i-1));
33        g[x][k]+=v[x];              // 計入 x 通往父節點的邊權
34        return g[x][k];             // 傳回結果
35    }
36    int main()
37    {
38        scanf("%d%d",&n,&m);        // 輸入節點數和要保留的樹枝數
39        for (int i=1;i<n;++i)       // 輸入 n-1 個樹枝相連的節點和樹枝上的蘋果數，建構相鄰串列
40        {
41            scanf("%d%d%d",&x,&y,&z);
42            add(x,y,z);
43            add(y,x,z);
44        }
45        dfs(1);                     // 從節點 x 出發，建構二元樹
46        memset(g,255,sizeof(g));
47        printf("%d\n",dp(1,m+1));   // 從節點 1 出發，計算含 m+1 個節點且能留住最多蘋果數的子樹，
48                                    // 傳回最多蘋果數
49        return 0;
50    }
```

6.3.2 ▶ Anniversary Party

Ural 大學有 N 個職員，編號為 $1 \sim N$。他們有從屬關係，也就是說他們的關係就像一棵以校長為根的樹，父節點就是子節點的直屬上司。每個職員有一個快樂指數。現在有一個週年慶宴會，要求與會職員的快樂指數最大。但是，沒有職員願意和直屬上司一起與會。

輸入

第一行一個整數 N（$1 \le N \le 6000$）。

接下來 N 行，第 $i+1$ 行表示 i 號職員的快樂指數 R_i（$-128 \le R_i \le 127$）。

接下來 $N-1$ 行，每行輸入一對整數 "$L\ K$"，表示 K 是 L 的直屬上司。

最後一行輸入 0 0。

輸出

輸出最大的快樂指數。

範例輸入	範例輸出
7	5
1	
1	
1	
1	
1	
1	
1	
1 3	
2 3	
6 4	
7 4	
4 5	
3 5	
0 0	

試題來源： Ural State University Internal Contest October'2000 Students Session
線上測試： POJ 2342，Ural 1039

❖ 試題解析

Ural 大學的從屬關係實際上是一棵以校長為根的隱性樹。對樹中的任何一個分支節點 u 來說，以其為根的子樹的最大快樂指數和有兩個可能值：

◆ 不包含 u 的快樂指數。

◆ 包含 u 的快樂指數。

如果子樹的最大快樂指數和不包含 u 的快樂指數，則子樹的最大快樂指數和即為 u 的所有子子樹（以 u 的子代為根的子樹）的最大快樂指數和的累加，而每棵子子樹的最大快樂指數和是在包含 u 的子代或不包含 u 的子代中取最大值。

如果子樹的最大快樂指數和包含 u 的快樂指數，則在不包含 u 的最大快樂指數和的基礎上再加上 u 的快樂指數即可。設 $F[u][0]$ 為不包括 u 的快樂指數情況下，以 u 為根的子樹的最大快樂指數和；$F[u][1]$ 為包括 u 的快樂指數情況下，以 u 為根的子樹的最大快樂指數和。

顯然，初始時 $F[u][0]=0$，$F[u][1]=u$ 的快樂指數（$1 \leq u \leq n$）。然後從葉節點出發，按照由下而上後序尋訪順序和下述狀態轉移方程，對這棵樹的每個節點進行 DP：

$$F[u][0] = \sum_{v \in u\text{子代集合}} \max\{F[V][0], F[V][1]\}$$

$$F[u][1] = F[u][1]（即 u \text{ 的快樂指數}）+ F[u][0]$$

直至倒退至根 root 為止。最後結果為 ans $= \max\{F[\text{root}][0], F[\text{root}][1]\}$。

❖ 參考程式

```
01  #include<cstdio>
02  #include<cstring>
03  using namespace std;
04  const int MAXN = 6010;                    // 節點數的上限
05  int N,root,Ri[MAXN],F[MAXN][2],son[MAXN],bro[MAXN];
06  // 節點數為 N，快樂指數序列為 Ri[]，根為 root，子代序列為 son[]，兄弟序列為 bro[]，狀態轉移方
07  // 程為 F[][]
08  bool is_son[MAXN];                        // 父標誌序列
09  void init()                              // 輸入資訊，建構樹的相鄰串列
10  {
11      int i,j,k;
12      scanf("%d",&N);                      // 輸入職員數，邊數初始化
13      for (i=1;i<=N;i++) scanf("%d",Ri+i); // 輸入每個職員的快樂指數
14      memset(son,0,sizeof(son)); memset(is_son,0,sizeof(is_son)); // 儲存好各個節點的子代
15      for (i=1;i<N;i++)
16      {
17          scanf("%d%d",&j,&k);             // k 是 j 的直接上司
18          bro[j] =son[k]; son[k] = j;      // j 進入 k 的相鄰串列
19          is_son[j] = true;                // 設 j 有父代的標誌
20      }
21      for (i=1;i<=N;i++)                    // 計算樹的根，即無父標誌的節點
22          if (!is_son[i]) root = i;
23  }
24  inline int max(int x,int y) { return (x>y)?(x):(y); }
25  void DP(int u)                           // 透過樹形 DP 計算 F[u][0] 和 F[u][1]
26  {
27      int v;
28      F[u][0] = 0; F[u][1] = Ri[u];        // 子根的 F 值初始化
29      for (v=son[u]; v; v=bro[v])          // 遞迴 u 的每棵子樹
30      {
31          DP(v);
32          F[u][0]+=max(F[v][0],F[v][1]);// 計算除去 u 的快樂指數情況下，其子樹的最大快樂指數和
33          F[u][1]+=F[v][0];               // 計算保留 u 的快樂指數情況下，其子樹的最大快樂指數和
34      }
35  }
36  void solve()                             // 計算和輸出最大的快樂指數
37  {
38      DP(root);                            // 透過樹形 DP 計算 F[root][0] 和 F[root][1]
39      printf("%d\n",max(F[root][0],F[root][1])); // 輸出最頂頭上司去或不去情況的最大值
40  }
41  int main()
42  {
43      init();                              // 輸入資訊，建構樹的相鄰串列
44      solve();                             // 計算和輸出最大的快樂指數
```

```
45      return 0;
46  }
```

6.4 狀態壓縮 DP 的實作範例

在有些問題中,單元狀態可以用 0 和 1 來表示,狀態可以表示為 0 和 1 組成的字串。例如,棋盤中的格子可以表示為字串,棋盤的狀態也可以表示為字串。我們稱之為狀態壓縮。狀態壓縮的動態規劃可以透過按位元運算來實作。

6.4.1 ▶ Nuts for nuts....

Ryan 和 Larry 要吃堅果,他們知道這些堅果在島上的某些地方。由於他們很懶,但又很貪吃,所以他們想知道找到每顆堅果要走的最短路徑。

請編寫一個程式來幫助他們。

輸入

先提供 x 和 y,x 和 y 的值都小於 20;然後提供 x 行,每行 y 個字元,表示這一區域的地圖,每個字元為 "."、"#" 或 "L"。Larry 和 Ryan 目前在的位置表示為 "L",堅果在的位置表示為 "#",它們都可以向 8 個相鄰的方向走一步。至多有 15 個位置有堅果。"L" 僅出現一次。

輸出

在一行中,輸出從 "L" 出發,收集所有的堅果,再傳回到 "L" 的最少步數。

範例輸入	範例輸出
5 5	8
L....	8
#....	
#....	
.....	
#....	
5 5	
L....	
#....	
#....	
.....	
#....	

試題來源:UVA Local Qualification Contest, 2005
線上測試:UVA 10944

❖ 試題解析

將 Larry 和 Ryan 的位置和所有堅果設為節點,記錄下所有節點的幾何座標,其中 (x_0, y_0) 為 Larry 和 Ryan 的位置,(x_i, y_i) 為第 i($1 \leq i \leq n$)顆堅果的位置,並計算出節點間相對距離的矩陣 map[][],其中節點 i 與節點 j 間的相對距離 $map[i][j] = \max\left\{\left|x_i - x_j\right|, \left|y_i - y_j\right|\right\}$。

將目前堅果收集的情況組合成狀態，用一個 n 位元二進位數值（$b_{n-1}, \cdots, b_0$）表示，其中 $b_i = 0$ 代表目前第 $i+1$ 顆堅果未被收集，$b_i = 1$ 代表目前第 $i+1$ 顆堅果被收集。設目前堅果被收集的狀態值為 j，其中最後被收集的堅果為 i，最少步數為 $f[i][j]$。顯然，Larry 和 Ryan 收集每一顆堅果的最少步數為 $f[i][2^{j-1}] = \mathrm{map}[0][i]$（$1 \leq i \leq n$）。下面分析狀態轉移方程。定義如下。

階段 i：按照遞增順序列舉狀態值（$0 \leq i \leq 2^n - 1$）。

狀態 j：列舉狀態 i 中最後被收集的堅果 j（$1 \leq j \leq n$，i & $2^{j-1} \neq 0$）。

決策 k：列舉 i 狀態外的堅果 k（$1 \leq k \leq n$，i & $2^{k-1} = 0$），判斷再收集堅果 k 是否為更佳決策。若是，調整 $f[k][i+2^{k-1}]$ 的值，即 $f[k][i+2^{k-1}] = \min\{f[k][i+2^{k-1}], f[j][i] + \mathrm{map}[j][k]\}$。

收集 n 顆果子後，若最後收集果子 i，則到達其位置的最少步數為 $f[i][2^n - 1]$，加上傳回 Larry 和 Ryan 位置的步數 $\mathrm{map}[0][i]$，該方案的總步數為 $f[i][2^n - 1] + \mathrm{map}[0][i]$。

最後，比較每顆可能被最後收集的果子 i（$1 \leq i \leq n$），從中找出最少步數 $\mathrm{ans} = \min\limits_{1 \leq i \leq n} \{f[i][2^n - 1] + \mathrm{map}[0][i]\}$。

❖ 參考程式

```
01   #include <cstdio>
02   #include <cstring>
03   #define Max(a,b) ((a)>(b))?(a):(b)
04   #define Inf (1<<20)
05   #define N (30)
06   #define M (65536)
07   using namespace std;
08   int f[N][M];            // 堅果被收集的狀態值為 j，其中最後被收集的果子為 i，最少步數為 f[i][j]
09   char s[N];              // 目前行的資訊
10   int map[N][N];          // 節點 i 與節點 j 間的距離為 map[i][j]
11   int x[N],y[N];          // 節點的座標序列
12   int num,n,m,ans,maxz;   // 堅果數為 num，地圖規模為 n*m，最佳方案的步數為 ans，
13                          // 所有堅果被收集的狀態值為 maxz
14   int Abs(int x) { if(x>0) return x; return -x; }  // |x|
15   void Update(int &x,int y) { if(x>y) x=y; } // x←max{x, y}
16   int main()
17   {
18       while (scanf("%d%d",&n,&m)!=EOF)            // 輸入地圖規模
19       {
20           num=0;
21           for(int i=0;i<n;++i)
22           // 輸入每行資訊，統計堅果數 num，建立節點的座標序列，其中 (x[0]，y[0]) 為
23           // Larry 和 Ryan 的目前位置，x[1…num] 和 y[1…num] 為 num 顆堅果的位置
24           {
25               scanf("%s",s);
26               for(int j=0;j<m;++j)
27                   if(s[j]=='#') { x[++num]=i; y[num]=j; } else
28                   if(s[j]=='L') { x[0]=i; y[0]=j; }
29           }
30           if(!num) {printf("0\n"); continue; }
31           for(int i=0;i<=num;++i)   // 計算節點間的距離，即橫向距離與豎向距離的最大值
```

```
32              for (int j=0;j<=num;++j)  map[i][j]=Max(Abs(x[i]-x[j]),Abs(y[i]-y[j]));
33          maxz=(1<<num)-1;              // 計算所有堅果被收集的狀態值
34          for(int i=0;i<=maxz;++i)  // 狀態轉移方程初始化
35              for(int j=0;j<=num;++j) f[j][i]=Inf;
36              for(int i=1;i<=num;++i) f[i][1<<(i-1)]=map[0][i];
37                                                  // 計算第 1 步收集各堅果的步數
38          for(int i=0;i<maxz;++i)                  // 列舉目前堅果被收集的狀態 i
39          {
40            for(int j=1;j<=num;++j) if (i & (1<<(j-1)))   // 列舉最後被收集的堅果 j
41                  for(int k=1;k<=num;++k)   // 列舉 i 狀態外的堅果 k，調整 k 被收集的最佳步數
42            if(!(i & (1<<(k-1))))Update(f[k][i+(1<<(k-1))],f[j][i]+map[j][k]);
43          }
44          ans=Inf;
45          for (int i=1;i<=num;++i)   // 列舉收集最後一棵被收集的堅果 i（傳回 "L" 位置的最少
46                                      // 步數為 f[i][maxz]+map[i][0]），調整最佳方案的步數
47              Update(ans,f[i][maxz]+map[i][0]);
48          printf("%d\n",ans);          // 輸出最佳方案的步數
49      }
50      return 0;
51  }
```

6.4.2 ▶ Mondriaan's Dream

著名的荷蘭畫家 Piet Mondriaan 對正方形和長方形非常著迷。一天晚上，在完成了「廁所系列」的畫作（他在衛生紙上作畫，紙上畫滿了正方形和長方形）之後，他夢見以不同方式將寬為 2 高為 1 的小長方形填充到一個大長方形中，如圖 6-4 所示。

圖 6-4

Piet Mondriaan 需要一台電腦來計算填充一個大長方形可以有多少種方式，尺寸是整數值。請幫他編寫程式，讓他的夢想成真。

輸入

輸入包含若干測試案例。每個測試案例由兩個整數組成：大長方形的高度 H 和寬度 W。輸入以 $H = W = 0$ 終止。否則 $1 \le H$，$W \le 11$。

輸出

對於每個測試案例，輸出對提供的長方形填充 2×1 小長方形的不同方式數。假設給定的大長方形是方向確定的，即對稱的鋪設方法要計數多次（如圖 6-5 所示）。

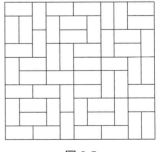

圖 6-5

範例輸入	範例輸出
1 2	1
1 3	0
1 4	1
2 2	2
2 3	3
2 4	5
2 11	144
4 11	51205
0 0	

試題來源：Ulm Local 2000

線上測試：POJ 2411，ZOJ 1100

❖ 試題解析

首先，如果長方形面積 $n \times m$ 為奇數，則不可能填滿 2×1 或 1×2 的小長方形，方式數為 0。

在計算過程中，如果以單獨的格子作為狀態的話，恐怕無從入手。我們以列上的 n 個方格組合成一個狀態，用二進位數值 $D = (d_{n-1}, d_{n-2}, \cdots, d_0)$ 來表示，其中

◆ 若 $d_i = 0$，表示目前該列和前一列的第 $i+1$ 個格子未填入 1×2 的小長方形。

◆ 若 $d_i = 1$，表示目前該列和前一列的第 $i+1$ 個格子填入 2×1 的小長方形。

為了保證可用一個整數儲存列狀態，需要行數盡可能少。因此若 $m < n$，則 n 和 m 對換。

首先透過回溯法計算出列狀態間的相鄰關係矩陣 map[][]，其中

$$\text{map}[x][y] = \begin{cases} \text{true} & \text{列狀態為 } x \text{ 和 } y \text{ 的兩列可以相鄰} \\ \text{false} & \text{列狀態為 } x \text{ 和 } y \text{ 的兩列不可以相鄰} \end{cases}$$

為了保證在第 1 列至第 m 列的範圍內填充 2×1 或 1×2 的小長方形，虛擬第 0 列的狀態為全 1、第 $m+1$ 列的狀態為全 0。我們將列狀態設為節點，若兩個列狀態可以相鄰，則對應節點間連邊。建構出的有向圖具有明顯的階段特徵：第 i 列可與第 $i-1$ 列相鄰的所有列狀態組成第 i 個階段的狀態集。試題便轉換為求解初始節點（出發節點為第 0 列的全 1 狀態）與目標節點（第 $m+1$ 列的全 0 狀態）間的路徑條數問題。顯然，這個問題可以用 DP 解決。設第 i 列狀態為 j 時的方式數為 $f[i \& 1][j]$，第 $i-1$ 列狀態為 k 時的方式數為 $f[1-i \& 1][k]$。顯然，第 1 列所有狀態的方式數為 $f[1][i] = \text{map}[2^n-1][i]$（$0 \leq i \leq 2^n-1$）。

下面，分析狀態轉移方程。

◆ 階段 i：由左而右遞迴每一列（$2 \leq i \leq m+1$）。

◆ 狀態 j：列舉 i 列的所有可能狀態（$0 \leq j \leq 2^n-1$）。

◆ 決策 k：列舉 $i-1$ 列上所有可與狀態 j 相鄰的狀態（$0 \leq k \leq 2^n-1$, map[k][j] = true），
$$f[i \& 1][j] = \sum_{k=0}^{2^n-1} (f[1-(i \& 1)][k] \mid \text{map}[k][j] = \text{true}).$$

順推完 $m+1$ 階段後，$f[(m+1)\&1][0]$ 即為 $n \times m$ 的長方形填充 2×1 或 1×2 的小長方形的方式數。

由於試題需要反覆測試資料，而長方形的行列順序無關緊要，因此每計算出 $f[(m+1)\&1][0]$ 後，將其記入記憶串列 ans$[n][m]$ 和 ans$[m][n]$。以後每輸入一個長方形的長寬，若 ans 串列中對應的元素值非零，則可直接輸出結果，避免重複計算。

❖ 參考程式

```
01    #include <cstdio>
02    #include <cstdlib>
03    #include <cstring>
04    using namespace std; int n,m;
05    bool map[2049][2049];   // 列狀態 x 和列狀態 y 可以相鄰的標誌為 map[x][y]
06    long long f[2][2049];   // 由左而右遞迴每一列。第 i 列狀態為 j 時的方式數為 f[i&1][j]，
07                            // 第 i-1 列狀態為 k 時的方式數為 f[1-i&1][k]
08    long long ans[13][13];  // n×m 的長方形被 2×1 的小長方形覆蓋的方式數為 ans[n][m] 和 ans[m][n]
09    void dfs(int x,int i,int z) // 已知列狀態 x，遞迴計算所有可相鄰的列狀態 z，得出 map[x][z]
10    {
11        if (i>n) { map[x][z]=true; return; }     // 若分析完當前列的 n 個格子，
12                                                 // 則確定列狀態 x 和 z 間可以相鄰
13        if((~x)&(1<<(i-1)))
14        // 在 x 的第 i-1 個二進位位元為 0 的情況下，設定 z 的第 i-1 個二進位位元為 1，遞迴當前列的
15        // i+1 個格子。若 x 的第 i(i<n) 個二進位位元為 0，則遞迴當前列的 i+2 個格子
16        {
17            dfs(x,i+1,z+(1<<(i-1)));
18            if ((i<n) && ((~x) & (1<<i))) dfs(x,i+2,z);
19        } else dfs(x,i+1,z);   // 若 x 的第 i-1 個二進位位元為 1，則遞迴當前列的 i+1 個格子
20    }
21    int main()
22    {
23        scanf("%d%d",&n,&m);   // 輸入第 1 個大長方形的高度和寬度
24        while (n)
25        {               // 若已計算出不同的方式數，則輸出，並輸入下一個大長方形的高度和寬度；
26                        // 否則若面積為奇數，則輸出不同的方式數為 0，並輸入下一個大長方形的高度和寬度
27            if (ans[n][m]) { printf("%lld\n",ans[n][m]); scanf("%d%d",&n,&m); continue; }
28            if ((n*m) & 1) { printf("0\n"); scanf("%d%d",&n,&m); continue; }
29            memset(map,0,sizeof(map));
30            memset(f,0,sizeof(f));
31            if (m<n) { int t=n; n=m; m=t; }        // 大長方形的寬度大於高度
32            for (int i=0;i<(1<<n);++i) dfs(i,1,0); // 計算列狀態間的相鄰關係 map[][]
33            for (int i=0;i<(1<<n);++i) f[1][i]=map[(1<<n)-1][i];   // 計算第 1 列所有列狀態
34                                                                  // 的方式數
35            for (int i=2;i<=m+1;++i)               // 由左而右遞迴每一列
36            {
37                memset(f[i&1],0,sizeof(f[i&1]));
38                for (int j=0;j<(1<<n);++j)         // 列舉第 i 列的狀態 j
39                    for (int k=0;k<(1<<n);++k)     // 列舉可與狀態 j 相鄰的所有狀態 k，
40                                                   // 累計 k 作為第 i-1 列狀態的方式數
41                        if (map[k][j]) f[i&1][j]+=f[1-(i&1)][k];
42            }
43            printf("%lld\n",f[(m+1)&1][0]);        // 輸出 n×m 的長方形填充 2×1 小長方形的
44                                                   // 不同的方式數
45            ans[n][m]=f[(m+1)&1][0]; ans[m][n]=f[(m+1)&1][0]; // 結果對稱，為以後測試備用
```

```
46              scanf("%d%d",&n,&m);              // 輸入下一個大長方形的高度和寬度
47      }
48      return 0;
49  }
```

6.5 單調最佳化 1D/1D DP 的實作範例

雖然 DP 利用記憶串列儲存已經計算過的子問題的解，避免了重複計算，減少了冗餘，但是記憶串列中的子問題解並非個個有用。如果引用了對最終結果無意義的子問題解，也是一種冗餘計算。為了盡可能避免冗餘計算，DP 中經常採用一種 1D/1D 的單調最佳化技術。

所謂 1D/1D 指的是狀態數為 $O(n)$，每一個狀態的決策量為 $O(n)$。直接求解 1D/1D 方程的時間複雜度一般為 $O(n^2)$，而 1D/1D DP 透過合理的組織與最佳化，可將絕大多數 1D/1D 方程的時間複雜度最佳化到 $O(n\log_2 n)$ 乃至 $O(n)$。這種最佳化技術的儲存結構一般為單調佇列，單調佇列與一般佇列有所不同。

◆ 有序性：佇列元素單調遞增（或單調遞減）。

◆ 雙端操作：可刪除佇列開頭和最後 1 個元素（推入佇列依然在佇列最後的元素進行）。

維護單調佇列的辦法（以單調遞增序列為例）如下：

◆ 如果佇列長度一定，先判斷第 1 個元素是否在規定範圍內，如果超出範圍，則將第 1 個元素提出佇列。

◆ 每次插入元素時和最後 1 個元素比較，將佇列最後所有大於插入值的元素刪除，使得元素插入後滿足佇列的單調性。

1D/1D DP 的單調最佳化技術一般針對下述三類經典模型。

6.5.1 ► 經典模型 1：利用決策代價函數 w 的單調性最佳化

設 $f(x) = \min\limits_{i=1}^{x-1} \{f[i] + w[i, x]\}$，其中決策代價函數 w 滿足四邊形不等式的單調性質：

假如用 $k(x)$ 表示狀態 x 取到最佳值時的決策，則決策單調性表述為：$\forall i \le j, k(i) \le k(j)$ 若且唯若 $\forall i \le j, w[i, j] + w[i+1, j+1] \le w[i+1, j] + w[i, j+1]$。

判斷其決策代價函數 w 是否滿足四邊形不等式單調性質的辦法有很多，既可以透過數學推理，亦可以採用統計分析法：手算或透過寫一個樸素演算法打出決策表來觀察。至於採用哪種判斷方法視具體情況而定。這裡討論的重點是，怎樣利用這一單調性質提高計算效率。

如果沿著「$f(x)$ 的最佳決策是什麼」這個思路進行思考的話，則會產生不理想的結果。例如，列舉決策從 $k(x-1)$ 開始比從 1 開始好，雖然能降低常數時間，但不可能發揮實質

性的最佳化；再如，從 $k(x-1)$ 開始列舉決策、更新 $f(x)$，一旦發現決策 u 不如決策 $u+1$ 好，就停止決策過程，選取決策 u 作為 $f(x)$ 的最終決策。這樣時間效率雖有提高，但可惜是不正確的，因為決策單調性並沒有保證 $f(j)+w[j, x]$ 有什麼好的性質。

換一個思維角度，思考對於一個已經計算出來的狀態 $f(j)$：$f(j)$ 能夠更新的狀態有哪些？雖然這樣做的結果，可能會導致中間某些狀態的決策暫時不是最佳的，但是當演算法結束的時候，所有狀態對應的決策一定是最佳的。

一開始，當 $f(1)$ 的函數值被計算出來時，所有狀態的目前最佳決策都是 1，決策表形式為：

$$[\,1\,1\cdots1\,1\,]\;;$$

現在，顯然 $f(2)$ 的值已經確定了：它的最佳決策只能是 1。我們用決策 2 來更新這個決策表。由於決策的單調性，更新後的新決策表只能是這樣的形式：

$$[\,1\,1\cdots1\,1\,2\,2\cdots2\,2\,]$$

這意味著可以使用二分法來搜尋「轉折點」。因為如果在一個點 x 上決策 2 更好，則所有比 x 大的狀態都是決策 2 更好；如果 x 上決策 1 更好，則所有比 x 小的狀態都是決策 1 更好。

現在決策 1 和決策 2 都已經更新完畢，則 $f(3)$ 也已確定，現在用決策 3 來更新所有狀態。根據決策單調性，決策表只能有以下兩種類型：

$$[\,1\,1\cdots1\,1\,2\,2\cdots2\,2\,3\,3\cdots3\,3\,]$$
$$[\,1\,1\cdots1\,1\,3\,3\cdots3\,3\,3\,3\cdots3\,3\,]$$

而如下形式的決策表絕對不會出現：

$$[\,1\,1\cdots1\,1\,3\,3\cdots3\,3\,2\,2\cdots2\,2\,]$$

因此，採用如下更新演算法。

步驟 1：考察決策 2 的區間 $[b, e]$ 的 b 點上是否決策 3 更佳：如果是（在 b 點上決策 3 優於決策 2），則全部拋棄決策 2，將此區間劃歸決策 3；否則在決策 2 的區間 $[b, e]$ 中二元搜尋轉折點。

步驟 2：如果決策 2 全部被拋棄，則用同樣方法考察決策 1。

推演到這一步，決策單調性的實作演算法已經浮出了水面：使用一個單調佇列來維護數據，單調佇列中的每個節點設兩個域，包括：

◆ 狀態欄間 $[a, b]$ 的左右指標 a 和 b。

◆ 計算區間 $[a, b]$ 中每個狀態值的最佳決策 k。

單調佇列中節點的兩個域同時單調且區間相互連接，由此得出演算法。設

佇列 q 的開頭及結尾指標為 l 和 r。

佇列開頭的狀態欄間為 $[a_l, b_l]$，決策點為 s_l。

佇列最後的狀態欄間為 $[a_{r-1}, b_{r-1}]$，決策點為 s_{r-1}。

計算過程如下：

```
l←r←0; ar ←1; br ←n, sr ←0; r++ }        // 狀態欄間 [1, n] 和決策點 0 推入佇列；
for (int i=1;i<=n;++i) {                  // 按照遞增順序列舉每個決策 i
    While(bl<i) do l++;                    // 提出佇列操作，使得佇列開頭區間覆蓋 i 為止
    f[i]=f[sₗ]+w[sₗ+1, i];                 // 以 sₗ 為決策，計算 i 的狀態值 f[i]
    while(l!=r){                           // 若佇列不空，則在佇列最後的元素端進行維護佇列單調性的操作
        if(f[i]+w[i+1, a_{r-1}]<f[s_{r-1}]+w[s_{r-1}+1, a_{r-1}]) r--;  // 透過佇列最後的刪除操作，保證計算
                                                                        // f[a_{r-1}] 時使用原決策點 s_{r-1} 比 i 好
        else{                             // 在計算 f[a_{r-1}] 時使用原決策點 s_{r-1} 較佳
            if(f[s_{r-1}]+w[s_{r-1}+1,b_{r-1}]>f[i]+w[i+1,b_{r-1}])  // 若計算 f[b_{r-1}] 時使用 i 作決策點
                                                                     // 比 s_{r-1} 更好
                { 在 [a_{r-1}, b_{r-1}] 中二元搜尋轉折點 k;
                  b_{r-1} ←k-1;           // 佇列最後的區間調整為 [a_{r-1}, k-1]，該區間依然使用決策點 s_{r-1}
                }
            if(k≤n) {a_r ←k; b_r ←n; s_r ←i; r++}    // [k, n] 和決策點 i 推入佇列
            break;
        }
    }
    if (l=r) {a_r ←i+1; b_r ←n; s_r ←i; r++}        // 若佇列空，則 [i+1, n] 和決策點 i 推入佇列
}
輸出最佳值 f[n];
```

由於一個決策出單調佇列之後再也不會進入，所以均攤時間為 $O(1)$，又由於存在二分搜尋且狀態數為 $O(n)$，所以整個演算法的時間複雜度為 $O(n\log_2 n)$。

6.5.1.1 玩具裝箱

有 n 個玩具需要裝箱，每個玩具的長度為 $c[i]$，規定在裝箱的時候，必須嚴格按照提供的順序進行，並且同一個箱子中任意兩個玩具之間必須且只能間隔一個單位長度，換句話說，如果要在一個箱子中裝編號為 $i \sim j$ 的玩具，則箱子的長度必須且只能是 $l = j - i + \sum_{k=i}^{j} c[k]$，規定每一個長度為 l 的箱子的費用是 $p = (l-L)^2$，其中 L 是給定的一個常數。現在要求使用最少的代價將所有玩具裝箱，箱子的個數無關緊要。

輸入
第 1 行為玩具個數 N 和箱子費用的係數 L。

第 $2 \sim N+1$ 行為 N 個玩具的長度為 $c[1]\cdots c[n]$。

輸出
將所有玩具裝箱使用的最少代價。

試題來源：HNOI2008
線上測試：BZOJ 1010 http://www.lydsy.com/JudgeOnline/problem.php?id=1010

❖ 試題解析

如果將玩具看作狀態的話，則狀態數為 $O(n)$，每一個狀態的決策量為 $O(n)$，是一個典型的 1D/1D DP 問題。設 $f(x)$ 為前 x 個玩具裝箱使用的最少代價，狀態轉移方程如下：

$$f(x) = \min_{i=1}^{x-1}\{f(i) + w[i+1, x]\}$$

其中 $w[i，j]$ 為玩具 i…玩具 j 裝入一個箱子的費用，即 $w[i，j] = \left(j - i + \sum_{k=i}^{j} c[k] - L\right)^2$。

如果將每個狀態的決策 $k[x]$ 列印出來列成一張表，會發現 $\forall i \leq j$，$k(i) \leq k(j)$。這就說明決策是單調的，於是採用下述方法進行最佳化。

依次處理每個玩具 i（$1 \leq i \leq n$）：

（1）若佇列開頭區間在 i 的左方，則提出佇列，直至佇列開頭區間覆蓋 i 為止。

（2）根據佇列開頭區間的決策 s 計算 i 的狀態值 $f[i]=f[s]+w[s+1，i]$。

（3）若佇列不空，則維護佇列的單調性。

這樣，每個元素推入佇列一次、提出佇列一次，每次維護佇列單調性的時間為 $O(\log_2 n)$，使得整個演算法的時間複雜度最佳化到了 $O(n\log_2 n)$。

註：上述演算法並非最佳演算法。實際上還可以將時間複雜度降至 $O(n)$，我們將在經典模型 3 中介紹這一最佳化方法。

❖ 參考程式

```
01   # include <cstdio>
02   using namespace std;
03   typedef long long int64;
04   int64 c[600000],dp[600000],n,l,L;     // 前 i 個玩具的長度和為 c[i]，前 i 個玩具裝箱使用的
05                                          // 最少代價為 dp[i]；玩具數為 N，箱子費用係數為 L
06   struct node{                          // 佇列元素的結構型別
07       int l,r,s;                        // 決策點 s，所在決策區間為 [l，r]
08       node(int l_=0,int r_=0,int s_=0):l(l_),r(r_),s(s_){}
09       // node 為佇列元素，儲存決策區間的左右指標和決策點
10   } que[600000];int qf,qr;              // 佇列為 que[]，開頭及結尾指標為 qf 和 qr
11   int64 cost(int l,int r){              // 計算裝入玩具 l…r 的箱子長度
12       return r-l+c[r]-c[l-1];
13   }
14   # define sqr(a) ((a)*(a))             // 定義 a²
15
16   int64 calv(int x,int a){              // 按照單調性要求計算 dp[a]=dp[x]+w[x+1, a]
17       if(x>=a)    return 1e16;          // 若決策點 x 不小於 a，則傳回 ∝；否則
18       int64 l=cost(x+1,a);              // 計算箱子裝入玩具 x+1…玩具 a 的長度
19       return dp[x]+sqr(l-L);            // 傳回 dp[a]=dp[x]+w[x+1, a]
20   }
21
22   int main(){
23       scanf("%d %lld",&n,&L);           // 輸入玩具數 N 和箱子費用係數
24       for(int i=1;i<=n;i++) scanf("%lld",c+i),c[i]+=c[i-1];
25       // 輸入每個玩具的長度 c[i]，統計前 i 個玩具的長度和
```

```
26        que[qr++]=node(1,n,0);              // 初始區間 [1...n] 和決策點 0 推入佇列
27        for(int i=1;i<=n;i++){              // 循序搜尋每個玩具 i
28            while(que[qf].r<i)    qf++;     // 若 i 在佇列開頭區間外，則提出佇列，
29                                            // 直至佇列開頭區間覆蓋 i 為止
30            dp[i]=calv(que[qf].s,i);        // 根據佇列開頭區間的決策計算 i 的狀態值
31            int l,r;
32            while(qf!=qr){                   // 若佇列不空，則維護佇列的單調性
33                if(calv(que[qr-1].s,que[qr-1].l)>calv(i,que[qr-1].l)) qr--;
34                // 比較佇列最後的決策點和 i：若使用 i 作為決策點可使佇列最後的決策區間
35                // 左端點的狀態值更佳，則刪除最後 1 個元素
36                else{
37                    if(calv(que[qr-1].s,que[qr-1].r)<calv(i,que[qr-1].r))
38                        r=que[qr-1].r+1;
39                    // 否則，若計算區間右端點的狀態值時使用原決策點比 i 好，則 i 併入決策區間
40                    else{          // 否則二元搜尋佇列最後的區間中的轉折點 l
41                        l=que[qr-1].l,r=que[qr-1].r;
42                        while(l+1<r){
43                            int mid=(l+r)>>1;
44                            if(calv(que[qr-1].s,mid)<calv(i,mid))    l=mid;
45                            else    r=mid;
46                        }
47                    }
48                    // 轉折點作為佇列結尾區間的右端點，[r, n] 和決策點 i 推入佇列，
49                    // 並退出 while 迴圈
50                    que[qr-1].r=r-1;
51                    if(l<=n)    que[qr++]=node(r,n,i);
52                    break;
53                }
54            }
55            if(qf==qr) que[qr++]=node(i+1,n,i); // 若佇列空，則區間 [i+1, n] 和決策點 i 推入佇列
56        }
57        printf("%lld\n",dp[n]);
58        return 0;
59    }
```

6.5.2 ▶ 經典模型 2：利用決策區間下界的單調性最佳化

我們再來看一類特殊的 w 函數：$\forall i \le j < k,\ w[i, j] + w[j, k] = w[i, k]$。

顯然，這一類函數亦是滿足決策單調性的。但不同的是，由於這一類函數的特殊性，因此可以用一種更加簡潔、更有借鑒意義的方法來解決。

由於 w 函數滿足 $\forall i \le j < k,\ w[i, j] + w[j, k] = w[i, k]$，因此總可以找到一個特定的一元函數 $w'[x]$，使得 $\forall i \le j,\ w[i, j] = w'[j] - w'[i]$，這樣，假設狀態 $f(x)$ 的某一個決策是 k，有 $f(x) = f(k) + w[k, x] = f(k) + w'[x] - -w'[k] = g[k] + w'[x] - w'[1]$，其中 $g[k] = f(k) - w[1, k]$。

顯然，一旦 $f(k)$ 被確定，相關地 $g(k)$ 也被確定。更加關鍵的是，無論 k 值如何，$w'[x] - w'[1]$ 總是一個常數，換句話說，可以把方程寫成 $f(x) = \min\limits_{k=1}^{x-1}\{g(k)\} + w[1, x]$。不難發現，這個方程是無意義的，因為 $\min\limits_{k=1}^{x-1}\{g(k)\}$ 可以用一個變數直接儲存；但若在 k 的下界上加上一個受制於 x 的限制，那麼這個方程就有意義了。於是引出了經典模型 2：

$f(x) = \underset{k=b[x]}{\overset{x-1}{\text{opt}}} \{g(k) + w[x]\}$，其中決策區間的下界 $b[x]$ 隨 x 單調下降。

這個方程怎麼解呢？注意到這樣一個性質：假設在最佳化要求為 min 的情況下，如果存在兩個數 j、k，使得 $j \leq k$ 且 $f(k) \leq f(j)$，則決策 j 是毫無用處的。因為根據 $b[x]$ 的單調特性，如果 j 可以作為合法決策，那麼 k 一定可以作為合法決策，又因為 k 比 j 要佳（注意：在這個經典模型中「佳」是絕對的，是與目前正在計算的狀態無關的），所以說，如果把待決策表中的決策按照 k 排序的話，則 $f(k)$ 必然是不降的。這個分析方法同樣可用於 opt 為 max 的情況，只是單調方向取反而已。因此可以使用一個單調佇列來維護決策表。單調佇列中每個元素一般儲存的是兩個值：決策位置 x 和狀態值 $f(x)$。對於每一個狀態 $f(x)$ 來說，計算過程分為以下兩步。

步驟 1：不在決策區間內的第 1 個元素相繼提出佇列，直至第 1 個元素在決策區間為止。此時，第 1 個元素就是狀態 $f(x)$ 的最佳決策。

步驟 2：計算 $g(x)$，透過不斷刪除不符合單調性質的最後 1 個元素，保證 $g(x)$ 插入佇列尾的後佇列的單調性。

重複上述步驟，直至計算出所有狀態的 $f(x)$ 值。不難看出其均攤時間複雜度是 $O(1)$，所以整個演算法的時間複雜度為 $O(n)$。

6.5.2.1 瑰麗華爾滋

你跳過華爾滋嗎？當音樂響起時，你隨著旋律滑動舞步，是不是有一種漫步仙境的愜意？

眾所周知，跳華爾滋時，最重要的是有好的音樂。但是很少有幾個人知道，世界上最偉大的鋼琴家一生都漂泊在大海上，他的名字叫丹尼・布德曼・T. D. 萊蒙・1900，朋友們都叫他 1900。

1900 在 20 世紀的第一年出生在往返於歐美的郵輪維吉尼亞號上。很不幸，他剛出生就被拋棄，成了孤兒。1900 孤獨地成長在維吉尼亞號上，從未離開過這個搖晃的世界。也許是對他命運的補償，上帝派可愛的小天使艾米麗照顧他。可能是天使的點化，1900 擁有不可思議的鋼琴天賦：從未有人教，從沒看過樂譜，但他卻能憑著自己的感覺彈出最沁人心脾的旋律。當 1900 的音樂獲得郵輪上所有人的歡迎時，他才 8 歲，而此時，他已經乘著海輪往返歐美大陸 50 餘次了。雖說是鋼琴奇才，但 1900 還是個孩子，他有著和一般男孩一樣的好奇和調皮，只不過更多一層浪漫色彩罷了。

這是一個風雨交加的夜晚，海風捲起層層巨浪拍打著維吉尼亞號，郵輪隨著巨浪劇烈的搖擺。船上的新薩克斯手邁克斯・托尼暈船了，1900 招呼托尼和他一起坐到舞廳裡的鋼琴上，然後鬆開了固定鋼琴的閘，於是，鋼琴隨著郵輪的傾斜滑動起來。準確地說，我們的主角 1900、鋼琴、郵輪隨著 1900 的旋律一起跳起了華爾滋，隨著「咚恰恰」的節奏，托尼的暈船症也奇蹟般地消失了。後來托尼在回憶錄上這樣寫道：

> 大海搖晃著我們
>
> 使我們轉來轉去
>
> 快速地掠過燈和傢俱
>
> 我意識到我們正在和大海一起跳舞
>
> 真是完美而瘋狂的舞者

晚上在金色的地板上快樂地跳著華爾滋是不是很愜意呢？也許，我們忘記了一個人，那就是艾米麗，她可沒閒著：她必須在適當的時候施展魔法幫助 1900，不讓鋼琴撞到舞廳裡的傢俱。

不妨認為舞廳是一個 N 行 M 列的矩陣，矩陣中的某些方格上堆放了一些傢俱，其他則是空地。鋼琴可以在空地上滑動，但不能撞上傢俱或滑出舞廳，否則會損壞鋼琴和傢俱，引來難纏的船長。每個時刻，鋼琴都會隨著船體傾斜的方向向相鄰的方格滑動一格，相鄰的方格可以是向東、向西、向南或向北的。而艾米麗可以選擇施魔法或不施魔法：如果不施魔法，則鋼琴會滑動；如果施魔法，則鋼琴會原地不動。

艾米麗是天使，她知道每段時間船體的傾斜情況。她想使鋼琴在舞廳裡滑行的路程盡量長，這樣 1900 會非常高興，同時也有利於治療托尼的暈船。但艾米麗還太小，不會算，所以希望你能幫助她。

輸入

輸入檔案的第一行包含 5 個數 N、M、x、y 和 K。N 和 M 描述舞廳的大小，x 和 y 為鋼琴的初始位置；我們對船體傾斜情況是按時間的區間來描述的，且從 1 開始計算時間，比如「在 [1, 3] 時間裡向東傾斜，[4, 5] 時間裡向北傾斜」，因此這裡的 K 表示區間的數目。

以下 N 行，每行 M 個字元，描述舞廳裡的傢俱。第 i 行第 j 列的字元若為 '.'，則表示該位置是空地；若為 'x'，則表示有傢俱。

以下 K 行，順序描述 K 個時間區間，格式為 s_i t_i d_i（$1 \le i \le K$），表示在時間區間 $[s_i, t_i]$ 內，船體都是向 d_i 方向傾斜的。d 為 1、2、3、4 中的一個，依次表示北、南、西、東（分別對應矩陣中的上、下、左、右）。輸入保證區間是連續的，即

$$s_1 = 1$$
$$s_i = t_{i-1} + 1 \quad (1 < i \le K)$$
$$t_K = T$$

輸出

輸出檔案僅有一行，包含一個整數，表示鋼琴滑行的最長距離（即格子數）。

範例輸入	範例輸出
4 5 4 1 3 ..xx. ....x. 1 3 4 4 5 1 6 7 2	6

【範例說明】

鋼琴的滑行路線如下：

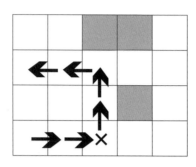

鋼琴在「x」位置上時天使使用一次魔法，因此滑動總長度為 6。

【評分方法】

本題沒有部分分，程式的輸出只有和我們的答案完全一致才能獲得滿分，否則不得分。

【資料範圍】

50% 的資料中，$1 \leq N, M \leq 200, T \leq 200$；

100% 的資料中，$1 \leq N, M \leq 200, K \leq 200, T \leq 40000$。

試題來源：NOI 2005

線上測試：BZOJ 1499 http://www.lydsy.com/JudgeOnline/problem.php?id=1499

❖ 試題解析

我們對鋼琴的滑動趨勢是按時間的區間來描述的，且從 1 開始計算時間，比如「在 [1, 3] 時間裡向東滑動，[4, 5] 時間裡向北滑動」，一共有 K 個時間區間（$N, M \leq 200$，$K \leq 200$）。

設 $f(i, x, y)$ 表示保證「第 i 段時間區間結束後，鋼琴停在座標 (x, y)」的情況下，最長能滑動的距離。並且定義：$T(i)$ 表示第 i 段時間區間的長度，$D(i)$ 表示第 i 段時間區間內的風向，1 表示東，2 表示西，3 表示南，4 表示北。f 的轉移方程是：

$$f(i, x, y) = \begin{cases} \max\{f(i-1, x, y-s)+s\} & D(i) = 1 \\ \max\{f(i-1, x, y+s)+s\} & D(i) = 2 \\ \max\{f(i-1, x-s, y)+s\} & D(i) = 3 \\ \max\{f(i-1, x+s, y)+s\} & D(i) = 4 \end{cases}$$

轉移條件是：

每個時間單位最多滑動一格，也就是滑動距離不能超過 $T(i)$，$s \leq T(i)$。

若在 $D(i)$ 的反方向（因為我們這裡是利用前面的結果倒推，所以是反方向）上，離 (x, y) 最近的障礙物距離為 $E(x, y)$，則 $s < E(x, y)$。這是因為鋼琴不能經過障礙物所在的格子，並且不能出邊界。

邊界條件是：

$$f(0,x,y)=\begin{cases} f(0,x,y)=0 & x=x0 \land y=y0 \\ f(0,x,y)=\infty & x\neq x0 \lor y\neq y0 \end{cases}$$

該演算法的時間複雜度是 $O(n^3k)$，只能透過 50% 的資料，因此需要進行最佳化。

由於只能直線滑動，所以每次狀態轉移都是線性的，取 $f[i-1][][]$ 的最大值。我們可以想辦法加快取最大值，由此引出單調佇列！

由於 f 的轉移方程實際上是根據 $D(i)$ 的不同而不同，我們只著重分析第 i 段時間區間內的風向 $D(i)$ 的一種情況，就可以同理推出其他情況。不妨設 $D(i)=1$（向東，即從下向上滑，最下面的狀態時間就是 0，往上一格時間增加 1）。

當 $D(i)=1$ 時，實際上我們可以一行一行地考慮如何求 F 值。

$$f(i,x,y)=\max\{f(i-1,x,y-s)+s\}$$
$$=\max\{f(i-1,x,y-s)-(y-s)\}+y$$

事實上我們可以對每個 y，求出相關的 $(y-s)$ 的取值區間。隨著 y 的增加，$(y-s)$ 區間的左右邊界都遞增。這樣可以用一個佇列維護需要計算的狀態。設

$$a_k=f(i-1,x,k)-k\,(k=y-s)$$
$$f[i,x,y]=\max_{k\in(y-s)的取值區間}\{a_k\}+y$$

顯然，$s \nearrow \rightarrow k \searrow \rightarrow a_k \nearrow$。維護一個元素值遞減的序列 P，滿足

$$P_1<P_2<P_3<\cdots<P_m$$
$$a_{P_1}>a_{P_2}>a_{P_3}>\cdots>a_{P_m}$$

若 k 目前的取值區間為 $[A,B]$，有 $P_1\geq A$。在維護 $[A,B]$ 時，需要以下操作。

①若佇列最後的 $a_{P_m}<a_B$，則刪除無用的 a_{P_m}（因為可以證明狀態 a_{P_m} 在以後永遠不會用到），直至最後 1 個元素值大於 a_B 為止。將 a_B 插入佇列最後的元素。

②若佇列開頭 $P_1<A$，則說明 P_1 不在區間 $[A,B]$ 內，刪除 P_1，直至 $P_1\geq A$ 為止。

③取出第 1 個元素，即區間 $[A,B]$ 的最大狀態值。

這樣每個元素推入佇列一次，提出佇列一次。每次取最大值的操作複雜度是 $O(1)$。所以計算一行的複雜度就最佳化到了 $O(N)$。

在 $D(i)=2,3,4$ 的時候也可以同樣處理。整個演算法的時間複雜度就最佳化到了 $O(N^2k)$。

❖ 參考程式

```
01  # include <cstdio>
02  # include <cstring>
03  # include <cmath>
```

```
04    using namespace std;
05    int mvx[4]={1,-1,0,0},mvy[4]={0,0,1,-1};                        // 水平增量和垂直增量
06    int most[256][256][4],vis[256][256][4],dp[202][202][202];
07    // (x,y) 沿 d 方向滑動的最長距離為 most[x][y][d]；滑動標誌為 vis[x][y][d]，
08    // 第 id 個時間段結束時到達 (i,j) 位置的最大滑動距離為 dp[id][i][j]
09    int map[256][256],sx,sy,n,m,K;// 舞廳的大小為 n×m；矩陣為 map[][]，其中 (i,j) 為空地，
10                                  // 則 map[i][j]=1；鋼琴的初始位置為 (sx,sy)；時間區間數為 K
11
12    int dfs(int x,int y,int d){            // 遞迴計算鋼琴從 (x,y) 出發沿 d 方向滑動的最長距離
13        if(!map[x][y])     return -1;      // 若 (x,y) 有障礙物，則傳回 -1
14        if(vis[x][y][d]) return most[x][y][d];  // 傳回 (x,y) 沿 d 方向滑動的最長距離
15        vis[x][y][d]=1;                         // 設定 (x,y) 沿 d 方向滑動的標誌
16        return most[x][y][d]=1+dfs(x+mvx[d],y+mvy[d],d);  // 遞迴計算滑動的最長距離
17    }
18
19    void getmost(){                         // 計算鋼琴滑動的最長距離矩陣 most[][][]
20        for(int i=1;i<=n;i++)
21          for(int j=1;j<=m;j++)
22            for(int k=1;k<=4;k++) if(map[i][j]&&!vis[i][j][k]) dfs(i,j,k);
23    }
24
25    int que[400],qf,qr,f[400];       // 儲存行（列）位置的佇列為 que[]，儲存目前最長滑動
26                                     // 距離的佇列為 f[]，佇列的開頭及結尾指標為 qf 和 qr
27
28    void dodp(int id,int d,int l){   // 計算第 id 個時間段結束時可達範圍（傾斜方向為 d，
29                                     // 滑動區間長度為 l）內每個位置的最大滑動距離 dp[id][][]
30        if(!(d>>1))                  // 若風向為上下，則順推每一列
31            for(int i=1;i<=m;i++){
32                int end=d?n+1:0,step=d?1:-1;qf=qr=0;  // 計算結束行和步長值，佇列空
33                for(int j=d?1:n;j!=end;j+=step){       // 按照步長值搜尋每個可達行
34                    if(dp[id-1][j][i]>=0){  // 若第 id-1 個時間段結束時到達 (j,i) 位置的
35                                            // 最大滑動距離已求出，則刪除佇列最後的無用元素
36                        while(qf!=qr&&dp[id-1][j][i]>f[qr-1]+fabs(j-que[qr-1]))     qr--;
37                        f[qr]=dp[id-1][j][i],que[qr++]=j;  // 第 id-1 個時間段結束時到達 (j,i)
38                                            // 的最大滑動距離和行位置 j 推入佇列
39                    }
40            // 不在目前行區間的第 1 個元素提出佇列
41            while(qf!=qr&&(fabs(j-que[qf])>l||fabs(j-que[qf])>most[j][i][d]))qf++;
42            if(qf!=qr) dp[id][j][i]=f[qf]+fabs(j-que[qf]);
43            // 以佇列最後的元素為決策點，計算 id 個時間段結束時到達 (j,i) 的最大滑動距離
44                }
45        }
46        else for(int i=1;i<=n;i++){                        // 若風向為左右，則順推每一行
47                int end=d&1?m+1:0,step=d&1?1:-1;qf=qr=0;  // 計算結束列和步長值，佇列空
48                for(int j=d&1?1:m;j!=end;j+=step){         // 按照步長值搜尋每個可達列
49                    if(dp[id-1][i][j]>=0){  // 若第 id-1 個時間段結束時到達 (i,j) 的
50                                            // 最大滑動距離已求出，則刪除佇列最後的無用元素
51                        while(qf!=qr&&dp[id-1][i][j]>f[qr-1]+fabs(j-que[qr-1]))     qr--;
52                        f[qr]=dp[id-1][i][j],que[qr++]=j;  // 第 id-1 個時間段結束時到達 (i,j)
53                                            // 的最大滑動距離和列位置 j 推入佇列
54                    }
55            // 不在當前列區間的第 1 個元素提出佇列
56            while(qf!=qr&&(fabs(j-que[qf])>l||fabs(j-que[qf])>most[i][j][d])) qf++;
57                if(qf!=qr)dp[id][i][j]=f[qf]+fabs(j-que[qf]);
58                            // 以佇列最後的元素為決策點，計算 id 個時間段結束時到達 (j,i) 的最大滑動距離
```

```
59                    }
60            }
61    }
62
63    int main(){                                          // 處理測試案例
64        scanf("%d %d %d %d %d\n",&n,&m,&sx,&sy,&K);       // 輸入舞廳的大小、鋼琴初始位置和時間區間數
65        for(int i=1;i<=n;i++){                            // 輸入舞廳資訊，建立矩陣 map[][]
66            for(int j=1;j<=m;j++){
67                char c=getchar();
68                if(c=='.') map[i][j]=1;
69            }
70            scanf("\n");
71        }
72        getmost();                                       // 計算鋼琴滑動的最長距離矩陣 most[][][]
73        memset(dp,-1,sizeof(dp));                         // dp 中的元素除鋼琴初始位置為 0 外其餘為 -1
74        dp[0][sx][sy]=0;
75        for(int i=1;i<=k;i++){                            // 階段：順推每個時間區間
76            int a,b,d;scanf("%d%d%d",&a,&b,&d);d--;       // 輸入第 i 個時間區間 [a,b] 和傾斜方向 d
77            dodp(i,d,b-a+1);                              // 計算 dP[i][][]
78        }
79        int ans=0;
80        for(int i=1;i<=n;i++)                             // 計算和輸出鋼琴滑行的最長距離
81            for(int j=1;j<=m;j++) ans=max(ans,dp[K][i][j]);
82        printf("%d\n",ans);
83        return 0;
84    }
```

6.5.3 ▶ 經典模型 3：利用最佳決策點的凸性最佳化

經典模型 3 的初始模型如下：

$$f(x)= \min_{i=1}^{x-1}\{a[x]*f[i]+b[x]*g[i]\}$$

這個初始模型比較抽象且涵蓋範圍很廣，因為 $a[x]$、$b[x]$ 不一定是常數，只要它們與決策無關都可以接受；另外 $f(i)$ 和 $g(i)$ 不管是常數還是變數都沒有關係，只要它們是一個由最佳的 $f(x)$ 決定的二元組即可。因此，很難直接從模型表象看出什麼可最佳化的地方。為此，透過代數恒等式變形將模型轉換成如下形式：

$$f(n)= \min_{i=1}^{n-1}\{a[n]*x[i]+b[n]*y[i]\}$$

其中 $x(i)$、$y(i)$ 都是可以在常數時間內透過 $f(i)$ 唯一決定的二元組。

怎樣求解上述經典模型呢？顯然，這個模型的解與平面上的線性規劃有關。我們以 $x(i)$ 為橫軸、$y(i)$ 為縱軸建立平面直角座標系，使得 $f(i)$ 所決定的二元組可用座標系中的一個點表示。目標是計算

$$\text{Min } p=ax+by，其中 a=a[n]，b=b[n]$$

化成 $y = -\dfrac{a}{b}x + \dfrac{p}{b}$，假設 $b > 0$ （反之亦然），則任務是使得這條直線的縱截距最小。可以想像：有一條斜率已經確定的直線和一堆點 $X = \{x_i\}$，選出其中一個點使得 p 最小。很明顯，這個點在點集合 X 的凸包上（相當於直線從負無窮往上平移，第一個碰到的點必然是凸包上的點）。

可以發現，根據 a 的定義，決策直線的斜率 $-\dfrac{a}{b}$ 隨 i 單調遞增，並且點的橫座標 x 也是隨 i 單調遞增的！為此，必須維護一個下凸的凸包（因為要求最小值）。隨著 i 的增加，狀態 i 的決策點一定是單調向右移動的，這也正好證明了決策的單調性！（圖 6-6 中箭頭所指的點為 $f(i)$。）

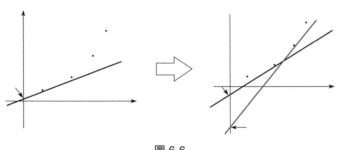

圖 6-6

這個時候，有一個重要的性質凸顯出來：**所有最佳決策點都在平面點集合的凸包上。**

這樣一來，具體的演算法步驟就水到渠成了。

維護一個單調佇列 D，儲存凸包的點座標 (x, y)。根據決策單調的性質：如果一個決策沒有成為目前狀態的最佳決策，那麼就永遠也不可能成為後面狀態的最佳決策，所以決策指標單調右移。

1. 搜尋最佳決策點

我們來看對於目前狀態 now，怎樣搜尋最佳決策。設 D 的佇列開頭指標為 l、佇列最後的指標為 r。尋找最佳決策的虛擬碼如下：

```
While a[n]*D[l].x+b[n]*D[l].y>=a[n]*D[l+1].x+b[n]*D[l+1].y Do l++;
```

上述程式碼充分應用了決策單調的性質。

2. 插入目前點

目前狀態 now 所對應的二元組 (x, y) 計算完畢，看怎麼插入單調佇列 D。由於 now 所對應的 (x, y) 必然是凸包上的點，因此可用 Graham 的維護方式不斷提出佇列（注意維護凸型 Graham 的方向），最後再插入：

```
while (l<r && now 在 D_r D_{r-1} 的右方) r--        // 提出佇列最後的元素的非凸包點
    D[++r]=now;                                     // 使得 now 成為凸包點
```

注意： 如果決策指標也被提出佇列了，那麼決策指標應當指向目前狀態（決策單調！）。

時間複雜度分析： 主過程裡有一重迴圈，複雜度為 $O(n)$。重要的是 while 那段。前面說過，決策指標單調右移，所以 while 總共加起來也是 $O(n)$，又由於每個點最多提出佇列一次、推入佇列一次，所以最後的時間複雜度是 $O(n)$。

6.5.3.1　玩具裝箱

題意如【6.5.1.1　玩具裝箱】。

❖ **試題解析**

玩具裝箱的動態規劃方程：$f(x) = \min_{i-1}^{x-1}\{f(i) + (x-i-1+\sum_{k=i+1}^{x} c[k] - L)^2\}$。

下面，我們試圖透過數學變換將其變成經典模型 3。為了簡化計算，設 $sum[x] = \sum_{i=1}^{x} c[i]$，則

$f(x) = \min_{i-1}^{x-1}\{f(i)+(x-i-1-L+sum[x]-sum[i])^2\} = \min_{i-1}^{x-1}\{f(i)+((sum[x]+x-1-L)-(sum[i]+i))^2\}$。

不妨設 $a[x] = sum[x] + x - 1 - L$，$b[i] = sum[i] + i$，顯然這兩個量都是常數，則

$$f(x) = \min_{i-1}^{x-1}\{f(i)+(a[x]-b[i])^2\} = \min_{i-1}^{x-1}\{f(i)+b^2[i]-2a[x]b[i]\}+a^2[x]$$

問題明朗了。設平面直角座標系中 $x(i) = b[i]$，$y(i) = f(i) + b^2[i]$，則問題變成 $\min p = y - 2ax$，其對應的線性規劃的目標直線為 $y = p + a^2$。

回顧定義不難看出，$a[x]$ 隨著 x 的增大而增大，$x(i)$ 也隨著 i 的增大而增大。因此，問題中直線斜率單調減，資料點橫座標單調增，符合經典模型 3 中最簡單的情形，使用單調佇列維護凸包可以在 $O(n)$ 的時間內解決本題。

❖ **參考程式**

```
01   struct point{
02       long long x,y;
03       } now,D[50010];        // 目前狀態的二元組為 now，佇列為 D[]
04   int L,R,N,W;                // 佇列的開頭及結尾指標為 L 和 R，玩具數為 N，費用係數為 W
05   long long C[500010];       // 前 i 個玩具的長度和為 C[]
06   inline long long xmul(point a,point b,point c){   // 計算 ba 與 ca 的外積
07           return (b.x-a.x)*(c.y-a.y)-(b.y-a.y)*(c.x-a.x);
08   }
09   int main(){
10       scanf("%d%d",&N,&W);        // 輸入玩具數和費用係數
11       for (int i=1;i<=N;i++){     // 輸入每個玩具的長度
12           scanf("%lld",&C[i]);
13           C[i]+=C[i-1];                              // 計算前 i 個玩具的長度和
14       }
15       for (int i=1;i<=N;i++){                        // 順推每個玩具
16           while(L<R&&D[L].y-2*(i+C[i]-W-1)*D[L].x>=D[L+1].y-2*(i+C[i]-W-1)*D[L+1].x) L++;
17                   // 若佇列不空，則反覆刪除非最佳決策的第 1 個元素，直至保持佇列的最佳性質為止
18           now.x=i+C[i];                              // 計算新狀態的二元組
19           now.y=D[L].y-2*(i+C[i]-W-1)*D[L].x+(i+C[i]-W-1)*(i+C[i]-W-1)+(i+C[i])*
     (i+C[i]);
```

```
20          while (L<R&&xmul(D[R-1],D[R],now)<=0) R--;    // 去除佇列最後的凸包外的節點,
21                                                        // 維護凸包
22          D[++R]=now;                                   // 新狀態的二元組進入佇列
23          }
24   printf("%lld\n",D[R].y-(N+C[N])*(N+C[N]));           // 輸出將所有玩具裝箱的最少代價
25   return 0;
26   }
```

上述求解經典模型 3 的方法必須滿足以下條件:隨著計算狀態的逐步推進,直線的斜率單調變化,同時 x 或者 y 也要單調變化。

但問題是,如果其中之一或者兩者均不滿足條件,那又該怎麼辦呢?有一點是要肯定的:最佳決策點依然在凸包上。但是搜尋最佳決策點和插入目前點看似毫無規律。我們以斜率和橫座標 x 都不滿足單調性且要求計算最大值(即維護上凸的凸包)為例,分析計算方法。

(1)搜尋最佳決策點

觀察圖 6-7(加粗直線代表目前狀態對應的直線,其斜率 $k = -\dfrac{a}{b}$)。

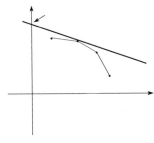

由圖 6-7 可見,如果一個點成為最佳決策點的話,設凸包上左鄰點和它連線的斜率為 k_1,凸包上右鄰點和它連線的斜率為 k_2,那麼必然有 $k_2 \le k \le k_1$(我們可以設最左邊的點的 $k_1 = +\infty$,最右邊的點的 $k_2 = -\infty$)。根據這個單調性,搜尋最佳決策就可以用二元搜尋來在 $O(\log_2 n)$ 時間內完成。

(2)插入目前點

因為要維護凸包,所以先二元搜尋到在陣列中應該插入的位置,然後對兩邊進行 Graham 式凸包維護。辦法如下:

圖 6-7

◆ 以橫座標為關鍵字建立平衡二元樹 Splay。

◆ 二元搜尋最佳決策點,計算狀態值。

◆ 插入節點:將該節點的橫座標 a 插入 Splay。

接下來,要對左子樹和右子樹進行凸性維護。以左子樹為例(右子樹類似):

首先,二元搜尋出離目前點最近且滿足凸包性質(因為是上凸形,所以斜率單調減)的點 b。然後根據 Graham 的特點——被刪掉的點一定是連續的一段,我們可以將點 b 伸展到根節點,a 伸展到根的右子樹,那麼 a 的右子樹肯定是要被刪的點,直接將其刪除。但要注意的是 a 不一定是凸包上的點,所以維護完左右子樹後還要檢查 a 是否符合凸包要求,不行的話依然要將其刪掉。

搜尋和插入的過程都可以在 $O(\log_2 n)$ 時間內完成,因此總共的時間複雜度為 $O(n\log_2 n)$,但實作起來比較複雜。由於篇幅所限,我們僅提供演算法思維,供讀者求解同類問題時參考。

6.6 相關題庫

6.6.1 ► Tri Tiling

有多少種方法可以在一個 $3 \times n$ 的矩形中平鋪一個 2×1 的多米諾骨牌？圖 6-8 提供一個 3×12 矩形中平鋪的範例。

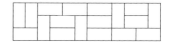

輸入

圖 6-8

輸入包含若干測試案例，以包含 -1 的一行結束。每個測試案例包含一個整數 n（$0 \leq n \leq 30$）。

輸出

對每個測試案例，輸出一個整數，提供可能的平鋪數。

範例輸入	範例輸出
2	3
8	153
12	2131
−1	

試題來源：Waterloo local 2005.09.24
線上測試：POJ 2663，ZOJ 2547，UVA 10918

提示

設 i 列的狀態為二進位數值 j（$0 \leq i \leq n-1$，$0 \leq j \leq 7$），0 代表對應格被多米諾骨牌占據，1 代表對應格空閒。顯然，$(0, i)$ 的狀態為 $c = j\&1$，$(1, i)$ 的狀態為 $b = \left\lfloor \dfrac{j}{2} \right\rfloor \&1$，$(2, i)$ 的狀態為 $a = \left\lfloor \dfrac{j}{4} \right\rfloor$。

第 i 列的狀態為 j 時，前 i 列的平鋪總數為 $dp[i][j]$。顯然初始時 $dp[0][0] = 1$。

我們從左向右逐列進行列狀態壓縮的動態規劃：

◆ 若 $(1, i)$ 和 $(2, i)$ 被多米諾骨牌占據（$!a\&\&!b = 1$），則 $dp[i+1][!c] += dp[i][j]$。

◆ 若 $(0, i)$ 和 $(1, i)$ 被多米諾骨牌占據（$!b\&\&!c = 1$），則 $dp[i+1][(!a)*4] += dp[i][j]$。

◆ $dp[i+1][(!a)*4 + (!b)*2 + (!c)] += dp[i][j]$。

最後，得出的 $dp[n][0]$ 即為問題的解。

6.6.2 ► Marks Distribution

在一次考試中，學生要參加 N 門課程的考試，總共獲得了 T 分。他通過了所有的 N 門課程，在每門課程通過的最小分數是 P。請計算學生獲得這些分數的方式。例如，如果 $N = 3$、$T = 34$、$P = 10$，那麼三門課程學生可以取得的分數情況如表 6-1 所示。

表 6-1

	課程 1	課程 2	課程 3
1	14	10	10
2	13	11	10
3	13	10	11
4	12	11	11
5	12	10	12
6	11	11	12
7	11	10	13
8	10	11	13
9	10	10	14
10	11	12	11
11	10	12	12
12	12	12	10
13	10	13	11
14	11	13	10
15	10	14	10

因此有 15 個解,所以 $F(3, 34, 10) = 15$。

輸入

在輸入的第一行提供一個正整數 K,然後提供 K 行,每行一個測試案例。每個測試案例提供 3 個正整數,分別是 N、T 和 P,N、T 和 P 的值最多是 70。本題設定最終的答案是符合標準的 32 位元整數。

輸出

對每個輸入,在一行中輸出 $F(N、T、P)$ 的值。

範例輸入	範例輸出
2 3 34 10 3 34 10	15 15

試題來源:4th IIUC Inter-University Programming Contest, 2005
線上測試:UVA 10910

提示

設 dp[i][j] 表示通過 i 門功課、分數為 j 的情況。所以,dp[1][j] $= 1$,其中 $P \le j \le T$。並且,dp[i][j] $= \sum_{k=P}^{j-P} \mathrm{dp}[i-1][j-k] | j-k \ge P$,$2 \le i \le N$,$P \le j \le T$。最後得出的 dp[$N$][$T$] 是問題的解。

6.6.3 ► Chocolate Box

最近我的一個朋友 Tarik 成為 ACM 區域賽的食品委員會委員。給他 m 個可以區分的盒子，他要把 n 種不同類型的巧克力放進這些盒子中。一種巧克力被放進某個盒子的機率是 $\frac{1}{m}$。一個或多個盒子為空的機率是多少？開始他認為這是一項容易的工作，但不久他發現這非常難。因此，請幫他解決這個問題。

輸入

輸入的每一行提供兩個整數，n 表示巧克力的類型總數，m 表示不同盒子的數目（$m \le n < 100$）。一個包含 -1 的一行表示結束。

輸出

對每個測試案例計算機率，精確到小數點後 7 位。輸出格式如下。

範例輸入	範例輸出
50 12 50 12 −1	Case 1: 0.1476651 Case 2: 0.1476651

試題來源：The FOUNDATION Programming Contest 2004
線上測試：UVA 10648

提示

設 dp[i][j] 表示放了第 i 個巧克力時共有 j 個盒子內有巧克力的機率。則 dp[1][1] = 1，dp[i][j] = dp[$i-1$][j]*$f(j)$ + dp[$i-1$][$j-1$]*$f(m-j+1)$，其中 $f(x) = \frac{x}{m}$，表示將一個巧克力放入 x 個特定盒子的機率（$2 \le i \le n, 1 \le j \le m$）。

顯然，最後答案為 $1 - $dp[$n$][m]。

6.6.4 ► A Spy in the Metro

特務 Maria 被派到 Algorithms 市執行一項特別危險的任務。經過了幾件驚心動魄的事件之後，我們發現她在 Algorithms 市地鐵的起始站，正在看時刻表。Algorithms 市地鐵是由一個單線運行兩種方向的列車組成，因此它的時刻表並不複雜。

Maria 要在 Algorithms 市地鐵終點站與當地的間諜接頭。Maria 知道有一個強大的組織在追蹤她。她也知道，如果在車站等候的話，她被抓的風險就很大，而隱藏在行駛的列車中則相對安全，所以她決定盡可能地躲在行駛的列車裡，無論列車是向前行駛還是向後行駛。Maria 都需要知道一個時間表，要在所有的站等待時間最少，並能及時趕到終點站進行接頭。請寫一個程式，為 Maria 找到一個總共的等待時間最佳的時間表。

Algorithms 市地鐵系統有 N 個站，從 1 到 N 順序編號，地鐵列車雙向行駛：從第 1 站（起始站）到最後一站（終點站），以及從最後一站（終點站）到第 1 站（起始站）（如圖 6-9 所示）。對於在兩個相鄰的站之間行駛的地鐵列車的時間是固定的，因為所有列車以相同的速度行駛。在每一站，地鐵停非常短的時間，為了簡便起見，可以忽略。因為

Maria 是一個身手非常敏捷的特務，如果相對行駛的兩列列車同時在一個站停下，她也可以換乘。

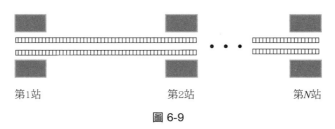

第1站　　　　　　　第2站　　　　　　　第N站

圖 6-9

輸入

輸入包含若干測試案例，每個測試案例 7 行，形式如下。

◆ 第 1 行：整數 N（$2 \le N \le 50$），表示站的個數。

◆ 第 2 行：整數 T（$0 \le T \le 200$），表示接頭的時間。

◆ 第 3 行：$N-1$ 個整數 $t_1, t_2, \cdots, t_{N-1}$（$1 \le t_i \le 20$），表示地鐵列車在兩個連續的車站之間的行駛時間：$t_1$ 表示在第 1 站和第 2 站之間的行駛時間，t_2 表示在第 2 和第 3 站之間的行駛時間，以此類推。

◆ 第 4 行：整數 M_1（$1 \le M_1 \le 50$），表示離開第 1 站的列車的數量。

◆ 第 5 行：M_1 個整數 $d_1, d_2, \cdots, d_{M_1}$（$0 \le d_i \le 250$ 且 $d_i < d_{i+1}$），表示地鐵列車離開第 1 站的時間。

◆ 第 6 行：整數 M_2（$1 \le M_2 \le 50$），表示離開第 N 站的地鐵列車的數量。

◆ 第 7 行：M_2 個整數 $e_1, e_2, \cdots, e_{M_2}$（$0 \le e_i \le 250$ 且 $e_i < e_{i+1}$），表示地鐵列車離開第 N 站的時間。

最後一個測試案例後，提供僅包含一個 0 的一行。

輸出

對每個測試案例，輸出一行，提供測試案例編號（從 1 開始）和一個整數，表示按最佳的時間表在站上總共的等待時間，如果 Maria 無法進行接頭，輸出單字 "impossible"。根據範例輸出的格式輸出。

範例輸入	範例輸出
4 55 5 10 15 4 0 5 10 20 4 0 5 10 15 4 18 1 2 3 5	Case Number 1: 5 Case Number 2: 0 Case Number 3: impossible

範例輸入	範例輸出
0 3 6 10 12 6 0 3 5 7 12 15 2 30 20 1 20 7 1 3 5 7 11 13 17 0	

試題來源：ACM World Finals 2003
線上測試：UVA 2728

提示

首先，我們遞迴從第 1 站（始發站）發出的每輛地鐵列車到達各站的時間 $x_1[][]$、和從第 N 站（終點站）發出的每輛地鐵列車到達各站的時間 $x_2[][]$，其中，從第 1 站出發，順向行駛的第 i 輛地鐵列車到達第 j 站的時間為 $x_1[i][j]$：

$$x_1[i][j] = \begin{cases} 第\ i\ 輛地鐵列車的發車時間 & j=1 \\ x_1[i][j-1]+第(j-1)站到第\ j\ 站的行駛時間 & j>1 \end{cases}$$

而逆向行駛的第 i 輛地鐵列車到達第 j 站的時間為 $x_2[i][j]$：

$$x_2[i][j] = \begin{cases} 第\ i\ 輛地鐵列車的發車時間 & j=N \\ x_2[i][j+1]+第(j+1)站到第\ j\ 站之間的行駛時間 & j<N \end{cases}$$

我們將每一時刻地鐵列車到達各站的等待時間作為狀態，要使得該時刻列車到達各站的等待時間最少，則前一時刻地鐵列車到達各站的等待時間也必須最少，滿足最佳子結構的性質，因此可以用 DP 的方法解決。

設 $f[j][k]$ 為 j 時刻到達 k 站前的最少等待時間，顯然，$f[0][1]=0$。

階段 i：遞迴接頭前的每一時刻（$0 \le i \le T-1$）。

狀態 k：列舉每個車站（$0 \le k \le N$）。

決策：分順向和逆向兩部分。

◆ 列舉順向列車中在 i 時刻後到達 k 站的列車 j（$1 \le j \le$ 站 1 發出的列車數，$i \le x_1[j][k]$），計算該車到達 $k+1$ 站時刻前的最少等待時間 $f[x_1[j][k+1]][k+1] = \min\{f[x_1[j][k+1]][k+1], f[i][k]+x_1[j][k]-i\}$。

◆ 列舉逆向列車中在 i 時刻後到達 k 站的列車 j（$1 \le j \le$ 站 N 發出的列車數，$i \le x_2[j][k]$），計算該車到達 $k-1$ 站時刻前的最少等待時間 $f[x_2[j][k-1]][k-1] = \min\{f[x_2[j][k-1]][k-1], f[i][k]+x_1[j][k]-i\}$。

由於各列車到達 $k+1$ 站（或 $k-1$）站的時刻可能超出 i，因此需要作進一步處理：若 i 時刻到達 k 站的等待時間增加 1 個時間單位較佳，則調整 $f[i+1][k] = \min\{f[i+1][k], f[i][k]+1\}$。

顯然，若 $f[T][N]$ 為 DP 前的初始值，則說明 Maria 無法進行接頭；否則 $f[T][N]$ 為她在 T 時刻在 N 站接頭前最少的等待時間。

6.6.5 ▶ A Walk Through the Forest

由於 Jimmy 的意外使得工作更加困難，這些天 Jimmy 在工作上的壓力很大。在艱苦的一天工作後，為了放鬆自己，他喜歡走著回家。他的辦公室在森林的一邊，他的家在森林的另一邊。一次美好穿過森林的步行，看著小鳥和花栗鼠是讓人相當愉快的。

森林非常美，Jimmy 每天走不同的路回家，他還要在天黑前回家，所以他需要一條路徑走向他家。對於兩個點 A 和 B，如果從 B 到他家有一條路徑比任何一條從 A 到他家的路徑短，那麼他就考慮走從 A 到 B 的路徑。請計算 Jimmy 可以走多少條不同的路徑通過森林。

輸入

輸入由若干測試案例組成，輸入的最後一行僅包含 0。Jimmy 已經對每個路口從 1 開始編號，他的辦公室編號為 1，他家編號為 2。每個測試案例的第一行提供路口數 N 和連接兩點的路徑數 M，其中 $1 < N \leq 1000$；其後的 M 行每行提供一對路口 a 和 b、以及一個表示路口 a 和路口 b 之間的整數距離 d，$1 \leq d \leq 1000000$。對每一條路，兩個方向 Jimmy 都可以選。在一對路口之間，最多有一條路連接。

輸出

對每個測試案例，輸出一個整數，表示通過森林的不同路徑的數目。本題設定這個數目不超過 2147483647。

範例輸入	範例輸出
5 6	2
1 3 2	4
1 4 2	
3 4 3	
1 5 12	
4 2 34	
5 2 24	
7 8	
1 3 1	
1 4 1	
3 7 1	
7 4 1	
7 5 1	
6 7 1	
5 2 1	
6 2 1	
0	

試題來源：Waterloo local 2005.09.24

線上測試：POJ 2662，UVA 10917

提示

以路口為節點，連接兩路口的路徑作邊，路口間的距離作為邊權，建構一個帶權無向圖。辦公室為節點 1，家為節點 2。由於 Jimmy 無論在哪個路口，總是選擇離家最短的路徑走，因此，先使用 Dijkstra 演算法計算各節點至節點 2 的最短路徑 dist[]，其中 dist[i] 為節點 2 與節點 i 間的最短路長。設 $f[x]$ 為節點 x 至節點 2 的路徑數，則

$$f[x] = \begin{cases} 1 & x = 2 \\ \sum_{i=1}^{n} (f[i] \mid (i, x) \in E \,\&\&\, \text{dist}[i] < \text{dist}[x]) & x \neq 2 \end{cases}$$

採用記憶化搜尋的遞迴辦法計算 $f[]$。顯然，$f[1]$ 為 Jimmy 通過森林的不同路徑數。

6.6.6 ▶ 炮兵陣地

司令部的將軍們打算在 $N \times M$ 的網格地圖上部署他們的炮兵部隊。一個 $N \times M$ 的地圖由 N 行 M 列組成，地圖的每一格可能是山地（用 "H" 表示），也可能是平原（用 "P" 表示），如圖 6-10 所示。在每一格平原地形上最多可以佈置一支炮兵部隊（山地上不能夠部署炮兵部隊），一支炮兵部隊在地圖上的攻擊範圍如圖 6-10 中黑色區域所示。

如果在地圖中的灰色所標示的平原上部署一支炮兵部隊，則圖 6-10 中黑色的網格表示它能夠攻擊到的區域：沿橫向左右各兩格，沿縱向上下各兩格。圖上其他白色網格均攻擊不到。從圖上可見炮兵的攻擊範圍不受地形的影響。

P	P	H	P	H	H	P	P
P	H	P	H	P	H	P	P
P	P	P	H	H	H	P	H
H	P	H	P	P	P	P	H
H	P	P	P	P	H	P	H
II	P	P	H	P	H	H	P
H	H	H	P	P	P	P	H

圖 6-10

現在，將軍們規劃如何部署炮兵部隊，在防止誤傷的前提下（保證任何兩支炮兵部隊之間不能互相攻擊，即任何一支炮兵部隊都不在其他支炮兵部隊的攻擊範圍內），在整個地圖區域內最多能夠擺放多少我軍的炮兵部隊。

輸入

第一行包含兩個由空格分割開的正整數，分別表示 N 和 M。

接下來的 N 行，每一行含有連續的 M 個字元（'P' 或者 'H'），中間沒有空格。按順序表示地圖中每一行的資料，$N \leq 100$，$M \leq 10$。

輸出

僅一行，包含一個整數 K，表示最多能擺放的炮兵部隊的數量。

範例輸入	範例輸出
5 4 PHPP PPHH PPPP PHPP PHHP	6

試題來源：NOI 2001

線上測試：POJ 1185

提示

設目前行的狀態為一個 m 位元二進位數值 $X = x_{m-1} \cdots x_0$，其中 $x_i = 0$ 代表目前行的第 $i+1$ 格為安全格，$x_i = 1$ 代表目前行的第 $i+1$ 格被攻擊。

由炮兵部隊攻擊的區域（沿橫向左右各兩格，沿縱向上下各兩格）可以看出，如果目前行為合法行的話，則目前行不會出現相鄰格同 1、相隔位同 1 的情況，且與之相鄰的兩行的行狀態間不會出現同一個二進位位元同 1 的情況。

我們將 $0 \cdots 2^m - 1$ 中所有合法的行狀態儲存在陣列 $d[]$ 中，將每個合法行狀態中 1 的個數儲存在陣列 $b[]$ 中，其中 $d[i]$ 為第 i 個合法行狀態對應的二進位數值，該二進位數值中 1 的個數為 $b[i]$（$1 \leq i \leq \text{num}$）。

顯然，若第 i 個、第 j 個、第 k 個合法行狀態可以相鄰，則 $(!(d[i] \& d[j]) \&\& !(d[i] \& d[k]) \&\& !(d[j] \& d[k])) = \text{true}$。我們將任意 3 個合法行狀態是否可相鄰的情況儲存在陣列 $\text{map}[][][]$ 中，其中 $\text{map}[i][j][k] = \begin{cases} \text{true} & d\,\text{表中第}\,i \cdot j \cdot k\,\text{個合法行狀態可以相鄰} \\ \text{false} & d\,\text{表中第}\,i \cdot j \cdot k\,\text{個合法行狀態不可以相鄰} \end{cases}$（$1 \leq i, j, k \leq \text{num}$）。

我們先根據列數 m 計算出 $d[]$、$b[]$ 和 $\text{map}[][]$，然後分析地圖每行的狀態（'P' 對應 1，'H' 對應 0）：若第 i 行的狀態 $c[i]$ 相與 $d[l]$ 結果仍為 $d[l]$（$d[l] \& c[i]) == d[l]$），則說明第 i 行為第 l 個合法行狀態。

將每行資訊壓縮成狀態後，很容易看出問題的最佳子結構和重疊子問題的特徵，此時便可以使用 DP 方法求解。

設第 $i-1$、i 行的合法狀態在 $b[]$ 表的序號為 j 和 k 時，前 i 行安放的最多炮兵部隊數為 $f[i][j][k]$。顯然，$f[1][1][i] = b[i]$（$1 \leq i \leq \text{num}$，$(d[i] \& c[1]) == d[i]$）。

階段 i：自上而下遞迴每一行（$1 \leq i \leq n-1$）。

狀態 j 和 k：列舉第 $i-1$、i 行的合法狀態序號（$1 \leq j, k \leq \text{num}$，$f[i][j][k] \neq 0$）。

決策 l：若第 $i+1$ 行的合法狀態 l 可與合法狀態 k 和 j 相鄰（$1 \leq l \leq \text{num}$，$((c[i+1] \& d[l]) == d[l]) \&\& \text{map}[j][k][l]$），則調整最佳解

$$f[i+1][k][l] = \max(f[i+1][k][l], f[i][j][k] + b[l])$$

經過 $n-1$ 階段後，計算出 n 行上方相鄰各種合法行時的炮兵部隊數，需要從中找出炮兵部隊數 ans $= \max\limits_{1 \le i \le \text{num}, 1 \le j \le \text{num}} \{f[n][i][j]\}$。

6.6.7 ► Common Subsequence

一個提供序列的子序列是從這個提供的序列中，按序取出的一些元素（可能為空）。提供一個序列 $X = <x_1, x_2, \cdots, x_m>$，另一個序列 $Z = <z_1, z_2, \cdots, z_k>$ 是 X 的子序列，如果存在一個 X 的索引的嚴格遞增序列 $<i_1, i_2, \cdots, i_k>$，使得對所有的 $j = 1, 2, \cdots, k$，$x_{i_j} = z_j$。例如，$Z = <a, b, f, c>$ 是 $X = <a, b, c, f, b, c>$ 的子序列，索引序列為 $<1, 2, 4, 6>$。提供兩個序列 X 和 Y，本題要求找到 X 和 Y 最大長度共同子序列的長度。

輸入
程式輸入為標準輸入，輸入的每個測試案例是兩個字串，表示提供的序列。序列用多個空格分開。輸入資料是正確的。

輸出
標準輸出。對每個測試案例，輸出一行，提供最大長度共同子序列的長度。

範例輸入		範例輸出
abcfbc	abfcab	4
programming	contest	2
abcd	mnp	0

試題來源：ACM Southeastern Europe 2003

線上測試：POJ 1458，ZOJ 1733，UVA 2759

提示
本題是純粹的 LCS 問題，直接使用 DP 方法解決。

6.6.8 ► Lazy Cows

農夫 John 很後悔在牧場用高檔化肥，因為草長得非常快以致於他的乳牛吃草不再需要走動。因此，乳牛長得非常大，而且也變得很懶惰……冬天快到了，農夫 John 想建一些穀倉作為那些不能動的乳牛的住所，並認為他應該圍繞著乳牛目前的位置建造穀倉，因為這些乳牛不會自己行走到穀倉，不管穀倉如何能遮風避雨或舒適。

乳牛放牧的牧場被表示為一個 $2 \times B$（$1 \le B \le 15000000$）的方格矩陣，其中的一些方格中有一頭乳牛，另一些方格為空，如下圖所示，牧場裡有 N（$1 \le N \le 1000$）頭乳牛占據這些方格。

	cow				cow	cow	cow	cow
	cow	cow	cow					

出於節儉，農夫 John 準備只建 K（$1 \leq K \leq N$）間矩形穀倉（圍牆與牧場的邊平行），總共的面積要佔用最少數量的方格。每個穀倉占一個矩形組的方格，不會存在兩個穀倉重疊，當然穀倉要覆蓋所有包含乳牛的方格。

例如，在上圖中，如果 $K=2$，那麼最佳解是一個 2×3 的穀倉和一個 1×4 的穀倉，覆蓋了總共 10 個單位的方格。

輸入

第 1 行：3 個被空格分開的整數 N、K 和 B。

第 2 行到第 $N+1$ 行：兩個被空格分開的、範圍在（1, 1）到（2, B）的整數，提供包含每頭乳牛的方格的座標，不會有一個方格包含兩頭以上的乳牛。

輸出

第 1 行：覆蓋了全部乳牛的 K 個穀倉所占據的最小面積。

範例輸入	範例輸出
8 2 9	10
1 2	
1 6	
1 7	
1 8	
1 9	
2 2	
2 3	
2 4	

試題來源：USACO 2005 USOpen Gold
線上測試：POJ 2430

提示

這是一道狀態壓縮 DP 題。設 dp[i][j][k] 表示前 i 列被 j 個穀倉占據，並且目前狀態為 k 的最佳解；其中 k==1 表示只有第一行被一個穀倉占據，k==2 表示只有第二行被一個穀倉占據，k==3 表示第一行和第二行被一個穀倉占據，k==4 表示第一行和第二行被兩個不同的穀倉占據。

6.6.9 ▶ Longest Common Subsequence

提供兩個字串序列，輸出兩個序列的最長共同子序列的長度。例如，下述兩個序列：

> abcdgh
> aedfhr

最長共同子序列為 adh，長度為 3。

輸入

輸入由若干對的行組成。每對的第一行提供第一個字串，第二行提供第二個字串。每個字串一行，至多由 1000 個字元組成。

輸出

對於輸入的每對子序列，輸出一行，提供一個符合上述要求的整數。

範例輸入	範例輸出
a1b2c3d4e	4
zz1yy2xx3ww4vv	3
abcdgh	26
aedfhr	14
abcdefghijklmnopqrstuvwxyz	
a0b0c0d0e0f0g0h0i0j0k0l0m0n0o0p0q0r0s0t0u0v0w0x0y0z0	
abcdefghijklmnzyxwvutsrqpo	
opqrstuvwxyzabcdefghijklmn	

試題來源： November 2002 Monthly Contest

線上測試： UVA 10405

提示

典型的 LCS 問題。

6.6.10 ▶ Make Palindrome

按定義，回文（palindrome）是一個倒轉以後也不改變的字串。"MADAM" 就是一個很好的回文實例。對一個字串測試其是否為回文是一項簡單的工作。但是產生回文則可能不是容易的。

我們製造一個回文產生器，輸入一個字串，傳回一個回文。可以很容易地證明，對於一個長度為 n 的字串，要使得它變成回文，就要加入不超過 $n-1$ 個字元，例如 "abcd" 產生其回文 "abcdcba"；"abc" 產生其回文 "abcba"。但對於程式開發者，生活不是這樣容易！！如果可以將字元插入在字串的任何位置，請找一個將給定字串變成回文所需要字元的最少數目。

輸入

每個輸入行僅由小寫字母組成。輸入的字串大小最多為 1000。輸入以 EOF 結束。

輸出

對每個輸入，在一行內輸出用一個空格分開的字元的最小數目和一個回文。如果可以有多個這樣的回文，任何一個都可以。

範例輸入	範例輸出
abcd	3 abcdcba
aaaa	0 aaaa
abc	2 abcba
aab	1 baab
abababaabababa	0 abababaabababa
pqrsabcdpqrs	9 pqrsabcdpqrqpdcbasrqp

試題來源： The Real Programmers'Contest -2 -A BUET Sprinter Contest 2003

線上測試： UVA 10453

提示

首先,計算提供的字串及其反向序列的最長共同子序列。這就提供了在回文中重疊的字元。然後在字串中添加其餘字元,產生最短的回文。

6.6.11 ▶ Vacation

你計畫休息一下,外出旅行,但你並不知道應該去哪座城市。因此,你向父母尋求幫助。你媽媽說:「我的兒子,你一定要去 Paris、Madrid、Lisboa 和 London,但僅按這一順序是很好玩的。」接著你的父親說:「兒子,如果你計畫去旅行,就先去 Paris,然後去 Lisboa,然後去 London,再往後,至少要去 Madrid。我知道我在說什麼。」

因為你沒有預想到這樣的情況,現在你就有些困惑。你擔心,如果按照父親的建議,則會傷害你的母親。但你也擔心,如果按照母親的建議,則會傷害父親。而且情況還會變得更糟,如果你根本不理會他們的建議,你就傷害了他們兩人。

因此,你決定用更好的方法來遵循父母的建議。所以,首先,你認識到 London-Paris-Lisboa-Madrid 這一順序滿足父母兩人的建議;之後,你會說,你不能去 Madrid,即使你非常喜歡 Madrid。

如果按你父親建議的 London-Paris-Lisboa-Madrid 這一順序,兩個順序 Paris-Lisboa 和 Paris-Madrid 能同時滿足你父母的建議,在這一情況下,你只能去兩座城市。

你要在將來避免類似的問題,並且,如果他們的旅行建議範圍更大呢?可能你不能很容易地找到更好的方式。所以,你決定編寫一個程式來幫助自己完成這個任務。每一個城市用大寫字母、小寫字母、數字和空格這樣的字元表示。因此,最多可以去 63 個不同的城市,但有些城市可能會去不止一次。

如果用 "a" 表示 Paris,"b" 表示 Madrid,"c" 表示 Lisboa,"d" 表示 London,那麼你母親的建議是 "abcd",你父親的建議是 "acdb"(或第 2 個實例 "dacb")。

程式輸入兩個旅行序列,輸出可以旅行通過多少城市,以滿足你父母的建議,且經過的城市數量最多。

輸入

輸入由若干城市序列對組成。輸入以 "#" 字元結束(沒有引號),程式也不必對此進行處理。每個旅行序列單獨一行,由合法的字元組成(定義如上)。所有的旅行序列在一行中提供,至多 100 座城市。

輸出

對每個序列對,在一行中輸出下述資訊:

```
Case #d: you can visit at most K cities.
```

其中 *d* 表示測試案例的編號(從 1 開始),*K* 是你滿足你父母建議所能去的最多的城市數。

範例輸入	範例輸出
abcd acdb abcd dacb #	Case #1: you can visit at most 3 cities. Case #2: you can visit at most 2 cities.

試題來源：2001 Universidade do Brasil (UFRJ). Internal Contest Warmup

線上測試：UVA 10192

提示

母親說的旅行序列為字串 1，父親說的旅行序列為字串 2，兩個字串的最長共同子序列所含的字母數，即為滿足父母建議所能去的最多城市數，顯然，這是一個典型的 LCS 問題。

6.6.12 ▶ Is Bigger Smarter?

有些人認為大象越大就越聰明。為了反駁這一點，請在大象的資料集合中蒐集一個盡可能大的子集合，並把它作為一個序列，使得隨著大象的重量增加，大象的智商（IQ）下降。

輸入提供一串大象的資料，每頭大象一行，以檔案結束符終止。每頭大象的資料由一對整數組成：第一個數表示大象的重量，以公斤為單位；第二個數表示大象的智商，以 IQ 點的百分比為單位。兩個整數在 1 ～ 10000 之間，稱第 i 個資料行的資料為 $W[i]$ 和 $S[i]$。輸入資料最多包含 1000 頭大象的資訊。兩頭大象可以有相同的重量，相同的智商，甚至重量和智商都相同。

程式要求輸出一系列資料行，第一行提供一個整數 n，後面的 n 行每行提供一個正整數（每個數表示一頭大象）。如果這 n 個整數是 $a[1], a[2], \cdots, a[n]$，則情況為 $W[a[1]] < W[a[2]] < \cdots < W[a[n]]$，並且 $S[a[1]] > S[a[2]] > \cdots > S[a[n]]$。為了答案正確，$n$ 要盡可能地大。所有的不等式要嚴格成立：重量要遞增，智商要遞減。對於提供的輸入答案要正確。

範例輸入	範例輸出
6008 1300 6000 2100 500 2000 1000 4000 1100 3000 6000 2000 8000 1400 6000 1200 2000 1900	4 4 5 9 7

試題來源：The'silver wedding'contest 2001

線上測試：UVA 10131

提示

本題是一道典型的動態規劃（最長遞增子序列）的試題。首先，對 n 頭大象以其重量為第 1 關鍵字，IQ 為第 2 關鍵字進行排序，然後，計算這個序列的最長遞增子序列。

6.6.13 ▶ Stacking Boxes

根據維數考慮一個 n 維的箱子。二維的情況下，箱子（2, 3）可以表示箱子長為 2 寬為 3；三維的情況下，箱子（4, 8, 9）可以表示一個 $4 \times 8 \times 9$ 的箱子（長 , 寬 , 高）。在六維的情況下，箱子（4, 5, 6, 7, 8, 9）表示什麼並不清楚，但我們可以分析箱子的特性，例如其維數的總和。

本題請分析一組 n 維箱子的特性。你要確定箱子的最長巢狀字串，也就是一個箱子的序列 $b_1, b_2, \cdots, b_k$，使得每個 b_i 巢狀在 b_{i+1} 中（$1 \leq i < k$）。

箱子 $D = (d_1, d_2, \cdots, d_n)$ 以巢狀的形式套在箱子 $E = (e_1, e_2, \cdots, e_n)$ 中，如果存在 d_i 的重新排列使得在重新排列後，每一維度小於箱子 E 中的相關維度。這相關於翻轉箱子 D 看其是否能放進箱子 E 中。然而，因為任何重排都可以，所以箱子 D 可以被扭曲，而不僅僅是翻轉（見下例）。

例如，箱子 $D = (2, 6)$ 以巢狀的形式套在箱子 $E = (7, 3)$ 中，因為 D 可以重排為（6, 2），使得每一維度都小於 E 中的相關維度。箱子 $D = (9, 5, 7, 3)$ 無法以巢狀的形式套入箱子 $E = (2, 10, 6, 8)$ 中，因為不存在 D 的重排列滿足巢狀性質，但 $F = (9, 5, 7, 1)$ 可以巢狀的形式套在 E 中，因為 F 可以被重排成（1, 9, 5, 7）而以巢狀的形式套在 E 中。

形式化定義巢狀如下：箱子 $D = (d_1, d_2, \cdots, d_n)$ 以巢狀的形式套在箱子 $E = (e_1, e_2, \cdots, e_n)$ 中，如果存在一個 $1 \cdots n$ 排列 π 使得（$d\pi_{(1)}, d\pi_{(2)}, \cdots, d\pi_{(n)}$）「適合」（$e_1, e_2, \cdots, e_n$），即對於所有的 $1 \leq i < n$ 而言，$d\pi_{(i)} \leq e_i$。

輸入

輸入由一系列的箱子序列組成。每個箱子序列在開始的第一行提供序列中箱子的數量 k，然後提供箱子的維數 n（在同一行中）。

在這一行後提供 k 行，每行一個箱子，每個箱子提供用一個或多個空格分開的 n 個量值。第 i（$1 \leq i \leq k$）行提供第 i 個箱子的量值。

輸入中可以有若干個箱子序列。程式處理所有的序列，對每個序列，確定 k 個箱子最長的巢狀字串和巢狀字串的長度（在字串中箱子的數量）。

在本題中，最大維數是 10，最小維數是 1。在一個序列中箱子的最大數量是 30。

輸出

對於輸入的每個箱子序列，在一行中輸出最長巢狀字串的長度，並在下一行中提供一個箱子的列表，按序包含了這個字串。表示「最小的」或「最深處的」箱子的字串先提供，下一個箱子（如果存在）列在第二個，以此類推。

箱子按在輸入中的順序進行編號（第一個箱子為 box 1，以此類推）。

如果有多於一個最長巢狀字串,那麼輸出任何一個都可以。

範例輸入	範例輸出
5 2	5
3 7	3 1 2 4 5
8 10	4
5 2	7 2 5 6
9 11	
21 18	
8 6	
5 2 20 1 30 10	
23 15 7 9 11 3	
40 50 34 24 14 4	
9 10 11 12 13 14	
31 4 18 8 27 17	
44 32 13 19 41 19	
1 2 3 4 5 6	
80 37 47 18 21 9	

試題來源: Internet Programming Contest 1990
線上測試: UVA 103

提示

本題是一道最長遞增子序列的試題。要求確定箱子 a 是否可以巢狀在箱子 b 中。

首先,對每個箱子,其維數($s_1, s_2, s_3, \cdots, s_n$)進行排序,使得對於所有的 $i<j$,$s_i \leq s_j$。

其次,對箱子進行排序,對於兩個箱子 a 和 b,如果對於所有的 i,$a_i \leq b_i$,則 $a<b$。

最後,透過最長遞增子序列來計算結果。

本題的時間複雜度為 $O(n^2)$。

6.6.14 ▶ Function Run Fun

我們都愛遞迴,是嗎?考慮一個三個參數的遞迴函數 $w(a, b, c)$:

$$w(a,b,c)=\begin{cases} 1 & a\leq 0 或 b\leq 0 或 c\leq 0 \\ w(20,20,20) & a>20 或 b>20 或 c>20 \\ w(a,b,c-1)+w(a,b-1,c-1)-w(a,b-1,c) & a<b 並且 b<c \\ w(a-1,b,c)+w(a-1,b-1,c)+w(a-1,b,c-1)-w(a-1,b-1,c-1) & 其他 \end{cases}$$

這是一個很容易實作的函數。計算本題時,如果直接實作,對於並不很大的 a、b 和 c 值(例如,$a=15$,$b=15$,$c=15$),由於巨大的遞迴,程式要執行若干小時。

輸入

程式的輸入是一系列的三元組,每個三元組一行,結束標誌為 -1 -1 -1。採用上述技術,請有效地計算 $w(a, b, c)$ 並輸出結果。

輸出

對每個三元組輸出 $w(a, b, c)$ 的值。

範例輸入	範例輸出
1 1 1	w (1, 1, 1)=2
2 2 2	w (2, 2, 2)=4
10 4 6	w (10, 4, 6)=523
50 50 50	w (50, 50, 50)=1048576
−1 7 18	w (−1, 7, 18)=1
−1 −1 −1	

試題來源： ACM Pacific Northwest 1999

線上測試： POJ 1579，ZOJ 1168

提示

本題用記憶化搜尋的辦法求解。設記憶串列 $a[][][]$，其中 $a[x][y][z]$ 儲存 $w(x, y, z)$ 的遞迴結果。對於 $w(x, y, z)$：

◆ 如果（$x \leq 0 \| y \leq 0 \| z \leq 0$），傳回 1。

◆ 如果（$x > 20 \| y > 20 \| z > 20$），傳回 $w(20, 20, 20)$。

◆ 如果（$x < y$ && $y < z$），則 $a[x][y][z]$ 記憶 $w(x, y, z-1) + w(x, y-1, z-1) - w(x, y-1, z)$ 的結果；否則 $a[x][y][z]$ 記憶 $w(x-1, y, z) + w(x-1, y-1, z) + w(x-1, y, z-1) - w(x1, y-1, z-1)$ 的結果。

6.6.15 ► To the Max

提供一個正整數和負整數的二維陣列，一個子矩陣是在整個陣列內大小為 1×1 或更大的相鄰的子陣列。矩陣的總和是矩陣中所有元素的總和。在本題中具有最大總和的子矩陣被稱為最大子矩陣。

例如，對於陣列：

$$
\begin{array}{rrrr}
0 & -2 & -7 & 0 \\
9 & 2 & -6 & 2 \\
-4 & 1 & -4 & 1 \\
-1 & 8 & 0 & -2
\end{array}
$$

最大子矩陣是左下角：

$$
\begin{array}{rr}
9 & 2 \\
-4 & 1 \\
-1 & 8
\end{array}
$$

總和是 15。

輸入

輸入提供一個 $N \times N$ 的整數陣列。輸入的第一行提供一個正整數 N，表示平方的二維陣列的大小。然後按以行為主的順序提供 N^2 個用空格和換行分開的整數，也就是說，先提供第一行的所有數字，從左到右；然後再提供第二行的所有數字，從左到右；以此類推。N 最大為 100，陣列中數字的範圍在 $[-127, 127]$ 中。

輸出

輸出最大的子矩陣的總和。

範例輸入	範例輸出
4 0 −2 −7 0 9 2 −6 2 −4 1 −4　1 −1 8　0 −2	15

試題來源：ACM Greater New York 2001

線上測試：POJ 1050，ZOJ 1074，UVA 2288

提示

本題輸入一個整數矩陣，要求計算最大子矩陣的和。

設 *max* 是最大子矩陣的和，初始時，*max* = −10000；設陣列 *m* 是輸入的矩陣陣列。

首先，輸入矩陣陣列 *m*。對於矩陣的第 *i* 行，ma_i 是該行最大的連續整數的和，$1 \leq i \leq N$。在陣列 *m* 輸入之後，基於每一行最大的連續整數的和，求出 $max = \max_{1 \leq i \leq N}\{ma_i\}$。

然後，從第一行開始，自上而下地用 for 迴圈陳述式處理每一行：對於 for 陳述式處理的目前行，將目前行下面行對應列的整數逐行地加到目前行上，並求該行最大的連續整數的和；如果求出的最大的連續整數的和大於 *max*，則對 *max* 進行調整。在 for 迴圈陳述式結束後，*max* 就是最大子矩陣的和。

6.6.16 ▶ Robbery

警探 Robstop 很生氣。昨晚，一家銀行被搶劫，但沒有抓到盜賊。今年這已經是第三次發生了。他在權力範圍內盡可能快地做了一切來抓捕盜賊：所有出城的道路都被封鎖，使得盜賊無法逃脫；然後，警探要求在城市裡的所有的人往外看是否有盜賊。儘管如此，但他得到的唯一的訊息是：「我們沒有看到盜賊。」

但是這一次，他已經受夠了！警探 Robstop 決定分析盜賊是如何逃脫的。要做到這一點，他請你寫一個程式，提供警探可以獲得的有關盜賊的所有資訊，以發現在那段時間盜賊會在哪兒。

巧合的是，被搶劫的銀行所在的城市是一個矩形。離開城市的道路在一個特定的時間段 t 內是被封鎖的，並且在那段時間，形式如「盜賊在時間 T_i 不在矩形 R_i 中」的觀察被報告。本題設定盜賊在每個時間步內至多移動一個單位，請編寫一個程式，要設法找到盜賊在每個時間步的確切位置。

輸入

輸入提供若干盜賊的描述。每個盜賊描述的第一行提供 3 個整數 W、H、t（$1 \leq W, H, t \leq 100$），其中 W 是城市的寬，H 是城市的長，t 是城市被封鎖的時間長度。

然後提供一個整數 n（$0 \leq n \leq 100$），表示警探收到訊息的數量；接下來提供 n 行（每條訊息一行），每行提供 5 個整數 t_i、L_i、T_i、R_i、B_i，其中 t_i 是提供觀察訊息的時間（$1 \leq t_i \leq t$），L_i、T_i、R_i、B_i 分別是被觀察的矩形區域的左、上、右、下（$1 \leq L_i \leq R_i \leq W$，$1 \leq T_i \leq B_i \leq H$）；點（1，1）是城市的左上角，（$W$，$H$）是城市的右下角。這條訊息表示在時刻 t_i 盜賊沒有在提供的矩形中。

輸入以測試案例 $W = H = t = 0$ 結束，程式不用處理這一測試案例。

輸出

對於每個盜賊，先輸出一行 "Robbery #k:"，其中 k 是盜賊的編號，有 3 種可能性：

◆ 如果在考慮了有關訊息後，盜賊仍然在城裡是不可能的，輸出一行 "The robber has escaped."。

◆ 在所有其他的情況下，假設盜賊還在城裡，輸出一行，形式為 "Time step t: The robber has been at x,y." 對於每一個時間步，盜賊所在的精確位置可以被推導出（x 和 y 分別是在時間步 t 時盜賊所在的列和行），按時間 t 排序輸出這些行。

◆ 如果不能推導出任何事，輸出一行 "Nothing known."，並希望警探不要發怒。

每處理一個測試案例後輸出一個空行。

範例輸入	範例輸出
4 4 5	Robbery #1:
4	Time step 1: The robber has been at 4,4.
1 1 1 4 3	Time step 2: The robber has been at 4,3.
1 1 1 3 4	Time step 3: The robber has been at 4,2.
4 1 1 3 4	Time step 4: The robber has been at 4,1.
4 4 2 4 4	
10 10 3	Robbery #2:
1	The robber has escaped.
2 1 1 10 10	
0 0 0	

試題來源：ACM Mid-Central European Regional Contest 1999

線上測試：POJ 1104，ZOJ 1144，UVA707

提示

首先透過輸入警探收到的訊息建構一個三維矩陣 map[][][]，其中

$$\text{map}[t_i][i][j] = \begin{cases} \text{false} & t_i \text{ 時刻觀察到 } (i, j) \\ \text{true} & t_i \text{ 時刻未觀察到 } (i, j) \end{cases} \quad (1 \leq t_i \leq t \text{，} 1 \leq i \leq W \text{，} 1 \leq j \leq H)$$

為了確保推導的正確性，多次進行如下形式的 DP（例如 5 次），每次先後進行順向 DP 和逆向 DP，其中

◆ 順向 DP：順推時刻 k（$2 \leq k \leq t$），列舉未被觀察的每個格子 (i, j)（map[k][i][j] = true，$1 \leq i \leq W$，$1 \leq j \leq H$），根據 $k-1$ 時刻 (i, j) 的四個相鄰格是否被觀察來確定 k 時刻 (i, j) 的觀察狀態，即 map[k][i][j] = $\underset{(i', j') \in (i, j) \text{的相鄰格}}{\&\&}$ map[$k+1$][i'][j']。

◆ 逆向 DP：倒推時刻 k（$k = t-1 \cdots 1$），列舉未被觀察的每個格子 (i, j)（map[k][i][j] = true，$1 \leq i \leq W$，$1 \leq j \leq H$），根據 $k-1$ 時刻 (i, j) 的四個相鄰格是否被觀察來確定 k 時刻 (i, j) 的觀察狀態，即 map[k][i][j] = $\underset{(i', j') \in (i, j) \text{的相鄰格}}{\&\&}$ map[$k+1$][i'][j']。

最後，循序搜尋每個時刻，統計 t 個時刻內未被觀察的位置數 cnt，並記下最後一個未被觀察位置 (t_x, t_y)。

若 cnt = 0，則說明盜賊已逃逸；若 cnt > 1，則說明推導失敗；若 cnt = 1，則說明該時刻盜賊所在的精確位置為 (t_x, t_y)。

6.6.17 ► Always on the run

急煞車的輪胎尖嘯聲，探照燈搜尋的燈光，刺耳的警笛聲，隨處可見的警車……Trisha Quickfinger 又一次作案了！竊取「Mona Lisa」比預期的要困難，但作為世界上最好的藝術竊賊就要預期到別人無法預期的事情，所以她把包裹好的畫框夾在胳膊下，正在搭乘北行的地鐵趕往 Charles-de-Gaulle 機場。

但比偷畫更嚴峻的是要擺脫馬上會追蹤她的警方。Trisha 的計畫很簡單：在這幾天，她將每天一個航班，從一座城市飛往另一座城市。在她確信警方失去了她的蹤跡之後，她將飛往 Atlanta，見她的「客戶」（只知道是 P 先生），把畫賣給他。

她的計畫由於實際情況變得複雜，即使她偷了昂貴的藝術品，她還是要根據費用預算來實行她的計畫。因此 Trisha 希望逃脫航班花最少的錢。但這並不容易，因為航班的價格和可飛的航線每天都是不同的。航空公司的價格和可飛的航線取決於所關聯的兩個城市和旅行的日期。每兩個城市有一個航班時刻表，每隔幾天重複一次，對每兩個城市和每個方向，重複週期的長度可能會有所不同。

雖然 Trisha 擅長偷畫，但是在她預訂航班的時候，很容易困惑。所以請你來幫助她。

輸入

輸入提供若干 Trisha 試圖逃脫的腳本。每個腳本開頭的一行提供兩個整數 n 和 k，其中 n 是 Trisha 逃脫過程中可以經過的城市的數量，k 是她可以乘坐的航班的數量；城市編號為 1, 2, $\cdots$, n，1 是 Trisha 逃脫的起點，而 n 是 Trisha 逃脫的終點；資料範圍是 $2 \leq n \leq 10$，$1 \leq k \leq 1000$。

然後提供 $n(n-1)$ 個航班日程，每個一行，描述在每兩個可能的城市之間的直達航線，前 $n-1$ 個航班日程提供從城市 1 到其他所有城市（2, 3, …, n）的航班，接下來 $n-1$ 行是從城市 2 到其他所有城市（1, 3, 4, …, n）的航班，以此類推。

航班日程的描述首先提供整數 d，即迴圈週期的天數，$1 \leq d \leq 30$。然後是 d 個非負整數，表示航班在第 1 天，第 2 天，…，第 d 天在兩個城市之間的票價，0 表示在兩個城市之間那一天沒有航班。

因此，如果航班日程為 "3 75 0 80"，則表示在第一天航班的票價是 75，第二天沒有航班，在第三天航班的票價為 80，然後迴圈重複：在第四天航班票價為 75，第五天沒有航班，以此類推。

輸入以 $n = k = 0$ 的腳本作為結束。

輸出

對於輸入中的每個腳本，首先如範例輸出所示，輸出腳本編號。如果 Trisha 可以從城市 1 出發，每天飛到一個以前沒到過的城市，旅行 k 天，最後（k 天以後）到達城市 n，那麼就輸出 "The best flight costs x."，其中 x 是 k 次航班所花費的最小費用。

如果無法以這樣的方式旅行，輸出 "No flight possible."。

在每個腳本之後輸出一個空行。

範例輸入	範例輸出
3 6	Scenario #1
2 130 150	The best flight costs 460.
3 75 0 80	
7 120 110 0 100 110 120 0	Scenario #2
4 60 70 60 50	No flight possible.
3 0 135 140	
2 70 80	
2 3	
2 0 70	
1 80	
0 0	

試題來源： ACM Southwestern European Regional Contest 1997
線上測試： POJ 1476，ZOJ 1250，UVA 590

提示

設城市為節點，直線航班為邊，邊權為當天的票價。Trisha 每天坐 1 個航班。試題要求計算坐 k 次航班由節點 1 至節點 n 所花費的最小費用。顯然，這是一個增設時段要求的最短路徑問題。設航班日程表對應的相鄰矩陣為 map[][]，其中 map[i][j].t 為城市 i 和 j 間直達航線的迴圈週期天數，第 k 天航班的票價為 map[i][j].arr[k]（$1 \leq i$，$j \leq n$，$1 \leq k \leq$ map[i][j].t）。

我們採用倒推的 DP 計算最小費用。設第 i 天到達各城市的費用為 dp$[(k-i)$ & 1$]$ $[1\cdots n]$，上一天到達各城市的費用為 dp$[(k-1-i)$ & 1$]$ $[1\cdots n]$。由於第 k 天到達城市 n，因此初始時 dp$[0][n]=1$。

階段 i：倒推每一天（$i=k-1\cdots 0$）。

狀態 j：列舉第 i 天航班可達的目標城市（$1\leq j\leq n$）。

決策 s：列舉第 i 天航班的起始城市，同時為第 $i-1$ 天航班的目標起始城市（（$1\leq s\leq n$）&& (dp$[(k-1-i)$ & 1$][s]\neq 0$)&&($j\neq s$)&&(map$[j][s]$.arr$[i$ % map$[j][s].t]\neq 0$)。

$$dp[(k-i) \text{ & } 1][j]=\max\{dp[(K-1-i) \text{ & } 1][s]+map[j][s].arr[i \text{ % } map[j][s].t]\}$$

顯然倒推至第 0 天后，若 dp$[(k)$ & 1$][1]=0$，則表示失敗；否則 k 次航班所花費的最小費用為 dp$[(k)$ & 1$][1]-1$。

6.6.18 ▶ Martian Mining

在 Houston 的美國太空總署太空中心（NASA Space Center），距離德克薩斯州的聖安東尼奧（今年的 ACM 總決賽現場）不到 200 公里。這是訓練太空人完成 Mission Seven Dwarfs 計畫的地方，Mission Seven Dwarfs 這一計畫是太空探索的下一個巨大飛躍。Mars Odyssey 計畫顯示，火星表面的 yeyenum 和 bloggium 非常豐富，這些礦石都是一些革命性新藥的重要成分，但它們在地球上極為稀少。因此 Mission Seven Dwarfs 計畫的目的是在火星上開採這些礦石，並帶回地球。

Mars Odyssey 飛船在火星表面發現了含有豐富礦石的一個矩形區域。這一區域被劃分為方格，構成 n 行 m 列的一個矩陣，行自東向西，列自北向南。飛船確定了在每個方格中 yeyenum 和 bloggium 的儲量。太空人要在矩形區域西面建一個 yeyenum 的提煉工廠，在北面建一個 bloggium 工廠。請設計傳送帶系統，使得它們開採最大數量的礦石。

傳送帶有兩種類型：第一種是將礦石從東送到西，第二種是將礦石從南送到北。在每個方格中，可以建兩種傳送帶中的一種，但你不能在同一方格同時建兩種傳送帶。如果兩個相同類型的傳送帶彼此相鄰，那麼可以把它們連接在一起。例如，在一個方格中開採的 bloggium 可以透過一系列自南向北傳送帶運到 bloggium 提煉廠。

礦石十分不穩定，所以必須以一條直線路徑被送到工廠，不能轉向。這意味著如果在一個方格中有一條南北傳送帶，而在這個方格的北面有一條東西傳送帶，那麼在南北傳送帶上運輸的礦石就會遺失。在某個方格中開採的礦石要被立即放到在這個方格的傳送帶上（不能在相鄰的方格中開始傳輸）。而且，任何 bloggium 被送到 yeyenum 提煉廠就會遺失，反之亦然（如圖 6-11 所示）。

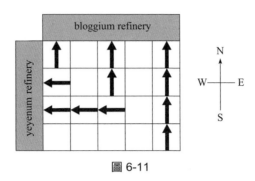

圖 6-11

請編寫程式,設計一個傳送帶系統,使得被開採的礦石的總量最大,即被送到 yeyenum 提煉廠的 yeyenum 和被送到 bloggium 提煉廠的 bloggium 的總量的和最大。

輸入

輸入由若干測試案例組成。每個測試案例第一行提供兩個整數:行數 $1 \leq n \leq 500$ 和列數 $1 \leq m \leq 500$,接下來的 n 行描述在每個方格中 yeyenum 的儲量,這 n 行的每行提供 m 個整數,第一行相關於最北面的行,整數在 $0 \sim 1000$ 之間。然後的 n 行以相似的方式提供方格中 bloggium 的儲量。輸入以 $n = m = 0$ 結束。

輸出

對每個測試案例,在單獨的一行中輸出一個整數:可以被開採的礦石的最大量。

範例輸入	範例輸出
4 4	98
0 0 10 9	
1 3 10 0	
4 2 1 3	
1 1 20 0	
10 0 0 0	
1 1 1 30	
0 0 5 5	
5 10 10 10	
0 0	

試題來源: ACM Central Europe 2005

線上測試: POJ 2948,UVA 3530

提示

設:

yeyenum 的儲量矩陣為 $A[][]$。
bloggium 的儲量矩陣為 $B[][]$。

$F[i][j]$ 為以 $(0, 0)$ 為左上角、(i, j) 為右下角的子矩陣中被開採的礦石的最大量。

我們按照自上而下、由左而由的順序列舉子矩陣的右下角 (i, j)($0 \leq i \leq n-1$, $0 \leq j \leq m-1$)。按照這個計算順序,以 $(0, 0)$ 為左上角、$(i, j-1)$ 為右下角的子矩陣和以 $(0, 0)$ 為左上角、$(i-1, j)$ 為右下角的子矩陣的礦石儲量已經計算出。太空人在

（i, j）位置或往上建一條運載 bloggium 的傳送帶，或往左建一條運載 yeyenum 的傳送帶。由此得出，以（0, 0）為左上角、（i, j）為右下角的子矩陣中被開採的礦石有兩種可能儲量：

◆ $F[i][j-1]$ + j 列 i 行上方的 bloggium 儲量。

◆ $F[i-1][j]$ + i 行 j 列左方的 yeyenum 儲量。

兩者之間取最大值，即

$$F[i][j] = \max \{ F[i][j-1] \sum_{k=0}^{t} B[k][j] , F[i-1][j] \sum_{k=0}^{j} A[i][k] \}$$

顯然，最後得出的 $F[n-1][m-1]$ 即為被開採的礦石的最大量。

6.6.19 ▶ String to Palindrome

本題要求你用最少的操作將一串字串轉化為回文。在本題中你有最大的自由，你可以：

◆ 在任何位置加任何的字元。

◆ 從任何位置刪除任何字元。

◆ 在任何位置用另外一個字元取代一個字元。

對字串進行的每項操作會被計為一個單位花費，請提供盡可能低的花費。

例如，對「abccda」進行轉化，如果僅僅加入字元，就需要至少兩次操作；但如果可以置換任何一個字元，你可以只進行一次操作。希望你能將這一優勢發揮到最大功效。

輸入
輸入提供若干測試案例。輸入的第一行提供測試案例的數目 T（$1 \le T \le 10$）；然後提供 T 個測試案例，每個測試案例一行，是一個僅包含小寫字母的字串。本題設定字串的長度不超過 1000 個字元。

輸出
對於輸入的每個測試案例，首先輸出測試案例的編號，然後輸出將提供的字串轉換為回文需要操作的字元的最少數目。

範例輸入	範例輸出
6	Case 1: 5
tanbirahmed	Case 2: 7
shahriarmanzoor	Case 3: 6
monirulhasan	Case 4: 8
syedmonowarhossain	Case 5: 8
sadrulhabibchowdhury	Case 6: 8
mohammadsajjadhossain	

試題來源：2004-2005 ICPC Regional Contest Warmup 1

線上測試：UVA 10739

提示

設字串為 $s_1, \cdots, s_n$，$s_i, \cdots, s_j$ 轉變成回文的需要操作的字元的最少數目為 $f[i, j]$（$1 \leq i \leq j \leq n$）。顯然

（1）若 $s_i = s_j$，則 $F[i][j] = F[i+1][j-1]$。

（2）若 $s_i \neq s_j$，有 3 種可能操作：

- s_j 插入 i 位置或者刪除 s_i，即 $F[i+1][j]+1$。

- s_i 插入 j 位置或者刪除 s_j，即 $F[i][j-1]+1$。

- 用 s_i 取代 s_j，或者 s_j 取代 s_i，即 $F[i+1][j-1]+1$。

3 種操作取最小值，即 $F[i][j] = \min((F[i+1][j], F[i][j-1], F[i+1][j-1])+1)$。

我們設階段為子字串長度 l（$2 \leq l \leq N$），狀態為目前子字串的開頭指標 i（$1 \leq i \leq N-l+1$），得出子字串結尾指標 $j = i+l-1$。依據上述狀態轉移方程決策 3 種操作的最佳解 $F[i][j]$。

顯然，最後得出的 $F[l][N]$ 即為 s 轉換為回文需要操作的最少字元數。

6.6.20 ▶ String Morphing

定義一個特殊的乘法運算子（如表 6-2 所示）。

表 6-2

Left	Right		
	a	b	c
a	b	b	a
b	c	b	a
c	a	c	c

也就是說，$ab = b$，$ba = c$，$bc = a$，$cb = c$……

例如，提供一個字串 $bbbba$ 和字元 a，有

$$(b(bb))(ba) = (bb)(ba) \qquad [\,由\ bb = b\,]$$
$$= b(ba) \qquad [\,由\ bb = b\,]$$
$$= bc \qquad [\,由\ ba = c\,]$$
$$= a \qquad [\,由\ bc = a\,]$$

透過加入適當的括號，按上述乘法表 $bbbba$ 能產生 a。

請編寫一個程式，提供一個字串變形的步驟，將字串轉換為一個預定的字元；或者，如果不可能透過變形產生預期的字元，則輸出 "None exist!"。

輸入

輸人的第一行提供測試案例的編號。每個測試案例兩行。第一行是至多 100 個字元的起始字串，第二行提供目標字元。輸入中提供的所有字元範圍是 $a \sim c$。

輸出

對每個測試案例，輸出若干行，提供將起始字串轉換為目標字元的變形步驟。如果轉換方案有多個解答，則變形從左邊開始。在兩個連續的測試案例之間輸出一個空行。

範例輸入	範例輸出
2	*bbbba*
bbbba	*bbba*
a	*bba*
bbbba	*bc*
a	*a*
	bbbba
	bbba
	bba
	bc
	a

試題來源：Second Programming Contest for Newbies 2006
線上測試：UVA 10981

提示

建立字母與數字的對應關係，即 $a=0$，$b=1$，$c=2$，得到乘法運算子轉換表 mul，如表 6-3 所示。

表 6-3

左運算元	右運算元		
	0	1	2
0	1	1	0
1	2	1	0
2	0	2	2

設區間 $[i, j]$ 產生結果值 t 的標誌 $F[i][j][t]$。顯然字串 str 中的每個字元產生自己，即

$$F[i][i][\text{str}[i]-'a']=\text{true}$$

Fm 儲存結果值產生的方案：

> 區間 $[i, j]$ 產生結果值 t 的中間指標為 Fm$[i][j][t][0]$。
> 左子區間 $[i, \text{Fm}[i][j][t][0]]$ 的結果值為 Fm$[i][j][t][1]$。
> 右子區間 $[\text{Fm}[i][j][t][0]+1, j]$ 的結果值為 Fm$[i][j][t][2]$。
> 區間 $[i, j]$ 產生結果值 t 的標誌為 $F[i][j][t]$。

其中，$1 \leq i \leq j \leq n$，$0 \leq t \leq 2$。

我們透過 DP 計算 $F[][][]$ 和 Fm[][][]，設

階段 l：遞迴長度（$2 \le l \le n$）。

狀態 i：列舉目前子區間的開頭指標（$1 \le i \le N-l+1$），結尾指標 $j=i+l-1$。

決策 k、a、b：列舉中間指標 k（$i \le k \le j-1$）和左子區間 $[i, k]$ 產生的字元值 a、右子區間 $[k+1, j]$ 產生的字元值 b（$0 \le a, b \le 2$, $F[i][k][a]$ && $F[k+1][j][b]=$ true），儲存 a 乘 b 的結果 t（$t=$ mul$[a][b]$, Fm$[i][j][t][0]=k$，Fm$[i][j][t][1]=a$, Fm$[i][j][t][2]=b$, $F[i][j][t]=$ true）。

DP 後如果 $F[l][n][0]=$ false，則轉換失敗；否則根據記憶串列 Fm[][][] 和乘法運算子轉換表 mul[][] 計算字串轉換為字元 'a' 的變形步驟。

6.6.21 ▶ End up with More Teams

著名的 ICPC 在這裡再次舉行，教練們正忙著選拔隊伍。在今年，教練們採取新的選拔過程，這和以前的選拔過程不同。以前的選拔是進行很少的幾場比賽，排在前三位的選手組成一隊，次三位的選手組成另一隊，以此類推。今年教練決定採取這樣一種方式，即將有希望的隊伍（promising team）的成員總數最大化。有希望的隊伍被定義為一支隊伍成員的能力點（ability point）多達 20 甚至更大。一名隊員的能力點表示他作為一個程式開發者的能力，能力越高越好。

輸入

輸入中有多達 100 個測試案例。每個測試案例兩行，第一行提供一個正整數 n，表示參加選拔的選手數目，下一行提供 n 個正整數，每個數最多是 30。輸入以一個取 0 值的 n 結束。

輸出

對輸入的每個測試案例，輸出一行，提供測試案例編號，然後提供可以構成的希望隊的最多數目。注意不是強制地將每個人分配到某一隊，每隊正好由 3 名隊員組成。

約束：$n \le 15$。

範例輸入	範例輸出
9 22 20 9 10 19 30 2 4 16 2 15 3 0	Case 1: 3 Case 2: 0

試題來源：IIUPC 2006
線上測試：UVA 11088

提示

首先按照能力遞增的順序排列隊員，得到序列 a。然後在 a 序列中按照左 2 右 1（其能力值不小於 20）的方式組隊，得到最初的隊伍數 ans，剩餘隊員區間 $[l, r]$ 和人數 s（$= n - \text{ans} * 3$）。

設剩餘隊員的狀態值為 t（$0 \le t \le 2^s - 1$），t 中第 i 個二進位位元為 0，代表剩餘隊員區間中的第 $i + 1$ 個隊員被安排進隊伍，否則代表該隊員仍在剩餘隊員區間。顯然，安排剩餘隊員前 $t = 2^s - 1$。設剩餘隊員的狀態值為 t 的情況下，可以組成的最多隊數為 $f[t]$。我們使用狀態壓縮 DP 的方法計算 $f[]$：

◆ 階段 i：列舉剩餘隊員的狀態值（$0 \le i \le 2^s - 1$）。

◆ 狀態 u、v、w：列舉不在剩餘隊員狀態的 3 名隊員（$0 \le u \le s - 1$，$(i \ \& \ 2^u) = 0$；$u + 1 \le v \le s - 1$，$(i \ \& \ 2^v) = 0$；$v + 1 \le w \le s - 1$，$(i \ \& \ 2^w) = 0$）。

◆ 決策：若這 3 名隊員可以組隊（$a_{l+u} + a_{l+v} + a_{l+w} \ge 20$），則判斷組隊後是否可使組隊數最多，即 $f[i + 2^u + 2^v + 2^w] = \max\{f[i + 2^u + 2^v + 2^w], f[i] + 1\}$。

顯然，最後的問題解為 $f[2^s - 1] + \text{ans}$。

6.6.22 ▶ Many a Little makes a Mickle

如果我們對一些短的、會被使用一次以上的、以某種排列建構長字串的子字串進行標示，讓長字串看起來不會那麼長。提供一個長字串，請從提供的集合中選擇一些（較短）字串來建構該長字串。

請注意：

◆ 所有的字串由 33 ～ 127 內的 ASCII 字元組成。

◆ 任何的短字串或其倒轉的形式可以被使用多次，以建構長字串。

◆ 短字串或其倒轉的每次使用，被記為這個短字串的一次出現。

當從這些短字串中建構長字串時，要保證短字串總共的出現次數最少。

例如，如果要從集合 {"a","bb","abb"} 建構字串 "aabbabbabbbb"，那麼可以有多種方式完成。"a-abb-abb-abb-bb" 和 "a-abb-a-bba-bb-bb" 是兩種可行的建構方式。然而 "a-abb-abb-abb-bb"（5 個子字串）比 "a-abb-a-bba-bb-bb"（6 個子字串）好，因為使用的子字串數量少。請找到可以建構提供字串的子字串的最小數目。

輸入

輸入的第一行提供測試案例數 S（$S < 51$）。然後提供 S 個測試案例。每個測試案例的第一行提供長字串 P（$0 < \text{length}(P) < 10001$），下一行提供可以選擇的短字串的個數 N（$0 < N < 51$），然後的 N 行每行提供一個短字串 P_i（$0 < \text{length}(P_i) < 101$，$i \ge 1, 2, 3, \cdots$, N）。本題設定輸入中沒有空行。

輸出

對每個測試案例輸出一行。或者輸出 "Set S: C"，或者輸出 "Set S: Not possible."。如果能夠使用提供的字串建構長字串，則輸出 "Set S: C"，否則輸出 "Set S: Not possible."。其中 S 是測試案例編號（按序從 1 到 S），C 是建構 P 要用的子字串的最小次數。格式見範例輸出。

範例輸入	範例輸出
2 aabbabbabbbb 3 a bb abb ewu**bbacsecsc 4 ewu bba cse csc	Set 1: 5. Set 2: Not possible.

試題來源：Next Generation Contest 1
線上測試：UVA 10860

提示

由於任何短字串或其倒轉的形式可以被使用多次，因此，先計算每個短字串 $P_i = p_{i,1} \cdots p_{i,t}$ 的反串 $P'_i = p_{i,t} \cdots p_{i,1}$（$1 \leq i \leq n$）。將每個短字串及其反串儲存在 $s[]$ 表中，其中 $s[i]$ 儲存 P_i，$s[i+n]$ 儲存 P'_i，$s[]$ 的表長為 $2*n$。

接下來使用 KMP 演算法計算 $s[]$ 表中每個模式字串的匹配指標 next[i][j]，即 $s[i]$ 中的第 j 個字元與長字串 P 中字元匹配失敗時，$s[i]$ 中需重新和 P 的該字元進行比較的字元位置；$s[i]$ 中每次匹配的出發位置為 now[i]，顯然初始時 now[i] = 0（$1 \leq i \leq 2*n$，$1 \leq j \leq s[i]$ 的字串長度）。

由於建構 P 的過程具有階段性（由左而右逐字元建構長字串 P），具備最佳子結構（P 的每個前綴使用的短字串次數最少）、和重疊子問題（需要列舉每個短字串，確定使用前一個短字串的最佳方案）的特徵，因此可以使用 DP 方法計算建構長字串 P 要用的短字串的最小次數。設長字串 P 的前 i 個字元中匹配的最少短字串的個數為 $F[i]$，顯然 $F[0] = 0$。初始時設 $F[i]$ 為 $\propto$（$1 \leq i \leq P$ 的字串長度）：

◆ 階段 i：遞迴長字串 P 的前綴長度（$1 \leq i \leq P$ 的字串長度）。

◆ 狀態 k：循序搜尋 $s[]$ 中的每個字串（$1 \leq k \leq 2*n$）。

◆ 決策：從 $s[k]$ 中的 now[k] 位置出發，沿 next[k][] 指標尋找相同於長字串 P 中第 i 個字元的位置 j。若 j 為 $s[k]$ 的串尾位置，則調整

$$F[i] = \min\{F[i - s[] \text{ 中的第 } k \text{ 字串的字串長度}] + 1, F[i]\}$$

並設 now[k] = 0（可重複匹配 $s[k]$）；否則 now[k] = j（下次匹配從 $s[k]$ 的 j 位置開始）。DP 結束後，若 $F[P$ 的字串長度] 為 $\propto$，則說明無解；否則為建構 P 要用短字串的最小次數。

6.6.23 ► Rivers

幾乎整個 Byteland 王國都被森林和河流所覆蓋。小點的河匯聚到一起，形成了稍大點的河。就這樣，所有的河都匯聚並流進了一條大河，最後這條大河流進了大海。這條大河的入海口處有一個村莊名叫 Bytetown。

在 Byteland 國，有 n 個伐木的村莊，這些村莊都坐落在河邊。目前在 Bytetown 有一個巨大的伐木場，它處理著全國砍下的所有木料。木料被砍下後，順著河流而被運到 Bytetown 的伐木場。Byteland 的國王決定，為了減少運輸木料的費用，再額外建造 k 個伐木場。這 k 個伐木場將被建在其他村莊裡。這些伐木場建造後，木料就不用都被送到 Bytetown 了，它們可以在運輸過程中被第一個碰到的新伐木場處理。顯然，如果是伐木場坐落的那個村子，就不用再付運送木料的費用了，它們可以直接被本村的伐木場處理。

註：所有的河流都不會分叉。河流形成一棵樹，根節點是 Bytetown（如圖 6-12 所示）。

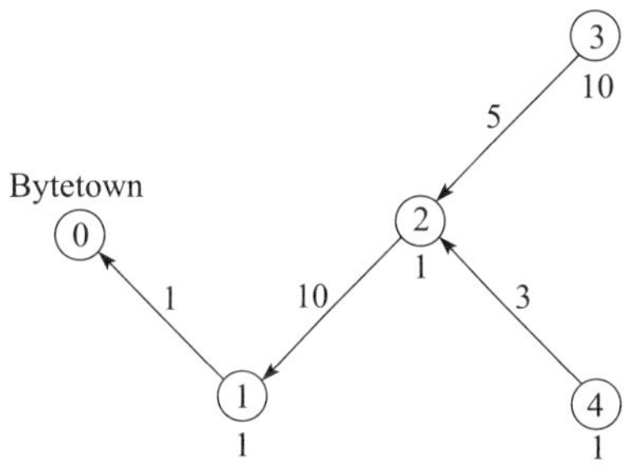

國王的大臣計算出了每個村子每年要產多少木料，你的任務是決定在哪些村子建設伐木場能使得運費最小。運費的計算方法為：每棵樹每 1 千公尺 1 分錢。編寫一個程式：

圖 6-12

◆ 從檔案讀入村子的數量、另外要建設的伐木場的數目、每年每個村子砍伐樹木的棵數，以及河流的描述。

◆ 計算最小的運費並輸出。

輸入

第一行包括兩個數 n（$2 \le n \le 100$），k（$1 \le k \le 50$，且 $k \le n$）。n 為村莊數，k 為要建的伐木場的數目。除了 Bytetown 外，每個村子依次被命名為 1, 2, 3, …, n，Bytetown 被命名為 0。

接下來 n 行，每行 3 個整數：

◆ W_i——每年 i 村子砍伐多少棵樹（$0 \le W_i \le 10000$）。

◆ V_i——離 i 村子下游最近的村子（即 i 村子的父節點）（$0 \le V_i \le n$）。

◆ D_i——V_i 到 i 的距離（1 千公尺）（$1 \le D_i \le 10000$）。

保證每年所有的木料流到 Bytetown 的運費不超過 2000000000 分。

50% 的資料中 n 不超過 20。

輸出

輸出最小花費，精確到分。

範例輸入	範例輸出
4 2 1 0 1 1 1 10 10 2 5 1 2 3	4

試題來源：IOI 2005, Day 2

線上測試：BZOJ 1812 http://www.lydsy.com/JudgeOnline/problem.php?id=1812

提示

建構一個有向圖：將 n 個村莊設為節點 $1 \cdots n$，村莊產的木料塊數設為節點權值，與下游最近的村子（父代）間連一條父子邊，距離值為邊權。節點 0 為 Bytetown，與下游的村莊 1 最近，節點權值為 0。試題要求劃出含 k 個節點的子集合 A 作為伐木場，A 集外每個節點 i（$i \notin A$）與向上最近的 A 集中的節點 j（$j \in A$）連一條路徑，路徑長度 $\times i$ 節點的權值即為村莊 i 的運費。試題要求計算所有村莊的最小運費和，顯然，這是一個樹形 DP 問題。設

節點 i 的父指標為 pa[i]，右子代為 ch[i]，左兄弟指標為 b[i]（$1 \le i \le n$）

目前節點為 cur，其父為 r，以 cur 為根的子樹待建 l 個伐木場。最小費用為 f[cur][r][l]。我們採用記憶化搜尋的辦法計算 f[cur][r][l]，遞迴函數為 dfs (cur, r, l, tot)，其中 tot 為 r 通向最近伐木場的路徑長度。

遞迴邊界：在 cur 為葉子的情況下（cur==−1），若沒有待建的伐木場（l==0），則傳回 0；否則傳回 ∞。

在 cur 非葉子的情況下，有兩個方案可供選擇。

1. 在節點 cur 建伐木場

將剩餘的 $l-1$ 個伐木場分配給 cur 的子樹（cur 通向最近伐木場的路徑長度變為 0）、以及 cur 左方的兄弟子樹（r 通向最近伐木場的路徑長度仍為 tot），從所有可能方案中計算最小費用和：

$$D1 = \min_{0 \le i \le l-1} \{ \text{dfs (ch[cur], cur, } i, 0) + \text{dfs (} b\text{[cur], } r, l-1-i, \text{tot)} \}$$

2. 節點 cur 不建伐木場

cur 通往最近伐木場的運費變為 $(\text{tot} + d\text{[cur]}) * w\text{[cur]}$。將 l 個伐木場分配給 cur 的子樹（cur 通往最近伐木場的路徑長度變為 $\text{tot} + d\text{[cur]}$）、以及 cur 左方的兄弟子樹（$r$ 通向最近伐木場的路徑長度仍為 tot），從所有可能方案中計算最小費用和：

$$D2 = \min_{0 \le i \le l-1} \{ \text{dfs (ch[cur], } r, i, \text{tot} + d\text{[cur])} + \text{dfs (} b\text{[cur], } r, l-i, \text{tot)} \} + (\text{tot} + d\text{[cur]}) * w\text{[cur]}$$

顯然，$f[\text{cur}][r][l]$ 為兩種情況下的最佳解，即 $f[\text{cur}][r][l] = \min\{D1, D2\}$。

題目要求的最小花費為遞迴函數 dfs (ch[0], 0, k, 0) 的值。

6.6.24 ▶ Islands and Bridges

提供一張由島嶼和連接這些島嶼的橋樑組成的地圖，眾所周知，Hamilton 路徑是沿橋樑經過每個島嶼一次且僅一次的路徑。在地圖上，每個島嶼關聯一個正整數。我們稱一條 Hamilton 路徑是最佳三角 Hamilton 路徑，如果它將下述的值最大化。

假設有 n 座島嶼，一條 Hamilton 路徑 $C_1C_2\cdots C_n$ 的值為三部分的總和。設 V_i 是島嶼 C_i 的值，第一部分是求路徑上所有島嶼的 V_i 值的總和；第二部分是對路徑上的每條邊 C_iC_{i+1}，將乘積 $V_i \times V_{i+1}$ 加入；第三部分是路徑中三個連續的島嶼 $C_iC_{i+1}C_{i+2}$ 構成地圖中的一個三角形，也就是說，在 C_i 和 C_{i+2} 之間有一座橋，將乘積 $V_i \times V_{i+1} \times V_{i+2}$ 加入。

最佳三角 Hamilton 路徑包含許多三角形。可能會有不止一條最佳三角 Hamilton 路徑，請找出這樣路徑的數目。

輸入

輸入的第一行提供一個整數 q（$q \le 20$），表示測試案例的個數。每個測試案例的第一行首先提供兩個整數 n 和 m，分別表示地圖中的島嶼數和橋的數量。下一行提供 n 個正整數，第 i 個整數是島嶼 i 的 V_i 值，每個值不超過 100。然後的 m 行的形式為 $x\ y$，表示在島嶼 x 和島嶼 y 之間有一座橋（雙向）。島嶼編號從 1 到 n。本題設定不超過 13 座島嶼。

輸出

對於每個測試案例，輸出一行，提供兩個整數，用一個空格分隔。第一個數字是最佳三角 Hamilton 路徑的最大值，第二個數字提供有多少條最佳三角 Hamilton 路徑。如果測試案例不包含 Hamilton 路徑，則輸出 "0 0"。

注意：路徑可以按相反次序提供，仍然被視為同一路徑。

範例輸入	範例輸出
2	22 3
3 3	69 1
2 2 2	
1 2	
2 3	
3 1	
4 6	
1 2 3 4	
1 2	
1 3	
1 4	
2 3	
2 4	
3 4	

試題來源：ACM Shanghai 2004
線上測試：POJ 2288，ZOJ 2398，UVA 3267

提示

島嶼設為節點，橋設為邊，島嶼關聯的正整數設為節點權，建構一個無向圖。迴路狀態為一個 n 位元二進位數值 $d_{n-1}\cdots d_0$。若節點 i 在迴路中，則 $d_{i+1}=0$；否則 $d_{i+1}=1$。我們以迴路的最後一條邊和迴路狀態標誌迴路。

設 $f[][][]$ 和 WAY$[][][]$ 儲存最佳三角 Hamilton 路徑，其中迴路最後一條為 (i, j)，迴路狀態為 k 的路徑值為 $f[i][j][k]$，迴路所含邊數為 WAY$[i][j][k]$。

佇列 $Q1[]$、$Q2[]$ 和 $Q3[]$ 分別儲存目前迴路最後一條邊的兩個端點和迴路狀態，IN$[][][]$ 儲存迴路的存在標誌。

顯然，初始時 $f[i][0][2^{i-1}]=$ 節點 i 的權值，WAY$[i][0][2^{i-1}]=1$，IN$[i][0][2^{i-1}]=$ true，i、0 和 2^{i-1} 分別儲存在佇列 $Q1[]$、$Q2[]$ 和 $Q3[]$ 中（$1\leq i\leq n$）。

我們使用 BFS 進行狀態轉移，並統計所有的迴路方案。

取出佇列開頭的迴路（最後一條邊為 (y, x)、狀態為 z），分析每個與 x 相鄰的未存取節點 xt（$(x, \text{xt})\in E, z \& (2^{\text{xt}-1})=0$）：

◆ 迴路增加邊 (x, xt)，迴路狀態變為 $\text{zt}=z+2^{\text{xt}-1}$，路徑值調整為 $\text{tmp}=f[x][y][z]+\text{xt}$ 的權值 $+x$ 和 xt 權值的乘積；若 y、x 和 xt 構成三角形（$y \&\& (y, \text{xt})\in E$），則 $\text{tmp}=\text{tmp}+y$、x 和 xt 權值的乘積。

◆ 若目前 Hamilton 路徑值最大（$\text{tmp}>f[\text{xt}][x][\text{zt}]$），則更新 $f[\text{xt}][x][\text{zt}]=\text{tmp}$，記下路徑條數（WAY$[\text{xt}][x][\text{zt}]=$ WAY$[x][y][z]$）。若該路徑在佇列中不存在（IN$[\text{xt}][x][\text{zt}]==$ false），則最後邊 (x, xt) 和迴路狀態 zt 進入 $Q1[]$、$Q2[]$ 和 $Q3[]$ 佇列，並設推入佇列標誌（IN$[\text{xt}][x][\text{zt}]=$ true）。

◆ 若目前 Hamilton 路徑值相同於目前最大值（$\text{tmp}==f[\text{xt}][x][\text{zt}]$），則累計路徑條數 WAY $[\text{xt}][x][\text{zt}]=$ WAY$[\text{xt}][x][\text{zt}]+$ WAY$[x][y][z]$。

上述過程一直進行至佇列空為止。

顯然，列舉含 n 個節點、最後邊不同的所有 Hamilton 路徑，最佳三角 Hamilton 路徑的最大值為 $max=\max\limits_{1\leq i\leq n, 0\leq j\leq n, i\neq j}\{\text{F}[i][j][2^n-1]\}$。

搜尋路徑值最大的所有最佳三角 Hamilton 路徑，累計路徑條數 ans $=\sum\limits_{1\leq i\leq n, 0\leq j\leq n, 1\neq j}$ (WAY$[i][j]$ $[2^n-1]\big| f[i][j][2^n-1]=max$)。

最佳三角 Hamilton 路徑的條數，在節點數 $n>1$ 的情況下為 ans/2（避免無向圖的對稱性）；若 $n=1$，則為 ans。

6.6.25 ▶ Hie with the Pie

Pizazz 比薩店為其能將比薩盡可能快地送到顧客手中感到驕傲。不幸的是，由於削減開支，現在他們只能雇用一個司機來送比薩。這個司機在送比薩之前，要等 1 個或多個

（最多 10 個）要處理的訂單。司機希望送貨和返回比薩店能走最短的路線，即使路上會走過同一地點或經過比薩店多次。現在請編寫一個程式來幫助這個司機。

輸入

輸入由多個測試案例組成。第一行提供一個整數 n，表示要送貨的訂單數，$1 \leq n \leq 10$。然後有 $n+1$ 行，每行提供 $n+1$ 個整數，表示比薩店（編號為 0）和 n 個地點（編號從 1 到 n）之間到達所用的時間。在第 i 行的第 j 個值表示從地點 i 直接到地點 j，在路上不去其他地點的時間。注意，由於不同的速度限制和紅綠燈，從 i 到 j 通過其他地點可能會比直接走更快；而且，時間值可能不對稱，也就是說，直接從地點 i 到 j 所用的時間可能和從地點 j 到地點 i 所用的時間不一樣。輸入以 $n=0$ 終止。

輸出

對每個測試案例，輸出一個數，表示送完所有的比薩，並返回比薩店所用的最少時間。

範例輸入	範例輸出
3 0 1 10 10 1 0 1 2 10 1 0 10 10 2 10 0 0	8

試題來源： ACM East Central North America 2006
線上測試： POJ 3311，UVA 3725

提示

設路徑狀態為一個 $n+1$ 位的二進位數值 $D = d_n \cdots d_0$，其中 $d_i = \begin{cases} 1 & \text{路徑經過節點} i \\ 0 & \text{路徑未經節點} i \end{cases}$（$0 \leq i \leq n$）；

$f[i][k]$ 為節點 0 出發、路徑狀態為 k、最後至節點 i 的最少時間（$0 \leq i \leq n$，$0 \leq k \leq 2^{n+1}-1$）。

首先使用 Floyd 演算法計算有向圖中任兩個節點間的最短路徑 map[][]。顯然，初始時 $f[i][2^{i-1}] = \text{map}[0][i]$。接下來，使用狀態壓縮 DP 的方法計算 $f[][]$：

列舉可能的路徑狀態 i（$0 \leq i \leq 2^n$）；

列舉節點 j 和 k（$1 \leq j, k \leq n$），其中節點 j 在路徑狀態 i（$i \& (2^{j-1}) = 1$），節點 k 不在路徑狀態 i（$i \& (2^{k-1}) = 0$），計算 $f[k][i+2^{k-1}] = \min\{f[k][i+2^{k-1}], f[j][i] + \text{map}[j][k]\}$。

顯然，經過所有節點後傳回節點 0 的最少時間 ans $= \min_{1 \leq i \leq n}\{f[i][2^n-1] + \text{map}[i][0]\}$。

6.6.26 ► Tian Ji —— The Horse Racing

具體題目請參見【5.1.2.2 Tian Ji —— The Horse Racing】。

提示

田忌的馬和齊王的馬按速度的遞減順序排序。如果齊王按照馬從大到小的順序派出，則田忌每次派出的馬一定是最快的或最慢的。因為如果要輸給齊王最快的馬，一定是用田忌最慢的馬合適。如果要贏齊王最快的馬，田忌用別的馬一定不會優於田忌用最快的馬。

設 $f[i][j]$ 代表田忌目前可用馬的編號為 i 到 j，且目前齊王派出的馬的編號為 $j-i+1$ 時可贏銀幣的最大數目。顯然 $f[1][n]$ 是本題的解。則 $f[i][j] = \max(f[i+1][j] + \mathrm{cmp}(a[i], b[j-i+1]), f[i][j-1] + \mathrm{cmp}(a[j], b[j-i+1]))$，其中 $a[]$ 代表田忌的馬，$b[]$ 代表齊王的馬，cmp 代表兩匹馬比賽的結果。

6.6.27 ► Batch Scheduling（批量任務）

N 個任務排成一個序列在一台機器上等待完成（順序不得改變），這 N 個任務被分成若干批，每批包含相鄰的若干任務。從時刻 0 開始，這些任務被分批加工，第 i 個任務單獨完成所需的時間是 T_i。

在每批任務開始前，機器需要啟動時間 S，而完成這批任務所需的時間是各個任務需要時間的總和（同一批任務將在同一時刻完成）。

每個任務的費用是它的完成時刻乘以一個費用係數 F_i。請確定一個分組方案，使得總費用最小。

例如：$S=1$，$T=\{1, 3, 4, 2, 1\}$，$F=\{3, 2, 3, 3, 4\}$。如果分組方案是 $\{1, 2\}$、$\{3\}$、$\{4, 5\}$，則完成時間分別為 $\{5, 5, 10, 14, 14\}$，費用 $C=\{15, 10, 30, 42, 56\}$，總費用就是 153。

輸入

第一行是 N（$1 \leq N \leq 10000$）；第二行是 S（$0 \leq S \leq 50$）。下面 n 行每行有一對數，分別為 T_i 和 F_i，均為不大於 100 的正整數，表示第 i 個任務單獨完成所需的時間是 T_i 及其費用係數 F_i。

輸出

一個數，最小的總費用。

範例輸入	範例輸出
5	153
1	
1 3	
3 2	
4 3	
2 3	
1 4	

註：本題為原題的簡化描述，有關本題的原題詳細描述請在華章網站上查看。

試題來源：IOI 2002
線上測試：POJ 1180

提示

題目有個提示，即任務的順序不能改變，那麼很顯然，任務的排程安排是具有階段性的，可以用 DP 來解決此問題。

1. 直譯式 DP

由於本題的 DP 方向有正推和倒推兩種，我們選擇倒推。設 $f(i)$ 為完成第 i 到第 n 個任務的最小費用，$\mathrm{sum}F(i,j)$ 為 $\sum_{k=i}^{j} F(k)$，$\mathrm{sum}T(i,j)$ 為 $\sum_{k=i}^{j} T(k)$。

若新增批次任務 i…任務 $j-1$，則完成時間為 $s+\mathrm{sum}T(i,j-1)$，任務 j 至任務 n 後延這段時間，新增費用（$s+\mathrm{sum}T(i,j-1)$）*$\mathrm{sum}F(j,n)$。由此得到狀態轉移方程

$$f(i)=\min\{f(j)+(s+\mathrm{sum}T(i,j-1))*\mathrm{sum}F(i,n)\mid(i<j)\}$$
$$邊界：f(n)=T(n)*F(n)$$

演算法時間複雜度為 $O(n^2)$。下面尋找最佳化的途徑。

2. 利用最佳決策點的凸性最佳化

考察兩個決策 p、q，滿足 $i<p<q$。若 p 比 q 更佳，即 $f(p)+(s+\mathrm{sum}T(i,p-1))*\mathrm{sum}F(i,n)$ $\leq f(q)+(s+\mathrm{sum}T(i,q-1))*\mathrm{sum}F(i,n)$，展開整理得 $(f(p)-f(q))/(\mathrm{sum}T(i,q-1)-\mathrm{sum}T(i,p-1))$ $\leq \mathrm{sum}F(i,n)$。

定義平面上的點集合 A，其中點 A_k 的縱座標 y 為 $f(k)$，橫座標 x 為 $-\mathrm{sum}T(i,k-1)$，則上式用幾何語言描述為：p 比 q 更佳若且唯若直線 $<A_p, A_q>$ 的斜率 $\dfrac{y_p-y_q}{x_p-x_q}$ 不大於 $\mathrm{sum}F(i,n)$。考察決策 q、p、r 滿足 $i<p<q<r$。設 $g(p,q)$ 表示直線 $<A_p, A_q>$ 的斜率：

$$g(p,q)=\frac{f(p)-f(q)}{\mathrm{sum}T(i,q-1)-\mathrm{sum}T(i,p-1)}$$

定理 6.6.1　若 $g(p,q)<g(q,r)$，則 q 一定不是最佳決策。

證明：

如果 $g(p,q)\leq \mathrm{sum}F(i,n)$，則 p 一定比 q 更佳（由定義）。

如果 $g(p,q)>\mathrm{sum}F(i,n)$，則假設 $g(q,r)>g(p,q)>\mathrm{sum}F(i,n)$，那麼 q 一定不比 r 更佳（即連續 3 個決策點 p、q、r 中，$<A_q, A_r>$ 的斜率大於 $<A_p, A_q>$ 的斜率，則中間決策點 q 非最佳決策，可以去掉），如圖 6-13 所示。

綜上兩點，q 一定不是最佳決策。

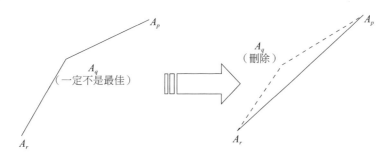

圖 6-13

因此有用的決策集合 $k_1, k_2, \cdots, k_m$ 構成一條上凸曲線，我們可以用一個佇列維護。由此得出計算狀態 $f(i)$ 的演算法流程。

（1）根據 $\mathrm{sum}F(i, n)$ 處理佇列最後的元素：考察目前佇列最後的兩個元素 p、q，若 $g(p, q) \leq \mathrm{sum}F(i, n)$，則 p 比 q 更佳，q 不會成為決策點，q 提出佇列，重複上述過程直到只剩下一個元素或者 $g(p, q) > \mathrm{sum}F(i, n)$ 為止。

（2）計算 $f(i)$。設目前最後 1 個元素為 p，則 $f(i) = f(p) + (s + \mathrm{sum}T(i, p-1)) * \mathrm{sum}F(i, n)$。

（3）根據決策變數 i 處理佇列開頭。考察目前第 1 個元素 p、q，若 $g(i, p) < g(p, q)$，則 p 不會成為決策點，p 提出佇列，重複上述過程直到 $g(i, p) > g(p, q)$ 為止。

（4）決策變數 i 推入佇列。

因為每個決策變數只推入佇列和提出佇列一次，所以該演算法的總時間複雜度為 $O(n)$。

Chapter 07
高階資料結構的程式編寫實作

資料結構所研究的是現實世界中的物件在資訊世界裡的各種資料表示，以及施於其上的操作。PASCAL 語言的設計者 Niklaus Wirth 有個著名的公式——「演算法 + 資料結構 = 程式」，不僅闡述了演算法和資料結構的關聯，概括了程式設計競賽選手的知識系統；而且，這也是電腦科學的知識系統架構的核心。

本章主要提供在一般的資料結構教材中不會涉及但比較常用的資料結構，一些演算法也以這些資料結構為其儲存結構。本章闡述以下內容：

◆ 後綴陣列。

◆ 區段樹。

◆ 特殊圖的處理。

也就是說，對於資料結構的線性串列，本章提供後綴陣列的相關概念和演算法，然後提供後綴陣列的實作；對於資料結構的樹，本章著重於區段樹的實作；對於資料結構的圖，本章基於離散數學中有關圖論的知識系統，展開歐拉圖、哈密頓圖、割點、橋、雙連通分支等內容的實作。

▌ 7.1 後綴陣列的實作範例

字串是由零個或多個字元組成的有限序列。一個字串的後綴是從字串中某個字元開始，到字串結尾的子字串。後綴陣列是對一個字串的所有後綴進行字典順序排序而得的陣列。後綴陣列在模式匹配、Web 搜尋、文獻檢索和資料壓縮等方面有著廣泛的用途。

7.1.1 ▶ 使用倍增演算法計算名次陣列和後綴陣列

首先，介紹後綴陣列的相關術語。

設 S 是一個字串，其長度為 length (S)，在 S 中第 i 個字元是 $S[i]$，$S[i \cdots j]$ 是在 S 中從 $S[i]$ 到 $S[j]$ 的子字串，$1 \le i \le j \le$ length (S)。S 的後綴陣列的元素是從第 i 個字元開始的後綴，$1 \le i \le$ length (S)，表示為 suffix (S, i)，即 suffix $(S, i) = S[i..$length $(S)]$。為了敘述的方便，對於字串 S，從第 i 個字元開始的後綴記為 suffix (i)。圖 7-1 是字串 $S = $ "aabaaaab" 的後綴陣列的實例。

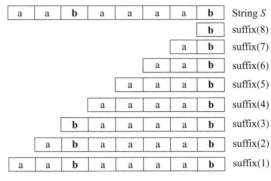

圖 7-1

在一個字串的後綴陣列中，該字串的所有後綴按字典順序排序。對於一個長度為 n 的字串，有 n 個不同的後綴。後綴陣列 SA 和名次陣列 Rank 用來表示 n 個後綴的排序。

後綴陣列 SA：SA 是一個儲存了 1, 2, …, n 的一個排列的整數陣列，suffix (SA[i]) < suffix (SA[$i+1$])，$1 \leq i < n$。字串 S 的 n 個後綴按字典順序排序，SA[i] 儲存第 i 個後綴的開始位置。顯然，後綴陣列 SA 表示按字典順序排列，「排第幾的是誰？」，也就是說，哪一個是第 i 個後綴。

名次陣列 Rank：Rank 是一個與 SA 對應的整數陣列，即如果 SA[i]=j，則 Rank[j]=i。Rank 表示一個後綴所在的位置，也就是「你排第幾？」。

所以，計算後綴陣列 SA 是計算名次陣列 Rank 的逆運算，Rank＝SA^{-1}。例如，圖 7-2 提供了字串 "aabaaaab" 的後綴陣列 SA 和名次陣列 Rank。

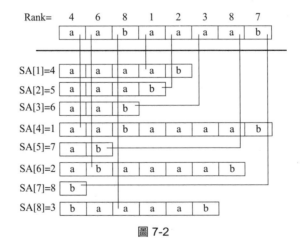

圖 7-2

對於一個長度為 n 的字串來說，如果直接比較任意兩個後綴的大小，最多需要比較字元 $n-1$ 次和後綴長度 1 次。也就是說，花 $O(n)$ 時間一定能分出大小。如果有名次陣列 Rank，僅用 $O(1)$ 的時間就能比較出任意兩個後綴的大小。。由於名次陣列 Rank 與後綴陣列 SA 互逆，因此可以在求出名次陣列 Rank 後，直接透過 SA[Rank[i]]=i（$1 \leq i \leq n$）計算後置陣列 SA[]。

倍增演算法用於計算一個字串的名次陣列 Rank。為了方便計算 Rank，在字串末添加一個以前未在字串中出現且字典順序最小的字元，使得子字串的長度變為 2 的整數冪。

倍增演算法如下：對每個字元開始的長度為 2^k 的子字串進行排序，$k \geq 0$。每次冪次增加 1，也就是說，每次排序的子字串的長度翻倍，並且每次對子字串的排序是基於上一輪排序得出的左、右子字串的 Rank。設首址為 i（$1 \leq i \leq n$）、長度為 2^k 的字串目前 Rank 的關鍵字為 xy，其中 x 是首址為 i、長度為 2^{k-1} 的左子字串排名，即 Rank[i]；y 是首址為 $i+2^{k-1}$、長度為 2^{k-1} 的右子字串排名，即 Rank[$i+2^{k-1}$]；對每個長度為 2^k 的字串的排名關鍵字 xy 進行計數排序，便可得出長度為 2^k 的字串的 Rank 值。以此類推，當 2^k 大於 n 時，每個字元開始的後綴都一定已經比較出大小，即 Rank 值中沒有相同的值。此時的 Rank 值就是最後的結果。以字串 "aabaaaab" 為例：

(1)　$k=0$，對每個字元開始的長度為 $2^0=1$ 的子字串進行排序，得到 Rank[1…8]={1, 1, 2, 1, 1, 1, 1, 2}。

(2)　$k=1$，對每個字元開始的長度為 $2^1=2$ 的子字串進行排序：用兩個長度為 1 的字串的排名 xy 作為關鍵字 xy[1…8]={11, 12, 21, 11, 11, 11, 12, 20}，得到 Rank[1…8]={1, 2, 4, 1, 1, 1, 2, 3}。

(3)　$k=2$，對每個字元開始的長度為 $2^2=4$ 的子字串進行排序：關鍵字 xy[1…8]={14, 21, 41, 11, 12, 13, 20, 30}，得到 Rank[1…8]={4, 6, 8, 1, 2, 3, 5, 7}。

(4)　$k=3$，對每個字元開始的長度為 $2^3=8$ 的子字串進行排序：關鍵字 xy[1…8]={42, 63, 85, 17, 20, 30, 50, 70}，得到最後結果 Rank[1…8]={4, 6, 8, 1, 2, 3, 5, 7}。

倍增演算法的計算過程如圖 7-3 所示。

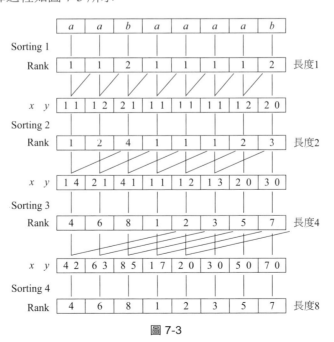

圖 7-3

計算名次陣列 Rank[ ] 和後綴陣列的程式片段 get_suffix_array() 如下。

```
struct node{int now, next }d[maxn]; // 串列，其中 d[].now 為元素序號，d[].next 為後繼指標
int val[maxn][2], c[maxn], Rank[maxn], SA[maxn], pos[maxn], x[maxn];
// x[] 為字串；val[][] 為關鍵字，其中 x 為 val[][1]，y 為 val[][2]；c[] 儲存各元素值在串列 d[] 的
// 第一個指標；Rank[] 儲存各後綴的名次，其中以 i 為第一個指標的後綴名次為 Rank[i]；SA[] 儲存各名次的
// 後綴第一個指標；pos[] 儲存關鍵字遞增序列中的後綴第一個指標
int n;                                // 字串長度
void get_suffix_array( )              // 計算名次陣列 Rank[] 和後綴陣列 SA[]
{
    int t = 1;                        // 子字串長度初始化
    while (t/2<=n){                    // 若可分左右子字串，則計算子字串長度為 t 的名次陣列 Rank[]
      for (int i=1; i<=n; i++) {       // 遞迴首址
        val[i][0]=Rank[i];            // 記下左子字串的名次（首址為 i、長度為 t/2）
        val[i][1]=(((i+t/2<=n)?Rank[i+t/2]:0));// 記下右子字串的名次（首址為 i+t/2、長度為 t/2）
        pos[i]=i;                     // 遞增序列初始化
      }
      radix_sort(1, n);               // val[][0] 和 val[][1] 組合成關鍵字 xy，
                                      // 計算長度為 t 時的 Rank[]（副程式說明見後）
      t *= 2;                         // 子字串長度 ×2
    }
  for (int i=1; i<=n; i++) SA[Rank[i]]=i;   // 按照名次遞增順序記下後綴
}
```

其中 radix_sort $(1, n)$ 排序鍵 xy，其過程說明如下：

```
void radix_sort(int l, int r)    // val[][0] 和 val[][1] 組合成關鍵字 xy，
                                 // 計算長度為 t 時的 Rank[l...r]
{
  for (int k =1; k>=0;k --)       // 依次排序鍵的 y 域值和 x 域值
  {
        memset(c, 0, sizeof(c));            // 各元素值的鏈結串列指標為空
        for (int i=r; i>=l; i --)           // 倒推區間每個元素的 k 域值，建構各元素鏈結串列 d[]
          add_value(val[pos[i]][k], pos[i], i);   // 副程式說明見後
        int t = 0;                          // 透過計數排序計算遞增序列 pos
        for (int i =0; i<=20000; i ++)      // 按遞增順序舉元素值，將值為 i 的鏈結串列中的
                                            // 元素序號計入 pos
          for (int j=c[i]; j; j=d[j].next) pos[++t]=d[j].now;
    }
    int t=0;
    for (int i=1; i<=n; i ++) {             // 依次列舉遞增序列的指標。
                                            // 若相鄰兩個名次的關鍵字不同，則後綴序號 +1
      if (val[pos[i]][0]!=val[pos[i-1]][0]||val[pos[i]][1]!=val[pos[i-1]][1]) t++;
      Rank[pos[i]] = t;                     // 記下該名次的後綴序號
    }
}
```

其中 add_value $($val[pos[i]][k], pos[i], $i)$ 的過程說明如下：

```
void add_value(int u, int v, int i)      // 將值為 u、序號為 v 的元素插入 d[i] 鏈結串列
{
    d[i].next=c[u]; c[u]=i;
    d[i].now=v;
}
```

倍增演算法的時間複雜度比較容易分析。每次計數排序的時間複雜度為 $O(n)$，排序的次數決定於最長公用子字串的長度，最壞情況下的排序次數為 $\log_2 n$ 次，所以總共的時間複雜度為 $O(n*\log_2 n)$。

7.1.2 ▶ 計算最長公用前綴

一個字串 S 的後綴陣列 SA 可在 $O(n \times \log_2 n)$ 的時間內計算出來。利用 SA 可以做很多事情，比如在 $O(m \times \log_2 n)$ 的時間內進行模式匹配，其中 m、n 分別為模式字串和待匹配字串的長度。為了更好地發揮 SA 的作用，我們引入**最長公用前綴**（Longest Common Prefix），這也是字串處理的一個核心演算法。

性質 7.1.2.1　設 height[i] 是 suffix (SA[$i-1$]) 和 suffix (SA[i]) 的最長公用前綴的長度，即，排名相鄰的兩個後綴的最長公用前綴的長度。那麼，對於 j 和 k，如果 Rank[j] < Rank[k]，則有以下性質：

suffix (j) 和 suffix (k) 的最長公用前綴的長度是 {height[Rank[j] + 1], height[Rank[j] + 2], height [Rank[j] + 3], $\cdots$, height[Rank[k]]} 的最小值。

例如，字串為 "aabaaaab"，求後綴 "abaaaab" 和後綴 "aaab" 的最長公用前綴的長度。

如圖 7-4 所示，後綴 "abaaaab" 的名次為 6，即 SA[6] = 2，而且 Rank[2] = 6；後綴 "aaab" 的名次為 2，即 SA[2] = 5，並且 Rank[5] = 2。後綴 "abaaaab" 和後綴 "aaab" 的最長公用前綴的長度為 min{height[3], height[4], height[5], height[6]} = min{2, 3, 1, 2} = 1。

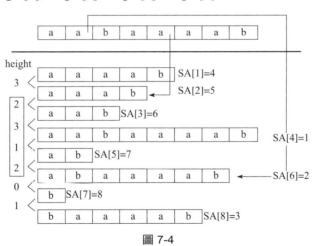

圖 7-4

由性質 7.1.2.1，後綴間的最長公用前綴是一個求集合的最小（或最大）值問題，suffix (j) 和 suffix (k) 的最長公用前綴為 height 陣列在區間 {[Rank[j] + 1$\cdots$Rank[k]]} 中的最小值。顯然，這是一個典型的 RMQ 問題。

要計算後綴間的最長公用前綴，首先必須解決的關鍵問題是「如何高效率地求出 height 陣列」。如果按 height[2], height[3], $\cdots$, height[n] 的順序計算，最壞情況下時間複雜度為 $O(n^2)$。這樣做並沒有利用字串的性質。為了最佳化 height 陣列的計算順序，定義 $h[i]$ 為 suffix (i) 和前一名次後綴的最長公用前綴的長度，即 $h[i]$=height[Rank[i]]。

性質 7.1.2.2　$h[i] \geq h[i-1]-1$。

證明： 設 suffix(k) 是排在 suffix$(i-1)$ 前一名的後綴，則它們的最長公用前綴的長度是 $h[i-1]$。那麼 suffix$(k+1)$ 將排在 suffix(i) 的前面（這裡要求 $h[i-1]>1$，如果 $h[i-1] \leq 1$，原式顯然成立），並且 suffix$(k+1)$ 和 suffix(i) 的最長公用前綴是 $h[i-1]-1$，所以 suffix(i) 和在它前一名的後綴的最長公用前綴至少是 $h[i-1]-1$。

顯然，我們可按照 $h[1], h[2], \cdots, h[n]$ 的順序計算公用前綴陣列 height[]。在計算過程中充分利用 h 陣列的性質，將時間複雜度降為 $O(n)$。下面提供了計算 height[] 的程式範本：

```
void get_common_prefix()              // 計算最長公用前綴陣列 height[]
{
    memset(h, 0, sizeof(h));          // 所有後綴和前一名次後綴的最長公用前綴長度最初為 0
    for (int i=1; i<=n; i++) {        // 按照遞增順序遍迴 h[]
      if (Rank[i]==1)                 // 若開頭指標為 i 的後綴的名次為 1，則不存在前一名次的後綴
          h[i]=0;
      else{                           // 否則計算 h[i] 的下限 now(h[i]≥h[i - 1]-1)，
                                      // 並在此基礎上逐個字元地延長最長公用前綴，最終得到 h[i]
          int now=0;
          if (i>1 && h[i-1]>1) now=h[i-1]-1;
          while(now+i<=n&&now+sa[Rank[i]-1]<=n&&x[now+i]==x[now+sa[Rank[i]-1]])
              now ++;
          h[i] = now;
      }
    }
    for (int i =1; i <= n; i ++) height[Rank[i]]=h[i];    // 由 h[] 得到 height[]
}
```

7.1.3 ▶ 後綴陣列的應用

後綴陣列之所以被廣泛應用於字串處理，原因如下。

◆ 基於名次陣列 Rank[] 和最長公用前綴陣列 height[]，可避免「蠻力」搜尋，以簡化和最佳化演算法。

◆ 計算名次陣列 Rank[] 和 height[] 的時空效率較高，且基本上都是由標準的程式片段實作的。

因此，許多字串處理都將計算 Rank[] 和 height[] 作為核心子演算法。

本節提供三個實作範例。在這三個實作範例中，計算名次陣列 Rank[] 時採用了 7.1.1 節提供的程式範本 get_suffix_array()，計算最長公用前綴陣列 height[] 時採用了 7.1.2 節提供的程式範本 get_common_prefix()。下面，在【7.1.3.1 Musical Theme】中，get_suffix_array() 計算名次陣列 Rank[ ]，在【7.1.3.2　Common Substrings】中，get_common_prefix() 計算最長公用前綴陣列 height[ ]。

7.1.3.1　Musical Theme

音樂旋律用 N 個音符組成的一個序列（$1 \leq N \leq 20000$）來表示，每個音符是在 [1, 88] 範圍內的整數，表示鋼琴上的一個鍵。然而，這樣的旋律表示忽略音樂的時間概念，本題的程式編寫工作與音符有關，與時間無關。

許多作曲家建構他們的音樂都圍繞著一個重複的主題，其中，這個主題是一個完整旋律的子序列，在我們的表示中是一個整數序列。一個旋律的子序列是一個主題，如果：

◆ 至少有 5 個音符長。

◆ 再次在樂曲的其他段出現（潛在的變調）。

◆ 重複出現的主題間至少有一個是不相交的（也就是說，沒有重疊在一起）。

所謂變調，就是加一個正數常數或負數常數到主題子序列內的每個音符上。

提供一段旋律，計算最長主題的長度（音符的數量）。

輸入

輸入包含若干測試案例。每個測試案例的第一行提供整數 N，接下來 N 個整數表示音符的序列。

最後一個測試案例後提供一個零。

使用 scanf 代替 cin，以減少輸入資料時間。

輸出

對於每個測試案例，輸出一行，提供一個整數，表示最長主題的長度。如果沒有主題，輸出 0。

範例輸入	範例輸出
30 25 27 30 34 39 45 52 60 69 79 69 60 52 45 39 34 30 26 22 18 82 78 74 70 66 67 64 60 65 80 0	5

試題來源： 做男人不容易系列：是男人就過 8 題 --LouTiancheng
線上測試： POJ 1743

❖ **試題解析**

後綴陣列的一個應用是在字串中計算不可重疊的最長重複子字串的長度。首先，我們需要判斷兩個長度為 k 的子字串是否是相同且不重疊的。最長公用前綴的長度，陣列 height[]，用於解這一問題。把排序後的後綴分成若干組，其中每組後綴的 height 不小於某個值。例如，字串為 "aabaaaab"，當 $k = 2$ 時，其後綴分成了 4 組，如圖 7-5 所示。

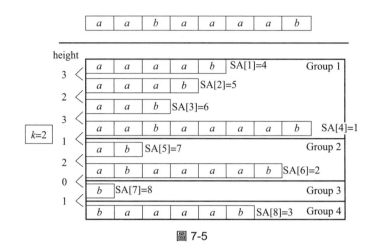

圖 7-5

◆ 第 1 組：height[2]＝3，height[3]＝2，height[4]＝3。本組後綴的 height 值都不小於 2，組內後綴的 SA 值的最大值和最小值之差為 SA[3]–SA[4]＝5。

◆ 第 2 組：height[5]＝1，height[6]＝2。本組後綴的 height 值都不小於 1，組內後綴的 SA 值的最大值和最小值之差為 SA[5]–SA[6]＝5。

◆ 第 3 組：height[7]＝0，組內後綴的 SA 值的最大值和最小值之差為 0。

◆ 第 4 組：height[8]＝1，組內後綴的 SA 值的最大值和最小值之差為 0。

顯然，有希望成為最長公用前綴長度不小於 k 的兩個後綴一定在同一組。然後對於每組後綴只需判斷目前為止後綴的 SA 值的最大值和最小值之差是否不小於 k。如果是，則說明存在兩個後綴，其公用前綴的長度不小於 k，並且互不重疊；否則不存在這樣的後綴對。例如，有希望成為最長公用前綴長度不小於 3 的兩個後綴在第 1 組（height[2]＝height[4]＝3）。而組內後綴的 SA 值的最大值和最小值之差為 SA[3]–SA[4]＝6–1＝5＞3，由此得出至少出現 2 次並且不可重疊的最長重複子字串為 "aab"。演算法中依據 height 值的下限對後綴進行分組的方法，在字串處理中很常用。

基於上述判定性問題後，建構演算法如下。

◆ 首先，輸入長度為 n 的字串 a，並進行前置處理：相鄰兩個數字相減（因為題目中存在一個變調的問題），形成一個長度為 n–1 的新數串（數字字串）。

◆ 其次，計算新數串的最長公用前綴陣列 height。

◆ 然後，使用上述判斷條件和二元搜尋法，計算最長重複子字串的長度。

◆ 最後，若子字串長度小於 5，則沒有主題；否則最長主題的長度為子字串長度 +1，因為最長重複子字串是不可相鄰而非不可重疊。新數串中長度為 x 的子字串對應原數串中長度為 x+1 的子字串，若尋找出的重複子字串在新數串中相鄰，則對應原字串就是相交。

顯然，二元搜尋的次數為 $O(\log_2 n)$，每次判斷組內（最長公用前綴長度不小於 x 的後綴為同一組）SA 值的最大值和最小值之差是否不小於 x，需要 $O(n)$ 時間，因此總共的時間複雜度為 $O(n \times \log_2 n)$。

❖ 參考程式

```
01  #include <iostream>
02  #include <cstdio>
03  #include <cmath>
04  #include <cstdlib>
05  #include <cstring>
06  #include <string>
07  #include <map>
08  #include <utility>
09  #include <vector>
10  #include <set>
11  #include <algorithm>
12  #define maxn 20010                              // 音樂旋律的長度上限
13  #define Fup(i,s,t) for (int i=s; i <=t; i ++)   // 遞增迴圈
14  #define Fdn(i,s,t) for (int i = s; i >= t; i --) // 遞減迴圈
15  #define Path(i,s) for (int i=s; i; i=d[i].next) // 單鏈結串列 d[]
16  using namespace std;
17  struct node {int now, next;}d[maxn]; // 鏈結串列，其中 d[].now 為元素序號，d[].next 為後繼指標
18  int val[maxn][2], c[maxn], rank[maxn], sa[maxn], pos[maxn], h[maxn], height[maxn], x[maxn];
19      // x[] 為字串；val[][] 為關鍵字，其中 x 為 val[][1]，
20      // y 為 val[][2]；c[] 儲存各元素值在鍵表 d[] 的開頭指標；rank[] 儲存各後綴的名次，
21      // 其中以 i 為開頭指標的後綴名次為 rank[i]；sa[] 儲存各名次的後綴開頭指標；
22      // pos[] 儲存關鍵字遞增序列中的後綴開頭指標
23  int n;                                          // 音樂旋律長度
24  void add_value(int u, int v, int i)             // 在 d[] 中加一個值
25  {
26      d[i].next = c[u]; c[u] = i;
27      d[i].now = v;
28  }
29  void radix_sort(int l, int r)     // val[][0] 和 val[][1] 合併為 xy，
30                                    // 計算子字串長度為 t 的 Rank[l...r]
31  {
32      Fdn(k, 1, 0){
33        memset(c, 0, sizeof(c));
34        Fdn(i, r, l) add_value(val[pos[i]][k], pos[i], i);
35        int t = 0;
36          Fup(i, 0, 20000)
37              Path(j, c[i])
38              pos[++ t] = d[j].now;
39      }
40      int t = 0;
41      Fup(i, 1, n){
42          if (val[pos[i]][0] != val[pos[i - 1]][0] ||
43              val[pos[i]][1] != val[pos[i - 1]][1])
44              t ++;
45          rank[pos[i]] = t;
46      }
47  }
48  bool exist(int len)   // 若存在不重疊的、長度為 len 的重複子字串，則傳回 1；否則傳回 0
```

```
49  {
50      int Min = n + 1, Max = 0;                      // SA 的最大值與最小值初始化
51      Fup(i, 1, n)                                   // 按遞增順序列舉名次
52          if (height[i] < len){
53          // 在 height[i] 小於 len 的情況下，若 SA 的最大值與最小值之差不小於 len，則傳回 1；
54          // 否則從第 i 個名次開始重新計算 SA 的最大值與最小值
55              if (Max - Min >= len)
56                  return 1;
57              Min = Max = sa[i];
58          }else{          // 在 height[i] 不小於 len 的情況下，調整 SA 的最大值與最小值
59              Min = min(Min, sa[i]);
60              Max = max(Max, sa[i]);
61          }
62      if (Max - Min >= len)     // 若 SA 的最大值與最小值之差不小於 len，則傳回 1；否則傳回 0
63          return 1;
64      return 0;
65  }
66  void get_suffix_array()      // 在 7.1.1 節已經提供
67  {
68      int t = 1;
69      while (t / 2 <= n){
70          Fup(i, 1, n){
71              val[i][0]=rank[i];
72              val[i][1] = (((i + t / 2 <= n) ? rank[i + t / 2] : 0));
73              pos[i] = i;
74          }
75          radix_sort(1, n);
76          t *= 2;
77      }
78      Fup(i, 1, n) sa[rank[i]] = i;
79  }
80  void get_common_prefix()     // 在 7.1.2 節已經提供
81  {
82      memset(h, 0, sizeof(h));
83      Fup(i, 1, n){
84          if (rank[i] == 1)
85              h[i] = 0;
86          else{
87              int now = 0;
88              if (i > 1 && h[i - 1] > 1)
89                  now = h[i - 1] - 1;
90              while (now + i <= n && now + sa[rank[i] - 1] <= n &&
91                      x[now + i] == x[now + sa[rank[i] - 1]])
92                  now ++;
93              h[i] = now;
94          }
95      }
96      Fup(i, 1, n) height[rank[i]] = h[i];
97  }
98  int binary_search(int l, int r) // 使用二分法計算不可重疊的最長重複子字串的長度
99  {
100     while (l <= r){
101         int mid = (l + r) / 2;   // 計算中間指標
102         if (exist(mid)) // 若存在不重疊的、長度為 mid 的重複子字串，則搜尋右區間；否則搜尋左區間
103             l = mid + 1;
```

```
104         else
105             r = mid - 1;
106     }
107     return r;                          // 傳回不重疊的最長重複子字串的長度
108 }
109 void solve()                           // 計算和輸出最長主題的長度
110 {
111     Fup(i, 1, n - 1)                   // 相鄰兩個音符相減,形成新數串
112         rank[i] = x[i]= x[i + 1] - x[i] + 88;
113     n --;          // 計算新數串的長度
114     get_suffix_array();                // 計算名次數串 Rank[]
115     get_common_prefix();               // 計算最長公用前綴陣列 height[]
116     int ans = binary_search(0, n) + 1; // 使用二分法計算不可重疊的最長重複子字串的長度,
117                                        // 該長度 +1 即為最長主題的長度
118                                        // (保證任兩個子字串不能相鄰)
119     ans = ((ans < 5) ? 0 : ans);       // 最長主題的長度小於 5,則設失敗資訊
120     printf("%d\n", ans);               // 輸出最長主題的長度
121 }
122 int main()
123 {
124     while (scanf("%d\n", &n), n > 0){   // 反覆輸入音樂旋律的長度,直至輸入 0
125         Fup(i, 1, n) scanf("%d", &x[i]); // 輸入音樂旋律
126         solve();                        // 計算和輸出最長主題的長度
127     }
128     return 0;
129 }
```

7.1.3.2 Common Substrings

一個字串 T 的子字串被定義為

$$T(i, k) = T_i T_{i+1} \cdots T_{i+k-1}, 1 \leq i \leq i + k - 1 \leq |T|$$

提供兩個字串 A、B 和整數 K,定義一個三元組(i, j, k)的集合 S:

$$S = \{(i, j, k) \mid k \geq K, A(i, k) = B(j, k)\}$$

請對特定的 A、B 和 K 提供 $|S|$ 的值。

輸入

輸入提供若干測試案例。每個測試案例的第一行提供整數 K,接下來的兩行分別提供字串 A 和 B。輸入以 $K = 0$ 結束。$1 \leq |A|, |B| \leq 10^5$,$1 \leq K \leq \min\{|A|, |B|\}$。$A$ 和 B 的字元都是拉丁字母。

輸出

對每個測試案例,輸出整數 $|S|$。

範例輸入	範例輸出
2 aababaa abaabaa 1 xx xx 0	22 5

試題來源：POJ Monthly--2007.10.06, wintokk
線上測試：POJ 3415

❖ **試題解析**

本題要求計算字串 A 和字串 B 中長度不小於 k 的公用子字串數。

首先，重新定義 height。height 原定義為相鄰兩個名次的後綴的最長公用前綴長度。這裡，將 height 定義改為相鄰兩個名次的後綴的最長公用前綴共產生多少個長度為 k 的公用子字串。在題意中的公用子字串可以相同，因此，如果 $height[i]-k+1>0$，則說明名次為 i 和 $i-1$ 的後綴可以產生 $height[i]-k+1$ 個長度為 k 的公用子字串，$height[i] \leftarrow height[i]-k+1$；否則說明這兩個後綴不可能產生長度為 k 的公用子字串，應予去除，即 $height[i] \leftarrow 0$。由此得出解題的基本思路：

計算 A 的所有後綴和 B 的所有後綴之間的最長公用前綴的長度，把其中最長公用前綴長度不小於 k 的部分全部加起來。

具體方法為：先將字串 A 和 B 連起來，中間用一個沒有出現過的字元隔開（例如 '$'）。按 height 值分組後，接下來的工作便是快速地統計每組中後綴之間的最長公用前綴之和。掃描一遍，每遇到一個 B 的後綴就統計與前面的 A 的後綴能產生多少個長度不小於 k 的公用子字串，這裡 A 的後綴需要用一個單調的堆疊來高效率維護。然後對 A 也這樣做一次。

❖ **參考程式**

```
01  #include <iostream>
02  #include <cstdio>
03  #include <cmath>
04  #include <cstdlib>
05  #include <cstring>
06  #include <string>
07  #include <map>
08  #include <utility>
09  #include <vector>
10  #include <set>
11  #include <algorithm>
12  #define maxn 200010
13  #define Fup(i, s, t) for (int i = s; i <= t; i ++)
14  #define Fdn(i, s, t) for (int i = s; i >= t; i --)
15  #define Path(i, s) for (int i = s; i; i = d[i].next)
16  using namespace std;
```

```
17    struct node {int now, next;}d[maxn]; // 鏈結串列，其中d[].now為元素序號，d[].next為後繼指標
18    int val[maxn][2], c[maxn], rank[maxn], sa[maxn], pos[maxn], h[maxn], height[maxn],
19        x[maxn], sta[maxn], num1[maxn], num2[maxn];
20    // val[][]儲存鍵，其中x是val[][0]，y是val[][1]；c[]儲存d[]中元素；Rank[]、SA[]
21    // 和height[]已定義；h[i]=height[Rank[i]]；h[i]=height[Rank[i]];
22    string S, s;                        // 測試案例的兩個字串
23    int n, k;
24    void add_value(int u, int v, int i)     // 將一元素加入d[]
25    {
26        d[i].next = c[u]; c[u] = i;
27        d[i].now = v;
28    }
29    void radix_sort(int l, int r)     // val[][0]和val[][1]合併為xy，
30                                      // 計算子字串長度為t的Rank[l...r]
31    {
32        Fdn(k, 1, 0){
33            memset(c, 0, sizeof(c));
34            Fdn(i, r, l)
35                add_value(val[pos[i]][k], pos[i], i);
36            int t = 0;
37            Fup(i, 0, 200000)
38                Path(j, c[i])
39                    pos[++ t] = d[j].now;
40        }
41        int t = 0;
42        Fup(i, 1, n){
43            if (val[pos[i]][0] != val[pos[i - 1]][0] ||
44                val[pos[i]][1] != val[pos[i - 1]][1])
45                t ++;
46            rank[pos[i]] = t;
47        }
48    }
49    void get_suffix_array() // 7.1.1節提供的程式範本get_suffix_array()，計算Rank[]和SA[]
50    {
51        int t = 1;
52        while (t / 2 <= n){
53            Fup(i, 1, n){
54                val[i][0] = rank[i];
55                val[i][1] = (((i + t / 2 <= n) ? rank[i + t / 2] : 0));
56                pos[i] = i;
57            }
58            radix_sort(i, n);
59            t *= 2;
60        }
61        Fup(i, 1, n)
62            sa[rank[i]] = i;
63    }
64    void get_common_prefix()                // 7.1.2節提供的程式範本get_common_prefix()
65    {
66        memset(h, 0, sizeof(h));
67        Fup(i, 1, n){
68            if (rank[i] == 1)
69                h[i] = 0;
70            else{
71                int now = 0;
```

```
72              if (i > 1 && h[i - 1] > 1)
73                  now = h[i - 1] - 1;
74              while (now + i <= n && now + sa[rank[i] - 1] <= n &&
75                      x[now + i] == x[now + sa[rank[i] - 1]])
76                  now ++;
77              h[i] = now;
78          }
79      }
80      Fup(i, 1, n)
81          height[rank[i]] = h[i];
82  }
83  void get_ans()                              // 計算和輸出長度至少為 k 的重複子字串數
84  {
85      for (int i=2; i<=n;i++) height[i]-=k-1;
86      // 所有排名相鄰的兩個後綴的最長公用前綴長度 -(k-1)，使得名次為 i 和名次為 i-1 的
87      // 後綴共產生 height[i] 個長度至少為 k 的公用子字串
88      long long sum1 = 0, sum2 = 0, ans = 0;
89      int top = 0;                            // 初始時堆疊為空
90      for (int i = 2; i <=n; i ++)            // 順序列舉後綴的名次
91          if (height[i]<=0){                  // 若排名 i 與排名 i-1 的兩個後綴的未產生
92                                              // 長度至少為 k 的公用子字串，則重新開始計算
93              top=sum1=sum2=0;
94          }else{                              // 若排名 i 與排名 i-1 的兩個後綴有 height[i] 個長度
95                                              // 為 k 的公用子字串，則子字串數推入堆疊
96              sta[++ top] = height[i];
97              if (sa[i-1] <= (int)S.size()){  // 若名次為 i-1 的公用前綴在字串 1，
98                                              // 則標誌堆入堆疊，子字串數計入 sum1
99                  num1[top]=1; num2[top]=0;  sum1+= (long long)sta[top];
100             }else{      // 若名次為 i-1 的公用前綴在字串 2，則標誌堆入堆疊，子字串數計入 sum2
101                 num1[top] = 0; num2[top] = 1;  sum2 += (long long)sta[top];
102             }
103             while (top > 0 && sta[top] <= sta[top-1]){ // 若堆疊頂端元素值不大於下個堆疊頂端
104                                             // 元素，則調整，維護堆疊的單調性
105                 sum1=sum1-(long long)sta[top-1]*num1[top-1]+
106                         (long long)sta[top]*num1[top-1];
107                 sum2=sum2-(long long)sta[top-1]*num2[top-1]+
108                         (long long)sta[top]*num2[top-1];
109                 num1[top-1]+=num1[top];         // 調整下個堆疊頂端的標誌
110                 num2[top-1]+=num2[top];
111                 sta[top-1]=sta[top];           // 堆疊頂端的值往下移到下個堆疊頂端
112                 top --;                         // 提出堆疊
113             }
114             if (sa[i] <= (int)S.size())
115             // 若名次為 i 的公用前綴在字串 1，則累計前面字串 2 的後綴產生的公用子字串數；
116             // 否則累計前面字串 1 的後綴產生的公用子字串數
117                 ans += sum2;
118             else
119                 ans += sum1;
120         }
121     cout << ans << endl;                    // 輸出長度至少為 k 的重複子字串數
122 }
123 void init()                                 // 輸入目前測試案例（兩個字串），並組合進陣列 x[]
124 {
125     cin >> S >> s;
126     n = (int)S.size() + s.size() + 1;
```

```
127        string str = S + '$' + s;
128        Fup(i, 1, n)
129            x[i] = rank[i] = (int)str[i - 1];
130 }
131 void solve()                         // 計算長度不小於 k 的公用子字串數
132 {
133        get_suffix_array();
134        get_common_prefix();
135        get_ans();
136 }
137 int main()
138 {
139        ios::sync_with_stdio(false);
140        while (cin >> k, k > 0){
141            init();
142            solve();
143        }
144        return 0;
145 }
```

7.1.3.3 Checking the Text

Wind 的生日快到了，為了送她一份稱心的禮物，Jiajia 去做一項可以賺錢的工作——文字檢查。

這項工作非常單調。交給 Jiajia 一個由字串組成的文字，字串由英文字母組成，Jiajia 要從目前文字的兩個位置同時開始，計算最大的字母匹配數量。匹配過程是逐個字元從左至右進行。

更糟的是，有時老闆會在文字前、文字後或中間插入一些字元。Jiajia 要編寫一個程式自動工作，要求這個程式速度很快，因為離 Wind 的生日只有幾天時間了。

輸入

輸入的第一行提供原始文字。

第二行提供指令數 *n*。接下來的 *n* 行提供每條指令。有兩種格式的指令：

◆ I *ch p*：將一個字元 *ch* 插入到第 *p* 個字元之前。如果 *p* 大於目前文字的長度，那麼就將該字元插入到文字最後面。

◆ Q *i j*：查詢原始文字從第 *i* 個字元和第 *j* 個字元開始匹配的長度，不包含插入字元。

本題設定，原始文字的長度不超過 50000，I 指令的數量不超過 200，Q 指令的數量不超過 20000。

輸出

對每條 Q 指令，輸出一行，提供最大的匹配長度。

範例輸入	範例輸出
abaab	0
5	1
Q 1 2	0
Q 1 3	3
I a 2	
Q 1 2	
Q 1 3	

試題來源： POJ Monthly--2006.02.26,zgl & twb

線上測試： POJ 2758

❖ 試題解析

根據題意，Jiajia 要從目前文字的兩個位置同時開始，計算最大的字母匹配數量。也就是說，以這兩個位置為開頭指標，從目前文字中截出兩個子字串，試題要求計算這兩個子字串的最長公用前綴。

按照最長公用前綴的定義，suffix (j) 和 suffix (k)（Rank$[j]<$Rank$[k]$）的最長公用前綴長度為 min{height[Rank$[j]+1$], height[Rank$[j]+2$], height[Rank$[j]+3$], …, height[Rank$[k]$]}，$1 \leq j < k \leq$ length(S)。於是，求兩個後綴的最長公用前綴可以轉化為求某個子區間上的最小 height 值，即轉化為一個 RMQ 問題。計算方法如下：

先作前置處理，採用動態規劃方法求所有名次區間中最小的 height 值，將結果置入一張二維列表 f 中，其中 $f[i,j]$ 為區間 $[j, j+2^i-1]$ 中最小的 height 值。以後每次回答詢問，只要花 $O(1)$ 時間從 f 表中直接取出結果即可。

需要注意的是，$f[i,j]$ 儲存的是以 j 為開頭指標、長度為 2^i 的名次區間中最小的 height 值。因此對於任意名次區間 $[a, b]$，最小的 height 值應為

$$\min\left\{ f\left[\lfloor \log_2(b-a+1)\rfloor,\ a\right],\ f\left[\lfloor \log_2(b-a+1)\rfloor,\ b-2^{\lfloor \log_2(b-a+1)\rfloor}-1\right]\right\}$$

由上可見，對於後綴 suffix$[a]$ 和 suffix$[b]$ 來說，最大的匹配長度為名次區間 $[l, r]$ 的最小 height 值，其中 $l=\min($Rank$[a]$, Rank$[b])+1$，$r=\max($Rank$[a]$, Rank$[b])$。

但問題是由於字元的插入，使得字串 s 是動態變化的。是不是每插入一個字元後，都需要重新計算各名次子區間的最小 height 值呢？不需要。設 cor$[k]$ 為初始位置 k 的字元的目前位置；opp$[i]$ 為目前第 i 個字元的初始位置；dis$[k]$ 為初始位置 k 的字元與右方最近插入字元間的距離。

（1）若後綴 suffix$[a]$ 和 suffix$[b]$ 的名次相同（$l>r$），則最大匹配長度為後綴 suffix$[a]$ 的長度，即 s 的字串長度 -cor$[a]+1$。

（2）若最大匹配字串中未出現插入字元（名次區間 $[l, r]$ 的最小 height 值小於 dis$[a]$ 和 dis$[b]$），則名次區間 $[l, r]$ 的最小 height 值為最大匹配長度。

（3）否則最大匹配字串含最近插入的字元，最大匹配字串的長度至少為 len=min (dis[*a*],
dis[*b*])，在此基礎上透過迴圈遞增 len，迴圈條件是最大匹配字串不允許超出字串 *s*
的範圍（cor[*a*]＋len≤*s* 的字串長度 && cor[*b*]＋len≤*s* 的字串長度）：

若 len+1 後的對應字元不同（*s* 中第 cor[*a*]+len−1 個字元與第 str[cor[*b*]+len−1] 不
同），則確定最大匹配長度為 len；否則若 *s* 中第 cor[*a*]+len 個字元與第 str[cor[*b*]+len]
個字元非插入字元，則最大匹配長度為 len+ 後綴 suffix[opp[cor[*a*]+len] 和
suffix[opp[cor[*b*]+len]] 中的最大匹配長度；否則 len++，迴圈繼續執行。

（4）迴圈結束，則確定 len 為最大匹配長度。

❖ **參考程式**

```
01  #include <iostream>
02  #include <cstdio>
03  #include <cmath>
04  #include <cstdlib>
05  #include <cstring>
06  #include <string>
07  #include <map>
08  #include <utility>
09  #include <vector>
10  #include <set>
11  #include <algorithm>
12  #define maxn 50210                    // 文字長度上限
13  #define Fup(i, s, t) for (int i = s; i <= t; i ++)
14  #define Fdn(i, s, t) for (int i = s; i >= t; i --)
15  #define Path(i, s) for (int i = s; i; i = d[i].next)    // 單鏈結串列 d[]
16  using namespace std;
17  struct node {int now, next;}d[maxn];// d[]，其中 d[].now 為元素序號，d[].next 為後繼指標
18  int f[maxn][20];            // f[i, j] 儲存在子區間 [j, j+2ⁱ-1] 的最小的 height
19  int val[maxn][2], c[maxn], rank[maxn], sa[maxn], pos[maxn], h[maxn],
20      height[maxn], x[maxn], cor[maxn], dis[maxn], opp[maxn];
21      // x[] 為字元陣列；val[][], x 為 val[][0], y 為 val[][1]; Rank[]、SA[]
22      // 和 height[] 如定義；h[i]=height[Rank[i]]；cor[k]、dis[k] 和 opp[i] 也如定義
23  string str;
24  int n, k;                    // 字串長度，指令數
25  void add_value(int u, int v, int i) // 在 d[i] 中加入一個元素
26  {
27      d[i].next = c[u]; c[u] = i;
28      d[i].now = v;
29  }
30  void radix_sort(int l, int r) // val[][0] 和 val[][1] 組合構成 xy,
31                                // 計算長度為 t 的 Rank[l…r]
32  {
33      Fdn(k, 1, 0){                    // 對 y 和 x 排序
34        memset(c, 0, sizeof(c));
35        Fdn(i, r, l) add_value(val[pos[i]][k], pos[i], i);
36        int t = 0;
37        Fup(i, 0, 50000)
38            Path(j, c[i])
39            pos[++ t] = d[j].now;
40      }
```

```
41          int t = 0;
42          Fup(i, 1, n){
43              if (val[pos[i]][0] != val[pos[i - 1]][0] ||
44                  val[pos[i]][1] != val[pos [i - 1]][1])
45                  t ++;
46              rank[pos[i]] = t;
47          }
48      }
49      void get_suffix_array()        // 計算 Rank[] 和 SA[]
50      {
51          int t = 1;                 // 子字串長度初始化
52          while (t / 2 <= n){        // 字串可以劃分為左右子字串，長度為 t 的子字串的 Rank[] 被計算
53              Fup(i, 1, n){
54                  val[i][0]=rank[i]; // 左子字串 rank（起始位置 i，長度 t/2）
55                  val[i][1] = (((i + t / 2 <= n) ? rank[i + t / 2] : 0));
56                  // 右子字串 rank（起始位置 i+t/2，長度 t/2）
57                  pos[i] = i;
58              }
59              radix_sort(1, n);      // val[][0] 和 val[][1] 組合為 xy，計算長度為 t 的 Rank[]
60              t *= 2;                // 子字串長度 ×2
61          }
62          Fup(i, 1, n) sa[rank[i]] = i;   // SA[]
63      }
64      void get_common_prefix()       // 計算 height[]
65      {
66          memset(h, 0, sizeof(h));
67          Fup(i, 1, n){
68              if (rank[i] == 1)
69                  h[i] = 0;
70              else{
71                  int now = 0;
72                  if (i > 1 && h[i - 1] > 1)
73                      now = h[i - 1] - 1;
74                  while (now + i <= n && now + sa[rank[i] - 1] <= n &&
75                      x[now + i] == x[now + sa[rank[i] - 1]])
76                      now ++;
77                  h[i] = now;
78              }
79          }
80          Fup(i, 1, n) height[rank[i]] = h[i];   // 基於 h[] 計算 height[]
81      }
82      void get_RMQ()    // 計算 f[][]，f[i, j] 儲存子區間 [j, j+2^i-1] 的最小的 height
83      {
84          Fup(i, 1, n)f[i][0] = height[i];
85          Fup(k, 1, (int)(log(n) / log(2)))        // 列舉長度（2 的整數冪）
86            Fup(i, 1, n - (1 << k) + 1)
87                  f[i][k]=min(f[i][k-1],f[i+(1<<(k - 1))][k-1]);
88      }
89      int query(int a, int b)        // 對 suffix[a] 和 suffix[b]，計算最大匹配字串的長度
90      {
91          int head = min(rank[a], rank[b])+1, tail=max(rank[a],rank[b]);
92          if (head > tail)
93              return (int)str.size() - cor[a] + 1;
94          int t = (int)(log(tail - head + 1) / log(2));
95          int len = min(f[head][t], f[tail - (1 << t) + 1][t]);
```

```
 96        if (len < dis[a] && len < dis[b])return len;
 97        len = min(dis[a], dis[b]);
 98        while (cor[a] + len <= (int)str.size() && cor[b] + len <= (int)str.size()){
 99            if(str[cor[a]+len-1]!=str[cor[b]+len-1]) return len;
100            if (opp[cor[a] + len] && opp[cor[b] + len])
101                return len + query(opp[cor[a] + len], opp[cor[b] + len]);
102            len ++;
103        }
104        return len;
105 }
106 void insert(char ch, int pre)      // 插入字元 ch
107 {
108        int t = (int)str.size();        // str 的長度
109        pre = min(t + 1, pre);          // 插入位置
110        str = str + ' ';                // 空格插入字串後面
111        Fdn(i, t, pre){
112            str[i] = str[i - 1];
113            opp[i + 1] = opp[i];        // opp[i] 如定義
114            if (opp[i])
115                cor[opp[i]] = i + 1;    // cor[k] 如定義
116        }
117        opp[pre] = 0;                   // 目前第 pre 個字元是插入字元
118        str[pre - 1] = ch;              // 插入
119        Fdn(i, pre - 1, 1){
120            if (!opp[i]) break;
121            dis[opp[i]] = min(dis[opp[i]], pre - i);
122        }
123 }
124 void init()                        // 輸入文字和指令
125 {
126        cin >> str;                     // 文字
127        n = (int)str.size();            // 文字長度
128        Fup(i, 1, n){                   // 初始化
129            x[i] = rank[i] = (int)str[i - 1];
130            cor[i] = i;opp[i] = i;
131        }
132        cin >> k;                       // 指令的數目
133 }
134 void solve()                       // 逐條執行指令
135 {
136        get_suffix_array();             // 計算 Rank[]
137        get_common_prefix();            // 計算 height[]
138        get_RMQ();                      // 在子區間中計算最小的 height
139        memset(dis, 127, sizeof(dis));
140        Fup(i, 1, k){                   // 逐條執行指令
141            char kind;
142            cin >> kind;                // 指令格式
143            if (kind == 'Q'){           // Q 指令
144                int a, b;
145                cin >> a >> b;
146                int ans = query(a, b);  // 計算並輸出匹配的長度
147                cout << ans << endl;
148            }else{                      // I 指令
149                char ch;
150                int pos;
```

```
151              cin >> ch >> pos;
152              insert(ch, pos);        // 在第 pos 個位置前插入字元 ch
153          }
154      }
155 }
156 int main()
157 {
158     ios::sync_with_stdio(false);
159     init();                         // 輸入文字和指令
160     solve();                        // 執行指令
161     return 0;
162 }
```

7.2　區段樹的實作範例

在現實生活中，常遇到與區間有關的操作，比如統計線段聯集的長度、記錄一個區間內子線段的分佈、統計落在區間內的資料頻率等，並在線段或資料的插入、刪除和修改中維護這些特徵值。區段樹擁有良好的樹形二分結構，能夠高效率地完成這些操作。本節將介紹區段樹的各種操作以及一些推廣。

7.2.1 ▶ 區段樹的基本概念和基本操作

區間樹是一棵記為 $T(a, b)$ 的二元樹，其中，區間 $[a, b]$ 表示二元樹的樹根。設 $L = b - a$，$T(a, b)$ 遞迴定義如下：

◆ $L > 1$：區間 $\left[a, \left\lfloor \dfrac{a+b}{2} \right\rfloor\right]$ 為根的左子代，區間 $\left[\left\lfloor \dfrac{a+b}{2} \right\rfloor + 1, b\right]$ 為根的右子代。

◆ $L = 1$：$T(a, b)$ 的左子代和右子代分別是葉子 $[a]$ 和 $[b]$。

◆ $L = 0$：也就是說 $a == b$，$T(a, b)$ 是葉子 $[a]$，即元素 a。

圖 7-6 是一棵根為 $[1, 10]$ 的區段樹。

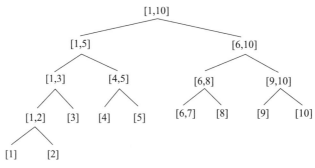

圖 7-6

在區段樹中，葉節點為區間內的所有資料，內節點不僅表示區間，也表示區間的中點。

可以用一個陣列 $a[\ ]$ 來儲存一棵區間樹，如果節點 $a[i]$ 表示區間 $[l, r]$，則左子代 $a[2 \times i + 1]$ 表示左子區間 $\left[l, \left\lfloor \dfrac{l+r}{2} \right\rfloor\right]$，右子代 $a[2 \times i + 2]$ 表示右子區間 $\left[\left\lfloor \dfrac{l+r}{2} \right\rfloor + 1, r\right]$。所以，每個節點不僅儲存區間，還可根據需要增設一些特殊的資料欄，例如所代表的子區間是否空；如果不是空的話，有多少線段覆蓋本子區間，或哪些資料落在本子區間內，以便插入或刪除線段時動態維護。

區段樹的最基本的操作包括：

◆ 建立區段樹。

◆ 在區間內插入線段或資料。

◆ 刪除區間內的線段或資料。

◆ 動態維護區段樹。

1. 對區間 $[l, r]$ 建立區段樹

在對區間 $[l, r]$ 插入或刪除線段操作前，需要為該區間建立一棵區段樹。依照二分策略將區間 $[l, r]$ 劃分出 tot（$\text{tot} \geq 2 \times \log_2 (r-l)$）個空的子區間，這些子區間暫且未被任何線段所覆蓋。tot 為全域變數，記錄一共用到了多少節點。建樹前 tot = 0。建立區段樹 $T(l, r)$ 的過程如下。

```
void build_tree(int l, int r, int i)    // 從節點 i 出發，建構區間 [l, r] 的區段樹
{
    節點 i 的資料欄初始化；
    if (l == r){                        // 若區間僅一個元素
        設定資料所在的葉節點序號
    }
    int mid=(l+r) / 2;                   // 計算區間的中間指標
    build_tree(l, mid, 2*i);            // 遞迴左子區間
    build_tree(mid+1, r, 2*i+1);       // 遞迴右子區間
}
```

在插入、刪除線段或資料操作前，一般需要呼叫 build_tree 過程，設定節點序號和左右指標及資料欄初始化。當然也可以直接在演算法中設定節點序號和區間，計算中間指標，而不事先呼叫 build_tree 過程。

2. 在區間內插入線段或資料

設區段樹 $T(l, r)$ 的根為 R，代表區間為 $[l, r]$，現準備插入線段 $[c, d]$：

如果 $[c, d]$ 完全覆蓋了 R 代表的區間 $[l, r]$（$(c \leq l) \&\& (r \leq d)$），則 R 節點上的覆蓋線段數加 1。

如果 $[c, d]$ 不跨越區間中點 $\left(d \leq \left\lfloor \dfrac{l+r}{2} \right\rfloor \middle\| \left\lfloor \dfrac{l+r}{2} \right\rfloor + 1 \leq c\right)$，則僅在 R 節點的左子樹或者右子樹上進行插入。

如果 $[c, d]$ 跨越區間中點 $\left(c \leq \left\lfloor \dfrac{l+r}{2} \right\rfloor \&\& d \geq \left\lfloor \dfrac{l+r}{2} \right\rfloor + 1\right)$，則在 R 節點的左子樹和右子樹上都要進行插入。

注意觀察插入的路徑，一條待插入區間在某一個節點上進行「跨越」，此後兩棵子樹上都要向下插入，但是這種跨越不可能多次發生。插入區間的時間複雜度是 $O(\log_2 n)$。

如果往區段樹 $T(l, r)$ 中插入資料 x，則從根出發二元搜尋 x 所在的葉位置，插入 x。由於在二元搜尋過程中，x 要麼落在左子樹要麼落在右子樹，資料插入不存在「跨越」情況，因此時間複雜度是 $O(\log_2 n)$。

3. 刪除區間內的線段或資料

設區段樹 $T(l, r)$ 的根為 R，待刪線段為 $[c, d]$。在區段樹上刪除一個線段與插入的方法幾乎是類似的。要注意的是，只有曾經插入過的線段才能夠進行刪除，這樣才能保證區段樹的維護是正確的。

至於在區段樹中刪除資料，其方法與插入資料的方法幾乎是完全類似的。當然，也是只有曾經插入過的資料才能夠進行刪除，這樣才能保證區段樹的維護是正確的。

4. 動態維護區段樹

根據問題的需要，對區段樹的每個節點設定狀態值，例如，所在區間內覆蓋線段的長度是多少；如果後來的線段覆蓋先前的線段，目前可見哪些線段；所在區間落入了哪些資料點；等等。如果區段樹插入或刪除一個子區間或資料，相關節點（即所代表的區間包含了被插入或刪除的子區間或資料）的狀態值需要及時調整。這就是區段樹的動態維護。區段樹的動態維護一般分成兩類。

◆ 區段樹單點更新的維護，即插入或刪除區間內資料後維護區段樹。

◆ 區段樹子區間更新的維護，即插入或刪除線段後維護區段樹。

7.2.2 ▶ 區段樹單點更新的維護

若區段樹用於資料處理的話，則葉節點代表的區間為一個整數。所謂單點更新指的是在區段樹中插入或刪除資料 x。這一過程是由上而下的，即從根節點出發，透過二元搜尋確定 x 的葉節點序號；而單點更新的維護是自下而上的，即從 x 對應的葉節點出發，調整至根的路徑上每個節點的狀態，因為這些節點對應的數值區間都包含資料 x。

7.2.2.1 Buy Tickets

在春節期間，火車票很難買到，為此我們必須起個大早，去排長隊……

春節將至，但非常不幸，Little Cat 仍然被安排東跑西顛。現在，他要坐火車去四川綿陽，參加資訊學奧林匹克國家隊選拔的冬令營。

此時是凌晨 1 點，外面一片黑暗。寒冷的西北風並沒有嚇跑排隊買票的人們。寒冷的夜晚讓 Little Cat 直打哆嗦。為什麼不找個問題思考一下呢？這至少比凍死要好！

人們不斷地在隊伍中插隊。由於周圍太暗，這樣做也不會被發現，即使是和插隊的人相鄰的人。「如果隊伍中的每個人都被賦予一個確定的值，並且所有插隊的人以及插隊以後他們所站的位置的資訊給了出來，是否可以確定隊伍中的人們的最終的排列順序？」
Little Cat 想。

輸入

輸入由若干測試案例組成。每個測試案例 $N+1$ 行，其中 N（$1 \leq N \leq 200000$）在測試案例的第一行提供。接下來的 N 行以 i（$1 \leq i \leq N$）的升冪每行提供一對值 Pos_i 和 Val_i。對每個 i、Pos_i 和 Val_i 的範圍和涵義如下：

◆ $\mathrm{Pos}_i \in [0, i-1]$：第 i 個來到佇列中的人站在第 Pos_i 個人的後面，售票視窗被視為第 0 個人，在佇列中站在最前面的人被視為第一個人。

◆ $\mathrm{Val}_i \in [0, 32\,767]$：第 i 個人被指定 Val_i。

在兩個測試案例之間沒有空行。程式處理到輸入結束。

輸出

對每個測試案例，輸出一行用空格分開的整數，表示在佇列中按照人們所站的位置次序提供人們的值。

範例輸入	範例輸出
4	77 33 69 51
0 77	31492 20523 3890 19243
1 51	
1 33	
2 69	
4	
0 20523	
1 19243	
1 3890	
0 31492	

提示

圖 7-7 提供了範例輸入中的第一個範例。

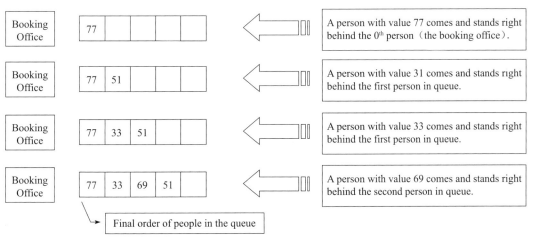

圖 7-7

試題來源： POJ Monthly--2006.05.28, Zhu, Zeyuan
線上測試： POJ 2828

❖ 試題解析

題意概述如下：開始有一個空的序列，有 n 個人要插進去，每個人都有一個屬性值。提供每個人插入佇列的時候排在第 pos[i] 個人後面，最後讓你從佇列開頭開始依順序輸出每個人的屬性值。

這個題目要聯想到區段樹是需要換個思維的，不能按照題目提供的輸入順序依次處理資料。因為後面的人是會影響前面的人的位置的（如果後面來的人插在前面人的前面，那前面的人的位置會向後移一格）。所以要從後向前處理資料，這樣可以保證每次被插入的位置不會再變化。

例如，對於第 2 個範例，範例輸入序列是 0 20523 1 19243 1 3890 0 31492。以相反的連續處理這 4 對值。首先，處理第 4 對值 (pos[4], val[4])：pos[4] = 0，val[4] = 31492，$j =$ pos[4] + 1 = 1，則第 4 個人被插入「目前的」第 j 個空位（也就是「目前的」第一個空位）。然後，處理第 3 對值 (pos[3], val[3])：pos[3] = 1，val[3] = 3890，$j =$ pos[3] + 1 = 2，則第 3 個人被插入目前的第 j 個空位（目前的第 2 個空位）。接下來，處理第 2 對值 (pos[2], val[2])： pos[2] = 1，val[2] = 19243，$j =$ pos[2] + 1 = 2，則第 2 個人被插入目前第 j 個空位（目前第 2 個空位）。最後，處理第 1 對值 (pos[1], val[1])：pos[1] = 0，val[1] = 20523，$j =$ pos[1] + 1 = 1，則第 1 個人被插入目前第 1 個空位。所以，對於第 2 個範例，按照人們所站的位置次序提供人們的值是 31492 20523 3890 19243。

用區段樹的每個節點記錄這個區間中的空位置數，每次插入的時候將這個人放在第 pos[i] 個空格的地方。因為後面的人如果排在前面的人的前面，那麼對前面的人進行操作的時候，那個位置就被占了，前面的人的位置就會向後移一格。這樣，我們就可以用區段樹進行維護了，每次查詢第 pos[i] 個空格的位置，然後再改變表示 pos[i] 位置的節點狀態，實作起來比較簡單。設在區段樹中，每個節點的狀態值為所代表區間的空位數，初始時為區間長度；葉節點代表人。

實作過程如下。

從第 n 個人出發，依次處理每個人的排列位置。若第 i 個人須占據目前第 $j =$ pos[i] + 1 個空位（$i = n \cdots 1$, pos[i] < i），則從區段樹的根出發，向下遞迴計算空位序號：

若左子樹的空位數 $\geq j$，則遞迴左子樹；否則遞迴計算右子樹上第 $k = j -$（左子樹的空位數）個空位，直至找到葉節點 d（代表區間 [t]）為止，由此確定第 i 個人的排列位置為 t。

然後動態維護區段樹：從葉節點 d 出發，向上將通往根的路徑上的每個節點的空位數 -1。

以此類推，直至得出第 1 個人的排列位置為止。

❖ 參考程式

```
01  #include <iostream>
02  #include <cstdio>
03  #include <cstring>
04  #include <string>
05  #include <map>
06  #include <utility>
07  #include <algorithm>
08  #define maxn 200100                    // 人數上限
09  #define Fup(i, s, t) for (int i = s; i <= t; i ++)
10  #define Fdn(i, s, t) for (int i = s; i >= t; i --)
11  using namespace std;
12  int pos[maxn], val[maxn], size[maxn * 3], ans[maxn], point[maxn];
13  // 第 i 個人的屬性值為 val[i]，插入第 pos[i]+ 個空格位置，排列中第 k 個位置的隊員序號為 ans[k]，
14  // 在區段樹中區間 [k] 的葉節點序號為 point[k]；區段樹中節點 j 所代表區間的空位數為 size[j]
15  int n;                                 // 人數
16  void build_tree(int l, int r, int i) // 從節點 i 出發，建構區間 [l, r] 的區段樹
17  {
18      size[i] = r - l + 1;             // 儲存節點 i 所代表區間的空位置數
19      if (l == r){                     // 若區間僅一個元素，則設定該元素的葉節點序號並傳回
20          point[l] = i;
21          return;
22      }
23      int mid = (l + r) / 2;           // 計算區間的中間指標
24      build_tree(l, mid, i + i);       // 遞迴左子區間
25      build_tree(mid + 1, r, i + i + 1);    // 遞迴右子區間
26  }
27  int require(int sum, int l, int r, int i) // 計算第 sum 個空位的葉節點序號
28  {
29      if (l == r)                      // 若區間僅剩 1 個元素，則傳回該元素
30          return l;
31      int mid = (l + r) / 2;           // 計算中間指標
32      if (size[i + i] >= sum)          // 若左子樹的空位數不少於 sum，則遞迴左子樹；否則遞迴右子樹
33          return require(sum, l, mid, i + i);
34      return require(sum - size[i + i], mid + 1, r, i + i + 1);
35  }
36  void change(int i)                   // 區段樹維護：從葉節點序號 i 出發向上調整所在子樹的空位數
37  {
38      while (i > 0){
39          size[i] --;
40          i = i / 2;
41      }
42  }
43  void init()
44  {
45      Fup(i, 1, n)                     // 依次輸入每個人的位置參數和屬性值
46          scanf("%d%d\n", &pos[i], &val[i]);
47  }
48  void solve()                         // 計算和輸出排列中每個人的屬性值
49  {
50      memset(size, 0, sizeof(size));
51      build_tree(1, n, 1);             // 建構區段樹 (以節點 1 為根，代表區間 [1, n])
52      Fdn(i, n, 1){                    // 從後向前處理資料
53          int t = require(pos[i] + 1, 1, n, 1); // 計算排列位置並設定該位置的人員序號
```

```
54          ans[t] = i;
55          change(point[t]);      // 動態維護區段樹
56      }
57      Fup(i, 1, n - 1)            // 依次輸出排列中每個人的屬性值
58          cout << val[ans[i]] << ' ';
59      cout << val[ans[n]] << endl;
60  }
61  int main()
62  {
63      while (scanf("%d\n", &n) == 1){       // 反覆輸入人數
64          init();                // 依次輸入 n 個人的位置參數和屬性值
65          solve();               // 計算和輸出排列中 n 個人的屬性值
66      }
67      return 0;
68  }
```

7.2.3 ▶ 區段樹子區間更新的維護

每次對子序列中資料的調整，也就是子區間的更新。方法基本如同區段樹的單點更新，每更新一次子區間，需要自下而上維護整棵區段樹。但在頻繁更新子區間的情況下，這種方法的效率會十分低下。

為了改善計算實效，引入懶惰標記法。給每個節點設一個標記域：若首次發現節點對應的區間被完全覆蓋，則標記該節點；以後若發現節點標記，則先將標記下傳給左右子代後，撤去該節點標記，因為左右子區間亦被完全覆蓋，撤去節點標記的目的是避免重複計算。懶惰標記應包括哪些資訊，視子區間更新的具體情況而定。

顯然，每次更新子區間時使用局部維護區段樹的標記法，比原來動態維護整棵樹要省時、省力得多。有三種比較典型的子區間更新：

◆ 集中更新和動態統計子序列中的資料。

◆ 計算可見線段。

◆ 互不相交線段的更新和統計。

1. 集中更新和動態統計子序列中的資料

資料區中的資料位置組成一個區間，構成一棵區段樹，被集中更新和動態統計的子序列即為其中的一條線段。子序列的每個數增加或減少一個值即為「集中更新」，對子序列的資料進行求和等運算即為「動態統計」。區段樹節點的資訊一般包括：

◆ 懶惰標記——覆蓋對應區間的增量值。

◆ 對應區間的統計結果。

7.2.3.1　A Simple Problem with Integers

有 N 個整數 A_1, A_2, …, A_N。要進行兩類操作：一類操作是將某個給定的數在一個給定的區間內加到每個數上；另一類是求以一個提供的區間內的數字的總和。

輸入

第一行提供兩個數字 N 和 Q，$1 \leq N, Q \leq 100000$。

第二行提供 N 個數字，是 A_1, A_2, …, A_N 的初始值，$-1000000000 \leq A_i \leq 1000000000$。

接下來的 Q 行每行提供一個操作：

◆ "$C\ a\ b\ c$" 表示將 c 加到 A_a, A_{a+1}, …, A_b 的每個值上面，$-10000 \leq c \leq 10000$。

◆ "$Q\ a\ b$" 表示求 A_a, A_{a+1}, …, A_b 的總和。

輸出

按序對所有的 Q 條操作提供結果，每個結果一行。

範例輸入	範例輸出
10 5 1 2 3 4 5 6 7 8 9 10 Q 4 4 Q 1 10 Q 2 4 C 3 6 3 Q 2 4	4 55 9 15

提示：總和可能會超過 32 位元整數。

試題來源：POJ Monthly--2007.11.25, Yang Yi
線上測試：POJ 3468

❖ 試題解析

使用區段樹解題，樹中區間對應數字的索引範圍，即 $[l, r]$ 對應數字 A_l, A_{l+1}, …, A_r。顯然，底層葉子從左而右依次代表 $A_1, A_2, \cdots, A_N$ 的初始值。每個節點設兩個特徵值：

◆ 特徵值 1：子區間的目前數和 s，初始時為子區間內初始值的數和。

◆ 特徵值 2：懶惰標記 v，即子區間內每個數的增值。如果是 "$C\ a\ b\ v$" 操作，則 $[a, b]$ 所有子區間的 s 值增加 $v*l$（l 為子區間長度）。

每次使用標記法維護區段樹時，若發現節點 i 未標記，則退出；否則左右子代對應的區間被完全覆蓋。分別計算左右子區間的數和 s，並將節點 i 的標記 v 下傳給左右子代。

設區段樹的根為 i，對應區間為 $[l, r]$。

對區段樹中的子區間 $[tl, tr]$ 求和：

◆ 若 $[tl, tr]$ 在 $[l, r]$ 外（$tl > r \| tr < 1$），則傳回 0。

- ◆ 若 [*tl*, *tr*] 完全覆蓋 [*l*, *r*]（*tl* ≤ *l* && *r* ≤ *tr*），則傳回節點 *i* 的數和 *s*。

- ◆ 對節點 *i* 使用標記法，維護區段樹。

- ◆ 分別遞迴計算子區間 [*tl*, *tr*] 在左子樹的數和 s_1 與右子樹的數和 s_2，傳回 $s_1 + s_2$。

對區段樹中的子區間 [*tl*, *tr*] 進行 +*v* 操作：

- ◆ 若 [*tl*, *tr*] 在 [*l*, *r*] 外（*tl* > *r* || *tr* < *l*），則傳回。

- ◆ 若 [*tl*, *tr*] 完全覆蓋 [*l*, *r*](*tl* ≤ *l* && *r* ≤ *tr*)，則 [*l*, *r*] 中的每個數 +*v*，節點 *i* 的 *s* 域增加 *v**(*r*−*l*+1)，*v* 計入節點 *i* 的 *v* 域，並傳回。

- ◆ 對節點 *i* 使用標記法，維護區段樹。

- ◆ 分別遞迴節點 *i* 的左子樹的數和 *s* 與右子樹的數和 s_2。

- ◆ 節點 *i* 的 *s* 域值 $= s_1 + s_2$。

❖ 參考程式

```
01  #include <iostream>
02  #include <cstdio>
03  #include <cmath>
04  #include <cstdlib>
05  #include <cstring>
06  #include <string>
07  #include <map>
08  #include <utility>
09  #include <set>
10  #include <algorithm>
11  #define maxn 100010              // 數字個數的上限
12  using namespace std;
13  struct node {long long mark,sum;}tree[maxn*4];  // 區段樹，其中節點 i 的數和為 tree[i].
14                                    // sum，懶惰標記為 tree[i].mark
15  int x[maxn];                     // 初始值序列
16  int n, m;                        // 數字個數、操作次數
17  void update(int l, int r, int i)  // 標記法維護區段樹（根為 i，對應區間 [l, r]）
18  {
19      if (!tree[i].mark) return;   // 若節點 i 未標記，則退出；否則左右子代對應的區間
20                                   // 被完全覆蓋。分別計算左右子區間的數和，
21                                   // 並將節點 i 的標記下傳給左右子代
22      int mid = (l + r) / 2;
23      tree[i + i].sum += tree[i].mark * (long long)(mid - l + 1);
24      tree[i + i + 1].sum += tree[i].mark * (long long)(r - mid);
25      tree[i+i].mark+=tree[i].mark;
26      tree[i+ i+1].mark += tree[i].mark;
27      tree[i].mark = 0;            // 撤去節點 i 的標記
28  }
29  long long query(int tl, int tr, int l, int r, int i)
30  // 計算區段樹（根為 i，對應區間 [l, r]）內子區間 [tl, tr] 的數字和
31  {
32      if (tl > r || tr < l)        // 若 [tl, tr] 在 [l, r] 外，則返回
33          return 0;
34      if (tl <= l && r <= tr)      // 若 [tl, tr] 覆蓋 [l, r]，則傳回 [l, r] 中的數和
```

```
35        return tree[i].sum;
36        update(l, r, i);                 // 標記法維護區段樹（根為 i，對應區間 [l, r]）
37        int mid = (l + r) / 2;           // 分別計算子區間 [tl, tr] 在左子樹的數和部分與
38                                         // 右子樹的數和部分，傳回這兩部分的總和
39        return query(tl, tr, l, mid, i + i) + query(tl, tr, mid + 1, r, i + i + 1);
40   }
41   void add_value(int tl, int tr, int l, int r, int i, int val)
42   // 區段樹（根為 i，對應區間 [l, r]）子區間 [tl, tr] 中的每個數 + val
43   {
44        if (tl > r || tr < l)     // 若 [tl, tr] 在 [l, r] 外，則返回
45            return;
46        if (tl<=l && r<=tr){      // 若 [tl, tr] 完全覆蓋 [l, r]，則 [l, r] 中的每個數 +val
47            tree[i].sum += val * (long long)(r - l + 1);
48            tree[i].mark += val; // 累計 [l, r] 增加的數值作為節點 i 的標記
49            return;              // 返回
50        }
51        update(l, r, i);         // 標記法維護區段樹
52        int mid = (l + r) / 2;
53        add_value(tl, tr, l, mid, i + i, val);    // 遞迴左右子樹
54        add_value(tl, tr, mid + 1, r, i + i + 1, val);
55        tree[i].sum = tree[i + i].sum + tree[i+ i+1].sum;   // 累計左右子樹的數和
56   }
57   void build_tree(int l, int r, int i)          // 建構以 i 為根、對應區間 [l, r] 的區段樹
58   {
59        if (l == r){              // 邊界：設定葉節點的數字值
60            tree[i].sum = x[l];
61            return;              // 返回
62        }
63        int mid = (l + r) / 2;    // 計算中間指標
64        build_tree(l, mid, i + i);                // 遞迴左右子樹
65        build_tree(mid + 1, r, i + i + 1);
66        tree[i].sum = tree[i + i].sum + tree[i + i + 1].sum;   // 累計左右子區間的數和
67   }
68   void solve()                   // 依次處理每個操作
69   {
70        memset(tree, 0, sizeof(tree));            // 區段樹初始化為空
71        build_tree(1, n, 1);                      // 建構區段樹
72        scanf("\n");
73        for (int i = 1; i <=m; i ++)              // 依次處理每個操作
74        {
75            char ch;
76            int l, r, v;
77            scanf("%c", &ch);                     // 輸入第 i 個操作的類別
78            if (ch == 'Q'){                       // 若為求和操作，則輸入區間 [l, r]
79                scanf("%d%d\n", &l, &r);
80                long long ans = query(l, r, 1, n, 1);     // 計算和輸出該區間的數字和
81                printf("%lld\n", ans);
82            }else{                    // 若為相加操作，則讀區間 [l, r] 和該區間每個數的加數 v
83                scanf("%d%d%d\n", &l, &r, &v);
84                add_value(l, r, 1, n, 1, v);      // 區間 [l, r] 中的每個數 +v
85            }
86        }
87   }
88   int main()
89   {
```

```
90      scanf("%d%d\n", &n, &m);                // 輸入數字個數和操作次數
91      for (int i = 1; i <=n; i ++)            // 輸入 n 個數字的初始值
92      scanf("%d", x + i);
93      solve();                                // 依次處理每個操作
94      return 0;
95  }
```

2. 計算可見線段

被插入的線段依先後順序，後面覆蓋前面的。計算最終線段和區間中可見的線段數。此時區段樹中節點的懶惰標記為覆蓋區間的線段序號。

注意，區段樹的建構是在離散化處理線段座標的基礎上進行的。

7.2.3.2　Mayor's posters

Bytetown 的市民不能忍受在市長選舉期間候選人將他們的競選海報到處張貼。城市管理委員會最後決定，建一面牆用於張貼競選海報，並引入下述規則：

◆ 每個候選人在牆上只能張貼一張海報。

◆ 所有海報的高度與牆的高度相等，一張海報的寬度是任意的整數個 byte 單位（byte 是 Bytetown 的長度單位）。

◆ 牆被劃分為若干部分，每個部分的寬度為一個 byte 單位。

◆ 每張海報必須完全地覆蓋一段連續的牆體，占整數個部分。

建造的牆有 10000000 位元組單位長（使得有足夠的地方給所有的候選人張貼海報）。在競選活動開始的時候，候選人將他們的海報張貼到牆上，他們的海報在寬度上不同。而且，有的候選人將他們的海報張貼到牆上，占據了其他候選人張貼的地方。在 Bytetown 的每個人都希望知道在選舉前的最後一天誰的海報還可以看到（全部或部分）。

請編寫一個程式，提供有關海報大小、在選舉牆上張貼的位置和張貼次序的資訊，程式求出當所有的海報都張貼以後，可以看到的海報的數目。

輸入

輸入的第一行提供一個數字 c，表示測試案例的數目。每個測試案例的第一行提供數字 $1 \le n \le 10000$。接下來的 n 行按張貼的次序描述海報，第 i 行提供兩個整數 l_i 和 r_i，分別表示第 i 張海報在牆上占據的左邊和右邊的部分的編號，$1 \le i \le n$，$1 \le l_i \le r_i \le 10000000$。第 i 張海報張貼上牆，覆蓋了牆上的部分編號 $l_i, l_i+_1, \cdots, r_i$。

輸出

對於每個測試案例，輸出在所有的海報張貼後可以看見的海報的數量。

範例輸入	範例輸出
1 5 1 4 2 6 8 10 3 4 7 10	4

圖 7-8 提供了範例輸入的情況。

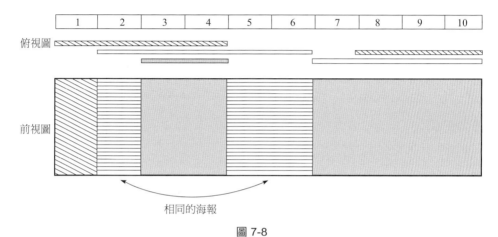

圖 7-8

試題來源： Alberta Collegiate Programming Contest 2003.10.18
線上測試： POJ 2528

❖ **試題解析**

牆為 [0, 10000000] 的區間，張貼一張海報相當於對其中一個子區間進行染色，張貼第 *i* 張海報就是將第 *i* 個子區間的顏色變為 *i*（1≤*i*≤*n*）。區間 [0, 10000000] 內最終的顏色種數（前面的顏色可能被後面的顏色所覆蓋）即為可見的海報數。

本題是區段樹的基礎題。區段樹上的每個節點記錄該區間的顏色（無色為 0，混色為 −1，否則即為所染的顏色）。然後每次對區段樹上的一段區間進行修改即可。不過這個題目有一處要注意的細節，整個區間的長度為 10000000，而 *n* 最大只有 10000，所以要進行離散化，但是也不能進行簡單的離散。計算過程如下。

（1）離散化處理：將 *n* 張海報的左邊界、右邊界和中間位置儲存在陣列 *x*[1…3*n*] 中，然後遞增排序 *x*[]，剔除其中重複的座標。計算位於第 *i* 張海報的左邊界左方的不同座標數 *l*[*i*]，位於其右邊界左方的不同座標數 *r*[*i*]（顯然，*l*[*i*] 和 *r*[*i*] 組成第 *i* 個線段，該線段的顏色為 *i*，1≤*i*≤*n*）。

例如，有 3 張不同的海報先後被貼在牆上，子區間為 [1, 5]、[1, 2] 和 [4, 5]。在這 3 張海報被貼上牆之後，區間 [0, 10000000] 中有 3 種顏色。對於第 1 張海報，不會大於其左、右邊界的座標數是 1 和 4（座標分別為 0；0, 1, 2, 4）；對於第 2 張海報，不會大於其左、右邊界的座標數是 1 和 2（座標分別為 0；0, 1）；對於第 3 張海報，不會大於其左、右邊界的座標數是 3 和 4（座標分別為 0, 1, 2；0, 1, 2, 4）。

（2）建構區段樹：建構一棵以節點 1 為根的區段樹，對應區間為 $[1, 3n]$，節點的懶惰標記為對應區間的顏色碼。依次將 n 條線段填入區段樹，並使用標記法維護該區段樹。

（3）遞迴計算可見的線段數：

◆ 在節點 i 已標記（線段覆蓋該區間）的情況下，若線段顏色先前未塗過，則置該顏色，使用標誌並傳回 1，否則傳回 0（避免重複統計）。

◆ 若節點 i 為葉節點（該點未塗色），則傳回 0。

◆ 分別遞迴計算左右子區間可見的線段數，傳回其和。

❖ 參考程式

```
01  #include <iostream>
02  #include <cstdio>
03  #include <cstring>
04  #include <string>
05  #include <algorithm>
06  #define maxn 10010                    // 海報數的上限
07  using namespace std;
08  bool tab[maxn];                       // 顏色碼 k 被使用的標誌為 tab[k]
09  int l[maxn], r[maxn], x[maxn*3], num[maxn*3], tree[maxn*12];
10  // 對於第 i 張海報來說，不大於左邊界的不同座標數為 l[i]，不大於右邊界的不同座標數為 r[i]；
11  // 左邊界座標為 x[3*i-2]，右邊界座標為 x[3*i-1]，中間位置座標為 x[3*i]；x[] 排序後 x[1...j] 中
12  // 不重複的座標數為 num[j]；區段樹中節點的 k 標記為 tree[k]，即代表區間的顏色碼
13  int c, n;                             // 測試案例數為 c，海報數為 n
14  int binary_search(int sum)            // 計算座標區間 [0...sum] 中不同的座標數
15  {
16      int l = 1, r = 3*n;
17      while (r >= l){                   // 二元搜尋 x[] 中座標值為 sum 的元素序號 r
18          int mid = (l + r) / 2;
19          if (x[mid] <= sum)
20              l = mid + 1;
21          else
22              r = mid - 1;
23      }
24      return num[r];                    // 傳回 x[1...r] 中不同的座標數
25  }
26  void update(int i)                    // 標記法維護區段樹
27  {
28      if (!tree[i])                     // 若節點 i 未標記，則返回
29          return;
30      tree[i+i]=tree[i+i+1]=tree[i];    // 節點 i 的標記下傳至左右子代後撤去
31      tree[i] = 0;
32  }
33  void change(int tl, int tr, int l, int r, int i, int co)
34  // 在區段樹中（根為 i，對應區間為 [l, r]）插入顏色為 co 的子區間 [tl, tr]
35  {
```

```
36        if (tr < l || tl > r)                    // 若 [tl, tr] 在 [l, r] 外，則退出
37            return;
38        if (tl<=l && r<=tr){        // 若 [tl, tr] 完全覆蓋 [l, r]，則記下子根的顏色序號並返回
39            tree[i] = co;
40            return;
41        }
42    update(i);                              // 標記法維護區段樹
43    int mid = (l + r) / 2;              // 遞迴左右子樹
44    change(tl, tr, l, mid, i+i, co);
45    change(tl, tr, mid + 1, r, i + i + 1, co);
46 }
47 int require(int l, int r, int i) // 計算區間 [l, r]（對應以 i 為子根的區段樹）中可見的海報數
48 {
49    int mid = (l+r)/2;                  // 計算中間指標
50    if (tree[i]){      // 在節點 i 已標記的情況下，若使用中色彩先前未塗過，則置該顏色使用標誌
51                           // 並傳回 1；否則傳回 0（避免重複統計）
52        if (!tab[tree[i]]){
53            tab[tree[i]] = 1;
54            return 1;
55        }
56        return 0;
57    }
58    if (l == r)                            // 目前點未覆蓋，則傳回 0
59        return 0;
60    return require(l, mid,i+i)+require(mid+1,r,i+i+1);  // 累計左右子區間可見的海報數
61 }
62 void init()                               // 輸入和離散化處理海報資訊
63 {
64    scanf("%d\n", &n);                    // 讀海報數
65    for (int i = 1; i <=n; i ++){         // 依次讀入每張海報左右邊界，其中第 i 張海報的左邊界為
66                                          // x[3*i-2]，右邊界為 x[3*i-1]，中間位置為 x[3*i]
67        scanf("%d%d\n", l + i, r + i);
68        x[i+ i+i-2] = l[i]; x[i+i+i-1]=r[i]; x[i+i+i]=(l[i] + r[i])/2;
69    }
70    sort(x + 1, x + 3 * n + 1);         // 遞增排序 x[]
71    memset(num, 0, sizeof(num));
72    for (int i=1;i<=3*n;i++){            // 遞迴 num[]，其中 num[i] 為 x[1...i] 中不同的座標數
73        num[i] = num[i - 1];
74        if (x[i] != x[i - 1]) num[i] ++;
75    }
76    for (int i=1; i<=n; i++){            // 依次計算 x[] 中不大於每張海報左右邊界的座標數
77        l[i] = binary_search(l[i]);
78        r[i] = binary_search(r[i]);
79    }
80 }
81 void solve()                              // 計算和輸出可以看見的海報數
82 {
83    memset(tree, 0, sizeof(tree));       // 區段樹中每個節點代表的區間未塗色
84    for (int i = 1; i <=n; i++)          // 在區段樹中依次插入每種顏色的子區間
85        change(l[i], r[i], 1, 3 * n, 1, i);
86    memset(tab, 0, sizeof(tab));        // 每種顏色的使用標誌初始化
87    int ans = require(1,3*n,1);          // 計算和輸出可以看見的海報數
88    printf("%d\n", ans);
89 }
90 int main()
```

```
91  {
92      scanf("%d\n", &c);              // 輸入測試案例數
93      for (int i = 1; i<=c; i++) {    // 依次處理每個測試案例
94          init();                     // 計算和輸出可以看見的海報數
95          solve();
96      }
97      return 0;
98  }
```

3. 互不相交線段的更新和統計

每次提供插入線段的長度 l。若區段樹中存在空位置數不小於 l 的子區間,則該線段插入(一般規定選擇區間的優先順序),這樣可使得樹中「滿」的線段是互不相交的。對刪除操作,若區段樹中存在被刪線段的「滿區間」,則該線段可被刪除。

節點的懶惰標誌一般包括:

◆ 對應子區間的占據情況 mark,分「全滿」「全空」「部分占據」三種。

◆ 對應子區間中的最長空區間 lm 和 pos,即 pos 位置開始、長度為 lm 的區間為最長空區間。

◆ 左端最長空區間的長度 ll 和右端最長空區間的長度 lr,即「跨越左右子區間」的最長空區間的長度為 ll + lr。

下面,透過一個實例來瞭解處理這類問題的一般方法。

7.2.3.3 Hotel

乳牛向北旅行,到加拿大的 Thunder Bay 去享受在 Superior 湖的陽光湖岸的假期。Bessie 是一個非常有能力的旅行社主管,提出選擇在著名的 Cumberland 街的 Bullmoose Hotel 作為假期的居住地點。這個大賓館有 N($1 \le N \le 50000$)間客房,全部位於一條非常長的走廊的同一邊(當然,所有的客房最好都能看到湖)。

乳牛和其他觀光客是以大小為 D_i($1 \le D_i \le N$)的團隊到達的,在前臺辦理入住手續。每個團隊 i 要求櫃檯主管 Canmuu 給他們 D_i 間連續的客房。如果可行,Canmuu 就分配給他們某個連續的客房集合,房號為 r, $\cdots$, $r+D_i-1$;如果沒有連續的客房,Canmuu 就禮貌地建議可供選擇的住宿方案。Canmuu 總是選擇 r 的值盡可能最小。

觀光客離開賓館也是以團隊方式走的,要退連續的客房。退房 i 有參數 X_i 和 D_i 表示退出的房間 X_i, $\cdots$, X_i+D_i-1($1 \le X_i \le N-D_i+1$)。在退房前,這些房間的部分(或全部)可能為空。

請幫助 Canmuu 處理 M($1 \le M < 50000$)次入住/退房請求。這間賓館初始的時候沒有人住。

輸入

第 1 行：兩個用空格分開的整數 N 和 M。

第 2 ～ $M+1$ 行：第 $i+1$ 行提供兩種可能的格式之一的請求。

（a） 兩個用空格分開的整數，表示入住請求：1 D_i。

（b） 三個用空格分開的整數，表示退房請求：2 X_i D_i。

輸出

對每個入住請求，輸出一行，提供一個整數 r，表示要占據的連續客房序列中的第一間客房。如果需求不可能被滿足，則輸出 0。

範例輸入	範例輸出
10 6	1
1 3	4
1 3	7
1 3	0
1 3	5
2 5 5	
1 6	

試題來源：USACO 2008 February Gold
線上測試：POJ 3667

❖ 試題解析

本題要求你對區間進行操作，每個節點只有 3 種狀態：「空」「滿」和「未定」。操作的類型有兩種：

◆ 操作 1：查詢最靠前的長度為 n 的連續空區間的位置。

◆ 操作 2：把一段區間的狀態全部變成空。

每種操作都需要對區段樹進行維護。維護的方法可採用高效率的懶惰標記法。每個節點標記包括：

◆ mark——對應區間的狀態（0 為「未定」；1 為「全空」；2 為「全滿」）。

◆ ls——左端最長空區間的長度。

◆ rs——右端最長空區間的長度。

◆ ms——區間內最長空區間的長度為 ms，區間的開始位置為 pos。

下面分別提供區段樹（根為 i、對應區間為 $[l, r]$）的 3 種操作（維護、查詢和區間更新）。

①維護操作（使用標記法）

```
if（節點 i 的 mark 值 ==0）返回；                    // 若 " 未定 "，則返回
if（節點 i 的 mark 值 ==1）{                         // 節點 i 代表的區間 [l，r] " 全空 "，r-l+1 個空位置
                                                    // 均分給左右子樹，左右子樹設 " 全空 " 狀態
```

左子代的 ls、rs 和 ms 值設為 $\left\lfloor\frac{l-r+2}{2}\right\rfloor$，pos 值設為 1；右子代的 ls、rs 和 ms 值設為 $\left\lfloor\frac{l-r+1}{2}\right\rfloor$，pos 值設為 $\left\lfloor\frac{l-r}{2}\right\rfloor+1$；左右子代的 mark 值設為 1；

```
        }else{   // 節點 i 代表的區間 [l，r] " 全滿 "，0 個空位置下移給左右子樹，左右子樹設 " 全滿 " 狀態
            左子代的 ls、rs 和 ms 值設為 0，pos 值設為 1；右子代的 ls、rs 和 ms 值設為 0；pos 值設為
```

$\left\lfloor\frac{l-r}{2}\right\rfloor+1$；左右子代的 mark 值設為 2；

```
        }
        節點 i 的 mark 值設為 0；                      // 設節點 i 的狀態 " 未定 "
```

②查詢操作

```
從節點 i（對應區間 [l，r]）出發，查詢長度為 d 的空區間。若存在，則傳回最靠前的空區間的左指標
        透過標記法維護區段樹；
        if（節點 i 的 ms <d）傳回失敗資訊
        if（若節點 i 的 ms ==d）傳回節點 i 的 pos；
        if（左子樹的 ms≥d）遞迴左子樹；
        if（左子樹的 rs+ 右子樹的 ls≥d）傳回（⌊l+r/2⌋– 左子樹的 rs+1）;
        遞迴右子樹；
```

③更新操作

```
在區段樹（根為節點 i，對應區間為 [l，r]）中插入或刪除線段 [tl，tr]：
        if（[tl，tr] 在 [l，r] 外）返回；
        if（[tl，tr] 完全覆蓋 [l，r]）{
            if （插入操作）{                          // 插入後節點 i 所代表的區間 " 全滿 "
                節點 i 的 ls、rs 和 ms 值設為 0，pos 值設為 1，mark 值設為 2

            }else{                                    // 刪除後節點 i 所代表的區間 " 全空 "
                節點 i 的 ls、rs 和 ms 值設為 r - l + 1，pos 值設為 1，mark 值設為 1；
                }
            返回；
        }
        透過標記法維護區段樹；
        遞迴左子樹；
        遞迴右子樹；
        節點 i 的 ls 設為左子代的 ls；                 // 調整節點 i 的 ls、rs、ms 和 pos 值
        if （若左子樹 " 全空 "）節點 i 的 ls += 右子代的 ls；
        節點 i 的 rs 設為右子代的 rs；
        if （右子樹 " 全空 "）節點 i 的 rs += 左子代的 rs；
        節點 i 的 ms=max（左子代的 rs+ 右子代的 ls，左子代的 ms，右子代的 ms）；
        if （節點 i 的 ms == 左子代的 ms）              // 最長空子區間位於左區間
            節點 i 的 pos= 左子代的 pos；
        else
            if（節點 i 的 ms== 左子代的 rs+ 右子代的 ls） // 最長空子區間跨越左右子區間
                節點 i 的 pos = ⌊l+r/2⌋– 左子代的 rs+1；
            else 節點 i 的 pos= 右子代的 pos；             // 最長空子區間位於右區間
```

❖ **參考程式**

```
01   #include <iostream>
02   #include <cstdio>
03   #include <cstring>
04   #include <string>
05   #include <map>
06   #include <utility>
07   #include <set>
08   #include <algorithm>
09   #define maxn 80010
10   using namespace std;
11   struct node {int ls, rs, ms, pos, mark;}tree[4*maxn];
12   // 區段樹，其中節點 i 的懶惰標記：對應區間的狀態標誌為 tree[i].mark（0 為 " 未定 "；1 為 " 全空 "；
13   // 2 為 " 全滿 "）；左端空區間的長度為 tree[i].ls，右端空區間的長度為 tree[i].rs；
14   // 最長子區間的長度為 tree[i].ms，開始位置為 tree[i].pos；
15   int n, m;                               // 房間數、請求數
16   void build_tree(int l, int r, int i)        // 建構 " 全空 " 的區段樹
17   {
18       tree[i].ls=tree[i].rs=tree[i].ms=r-l+1;  // 節點 i 所代表的區間 [l, r] 為空
19       tree[i].pos = l;
20       if (l == r)                          // 若遞迴至單元素的葉節點，則回溯
21           return;
22       int mid = (l + r) / 2;             // 計算中間指標
23       build_tree(l, mid, i + i);         // 遞迴左右子樹
24       build_tree(mid + 1, r, i + i + 1);
25   }
26   bool all_space(int l,int r,int i)// 若 i 節點的對應區間 [l, r]" 全空 "，則傳回 1；否則傳回 0
27   {
28       if (tree[i].ls==r-l+ 1)          // 傳回 " 全空 " 標誌
29           return 1;
30       return 0;                          // 傳回非 " 全空 " 標誌
31   }
32   void update(int l, int r, int i) // 透過標記法維護區段樹
33   {
34       if (!tree[i].mark)               // 若節點 i 的對應的區間 " 未定 "，則返回
35           return;
36       if (tree[i].mark == 1){          // 若節點 i 代表的區間 [l, r]" 全空 "，則 r-l+1 個空位置
37                                        // 均分給左右子樹，左右子樹設 " 全空 " 狀態
38           int len = r - l + 1;
39           tree[i + i].ls = tree[i + i].rs = tree[i + i].ms = (len + 1) / 2;
40           tree[i + i].pos = l;
41           tree[i + i + 1].ls = tree[i + i + 1].rs = tree[i + i + 1].ms = len /2;
42           tree[i + i + 1].pos = (l + r) / 2 + 1;
43           tree[i + i].mark = tree[i + i + 1].mark = 1;
44       }else{                           // 節點 i 代表的區間 [l, r]" 全滿 "，0 個空位置下移給
45                                        // 左右子樹，左右子樹設 " 全滿 " 狀態
46           tree[i + i].ls = tree[i + i].rs = tree[i + i].ms = 0;
47           tree[i + i].pos = l;
48           tree[i + i + 1].ls = tree[i + i + 1].rs = tree[i + i + 1].ms = 0;
49           tree[i + i + 1].pos = (l + r) / 2 + 1;
50           tree[i + i].mark = tree[i + i + 1].mark = 2;
51       }
52       tree[i].mark = 0;                // 設節點 i 的狀態 " 未定 "
53   }
```

```
54   int query(int d, int l, int r, int i)// 若區段樹（根為 i、對應區間 [l, r]）存在長度
55                                         // 為 d 的空區間，則傳回其左指標，否則傳回 0）
56   {
57       update(l, r, i);                  // 透過標記法維護區段樹
58       if (tree[i].ms < d)               // 若節點 i 的空位置數不足 d 個，則傳回失敗資訊
59           return 0;
60       if (tree[i].ms==d)         // 若節點 i 的空位置數正好 d 個，則否則傳回空子區間的左指標
61           return tree[i].pos;
62       int mid = (l + r)/2;              // 計算中間指標
63       if (tree[i+i].ms>=d)              // 若左子樹的空位置數不少於 d 個，則遞迴左子樹
64           return query(d, l, mid, i + i);
65       if (tree[i + i].rs + tree[i + i + 1].ls >= d)
66       // 若跨越中間點的空子區間的長度不小於 d，則傳回該空子區間的左指標；否則遞迴右子樹
67           return mid - tree[i + i].rs + 1;
68       return query(d, mid + 1, r, i + i + 1);
69   }
70   void change(int tl, int tr, int l, int r, int i, bool flag)
71   // 在區段樹（根為 i，代表區間為 [l, r]）中插入或刪除線段 [tl, tr]，插刪標誌為 flag
72   {
73       if (tl > r || tr < l)             // 若線段 [tl, tr] 在區間 [l, r] 外，則返回
74           return;
75       if (tl <= l && r <= tr){          // 線段 [tl, tr] 完全覆蓋區間 [l, r]
76           if (flag){                    // 若為插入操作，則節點 i 所代表的區間 "全滿"
77               tree[i].ls = tree[i].rs = tree[i].ms = 0;
78               tree[i].pos = l;
79               tree[i].mark = 2;         // 設節點 i 代表的區間 "全滿" 標誌
80           }else{                        // 刪除操作，節點 i 所代表的區間 "全空"
81               tree[i].ls = tree[i].rs = tree[i].ms = r - l + 1;
82               tree[i].pos = l;
83               tree[i].mark = 1;         // 設節點 i 代表的區間 "全空" 標誌
84           }
85           return;                       // 返回
86       }
87       update(l, r, i);                  // 透過標記法維護區段樹
88       int mid = (l + r) / 2;            // 計算中間指標
89       change(tl, tr, l, mid, i + i, flag);       // 遞迴左子樹
90       change(tl, tr, mid + 1, r, i + i + 1, flag); // 遞迴右子樹
91       tree[i].ls = tree[i + i].ls;               // 計入左子樹左端連續空區間的長度
92       if (all_space(l, mid, i+i))       // 若左子樹 "全空"，則累計右子樹左端連續空區間的長度
93           tree[i].ls += tree[i + i + 1].ls;
94       tree[i].rs=tree[i+i+1].rs;        // 計入右子樹右端連續空區間的長度
95       if (all_space(mid+1, r,i+i+1))    // 若右子樹 "全空"，則累計左子樹右端連續空區間的長度
96           tree[i].rs += tree[i + i].rs;
97       tree[i].ms=max(tree[i+i].rs+tree[i+i+1].ls,max(tree[i+i].ms,tree[i+i+1].ms));
98       // 計算節點 i 所代表的區間中最長空子區間的長度
99       if (tree[i].ms == tree[i + i].ms)// 最長空子區間位於左子樹
100          tree[i].pos = tree[i + i].pos;
101      else                             // 最長空子區間跨越中間點
102          if (tree[i].ms == tree[i + i].rs + tree[i + i + 1].ls)
103              tree[i].pos = mid - tree[i + i].rs + 1;
104          else                         // 最長空子區間位於右子樹
105              tree[i].pos = tree[i + i + 1].pos;
106  }
107  int main()
108  {
```

```
109        scanf("%d%d\n", &n, &m);          // 輸入房間數和請求數
110        memset(tree, 0, sizeof(tree));
111        build_tree(1, n, 1);             // 建構 " 全空 " 的區段樹
112        for (int i =1; i <=m; i ++) {    // 依次處理每個請求
113            int kind;
114            scanf("%d", &kind);          // 輸入請求類別
115            if (kind == 1){              // 若為入住請求
116                int d;
117                scanf("%d\n", &d);       // 輸入入住的房間數
118                int ans=query(d,1,n,1);  // 檢查區段樹中是否存在長度為 d 的空區間，
119                                         // 傳回該區間的左指標（若不存在，則傳回 0）
120                printf("%d\n", ans);
121                if (ans)                 // 若區段樹中存在長度為 d 的空區間，
122                                         // 則將線段 [ans, ans+d-1] 插入區段樹
123                    change(ans, ans+d-1,1,n,1,1);
124            }else{                       // 處理退房請求
125                int x, d;
126                scanf("%d%d\n", &x, &d); // x 開始的 d 間房退房
127                change(x, x+d-1,1, n,1,0); // 從區段樹中刪除線段 [x, x+d-1]
128            }
129        }
130        return 0;
131 }
```

7.3 處理特殊圖的實作範例

本節將展開特殊圖的幾個程式編寫實作。之所以稱為特殊圖，是因為一般資料結構教材並沒有對其進行闡述，而對這類圖的知識在離散數學中闡述，這類圖的處理是圖論基礎知識的深化。本節圍繞 3 個重要且有應用價值的特殊圖問題展開實作：

◆ 圖的兩個可行性問題——歐拉圖和哈密頓圖。

◆ 計算最大獨立集。

◆ 計算割點、橋和雙連通分支。

7.3.1 ▶ 計算歐拉圖

定義 7.3.1.1 若在圖 G 中具有一條包含 G 中所有邊的閉鏈，則稱它為歐拉閉鏈，簡稱為歐拉鏈，稱 G 為歐拉圖。若在圖 G 中具有一條包含 G 中所有邊的開鏈，則稱它為歐拉開鏈，稱 G 為半歐拉圖。

定理 7.3.1.1 G 是連通圖，則 G 是歐拉圖若且唯若 G 的所有頂點都是偶頂點。

證明： 如果圖 G 是歐拉圖，則在 G 中有一條包含 G 中所有邊的閉鏈（歐拉鏈）$x_1 x_2 \cdots x_m$，且 $x_1 = x_m$。如果 x_i 在序列 $x_1 x_2 \cdots x_m$ 中出現 k 次，$1 \leq i \leq m-1$，則 $d(x_i) = 2k$。所以 G 的所有頂點都是偶頂點。

圖 G 是連通圖且每個頂點都是偶頂點，可以用 DFS 在圖 G 中搜尋出一條閉鏈 C。如果 C 不是歐拉鏈，則在 C 中必有一個頂點 v_k，其度數大於在 C 中 v_k 連接的邊的數目，就用 DFS 從 v_k 開始搜尋一條邊不在 C 中的閉鏈 C'。如果 $C \cup C' = G$，則 $C \cup C'$ 是歐拉鏈；否則同理，在 $C \cup C'$ 中必有一個頂點 v'_k，其度數大於在 $C \cup C'$ 中 v'_k 連接的邊的數目，再用 DFS 從 v'_k 開始搜尋一條邊不在 $C \cup C'$ 中的閉鏈 C''，加入到 $C \cup C'$ 中；以此類推，直到獲得歐拉鏈。∎

顯然，必要性的證明過程也是獲得歐拉鏈的演算法。

定理 7.3.1.2 G 是連通圖，則 G 是半歐拉圖若且唯若 G 中有且僅有兩個奇頂點。

證明與定理 7.3.1.1 的證明相似。

7.3.1.1 John's trip

Johnny 擁有了一輛新車，他準備駕車在城裡拜訪他的朋友們。Johnny 要去拜訪他所有的朋友。他有許多朋友，每一條街道上就有一個朋友。他就開始考慮如何使路程盡可能短，不久他就發現經過城裡的每條街道一次且僅僅一次是最好的方法。當然，他要求路程的結束和開始在同一地點——他父母的家。

在 Johnny 所在城裡的街道用從 1 到 n 的整數來標示，$n < 1995$。街道口用從 1 到 m 的整數來標示，$m \leq 44$。城鎮中所有的路口有不同的編號。每條街道僅連接兩個路口。在城中所有街道有唯一的編號。Johnny 要開始計畫他的環城之行。如果存在兩條以上的環線，他就選擇按字典順序最小的街道編號序列輸出。

但 Johnny 無法找到甚至一條的環線。請幫助 Johnny 寫一個程式，來找到所要求的環線；如果環線不存在，程式要提供有關資訊。設定 Johnny 生活在最小編號的第 1 街的路口，在城裡所有的街道是雙向的，並且從每一條街道都有到另一條街道的路，街道很窄，當汽車進入一條街道以後，不可能調頭。

輸入
輸入包含若干測試案例，每個測試案例描述一座城。在一個測試案例中每一行提供 3 個整數 x、y、z，其中 $x > 0$，$y > 0$ 是連接街道編號為 z 的兩個路口的編號。每個測試案例以 $x = y = 0$ 的一行為結束。輸入以一個空測試案例 $x = y = 0$ 為結束。

輸出
相關於輸入中的每個測試案例，輸出兩行。第一行提供一個街道編號序列（序列中每個成員之間用空格分開），以表示 Johnny 所走的閉鏈。如果找不到閉鏈，則輸出 "Round trip does not exist."，第二行為空行。

範例輸入	範例輸出
1 2 1 2 3 2 3 1 6 1 2 5 2 3 3 3 1 4 0 0 1 2 1 2 3 2 1 3 3 2 4 4 0 0 0 0	1 2 3 5 4 6 Round trip does not exist.

試題來源：ACM Central European Regional Contest 1995
線上測試：POJ 1041，UVA 302

❖ 試題解析

本題要求計算無向圖的歐拉迴路，使得經過邊的字典順序最小。計算方法如下：

（1）在輸入城市交通資訊的同時建構無向圖，計算每個節點的度數、節點的最小編號 S 和邊序號的最大值 n。

（2）搜尋所有節點。若存在度數為奇的節點，則失敗退出（定理 7.3.1.1）。

（3）從 S 出發透過 DFS 搜尋計算歐拉鏈。為保證歐拉鏈的最小字典順序，按照編號遞增的順序尋找目前節點的相連邊。由於遞迴的緣故，得出的歐拉迴路是反序的。

（4）最後反序輸出歐拉迴路。

❖ 參考程式

```
01  #include <iostream>
02  #include <cstdio>
03  #include <cmath>
04  #include <cstdlib>
05  #include <cstring>
06  #include <string>
07  #include <map>
08  #include <utility>
09  #include <vector>
10  #include <set>
11  #include <algorithm>
12  #define maxn 2000              // 邊數的上限
13  #define maxm 50                // 節點數的上限
14  using namespace std;
15  struct node{int s,t;}r[maxn]; // 邊序列，其中第 i 條邊為（r[i].s, r[i].t)
16  bool vis[maxn];               // 邊的存取標誌序列為 vis[]
17  int deg[maxm], s[maxn];       // 節點的度為 deg[]，歐拉鏈的邊序列為 s[]
18  int n, S, stop;               // 邊數為 n，節點的最小編號為 S，歐拉鏈的邊數為 stop
19  bool exist()                  // 若存在度數為奇的節點，則傳回 0；否則傳回 1
20  {
```

```
21        for (int i = 1; i <= maxm-1; i ++)
22            if (deg[i] % 2 == 1) return 0;
23        return 1;
24    }
25    void dfs(int now)                          // 從 now 出發遞迴計算歐拉鏈
26    {
27        for (int i = 1; i <= n; i ++)          // 遞迴搜尋與 now 相連的未存取邊
28            if (!vis[i] && (r[i].s == now || r[i].t == now)){
29                vis[i] = 1;                    // 存取第 i 條邊
30                dfs(r[i].s + r[i].t - now);    // 遞迴該邊的另一端點
31                s[++ stop] = i;                // 第 i 條邊添入歐拉迴路
32            }
33    }
34    int main()
35    {
36        ios::sync_with_stdio(false);
37        int x, y, num;                         // (x, y) 為邊,邊序號為 num
38        while (cin>>x>>y, x>0){ // 反覆輸入目前測試案例的首條邊 (x, y),直至輸入結束標誌 0
39            S = min(x, y); n = 0;              // 調整節點的最小編號,最大邊序號初始化
40            memset(deg, 0, sizeof(deg));       // 節點的度初始化為 0
41            cin >> num;                        // 輸入 (x, y) 的邊序號
42            r[num].s = x; r[num].t = y;        // 儲存第 num 條邊的兩個端點
43            deg[x] ++; deg[y] ++;              // 對端點的度計數
44            n = max(n, num);                   // 調整最大邊序號
45            while (cin >> x >> y, x > 0){       // 反覆輸入目前測試案例的邊 (x, y),
46                                               // 直至輸入測試案例結束標誌 0
47                S = min(S, min(x, y));         // 調整節點的最小編號
48                cin >> num;                    // 輸入 (x, y) 的邊序號
49                r[num].s=x; r[num].t=y;        // 儲存第 num 條邊的兩個端點
50                deg[x] ++; deg[y] ++;          // 對端點的度計數
51                n = max(n, num);               // 調整最大邊序號
52            }
53            if (exist()){                      // 若所有節點的度為偶,則計算和輸出歐拉迴路
54                stop = 0;                      // 歐拉迴路的長度初始化
55                memset(vis,0,sizeof(vis));     // 所有邊未存取
56                dfs(S);                        // 從最小節點出發,遞迴計算歐拉迴路
57                for (int i=stop;i>=2;i --) cout << s[i] << ' ';      // 輸出歐拉迴路
58                cout << s[1] << endl;
59            }else                              // 存在度數為奇的節點,輸出失敗資訊
60                cout << "Round trip does not exist." << endl;
61        }
62        return 0;
63    }
```

定義 7.3.1.2 若連通有向圖 G 中具有一條包含 G 中所有弧的有向閉鏈,則稱該閉鏈為歐拉有向鏈,稱 G 為歐拉有向圖。若圖 G 中具有一條包含 G 中所有弧的有向開鏈,則稱該開鏈為歐拉有向開鏈,稱 G 為半歐拉有向圖。

定理 7.3.1.3 G 是連通有向圖,則 G 是歐拉有向圖若且唯若 G 的每個頂點 v,入度等於出度。

定理 7.3.1.4 G 是連通有向圖，則 G 是半歐拉有向圖若且唯若 G 中恰有兩個奇頂點，其中一個奇頂點的入度比出度大 1，另一個奇頂點的出度比入度大 1，而其他頂點的出度等於入度。

定理 7.3.1.3 和定理 7.3.1.4 的證明與定理 7.3.1.1 的證明相似。

7.3.1.2 Catenyms

Catenym 是一對用句號分開的單字，第一個單字的最後一個字母和第二個單字的第一個字母是相同的。例如，下面是幾個 Catenym：

> dog.gopher
> gopher.rat
> rat.tiger
> aloha.aloha
> arachnid.dog

一個 Catenym 組合是三個或多個由句號分開的單字組成的序列，相鄰的一對單字組成

Catenym。例如，

> aloha.aloha.arachnid.dog.gopher.rat.tiger

提供一個小寫單字的詞典，請找出包含每個單字一次且僅一次的一個 Catenym 組合。

輸入

輸入的第一行提供整數 t，表示測試案例的個數。每個測試案例開始提供 $3 \le n \le 1000$，表示詞典中單字的個數。下面提供 n 個不同的單字，每個單字是一個字串，在一行中由 1 到 20 個小寫字母組成。

輸出

對每個測試案例，在一行中輸出包含詞典中每個單字一次、且僅一次的字典順序最小的組合 Catenym；如果沒有解，輸出 "***"。

範例輸入	範例輸出
2 6 aloha arachnid dog gopher rat tiger 3 oak maple elm	aloha.arachnid.dog.gopher.rat.tiger ***

試題來源：Waterloo local 2003.01.25
線上測試：POJ 2337，ZOJ 1919

❖ 試題解析

按照下述方法將詞典轉化為有向圖 G。

每個單字對應一條有向邊（u, v），弧頭 u 為單字首字母對應的數字，弧尾 v 為單字尾字母對應的數字，'a' 對應 1, …, 'z' 對應 26。兩個單字對應的邊可以首尾相連、若且唯若第一個單字的尾字母和第二個單字的首字母相同，即，第一條有向邊的弧尾與第二條有向邊的弧頭相同。所以，本題要求在有向圖 G 中計算歐拉有向開鏈。計算方法如下：

（1）在輸入詞典的同時建構有向圖 G，計算每個節點的出度、入度，以及所在併查集的根。

（2）按照字典遞增順序排列邊。

（3）按照遞增循序搜尋每個節點：若出現相鄰兩個節點分屬不同的併查集，則說明圖 G 按照字典順序要求無法形成弱連通圖，歐拉有向開鏈不存在。

（4）按遞增循序搜尋每個節點：若出現入度和出度的相差值大於 1 的節點，則判定歐拉有向開鏈不存在；否則，若所有節點的出入度相同，則序號最小的節點作為歐拉有向開鏈的起點 S；若存在一個出度比入度大 1 的節點，則該節點作為歐拉有向開鏈的起點 S。

（5）從 S 出發，透過 DFS 計算歐拉有向開鏈。

❖ 參考程式

```
01  #include <iostream>
02  #include <cstdio>
03  #include <cmath>
04  #include <cstdlib>
05  #include <cstring>
06  #include <string>
07  #include <map>
08  #include <utility>
09  #include <vector>
10  #include <set>
11  #include <algorithm>
12  #define maxn 1010
13  using namespace std;
14  struct node{int u,v;string name;}road[maxn];
15  // 邊序列，其中第 i 條有向邊為 (road[i].u，road[i].v)，對應單字為 road[i].name
16  bool app[30], use[maxn];              // 節點 i 的存在標誌為 app[]，邊的存取標誌為 use[]
17  int ind[30], oud[30], anc[30], s[maxn];
18  // 節點 i 的入度為 ind[i]，出度為 oud[i]，所在併查集的根為 anc[i]，有向歐拉路徑為 s[]
19  int n, S, stop, t;      // 邊數為 n，歐拉有向開鏈的起點為 S，長度為 stop，測試案例數為 t
20  bool cmp(const node &a, const node &b) // 排序的比較函式，按照單字的字典順序比較大小
21  {
22      return a.name < b.name;
```

```
23    }
24    int get_father(int x)                    // 傳回 x 所在併查集的根
25    {
26        if (!anc[x])                         // 若 x 不屬於任何併查集，則傳回根 x
27            return x;
28        anc[x] = get_father(anc[x]);         // 遞迴計算 x 所在併查集的根
29        return anc[x];
30    }
31    int change(char ch)                      // 將字母 ch 轉化為對應的數字
32    {
33        return (int)ch - (int)'a' + 1;
34    }
35    bool exist_euler_circuit()    // 判斷是否存在歐拉有向開鏈。若存在，則計算搜尋的出發點 S
36    {
37        int t = 0;
38        for (int i=1; i<=26; i++)            // 依次搜尋圖中每個節點
39            if (app[i]){
40             if (t == 0) t = get_father(i);  // 若未產生併查集，則計算 i 節點所在併查集的根
41
42              if (get_father(i)!= t) // 若 i 節點所在併查集與前一節點所在併查集不同，則傳回 0
43                  return 0;
44            }
45        int sum = 0;                         // 出入度相差 1 的節點數初始化
46        S = 0;                               // 搜尋的出發點初始化
47        for (int i = 1; i <=26; i ++)        // 搜尋每個節點
48            if (app[i]){
49                if (ind[i] != oud[i]){       // 若 i 節點的出入度不同
50                    if (abs(ind[i] - oud[i])>1) return 0; // 若出入度的相差值大於 1，則傳回 0
51                    sum ++;                  // 累計出入度相差 1 的節點數
52                    if (oud[i]>ind[i]) S=i;  // 出度比入度大 1 的節點 S 為歐拉路徑的起點
53                }
54            }
55        if (sum == 0) // 若每個節點的出入度相同，即構成一個環，則序號最小的節點 S 為歐拉路徑的起點
56            for (int i = 1; i <=26; i ++)
57                if (app[i]){
58                    S = i;
59                    break;
60                }
61        return 1;
62    }
63    void dfs(int now)                        // 從 now 節點出發，遞迴計算歐拉路徑的邊序列 s[]
64    {
65        for (int i = 1; i <=n; i ++)         // 搜尋 now 引出的每條未存取邊
66            if (!use[i] && road[i].u == now){
67                use[i] = 1;                  // 該邊置存取標誌
68                dfs(road[i].v);              // 遞迴另一端點
69                s[++ stop] = i;              // 該邊進入歐拉路徑的邊序列
70            }
71    }
72    void init()                              // 輸入字典，建構有向圖
73    {
74        cin >> n;                            // 輸入單字數
75        memset(ind, 0, sizeof(ind));         // 出入度序列初始化
76        memset(oud, 0, sizeof(oud));
77        memset(anc, 0, sizeof(anc));         // 併查集為空
```

```
78      memset(app, 0, sizeof(app));          // 節點標誌初始化
79      for (int i = 1; i <=n; i ++){          // 依次輸入每個單字，建構無向圖
80          cin >> road[i].name;               // 輸入第 i 個單字
81          road[i].u = change(road[i].name[0]); // 計算第 i 條邊的首尾節點序號
82          road[i].v = change(road[i].name[(int)road[i].name.size() - 1]);
83          app[road[i].u] = app[road[i].v] = 1; // 設節點存在標誌
84          int u=get_father(road[i].u),v=get_father(road[i].v);  // 計算兩個端點所在
85                                                      //  併查集的根
86          if (u != v) anc[u] = v;                   // 若兩個端點分屬兩個併查集，則合併
87          oud[road[i].u] ++; ind[road[i].v] ++;     // 計算第 i 條邊的兩個節點的出入度
88      }
89  }
90  void solve()                               // 計算和輸出歐拉有向開鏈
91  {
92      sort(road + 1, road + n + 1, cmp);    // 按照字典遞增順序排列邊
93      if (!exist_euler_circuit()){          // 若歐拉有向開鏈不存在，則傳回失敗資訊
94          cout << "***" << endl;
95          return;
96      }
97      stop = 0;                              // 歐拉有向開鏈的長度初始化
98      memset(use, 0, sizeof(use));          // 存取標誌初始化
99      dfs(S);                               // 從 S 節點出發，遞迴計算歐拉有向開鏈的邊序列 s[]
100     for (int i = stop; i >= 2; i --)      // 反序輸出歐拉有向開鏈對應的單字
101         cout << road[s[i]].name << '.';
102     cout << road[s[1]].name << endl;
103 }
104 int main() {
105     ios::sync_with_stdio(false);
106     cin >> t;                             // 輸入測試案例數
107     for (int i = 1; i <=t; i ++) {        // 依次處理每個測試案例
108         init();                           // 輸入字典，建構有向圖
109         solve();                          // 計算和輸出歐拉有向開鏈
110     }
111     return 0;
112 }
```

7.3.2 ▶ 計算哈密頓圖

定義 7.3.2.1　若圖 G 具有一條包含 G 中所有頂點的迴路，則稱該迴路為哈密頓迴路，稱 G 為哈密頓圖。若圖 G 具有一條包含 G 中所有頂點的路，則稱該路為哈密頓路，稱 G 為半哈密頓圖。

設 $G(V, E)$ 是一個 n 個頂點且沒有自環和多重邊的連通圖，$n \geq 3$；對於 $v \in V$，$d(v)$ 是 v 的度數。

定理 7.3.2.1　若 G 是 n（$n \geq 3$）個頂點的簡單圖，對於每一對不相鄰的頂點 u, v，滿足 $d(u)+d(v) \geq n$，則 G 是哈密頓圖；若對於每一對不相鄰的頂點 u, v，滿足 $d(u)+d(v) \geq n-1$，則 G 是半哈密頓圖。

推論 7.3.2.1　若 G 是 n（$n \geq 3$）個頂點的簡單圖，對於每一個頂點 v，滿足 $d(v) \geq n/2$，則 G 是哈密頓圖。

業務員旅行問題（Travelling Salesman Problem，TSP）是這樣的問題：設有 n 個城鎮，已知每兩個城鎮之間的距離。一個業務員從某一城鎮出發巡迴售貨，問這個業務員應該如何選擇路線，使每個城鎮經過一次且僅一次，並且總共的行程最短。這一問題是一個 NP 問題。

定義 7.3.2.2　若有向圖 G 中每兩個頂點之間恰有一條弧，則稱 G 為競賽圖。

定義 7.3.2.3　若有向圖 G 具有一條包含 G 中所有頂點的有向迴路，則稱該有向迴路為哈密頓迴路，稱 G 為哈密頓有向圖。若有向圖 G 具有一條包含 G 中所有頂點的有向路，則稱該路為哈密頓有向路，稱 G 為半哈密頓有向圖。

定理 7.3.2.2　任何一個競賽圖是半哈密頓有向圖。

證明：歸納基礎：若競賽圖的頂點數小於 4，顯然有一條哈密頓有向路。

歸納步驟：假設 n 個頂點的任一競賽圖是半哈密頓有向圖。設 G 是 $n+1$ 個頂點的競賽圖，從 G 中刪去頂點 v 及其關聯邊，得到有向圖 G'，由歸納假設，G' 有哈密頓有向路（$v_1, v_2, \cdots, v_n$），G 有 3 種情況：

◆ 在 G 中有一條弧（v, v_1），則有哈密頓有向路（$v, v_1, v_2, \cdots, v_n$）。

◆ 在 G 中沒有弧（v, v_1），則必有弧（v_1, v）。若存在 v_i，v_i 是 v_1 之後第一個碰到並且有弧（v, v_i）的頂點，則顯然得到一條哈密頓有向路（$v_1, v_2, \cdots, v_{i-1}, v, v_i, \cdots, v_n$）。

◆ 在 G 中沒有弧（v, v_i），而對所有 v_i，均有弧（v_i, v），$i = 1, 2, \cdots, n$，則得一條哈密頓有向路（$v_1, v_2, \cdots, v_n, v$）。　　　　　■

目前還沒有發現可適用於所有業務員旅行問題的時間複雜度為多項式的演算法。

本節提供 3 類試題：

◆ 在節點數較少的無向圖中計算業務員旅行問題，可以採取「蠻力」搜尋解題，儘管時間複雜度為 $O(n!*n)$。

◆ 在節點數較少的無向圖中計算業務員旅行問題，採用狀態壓縮的辦法解題。

◆ 如果在競賽圖（任兩點之間有且僅有一條有向邊的有向圖）中計算哈密頓路，則可以使用 $O(n^2)$ 的列舉演算法。

7.3.2.1　Getting in Line

電腦網路要求透過網路把電腦連接起來。

本題考慮一個「線性」的網路，在這樣一個網路中電腦被連接到一起，並且除了首尾的兩台電腦分別連接著一台電腦外，其他任意一台電腦僅與兩台電腦連接，如圖 7-9 所示。圖中用黑點表示電腦，它們的位置用直角座標表示（相對於一個在圖中未畫出的座標系）。

網路中連接的電腦之間的距離單位為英尺 [3]。

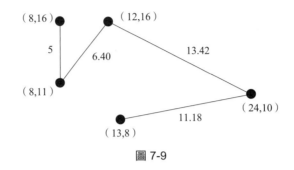

圖 7-9

由於很多原因，我們希望使用的電纜長度盡可能短。請決定電腦應如何被連接以使得所用的電纜長度最短。在設計施工方案時，電纜將埋在地下，因此連接兩台電腦所要用的電纜總長度等於兩台電腦之間的距離加上額外的 16 英尺電纜，以從地下連接到電腦，並為施工留一些餘量。

圖 7-10 提供了圖 7-9 中電腦的最佳連接方案，這樣一個方案所用電纜的總長度是 $(4+16)$ $+(5+16)+(5.83+16)+(11.18+16)=90.01$ 英尺。

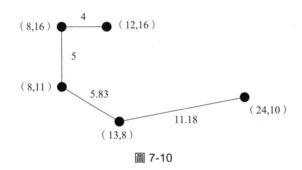

圖 7-10

輸入

輸入由若干測試案例組成，每個測試案例的第一行為網路中電腦的總數。每個網路包括的電腦台數至少為 2，至多為 8。如果提供的電腦的數量為 0，則表示輸入結束。在每個測試案例的第一行指出了網路中電腦的總數，隨後的各行提供網路中各台電腦的座標，座標值是 0 ～ 150 之間的整數。沒有兩台電腦在相同座標位置上，並且一台電腦只被提供一個座標。

輸出

每個網路的輸出結果的第一行為該網路的編號（根據測試案例在輸入資料中的位置先後決定），後面各行每行表示一條連接兩台電腦的電纜。最後一行提供使用電纜的總長度。每條電纜表示將一台電腦與另一台電腦透過網路連接起來（從哪一端開始無關緊要）。使用範例輸出的格式，用一個打滿星號的行隔開不同的網路，距離以英尺為單位，輸出時保留兩位小數。

---

3 1 英尺 =30.48 公分。編輯註

範例輸入	範例輸出
6	**
5 19	Network #1
55 28	Cable requirement to connect (5,19) to (55,28) is 66.80 feet.
38 101	Cable requirement to connect (55,28) to (28,62) is 59.42 feet.
28 62	Cable requirement to connect (28,62) to (38,101) is 56.26 feet.
111 84	Cable requirement to connect (38,101) to (43,116) is 31.81 feet.
43 116	Cable requirement to connect (43,116) to (111,84) is 91.15 feet.
5	Number of feet of cable required is 305.45.
11 27	**
84 99	Network #2
142 81	Cable requirement to connect (11,27) to (88,30) is 93.06 feet.
88 30	Cable requirement to connect (88,30) to (95,38) is 26.63 feet.
95 38	Cable requirement to connect (95,38) to (84,99) is 77.98 feet.
3	Cable requirement to connect (84,99) to (142,81) is 76.73 feet.
132 73	Number of feet of cable required is 274.40.
49 86	**
72 111	Network #3
0	Cable requirement to connect (132,73) to (72,111) is 87.02 feet.
	Cable requirement to connect (72,111) to (49,86) is 49.97 feet.
	Number of feet of cable required is 136.99.

試題來源： ACM-ICPC World Finals 1992

線上測試： UVA 216

❖ 試題解析

以電腦作為節點，每一對電腦間的歐氏距離作為邊長，建構一個帶權無向圖。由於每個節點的度為 $n-1$，因此該圖存在哈密頓路。試題要求計算一條路徑長度最短的哈密頓路。要精確計算出這條哈密頓路，既可以直接採用 DFS 方法，也可以採用狀態壓縮的辦法。由於節點數的上限為 8，因此採用 DFS 方法，程式簡練又不超時。下面提供 DFS 方法的參考程式。

❖ 參考程式

```
01   #include <iostream>
02   #include <cstdio>
03   #include <cmath>
04   #include <cstdlib>
05   #include <cstring>
06   #include <string>
07   #include <map>
08   #include <utility>
09   #include <vector>
10   #include <set>
11   #include <algorithm>
12   #define maxn 10
13   using namespace std;
14   bool vis[maxn];                          // 節點存取標誌
15   int x[maxn], y[maxn], ans[maxn], t[maxn]; // 電腦的座標序列為 x[] 和 y[]，
16                                            // 最短的哈密頓路為 ans[]，目前路徑為 t[]
17   double dis[maxn][maxn];                  // 節點間的邊長矩陣
18   double Min;                              // 最短路長
19   int n, casenum;                          // 節點數為 n，測試案例數為 casenum
```

```
20   int sqr(int x)                            // 傳回 x²
21   {
22       return x * x;
23   }
24   void dfs(int sum, int now, double s)       // 從目前狀態（路徑含 sum 個節點，路長為 s，
25                                              // 尾節點為 now）出發，計算哈密頓路
26   {
27       if (sum == n){                         // 若構成哈密頓路
28           if (s < Min){                      // 若目前哈密頓路的路長最短，則記下最短路長和路徑方案
29               Min = s;
30               for (int i = 1; i <=n; i ++) ans[i] = t[i];
31           }
32           return;                            // 回溯
33       }
34       for (int i = 1; i <=n; i ++)           // 搜尋每個未存取的節點
35           if (!vis[i]){
36               vis[i] = 1;                    // 置節點 i 存取標誌，將 (now, i) 添入路徑
37               t[sum + 1] = i;
38               dfs(sum + 1, i, s + dis[now][i]);   // 繼續遞迴
39               vis[i] = 0;                    // 撤去節點 i 的存取標誌
40           }
41   }
42   void init()                               // 輸入每台電腦的座標，建構距離矩陣
43   {
44       for (int i = 1; i <=n; i ++)           // 輸入每台電腦的座標
45           cin >> x[i] >> y[i];
46       memset(dis, 0, sizeof(dis));
47       for (int i = 1; i <=n; i ++)           // 計算節點對間的邊長
48           for (int j= 1; j<=n; j ++)
49               dis[i][j] = sqrt(sqr(x[i] - x[j]) + sqr(y[i] - y[j])) + 16;
50   }
51   void solve()                              // 計算和輸出最短的哈密頓路
52   {
53       cout << "*************************************************************" << endl;
54       cout << "Network #" << ++ casenum << endl;
55       Min = 1e10;                           // 哈密頓路的最短路長初始化
56       dfs(0, 0, 0.0);                       // 遞迴計算最短的哈密頓路
57       for (int i = 1; i <=n-1; i ++)        // 輸出路徑方案
58           cout << "Cable requirement to connect (" << x[ans[i]] << "," <<
59           y[ans [i]] << ") to (" << x[ans[i + 1]] << "," << y[ans[i + 1]] <<
60           ") is " << dis[ans[i]] [ans[i + 1]] << " feet." << endl;
61       cout << "Number of feet of cable required is " << Min << "." << endl;
62   }
63   int main()
64   {
65       ios::sync_with_stdio(false);
66       cout << fixed;
67       cout.precision(2);
68       while (cin >> n, n > 0){               // 反覆輸入電腦數，直至輸入 0
69           init();                            // 輸入每台電腦的座標，建構距離矩陣
70           solve();                           // 計算和輸出最短的哈密頓路
71       }
72       return 0;
73   }
```

如果圖中的節點數較少（一般不得超過長整數的二進位位元數），則可以透過狀態壓縮的辦法改善業務員旅行問題的計算效率。具體方法如下。

建立狀態轉移方程 $f[i][S]$，表示到達節點 i，且目前經過的節點集合為 S 的最短路徑。每次按照點 i 所連的節點進行狀態轉移。一般透過寬度優先搜尋 BFS 計算，並使用雜湊表儲存目前產生的不同子狀態，以避免在同一擴充規則下重複擴充子節點，提高搜尋效率。

7.3.2.2　Nuts for nuts

Ryan 和 Larry 要吃堅果，他們知道這些堅果在這個島的某些地方。由於他們很懶，但又很貪吃，所以他們想知道找到每顆堅果要走的最短路徑。

請編寫一個程式來幫助他們。

輸入
先提供 x 和 y，x 和 y 的值都小於 20；然後提供 x 行，每行 y 個字元，表示這一區域的地圖，每個字元為 "."、"#" 或 "L"。Larry 和 Ryan 目前所在位置表示為 "L"，堅果所在位置表示為 "#"，它們可以向 8 個相鄰的方向走一步，如下例所示。至多有 15 個位置有堅果。"L" 僅出現一次。

輸出
在一行中，輸出從 "L" 出發，收集了所有的堅果，再傳回到 "L" 的最少步數。

範例輸入	範例輸出
5 5	8
L....	8
#....	
#....	
.....	
#....	
5 5	
L....	
#....	
#....	
.....	
#....	

試題來源：UVa Local Qualification Contest 2005
線上測試：UVA 10944

❖ 試題解析

將每顆果子作為節點，按照自上而下、由左而右的順序給果子從 1 到 k 進行編號，並用 k 位二進位數值反映目前果子被摘取的情況：如果第 i 顆果子被摘取，則二進位數值的第 $i-1$ 位為 1；否則第 $i-1$ 位為 0。初始時，k 位二進位數值全零；結束時，k 位二進位數值為 2^k-1。Ryan 和 Larry 的位置 (x, y) 和行至該位置時果子的摘取情況 z 組合成一個狀態

（x, y, z）。設有佇列 q 和雜湊表 hash，q 儲存狀態，並設立狀態的雜湊標誌，避免今後出現重複情況。

初始時，將 Ryan 和 Larry 的出發位置（l_x, l_y）和果子的狀態值 0 組合成初始狀態送入佇列 q，置 hash[初始狀態]＝1。然後按下述方法依次進行 BFS 搜尋，直至佇列空且成功為止：

按照 8 個方向擴充目前佇列的所有元素。若擴充出的新狀態不在雜湊表中，即該狀態以前沒有產生過，則新狀態加入佇列，並置新狀態雜湊標誌。若新狀態是終止狀態（l_x, l_y, 2^k-1），則置成功標誌。

所有被擴充的節點元素提出佇列，使佇列僅儲存新狀態，步數 +1。

❖ 參考程式

```
01  #include <iostream>
02  #include <cstdio>
03  #include <cmath>
04  #include <cstdlib>
05  #include <cstring>
06  #include <string>
07  #include <map>
08  #include <utility>
09  #include <vector>
10  #include <set>
11  #include <algorithm>
12  #define maxn 22                               // 地圖規模的上限
13  using namespace std;
14  const int dx[9] = {0, 0, -1, -1, -1, 0, 1, 1, 1}; // 水平位移和垂直位移
15  const int dy[9] = {0, 1, 1, 0, -1, -1, -1, 0, 1};
16  struct node {int x, y, get;}q[10000000];    // 佇列，其中目前位置為 (q[].x, q[].y),
17                                               // 已採到的果子為 q[].get
18  bool hash[maxn][maxn][32768]; // 雜湊表。其中行至 (i, j)，採摘情況為 k 的標誌為 hash[i][j]
    [k]
19  int land[maxn][maxn];             // 若 (i, j) 為由上而下、由左而右的第 i 顆果子，
20                                    // 則 land[i][j]=2ⁱ；否則 land[i][j]=0
21  int n, m, sum, Sx, Sy;            // 地圖規模為 (n, m)；Larry 和 Ryan 的初始位置為 (Sx, Sy)
22  void init()                       // 輸入地圖資訊
23  {
24      memset(land, 0, sizeof(land));
25      sum = 1;                      // 果子值初始化
26      for (int i = 1; i <=n; i ++){ // 若 (i, j) 為由上而下、由左而右的第 i 顆果子，
27                                    // 則 land[i][j]=2ⁱ；否則 land[i][j]=0
28          char ch;
29          cin.get(ch);
30          for (int j = 1; j <=m; i ++) {
31              cin.get(ch);
32              switch (ch){
33                  case 'L': land[i][j]=0; Sx = i; Sy = j; break;
34                  case '#': land[i][j]=sum; sum *= 2; break;
35                  case '.': land[i][j] = 0; break;
36              }
37          }
```

```
38          }
39          for (int i = 0; i <=n+1; i ++)                    // 四周設邊界值 -1
40              land[i][0] = land[i][m + 1] = -1;
41          for (int i = 1; i <=m+1; i ++)
42              land[0][i] = land[n + 1][i] = -1;
43      }
44
45      void solve()                                          // 計算和輸出最少步數
46      {
47          memset(hash, 0, sizeof(hash));                    // 雜湊表初始化
48          hash[Sx][Sy][0] = 1;                              // 設定出發位置的雜湊值
49          int head = 1, tail = 1, move = 0;                 // 佇列指標初始化
50          q[1].x = Sx; q[1].y = Sy;                         // 初始位置推入佇列
51          q[1].get = 0;                                     // 未採任何果子
52          bool flag = 0;                                    // 成功標誌初始化
53          if (sum == 1) flag = 1;                           // 若不存在果子，則傳回成功標誌
54          while (head <= tail && !flag){                    // 若佇列非空且哈密頓迴路未走完
55              int t = tail;                                 // 記下佇列最後的指標
56              for (int i = head; i <= tail; i ++) {         // 搜尋佇列中的每個元素
57                  int tx = q[i].x, ty = q[i].y;             // 取出目前元素的位置
58                  for (int j = 1; j <=8;j ++) {             // 搜尋 8 個方向
59                      int val=land[tx+dx[j]][ty+dy[j]];     // 計算 j 方向的相鄰位置的果子值
60                      if (val >= 0 && !hash[tx+dx[j]][ty+dy[j]][q[i].get | val])
61                          // 若 j 方向的相鄰位置有果子，且採摘情況未出現，則相鄰位置和採摘情況推入佇列
62                      {   t ++;
63                          q[t].x = tx + dx[j]; q[t].y = ty + dy[j];
64                          q[t].get = q[i].get | val;
65                          hash[tx+dx[j]][ty+dy[j]][q[i].get|val]=1;   // 設雜湊標誌
66                          if (q[t].x==Sx && q[t].y==Sy && q[t].get==sum-1)
67                              // 若返回初始位置且採完所有果子，則設成功標誌
68                              flag = 1;
69                      }
70                  }
71              }
72              head =tail+1; tail=t;    // 調整佇列開頭和最後的指標，使佇列僅儲存新產生的狀態
73              move ++;                 // 步數 +1
74          }
75          cout << move << endl;        // 輸出最少步數
76      }
77      int main()
78      {
79          ios::sync_with_stdio(false);
80          while (cin >> n >> m){       // 反覆輸入地圖規模，直至輸入 2 個 0 為止
81              init();                  // 輸入地圖資訊
82              solve();                 // 計算和輸出最少步數
83          }
84          return 0;
85      }
```

如果提供的有向圖是競賽圖，則哈密頓有向路的計算將十分方便和高效率。定理 7.3.2.2 的證明過程提供了計算競賽圖中哈密頓有向路的方法。

7.3.2.3　Task Sequences

Tom 從他老闆那裡接受了許多非常令人乏味的手工任務。幸運的是，Tom 得到一台特殊的機器——Advanced Computing Machine（ACM）來幫他完成任務。

ACM 以一種特殊的方式進行工作，在很短的時間內完成一項任務，在其完成一項任務後，自動轉到下一個任務，否則機器自動停止。要使機器繼續工作則必須重新啟動。機器也不可能從一個任務任意轉到另一個任務。在每次啟動之前，任務的序列就要安排好。

對於任意兩個任務 i 和 j，機器或者完成任務 i 之後執行任務 j，或者完成任務 j 之後執行任務 i，或者兩個任務的次序可以隨意。因為啟動過程很慢，Tom 要很好地安排任務次序，用最少的啟動次數完成。

輸入

輸入包括若干測試案例。每個測試案例的第一行是一個整數 n，$0 < n \leq 1000$，表示 Tom 接受的任務數。後面跟著 n 行，每行包含 n 個用空格分開的 0 或 1。如果在第 i 行的第 j 個整數為 1，則機器可以完成任務 i 之後執行任務 j；否則機器就不可能在完成任務 i 之後再去執行任務 j。任務編號從 1 到 n。

輸出

對於每個測試案例，輸出的第一行是一個整數 k，表示最少的啟動次數。後面的 $2k$ 行表示 k 個任務的序列：首先提供的一行是整數 m，表示在序列中任務的個數；然後提供的一行包含 m 個整數，表示在序列中任務的次序，兩個連續的整數用一個空格分開。

範例輸入	範例輸出
3	1
0 1 1	3
1 0 1	2 1 3
0 0 0	

試題來源：ACM Asia Guangzhou 2003
線上測試：POJ 1776，ZOJ 2359，UVA 2954

❖ **試題解析**

用有向圖 $G(V, E)$ 表示本題，將任務作為節點，兩個任務執行的先後次序作為有向邊，則形成一個有向圖。由於「對於任意兩個任務 i 和 j，機器或者完成任務 i 之後執行任務 j，或者完成任務 j 之後執行任務 i，或者兩個任務的次序可以隨意」，因此這個有向圖是競賽圖，該圖中存在一條包含所有節點的哈密頓有向路，只需要啟動 1 次，便可以按次序完成所有任務。計算哈密頓有向路的方法如下：

先將節點 1 設為哈密頓路的首節點，然後依次將節點 k 插入有向路（$2 \leq k \leq n$）。插入節點 k 的方法如下。

循序搜尋目前有向路上的每個節點 i：

◆ 如果 $(k, i) \notin E$，則將 i 記為 t，即 $(t, k) \in E$。

◆ 如果 $(k, i) \in E$，則如果 i 為有向路首節點，弧 (k, i) 插入有向路，k 為有向路的首節點；否則 (t, k) 和 (k, i) 插入有向路，並退出插入過程。

◆ 如果搜尋了目前有向路的所有節點後仍未插入 k，則 (t, k) 插入有向路。

❖ **參考程式**

```cpp
01  #include <iostream>
02  #include <cstdio>
03  #include <cmath>
04  #include <cstdlib>
05  #include <cstring>
06  #include <string>
07  #include <map>
08  #include <utility>
09  #include <vector>
10  #include <set>
11  #include <algorithm>
12  #define maxn 1010
13  #define Path(i, s) for (int i = s; i; i = next[i])
14  using namespace std;
15  int pic[maxn][maxn];                  // 相鄰矩陣
16  int next[maxn];                       // 後繼指標
17  int n;                                // 節點數
18  void init()                           // 輸入資訊，建構相鄰矩陣
19  {
20      memset(pic, 0, sizeof(pic));      // 相鄰矩陣初始化
21      string str;
22      getline(cin, str);               // 輸入空行
23      for (int i = 1; i <=n; i ++) {    // 逐行輸入
24          getline(cin, str);           // 輸入第 i 行字串
25          for (int j= 1; j <=n;j ++)    // 建構相鄰矩陣的第 i 行
26              pic[i][j] = str[(j - 1) * 2] - '0';
27      }
28  }
29  void solve()                          // 計算和輸出哈密頓有向路
30  {
31      int head = 1, t;                  // 哈密頓有向路首節點初始化為 1
32      memset(next, 0, sizeof(next));    // 節點的後繼指標為空
33      for (int k = 2; k<=n; k++){       // 順序將節點 2 到節點 n 插入哈密頓有向路
34          bool flag = 0;                // 節點 k 未插入
35          for (int i = head; i; i = next[i]) // 依次搜尋目前哈密頓有向路的每個節點 i
36              if (pic[k][i]){           // 若 k 與哈密頓有向路上的節點 i 相連
37                  if (i==head) head=k;  // 若 i 為哈密頓有向路首節點，則改首節為 k；
38                                        // 否則 (t, k) 插入路徑
39                      else next[t]=k;
40                  next[k] = i;          // (k, i) 插入路徑
41                  flag = 1;             // 設節點 k 插入標誌並退出迴圈
42                  break;
43              }else  t = i;             // k 與哈密頓路上的 i 不相連，i 記為 t
44          if (!flag)          // 若 k 與目前哈密頓路的所有節點不相連，則 (t, k) 插入路徑
45              next[t] = k;
46      }
```

```
47        cout<<'1'<<endl<<n<<endl;          // 輸出最少的啟動次數 1 和哈密頓有向路含的節點數 n
48        for (int i=head; i; i=next[i]){     // 輸出哈密頓有向路
49            if (i != head) cout << ' ';
50            cout << i;
51        }
52        cout << endl;
53    }
54    int main()
55    {
56        ios::sync_with_stdio(false);
57        while (cin >> n){                   // 反覆輸入節點數，直至輸入 0 為止
58            init();                          // 輸入資訊，建構相鄰矩陣
59            solve();                         // 計算和輸出哈密頓有向路
60        }
61        return 0;
62    }
```

7.3.3 ▶ 計算最大獨立集

定義 7.3.3.1　設無自環圖 $G = (V, E)$，若 V 的一個子集合 I 中任意兩個頂點在 G 中都不相鄰，則稱 I 是 G 的一個獨立集。若 G 中不含有滿足 $|I'| > |I|$ 的獨立集 I'，則稱 I 為 G 的最大獨立集。它的頂點數稱為 G 的獨立數，記為 $\beta_0(G)$。

在實際中，求最大獨立集的應用實例很多，8 皇后問題就是求最大獨立集的典型例子：將棋盤的每個方格看作一個節點，放置的皇后所在格與它能攻擊的格看成是有邊連接，從而組成 64 個節點的圖。

定義 7.3.3.2　若 V 的一個子集合 C 使得 G 的每一條邊至少有一個端點在 C 中，則稱 C 是 G 的一個點覆蓋。若 G 中不含有滿足 $|C'| < |C|$ 的點覆蓋 C'，則稱 C 是 G 的最小點覆蓋。它的頂點數稱為 G 的點覆蓋數，記為 $\alpha_0(G)$。

一個圖的點覆蓋數與獨立點數之間有著密切而簡單的聯繫。

定理 7.3.3.1　V 的子集合 I 是 G 的獨立集若且唯若 $V-I$ 是 G 的點覆蓋。

證明：由獨立集的定義，I 是 G 的獨立集若且唯若 G 中每一條邊至少有一個端點在 $V-I$ 中，即 $V-I$ 是 G 的點覆蓋。∎

推論 7.3.3.1　對於 n 個頂點的圖 G，有 $\alpha_0(G) + \beta_0(G) = n$。

證明：設 I 是 G 的最大獨立集，C 是 G 的最小點覆蓋，則 $V-C$ 是 G 的獨立集，$V-I$ 是 G 的點覆蓋，所以 $n - \beta_0 = |V-I| \geq \alpha_0$，$n - \alpha_0 = |V-C| \leq \beta_0$，因此 $\alpha_0 + \beta_0 = n$。∎

定義 7.3.3.3　圖 G 中含節點數最多的完全子圖 D 被稱為 G 的最大團。

圖 G 的最大團 D 中任意兩點相鄰。若節點 u 和 v 在 D 中，則 u 和 v 有邊相連，而 u 和 v 在 G 的補圖 $\overline{G}$ 中是不相鄰的，所以 G 的最大團 $= \overline{G}$ 的最大獨立集。反過來，$\overline{G}$ 的最大團 $= G$ 的最大獨立集。

顯然，可以透過求補圖上的最大團計算最大獨立集。之所以採用這種迂迴計算的辦法，是因為補圖可直接在輸入時建構，而最大團的求法有一個固定模式，可使程式簡潔和高效率許多。

設 $f[i]$ 記錄節點 i 至節點 n 間最大團的節點數，包括節點 i；get[i][] 儲存團中第 i 個節點 v 與 $v+1\cdots n$ 中相鄰的節點數；max 為目前為止團中的最多節點數。透過遞迴呼叫副程式 dfs(s, t) 計算 $f[i]$，參數 s 為團中的節點數，t 為團中第 s 個節點 v 與 $v+1\cdots n$ 中相鄰的節點數，初始時 i 節點進入團中，因此 $s=1$，t 為 get[1][] 中的節點數。dfs(s, t) 的演算法思維如下：

```
如果 s<max，則 s 記為 max，目前團的所有節點記入最佳方案，並返回；
依次列舉 get[s][i](1≤i≤t)：
    若對於目前鄰接點 v 來說，s+f[v]<max，則說明將後面所有點加入團中也不會超過 f[i]，退出副程式；
    v 作為團中的第 s+1 個節點；
    計算 get[s][i+1…t] 中與 v 相鄰的節點數 t'，將這些節點送入 get[s+1][]；
    dfs(s+1, t');
```

有了遞迴副程式 dfs(s, t)，很容易得出主演算法：

```
max=0;
按遞減順序依次列舉節點 i(i=n…1)：
    節點 i 為團中的第 1 個節點；
    計算節點 i+1…n 中與節點 i 相鄰的節點數 t，將這些節點送入 get[1][]；
    dfs(1, t);
    f[i]= max；
最後輸出最佳方案中 max 個節點；
```

程式之所以從節點 n 到 1 倒序計算 $f[]$，主要是為了實作遞迴的最佳化（不再擴充 $s+f[v]<\max$ 的子狀態）。

7.3.3.1　Graph Coloring

請編寫一個程式，對一個給定的圖找出一個最佳著色。對圖中的節點進行著色，只能用黑色和白色，著色規則是兩個相鄰接的節點不可能都是黑色。如圖 7-11 所示是 3 個黑色節點的最佳圖。

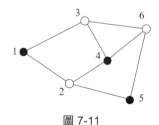

圖 7-11

輸入

用一個節點集合和一個無向邊的集合來定義一個圖，節點集合是將節點標號為 $1 \sim n$（$n \leq 100$），無向邊用節點編號對（n_1, n_2）表示，$n_1! = n_2$。輸入提供 m 個圖，在輸入的第一行提供 m。每個圖的第一行提供 n 和 k，分別表示節點數和邊數。後面的 k 行提供用節點編號對表示的邊，節點編號間用空格分開。

輸出

輸出由 $2m$ 行組成，輸入中的每個圖輸出兩行。第一行包含圖中著色為黑的節點的最多個數，第二行提供一個可能的最佳著色，提供著黑色的節點的列表，節點間用一個空格分開。

範例輸入	範例輸出
1	3
6 8	1 4 5
1 2	
1 3	
2 4	
2 5	
3 4	
3 6	
4 6	
5 6	

試題來源：ACM Southwestern European Regional Contest 1995

線上測試：POJ 1419，UVA 193

❖ 試題解析

按照相鄰節點顏色各異的規則著色，同種顏色的節點組成了一個獨立集。試題就是要求計算圖的最大獨立集。

在輸入圖的同時建構其補圖，然後採用下述辦法計算補圖的最大團，該團即為原圖的最大獨立集，組成了最多的黑色點集合。

按照節點序號遞減的順序，依次將節點 i 作為目前團的第 1 個節點（$i = n \cdots 1$），然後將節點 $i+1 \cdots n$ 中與節點 i 鄰接的點 j 置入一個集合中，並使用前面提供的辦法遞迴計算節點 $i \cdots n$ 中屬於團的節點序列。

顯然，迴圈計算結束後自然得出最大團。

❖ 參考程式

```
01   #include <iostream>
02   #include <cstdio>
03   #include <cmath>
04   #include <cstdlib>
05   #include <cstring>
06   #include <string>
07   #include <map>
08   #include <utility>
09   #include <vector>
10   #include <set>
11   #include <algorithm>
12   #define maxn 105                        // 節點數的上限
13   using namespace std;
14   bool pic[maxn][maxn];                   // 補圖的相鄰矩陣
15   int get[maxn][maxn];                    // 與目前團中第 k 個節點相鄰的節點儲存在 get[k][] 中
16   int node[maxn], ans[maxn], dp[maxn];    // node[] 儲存目前團；ans[] 儲存最大團；
17                                           // dp[i] 存儲節點 i... 節點 n 中最大團的節點數
18   int n, m, t, Max;                       // 節點數為 n，邊數為 m，目前團的節點數為 Max
19   void dfs(int now, int sum)              // 從目前狀態（目前團的節點數為 now，與其中最後節點
20                                           // 相連的邊數為 sum）出發，遞迴計算最大團
21   {
22       if (sum == 0){                      // 若構成團，即完全子圖
```

```
23          if (now>Max){              // 若團的節點數為目前最多
24              Max = now;             // 調整最大團的節點數
25                  for (int i=1; i<=Max; i ++) ans[i]=node[i]; // 儲存團中的節點
26          }
27          return;                    // 傳回
28      }
29      for (int i=1; i<=sum; i ++) {  // 列舉團中最後節點相連的邊
30          int v=get[now][i], t=0;    // 取出第 i 條邊的另一端點 v，與其相連的邊數初始化
31          if (now+dp[v]<=Max)return; // 若搜尋下去不可能產生更大的團，則回溯
32           for (int j=i+1;j<=sum; j++) // 計算 v+1…n 中與 v 鄰接的節點，v 加入團中，
33                                     // 並遞迴擴充這些鄰接邊
34              if (pic[v][get[now][j]]) get[now+1][++t]=get[now][j];
35          node[now+1]=v;
36          dfs(now+1, t);
37      }
38  }
39  void init()                        // 輸入每條邊，建構補圖
40  {
41      cin >> n >> m;                 // 輸入節點數和邊數
42      memset(pic, true, sizeof(pic)); // 補圖初始化
43        for (int i = 1; i <= m; i ++){ // 輸入每條邊，建構補圖
44          int a, b;
45          cin >> a >> b;
46          pic[a][b]=pic[b][a]=0;
47      }
48  }
49  void solve()                       // 計算和輸出補圖的最大團，即原圖的最大獨立集
50  {
51      Max = 0;                       // 獨立數初始化
52      for (int i = n; i >= 1; i --){ // 按遞減順序將每個節點 i 作為目前團的首節點
53          int sum = 0;
54          for (int j=i+1; j<=n; j++) // 計算 i+1…n 中與 i 相鄰的端點，將其存入 get[1][]
55            if (pic[i][j]) get[1][++sum]=j;
56          node[1] = i;               // i 作為目前團的首節點
57          dfs(1, sum);               // 遞迴計算節點 i…n 中完全子圖的節點數 Max，並記下
58          dp[i] =Max;
59      }
60      cout << Max << endl;           // 輸出最大團的節點數
61      for (int i=1; i<=Max-1;i++)    // 輸出最大團中的節點
62          cout << ans[i] << ' ';
63      cout << ans[Max] << endl;
64  }
65  int main()
66  {
67      ios::sync_with_stdio(false);
68      cin >> t;                      // 輸入測試案例數
69      for (int i = 1; i <= t; i ++) { // 依次處理每個測試案例
70          init();                    // 輸入每條邊，建構補圖
71          solve();                   // 計算和輸出補圖的最大團，即原圖的最大獨立集
72      }
73      return 0;
74  }
```

7.3.4 ▶ 計算割點、橋和雙連通分支

定義 7.3.4.1 設圖 G 的頂點子集合 V'，$w(G)$ 為 G 的連通分支數。如果 $w(G-V') > w(G)$，稱 V' 為 G 的一個點割。$|V'| = 1$ 時，V' 中的頂點稱為割點。

定義 7.3.4.2 設有圖 G，為產生一個不連通圖或平凡圖，需要從 G 中刪去的最少頂點數稱為 G 的點連通度，記為 $k(G)$，簡稱為 G 的連通度。

顯然，圖 G 是不連通圖或平凡圖時，$k(G) = 0$；連通圖 G 有割點時，$k(G) = 1$；G 是完全圖 K_n 時，$k(K_n) = n-1$。

定義 7.3.4.3 設有圖 G，為產生一個不連通圖或平凡圖，需要從 G 中刪去的最少邊數稱為 G 的邊連通度，記為 $\lambda(G)$。

顯然，G 是不連通圖或平凡圖時，$\lambda(G) = 0$；G 是完全圖 K_n 時，$\lambda(K_n) = n-1$。

定義 7.3.4.4 如果對於連通圖 G，$\lambda(G) = 1$，則產生一個不連通圖或平凡圖，需要從 G 中刪去的邊稱為橋。

連通圖的點連通度和邊連通度問題反映了連通圖的連通程度。

對於非連通的無向圖，至少能夠劃分出多少個沒有割點的連通子圖，要使其中任何一個子圖不連通，至少要刪除子圖內的兩個節點，這就是點雙連通分支問題。沒有割點的連通子圖亦稱為塊。

計算連通圖的割點、橋和非連通圖的雙連通分支時，需要用到節點的 low 函數，low 函數是計算無向圖連通性問題的重要工具。設無向圖的先序值 pre[v] 為節點 v 在 DFS 樹中被尋訪的順序，即 v 被存取的時間；函數 low[u] 為節點 u 及其後代所能追溯到的最早（最先被發現）祖先點 v 的 pre[v] 值，即 low[u] = $\min\limits_{(u,s),(u,w)\in E}\{\text{pre}[u], \text{low}[s], \text{pre}[w]\}$，其中 s 是 u 的子代，(u, w) 是反向邊 B。

因為節點自身也是自己的祖先，所以有可能 low[u] = pre[u] 或 low[u] = pre[w]。low[u] 值的計算步驟如下：

$$\text{low}[u] = \begin{cases} \text{pre}[u] & u \text{ 在 DFS 中首次被存取} \\ \min\{\text{low}[u], \text{pre}[w]\} & \text{檢查反向邊 } (u, w) \text{ 時} \\ \min\{\text{low}[u], \text{low}[s]\} & u \text{ 的子代的關聯邊全部被檢查時} \end{cases}$$

在演算法執行的過程中，任何節點的 low[u] 值都是不斷被調整的，只有當以 u 為根的 DFS 子樹和後代的 low 值、pre 值產生後才停止。

在 DFS 中，邊被劃分為 4 類：

◆ 樹枝 T：如果在 DFS 中 v 首次被存取，則邊 (u, v) 是樹枝。

◆ 後向邊 B：如果 u 是 v 的後代，且 v 已經被存取了，但 v 的後代還有沒被存取，則邊 (u, v) 是後向邊。

◆ 前向邊 F：如果 v 是 u 的後代，v 的所有的後代都已經被存取了，並且 pre[u]＜pre [v]，則邊（u, v）是前向邊。

◆ 交叉邊 C：所有其他的邊（u, v）；也就是說，在 DFS 樹中，u 和 v 沒有祖先 - 後代關係，或者 u 和 v 在不同的 DFS 樹中，v 的所有後代已經被存取，且 pre[u]＞pre[v]。

1. 使用 low 函數計算連通圖的割點

可以根據如下兩個性質判斷節點 U 是否為割點：

性質 1：如 U 不是根，U 成為割點若且唯若存在 U 的一個子代節點 s，從 s 或 s 的後代點到 U 的祖先點之間不存在後向邊。也就是說，分支節點 U 成為割點的充要條件是 U 有一個子代 s，使得 low[s]≥pre[U]，即 s 和 s 的後代不會追溯到比 U 更早的祖先點。

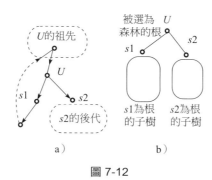

圖 7-12

由圖 7-12a 直觀地看出，雖然 U 的以 $s1$ 為根的子樹中有反向邊 B 傳回 U 的祖先，但是 U 的某子代 $s2$ 和 $s2$ 的後代沒有傳回 U 的祖先，因此刪除 U 後，$s2$ 及其後代變成一個獨立的連通子圖。

無向圖只有樹枝 T 和反向邊 B 邊。可以透過 DFS 搜尋邊計算節點的 low 值和 pre 值、邊尋找性質 1。方法如下：

```
在 (v, w) 是樹枝 T 的情況下 (pre[w]==-1)，若 w 或 w 的後代沒有傳回 v 的祖先 (low[w]≥pre[v])，
則 v 是割點。low[v] 取 v 及其所有後代傳回的最早祖先編號 (low[v]=min{low[v], low[w]})；
在 (v, w) 是反向邊 B 的情況下 (pre[w]!=-1)，low[v] 取原先 v 及後代傳回的最早祖先編號與 w 的先序編號中的
較小者 (low[v]=min{low[v], pre[w]})。
void  fund_cut_point(int v)              // 從無向圖的 v 節點出發，透過 DFS 尋訪計算割點
{ int w;
    low[v]=pre[v]= ++d ;                 // 設定 v 的先序值和 low 的初始值
    for (w∈ 與 v 相鄰的節點集合) &&(w!=v)  // 搜尋 v 的除自環邊外的相鄰邊 (v,w)
    { if pre[w]==-1
    // 若 (v, w) 是樹枝 T，則遞迴 w。若 w 或 w 的後代沒有傳回 v 的祖先，則 v 是割點，
    // low[v] 取 v 及其所有後代傳回的最早祖先編號
        { fund_cut_point(w) ;            // 遞迴 w 的所有子代的關聯邊
            if (low[w]≥pre[v]) 輸出 v 是割點 ;
            low[v]=min{low[v],low[w]};
        };
        else low[v]=min{ low[v], pre[w]};
        // 若 (v, w) 是反向邊 B，則 low[v] 取原先 v 及後代傳回的最早祖先編號與 w 的先序編號中的較小者
    };
};
```

性質 2：如 *U* 被選為根，則 *U* 成為割點若且唯若它有不止一個子代點。

由圖 7-12b 可以看出，根 *U* 存在兩棵分別以 *s*1 和 *s*2 為根的子樹，這兩棵子樹間沒有交叉邊 *C*（無向圖不存在交叉邊 *C*），因此去除 *U* 後圖不連通，*U* 是割點。

根據上述兩個性質，得出計算割點的演算法：

```
for(i = 0; i < n; i ++)          // 所有節點的先序編號初始化
  pre[i] =-1;
low[s]=pre[s]=d=0;               // 出發點 s 的 low 值、先序編號和存取時間初始化為 0
P=0;                             // 統計 s 的子代數
for (each w∈adj[s]) p++;
if (p>1) 輸出 s 是割點並退出程式；  // 性質 2
fund_cut_point(s);               // 遞迴搜尋性質 1
```

7.3.4.1 Network

一家電話線路公司（Telephone Line Company，TLC）在建立一個新的電話電纜網路，要連接若干地區，地區編號從整數 1 到 *N*。沒有兩個地區具有相同的編號。電話線是雙向的，一條電話線連接兩個地區，並且在一個地區電話線連接在一台電話交換機上。在每個地區有一台電話交換機。從每個地區透過電話線可以到達所有其他的地區，不必直接連接，可以透過若干交換機到達。在某個地區不時會發生電力供應中斷，使得交換機不能工作。TLC 的官員們認識到，這樣不僅會導致某個地區電話無法打入，也會導致另外一些地區彼此間無法通電話。在這種情況下導致不連通發生的地區被稱為關鍵地區。現在這些官員需要一個程式，提供所有這樣的關鍵地區的數量，請幫助他們完成。

輸入
輸入由若干測試案例組成，每個測試案例描述一個網路。每個測試案例的第一行提供地區數 *N* < 100，然後至多 *N* 行，每行先提供一個地區的編號，在該地區編號後提供與該地區直接連接的地區的編號。這些至多 *N* 行完整地描述了網路，即，網路中每個在兩個地區之間的直接連接至少在一行中提供，在一行中所有的數字是用空格分開的。每個測試案例以一個僅包含 0 的一行結束。最後一個測試案例僅有一行，*N* = 0。

輸出
除最後一個測試案例之外，每個測試案例輸出一行，提供關鍵地區的數目。

範例輸入	範例輸出
5	1
5 1 2 3 4	2
0	
6	
2 1 3	
5 4 6 2	
0	
0	

為了便於確定行結束狀態，在每一行結束前沒有額外的空格。

試題來源： ACM Central Europe 1996

線上測試： POJ 1144，ZOJ 1311，UVA 315

❖ 試題解析

設地區為節點，地區間的通訊聯繫為邊，建構無向圖。顯然導致不連通發生的關鍵地區即為這張圖的割點。試題要求計算割點數。

使用 tarjan 演算法，在遞迴計算節點 pre 和 low 值的同時，依據性質 1 和性質 2 累計割點數。

❖ 參考程式

```
01  #include <iostream>
02  #include <cstdio>
03  #include <cmath>
04  #include <cstdlib>
05  #include <cstring>
06  #include <string>
07  #include <map>
08  #include <utility>
09  #include <vector>
10  #include <set>
11  #include <algorithm>
12  #define maxn 110                    // 節點數的上限
13  using namespace std;
14  bool use[maxn];                     // 割點標誌
15  int pic[maxn][maxn];                // 相鄰矩陣
16  int pre[maxn], low[maxn];           // 節點的兩個次序值序列
17  int din, n, ans, s;        // 存取次序為 din，節點數為 n，割點數為 ans，根的子代數為 s
18  void tarjan(int u)                  // 從 u 出發，遞迴計算割點數
19  {
20      pre[u] = low[u] = ++ din;       // 設定 u 的兩個次序值
21      for (int i = 1; i <=n; i ++)    // 列舉 u 相鄰的每個節點
22          if (pic[u][i]){
23              if (!pre[i]){              // 若 (u, i) 是樹枝邊或交叉邊，則沿 i 遞迴下去
24                  tarjan(i);
25                  low[u]=min(low[u], low[i]);        // 調整 u 的 low 值
26                  if (low[i]>=pre[u] && !use[u]){    // 從 i 或 i 的後代點到 u 的祖先點之間
27                                                     // 不存在後向邊
28                      if (u > 1){          // 若 u 非根，則 u 為割點
29                          ans ++;
30                          use[u] = true;
31                      }else              // u 為根，子代數 +1
32                          s ++;
33                  }
34              }else                      // (u, i) 為反向邊，調整 u 的 low 值
35                  low[u] = min(low[u], pre[i]);
36          }
37  }
38  void init()                         // 輸入無向圖，建構相鄰矩陣
39  {
40      int u, v;                       // 相鄰的兩個節點
```

```
41        memset(pic, 0, sizeof(pic));          // 相鄰矩陣初始化
42        while (cin >> u, u > 0){              // 反覆輸入節點編號，直至輸入 0 為止
43            char ch;
44            do{                               // 反覆輸入與 u 鄰接的節點，直至按下 Enter 為止
45                cin >> v;
46                cin.get(ch);                  // 略過空格
47                pic[u][v] = pic[v][u] = 1;    // 該邊進入相鄰矩陣
48            }while (ch != '\n');
49        }
50 }
51 void solve()                                 // 計算和輸出割點
52 {
53     memset(pre, 0, sizeof(pre));             // 節點的 pre 和 low 值初始化
54     memset(low, 0, sizeof(low));
55     memset(use, 0, sizeof(use));             // 割點標誌初始化
56     ans = din = s= 0;                        // 割點數、存取次序和根的子代數初始化
57     tarjan(1);                               // 從根出發，計算割點數
58     if (s > 1) ans ++;                       // 若根不止一個子代，則根為割點
59     cout << ans << endl;                     // 輸出割點數
60 }
61 int main()
62 {
63     ios::sync_with_stdio(false);
64     while (cin >> n, n > 0){                  // 反覆輸入節點數，直至輸入 0
65         init();                               // 輸入無向圖，建構相鄰矩陣
66         solve();                              // 計算和輸出割點
67     }
68     return 0;
69 }
```

2. 使用 low 函數計算連通圖的橋

定理 7.3.4.1 在無向圖 G 中，邊 (u, v) 為橋的充分必要條件是若且唯若 (u, v) 不在任何一個簡單迴路中。

證明： 如果邊 (u, v) 為橋，且 (u, v) 在連通圖的一個簡單迴路上，則刪除該邊後，圖 G 依然連通，則 (u, v) 不可能為橋；反之，如果 (u, v) 不在圖 G 的任何一個簡單迴路上，假設 (u, v) 不是橋，那麼刪除 (u, v) 後，圖 G 依然連通。則在 u 和 v 之間有簡單路徑 p，p 和 (u, v) 合併成一個簡單迴路，這與 (u, v) 不在連通圖的任何一個簡單迴路上有矛盾，故假設不成立，(u, v) 為橋。∎

由此得出橋的判別方法：在 DFS 尋訪中發現樹枝邊 (u, v) 時，若 v 和它的後代不存在一條連接 u 或其祖先的邊 B，即 low[v] > pre[u]（注意不能取等號）或者 low[v] = pre[v]，則刪除 (u, v) 後 u 和 v 不連通，因此 (u, v) 為橋。

例如，對圖 7-13a 的無向圖進行 DFS 尋訪，得到一棵如圖 7-13b 所示的 DFS 樹，各節點的 pre 值和 low 值如圖 7-13c 所示。顯然，滿足 low[v] = pre[v] 的節點有 v_5、v_7、v_{12}，與其相鄰且滿足 low[v] > pre[u] 的邊 (u, v) 有 (v_0, v_5)、(v_6, v_7)、(v_{11}, v_{12})。這些邊即為圖 7-13a 中無向圖的橋，在圖 7-13a 和圖 7-13b 中分別用粗線標出。

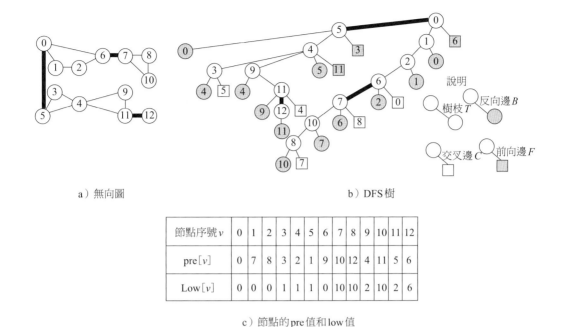

a）無向圖　　　　　　　　　　　　　b）DFS 樹

節點序號 v	0	1	2	3	4	5	6	7	8	9	10	11	12
pre[v]	0	7	8	3	2	1	9	10	12	4	11	5	6
Low[v]	0	0	0	1	1	1	0	10	10	2	10	2	6

c）節點的 pre 值和 low 值

圖 7-13

無向圖只有樹枝邊 T 和反向邊 B。可以透過 DFS 搜尋邊計算節點的 low 值和 pre 值（pre[ ] 的初始值為 −1）、邊計算無向圖中的橋，方法如下：

在（u, v）是樹枝 T 的情況下（pre[w] = −1），若 w 或 w 的後代只能傳回 w，即 v 和它的後代不存在一條連接 u 或其祖先的邊 B（(low[w]==pre[w])||(low[w] > pre[v])），則（u, v）是橋。low[v] 取 v 及其所有後代傳回的最早祖先編號（low[v] = min{low[v], low[w]}）。

在（u, v）是反向邊 B 的情況下（pre[w]! = −1），low[v] 取原先 v 及後代傳回的最早祖先編號與 w 的先序編號中的較小者（low[v] = min{low[v]，pre[w]}）。

```
void fund_bridge (v);              // 從無向圖的 v 節點出發，透過 DFS 尋訪計算橋
{   int w;
    low[v]=pre[v]=++d;             // 設定 v 的先序值和 low 值。註：存取時間 d 初始值為 -1
    for (each w∈v的相鄰點集合 ) &(w!=v)      // 搜尋 v 除自反邊外的相鄰邊 (u,v)
    { if (pre[w]==-1)   // 若 (u,v) 是樹枝 T，則遞迴 w。若 w 或 w 的後代只能傳回 w，
                        // 則 (v, w) 是橋，low[v] 取 v 及其所有後代傳回的最早祖先編號
        { fund_bridge (w);         // 遞迴 w 的所有子代的關聯邊
            if ((low[w]== pre[w])||(low[w]>pre[v])) 輸出 (v, w) 是橋 ;
            low[v]=min{ low[v],  low[w]}
            };
        else low[v]=min{ low[v], pre[w]};  // 若 (u,v) 是反向邊 B，則 low[v] 取原先 v
                                           // 及後代傳回的最早祖先編號與 w 的先序編號中的較小者
    }
}
```

3. 計算雙連通分支

如果 G 的子圖的點連通度大於 1，則稱該子圖為點雙連通分支；如果 G 的子圖的邊連通度大於 1，則稱該子圖為邊雙連通分支。

如果求出 G 的所有橋後，把橋邊刪除，則原圖變成了多個連通塊，每個連通塊是一個邊雙連通分支。橋不屬於任何一個邊雙連通分支，其餘邊和每個節點屬於且僅屬於一個邊雙連通分支。這裡要注意，邊雙連通分支不一定是點雙連通分支。

將圖 G 的每個邊雙連通分支縮成一個節點後，這些代表邊雙連通分支的「縮點」與橋邊組成了一棵樹。

可以利用邊雙連通分支的這一特徵，對一個有橋的連通圖添邊，使之變成邊雙連通圖。

7.3.4.2　Road Construction

現在正值夏季，這也是公共設施建造的高峰時期。今年，熱帶天堂島嶼 Remote Island 上的道路管理部門準備養護和改建島上連接不同旅遊景點間的道路。

這座島的道路非常有趣。由於島上的奇特風俗，道路之間沒有交叉口（如果兩條道路不得不在一個地方交錯的話，就用橋樑或者隧道來避免交叉口）。這樣一來，每條道路就僅僅連接兩端的旅遊景點，遊客也不會迷路了。

但不幸的是，由於一些道路需要養護或改建，在對某條道路施工的時候，這條道路就無法通行。這也導致了一個問題，在施工期間，遊客可能無法從某一個旅遊景點到另一個旅遊景點（雖然在一個時間段內只對一條道路施工，但依舊可能有這個問題）。

Remote Island 的管理部門請你幫忙解決這個問題。他們準備在不同的旅遊景點之間再建造一些新的道路。要求在建造這些道路之後，當對島上任意一條道路施工時，在任何兩個旅遊景點之間，都可以透過其他的道路互相到達。你的任務就是要找出最少必須要建造多少條道路。

輸入

測試案例的第一行提供兩個數 n 和 r，用空格分開，其中 $3 \leq n \leq 1000$ 表示島上旅遊景點的數量，$2 \leq r \leq 1000$ 表示島上道路的數量。旅遊景點的編號從 1 到 n。然後提供 r 行，每行提供兩個用空格分開的數 v 和 w，表示標號為 v 和 w 的旅遊景點之間有一條道路。道路是雙向的，並且每對旅遊景點之間最多只有一條道路。本題設定，在提供的測試案例中，每對旅遊景點之間都是互相可達的。

輸出

輸出一行，提供一個整數，表示至少需要建造的路的數量。

範例輸入 1	範例輸出 1
10 12 1 2 1 3 1 4 2 5 2 6 5 6 3 7	2

範例輸入 1	範例輸出 1
3 8	
7 8	
4 9	
4 10	
9 10	

範例輸入 2	範例輸出 2
3 3	0
1 2	
2 3	
1 3	

試題來源： Canadian Computing Competition 2007
線上測試： POJ 3352

❖ 試題解析

設旅遊景點為節點，連接的道路為邊。由於每對旅遊景點之間都是可達的，因此這個圖為無向連通圖。新修道路就是往圖裡添邊，目的是「要求在建造了這些道路之後，當對島上任意一條道路施工時，在任何兩個旅遊景點之間，都可以透過其他的道路互相到達」，換句話說，就是透過添加最少邊建構出一張邊雙連通圖。求解思路如下。

首先求出所有的橋邊，然後刪除這些橋邊，剩下的每個連通塊都是一個邊雙連通分支。把每個邊雙連通分支縮成一個節點，再把橋邊加回來，得到的新圖一定是一棵樹，邊連通度為 1。

然後，統計出樹中度為 1 的節點的個數，即為葉節點的個數，記為 leaf。則至少在樹上添加 $\left\lfloor \dfrac{\text{leaf}+1}{2} \right\rfloor$ 條邊，就能使樹變為邊雙連通，即整個圖變為邊雙連通圖，所以至少添加的邊數就是 $\left\lfloor \dfrac{\text{leaf}+1}{2} \right\rfloor$。

橋是容易計算的。問題是，怎樣用最簡便的方法將所有邊雙連通分支「縮點」，為什麼縮成一棵含 leaf 個葉節點的樹後，添加的最少邊數就一定是 $\left\lfloor \dfrac{\text{leaf}+1}{2} \right\rfloor$ 呢？

引理 7.3.4.1　若存在邊 (i,j)，i 和 j 在一個邊雙連通塊內若且唯若 $\text{Low}_i = \text{Low}_j$。

證明： 整個證明過程分兩步。

證明 1：$\text{Low}_i \neq \text{Low}_j$ 時，i 和 j 不在一個雙連通塊內。

假設 $\text{Low}_i < \text{Low}_j$。當 $\text{pre}_i < \text{pre}_j$ 時，(i,j) 為非樹枝邊，根據 Low 函數的定義可知，必會執行 $\text{Low}_j = \min(\text{Low}_j, \text{pre}_i)$，不可能出現 $\text{Low}_i < \text{Low}_j$ 這種情況。所以 (i,j) 只能為樹枝邊且 $\text{Low}_j > \text{pre}_i$。由此得出 (i,j) 為橋，因而 i,j 不會在一個雙連通塊內。

當 $\text{pre}_i > \text{pre}_j$ 時，從 j 到 i 必然存在一條以樹枝邊構成的路徑。由於 $\text{pre}_j < \text{pre}_i$，而這條路徑上每個點的 Low 值都小於 DFS 樹中其子代的 Low 值，因此 $\text{Low}_i < \text{Low}_j$ 的情況也是不會存在的，即 i、j 不會在一個雙連通塊內。

證明 2：$Low_i = Low_j$ 時，i 和 j 在一個雙連通塊內。

假設 $pre_i < pre_j$ 且 $pre_u = Low_i$ 可知，由於 $Low_i = Low_j$，因此存在一個由 (j, i)、(i, u) 和 (u, j) 構成的環，所以 i 和 j 同在一雙連通分量內。∎

引理 7.3.4.2 對於一棵樹，若其有 n 個葉子，至少增加 $\left\lceil \dfrac{n}{2} \right\rceil$ 條邊後，才能讓其變為一個雙連通圖。

證明： 我們要做的就是減少原樹加邊後得到的圖經歷邊雙連通縮點後形成樹的葉子數量，若且唯若此樹的葉子個數為 1，也就達到了目的。

對於一個節點數大於 2 的樹，連接兩個非葉節點後，縮點得到樹的葉子數不會發生改變。連接一個葉節點和一個非葉節點後，縮點得到的葉子數就會減 1；連接兩個葉子節點後，縮點得到的樹的葉子數就會減 2。對於一個有兩個節點的樹，我們將其連接即可。若此時樹的葉節點數大於 2，我們就連接兩個葉節點，再次縮點得到一棵新樹。不斷重複上面過程就能得到一個雙連通圖，上述過程是一個貪心過程，新增的 $\left\lceil \dfrac{n}{2} \right\rceil$ 條邊一定是最少的。注意對上面的樹中的每個節點代表的是一個連通塊，對樹中兩個節點的連接實際上就是在兩個連通塊內任意找兩個點將其連接。∎

由上述兩條引理可得出一個非常簡便的演算法。設 $e[][]$ 為相鄰串列，i 相連的邊數為 $e[i][0]$，其中第 j 條相連邊的端點為 $e[i][j]$，$1 \leq e[i][0] \leq n-1$，$1 \leq j \leq e[i][0]$。

（1）計算 low[] 表。

（2）計算「收縮樹」中節點的度。

low 相同的點在一個邊連通分量中，i 所在邊雙連通子圖的代表節點為 low[i]，若 i 相連的第 j 條相連邊的端點的 $low[e[i][j]] \neq low[i]$，則說明節點 $e[i][j]$ 代表另一個雙連通子圖，加一條橋邊，即節點 low[i] 的度 +1，deg[low[i]]++。

```
for(i=1; i<=n; i++)
    for(j=1; j<=e[i][0]; j++) if (low[e[i][j]]!=low[i]) deg[low[i]]++;
```

（3）統計樹中度為 1 的節點數 ans（即葉節點數），至少添加 $\left\lfloor \dfrac{ans+1}{2} \right\rfloor$ 條邊就能使整個圖變為邊雙連通圖。

```
ans=0;
for(i=1; i<=n; i++) if(deg[i]==1) ans++;
輸出 (ans+1)/2;
```

❖ 參考程式

```
01  # include <cstdio>
02  # include <cstring>
03  # include <cstdlib>
04  # include <vector>
05  # define vi vector<int>
06  # define pb push_back
```

```
07   using namespace std;
08   const int maxn=1010;                       // 節點數的上限
09   vi e[maxn];                                 // 圖的相鄰串列
10   int dfsn[maxn],low[maxn],Time,deg[maxn];   // 節點的先序值為dfsn[]、low值為low[]，
11                                              // 樹中節點的度為deg[]，存取時間為Time
12   int n,m;
13   void dfs(int a,int fa){                    // 從樹邊 (fa, a) 出發，遞迴計算節點的low值
14       int q;dfsn[a]=low[a]=++Time;
15       for(int p=0;p< e[a].size();p++)
16           if(!dfsn[q=e[a][p]])
17               dfs(q,a),low[a]=min(low[a],low[q]);
18           else  if(q!=fa) low[a]=min(low[a],dfsn[q]);
19   }
20   void work(){
21       for(int i=1;i<=n;i++) e[i].clear();    // 相鄰串列初始化
22       for(int i=0;i<m;i++){                  // 讀無向圖的每條邊資訊，建構相鄰串列e
23           int a,b;scanf("%d %d",&a,&b);
24           e[a].pb(b);e[b].pb(a);
25       }
26       Time=0;                                // 存取時間初始化
27       memset(dfsn,0,sizeof(dfsn));           // 節點的先序值和樹節點的度清零
28       memset(deg,0,sizeof(deg));
29       dfs(1,-1);                             // 計算節點的low值
30       for(int i=1;i<=n;i++)                  // 計算壓縮後每個樹節點的度
31           for(int p=0;p< e[i].size();p++) if(low[e[i][p]]!=low[i]) deg[low[i]]++;
32       int cnt=0;                             // 計算樹中葉節點數
33       for(int i=1;i<=n;i++) if(deg[i]==1) cnt++;
34       printf("%d\n",(cnt+1)/2);              // 輸出添加的最少邊數
35   }
36   int main(){
37       while(~scanf("%d %d ",&n,&m)) work();  // 反覆輸入和計算測試案例
38       return 0;
39   }
```

7.4　相關題庫

7.4.1 ▶ Long Long Message

小貓在 Byterland 的首都學物理。這天他接到了一條讓他哀傷的訊息，他的母親生病了。因為火車票花費很多（Byterland 是一個大國，他坐火車回到家鄉要花 16 個小時），他決定只給母親發簡訊。小貓的家庭並不富裕，所以他經常到行動服務中心檢查發簡訊已經花了多少錢。昨天，服務中心的電腦壞了，列印了兩條很長的資訊，聰明的小貓很快發現：

◆　簡訊中的所有字元都是小寫拉丁字母，不帶標點符號和空格。

◆　所有簡訊都連在了一起——第 (i+1) 條簡訊在第 i 條簡訊後——這就是為什麼兩條訊息非常長。

◆ 他的簡訊被疊加到了一起，但由於電腦故障，可能大量的冗餘字元會出現在左邊或右邊。

例如：他的簡訊是 "motheriloveyou"，那麼列印出來的長訊息可能會是 "hahamotherilove-you"、"motheriloveyoureally"、"motheriloveyouornot"、"bbbmotheriloveyouaaa" 等。

對這些被破壞的問題，小貓列印了他的原始文字兩次（所以出現兩條很長的訊息）。即使原始的文字在兩條被列印的訊息中依然相同，出現在兩邊的冗餘字元可能不同。

提供兩條很長的訊息，請輸出小貓寫的原始文字的最長可能的長度。

在 Byterland 行動服務的簡訊按位元組用美元支付。這是為什麼小貓關心最長的原始文字的原因。

為什麼要請你來編寫一個程式呢？有四個原因：

◆ 小貓這些天忙於物理課的學習；

◆ 小貓要還原他和他母親說的話；

◆ POJ 是這樣一個偉大的線上評測伺服器；

◆ 小貓要從 POJ 賺一些錢，並試圖說服他的母親去看病。

輸入
兩行輸入兩條小寫字母的字串。每條字串中字元的數目不會超過 100000。

輸出
一行，提供一個整數——小貓寫的原始文字的最大長度。

範例輸入	範例輸出
yeshowmuchiloveyoumydearmotherreallyicannotbelieveit yeaphowmuchiloveyoumydearmother	27

試題來源： POJ Monthly--2006.03.26,Zeyuan Zhu, "Dedicate to my great beloved mother."
線上測試： POJ 2774

提示
本題提供了兩個字串，要求計算公用子字串的最大長度。

字串的任何一個子字串都是這個字串的某個後綴的前綴。求字串 A 和 B 的最長公用子字串等同於求 A 的後綴和 B 的後綴的最長公用前綴的最大值。如果列舉 A 和 B 的所有的後綴，那麼這樣做顯然效率低下。由於要計算 A 的後綴和 B 的後綴的最長公用前綴，所以先將第二個字串寫在第一個字串後面，中間用一個沒有出現過的字元隔開，再求這個新的字串的後綴陣列。觀察一下，看看能不能從這個新的字串的後綴陣列中找到一些規律。以 A = 'aaaba'、B = 'abaa' 為例，如圖 7-14 所示。

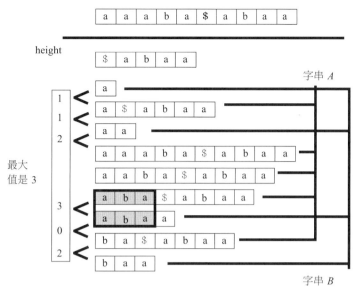

圖 7-14

例如，圖 7-14 中 'aa' 是 suffix(2) 和 suffix(9) 的最長公用前綴，'aa' 是 B 的後綴而非 A 的後綴；'aba' 是 suffix(3) 和 suffix(7) 的最長公用前綴，'aba' 是 A 的後綴而非 B 的後綴。由此可以看出，並非所有的 height 值中的最大值就是答案，因為有可能這兩個後綴是在同一個字串中的，所以實際上只有當 suffix(SA[$i-1$]) 和 suffix(SA[i]) 不是同一個字串中的兩個後綴時，height[i] 才是滿足條件的。而這其中的最大值就是答案，例如圖 7-14 中的 'aba' 就是 A 和 B 的最長公用子字串。

本演算法的效率分析如下。設字串 A 和字串 B 的長度分別為 |A| 和 |B|。求新的字串的後綴陣列和 height 陣列的時間是 $O(|A|+|B|)$，然後求排名相鄰但原來不在同一個字串中兩個後綴的 height 值的最大值，時間也是 $O(|A|+|B|)$，所以整個演算法的時間複雜度為 $O(|A|+|B|)$，已經取到下限。由此看出，這是一個非常優秀的演算法。

7.4.2 ▶ Milk Patterns

農夫 John 已經注意到，他的乳牛每天產的牛奶的品質參差不齊。透過進一步調查發現，雖然無法預測一頭乳牛在第二天產乳的品質，但是日常牛奶的品質存在一些規律。

為了進行嚴格的研究，他發明了一種複雜的分類方案，每個牛奶樣品被記錄為 0 ～ 1000000 之間的整數，包含 0 和 1000000；已經有 N（$1 \leq N \leq 20000$）天記錄的一頭乳牛的資料。他希望找到重複至少 K（$2 \leq K \leq N$）次的相同的最長的樣本模式。可以包括重疊的模式，例如 12323231 重複 2323 兩次。

請幫助農夫找到樣本序列中最長的重複子序列。要保證至少有一個子序列重複至少 K 次。

輸入

第 1 行：兩個空格分開的整數 N 和 K。

第 2 行到第 $N+1$ 行：N 個整數，每個整數一行，在第 i 行提供第 i 天牛奶的品質。

輸出

第 1 行：一個整數，出現至少 K 次的最長模式的長度。

範例輸入	範例輸出
8 2	4
1	
2	
3	
2	
3	
2	
3	
1	

試題來源：USACO 2006 December Gold
線上測試：POJ 3261

提示

首先，計算出每個整數在 N 個整數的遞增序列中屬於「第幾大」（註：相同整數的大小值相同），形成 Rank[] 的初始值；然後在此基礎上計算 height[] 序列。

接下來問題的關鍵是，如何判別原字串中是否存在一個長度下限為 len 且重複次數至少為 K 的子序列。按照定義，height[i] 為名次為 $i-1$ 的後綴和名次為 i 的後綴的最長公用前綴長度。若 height[i] ≥ len，則說明序列中一個長度下限為 len 的子序列又重複了一次。我們將 height 值連續不小於 len 的名次歸為一組，目前組內的元素個數 $+1$ 為 now，即目前組產生的重複次數。設 s 為目前為止長度下限為 len 的子序列的重複次數。先透過如下辦法計算 s：

初始時 s 和 now 為 0。

依次列舉名次 i（$1 \le i \le N$）：若 height[i] < len，則目前組結束，調整 $s = \max(s, \text{now})$，now 恢復 1；否則目前組有新增一次重複，now $++$。

最後調整 $s = \max(s, \text{now})$。

顯然，若 $s \ge K$，則說明長度下限為 len 的子序列的重複次數至少為 K；否則說明這樣的子序列的出現次數不足 K。

既然上述可行性問題已搞清楚，演算法便浮出了水面：若原字串中存在一個長度下限為 len 且重複次數至少為 K 的子序列，則肯定存在長度為 len-1 且重複次數至少為 K 的子序列，滿足單調性要求，因此可以用二元搜尋的方法計算出現至少 K 次的最長模式的長度。

7.4.3 ► Count Color

如果選擇「問題求解和程式設計」作為選修課，就要解答各種問題。這裡，提供一個新問題。

有一個很長的板，長度為 L 公分，L 是一個正整數，所以我們可以均勻地將板劃分成 L 段，並自左向右編號為 1，2，$\cdots$，L，每段 1 公分長。現在對這塊板著色，每段著上一種顏色。在板上，我們進行以下兩類操作：

◆ "C A B C" 從段 A 到段 B 用顏色 C 著色。

◆ "P A B" 輸出段 A 到段 B 之間（包括段 A 和段 B）不同顏色的著色數目。

假如在日常生活中不同顏色的總數 T 是非常小的，且沒有語詞來確切描述任一種顏色（紅色，綠色，藍色，黃色，$\cdots$）。所以可以假設不同顏色的總數 T 是非常小的。為了簡單起見，我們以顏色 1，顏色 2，$\cdots$，顏色 T 為顏色命名。在開始的時候，板上著顏色 1。接下來的問題留給你來處理。

輸入

輸入的第一行提供整數 L（$1 \leq L \leq 100000$）、T（$1 \leq T \leq 30$）和 O（$1 \leq O \leq 100000$），這裡 O 表示操作的次數。接下來的 O 行每行提供 "C A B C" 或 "P A B"（這裡 A、B、C 是整數，並且 A 可以大於 B），表示如前所定義的操作。

輸出

按操作序列輸出操作結果，每行一個整數。

範例輸入	範例輸出
2 2 4	2
C 1 1 2	1
P 1 2	
C 2 2 2	
P 1 2	

試題來源： POJ Monthly--2006.03.26, dodo
線上測試： POJ 2777

提示

這塊板最初塗顏色 1，然後依次進行更新和查詢操作：

◆ 更新操作：用指定顏色給某子區間塗色。

◆ 查詢操作：回答某子區間的顏色數。

顯然，這是計算可見線段的典型例題。求解方法與題目 7.2.3.2 完全相同。需要注意的是，由於顏色數的上限為 30，因此可以透過位元運算提高計算效率。

7.4.4 ▶ Who Gets the Most Candies?

N 個孩子坐成一圈玩遊戲。

孩子們按順時針順序，編號從 1 到 N，每個人的手中都有一張非零整數的卡片。遊戲從第 K 個孩子開始，告訴其他人他卡片上的數字，並離開圓圈；而他卡片上的數字則提供下一個要離開圓圈的孩子：設 A 表示這個整數，如果 A 是正數，那麼下一個孩子是向左第 A 個孩子；如果是負數，下一個孩子是向右第 A 個孩子。

這個遊戲將進行到所有的孩子都離開圓圈。在這個遊戲中，第 p 個離開的孩子將獲得 $F(p)$ 個糖果，其中 $F(p)$ 是可以整除 p 的正整數的數目。誰能獲得最多的糖果？

輸入
輸入中存在若干測試案例。每個測試案例首先在第一行提供兩個整數 N（$0 < N \leq 500000$）和 K（$1 \leq K \leq N$）；接下來的 N 行每行按孩子們的編號以遞增次序提供孩子的姓名（最多 10 個字母）和卡片上的整數（非零，絕對值在 10^8 以內），姓名和整數之間用一個空格分開，沒有前導或後繼空格。

輸出
對每個測試案例，輸出一行，提供最幸運的孩子的姓名以及他獲得的糖果數量。如果有多個解，則選取最先離開圓圈的那個孩子。

範例輸入	範例輸出
4 2 Tom 2 Jack 4 Mary −1 Sam 1	Sam 3

試題來源： POJ Monthly--2006.07.30, Sempr
線上測試： POJ 2886

提示
這道題目的大概意思是：一群人圍成一個圈坐著玩遊戲，從第 K 個人（每個人都有編號，從 1 開始順時針排列）開始出圈，每個人手中有一個數字 $r[i]$。一個人出列後，按照他手上的數字順時針數 $r[i]$（為負則逆時針）個人，下次那個人出列。每個人出圈的時候都有一個得分，得分為他出圈的序號的因數的個數，比如 Mike 第 6 個出圈，那麼他的得分為 4（6 含有因數 1、2、3、6）。求得分最高且最先出列的人是誰。

很顯然這個題目唯一比較麻煩的地方就是第 i 個人出列之後，第 $i+1$ 個出列的人是誰，這需要用區段樹來維護。區段樹上的每個節點記錄對應區間裡面的人數，每次找出第 i 個人出列後，第 $i+1$ 個出列的人是第幾個人即可。

首先進行一個前置處理，處理出 1 到 N 每個數字所包含的因數，可以用 $N \log(N)$ 的時間複雜度求出來。

之後再處理麻煩的地方。假設現在第 i 個人出列了，他的位置是 now（圈內有 $N-i+1$ 個人時的位置），此時整個圈只有 $N-i$ 個人了，如果他手上的數字 $a>0$，則 a 必須要減 1，因為第 i 個人出列後，now 的位置變成了原來的 now $+1$ 的位置，已經向前移了一格，而 $a<0$ 的時候沒有影響。最後將這個結果對（$N-i$）取模就可以得出第 $i+1$ 個出圈的人在整個圈中的位置了。

目前圈內第 now 個位置的孩子出圈，相當於在區段樹目前對應的區間中刪除第 now 個元素，屬於單點更新的維護。設區段樹的根為 i，計算過程如下：

```
取出節點 i 的對應區間 [l, r]；
if (l == r && now == 1) 傳回元素 1 對應的節點序號；
if （第 now 個元素位於左子區間） 遞迴計算左子區間第 now 個元素的序號；
else{ now ← num - 左子區間的元素數；
        遞迴計算右子區間第 now 個元素的序號；
    }
```

在遞迴計算出區間內第 now 個元素對應的節點序號後，從該節點出發，向上將至根路徑上每個節點對應區間的元素數 -1。

7.4.5 ▶ Help with Intervals

LogLoader, Inc. 是一家專門從事日誌分析的公司。Ikki 正在進行畢業設計，但他也在 LogLoader 實習。在他的工作中，有一項是編寫一個模組，對時間區間進行操作，這讓他困惑了很久。現在他需要幫助。

在離散數學課程中，你學了幾個基本的集合操作，也就是聯集、交集、差集和對稱差，這自然也適用於區間集合。有關操作如表 7-1 所示。

表 7-1

操作	標記	定義
聯集	$A \cup B$	$\{x : x \in A$ 或 $x \in B\}$
交集	$A \cap B$	$\{x : x \in A$ 並且 $x \in B\}$
差集	$A - B$	$\{x : x \in A$ 但是 $x \notin B\}$
對稱差	$A \oplus B$	$(A-B) \cup (B-A)$

Ikki 在他的工作中已經將區間操作抽象為一種微小的程式設計語言。他請你為他實作一個直譯器。該語言包含一個集合 S，初始時為空集，由表 7-2 所示的指令進行修改。

表 7-2

指令	語意
U T	$S \leftarrow S \cup T$
I T	$S \leftarrow S \cap T$
D T	$S \leftarrow S - T$
C T	$S \leftarrow T - S$
S T	$S \leftarrow S \oplus T$

輸入

輸入僅包含一個測試案例，由 0 到 65535（含）條指令組成，每條指令一行，形式如下：*X T*。其中 *X* 為 'U'、'I'、'D'、'C' 和 'S' 中的一個，*T* 是一個區間，形式為 (a, b)、$(a, b]$、$[a, b)$ 和 $[a, b]$ 之一（$a, b \in Z, 0 \le a \le b \le 65535$），涵義如其字面。按輸入中出現的次序執行指令，以 EOF 標示輸入結束。

輸出

輸出在最後一條指令執行之後的集合 *S*，*S* 為不相交區間的集合的聯。這些區間在一行中輸出，用空格分開，按端點的增加順序出現。如果 *S* 為空，則輸出 "empty set"。

範例輸入	範例輸出
U [1,5] D [3,3] S [2,4] C (1,5) I (2,3)	(2,3)

試題來源：PKU Local 2007 (POJ Monthly--2007.04.28), frkstyc
線上測試：POJ 3225

提示

題目提供 4 種集合操作：聯集、交集、差集和對稱差。初始時集合為空，計算經一系列集合操作之後不相交區間的聯集 *S*。

我們使用區段樹來維護各段區間在集合中的狀態，「不在集合中」為 1，「全在集合中」為 0，「部分在集合中」為 −1。本題還有一個地方需要注意，因為集合有開閉之分，所以要把點和段分開，也就是把總點數乘 2，每次操作之前處理一下開閉區間即可。

同時用兩種操作簡化題目提供的 5 種操作（差有兩種），這兩種操作如下。

◆ Change (l, r, c)：把區間 $[l, r]$ 全部加進集合或者從集合中全部取出（$c = 1$ 為加入，$c = 0$ 為取出）。

◆ Reverse (l, r)：把區間 $[l, r]$ 取反。若在集合中，則取出；否則加入集合。

這兩種操作與題目提供的 5 種操作的對應關係為：

◆ 操作 'U' 對應 Change $(l, r, 1)$。

◆ 操作 'I' 對應 Change $(1, l-1, 0)$ 和 Change $(r+1, n, 0)$。

◆ 操作 'D' 對應 Change $(l, r, 0)$。

◆ 操作 'C' 對應 Change $(0, l-1, 0)$; Change $(r+1, n, 0)$; Reverse (l, r)。

◆ 操作 'S' 對應 Reverse (l, r)。

7.4.6 ▶ Horizontally Visible Segments

在平面上有若干不相交的垂直線段。我們稱兩條線段是水平可見（horizontally visible）的，如果它們之間可以透過一條水平線段相連，並且這條水平線段不經過任何其他的垂直線段。如果有三條不同的垂直線段是兩兩可見的，那麼它們就被稱為一個垂直線段的水平可見三角形。提供 n 條垂直線段，問有多少這樣的垂直線段的水平可見三角形？

你的任務如下。

對於每個測試案例編寫程式：

◆ 輸入一個垂直線段集合；

◆ 計算在這一集合中垂直線段的水平可見三角形的數量；

◆ 輸出結果。

輸入

輸入的第一行提供一個正整數 d，表示測試案例的個數，$1 < d \le 20$。測試案例格式如下。

每個測試案例的第一行提供一個整數 n，$1 \le n \le 8000$，表示垂直線段的條數。接下來的 n 行每行提供 3 個用空格分開的非負整數 y_i'、y_i''、x_i，它們分別是一條線段開始的 y 座標、一條線段結束的 y 座標及其 x 座標。這些座標滿足 $0 \le y_i' < y_i'' \le 8000$，$0 \le x_i \le 8000$。這些線段不相交。

輸出

輸出 d 行，每個測試案例輸出一行。第 i 行提供第 i 個測試案例中垂直線段的水平可見三角形的數量。

範例輸入	範例輸出
1 5 0 4 4 0 3 1 3 4 2 0 2 2 0 2 3	1

試題來源：ACM Central Europe 2001
線上測試：POJ 1436，ZOJ 1391，UVA 2441

提示

試題提供 n 條垂直於 x 軸的線段，規定「兩條線段是可見的，若且唯若存在一條不經過其他線段的平行於 x 軸的線段連接它們」。計算有多少組 3 條線段，使這 3 條線段兩兩可見。

這道試題其實和題目 7.4.3 的塗色問題類似。我們把 y 軸向的範圍 $[l, r]$ 看作一棵以節點 1 為根的區段樹，每條垂直線在 y 軸的投影 $[tl, tr]$ 即為線段。按由左而右順序排列垂直線，其編號即為顏色。

我們先透過下述辦法計算每條垂直線左方可見的線段集合。

連續處理每條垂直線 r（$1 \le r \le n$）：如果區段樹中節點 i 對應的垂直線區間與垂直線 r 的區間相交且先前未被其他垂直線「可見」，則垂直線 r 朝左可見節點 i 對應的垂直線。在計算出垂直線 r「可見」的線段集合後，將垂直線 r 插入區段樹。

注意，這道題也存在點、段拆分的問題，如果一條線段在 y 軸上的投影為 1 到 2，另一條為 0 到 1，它是無法擋住 1 到 2 之間的一段的，若不拆開點和段，則會判定為 0 到 2 之間全部被擋住。點、段拆分也就是把每條垂直線的長度乘 2。

在計算出各條垂直線左方可見的線段集合的基礎上，直接用 4 個 for 迴圈蠻力計算方案數：

```
從右而左列舉線段 i（i=n...3）{
    列舉 i 可見的線段集合中任兩條不同的垂直線段 u 和 v（v<u）{
        列舉 u 可見的所有線段 {
            If（u 可見 v）{
                增加 1 個水平可見三角形；
                break；
            }；
        }；
    }；
}；
```

由於對每條垂直線來說，左方可見的線段數平均下來是很少的，因此暴力搜尋也不會超時。

7.4.7 ► Crane

ACM 買了一台新的起重機（Crane）。這台起重機由 n 條不同長度的槓桿線段組成，這些槓桿線段透過靈活的關節連接起來。第 i 條槓桿線段的末端與第 $i+1$ 條線槓桿段的起始端相連接，$1 \le i < n$。第一條槓桿線段的起始端點固定在座標點（0, 0），槓桿線段終點的座標為（0, W），而 W 是第一條槓桿線段的長度。所有的槓桿線段都在一個平面上，而槓桿線段的連接關節可以在平面上任意旋轉。在發生了一系列不愉快的意外之後，ACM 決定用軟體來控制起重機，軟體要包含一段程式碼，不斷檢查起重機的位置；如果發生碰撞，還要停止起重機。

請編寫這個軟體的某一部分，確定在每條指令後第 n 條槓桿線段的末端的位置。起重機的狀態由兩條連續槓桿線段之間的角度確定。最初的時候，所有的角度都是 180°。操作員發出指令，改變每個連接關節的角度。

輸入

輸入包含若干測試案例，兩個測試案例之間用一個空行分開。每個測試案例的第一行提供兩個整數 $1 \le n \le 10000$ 和 $c \ge 0$，兩個整數之間用一個空格分開，分別表示起重機的槓桿線段的數量和指令的數量。第二行包含 n 個整數 $l_1, \cdots, l_n$（$1 \le l_i \le 100$），整數間用空格分開，起重機的第 i 段槓桿線段的長度是 l_i。接下來的 c 行表示操作指令，每行提供一條指令,由兩個用空格分開的整數 s 和 a($1 \leq s < n$, $0 \leq a \leq 359$)組成,表示將第 s 段槓桿線段和第 $s+1$ 段槓桿線段之間的角度改變為 $a°$(角度為從第 s 段槓桿線段逆時針到第 $s+1$ 段槓桿線段)。

輸出

對每個測試案例,輸出 c 行。第 i 行由兩個用一個空格分開的有理數 x 和 y 組成,表示在第 i 條指令後,第 n 條槓桿末端的座標,四捨五入到小數點後兩位。

在兩個連續的測試案例之間輸出一個空行。

範例輸入	範例輸出
2 1	5.00 10.00
10 5	
1 90	−10.00 5.00
	−5.00 10.00
3 2	
5 5 5	
1 270	
2 90	

試題來源:CTU Open 2005
線上測試:POJ 2991

提示

試題提供一系列首尾相連的線段(末尾的線段和開始的線段首尾不相連),初始狀態為所有線段夾角為 180°,第一條線段沿 y 軸方向向上,起點為(0, 0)。進行一系列的操作,每次操作(i, a)是將第 i 條線段和第 $i+1$ 條線段的夾角變為 a(第 i 條線段逆時針旋轉到第 $i+1$ 條線段的所在射線),要求計算出每次操作後第 n 條線段的終點座標。

從表面上看,確實很難把這道題與區段樹聯繫起來,需要透過適當的轉化和幾何變換將問題對應到區段樹上:

區段樹的根為 1,代表線段 1 至線段 n 組成的區間 $[1, n]$,樹中每個節點表示一個了區間 $[l, r]$,左指標 l 為首條線段 l 的起點,右指標為末條線段 r 的終點。顯然,每次指令執行後,要求輸出根的右指標的座標。

每個節點除了需要記錄區間的左右指標外,還要透過懶惰標記記錄這個區間需要旋轉的角度(每條線段相對於起點旋轉)。執行操作(i, a),就是區間 $[i+1, n]$ 逆時針旋轉 $\omega =$($a-$ 第 i 條線段和第 $i+1$ 條線段的原夾角)。設點(x_1, y_1)關於點(x_0, y_0)旋轉 ω 後的座標為(x', y'),旋轉過程如圖 7-15 所示。

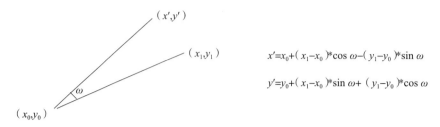

$$x'=x_0+(x_1-x_0)*\cos \omega-(y_1-y_0)*\sin \omega$$

$$y'=y_0+(x_1-x_0)*\sin \omega+(y_1-y_0)*\cos \omega$$

圖 7-15

在對區段樹操作時，若遇到一個需要旋轉的節點，則旋轉。旋轉處理的順序是「先左後右」：先對左子代進行旋轉操作，並把左子區間的終點平移至右子區間的起點上（因為首尾相連）；後對右子代進行旋轉操作。由於平移前後線段的長度和方向不變，因此一般以(l, a)表述一個平移操作（如圖 7-16 所示）。

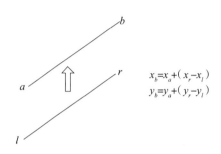

$$x_b=x_a+(x_r-x_l)$$
$$y_b=y_a+(y_r-y_l)$$

圖 7-16

有一個地方需要注意一下，對於每次更新，並不是節點的懶惰標記為 0 就不更新了。例如，先把區間 [1, 3] 中的 3 條線段順時針旋轉 90°，再把線段 2 與線段 3 之間的夾角段逆時針旋轉 90°，那麼線段 3 的懶惰標記記錄的是不旋轉，但是線段位置被改變了。所以即便 i 節點的懶惰標記為 0，仍然要進行平移操作，使之首尾相連，只不過不需要旋轉。

7.4.8 ► Is It A Tree?

樹是一種資料結構，或者為空，或者是一個節點，或是由多條有向邊連接節點組成的集合。樹的多個節點和兩個節點間的有向邊滿足這些性質：有且僅有一個節點，稱為根，沒有有向邊指向它；除了根以外，每個節點有且僅有一條邊指向它；從根到每個節點的有向邊序列是唯一的。

例如，在圖 7-17 中，用帶環數字表示節點，用帶箭頭的線表示有向邊。前兩個是樹，最後一個則不是樹。

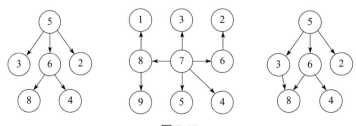

圖 7-17

本題提供若干由有向邊連接的節點組成的集合，對於每個集合，請判別是否滿足樹的定義。

輸入

輸入由一組測試案例組成，最後由兩個負整數結束輸入。每個測試案例由一個表示邊的序列組成，測試案例用兩個 0 作為結束。每條有向邊表示為兩個整數，第一個數字表示弧尾，第二個數字表示弧頭。這些表示節點的數字都大於 0。

輸出

對每個測試案例輸出一行 "Case k is a tree." 或者一行 "Case k is not a tree."，其中 k 是測試案例號，第一個測試案例編號 1。

範例輸入	範例輸出
6 8 5 3 5 2 6 4 5 6 0 0 8 1 7 3 6 2 8 9 7 5 7 4 7 8 7 6 0 0 3 8 6 8 6 4 5 3 5 6 5 2 0 0 −1 −1	Case 1 is a tree. Case 2 is a tree. Case 3 is not a tree.

試題來源： ACM 1997 North Central Regionals

線上測試： POJ 1308，ZOJ 1268，UVA 615

提示

直接按照樹的定義判斷：

每輸入一條弧，統計弧頭的出度和弧尾的入度。若出現入度 >1 的節點，或入度為 0 的節點數非 1，則直接判定該有向邊集合非樹。

輸入了所有的弧資訊後，若未出現上述情況，則判定該有向邊集合為樹。

7.4.9 ▶ The Postal Worker Rings Once

圖論演算法是電腦科學的　個重要組成部分，圖論的起源可以追溯到 Euler 和著名的科尼斯堡七橋（Seven Bridges of Königsberg）問題。許多最佳化問題涉及透過圖的推理來確定有效的方法。

本問題是為郵務士確定路線，使得郵務士走最短的距離，並把所有的郵件都投遞出去。

提供街道的一個序列（街道由提供的路口相連接而成），請編寫一個程式，確定每條街道至少走過一次的最低花費的路線。路線的開始和結束必須在同一路口。

在實際中，一個郵務士會將一輛卡車停在路口，走過郵遞路線上的所有街道，投遞郵件，然後傳回到卡車，繼續開往下一個郵遞路線。

走過一條街道的花費是這條街道長度的函數（花費與需要投遞郵件的家庭和行走長度相關聯，即使沒有郵件投遞）。

在本問題中，在一個路口相交的街道的條數被稱為該路口的度，最多有兩個路口的度數為奇數，所有其他路口的度數都是偶數，也就是說，在其他路口偶數條街道相交。

輸入

輸入由一條或多條郵遞路線構成的一個序列組成。一條路線由街道名（字串）構成的一個序列組成，一條街道一行，以字串 "deadend" 結束，該結束字串不是郵遞路線的一部分。每個街道名的第一個和最後一個字母標示了這條街道的兩個路口，街道名的長度則提供走過這條街道的花費。所有街道名都由小寫字母字元組成。

例如，街道名稱 foo 表示一個街道的路口為 f 和 o，長度為 3，街道名稱 computer 表示一個街道的路口為 c 和 r，長度為 8。不存在第一個字母和最後一個字母相同的街道名，在兩個路口之間最多有一條街道直接連接。如前所述，在郵遞路線中路口的度數是奇數的路口至多有兩個。在每條郵遞路線中，任何兩個路口之間存在一條路，即路口是連通的。

輸出

對於每條郵遞路線，輸出走過所有街道至少一次的最小花費。最小路線花費的輸出次序相關於輸入的郵遞路線。

範例輸入	範例輸出
One	11
two	114
three	
deadend	
mit	
dartmouth	
linkoping	
tasmania	
york	
emory	
cornell	
duke	
kaunas	
hildesheim	
concord	
arkansas	
williams	
glasgow	
deadend	

試題來源：Duke Internet Programming Contest 1992

線上測試：UVA 117

提示

本題的題意是：提供一個存在歐拉鏈或者歐拉開鏈的圖，從其中的一個點出發，傳回該點，且經過所有路花費的代價最小（每條路都有一個給定的代價）。

如果給的圖已經含有歐拉鏈，就直接走歐拉鏈，這樣經過每條邊一次的代價最小，即為所有邊的代價的總和。

如果這個圖中沒有歐拉鏈，但有歐拉開鏈，就先從歐拉開鏈的起點走到終點，路徑代價為所有邊的邊權和，再找出連接起點和終點的最短路長，加起來就是答案了。對於這種情況可以這樣瞭解：對於這個圖，要在原圖上加邊使之存在歐拉鏈，而每增加一條邊，會使兩個點的度數加 1。因此對於歐拉路徑的起點和終點也必然是加的邊的起點和終點，所以只要找出連接它們的最短路，就可以知道加的邊的代價的最小值。

7.4.10 ▶ Euler Circuit

一條歐拉迴路是從一點出發，經過圖中每條邊一次且僅一次的迴路。在無向圖或有向圖中找一條歐拉迴路是非常簡單的，但在圖中的一些邊是有向邊而另一些邊是無向邊的情況下，又會是怎樣的呢？一條無向邊僅能從一個方向行走一次。然而有時對於無向邊，無論哪一個方向的選擇都不可能產生歐拉迴路。

假設有這樣的一個圖，請確定是否存在歐拉迴路。如果存在，請按下面提供的格式輸出迴路。可以設定下面提供的圖是連通的。

輸入

在輸入的第一行提供測試案例數，最多 20 個。每個測試案例第一行提供兩個數字 V 和 E，分別表示圖中的節點數（$1 \leq V \leq 100$）和邊數（$1 \leq E \leq 500$）。節點從 1 到 V 標號。後面的 E 行說明邊，每行的格式是 a b type，其中 a 和 b 是兩個整數，提供邊的端點。如果是無向邊，type 取字元 'U'；如果是有向邊，則 type 取字元 'D'。在後一種形式中，有向邊以 a 為起點，b 為終點。

輸出

如果歐拉迴路存在，在一行內按節點尋訪的次序輸出。節點編號之間用一個空格分開，起始節點和終止節點在序列的開始和結束都要出現。因為大多數的圖有多解，所以任何有效的解都會被接受。如果不存在解，輸出一行「No euler circuit exist」。在兩個測試案例之間輸出一個空行。

範例輸入	範例輸出
2	1 3 4 2 5 6 5 4 1
6 8	
1 3 U	No euler circuit exist
1 4 U	
2 4 U	
2 5 D	
3 4 D	
4 5 U	
5 6 D	
5 6 U	
4 4	
1 2 D	
1 4 D	
2 3 U	
3 4 U	

試題來源：2004 ICPC Regional Contest Warmup 1

線上測試：UVA 10735

提示

這個題目是讓你先判斷一個混合圖（圖中的邊雙向與單向混雜，對於雙向邊，只能選擇其中一個方向）是否存在歐拉有向鏈，如果存在，則找出一條歐拉有向鏈。

這個問題由兩個小問題組合而來：

（1）判斷混合圖是否存在歐拉有向鏈。

（2）如果混合圖存在歐拉有向鏈，則可使用網路流的結果來找出雙向邊的具體方向，並透過常規的 DFS 方法求得歐拉鏈方案。

具體實作方法如下。

設網絡的源點 $S=0$，匯點 $T=n+1$。在輸入每條邊資訊的同時建構網絡：

每輸入邊 (u, v)，弧尾 v 的入度 ind[v] 和弧頭 u 的出度 oud[u] 分別 +1。若 (u, v) 為無向邊，則往網路添入一條容量為 1 的有向弧 <u, v>；若 (u, v) 為有向邊，則 u 至 v 的路徑條數 road[u][v]++。

然後分析每個節點的入度和出度，一旦出現某節點 i（$1 \le i \le n$）的出度與入度的差值為奇數 (oud[i] − ind[i]%2==1)，則判定沒有歐拉有向鏈；否則源點 S 向每個出度大於入度的節點 k 引一條容量為 $\dfrac{\text{oud}[k] - \text{ind}[k]}{2}$ 的有向弧，並統計 sum $= \displaystyle\sum_{k \in \text{出度大於入度的節點集}} \dfrac{\text{oud}[k] - \text{ind}[k]}{2}$；

每個出度比入度的小的節點向匯點 T 引一條容量為 $\dfrac{\text{ind}[k] - \text{oud}[k]}{2}$ 的有向弧。

計算網絡的最大流 f。若 $f<$ sum，則判定沒有歐拉有向鏈；否則歐拉有向鏈存在。

計算歐拉有向鏈方案的方法如下：

對網絡中每條流量大於 0 的弧 <u, v>（$1 \le u, v \le n$），u 至 v 的路徑條數 road[u][v]++。然後從節點 1 出發，DFS 搜尋每條與之相連且 road 值大於 0 的有向邊，依次將鄰接點記入 s 序列。顯然，s 的反序 + 節點 1 即為歐拉有向鏈。

7.4.11 ▶ The Necklace

我妹妹有一條用彩色珠子做的漂亮項鍊。每個珠子由兩種顏色組成，相繼的兩個珠子在鄰接處共用一種顏色（如圖 7-18 所示）。

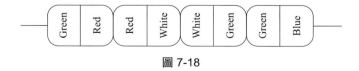

圖 7-18

有一天，項鍊線斷了，珠子撒了一地。妹妹收集了散落在地上的珠子，但無法肯定是否收齊。她來找我幫忙，想知道用目前收集的珠子是否能夠串成項鍊。

請幫我寫一個程式解決這個問題。

輸入

輸入包含 T 個測試案例，輸入的第一行提供整數 T。

每個測試案例的第一行提供一個整數 N（$5 \leq N \leq 100$），表示我妹妹收集到的珠子的數目。下面的 N 行每行包含兩個整數，表示一個珠子的兩種顏色，顏色用從 1 到 50 的整數表示。

輸出

對於輸入中的每個測試案例，首先輸出測試案例編號，如範例輸出；如果無法做出項鍊，輸出一行 "some beads may be lost"；否則，輸出 N 行，每行用珠子兩端的顏色對應的兩個整數描述一顆珠子，在第 i 行第 2 個整數要和第 $i+1$ 行的第 1 個整數相同。此外，在第 N 行的第 2 個整數要和第 1 行的第 1 個整數相等。可能存在多解，任何一個解都是可接受的。

在兩個連續的測試案例之間輸出一個空行。

範例輸入	範例輸出
2	Case #1
5	some beads may be lost
1 2	
2 3	Case #2
3 4	2 1
4 5	1 3
5 6	3 4
5	4 2
2 1	2 2
2 2	
3 4	
3 1	
2 4	

試題來源： ACM Shanghai 2000, University of Valladolid New Millenium Contest
線上測試： UVA 10054，UVA 2036

提示

每種顏色代表一個節點，每顆珠子代表一條無向邊，相同值的節點構成了邊的相連關係。試題要求判別這個無向圖是否為歐拉圖。

我們在輸入項鍊資訊的同時，統計每個節點的度並找出序號值最小的節點 S。然後分析每個節點的度：若存在度數為奇數的節點，則判定歐拉鏈不存在，無法做出項鍊；否則從 S 出發，透過 DFS 尋找歐拉鏈。

本題和題目 7.3.1.2 相似。

7.4.12 ▶ Dora Trip

大雄（Nobita）遇上了很大的麻煩。今天，他又沒有交功課，所以他在學校裡受到了嚴重處罰。他媽媽知道後非常生氣，因此分配給他許多工作──他要到市場買蔬菜，到郵局去收包裹，以及許多其他的事情。大雄當然不希望在路上遇到老師，他也不想遇上胖虎（Jyian）遭受欺負。與往常一樣，他要求哆啦 A 夢（Doraemon）來幫助他。

「哦，不！」哆啦 A 夢叫道，「我的『任意門』壞了，我的竹蜻蜓沒電了……」那麼，這意味著大雄不得不在沒有哆啦 A 夢的魔法工具的情況下外出。「啊，我還有這個，很可能會有用的。」哆啦 A 夢從他的四維空間袋裡拿出他們居住區域的地圖。然後，他把大雄要去的地方用星號（*）標記，在胖虎和他的老師可能出現的地方用叉號（×）標記。現在，大雄的工作很簡單：他要找到不會通過 ×、同時可以完成媽媽提供的工作的最大數目（並不要求存取所有地方）的最短的路線。大雄需要一個電腦程式來設計路徑。

設想你是大雄，請編寫一個程式。

輸入
輸入不超過 20 個測試案例。每個測試案例的形式如下。

每個測試案例的第一行提供兩個整數 r 和 c（$1 \leq r, c \leq 20$），分別表示地圖的行數和列數。後面的 r 行，每行 c 個字元，以此提供地圖。對於每個字元，空格表示一個開放空間；「#」表示一面牆；大寫字母「S」表示大雄的家，也是路程的起點和終點；大寫字母「X」表示危險的地方；星號「*」表示大雄要去的地方。地圖的周邊是封閉的，即從「S」出發不可能跑出地圖之外。大雄要去的地方最多只有 10 個。

輸入以一個空案例 $r = c = 0$ 結束。這一案例不予處理。

輸出
對於每個測試案例，如果大雄根本不能存取任何目標，僅輸出一行 "Stay home!"；否則，程式輸出大雄能存取的最多地方的最短路徑。使用字母 'N'、'S'、'E' 和 'W' 分別表示北、南、東、西。'north' 表示向上。確定正確的輸出路徑的長度不超過 200。

範例輸入	範例輸出
5 5 ##### # S# # XX# # *# ##### 5 5 ##### #* X# ###X# #S *# ##### 5 5 ##### #S X#	WWSSEEWWNNEE EEWW Stay home!

範例輸入	範例輸出
# X# # #*# #### 0 0	

試題來源：Programming Contest for Newbies 2005

線上測試：UVA 10818

提示

將大雄要去的地方設為節點，按照由上而下、由左而右的順序給節點標號。由於大雄要去的地方最多只有 10 個，因此若大雄要去的地方有 k 個（$1 \le k \le 10$），則可用 k 位二進位數值標明大雄已經走過的節點，即大雄已經走過節點 i，則第 i 位二進位數值為 1。試題並未要求計算哈密頓迴路，只要求迴路上經過的節點數最多，即 k 位二進位數值中 1 的個數最多。

同題目 7.3.2.2 一樣，將大雄的目前位置（x, y）和行至該位置時走過的節點情況 z 組合成一個狀態（x, y, z）。設佇列 q 和雜湊表 hash，q 儲存目前狀態，並設立目前狀態的雜湊標誌，避免今後出現重複情況。注意，由於試題要求輸出迴路上每一步的方向，因此佇列 q 還需儲存擴充它的佇列指標，即父指標。

初始時，將大雄的出發位置（S_x, S_y）和走過的節點情況 $z = 0$ 組合成初始狀態送入佇列 q，置 hash[初始狀態] = 1。然後進行 BFS，按照 4 個方向擴充目前佇列的所有元素。若擴充出的新狀態以前產生過，則新狀態推入佇列，並置新狀態雜湊標誌。若新狀態中的目前位置是（S_x, S_y），且 z 中 1 的個數 sum 為目前最多（max < sum），則調整 max ← sum，將擴充它的佇列指標即為 ans。擴充前佇列中的所有節點元素，步數 + 1；上述搜尋直至佇列空為止。

最後判斷：若 ans == 0，則失敗退出；否則從 q[ans] 出發，沿父指標遞迴輸出這條迴路上每一步的方向。

7.4.13 ► Blackbeard the Pirate

海盜黑鬍子（Blackbeard the Pirate）在一個熱帶島嶼上藏匿了多達 10 件的寶藏，現在他希望找到它們。他正在被若干個部門追捕，所以他要儘快地找到他的寶藏。當黑鬍子藏匿寶藏的時候，他仔細地畫了一張這個島嶼的地圖，其中包含島上的每件寶藏的位置、所有障礙物和敵對的當地土著的位置。

提供這個島嶼的地圖，以及黑鬍子上岸的地點，幫助黑鬍子確定他取走寶藏所需的最少的時間。

輸入

輸入包含若干測試案例。每個測試案例的第一行提供兩個整數 h 和 w，分別表示地圖的長和寬，單位是英里。為了方便起見，每張地圖被劃分為網格點，每個網格點是一個 1 平方英里的正方形。地圖上的每個點為下述之一：

◆ @ 黑鬍子上岸的地點。

◆ ～ 河流。在島上，黑鬍子無法跨越河流。

◆ # 一大片棕櫚樹林。非常濃密，黑鬍子無法通過。

◆ . 沙地。黑鬍子可以輕易地通過。

◆ * 憤怒的當地土人營地。黑鬍子要離這樣的營地至少一個方格，否則就有可能被抓去，使得他的尋寶之旅中止。這裡要注意，相距一個方格是指在 8 個方向中的任何一個，包括對角方向。

◆ ! 一件寶藏。黑鬍子是個固執的海盜，如果他沒有將所有的寶藏取走，他絕不會離開。

黑鬍子只能朝四個基本方向行走，也就是說，他不能走對角線。黑鬍子每小時只能緩慢地行走一英里（也就是走一個方格），但他挖寶的時間很快，挖寶的時間可以忽略。

地圖的最大維數是 50×50。輸入以 $h = w = 0$ 為結束標誌。程式不用處理這一案例。

輸出

對每個測試案例，輸出黑鬍子取走所有的寶藏並回到登陸點所需要的最少的小時數。如果不可能取走所有的寶藏，則輸出 -1。

範例輸入	範例輸出
7 7	10
~~	32
~#!###~	
~...#.~	
~...~	
~~.@~	
.~~~~~	
...~~.	
10 10	
~~	
~~!!!###~	
~##...###~	
~#....*##~	
~#!..**~	
~~....~~	
~~....~~	
~~..~..@~	
~#!.~~~	
~~	
0 0	

試題來源： A Special Contest 2005
線上測試： UVA 10937

提示

將寶藏位置作為節點，將登陸點作為起點和終點，試題要求計算一條最短的哈密頓迴路。其解法和題目 7.3.2.2 完全一樣，使用 BFS 搜尋 ＋hash 判重 ＋ 狀態壓縮就可以解決。

Chapter 08
計算幾何的程式編寫實作

計算幾何學是研究幾何問題的演算法，現代工程與數學，諸如電腦圖學、電腦輔助設計、機器人學都要應用計算幾何學。因此計算幾何學是演算法系統中的一個重要組成部分。

當然，本章不可能包括計算幾何的全部。本章將重點展開如下四個方面的實作：

◆ 點線面運算的實作；

◆ 掃描線演算法的實作；

◆ 計算半平面交集的實作；

◆ 凸包計算和旋轉卡尺演算法的實作。

8.1　點線面運算的實作範例

在歐幾里得空間中，點被表示為一個二維座標 (x, y)。如果平面上存在兩個點 $P_1 = (x_1, y_1)$ 和 $P_2 = (x_2, y_2)$，而且從 P_1 到 P_2 有一條線段，這樣的線段叫作有向線段，記作 $\overrightarrow{P_1P_2}$，其中 P_1 是起點，P_2 是終點，線段長度（即起點和終點的歐氏距離）$|\overrightarrow{P_1P_2}| = \sqrt{(x_1 - x_2)^2 + (y_1 - y_2)^2}$。如果 P_1 是原點（0, 0），則有向線段 $\overrightarrow{P_1P_2}$ 記為向量 P_2，向量 P_2 的長度為 $|P_2| = \sqrt{x_2^2 + y_2^2}$，簡稱 P_2 的模。

本節圍繞點、線、面運算的三個核心問題展開實作：

◆ 計算內積和外積；

◆ 計算線段相交；

◆ 利用歐拉公式計算多面體。

8.1.1 ▶ 計算內積和外積

首先介紹內積和外積的概念，這兩個概念是幾何計算的中心。

1. 內積

設點的座標為 $A(x_1, y_1)$，$B(x_2, y_2)$，$C(x_3, y_3)$，$D(x_4, y_4)$。向量 $AB = (x_2 - x_1, y_2 - y_1) = (x_{AB}, y_{AB})$，其模 $|AB| = \sqrt{x_{AB}^2 + y_{AB}^2}$；向量 $CD = (x_4 - x_3, y_4 - y_3) = (x_{CD}, y_{CD})$，其模 $|CD| = \sqrt{x_{CD}^2 + y_{CD}^2}$。向量 AB 和 CD 如圖 8-1 所示。

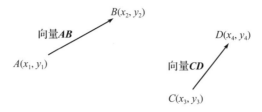

圖 8-1

向量 **AB** 和 **CD** 的內積定義為 $\boldsymbol{AB}\cdot\boldsymbol{CD}=x_{AB}*x_{CD}+y_{AB}*y_{CD}=|\boldsymbol{AB}|*|\boldsymbol{CD}|*\cos(a)$，其中 a 是向量 **AB** 和向量 **CD** 之間的夾角，$a=a\cos\left(\dfrac{AB\cdot CD}{|AB|*|CD|}\right)$，$0°\le a\le 180°$。顯然，如果內積 **AB·CD** 為負，則向量 **AB** 和向量 **CD** 之間的夾角為鈍角；如果內積 **AB·CD** 為正，則向量 **AB** 和向量 **CD** 之間的夾角為銳角；如果內積 **AB·CD** 為零，則向量 **AB** 和向量 **CD** 垂直。

2. 外積

在圖 8-2 中，有兩個向量 $\boldsymbol{P}_1$ 和 $\boldsymbol{P}_2$。

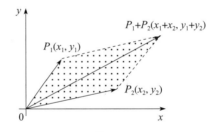

圖 8-2

向量 $\boldsymbol{P}_1$ 和向量 $\boldsymbol{P}_2$ 的外積定義為 $\boldsymbol{P}_1{}^\wedge\boldsymbol{P}_2=\begin{vmatrix}x_1 & y_1\\ x_2 & y_2\end{vmatrix}=x_1*y_2-x_2*y_1=-\boldsymbol{P}_2{}^\wedge\boldsymbol{P}_1$，其結果值的絕對值 $|\boldsymbol{P}_1{}^\wedge\boldsymbol{P}_2|$ 為 $(0,0)$、$P_1(x_1,y_1)$、$P_2(x_2,y_2)$ 和 $P_1+P_2(x_1+x_2,y_1+y_2)$ 四個點圍成的平行四邊形的陰影面積，其正負值定義如下：

◆ 如果從 $\boldsymbol{P}_2$ 到 $\boldsymbol{P}_1$ 是順時針方向，則外積 $\boldsymbol{P}_1{}^\wedge\boldsymbol{P}_2>0$；

◆ 如果從 $\boldsymbol{P}_2$ 到 $\boldsymbol{P}_1$ 是逆時針方向，則外積 $\boldsymbol{P}_1{}^\wedge\boldsymbol{P}_2<0$；

◆ 如果 $\boldsymbol{P}_2$ 和 $\boldsymbol{P}_1$ 共線（方向可以相同或相反），則外積 $\boldsymbol{P}_1{}^\wedge\boldsymbol{P}_2=0$。

如圖 8-3 所示，將點 P_0 水平或垂直移動到 $(0,0)$，我們可以確定從 $\boldsymbol{P}_2$ 到 $\boldsymbol{P}_1$ 是順時針方向還是逆時針方向。

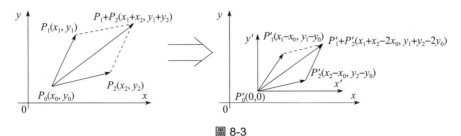

圖 8-3

設 向 量 $\boldsymbol{P}_1' = \boldsymbol{P}_1 - \boldsymbol{P}_0$，向 量 $\boldsymbol{P}_2' = \boldsymbol{P}_2 - \boldsymbol{P}_0$，其 中 $\boldsymbol{P}_1' = (x_1', y_1') = (x_1 - x_0, y_1 - y_0)$，$\boldsymbol{P}_2' = (x_2', y_2') = (x_2 - x_0, y_2 - y_0)$，則 $\boldsymbol{P}_1' \wedge \boldsymbol{P}_2' = (\boldsymbol{P}_1 - \boldsymbol{P}_0) \wedge (\boldsymbol{P}_2 - \boldsymbol{P}_0) = (x_1 - x_0)(y_2 - y_0) - (x_2 - x_0)(y_1 - y_0)$。

如果該外積為正，則從 $\overrightarrow{P_0P_1}$ 到 $\overrightarrow{P_0P_2}$ 是順時針；或者說，相關於點 P_0，$\boldsymbol{P}_2$ 的極角大於 $\boldsymbol{P}_1$ 的極角。如果該外積為負，則從 $\overrightarrow{P_0P_2}$ 到 $\overrightarrow{P_0P_1}$ 是逆時針；或者說，相關於點 P_0，$\boldsymbol{P}_1$ 的極角大於 $\boldsymbol{P}_2$ 的極角。如果該外積為零，則 $\overrightarrow{P_0P_1}$ 和 $\overrightarrow{P_0P_2}$ 共線；或者說，相對於點 P_0，$\boldsymbol{P}_1$ 的極角和 $\boldsymbol{P}_2$ 的極角相等。

以 $\boldsymbol{P}_1' \wedge \boldsymbol{P}_2' = (\boldsymbol{P}_1 - \boldsymbol{P}_0) \wedge (\boldsymbol{P}_2 - \boldsymbol{P}_0) = (x_1 - x_0)(y_2 - y_0) - (x_2 - x_0)(y_1 - y_0)$ 為基礎，我們能夠確定從 $\overrightarrow{P_0P_1}$ 到 $\overrightarrow{P_0P_2}$ 是順時針還是逆時針。

◆ 若該外積為正，則從 $\overrightarrow{P_0P_1}$ 到 $\overrightarrow{P_0P_2}$ 是逆時針，即從 $\boldsymbol{P}_1$ 向左轉到 $\boldsymbol{P}_2$（圖 8-4a）；

◆ 若該外積為負，則從 $\overrightarrow{P_0P_1}$ 到 $\overrightarrow{P_0P_2}$ 是順時針，即從 $\boldsymbol{P}_1$ 向右轉到 $\boldsymbol{P}_2$（圖 8-4b）；

◆ 若該外積為 0，則 $\boldsymbol{P}_0$、$\boldsymbol{P}_1$ 和 $\boldsymbol{P}_2$ 共線（圖 8-4c）。

8.1.1.1 Transmitters

對於一個有多個發射台以相同頻率發送信號的無線網路，通常要求信號不交疊，或至少不發生衝突。實作的方法之一是限制發射台的覆蓋範圍，使用只在半圓內發送信號遮罩的發射器。

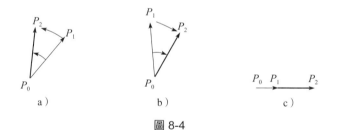

圖 8-4

一個發射台 T 在 1000 平方公尺的網格中，向半徑為 R 的半圓形區域發送信號，發射台可向任何方向旋轉，但不會移動。提供網格上在任何地方的 N 個點，請計算發射台發送的信號可以覆蓋的最多的點的數目。圖 8-5 提供了三個發射台旋轉可以覆蓋到的點。

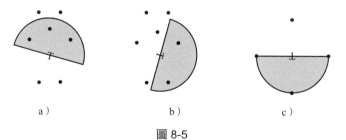

圖 8-5

所有輸入的座標為整數（0 ～ 1000）。半徑是一個大於 0 的正實數。在半圓邊界上的點被認為在半圓內。每個發射台可以覆蓋 1 ～ 150 個不同的點，點和發射台不可能在同一位置上。

輸入

輸入包含一個或多個測試案例，每個測試案例首先提供發射台的座標 (x, y)，然後給以半徑取負數值標誌輸入結束。圖 8-5 表示下面的資料範例，但在比例上不同。圖 8-5a 和圖 8-5c 顯示了發射台旋轉的最大覆蓋。

輸出

對每個發射台輸出一行，提供半圓可以覆蓋的最多點數。

範例輸入	範例輸出
25 25 3.5	3
7	4
25 28	4
23 27	
27 27	
24 23	
26 23	
24 29	
26 29	
350 200 2.0	
5	
350 202	3
350 199	4
350 198	4
348 200	
352 200	
995 995 10.0	
4	
1000 1000	
999 998	
990 992	
1000 999	
100 100 −2.5	

試題來源：ACM Mid-Central USA 2001
線上測試：POJ 1106，ZOJ 1041，UVA 2290

❖ 試題解析

設發射台為 p_0。由於發射台可以以 p_0 為軸心向任何方向旋轉，因此任何點 p_i 與 p_0 間的直線都可以作為半圓的下邊界線。若 $\overrightarrow{P_0P_i}$ 所在的直線為半圓的下邊界線，則位於半圓區域內的點 p_j 必須同時滿足下述兩個條件：

◆ p_j 在以 $\overrightarrow{P_0P_i}$ 為下邊界線的半圓一側，即 $\overrightarrow{P_0P_i} \wedge \overrightarrow{P_0P_j} \geq 0$；

◆ p_j 與 p_0 的距離不大於半徑，即 $|\overrightarrow{P_0P_j}| \leq r$。

我們依次以 p_i 為基點，利用外積統計位於 $\overrightarrow{P_0P_i}$ 逆時針方向且長度與 p_0 的距離不大於發射半徑 r 的點數 s_i，因為當 $\overrightarrow{P_0P_i}$ 所在的直線為半圓的下邊界線時，這些點被半圓所覆蓋。

顯然，半圓可以覆蓋的最多點數 $S = \max_{1 \leq i \leq n}\{s_i\}$。

❖ **參考程式**

```
01   #include <cstdio>
02   #include <cmath>
03   #include <cstring>
04   #include <algorithm>
05   using namespace std;
06   const double epsi = 1e-10;
07   const double pi = acos(-1.0);
08   const int maxn = 50005;
09   struct Point {                                      // 定義點運算的結構型別
10       double x, y;
11       Point(double _x = 0, double _y = 0): x(_x), y(_y) { }  // 建構點
12       Point operator -(const Point &op2) const {      // 定義向量減
13           return Point(x - op2.x, y - op2.y);
14       }
15       double operator ^(const Point &op2) const {     // 定義兩個向量的外積運算
16           return x * op2.y - y * op2.x;
17       }
18   };
19   inline int sign(const double &x) {                  // 傳回 x 的正負標誌或零標誌
20       if (x > epsi) return 1;
21       if (x < -epsi) return -1;
22       return 0;
23   }
24   inline double sqr(const double &x) {                // 計算 x²
25       return x * x;
26   }
27   inline double mul(const Point &p0,const Point &p1,const Point &p2) {
28                                                       // 定義 $\overrightarrow{p_0 p_1}$ 與 $\overrightarrow{p_0 p_2}$ 的外積
29       return (p1 - p0) ^ (p2 - p0);
30   }
31   inline double dis2(const Point &p0, const Point &p1) {   // 計算 $\left|\overrightarrow{p_0 p_1}\right|^2$
32       return sqr(p0.x - p1.x) + sqr(p0.y - p1.y);
33   }
34   inline double dis(const Point &p0, const Point &p1) {    // 計算 $\left|\overrightarrow{p_0 p_1}\right|$
35       return sqrt(dis2(p0, p1));
36   }
37   int n ;
38   Point p[maxn], cp;          // 點序列為 p[]，發射台為 cp
39   double r;                   // 半徑
40   int main() {
41       while (scanf("%lf %lf %lf ", &cp.x, &cp.y, &r) && r >= 0 ) {
42       // 反覆輸入發射台的座標和半徑，直至半徑為負為止
43         scanf("%d", &n);                              // 輸入點數
44         int ans = 0;
45         for (int i=0;i<n;i++)scanf("%lf %lf",&p[i].x,&p[i].y); // 輸入每個格點座標
46         for (int i = 0 ; i < n ; i ++) {              // 列舉所有的格點
47           int tmp = 0;                    // 以點 i 與發射台為半圓的下邊界線，統計覆蓋點數
48           for (int j = 0 ; j < n ; j ++)  // 沿逆時針方向統計與發射台的距離不大於 r 的點數
49             if (sign( dis(p[j], cp)-r)!=1)
50               if(sign( mul(cp,p[i],p[j]))!=-1)tmp++; // 若 $\overrightarrow{cp\,p_i}$ 在 $\overrightarrow{cp\,p_j}$ 的順時針方向，
51                                                       // 則覆蓋點數 +1
52           ans = max( ans, tmp);                       // 調整覆蓋的最多點數
53         }
```

```
54          printf("%d\n", ans);                        // 輸出半圓可以覆蓋的最多點數
55      }
56      return 0;
57 }
```

對於兩個向量 P_1 和 P_2，外積 $P_1 \wedge P_2$ 的絕對值是由原點（0, 0）、P_1、P_2 和 $P_1 + P_2$ 四個點圍成的平行四邊形的陰影面積，如圖 8-6 所示。而原點、P_1 和 P_2 圍成的三角形面積 $S_{\Delta(0,0)P_1P_2} = \dfrac{|P_1 \wedge P_2|}{2}$。

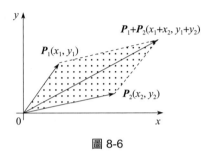

圖 8-6

所以，可以利用外積計算多邊形的面積。設多邊形的頂點按照順時針（或逆時針）方向排列為 $p_0, \cdots, p_{n-1}$，並且 $p_n = p_0$。多邊形面積 $S = \dfrac{\left|\sum\limits_{i=1}^{n-2} P_i \wedge P_{i+1}\right|}{2}$，其中向量 P_i 是 $\overrightarrow{P_0P_i}$，$1 \le i \le n-1$。

8.1.1.2 Area

請計算一個特殊多邊形的面積。這個多邊形的一個頂點是直角座標系的原點。從這個頂點原點出發，可以一步一個頂點地走向多邊形的下一個頂點，直到傳回到初始的頂點。每一步可以向北、西、南或東走 1 單位長度；或者向西北、東北、西南或東南走 $\sqrt{2}$ 單位長度。

例如，圖 8-7 是一個合法的多邊形，其面積是 2.5。

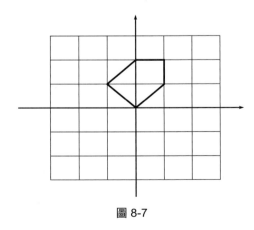

圖 8-7

輸入

輸入的第一行提供一個整數 $t(1 \leq t \leq 20)$，表示測試的多邊形的個數。接下來的每一行提供一個字串，由 1~9 的數字組成，表示從原點出發，多邊形是如何構成的。這裡 8、2、6 和 4 分別表示向北、向南、向東和向西，而 9、7、3 和 1 分別表示向東北、西北、東南和西南。數字 5 僅出現在序列結束的時候，表示停止行走。本題提供的多邊形都是有效的多邊形，也就是說，結束點回到起點，多邊形的邊彼此不相交。每行多達 1000000位。

輸出

對於每個多邊形，輸出一行，提供其面積。

範例輸入	範例輸出
4	0
5	0
825	0.5
6725	2
6244865	

試題來源：POJ Monthly--2004.05.15 Liu Rujia@POJ

線上測試：POJ 1654

❖ 試題解析

設多邊形的點是 $p_0, p_1, \cdots, p_{n-1}$，其中 p_0 是（0, 0），$p_n = p_0$。根據多邊形的邊的順序，$\overrightarrow{P_i P_{i+1}}$ 是多邊形的第 $i+1$ 條邊，$0 \leq i \leq n-1$；第 n 條邊是 $\overrightarrow{P_{n-1} P_0}$。從（0, 0）出發，與 p_0 相關，對於多邊形的點，計算向量 $\boldsymbol{P}_0, \boldsymbol{P}_1, \cdots, \boldsymbol{P}_{n-1}$。

依次計算每條邊首尾兩個向量的外積 $\boldsymbol{P}_i {}^\wedge \boldsymbol{P}_{i+1}$（$0 \leq i \leq n-1$），多邊形的面積 $S = \dfrac{\left| \sum\limits_{i=0}^{n-1} \boldsymbol{P}_i {}^\wedge \boldsymbol{P}_{i+1} \right|}{2}$。

❖ 參考程式

```
01    #include <cstdio>
02    #include <cmath>
03    #include <cstring>
04    #include <algorithm>
05    #include <iostream>
06    #include <string>
07    using namespace std;
08    const double epsi = 1e-10;
09    const double pi = acos(-1.0);
10    const int maxn = 100005;
11    inline int sign(const double &x) {               // 計算 x 的正負號標誌
12        if (x > epsi) return 1;
13        if (x < -epsi) return -1;
14        return 0;
15    }
16    struct Point {                                   // 定義點運算的結構型別
17        long long x, y;
```

```
18        Point(double _x = 0, double _y = 0): x(_x), y(_y) { }    // 建構點
19        Point operator +(const Point &op2) const {               // 定義向量加
20            return Point(x + op2.x, y + op2.y);
21        }
22        long long operator ^(const Point &op2) const {           // 定義向量外積
23            return x * op2.y - y * op2.x;
24        }
25    };
26    int main() {
27        int test = 0 ;
28        string s;
29        long long ans;
30            scanf ("%d\n", &test );                               // 輸入多邊形個數
31            for (; test; test --) {                               // 依次處理每個多邊形
32                cin >> s;                                         // 輸入多邊形的方向序列
33                ans = 0;
34                Point p = Point( 0, 0), p1;                       // 從源點出發
35                for (int i = 0 ; i < s.size() ; i ++) {
36                    if ( s[i] == '1') p1 = p+Point(-1, -1); // 計算向西南走一步的位置
37                    if ( s[i] == '2') p1 = p+Point(0, -1);  // 計算向南走一步的位置
38                    if ( s[i] == '3') p1 = p+Point(1, -1);  // 計算向東南走一步的位置
39                    if ( s[i] == '4') p1 = p + Point(-1,0); // 計算向西走一步的位置
40                    if ( s[i] == '5') p1 = Point(0, 0);     // 停止行走
41                    if ( s[i] == '6') p1 = p + Point(1, 0); // 計算向東走一步的位置
42                    if ( s[i] == '7') p1 = p+Point(-1, 1);  // 計算向西北走一步的位置
43                    if ( s[i] == '8') p1 = p + Point(0, 1); // 計算向北走一步的位置
44                    if ( s[i] == '9') p1 = p + Point(1, 1); // 計算向東北走一步的位置
45                    ans += p ^ p1;                          // 累計 p 與 p1 的外積
46                    p = p1;                                 // 從 p1 繼續走下去
47                }
48                if (ans<0) ans = -ans;                      // 面積取絕對值
49                cout<<ans/2;                                // 輸出面積
50                if (ans % 2 ) cout << ".5";                 // 若為奇數，則處理小數
51                cout << endl;
52            }
53        return 0;
54    }
```

8.1.2 ▶ 計算線段相交

本小節將討論 3 個問題：

◆ 如何判斷兩條直線相交；

◆ 在兩條直線相交的情況下，如何求交點；

◆ 如何計算一個三角形的外心。

1. 如何判斷兩條直線相交

所謂跨立是指某線段的兩個端點分別處於另一線段所在直線的兩旁，或者其中一個端點在另一線段所在的直線上。顯然，判斷線段 $\overrightarrow{P_1P_2}$ 是否與線段 $\overrightarrow{P_3P_4}$ 相交，只要判斷下述兩個條件是否同時成立：

◆ $\overrightarrow{P_1P_2}$ 跨立線段 $\overrightarrow{P_3P_4}$ 所在的直線；

◆ $\overrightarrow{P_3P_4}$ 跨立線段 $\overrightarrow{P_1P_2}$ 所在的直線。

要判定上述兩個條件是否同時成立，需要分別進行兩次跨立實作。兩次跨立實作的方法
是相同的，都是進行外積計算。以 $\overrightarrow{P_1P_2}$ 跨立線段 $\overrightarrow{P_3P_4}$ 所在直線的實作為例，其設計思維
是，從 p_1 出發向另一線段的兩個端點 p_3 和 p_4 引出兩條輔助線段 $\overrightarrow{P_1P_3}$、$\overrightarrow{P_1P_4}$。然後計算兩
個外積：$(P_3-P_1)^{\wedge}(P_2-P_1)$ 和 $(P_4-P_1)^{\wedge}(P_2-P_1)$。

◆ 若兩個外積的正負號相反，說明 $\overrightarrow{P_1P_3}$ 和 $\overrightarrow{P_1P_4}$ 分別在 $\overrightarrow{P_1P_2}$ 兩邊，即 $\overrightarrow{P_3P_4}$ 跨立 $\overrightarrow{P_1P_2}$ 所在的
直線。如圖 8-8a 所示。

◆ 若兩個外積的正負號相同，說明 $\overrightarrow{P_1P_3}$ 和 $\overrightarrow{P_1P_4}$ 同在 $\overrightarrow{P_1P_2}$ 的一邊，即 $\overrightarrow{P_3P_4}$ 不能跨立 $\overrightarrow{P_1P_2}$ 所
在的直線。如圖 8-8b 所示。

◆ 若任何一個外積為 0，則 P_3 和 P_4 兩點中有一點位於線段 $\overrightarrow{P_1P_2}$ 所在的直線上。是否為線
段 $\overrightarrow{P_1P_2}$ 的中間點，還需透過 $\overrightarrow{P_3P_4}$ 跨立 $\overrightarrow{P_1P_2}$ 所在直線的實作確定。如圖 8-8c 所示。

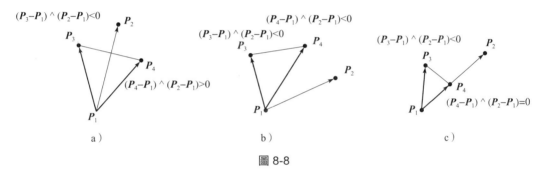

圖 8-8

8.1.2.1　Pick-up Sticks

Stan 有 n 根不同長度的棍子。他一次一根地將棍子隨機地扔
在地板上，然後，Stan 試圖找到在最上面的棍子，也就是
沒有其他的棍子壓在這樣的棍子上面。Stan 已經注意到，
最後扔出的棍子總在最上面，但他想知道所有在最上面的
棍子。Stan 的棍子非常薄，其厚度可以忽略不計（如圖 8-9
所示）。

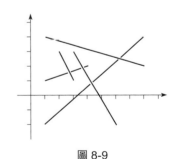

圖 8-9

輸入

輸入由若干測試案例組成。每個測試案例首先提供 $1 \leq n \leq 100000$，表示這一測試案例中
棍子的個數；接下來的 n 行每行提供 4 個數，這些數是一根棍子的端點的平面座標，棍
子清單的順序是 Stan 扔棍子的順序。本題設定在最上面的棍子不超過 1000 根。輸入以
$n = 0$ 結束，程式不用處理這一測試案例。

輸出

對每個測試案例輸出一行提供在最上面的棍子的列表，格式按範例。在最上面的棍子的列表順序按 Stan 扔棍子的順序。

海量資料，推薦用 scanf。

範例輸入	範例輸出
5 1 1 4 2 2 3 3 1 1 −2.0 8 4 1 4 8 2 3 3 6 −2.0 3 0 0 1 1 1 0 2 1 2 0 3 1 0	Top sticks: 2, 4, 5. Top sticks: 1, 2, 3.

試題來源： Waterloo local 2005.09.17
線上測試： POJ 2653，ZOJ 2551

❖ **試題解析**

由於棍子清單是按 Stan 扔棍子的順序排列的，因此按編號遞增的順序（即自下而上）列舉每根棍子 i（$1 \le i \le n$）。

列舉棍子 i 上方的每根棍子 j（$i+1 \le j \le n$），若其中任何一根棍子與棍子 i 相交，則說明棍子 i 被上面的棍子壓住了，直接判斷棍子 $i+1$；若棍子 i 未與上方的任何一根棍子相交，則棍子 i 屬於最上面的棍子。

判別兩根棍子是否相交，可透過兩次跨立實作。設下方的棍子 i 為 $\overrightarrow{p_1^i p_2^i}$，上方的棍子 j 為 $\overrightarrow{p_1^j p_2^j}$。$\overrightarrow{p_1^i p_2^i}$ 與 $\overrightarrow{p_1^j p_2^j}$ 相交，必須同時滿足如下兩個條件：

◆ $\overrightarrow{p_1^j p_2^j}$ 跨越 $\overrightarrow{p_1^i p_2^i}$，即 $\overrightarrow{p_1^j p_2^j} \wedge \overrightarrow{p_1^j p_1^i}$ 與 $\overrightarrow{p_1^j p_2^j} \wedge \overrightarrow{p_1^j p_2^i}$ 的正負號不同（或者其中一個外積為 0）。

◆ $\overrightarrow{p_1^i p_2^i}$ 跨越 $\overrightarrow{p_1^j p_2^j}$，即 $\overrightarrow{p_1^i p_2^i} \wedge \overrightarrow{p_1^i p_1^j}$ 與 $\overrightarrow{p_1^i p_2^i} \wedge \overrightarrow{p_1^i p_2^j}$ 的正負號不同（或者其中一個外積為 0）。

演算法的時間複雜度為 $O(n^2)$。

❖ **參考程式**

```
01   #include <cstdio>
02   #include <cmath>
03   #include <cstring>
04   #include <algorithm>
05   #include <iostream>
06   using namespace std;
07   const double epsi = 1e-10;                          // 無窮小
08   const double pi = acos(-1.0);
09   const int maxn = 100005;                            // 棍子數的上限
10   inline int sign(const double &x) {                  // 傳回 x 的正負標誌或零標誌
```

```
11      if (x > epsi) return 1;
12      if (x < -epsi) return -1;
13      return 0;
14  }
15  struct Point {                                      // 定義點運算的結構型別
16      double x, y;
17      Point(double _x = 0, double _y = 0): x(_x), y(_y) { } // 建構點
18      Point operator +(const Point &op2) const {
19          return Point(x + op2.x, y + op2.y);
20      }
21      Point operator -(const Point &op2) const {      // 定義向量減
22          return Point(x - op2.x, y - op2.y);
23      }
24      double operator *(const Point &op2) const {
25          return x * op2.x + y * op2.y;
26      }
27      Point operator *(const double &d) const {
28          return Point(x * d, y * d);
29      }
30      Point operator /(const double &d) const {
31          return Point(x / d, y / d);
32      }
33      double operator ^(const Point &op2) const {     // 向量外積
34          return x * op2.y - y * op2.x;
35      }
36      bool operator !=(const Point &op2) const {
37          return sign (op2.x - x) != 0 || sign( op2.y - y) != 0;
38      }
39  };
40  inline double sqr(const double &x) {                // x²
41      return x * x;
42  }
43   inline double mul(const Point &p0, const Point &p1, const Point &p2) {
44                                              // p₀p₁ 與 p₁p₂ 的外積
45      return (p1 - p0) ^ (p2 - p0);
46  }
47  inline double dis2(const Point &p0, const Point &p1) {
48      return sqr(p0.x - p1.x) + sqr(p0.y - p1.y);
49  }
50  inline double dis(const Point &p0, const Point &p1) {    // |p₀p₁|
51      return sqrt(dis2(p0, p1));
52  }
53  inline int cross( const Point &p1, const Point &p2, const Point &p3,
54    const Point &p4, Point &p) {               // 判斷 p₁p₂ 是否跨立 p₃p₄
55      double a1 = mul( p1, p2, p3), a2 = mul( p1, p2, p4) ;
56      if (sign ( a1 ) ==0 && sign ( a2 ) == 0) return 2; // 若 p₁p₂ 與 p₃p₄ 重合，傳回 2
57      if (sign ( a1 ) == sign ( a2 )) return 0;   // p₁p₂ 不跨立 p₃p₄，傳回 0
58      return 1;                                   // p₁p₂ 跨立 p₃p₄
59  }
60  int n;
61  Point p1[maxn], p2[maxn], tp;                   // 棍子的座標序列 p1[] 和 p2[]
62  int main() {
63      int test = 0;                               // 測試案例編號初始化
64      while ( scanf ("%d", &n ) && n ) {          // 棍子數
```

```
65          printf("Top sticks:");
66          bool fl = false ;
67          for ( int i = 1 ; i <= n ; i ++)          // n 根棍子的座標序列
68              scanf("%lf %lf %lf %lf", &p1[i].x, & p1[i].y, & p2[i].x,& p2[i].y);
69          for ( int i = 1 ; i <= n ; i ++) {        // 每根棍子 i 由下而上列舉，1≤i≤n
70              bool flag = false ;
71              for (int j = i+1 ; j <= n ; j ++)      // 棍子 i 之上的每根棍子 j 被列舉
72                  if ( cross ( p1[i], p2[i], p1[j], p2[j], tp ) == 1 &&
73                      cross ( p1[j], p2[j], p1[i], p2[i], tp ) == 1) {
74                      flag = true; break; }
75              if (flag == false && fl == true ) printf(",");
76              if (flag == false ) printf(" %d", i ), fl = true;
77          }
78          printf(".\n");
79      }
80      return 0;
81 }
```

2. 在兩條直線相交的情況下如何求交點

在已確定兩線段相交的情況下，可以使用外積公式求交點。設 mul (p_0, p_1, p_2) 是 $\overrightarrow{p_0 p_1}$ 和 $\overrightarrow{p_0 p_2}$ 的外積，即 mul $(p_0, p_1, p_2) = (p_1 - p_0)^\wedge (p_2 - p_0)$。該外積可看作由 p_0、p_1、p_2 和 $p_1 + p_2$ 四個點圍成的平行四邊形的陰影面積，即 $S_{\triangle p_0 p_1 p_2} = \frac{1}{2} * |mul (p_0, p_1, p_2)|$（如圖 8-10 所示）。

基於此，在兩條線段相交的情況下，求交點。例如，圖 8-11 中節點 P 是線段 AB 和線段 CD 的交點。

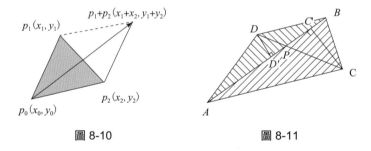

圖 8-10　　　　　　　　　圖 8-11

DD' 是從點 D 出發的線段 AB 的垂直線，而 CC' 是從點 C 出發的線段 AB 的垂直線。因為 $\triangle DD'P \sim \triangle CC'P$，因此

$$\frac{|DD'|}{|CC'|} = \frac{|DP|}{|PC|}$$

又因為

$$S_{\triangle ABD} = \frac{|DD'| * |AB|}{2}$$

且

$$S_{\triangle ABD} = \frac{|CC'| * |AB|}{2}$$

所以

$$\frac{|DP|}{|PC|} = \frac{S_{\triangle ABD}}{S_{\triangle ACD}} = \frac{\left|\overrightarrow{AD} \wedge \overrightarrow{AB}\right|}{\left|\overrightarrow{AC} \wedge \overrightarrow{AB}\right|} = \frac{|\mathrm{mul}(A,D,B)|}{|\mathrm{mul}(A,C,B)|}$$

又因為

$$\frac{|DP|}{|PC|} = \frac{x_D - x_P}{x_p - x_C} = \frac{y_D - y_p}{y_p - y_C}$$

所以

$$x_p = \frac{S_{\triangle ABD} \times x_C + S_{\triangle ABC} \times x_D}{S_{\triangle ABD} + S_{\triangle ABC}} = \frac{|\mathrm{mul}(A,D,B)| \times x_C + |\mathrm{mul}(A,C,B)| \times x_D}{|\mathrm{mul}(A,D,B)| + |\mathrm{mul}(A,C,B)|}$$

$$y_p = \frac{S_{\triangle ABD} \times y_C + S_{\triangle ABC} \times y_D}{S_{\triangle ABD} + S_{\triangle ABC}} = \frac{|\mathrm{mul}(A,D,B)| \times y_C + |\mathrm{mul}(A,C,B)| \times y_D}{|\mathrm{mul}(A,D,B)| + |\mathrm{mul}(A,C,B)|}$$

8.1.2.2　Intersecting Lines

眾所周知，在一個平面上的兩個不同點確定一條直線。在一個平面上兩條直線之間的關係有三種：1）不相交，兩條直線是平行的；2）兩條直線重疊；3）兩條直線相交於一個點。在本題中，請應用代數知識，編寫一個程式，確定兩條直線之間的關係以及在何處兩條直線相交。

你的程式要反覆輸入兩條直線在 x-y 平面上的四個點，並確定兩條直線之間的關係以及在何處相交。本題設定所有的資料是有效的，在 -1000 到 1000 之間。

輸入

輸入的第一行提供一個在 1 到 10 之間的整數 N，表示要提供多少對直線。接下來的 N 行每行提供 8 個整數，這些整數表示平面上的 4 個點的座標，次序是 $x_1\ y_1\ x_2\ y_2\ x_3\ y_3\ x_4\ y_4$。即每個這樣的輸入行表示平面上的兩條直線：通過（$x_1, y_1$）和（$x_2, y_2$）的直線及通過（$x_3, y_3$）和（$x_4, y_4$）的直線。點（$x_1, y_1$）和點（$x_2, y_2$）是不同的，同樣，點（$x_3, y_3$）和點（$x_4, y_4$）是不同的。

輸出

輸出有 $N+2$ 行，第一行輸出 "INTERSECTING LINES OUTPUT"。對於輸入中提供的每對在平面上的直線，輸出一行，描述兩條直線之間的關係："NONE"，"LINE" 或 "POINT"。如果兩條直線在一點相交，程式還要輸出該點的 x 座標和 y 座標，精確到小數點後兩位，在最後一行輸出 "END OF OUTPUT"。

範例輸入	範例輸出
5	INTERSECTING LINES OUTPUT
0 0 4 4 0 4 4 0	POINT 2.00 2.00
5 0 7 6 1 0 2 3	NONE
5 0 7 6 3 −6 4 −3	LINE
2 0 2 27 15 18 5	POINT 2.00 5.00
0 3 4 0 1 2 2 5	POINT 1.07 2.20
	END OF OUTPUT

試題來源： ACM Mid-Atlantic 1996

線上測試： POJ 1269，ZOJ 1280，UVA 378

❖ 試題解析

由於試題要求判斷兩條直線是否存在重疊或平行關係，在兩者均不成立的情況下求交點，因此只需透過一次跨立實驗（$\overrightarrow{p_3 p_4}$ 是否跨立 $\overrightarrow{p_1 p_2}$）就可判斷出兩條直線是否重疊或平行。

設 $a1 = \text{mul}(p_1, p_2, p_3)$，$a2 = \text{mul}(p_1, p_2, p_4)$。如果 $(a1==0)\&\&(a2==0)$，則線段 $\overrightarrow{p_1 p_2}$ 和 $\overrightarrow{p_3 p_4}$ 重疊；如果 $a1$ 與 $a2$ 的正負號相同，則線段 $\overrightarrow{p_1 p_2}$ 和 $\overrightarrow{p_3 p_4}$ 平行；否則，如果 $a1$ 和 $a2$ 的正負號相反，則 $p3$ 和 $p4$ 在 $\overrightarrow{p_1 p_2}$ 的兩側，直接計算交點的座標，$p = \left(\dfrac{a2*p_3 \cdot x - a1*p_4 \cdot x}{a2 - a1}, \dfrac{a2*p_3 \cdot y - a1*p_4 \cdot y}{a2 - a1} \right)$。

❖ 參考程式

```
01   #include <cstdio>
02   #include <cmath>
03   #include <cstring>
04   #include <algorithm>
05   #include <iostream>
06   using namespace std;
07   const double epsi = 1e-10;                           // 無窮小
08   inline int sign(const double &x) {                   // 傳回 x 的正負標誌
09       if (x > epsi) return 1;
10       if (x < -epsi) return -1;
11       return 0;
12   }
13   struct Point {                                       // 定義點運算的結構型別
14       double x, y;
15           Point(double _x = 0, double _y = 0): x(_x), y(_y) { }     // 建構點
16           Point operator -(const Point &op2) const {   // 向量減
17           return Point(x - op2.x, y - op2.y);
18       }
19           double operator ^(const Point &op2) const {  // 外積
20           return x * op2.y - y * op2.x;
21       }
22   };
23   inline double sqr(const double &x) {                 // 計算 x²
24       return x * x;
25   }
```

```
26  inline double mul(const Point &p0,const Point &p1,const Point &p2){
27                                      // 定義 p₀p₁ 與 p₀p₂ 的外積
28      return (p1 - p0) ^ (p2 - p0);
29  }
30  inline double dis2(const Point &p0, const Point &p1) {
31      return sqr(p0.x - p1.x) + sqr(p0.y - p1.y);
32  }
33  inline double dis(const Point &p0, const Point &p1) {  // 計算 p₀p₁
34      return sqrt(dis2(p0, p1));
35  }
36  inline int cross( const Point &p1, const Point &p2,
37                    const Point &p3, const Point &p4, Point &p) {
38              // 計算經過 p₁p₂ 和 p₃p₄ 的兩條直線的關係:若重疊,則傳回 2;
39              // 若平行,則傳回 0;否則傳回 1 和交點 p
40      double a1 = mul( p1, p2, p3), a2 = mul( p1, p2, p4 ) ;
41      if (sign ( a1 ) ==0 && sign ( a2 ) == 0) return 2;
42      if (sign ( a1 - a2 ) == 0) return 0;
43      p.x = ( a2 * p3.x - a1 * p4.x) / ( a2 - a1 );
44      p.y = ( a2 * p3.y - a1 * p4.y) / ( a2 -a1 );
45      return 1;
46  }
47  Point p1, p2, p3, p4, p;
48  int main() {
49      int test = 0;                          // 測試案例數初始化
50      printf("INTERSECTING LINES OUTPUT\n");
51      scanf("%d", & test);                   // 輸入測試案例數
52      for ( ; test ; test --) {              // 依次處理測試案例
53          scanf( "%lf %lf %lf %lf %lf %lf %lf %lf", &p1.x, &p1.y, &p2.x, & p2.y,
54                 &p3.x, &p3.y, &p4.x, &p4.y);      // 輸入線段 p₁p₂ 和 p₃p₄ 的座標
55          int m=cross(p1,p2,p3,p4,p);             // 計算經過 p₁p₂ 和 p₃p₄ 的兩條直線的關係
56          if (m == 0 ) printf("NONE\n");          // 兩條直線平行
57              else if(m==2)printf("LINE\n");      // 兩條直線重疊
58                  else printf("POINT %.2lf %.2lf\n", p.x, p.y);  // 兩條直線相交於點 p
59      }
60      printf("END OF OUTPUT");
61      return 0;
62  }
```

3. 如何計算三角形的外心

線段的垂直平分線有很多用途,例如,三角形三條邊的垂直平分線交點與三角形三個頂點間的距離等長,可作為三角形外接圓的圓心,該交點亦稱為三角形的外心。外心與任一頂點的距離即為外接圓的半徑。

設三角形的 3 個頂點分別為 $p_1=(x_1, y_1)$、$p_2=(x_2, y_2)$ 和 $p_3=(x_3, y_3)$,該三角形的外接圓圓心為 $p=(x, y)$。

對於邊向量 $\overrightarrow{p_1p_2}$,設 $A_{\overrightarrow{p_1p_2}}=x_2-x_1$,$B_{\overrightarrow{p_1p_2}}=y_2-y_1$,$C_{\overrightarrow{p_1p_2}}=-\dfrac{\left|\overrightarrow{p_1p_2}\right|}{2}$;對於邊向量 $\overrightarrow{p_1p_3}$,設

$A_{\overrightarrow{p_1p_3}}=x_3-x_1$,$B_{\overrightarrow{p_1p_3}}=y_3-y_1$,$C_{\overrightarrow{p_1p_3}}=-\dfrac{\left|\overrightarrow{p_1p_3}\right|}{2}$;以 p_1 為原點。計算三角形中邊 $\overrightarrow{p_1p_2}$ 的垂直

平分線與邊 $\overrightarrow{p_1 p_3}$ 的垂直平分線的交點 $p_1^* = (x_1^*, y_1^*)$，其中 $x_1^* = -\dfrac{C_{\overrightarrow{p_1 p_3}} * B_{\overrightarrow{p_1 p_2}} - C_{\overrightarrow{p_1 p_2}} * B_{\overrightarrow{p_1 p_3}}}{A_{\overrightarrow{p_1 p_3}} * B_{\overrightarrow{p_1 p_2}} - B_{\overrightarrow{p_1 p_3}} * A_{\overrightarrow{p_1 p_2}}}$，

$y_1^* = -\dfrac{C_{\overrightarrow{p_1 p_3}} * A_{\overrightarrow{p_1 p_2}} - C_{\overrightarrow{p_1 p_2}} * A_{\overrightarrow{p_1 p_3}}}{B_{\overrightarrow{p_1 p_3}} * A_{\overrightarrow{p_1 p_2}} - B_{\overrightarrow{p_1 p_2}} * A_{\overrightarrow{p_1 p_3}}}$。

所以，外接圓圓心 $p = p_1 + p_1^*$，而且 p 點座標為 $(x_1 + x_1^*, y_1 + y_1^*)$。

8.1.2.3　Circle Through Three Points

請編寫一個程式，提供三個點在一個平面上的直角座標系，將透過它們找到圓的等式。三個點不會在一條直線上。解答輸出為等式的形式：

$$(x-h)^2 + (y-k)^2 = r^2 \tag{1}$$
$$x^2 + y^2 + cx + dy - e = 0 \tag{2}$$

輸入

程式的輸入提供三個點的 x 和 y 座標，次序為 Ax、Ay、Bx、By、Cx、Cy。這些座標為實數，彼此間用一個或多個空格分開。

輸出

程式在兩行中輸出所要求的等式，格式見如下範例。請計算等式（1）和（2）中的 h、k、r、c、d 和 e 的值，精確到小數點後 3 位。等式中的加號和減號要根據需求改變，以免在一個數字之前有多個符號。加、減以及等號和鄰接字元之間用一個空格分開。在等式中沒有其他的空格，在每個等式對後，輸出一個空行。

範例輸入	範例輸出
7.0 –5.0 –1.0 1.0 0.0 –6.0 1.0 7.0 8.0 6.0 7.0 –2.0	(x–3.000)^2+(y+2.000)^2=5.000^2 x^2+y^2–6.000x+4.000y–12.000=0 (x–3.921)^2+(y–2.447)^2=5.409^2 x^2+y^2–7.842x–4.895y–7.895=0

試題來源： ACM Southern California 1989

線上測試： POJ 1329，UVA 190

❖ **試題解析**

在一個平面上，如果三個點不共線，那麼這三個點構成一個三角形，而經過這三個點的圓被稱為該三角形的外接圓。由此得出結論：

◆ 對於等式（1），$(x-h)^2 + (y-k)^2 = r^2$ 中的 (h, k) 即為圓心座標，r 為外接圓的半徑；

◆ 對於等式（2），$x^2 + y^2 + cx + dy - e = 0$ 中的 $c = -2*h$，$d = -2*k$，$e = h^2 + k^2 - r^2$。

本題關鍵是求 Δ_{ABC} 的外接圓圓心 (h, k)。該圓心與 3 個頂點的距離等長。任取圓心至某頂點的距離即可求出外接圓的半徑 r。

❖ 參考程式

```
01  #include <cstdio>
02  #include <cmath>
03  #include <cstring>
04  #include <algorithm>
05  #include <iostream>
06  using namespace std;
07  const double epsi = 1e-10;                              // 精確度
08  inline int sign(const double &x) {                      // 傳回 x 的正負號
09      if (x > epsi) return 1;
10      if (x < -epsi) return -1;
11      return 0;
12  }
13  struct Point {                                          // 點運算的結構型別定義
14      double x, y;
15          Point(double _x = 0, double _y = 0): x(_x), y(_y) { }  // 定義點 (x,y)
16          Point operator +(const Point &op2) const {     // 向量加
17          return Point(x + op2.x, y + op2.y);
18      }
19          Point operator -(const Point &op2) const {     // 向量減
20          return Point(x - op2.x, y - op2.y);
21      }
22          Point operator *(const double &d) const {      // 向量乘實數
23          return Point(x * d, y * d);
24      }
25          Point operator /(const double &d) const {      // 向量除實數
26          return Point(x / d, y / d);
27      }
28          double operator ^(const Point &op2) const {    // 兩個點向量的外積
29          return x * op2.y - y * op2.x;
30      }
31  };
32  inline double mul(const Point &p0,const Point &p1,const Point &p2) {
33                                              // 計算 $\overrightarrow{p_0p_1}$ 與 $\overrightarrow{p_0p_2}$ 的外積
34      return (p1-p0) ^ (p2 - p0);
35  }
36  struct StraightLine {          // 定義垂直平分線交點運算的結構型別
37      double A, B, C;            // 垂直平分線，其中三角形邊向量 $p_1p_j$ 的 x 座標為 A=($x_j$-$x_i$)，
38                                 // y 座標為 B=($y_j$-$y_i$)，半邊長 c=$\frac{|\overrightarrow{p_1p_j}|}{2}$ (1≤i,j≤3)
39      StraightLine(double _a=0, double _b=0, double _c=0): A(_a), B(_b), C(_c){ }
40                                              // 建構垂直平分線
41      Point cross(const StraightLine &a) const { // 計算另一條垂直平分線與垂直平分線 a 的交點
42          double xx = - (C * a.B - a.C * B) / (A * a.B - B * a.A);
43          double yy = - (C * a.A - a.C * A) / (B * a.A - a.B * A );
44          return Point(xx, yy);
45      }
46  };
47  inline double sqr(const double &x) {                    // 計算 $x^2$
48      return x * x;
49  }
50  inline double dis2(const Point &p0, const Point &p1) {  // 計算 $|\overrightarrow{p_0p_1}|^2$
51      return sqr(p0.x - p1.x) + sqr(p0.y - p1.y);
52  }
```

```
53    inline double dis(const Point &p0, const Point &p1) {        // 計算 $\overrightarrow{p_0 p_1}$
54        return sqrt(dis2(p0, p1));
55    }
56    inline double circumcenter(const Point &p1,const Point &p2,const Point &p3,Point &p)
57    // 計算 $\overrightarrow{p_1 p_3}$ 的垂直平分線與 $\overrightarrow{p_1 p_2}$ 的垂直平分線的交點座標 p（外接圓圓心）和 p 與 $p_1$ 的距離（外接圓半徑）
58    {
59        p=p1+StraightLine(p3.x-p1.x,p3.y-p1.y,-dis2(p3,p1)/2.0).
60          cross(StraightLine(p2.x-p1.x, p2.y-p1.y,-dis2(p2, p1)/2.0));       // 計算圓心 p
61        return dis( p, p1 );                              // 傳回半徑
62    }
63    Point p1, p2, p3, p;
64    inline int print(double x) {                                    // 輸出係數或位移 x
65        if (x > 0) printf(" + %.3lf", x);
66        else printf(" - %.3lf", -x);
67        return 0;
68    }
69    int main() {
70        while (cin>>p1.x>>p1.y>>p2.x>>p2.y>>p3.x>>p3.y){ // 輸入三個點的座標
71        double r=circumcenter(p1,p2,p3,p);                     // 計算外接圓的圓心 p 和半徑 r
72         printf("(x");                                    // 輸出等式（1）
73         print(-p.x);
74         printf(")^2 + (y");
75         print(-p.y);
76         printf(")^2 =");
77         printf(" %.3lf", r);
78         printf("^2\n");
79         printf("x^2 + y^2");                              // 輸出等式（2）
80         print(-2 * p.x);
81         printf("x");
82         print(-2 * p.y);
83         printf("y");
84         print(sqr(p.x) + sqr(p.y) - sqr(r));
85         printf(" = 0\n\n");
86       }
87      return 0;
88    }
```

8.1.3 ▶ 利用歐拉公式計算多面體

定義 8.1.3.1（平面圖） 若一個圖能畫在平面上，並使它的邊除了在頂點處外互不相交，則稱該圖為平面圖，或稱該圖能嵌入平面。

定理 8.1.3.1（歐拉公式） 若連通平面圖 G 有 n 個頂點、e 條邊和 f 個面，則 $n-e+f=2$，亦被稱為歐拉公式。

定理 8.1.3.2（歐拉多面體公式） 若一個多面體有 n 個頂點、e 條邊和 f 個面，則 $n-e+f=2$，亦被稱為歐拉多面體公式。

8.1.3.1　How Many Pieces of Land?

你將得到一片橢圓形的土地，請在其邊界上選擇 n 個任意點，然後將所有點與其他的點用直線連接（n 個點有 $\frac{n(n-1)}{2}$ 個連接，如圖 8-12 所示）。透過在邊界上仔細選擇點，可以得到土地片數的最大數量是多少？

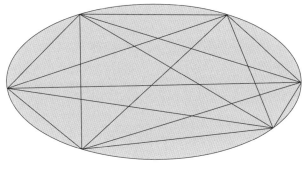

圖 8-12

輸入

輸入的第一行提供一個整數 S（$0 < S < 3500$），表示測試案例的個數。接下來的 S 行提供 S 個測試案例。每個測試案例提供一個整數 N（$0 \le N < 2^{31}$）。

輸出

對每個輸入的測試案例，在一行中輸出相關於 N 的值可以獲得的土地片數的最大值。

範例輸入	範例輸出
4	1
1	2
2	4
3	8
4	

試題來源：Math & Number Theory Lovers'Contest
線上測試：UVA 10213

❖ 試題解析

土地的片數作為面數，使用歐拉公式 $v - e + f = 2$ 來解本題，其中 v 為點數，e 為邊數，f 為面數。

首先計算點數 v，在橢圓的邊界上有 n 個點，對於任意一點 x，存在 x 與其他點相連的 $n-1$ 條直線。對於任意一條直線 l，在 l 的左邊有 i 個頂點，而在 l 的右邊有 $n-2-i$ 個頂點。因為這些頂點互相連接，所以在一條直線上最多產生 $i*(n-i-2)$ 個交點。因為每個交點被重複計算了 4 次，所以點數 $v = n + \frac{n}{4}\sum_{i=1}^{n-3} i*(n-i-2)$。

然後計算邊數 e。在橢圓的邊界上有 n 個點，因此橢圓的邊界產生 $2n$ 條邊，其中 n 條邊為在橢圓邊界上的相鄰兩點直線連接所形成的，另外 n 條邊為橢圓邊界上的邊，而且這些邊上沒有其他交點。如前所述，對於連接這些點的其他邊，在一條直線上最多產生 $i*(n-i-2)$ 個交點，則在一條直線上最多有 $i*(n-i-2)+1$ 條邊。因為每條邊被重複計算了 4 次，所以邊數 $e = 2n + \dfrac{n}{2}\sum_{i=1}^{n-3}(i*(n-i-2)+1)$。

用歐拉公式 $v - e + f = 2$ 來解本題。土地片數的最大值 $f = \dfrac{n^4 - 6n^3 + 23n^2 - 18n}{24} + 1$。

由於 n 的上限為 2^{31}，因此按上述公式計算出的面數 f 很可能超出任何整數型別允許的範圍，需要採用高精確度運算。

❖ 參考程式

```
01   # include <cstdio>
02   # include <cstring>
03   # include <cstdlib>
04   # include <iostream>
05   # include <string>
06   # include <cmath>
07   # include <algorithm>
08   using namespace std;
09   typedef long long int64;
10   int64 m=1e8;                                // 高精確度陣列的每個元素為 8 位元十進位數字
11   struct Bigint{                              // 定義高精確度運算的結構型別
12       int64 s[50];int l;                      // 高精確度陣列為 s[]，長度為 l
13       void print(){                           // 輸出高精確度陣列 s[] 對應的整數
14           printf("%lld",s[l]);                // 按照實際位數輸出 s[l]
15           for(int i=l-1;i>=0;i--) printf("%08lld",s[i]);  // 按 8 位元一組依次輸出其餘元素
16       }
17       void read(int64 x){                     // 將整數 x 存入高精確度陣列 s[]
18           l=-1; memset(s,0,sizeof(s))
19           do{
20               s[++l]=x%m;
21               x/=m;
22           }while(x);
23       }
24   } ans,tmp,t2;
25   Bigint operator +(Bigint a,Bigint b){       // 計算 a[]+b[]
26       int64 d=0;                              // 進位初始化
27       a.l=max(a.l,b.l);                       // 計算相加的位數
28       for(int i=0;i<=a.l;i++){                // 由低位元至高位逐位元相加
29           a.s[i]+=d+b.s[i];
30           d=a.s[i]/m;a.s[i]%=m;
31       }
32       if(d)    a.s[++a.l]=d;                   // 最高位進位
33       return a;
34   }
35   Bigint operator -(Bigint a,Bigint b){       // 計算 a[]-b[]
36       int64 d=0;                              // 借位初始化
37       for(int i=0;i<=a.l;i++){                // 由低位元至高位逐位元相減
38           a.s[i]-=d;
39           if(a.s[i]<b.s[i]) a.s[i]+=m,d=1;
```

```
40          else    d=0;
41          a.s[i]-=b.s[i];
42      }
43      while(a.l&&!a.s[a.l]) a.l--;        // 最高位借位
44      return a;
45  }
46  Bigint operator *(int b,Bigint a){      // 計算 a[]*b
47      int64 d=0;                          // 進位初始化
48      for(int i=0;i<=a.l;i++) {           // 由低位元至高位逐位元相乘
49          d+=a.s[i]*b;a.s[i]=d%m;
50          d/=m;
51      }
52      while(d){                           // 最高位進位
53          a.s[++a.l]=d%m;
54          d/=m;
55      }
56      return a;
57  }
58  Bigint operator /(Bigint a,int b){      // 計算 a[]/b
59      int64 d=0;                          // 餘數初始化
60      for(int i=a.l;i>=0;i--){            // 由高位至低位元逐位元相除
61          d*=m;d+=a.s[i];
62          a.s[i]=d/b;d%=b;
63      }
64      while(a.l&&!a.s[a.l])    a.l--;      // 略去高位的無用 0
65      return a;
66  }
67  Bigint operator *(Bigint a,Bigint b){   // 計算 a[]*b[]
68      Bigint c; memset(c.s,0,sizeof(c.s)) // 乘積初始化
69      for(int i=0;i<=a.l;i++){            // 按照低位元至高位的順序列舉 a 和 b 的每一項
70          for(int j=0;j<=b.l;j++){
71              c.s[i+j]+=a.s[i]*b.s[j];    // 相乘
72              if(c.s[i+j]>m){             // 處理進位
73                  c.s[i+j+1]+=c.s[i+j]/m;
74                  c.s[i+j]%=m;
75              }
76          }
77      }
78      c.l=a.l+b.l+10;                     // 計算乘積陣列的實際位數
79      while(!c.s[c.l]&&c.l)c.l--;
80      while(c.s[c.l]>m){                  // 最高位進位
81          c.s[c.l+1]+=c.s[c.l]/m;
82          c.s[c.l++]%=m;
83      }
84      return c;
85  }
86  int v;
87  void work(){
88      ans.read(v);tmp.read(24);    // 將頂點數轉化為整數陣列 ans，將 24 轉化為整數陣列 tmp
89      ans=ans*ans*ans*ans+23*(ans*ans)+tmp-6*(ans*ans*ans)-18*ans;
90      // 代入公式，注意運算順序，雖然最後答案肯定為整數，但如果先做減運算，中間過程中可能產生負數
91      ans=ans/24;                  // 計算和輸出面數
92      ans.print();printf("\n");
93  }
94  int main(){
```

```
95      int casen;scanf("%d",&casen);  // 輸入測試案例數
96      while(casen--){                 // 依次處理每個測試案例
97          scanf("%d",&v);             // 輸入頂點數
98          work();                     // 計算和輸出面數
99      }
100     return 0;
101 }
```

本節講述了最基本的幾何計算，許多複雜的演算法都是由這些簡單的幾何計算組合而成的。但是僅有這些基礎還遠遠不夠，還要多瞭解一點拓展性的幾何知識，並融入我們熟悉的資料結構和演算法，以增強幾何計算的應對策略。下面介紹三項有用的拓展性知識，包括：

（1）用掃描線演算法計算矩形面積聯集；

（2）計算半平面交集；

（3）求凸包和旋轉卡尺。

8.2　利用掃描線演算法計算矩形的聯集的面積的實作範例

許多幾何題要求計算矩形的聯集的面積或長方體的聯集的體積，利用掃描線演算法能夠有效地解決這些問題。這裡僅介紹計算矩形的聯集面積的掃描線演算法，因為這個演算法可方便地推廣至三維，解決長方體的聯集的體積問題。

我們先來瞭解一下矩形的聯集的面積這一概念。

在平面上有 n 個矩形 $R_1, \cdots, R_n$。$R_1 \cup R_2 \cup \cdots \cup R_n$ 是 n 個矩形的聯集。n 個矩形的聯集的面積是這 n 個矩形所覆蓋的面積。例如，在圖 8-13 中，$R_1 \cup R_2 \cup R_3$ 的面積就是陰影面積，也就是 3 個矩形覆蓋的面積。

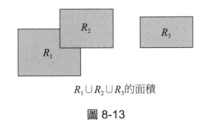

$R_1 \cup R_2 \cup R_3$ 的面積

圖 8-13

計算 n 個矩形的聯集的面積的過程如下。

（1）離散：將平面分割成若干條。

（2）掃描：採用掃描法對條進行掃描，並用區段樹儲存條。

（3）區段樹：透過區段樹的插入和刪除操作，計算 n 個矩形的面積聯集。

在本節中，透過兩類實作來介紹掃描線演算法：

◆ 沿垂直方向計算矩形的聯集面積；

◆ 沿水平方向計算矩形的聯集面積。

8.2.1 ► 沿垂直方向計算矩形的聯集面積

沿垂直方向計算矩形的聯集面積的方法是：在 y 軸上離散；透過 x 軸掃描將平面割成一個個垂直條；利用區段樹累計垂直條的面積和。具體方法如下。

離散： 離散點為矩形各邊（或其延長線）與座標軸的交點。在圖 8-14 中，離散點為 y 座標軸上的點 A、B、C、D；定義離散單位段為離散點有序化後相鄰兩個離散點之間的距離，在圖 8-14 中，點 A 的 y 軸座標為 1，點 B 的 y 軸座標為 2，點 C 的 y 軸座標為 3，點 D 的 y 軸座標為 4。在離散後，線段 AB、BC、CD 的長度為 1。

掃描： 先把平面分割成若干垂直條，使得每個垂直條變成一維。例如在圖 8-15 中，直線 l_1、l_2、l_3 和 l_4 將平面分成了三個垂直條。

每一個垂直條的截面都可表現為其相鄰兩個垂直條的截面做了一個小的修改。如在圖 8-16 中，第 2 垂直條的截面可表現為第 1 垂直條的截面加上 AB 段，或第 3 垂直條的截面加上 CD 段。

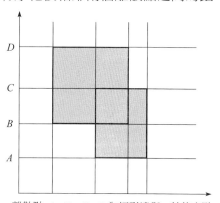

離散點 A、B、C、D 為矩形邊與 y 軸的交點

圖 8-14

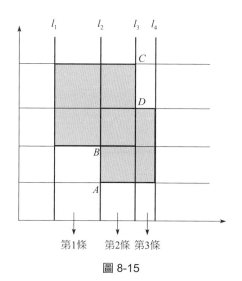

圖 8-15

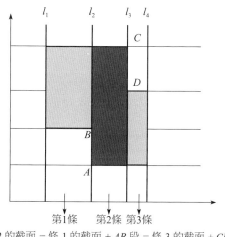

條 2 的截面 = 條 1 的截面 + AB 段 = 條 3 的截面 + CD 段

圖 8-16

區段樹： 區段樹是一棵有根二元樹，樹中的每一個頂點表示一個區間 $[a, b]$。對於每個頂點，如果 $(b-a)>1$，設 $c=\left\lfloor\dfrac{a+b}{2}\right\rfloor$，其左子樹和右子樹的樹根分別是 $[a, c]$ 和 $[c, b]$。如圖

8-17 所示，區間 [1, 4] 先被分為區間 [1, 2] 及區間 [2, 4]，區間 [2, 4] 又被分為區間 [2, 3] 及區間 [3, 4]。

因為垂直條可以被表示為線段，所以線段樹用於儲存垂直條，透過區段樹的插入和刪除操作計算 n 個矩形的面積聯集。

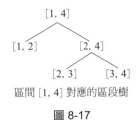

區間 [1, 4] 對應的區段樹

圖 8-17

8.2.1.1　Mobile Phone Coverage

一家手機公司 ACMICPC（Advanced Cellular, Mobile, and Internet-Connected Phone Corporation）計畫為 Maxnorm 市的手機用戶建造一個天線配置方式。ACMICPC 已經有若干個天線配置作為備選方案，現在公司要知道哪個配置是最佳選擇。

因此，公司要開發一個電腦程式，提供天線配置的覆蓋範圍。每個天線 A_i 的權值為 r_i，相對應於覆蓋「半徑」。通常，天線的覆蓋區域是以天線所在位置 (x_i, y_i) 為中心，r_i 為半徑的圓碟。然而，在 Maxnorm 市，覆蓋區域變成了一個正方形 $[x_i-r_i, x_i+r_i] \times [y_i-r_i, y_i+r_i]$。也就是說，在 Maxnorm 市，兩點 (x_p, y_p) 和 (x_q, y_q) 之間的距離是歐幾里得距離 $\sqrt{(x_p-x_q)^2+(y_p-y_q)^2}$。

例如，提供 3 根天線的位置，如圖 8-18 所示。

$$
\begin{array}{ccc}
4.0 & 4.0 & 3.0 \\
5.0 & 6.0 & 3.0 \\
5.5 & 4.5 & 1.0
\end{array}
$$

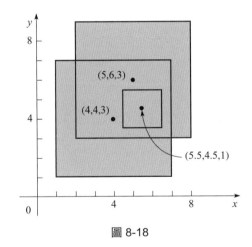

圖 8-18

其中第 i 行表示 x_i, y_i, r_i，(x_i, y_i) 是第 i 根天線的位置，r_i 是它的權值。在這一實例中，這些點所覆蓋的區域的面積是 52.00。

請編寫一個程式，計算提供的一個天線配置的集合所覆蓋的面積。

輸入

輸入包含多組測試案例，每個測試表示一個天線配置的集合。每個測試案例的形式如下：

$$n$$
$$x_1\ y_1\ r_1$$
$$x_2\ y_2\ r_2$$
$$\cdots$$
$$x_n\ y_n\ r_n$$

第一個整數 n 是天線數目，$2 \leq n \leq 100$。第 i 根天線的座標為 $(x_i,\ y_i)$，其權值為 r_i。x_i、y_i 和 r_i 是 0 到 200 之間的實數。

輸入以 n 的值為 0 表示結束。

輸出

對每組測試案例，程式輸出其序號（第一組測試案例輸出 1，第二組測試案例輸出 2，以此類推）以及覆蓋區域的面積。面積四捨五入到小數點後兩位。

序號和面積在一行中輸出，在一行開始和結束沒有空格，兩個數之間有一個空格分開。

範例輸入	範例輸出
3	1 52.00
4.0 4.0 3.0	2 36.00
5.0 6.0 3.0	
5.5 4.5 1.0	
2	
3.0 3.0 3.0	
1.5 1.5 1.0	
0	

試題來源： ACM Asia Regional Contest Tokyo 1998
線上測試： ZOJ 1659，UVA 688

❖ 試題解析

每根天線的覆蓋區域實際上是一個以 $(x_i,\ y_i)$ 為中心，以 r_i 為半長的正方形。n 根天線的覆蓋區域為 n 個正方形的聯集，試題要求計算這些正方形的聯集面積。

我們從垂直方向計算 n 個正方形的聯集面積：在 y 軸上離散，透過 x 軸掃描將平面割成一個個垂直平條，利用區段樹累計垂直條的面積和。

❖ 參考程式

```
01   #include <cstdio>
02   #include <cmath>
03   #include <algorithm>
04   using namespace std;
05   const double epsi = 1e-10;
06   const int maxn = 100 + 10;
07   struct Line {                    // 定義覆蓋區間運算的結構型別
08       double x, y1, y2;            // 左邊或右邊的 x 座標；上下邊的 y 座標為 y1 和 y2；
09                                    // 標誌 s={ 1  左邊端點的x座標
                                      //        -1  右邊端點的x座標
10       int s;
```

```
11          Line(double _a=0, double _b=0, double _c=0, int _d=0):
12              x(_a),y1(_b),y2(_c), s(_d){ }            // 建構線段
13          bool operator <(const Line &op2) const {    // 天線覆蓋區域按照 x 座標遞增順序排序
14              return x < op2.x;
15          }
16      };
17      extern double ly[maxn << 1];        // ly[] 儲存天線覆蓋區域上下邊的 y 座標，容量為 2^maxn
18      class SegmentTree {                 // 定義區段樹的結構型別
19          int cover;                      // 聯集區間標誌
20          SegmentTree *child[2];          // 左右子代指標
21          void deliver() {                // 調整覆蓋區間的長度
22              if (cover)                  // 若聯集區間未結束，則覆蓋區間長度為 ly[r]-ly[l]；
23                                          // 否則覆蓋區間長度為左右子樹的覆蓋區間長度之和
24                  len = ly[r]-ly[l];
25              else
26                  len = child[0]->len + child[1]->len;
27          }
28      public:
29          int l, r;                       // 區段樹代表的區間
30          double len;                     // 目前垂直條的長度
31          void setup(int _l, int _r) {    // 建構區間 [_l,_r] 的區段樹
32              l = _l, r = _r;             // 左右指標初始化
33              cover = 0, len = 0;         // 聯集標誌和覆蓋區間長度初始化
34              if (_l + 1 == _r) return;   // 若區間無法二分，則返回
35              int mid = (_l + _r) >> 1;   // 計算中間指標
36              child[0]=new SegmentTree(),child[1]=new SegmentTree();  // 建構左右子樹
37              child[0]->setup(_l, mid), child[1]->setup(mid, _r);
38          }
39          void paint(const int & _l, const int & _r, const int &v) {
40          // 向區間為 [l,r] 的區段樹插入左右邊界標誌為 v 的垂直條 [_l,_r]
41              if (_l >= r || _r <= l) return;     // 若 [_l,_r] 在 [l,r] 外，則返回
42              if (_l <= l && r <= _r) {   // 若 [_l,_r] 覆蓋 [l,r]，則調整覆蓋區間長度 len
43                  if (cover += v) len = ly[r]-ly[l]; else {
44                      if (child[0]==NULL)len=0;else len = child[0]->len + child[1]->len;
45                  }
46                  return;                 // 返回
47              }
48              child[0]->paint(_l, _r, v), child[1]->paint(_l, _r, v);  // 遞迴左右子樹
49              deliver();                  // 調整覆蓋區間長度
50          }
51          void die() {                    // 刪除
52              if (child[0]) {             // 若左子樹存在，則遞迴刪除左右子樹
53                  child[0]->die();
54                  delete child[0];
55                  child[1]->die();
56                  delete child[1];
57              }
58          }
59      };
60      int cs(0);                          // 測試案例編號初始化
61      int n, tot, ty;                     // 天線數為 n，l 表的長度為 tot, ly 表的長度為 ty
62      Line l[maxn << 1];                  // l[] 儲存垂直條
63      double ly[maxn << 1];               // ly[] 儲存地圖上下邊的 y 座標
64      SegmentTree *seg_tr;                // 區段樹指標
65      int main() {
```

```
66      while (scanf("%d", &n), n) {     // 反覆輸入天線數，直至輸入 0 為止
67          tot = ty = 0;
68          for (int i = 0; i < n; ++i) {
69              double x, y, r;
70              scanf("%lf%lf%lf", &x, &y, &r);       // 輸入第 i 根天線的座標和權
71              l[tot++] = Line(x - r, y - r, y + r, 1); // 儲存垂直條
72              l[tot++] = Line(x + r, y - r, y + r, -1);
73              ly[ty++] = y-r, ly[ty++]=y + r;       // 儲存覆蓋區域上下邊的 y 座標
74          }
75          sort(l, l + tot);                        // 按自左而右排列垂直條
76          sort(ly, ly + ty);                       // 按自下而上順序排列 y 座標
77          ty = unique(ly, ly + ty) - ly;           // 去除 ly[] 中的重複元素，長度為 ty
78          double ans = 0;                          // 總共的覆蓋區域面積初始化
79          seg_tr = new SegmentTree();              // 為區段樹申請記憶體
80          seg_tr->setup(0, ty - 1);                // 建構區間為 [0, ty-1] 的區段樹
81          for (int i = 0, j; i < tot; i = j) {     // 列舉 l 表中的每個垂直條
82              if (i) ans += seg_tr->len * (l[i].x-l[i-1].x);   // 累計覆蓋矩形面積
83              j = i;    // 依次列舉右方的垂直條，取出底邊的 y 座標在 ly 中的序號 l、
84                        // 頂邊的 y 座標在 ly 中的序號 r、左右邊界標誌 k，將 [l, r, k] 插入區段樹
85              while (j < tot && fabs(l[i].x - l[j].x) <= epsi) {
86                seg_tr->paint(lower_bound(ly,ly+ty,l[j].y1) -
87                              ly,lower_bound(ly, ly +ty,l[j].y2) -ly,l[j].s);
88                  ++j;
89              }
90          }
91          seg_tr->die(); delete seg_tr;            // 刪除區段樹
92          printf("%d %.2lf\n", ++cs, ans);         // 輸出總共的覆蓋區域面積
93      }
94      return 0;
95  }
```

8.2.2 ▶ 沿水平方向計算矩形的聯集面積

沿水平方向計算矩形的聯集面積和沿垂直方向計算矩形的聯集面積非常相似：在 x 軸上離散，透過 y 軸掃描將平面割成一個個水平條，利用區段樹累計水平條的面積和。具體實作步驟如下。

◆ **離散：**計算矩形的邊（或其延長線）與 x 座標軸的交點，將交點按 x 座標升冪排序，並計算相鄰的兩個交點間的距離。

◆ **掃描：**透過掃描把平面分割成一維的水平條，利用區段樹儲存各水平條的截面。

◆ **區段樹：**透過區段樹的插入和刪除操作計算 n 個矩形的面積聯集。

8.2.2.1　Atlantis

在幾份古希臘的檔案中包含了傳說中的亞特蘭蒂斯（Atlantis）島的描述。其中的一些檔案還包含島嶼的部分地圖。但不幸的是，這些地圖描繪了亞特蘭蒂斯不同的地區。你的朋友 Bill 希望獲得整個地區的地圖，而這樣的地圖是存在的。你志願來寫一個程式，找出地圖。

輸入

輸入包含若干測試案例，每個測試案例在第一行提供一個整數 n（$1 \le n \le 100$），表示可用地圖的數量。然後提供 n 行，每行描述一幅地圖，每行提供 4 個數字 x_1、y_1、x_2、y_2（$0 \le x_1 < x_2 \le 100000$，$0 \le y_1 < y_2 \le 100000$），這 4 個數字不一定是整數。（$x_1, y_1$）和（$x_2, y_2$）分別是地圖區域的左上角和右下角的座標。

輸入以包含 0 的一行結束，程式不必處理。

輸出

對每個測試案例，程式輸出的第一行是 "Test case #k"，其中 k 是測試案例編號（從 1 開始）；第二行是 "Total explored area: a"，其中 a 是被探索出來的總共的面積（即測試案例中所有矩形的聯集構成的面積），輸出精確到小數點右邊兩位。

在每個測試案例之後輸出一個空行。

範例輸入	範例輸出
2 10 10 20 20 15 15 25 25.5 0	Test case #1 Total explored area: 180.00

試題來源： ACM Mid-Central European Regional Contest 2000
線上測試： POJ 1151，ZOJ 1128，UVA 2184

❖ 試題解析

試題提供的每張地圖為一個矩形，整個地區即這些矩形的聯集。多個矩形的聯集是不規則的多邊形，無法直接計算。我們需要把它拆分成容易計算面積的簡易圖形。

比較經典的方法是，用若干條垂直於 x 軸（y 軸）的直線把圖形分成若干個矩形（如圖 8-19 所示）。分別計算面積，其和就是答案，如圖 8-20 所示。

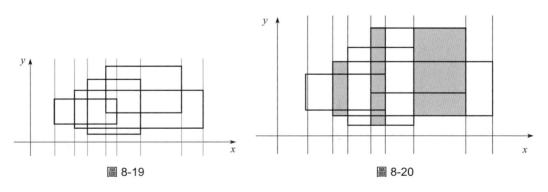

圖 8-19　　　　　　　　　　　圖 8-20

演算法首先提取每張地圖的左邊界的 x 座標和右邊界的 x 座標，去除重複座標並遞增排序，存入序列 q。

依次提取每張地圖底邊的 y 座標、兩個端點的 x 座標在 q 中的指標和頂邊的 y 座標、兩個端點的 x 座標，存入序列 f，底邊的標誌設為 1，頂邊的的標誌設為 -1。按照 y 座標值遞增的順序重新排列 f，使得 f 按照自下而上的順序儲存水平條。

然後，從 f 中依次取出每個水平條，並且線段 $[x_l, x_r]$（邊的端點的 x 座標）插入區段樹中。區段樹的節點有兩個域：

◆ len，聯集區域的長度；

◆ mark，聯集區域的標誌。

每添加一條水平條時，mark + 當前邊的頂邊底邊標誌。顯然，當 mark 為 0 時，聯集區域結束。每插入一個水平條，水平條的覆蓋區域面積（根的 len 值 * 相鄰兩條水平條之間 y 座標的差值）累計入總面積。

❖ 參考程式

```
01  #include <cstdio>
02  #include <cmath>
03  #include <cstring>
04  #include <algorithm>
05  #include <iostream>
06  using namespace std;
07  const int maxn = 500;        // 地圖數的上限 *2
08  struct node {
09      double x;                // 水平條的 y 座標
10      int l, r, t;             // 兩個端點的 x 座標在 q 表的指標分別為 l、r；上下標誌為 t
11  } f[maxn];                   // 儲存水平條
12  int n;                       // 地圖數
13  double q[maxn], x1[maxn], yy1[maxn], x2[maxn], yy2[maxn];
14  // q 儲存排序後的 x 座標，第 i 張地圖的左上角座標 (x1[i], yy1[i])，右下角座標 (x2[i], yy2[i])
15  struct segment {
16      int mark;                // 聯集區域標誌（mark=0，聯集區域結束）
17      double len;              // 聯集區域長度
18  } tree[maxn * 20];           // 區段樹
19  int cmp(node a, node b) {    // f 表排序的比較函式
20      return a.x < b.x;
21  }
22  int insert(const int k,const int l,const int r,const int lc,const int rc,const int t) {
23  // 將上下邊標誌為 t 的水平條 [l, r] 插入區段樹（根為 k，代表區間為 [lc, rc]）
24      if (lc<=l && r<=rc) { // 若 [lc, rc] 覆蓋 [l, r]，計算聯集區域標誌；否則分別在左右子樹插入
25          tree[k].mark += t;
26      } else {
27              if ((l+r)/2>=lc)insert(k*2,l,(l+r)/2, lc,rc,t);
28              if((l+r)/2<rc) insert(k*2+1,(l+r)/ 2+1,r,lc, rc,t);
29      }
30  // 若聯集區域結束，則 k 節點的區間長度設為左右子區間的長度之和；否則為 q 中第 r 個 x 座標
31  // 與第 l 個 x 座標之間的距離
32      if (tree[k].mark == 0) tree[k].len=tree[k *2].len+tree[k *2+1].len;
33          else tree[k].len=q[r+1]-q[l];
34      return 0;
35  }
36  int main() {
```

```
37      int test = 0;                              // 測試案例數初始化
38      while (scanf("%d", &n) && n) {            // 反覆輸入地圖數，直至輸入 0 為止
39          double ans = 0;                        // 總面積初始化
40          for (int i = 1; i <= n ; i ++) {      // 輸入每張地圖的左上角和右下角座標
41              scanf("%lf %lf %lf %lf", &x1[i], &yy1[i], &x2[i], &yy2[i]);
42              if (x1[i] > x2[i]) swap(x1[i], x2[i]);
43              if (yy1[i] > yy2[i]) swap(yy1[i], yy2[i]);
44              q[i * 2 - 2] = x1[i];              // 儲存 x 座標
45              q[i * 2 - 1] = x2[i];
46          }
47          sort(q, q+n*2);                        // 按照 x 座標遞增的順序排列 q
48          int m = unique(q, q+n*2)-q;            // q 去除重複元素，其長度為 m
49          for ( int i=1;i<= n ; i ++) {
50          // 將地圖 i 的上邊左右端點在 q 表的指標、y 座標、上邊標誌存入 f[i*2-2];
51          // 將地圖 i 的下邊左右端點在 q 表的指標、y 座標、下邊標誌存入 f[i*2-1]
52              f[i*2-2].l=lower_bound(q,q+m,x1[i])-q;
53              f[i*2-2].r=lower_bound(q, q+m,x2[i])-q;
54              f[i*2-2].x=yy1[i];
55              f[i*2-2].t=1;
56              f[i*2-1].l=lower_bound(q, q + m, x1[i]) - q;
57              f[i*2-1].r=lower_bound(q, q + m, x2[i]) - q;
58              f[i * 2 - 1].x = yy2[i];
59              f[i * 2 - 1].t = -1;
60          }
61          sort(f,f+n*2,cmp);        // f 按 x 域遞增的順序排列（即按自下而上順序排列水平條）
62          for ( int i = 0 ; i < n * 2; i ++) {  // 按自下而上順序分析水平條
63              if (i) ans += tree[1].len*(f[i].x-f[i-1].x); // 累計目前水平條面積
64                  insert(1,0,m,f[i].l,f[i].r-1,f[i].t);     // 將目前水平條插入區段樹
65          }
66          printf("Test case #%d\n", ++ test);               // 輸出總面積
67          printf("Total explored area: %.2lf \n\n", ans);
68      }
69      return 0;
70  }
```

8.3 計算半平面交集的實作範例

如果一個凸多邊形的邊表示為直線方程或極角，那麼這一凸多邊形可以表示為半平面的交集。

在一個二維平面中，直線方程為 $ax + by + c = 0$，其中 a、b 和 c 是常數，將一個完整的平面劃分為兩個半平面。一個半平面由直線及其一側來定義：不是 $ax + by + c \geq 0$，就是 $ax + by + c \leq 0$（如圖 8-21a 所示）。

在有界區域中的一個半平面，或者半平面的交集可以構成一個凸多邊形（如圖 8-21b 和 c 所示），而 n 個半平面的交集 $H_1 \cap H_2 \cap \cdots \cap H_n$ 可以構成一個至多有 n 條邊的凸多邊形。例如，圖 8-21c 中有 5 條直線 L_1、L_2、L_3、L_4 和 L_5，其中直線 L_i 及其一側的部分組成半平面 $H_i(1 \leq i \leq 5)$，5 個半平面的交集 $H_1 \cap H_2 \cap \cdots \cap H_5$ 是一個凸五邊形。

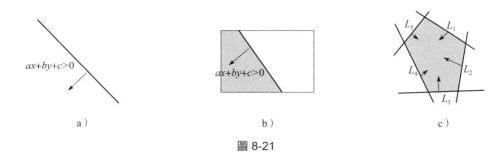

a）   b）   c）

圖 8-21

n 個半平面交集的區域可能無界。可以增加 4 個半平面（$x-c\leq0$，$x+c\geq0$，$y-c\leq0$，$y+c\geq0$）確保半平面交集的區域有界（如圖 8-22 所示）。

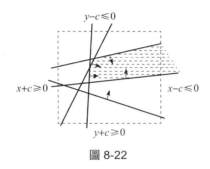

圖 8-22

每個半平面最多形成相交區域的一條邊，因此 n 個半平面的相交區域不超過 n 條邊。n 個半平面相交後的區域，也有可能是直線、射線、線段或者點，當然也可能是空集。

兩個凸多邊形的交集也可以產生一個凸多邊形（如圖 8-23a 所示）。新的凸多邊形的點是兩個凸多邊形的邊的交點。這些點也是分界點，將邊分為內邊和外邊兩種。內邊互相連接，構成新的凸多邊形（如圖 8-23b 所示）。假設有一個垂直的掃描線從左向右掃描，那麼，在任何時刻，掃描線和兩個凸多邊形最多有 4 個交點。例如，在圖 8-23a 中，凸多邊形 A 與垂直掃描線的上交點是 A_u，下交點是 A_l；多邊形 B 與垂直掃描線的上交點是 B_u 和 B_l。我們稱 A_u、A_l、B_u 和 B_l 所經過的邊分別是 e_1、e_2、e_3 和 e_4。

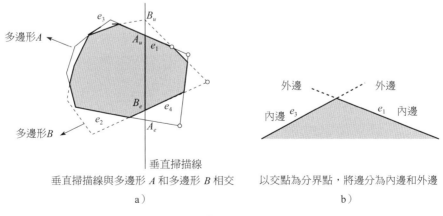

垂直掃描線與多邊形 A 和多邊形 B 相交   以交點為分界點，將邊分為內邊和外邊

a）   b）

圖 8-23

半平面的交集有多種計算方法，這些演算法各有千秋，適用於不同的場合。在本節中，我們圍繞其中較為典型的兩種演算法展開實作：

◆ 半平面交集的連線演算法；

◆ 利用極角計算半平面交集的演算法。

8.3.1 ▶ 計算半平面交集的連線演算法

設 n 個半平面的交集 $H_1 \cap H_2 \cap \cdots \cap H_n$ 組成凸多邊形 A。初始時 A 為整個平面，然後，依次用 H_i 的邊界線 $a_i x + b_i y + c_i = 0$ 切割 A，保留 A 中使不等式 $a_i x + b_i y + c_i \geq 0$ 成立的部分，$1 \leq i \leq n$。最後，得到的 A 就是 $H_1 \cap H_2 \cap \cdots \cap H_n$。

解題的關鍵是，如何用目前半平面 H_i 的邊界線 $a_i x + b_i y + c_i = 0$ 切割凸多邊形 A，並計算出 A 中使不等式 $a_i x + b_i y + c_i \geq 0$ 成立的部分。目前 A 含 k 個頂點，按逆時針排列成 $a[]$；切割線（即目前半平面 H_i 的邊界線）為 $\overrightarrow{P_1 P_2}$；A 被 $\overrightarrow{P_1 P_2}$ 切割後的凸多邊形頂點按逆時針排列成 $b[]$。$b[]$ 的計算方法如下：

```
b[] 初始化為空;
    for (int i = 0; i < k; ++i) {        // 順序列舉 a[] 中的每個頂點
        { if (p₁a[i]^p₂a[i]≥0) { a[i] 進入 b[]; continue }
        // 若a[i]p₁ 和 p₁p₂ 沿逆時針方向連接，或者a[i] 位於 p₁p₂ 上，則 a[i] 保留 (圖 8-24a)
        對於 a[i] 的左鄰點 a[i-1](j=i-1);
        if (p₁a[j]^p₂a[j]>0)    // 若a[j]p₁ 和 p₁p₂ 沿逆時針方向連接，則保留 p₁p₂
                                // 與 a[j]a[i] 的交點 (圖 8-24b)
        { p₁p₂ 與 a[j]a[i] 的交點進入 b[] }
        對於 a[i] 的右鄰點 a[i+1](j=i+1);
        if (p₁a[j]^p₂a[j]>0) { p₁p₂ 與 a[j]a[i] 的交點進入 b[] }
        // 若a[j]p₁ 和 p₁p₂ 沿逆時針方向連接，則保留 p₁p₂ 與 a[i]a[j] 的交點 (圖 8-24c)
    }
```

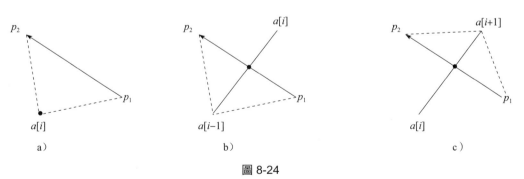

圖 8-24

顯然，用目前半平面 H_i 的邊界線切割平面 A 的時間複雜度為 $O(n)$。依次按下述方法切割 n 次，便可以得到半平面交集。

初始時 A 設為平面上覆蓋凸多邊形的一個大區域,例如由 4 個頂點(-10^3, -10^3)、(10^3, -10^3)、(10^3, 10^3)和(-10^3, 10^3)組成的大正方形,這 4 個頂點儲存在 $a[]$ 中。先用 H_1 的邊界線切割 A,計算切割 A 後形成的凸多邊形頂點 $b[]$;再將 $b[]$ 指定給 $a[]$,清空 $b[]$,繼續用 H_2 的邊界線切割,得到 $b[]$……以此類推,直至用 H_n 的邊界線切割完 A 為止,最終得到的 $b[]$ 即為凸多邊形的頂點序列。

上述演算法的時間複雜度為 $O(n^2)$。由於該演算法只對 H_1, H_2, $\cdots$, H_n 的邊界線資料進行一次掃描,一旦 H_i 的邊界線資料被讀入並處理,就不需要再被記憶,具有連線的優點,因此稱為計算半平面交集的連線演算法。

8.3.1.1 Carpet[4]

George 購買了兩個類似圓形的地毯(他不喜歡直線和尖角)。不幸的是,他無法完整地覆蓋地面,因為房間是一個凸多邊形的形狀。但他仍然希望透過選擇鋪設地毯的位置,盡量減少未被覆蓋到的面積,因此請幫助他。

要在房間內放置兩張地毯,使得這兩張地毯覆蓋的總面積盡可能最大。地毯可能會重疊,但地毯不可以被切割或折疊(包括沿地板邊界切割或折疊)—— 要避免直線,如圖 8-25 所示。

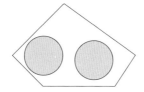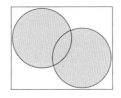

圖 8-25

輸入

輸入的第一行提供兩個整數 n 和 r,分別表示 George 的房間有多少個角($3 \le n \le 100$)和地毯的半徑($1 < r \le 1000$,兩張地毯的半徑相同)。接下來的 n 行每行提供兩個整數 x_i 和 y_i,表示第 i 個角的座標($-1000 \le x_i, y_i \le 1000$)。所有角的座標是不同的,房間裡相鄰的牆不在一條直線上,角按順時針方向排列。

輸出

輸出 4 個數字 x_1、y_1、x_2 和 y_2,其中(x_1, y_1)和(x_2, y_2)表示兩張地毯被放置的中心(圓心)。座標精確到小數點後 4 位。

如果有多個可行的最佳放置方案,傳回其中任何一個。輸入資料保證至少有一個解決方案存在。

4　此題目對原題進行了改編,原題來源見下頁。編輯註

範例輸入	範例輸出
5 2	−2 3 3 2.5
−2 0	
−5 3	
0 8	
7 3	
5 0	
4 3	3 5 7 3
0 0	
0 8	
10 8	
10 0	

試題來源：ACM Northeastern Europe 2006, Northern Subregion
線上測試：POJ 3384

❖ 試題解析

這道題要求用兩個圓覆蓋一個多邊形，問最多能覆蓋的多邊形的面積。求解的思路是將多邊形的每條邊一起向「內」推進 r，得到一個新的多邊形。顯然，這個多邊形可放置下兩個圓，而不至於出現地毯在邊界折疊的情況。求解的方法是採用半平面交集的連線演算法。

最初設覆蓋區域 plan 為一個無窮大的正方形，然後按順時針方向依次列舉多邊形的每條邊 $\overrightarrow{p_i p_{i+1}}$（$0 \le i \le n-1$，$p_n = p_0$），將 $\overrightarrow{p_i p_{i+1}}$ 向「內」推進 r 得到新多邊形的邊 $\overrightarrow{q_i q_{i+1}}$（$\overrightarrow{p_i p_{i+1}}$ 旋轉 $90° * \dfrac{r}{|\overrightarrow{p_i p_{i+1}}|}$ 後得到 $\overrightarrow{q_i q_{i+1}}$），用 $\overrightarrow{q_i q_{i+1}}$ 切割目前的 plan。

以此類推，直至處理完多邊形的 n 條邊為止，最終得出的 plan 即為新多邊形。

然後求這個多邊形最遠的兩點，分別作為兩個圓的圓心。顯然，這兩個圓覆蓋多邊形的面積最大。

❖ 參考程式

```
01   #include <cstdio>
02   #include <iostream>
03   #include <cstdlib>
04   #include <cmath>
05   #include <cstring>
06   #include <ctime>
07   #include <climits>
08   #include <utility>
09   #include <algorithm>
10   using namespace std;
11   const double epsi = 1e-10;                    // 無窮小
12   const double pi = acos(-1.0);                 // 180°
13   const int maxn = 100 + 10;                    // 頂點數的上限
14   inline int sign(const double &x) {            // 計算 x 的正負號或零標誌
15       if (x > epsi) return 1;
16       if (x < -epsi) return -1;
17       return 0;
```

```
18   }
19   inline double sqr(const double &x) {                    // 計算 x²
20       return x * x;
21   }
22   struct Point {                                          // 定義點運算的結構型別
23       double x, y;
24       Point(double _x = 0, double _y = 0): x(_x), y(_y) { }  // 定義點
25       Point operator +(const Point &op2) const {          // 向量加
26           return Point(x + op2.x, y + op2.y);
27       }
28       Point operator -(const Point &op2) const {          // 向量減
29           return Point(x - op2.x, y - op2.y);
30       }
31       double operator *(const Point &op2) const {         // 計算內積
32           return x* op2.x + y*op2.y;
33       }
34       Point operator *(const double &d) const {           // 向量與實數相乘
35           return Point(x * d, y * d);
36       }
37       Point operator /(const double &d) const {           // 向量與實數相除
38           return Point(x / d, y / d);
39       }
40       double operator ^(const Point &op2) const {         // 計算外積
41           return x * op2.y - y * op2.x;
42       }
43       bool operator ==(const Point &op2) const {          // 計算重合標誌
44           return sign(x - op2.x) == 0 && sign(y - op2.y) == 0;
45       }
46   };
47   inline double mul(const Point &p0, const Point &p1, const Point &p2)
48                                                      // 計算 $\overrightarrow{p_1 p_0}$ 與 $\overrightarrow{p_2 p_0}$ 的外積
49   {
50       return (p1 - p0) ^ (p2 - p0);
51   }
52   inline double dot(const Point &p0, const Point &p1, const Point &p2)
53                                                      // $\overrightarrow{p_1 p_0}$ 與 $\overrightarrow{p_2 p_0}$ 的內積
54   {
55       return (p1 - p0) * (p2 - p0);
56   }
57   inline double dis2(const Point &p0, const Point &p1) {   // 計算 $\overrightarrow{p_1 p_0}^2$
58       return sqr(p0.x - p1.x) + sqr(p0.y - p1.y);
59   }
60   inline double dis(const Point &p0, const Point &p1) {     // 計算 $\overrightarrow{p_1 p_0}$
61       return sqrt(dis2(p0, p1));
62   }
63   inline double dis(const Point &p0, const Point &p1, const Point &p2) {
64       if(sign(dot(p1, p0, p2))<0) return dis(p0, p1);
65       // 若 $\overrightarrow{p_1 p_0}$ 與 $\overrightarrow{p_1 p_2}$ 的夾角超過 90°，則傳回 $\overrightarrow{p_1 p_0}$
66       if (sign(dot(p2,p0, p1))<0) return dis(p0, p2);
67       // 若 $\overrightarrow{p_2 p_0}$ 與 $\overrightarrow{p_2 p_1}$ 的夾角超過 90°，則傳回 $\overrightarrow{p_2 p_0}$
68       return fabs(mul(p0, p1, p2) / dis(p1, p2));       // 傳回 p0 至 $\overrightarrow{p_1 p_2}$ 的垂直線長度
69   }
70   inline Point rotate(const Point &p, const double &ang) { // 計算點 p 旋轉 ang 角度後的點
71       return Point(p.x * cos(ang) - p.y * sin(ang), p.x * sin(ang) + p.y * cos(ang));
72   }
```

```
73  inline void translation(const Point &p1, const Point &p2, const double &d,
74                          Point &q1, Point &q2)   // p₂p₁ 向「內」推進 d 後形成直線 p₂p₁
75      q1 = p1 + rotate(p2 - p1, pi / 2) * d / dis(p1, p2);
76      q2 = q1 + p2 - p1;
77  }
78  inline void cross(const Point &p1, const Point &p2,
79            const Point &p3, const Point &p4, Point &q) {   // 計算 p₁p₂ 與 p₃p₄ 的交點 q
80      double s1 = mul(p1, p3, p4), s2 = mul(p2, p3, p4);
81      q.x = (s1 * p2.x - s2 * p1.x) / (s1 - s2);
82      q.y = (s1 * p2.y - s2 * p1.y) / (s1 - s2);
83  }
84  inline int half_plane_cross(Point*a, int n,Point *b, const Point &p1, const Point
    &p2) {
85  // 初始區域為含 n 個頂點的序列 a[]，用直線 p₁p₂ 切割，傳回切割後的半平面區域 b[] 和其頂點數
86      int newn = 0;                              // 堆疊指標初始化
87      for (int i = 0, j; i < n; ++i) {
88          if (sign(mul(a[i], p1, p2)) >= 0) {      // 若 p₁a[i] 在 p₂a[i] 的順時針方向，
89                                                   // 則 a[i] 進入 b[]，繼續列舉 a[i+1]
90              b[newn++] = a[i];
91              continue;
92          }
93          j = i-1; if (j == -1) j = n-1;           // 計算 i 左鄰的點 j
94          if (sign(mul(a[j], p1, p2))>0)           // 若 p₁a[j] 在 p₂a[j] 的順時針方向，則 p₁p₂
95                                                   // 與 a[j]a[i] 的交點進入 b[]
96              cross(p1, p2, a[j], a[i], b[newn++]);
97          j = i + 1; if (j == n) j = 0;            // 計算 i 右鄰的點 j
98          if (sign(mul(a[j], p1, p2)) > 0)         // 若 p₁a[j] 在 p₂a[j] 的順時針方向，則 p₁p₂
99                                                   // 與 a[j]a[i] 的交點進入 b[]
100             cross(p1, p2, a[j], a[i], b[newn++]);
101     }
102     return newn;
103 }
104 int n;                          // 頂點數
105 double r;                       // 半徑
106 Point p[maxn];                  // 多邊形的點序列
107 int t[2];                       // 翻轉前後半平面區域的頂點數
108 Point plane[2][maxn], q1, q2;   // 翻轉前後半平面區域的頂點序列為 plane[2][]
109 int main() {
110     scanf("%d%lf", &n, &r);        // 輸入房間的角數和地毯的半徑
111     for (int i = 0; i < n; ++i)    // 輸入每個角的座標
112         scanf("%lf%lf", &p[i].x, &p[i].y);
113     p[n] = p[0];                   // 首尾相接，形成多邊形
114     int o1 = 0, o2;
115     t[0] = 4;                      // 初始區域含 4 個頂點，為平面上一個大的正方形 plane
116     t[0] = 4;
117     plane[0][0] = Point(-1e3, -1e3);
118     plane[0][1] = Point(1e3, -1e3);
119     plane[0][2] = Point(1e3, 1e3);
120     plane[0][3] = Point(-1e3, 1e3);
121     for (int i = 0; i < n; ++i) {  // 順序計算房間的每個角
122         o2 = o1 ^ 1;                // 翻轉
123         translation(p[i + 1], p[i], r, q1, q2); // p₁p₁₊₁ 向「內」推進 r 後形成直線 q₂q₁
124         t[o2] = half_plane_cross(plane[o1], t[o1], plane[o2], q1, q2);
125         // 用 q₁q₂ 切割長度為 t[o1] 的半平面區域 plane[o1]，計算切割後的半平面區域 plane[o2]
```

```
126            // 及其長度 t[o2]
127            o1 = o2;                    // 繼續切割下去
128        }
129        double maxd = -1, curd;
130        for (int i=0; i<t[o1];++i) // 列舉凸多邊形的所有頂點對，計算其中距離最長的頂點 q₁ 和 q₂
131            for (int j = i; j < t[o1]; ++j) {
132                curd = dis2(plane[o1][i], plane[o1][j]);
133                if (sign(curd - maxd) > 0) {
134                    maxd = curd;
135                    q1 = plane[o1][i], q2 = plane[o1][j];
136                }
137            }
138        printf("%.10lf %.10lf %.10lf %.10lf\n", q1.x, q1.y, q2.x, q2.y);
139        // 頂點 q₁ 和 q₂ 作為兩個圓的圓心輸出
140        return 0;
141 }
```

8.3.2 ▶ 利用極角計算半平面交集的演算法

對於在 xy 平面中的一點，以及連接該點與原點之間的一條直線，極角 θ 是 x 軸逆時針和這條直線的夾角，如圖 8-26 所示。

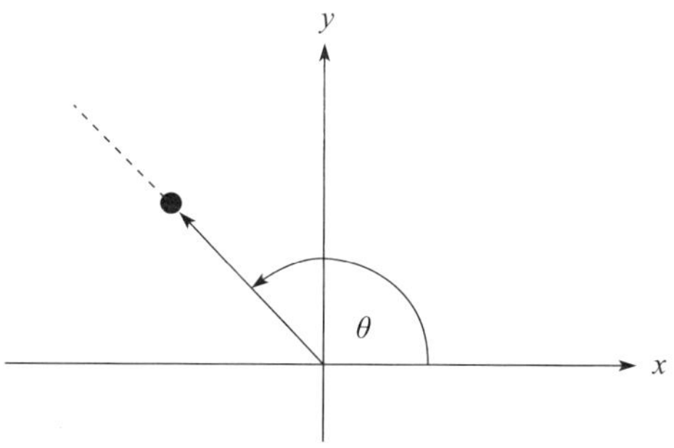

對一個半平面 $ax + by \leq (\geq) c$，其中 $a = 1$，$b \in \{1, -1\}$，其極角定義如下。

◆ 半平面 $x - y \geq c$ 的極角為 $\dfrac{1}{4}\pi$（圖 8-27a）；

◆ 半平面 $x - y \leq c$ 的極角為 $-\dfrac{3}{4}\pi$（圖 8-27b）；

◆ 半平面 $x + y \geq c$ 的極角為 $-\dfrac{1}{4}\pi$（圖 8-27c）；

◆ 半平面 $x + y \leq c$ 的極角為 $\dfrac{3}{4}\pi$（圖 8-27d）。

圖 8-26

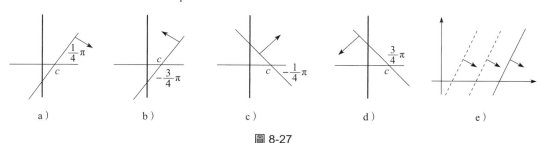

a)　　　　b)　　　　c)　　　　d)　　　　e)

圖 8-27

對於半平面 $ax + by \leq (\geq) c$，其中 a、b 和 c 是常數，極角為 $\text{atan2}(b, a)$，即 (a, b) 與原點的連線和 x 軸的夾角。若有多個半平面的極角相同，則根據 c 保留其中一個半平面，例如，保留 c 值最小（即離原點最近）的一個半平面（如圖 8-27e）。

半平面交集的結果為一個凸多邊形，其中極角在 $\left(-\frac{1}{2}\pi, \frac{1}{2}\pi\right]$ 範圍內的直線構成了上凸包；極角在 $\left(-\pi, -\frac{1}{2}\pi\right] \cup \left(\frac{1}{2}\pi, \pi\right]$ 範圍內的直線構成了下凸包，如圖 8-28 所示。

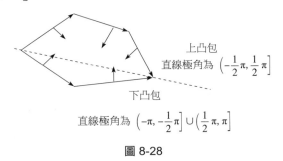

圖 8-28

由此可見，我們可以按照極角遞增的順序（即逆時針順序）計算凸多邊形。利用極角計算半平面交集的演算法如下。

設陣列 $a[]$ 儲存 n 個半平面 H_1, H_2, $\cdots$, H_n 的邊界線對應直線方程（$A_ix+B_iy+C_i=0$ 中的參數 A_i、B_i 和 C_i）；n 個半平面交集 $H_1 \cap H_2 \cap \cdots \cap H_n$ 對應的凸多邊形由兩個佇列儲存，其中 $b[]$ 儲存邊的直線方程，$c[]$ 儲存頂點。兩個佇列的佇列開頭指標為 h，佇列最後的指標為 t。

（1）前置處理陣列 $a[]$：按照極角為第一關鍵字、原點至該直線的距離為第二關鍵字排序 a，對於極角相同的直線，保留與原點最近的 1 條；去除係數 $A=B=0$ 且 $C>0$ 的直線（若 $C \leq 0$，則失敗退出）。這樣做的目的是確定半平面交集的計算順序，排除重合和半平面交集不成立的可能情況。

（2）將 a 中前兩條直線送入佇列 $b[]$ 中，為 $b[0]$ 和 $b[1]$，這兩條直線的交點送入 $c[1]$，$h=0$，$t=1$。

（3）依次處理直線 $a[3]$, $\cdots$, $a[n]$：

◆ 若佇列非空且頂點 $c[t]$ 代入直線 $a[i]$ 後的方程值為負，則最後 1 個元素提出佇列（$t\text{--}$）。

◆ 若佇列非空且頂點 $c[h+1]$ 代入直線 $a[i]$ 的方程值為負，則第 1 個元素提出佇列（$h\text{++}$）。

直線 $a[i]$ 推入 b 佇列最後的（$b[++t]=a[i]$），$b[t]$ 和 $b[t-1]$ 的交點推入 $c[t]$。這樣做的目的是，使得 c 中所有頂點代入各直線後的方程值皆為正，即保留 $A_ix+B_iy+C_i \geq 0$ 的部分。

（4）處理佇列開頭和佇列最後的銜接：

◆ 若佇列非空且頂點 $c[t]$ 代入直線 $b[h]$ 後的方程值為負，則最後 1 個元素提出佇列（$t\text{--}$）。

◆ 若佇列非空且頂點 $c[h+1]$ 代入直線 $b[t]$ 後的方程值為負，則第 1 個元素提出佇列（$h++$）。

◆ 若佇列空（$h+1 \geq t$），則失敗傳回；否則凸多邊形的 p_0 為 $b[h]$ 與 $b[t]$ 的交點，$p_1, \cdots, p_{t-h}$ 依次為 $c[h+1], \cdots, c[t]$，$p_{t-h+1} = p_0$。

由上可見，在利用極角計算半平面交集的過程中，除 a 的排序以外，每一步都是線性的。通常用快速排序實作 a 的排序，總共的時間複雜度為 $O(n\log_2 n)$，且演算法程式碼容易編寫。

8.3.2.1　Art Gallery

巴爾幹合作中心（Center for Balkan Cooperation）新的且極具未來感的大樓中的藝術畫廊呈多邊形形式（不一定是凸的）。當有大型展覽時，看顧所有作品是很大的安全問題。已知有畫廊的結構，請編寫一個程式，在畫廊樓層的平面上找到一片表面，從該區域能夠看到畫廊牆壁上的每個點。在圖 8-29 中，左圖提供在座標系統中的畫廊地圖，右圖的陰影則提供所要求的區域。

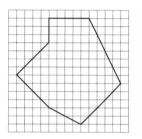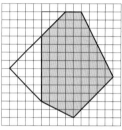

圖 8-29

輸入

輸入的第一行提供測試案例數 T。每個測試案例的第一行提供一個整數 N，$5 \leq N \leq 1500$；接下來的 N 行每行提供多邊形的一個頂點的座標，用兩個 16 位元的整數型別表示，中間用一個空格分開。測試案例的最後一個頂點座標後的下一行是下一個測試案例的頂點數。

輸出

對於每一個測試案例，程式輸出一行，提供所要求的表面面積，精確到小數點後兩位數字（四捨五入）。

範例輸入	範例輸出
1	80.00
7	
0 0	
4 4	
4 7	
9 7	
13 −1	
8 −6	
4 −4	

試題來源： ACM Southeastern Europe 2002

線上測試： POJ 1279，ZOJ 1369，UVA 2512

❖ 試題解析

按照題意，「在畫廊樓層的平面上找到一片表面，從該區域能夠看到畫廊牆壁上的每個點」。也就是說，這片表面由畫廊內部具有下述性質的點集合組成：從多邊形畫廊邊界上任取一點 s，點集合中取任一點 v，從 v 到 s 的線段全部在多邊形畫廊的內部。

這片表面稱為多邊形的核心。直觀地講，如果把多邊形邊看成是逆時針方向的環，則核心的區域即為由每條多邊形邊剖分整個平面而得到的左半平面的交集。一般而言，凸多邊形的核心就是它本身，而凹多邊形的核心可能是其內部的一部分，也可能根本就不存在。

基於上述思維，多邊形核心可以按照以下思路求出：先輸入多邊形畫廊的 n 個頂點，將之轉化為 n 條邊的直線方程；然後逆時針依次用多邊形的邊剖分多邊形所在的平面，保留向裡的部分，捨去其向外的部分，剩下的便是此多邊形的核心；最後利用外積公式計算核心面積，即題意所要求的這片表面的面積。

❖ 參考程式

```
01  #include <iostream>
02  #include <cstdlib>
03  #include <cstdio>
04  #include <string>
05  #include <cmath>
06  #include <algorithm>
07  using namespace std;
08  const int maxn=2100;
09  const double eps=1e-10;
10  struct Point {                          // 點運算的結構型別
11      double x, y;
12      Point(double _x = 0, double _y = 0): x(_x), y(_y) { }  // 定義點
13      double operator ^(const Point &op2) const {            // 外積
14          return x * op2.y - y * op2.x;
15      }
16  };
17  struct StraightLine{                    // 半平面交集運算的結構型別
18      double A, B, C;                     // 直線方程 Ax+By+C=0
19      StraightLine(double _a=0, double _b=0, double _c=0):A(_a), B(_b), C(_c) { }
20                                          // 定義直線
21      double f(const Point &p) const {    // 計算 p 點代入直線方程後的解
22          return A * p.x + B * p.y + C;
23      }
24      double rang() const{                // 傳回 B/A 的反正切，即直線的極角
25          return atan2(B, A);
26      }
27      double d() const{                   // 傳回原點至直線 Ax+By+C=0 的距離 $\frac{C}{\sqrt{A^2+B^2}}$
28          return C / (sqrt(A * A + B * B));
29      }
30      Point cross(const StraightLine &a) const { // 計算直線 Ax+By+C=0 與直線 a 的交點
31          double xx = - (C * a.B - a.C * B) / (A * a.B - B * a.A);
32          double yy = - (C * a.A - a.C * A) / (B * a.A - a.B * A );
33          return Point(xx, yy);
34      }
```

```
35    };
36    StraightLine b[maxn], SL[maxn];        // 多邊形的邊序列為 SL[]，目前核心邊的直線序列為 b[]
37    Point c[maxn], d[maxn];                // 核心的頂點序列為 d[]，目前核心的頂點序列為 c[]
38    int n;                                 // 多邊形的頂點數
39    inline int sign(const double &x){      // 計算 x 的正負號
40        if (x > eps) return 1;
41        if (x < -eps) return -1;
42        return 0;
43    }
44    int cmp(StraightLine a, StraightLine b){      // 極角作為第一關鍵字、原點至該直線的距離
45                                                  // 作為第二關鍵字，比較直線 a 和直線 b 的大小
46        if (sign( a.rang() - b.rang() ) != 0) return a.rang() < b.rang();
47        else return a.d() < b.d();
48    }
49    int half_plane_cross(StraightLine *a,  int n, Point *pt) {
50    // 輸入多邊形的邊序列 a（邊數為 n），利用極角計算和傳回多邊形 a 內最大凸多邊形的頂點序列 pt 及其長度
51        sort(a+1,a+n+1,cmp);        // 極角為第一關鍵字、原點至該直線的距離為第二關鍵字，排序 a
52        int tn = 1;                 // a 的長度初始化
53        for (int i = 2; i <= n; i ++){   // 依次列舉多邊形的相鄰邊，去除極角相同的相鄰邊
54                                         // 或者 A=B=0 且 C>0 的邊
55            if (sign( a[i].rang() - a[i-1].rang() )!=0) a[++tn]=a[i];
56            // 若 a[i] 與 a[i-1] 的極角不同，則 a[i] 重新進入 a[]
57            if (sign(a[tn].A )==0 && sign( a[tn].B )==0)
58            // 在該邊的 A=B=0 的情況下，若 C 大於 0，則退出 a[]；否則傳回失敗標誌
59                if (sign( a[tn].C )==1)    tn--;
60                else return - 1;
61        }
62        n=tn;                        // a 前置處理後的長度
63        int h=0, t=1;                // 佇列的開頭及結尾指標初始化
64        b[0] = a[1];                 // 直線 1 和直線 2 存入 b，交點存入 c
65        b[1] = a[2];
66        c[1] = b[1].cross(b[0]);
67        for (int i = 3; i <= n; i ++){   // 依次列舉直線 3… 直線 n
68            while (h < t && sign( a[i].f(c[t]) )<0) t-- ;
69            // 若佇列 c 非空且 c 的佇列最後的交點代入直線 i 後的方程值為負，則提出佇列最後 1 個元素
70            while (h<t && sign(a[i].f( c[h+1] ))<0) h++ ;
71            // 若佇列非空且 c 的佇列開頭交點代入直線 i 後的方程值為負，則提出佇列第 1 個元素
72            b[ ||t] = a[i];            // 直線 1 推入 b 的佇列最後的元素
73            c[t] = b[t].cross( b[t-1] );   // b 佇列最後的兩條直線的交點推入 c 佇列最後的元素
74        }
75        while (h < t && sign( b[h].f( c[t] ) )<0) t--;
76        // 若佇列 c 非空且 c 的佇列最後的交點代入 b 的佇列開頭直線後方程值為負，則提出最後 1 個元素
77        while (h < t && sign( b[t].f( c[h+1] ) )<0) h++;
78        // 若佇列非空且 c 的佇列開頭交點代入 b 的佇列最後的直線後方程值為負，則提出第 1 個元素
79        if (h+1 >= t) return -1;        // 若佇列空，則失敗返回
80        pt[0] = b[h].cross( b[t] );     // b 的首尾兩條直線的交點作為凸多邊形的首頂點
81        for(int i=h;i<t;i++) pt[i-h+1]=c[i+1]; // 凸多邊形的其他頂點按 c 的順序排列
82        pt[t - h + 1] = pt[0];          // 凸多邊形首尾相接
83        return t - h + 1;               // 傳回凸多邊形的頂點數
84    }
85    int main(){
86        int x[maxn], y[maxn] ;          // 多邊形頂點的座標序列
87        double ans=0;                   // 最大凸多邊形的面積初始化
88        int n, m;                       // 多邊形的頂點數為 n，內部最大凸多邊形的頂點數為 m
89        int test;                       // 測試案例數
```

```
90      scanf("%d", & test );              // 讀測試案例數
91      for (; test ; test --){            // 依次處理測試案例
92          scanf("%d", & n);              // 輸入多邊形的頂點數和頂點的座標序列
93          for (int i = 1; i <= n; i ++) scanf("%d %d", & x[i], & y[i]);
94          x[n+1]=x[1];y[n+1]=y[1];       // 首尾相接
95          for(int i=1; i<=n;i++)         // 計算 n 條邊的直線方程，其中 SL[i] 儲存 p⃗ᵢ₊₁pᵢ 的
96                                         // 直線方程中的 A、B、C
97  SL[i]=StraightLine(-(y[i]-y[i+1]),-(x[i+1]-x[i]),-(x[i]*y[i+1]-x[i+1]*y[i])));
98          m=half_plane_cross(SL,n,d);    // 利用極角計算多邊形 SL 內最大凸多邊形的
99                                         // 頂點數 m 和頂點序列 d
100         ans = 0; // 最大凸多邊形的面積初始化
101         if (m == -1) printf("0.00\n");  // 若無凸多邊形，則面積為 0；否則採用外積方法
102                                         // 計算最大凸多邊形的面積
103         else {
104             for (int i = 0; i < m; i ++) ans += d[i] ^ d[i+1];
105             printf("%.2lf\n", ans / 2); // 輸出最大凸多邊形的面積
106         }
107     }
108     return 0;
109 }
```

8.3.2.2　Hotter Colder

兒童遊戲 Hotter Colder 是這樣玩的。玩家 A 離開房間，此時玩家 B 在房間的某處隱藏一件物品。玩家 A 再進入房間，到達位置（0, 0），然後在房間裡其他不同的位置進行搜尋。當玩家 A 到一個新的位置時，如果這個位置比以前的位置離物品近，玩家 B 就說 "Hotter"；如果這一位置離物品比以前的位置遠，玩家 B 就說 "Colder"；如果距離相同，玩家 B 就說 "Same"。

輸入

輸入多達 50 行，每行提供一個（x, y）座標，接下來提供 "Hotter"、"Colder" 或 "Same"。每對表示房間裡的一個位置，本題設定房間是正方形，對角在（0, 0）和（10, 10）。

輸出

對於輸入的每一行，輸出一行，提供物品可能放置的區域面積，精確到小數點後兩位。如果不存在這樣的區域，輸出 0.00。

範例輸入	範例輸出
10.0 10.0 Colder	50.00
10.0 0.0 Hotter	37.50
0.0 0.0 Colder	12.50
10.0 10.0 Hotter	0.00

試題來源： Waterloo local 2001.01.27

線上測試： POJ 2540，ZOJ 1886

❖ 試題解析

設物品的位置為 P，A 每回合移動一次。每次 B 都會告訴 A，他目前所處的位置是離 P 更近了（Hotter）還是更遠了（Colder），或是距離不變（Same）。試題要求在 B 每次回答後，確定 P 點可能存在的區域面積。

假設 A 從 $C(x_1, y_1)$ 移動到了 $D(x_2, y_2)$。判斷 D 點與 P 點的距離比 C 點與 P 點的距離是遠了還是近了，只要將 $P(x, y)$ 代入 CD 的中垂線方程後，根據正負號即可得出結論：

◆ 若目前回合中 B 回答 "Hotter"，則點 $P(x, y)$ 所處的位置滿足 $|CP| > |DP|$，即對應於不等式

$$2*(x_2 - x_1)*x + 2*(y_2 - y_1)*y + x_1^2 + y_1^2 - x_2^2 - y_2^2 > 0$$

◆ 若 B 回答 "Colder"，則點 $P(x, y)$ 所處的位置滿足 $|CP| < |DP|$，即對應於不等式

$$2*(x_2 - x_1)*x + 2*(y_2 - y_1)*y + x_1^2 + y_1^2 - x_2^2 - y_2^2 < 0$$

◆ 若 B 回答 "Same"，則點 $P(x, y)$ 所處的位置滿足 $|CP| = |DP|$，即對應於不等式

$$2*(x_2 - x_1)*x + 2*(y_2 - y_1)*y + x_1^2 + y_1^2 - x_2^2 - y_2^2 = 0$$

B 每回答一次，則根據回答的類型增加相關的半平面。

初始時 P 點可能存在的區域是 $[0, 10]*[0, 10]$。每回合後都對目前的半平面求交集。若半平面的交集不存在，則輸出失敗訊息，否則輸出交集的面積。

在下面提供的參考程式中，半平面交集是利用極角計算的。

❖ 參考程式

```
01   #include <iostream>
02   #include <cstdlib>
03   #include <cstdio>
04   #include <string>
05   #include <cmath>
06   #include <algorithm>
07   using namespace std;
08   const int maxn=21000;
09   const double eps=1e-10;
10   struct Point {                              // 點運算的結構型別
11       double x, y;
12       Point(double _x = 0, double _y = 0): x(_x), y(_y) { }
13       double operator ^(const Point &op2) const {        // 外積
14           return x * op2.y - y * op2.x;
15       }
16   };
17   struct StraightLine{                        // 半平面交運算的結構型別
18   double A, B, C;                             // 直線方程 Ax+By+C
19   StraightLine(double _a=0, double _b=0, double _c=0): A(_a), B(_b), C(_c) { }
20                                               // 構建直線方程
21   double f(const Point &p) const {            // 計算 p 點代入直線方程後的值
```

```
22          return A * p.x + B * p.y + C;
23      }
24  double rang() const{                        // 傳回 B/A 的反正切，即直線的極角
25          return atan2(B, A);
26      }
27  double d() const{                           // 傳回原點至直線 Ax+By+C=0 的距離
28        return C / (sqrt(A * A + B * B));
29      }
30      Point cross(const StraightLine &a) const {          // 計算交點
31          double xx = - (C * a.B - a.C * B) / (A * a.B - B * a.A);
32          double yy = - (C * a.A - a.C * A) / (B * a.A - a.B * A);
33          return Point(xx, yy);
34      }
35  };
36  StraightLine b[maxn], SL[maxn],S[maxn];  // 半平面的直線序列為 SL[]，s[] 暫存半平面，
37                                           // 當前半平面交的直線序列為 b[]
38  Point c[maxn], d[maxn];          // 半平面交的頂點序列為 d[]，目前半平面交的頂點序列為 c[]
39  int n;                                   // 多邊形的頂點數
40  inline int sign(const double &x){        // 計算 x 的正負號標誌
41      if (x > eps) return 1;
42      if (x < -eps) return -1;
43      return 0;
44  } int cmp(StraightLine a, StraightLine b){   // 極角作為第一關鍵字、原點至該直線的距離
45                                           // 作為第二關鍵字，比較直線 a 和直線 b 的大小
46      if (sign( a.rang() - b.rang() ) != 0) return a.rang() < b.rang();
47      else return a.d() < b.d();
48  }
49  int half_plane_cross(StraightLine *a,  int n, Point *pt) {
50  // 輸入多邊形的邊序列 a，其長度為 n，利用極角計算和傳回多邊形 a 內最大凸多邊形的頂點序列 pt 及其長度
51      sort(a+1,a+n+1,cmp);   // 極角為第一關鍵字、原點至該直線的距離為第二關鍵字，排序 a
52      int tn = 1;            // a 的長度初始化
53      for (int i = 2; i <= n; i ++){         // 依次列舉多邊形的相鄰邊，去除極角相同的邊
54                                             // 或者 A=B=0 且 C>0 的邊（若 C≤0，則失敗退出）
55          if (sign( a[i].rang() - a[i-1].rang() )!=0) a[++tn]=a[i];
56                                             // 若相鄰邊的極角不同，則重新進入 a[]
57          if (sign(a[tn].A)==0 && sign(a[tn].B)==0) // 在該邊 A=B=0 的情況下，若 C>0，
58                                             // 則退出 a[]；否則傳回失敗標誌
59              if (sign( a[tn].C )==1)    tn --;
60              else return  - 1;
61      }
62      n=tn;                                  // a 前置處理後的長度
63      int h = 0, t = 1;                      // 佇列的首尾指標初始化
64      b[0] = a[1];                           // 直線 1 和直線 2 存入 b[]
65      b[1] = a[2];
66      c[1] = b[1].cross(b[0]);               // 直線 1 和直線 2 的交點存入 c[]
67      for (int i = 3; i <= n; i ++){         // 依次列舉直線 3 ～直線 n
68          while (h < t && sign( a[i].f( c[t] ) )<0) t -- ;
69          // 若佇列 c 非空且 c 的佇列最後交點代入直線 i 後的方程值為負，則提出佇列最後元素
70          while (h<t && sign( a[i].f(c[h+1] ))<0) h++ ;
71          // 若佇列非空且 c 的佇列開頭交點代入直線 i 後的方程值為負，則提出佇列開頭元素
72          b[ ++ t] = a[i];                   // 直線 i 推入 b 的佇列結尾
73          c[t] = b[t].cross( b[t-1] );       // b 佇列結尾的兩條直線的交點推入 c 佇列結尾
74      }
75      while (h < t && sign( b[h].f( c[t] ) )<0) t --;
76      // 若佇列 c 非空且 c 的佇列結尾交點代入 b 的佇列開頭直線後的方程值為負，則提出佇列結尾元素
```

```
77        while (h < t && sign( b[t].f( c[h+1] ) )<0) h ++;
78        // 若佇列非空且 c 的佇列開頭交點代入 b 的佇列結尾直線後的方程值為負，則提出佇列開頭元素
79        if (h+1 >= t) return -1;             // 若佇列空，則失敗返回
80        pt[0] = b[h].cross( b[t] );          // b 的首尾兩條直線的交點作為凸多邊形的第 1 個頂點
81        for(int i=h;i<t;i++) pt[i-h+1]=c[i+1];   // 凸多邊形的其他頂點按 c 的順序排列
82        pt[t - h + 1] = pt[0];               // 凸多邊形首尾相接
83        return t - h + 1;                    // 傳回凸多邊形的頂點數
84   }
85   int main(){
86        ios::sync_with_stdio(false);
87        double x1, x2, y2, y1, ans=0;
88        int n, m;                  // 半平面的個數為 n，半平面交的頂點數為 m
89        n=0;                       // 初始時物品可能存在的區域 [0, 10]*[0, 10] 作為 4 個半平面
90        SL[++n] = StraightLine(0, 1, 0);
91        SL[++n] = StraightLine(1, 0, 0);
92        SL[++n] = StraightLine(0, -1, 10);
93        SL[++n] = StraightLine(-1, 0, 10);
94        double px=0,py=0,nx, ny;     // 移前位置 (px, py) 初始化，移後位置為 (nx, ny)
95        string c;                    // B 的回答
96        char s;
97        while (cin >> nx >> ny){             // 反覆輸入目前一步的移後位置
98         cin >> c ;                          // 輸入 B 的回答
99         if (c[0] == 'C' )                   // 根據 B 的回答增添相關的半平面
100  SL[++n]=StraightLine(-2*(nx-px),-2*(ny-py),-(px*px+py*py-nx*nx-ny*ny));
101        else if (c[0]=='H' )
102   SL[++n]=StraightLine(2*(nx-px), 2*(ny-py),(px*px+py*py-nx*nx -ny*ny));
103          else SL[++n]=StraightLine(-2*(nx-px),-2*(ny-py),
104                                    -(px*px+py*py-nx* nx- ny*ny)),
105  SL[++n]=StraightLine(2*(nx-px),2*(ny-py), (px*px+py*py-nx*nx-ny*ny));
106        px = nx ; py = ny ;                 // (nx, ny) 作為下一步的移前位置
107        ans=0;                              // 半平面交集的面積初始化
108        for (int i = 1 ; i <= n ; i ++) S[i] = SL[i];   // 暫存半平面
109        m = half_plane_cross(S, n, d); // 利用極角計算半平面交集
110        if (m==-1) printf("0.00\n"); // 若半平面交集不存在，則輸出失敗訊息，否則利用外積
111                                       // 計算半平面交集的面積，作為物品可能放置的區域面積輸出
112        else {
113            for (int i = 0; i < m; i ++) ans += d[i] ^ d[i+1];
114            printf("%.2lf\n", ans / 2);
115        }
116     }
117     return 0;
118  }
```

8.4　計算凸包和旋轉卡尺的實作範例

在本節中，展開如下兩個實作：

（1）提供平面上一組 *n* 個點，計算凸包，即找出含所有點的最小凸多邊形；

（2）計算旋轉卡尺，即找出凸包中彼此最遠的兩個點。

8.4.1 ▶ 計算凸包

設 Q 是一個 n 個點構成的點集合，$Q = \{p_0, \cdots, p_{n-1}\}$。它的凸包 $\mathrm{CH}(Q)$ 是一個最小的凸多邊形 P，Q 中的每個點或者在 P 的邊界上，或者在 P 的內部。在直觀上，可以把 Q 中的每個點看作露在板外的鐵釘，那麼凸包就是包含所有鐵釘的一個拉緊的橡皮繩所構成的形狀，如圖 8-30 所示。

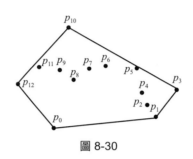

圖 8-30

顯然，平面上的這 n 個點中，彼此間最遠的兩個點必定是凸包上的頂點。運用計算凸包的演算法求最遠點對問題，可大幅度減少最遠點對的搜尋範圍，顯著提高演算法效率。

下面，我們將闡述一種計算 $\mathrm{CH}(Q)$ 的演算法——graham 掃描法，輸入 n 個頂點組成的集合 Q，按逆時針方向輸出凸包的頂點。

首先，在點集合 Q 中處於最低位置（Y 座標值最小）的一個點 p_0 是凸包 $\mathrm{CH}(Q)$ 的一個頂點。如果這樣的頂點有多個，則選取最左邊的點為 p_0。p_0 是凸包 $\mathrm{CH}(Q)$ 的第一個頂點。

然後，點集合 Q 中的其他頂點都要被掃描一次，其順序是依據各點在逆時針方向上相對 p_0 的極角的遞增次序。極角的大小可以透過計算外積 $(p_i - p_0)\wedge(p_j - p_0)$（即 $\mathrm{Mul}(p_i, p_j, p_0)$）來確定：

◆ 如果 $(p_i - p_0)\wedge(p_j - p_0) > 0$，則說明相對 p_0 來說，p_j 的極角大於 p_i 的極角，p_i 比 p_j 先被掃描。

◆ 如果 $(p_i - p_0)\wedge(p_j - p_0) < 0$，則說明相對 p_0 來說，p_j 的極角小於 p_i 的極角，p_j 比 p_i 先被掃描。

◆ 如果 $(p_i - p_0)\wedge(p_j - p_0) = = 0$，則說明兩個極角相等。在這種情況下，由於 p_i 和 p_j 中距離 p_0 較近的點不可能是凸包的頂點，因此只需掃描其中一個與 p_0 距離較遠的點。

例如，圖 8-31 說明了圖 8-30 中的點按相對於 p_0 的極角進行排序後，得到掃描序列 $<p_1, p_2, \cdots, p_n>$。

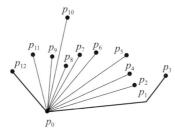

圖 8-31

接下來的問題是如何確定目前被掃描的點 p_i（$1 \le i \le n-1$）是凸包上的點。我們設定一個儲存候選點的堆疊 S 來解決凸包問題。初始時 p_0 和按極角排序後的 p_1、p_2 作為初始凸包相繼推入堆疊。掃描過程中，Q 集合中的其他點都被推入堆疊一次，而不是凸包 CH(Q) 頂點的點最終將提出堆疊。當演算法結束時，堆疊 S 中僅包含 CH(Q) 的頂點，其順序為各點在邊界上出現的逆時針方向排列的順序。

由於我們是沿逆時針方向透過凸包的，因此如果堆疊頂端元素是凸包的頂點，則它應該向左轉指向目前被掃描的點 p_i。如果它不是向左轉，則它不屬於凸包中的頂點，應從堆疊 S 中移出。在提出了所有非左轉的頂點後，我們就把 p_i 推入堆疊 S，繼續掃描序列中的下一個點 p_{i+1}。

判斷目前堆疊頂端元素是否向左轉指向掃描點 p_i，只需計算外積 $(p_i-p_{top-1}) \wedge (p_{top}-p_{top-1})$ 的值，即 Mul$(p_i, p_{top}, p_{top-1})$ 的函數值，其中 top 為堆疊頂端指標，p_{top-1} 為堆疊頂端的第 2 個元素：若外積大於等於 0，說明線段 $\overrightarrow{p_{top-1}p_i}$ 在 $\overrightarrow{p_{top-1}p_{top}}$ 的順時針方向或共線，p_{top} 未向左轉。

在依次掃描了 $p_3, \cdots, p_{n-1}$ 後，堆疊 S 從底部到頂端依次按逆時針方向排列 CH(Q) 中的頂點。

圖 8-32 提供了使用 graham 掃描法計算凸包 CH(Q)（$Q = \{p_0, p_1, p_3, p_{10}, p_{12}\}$）的過程。

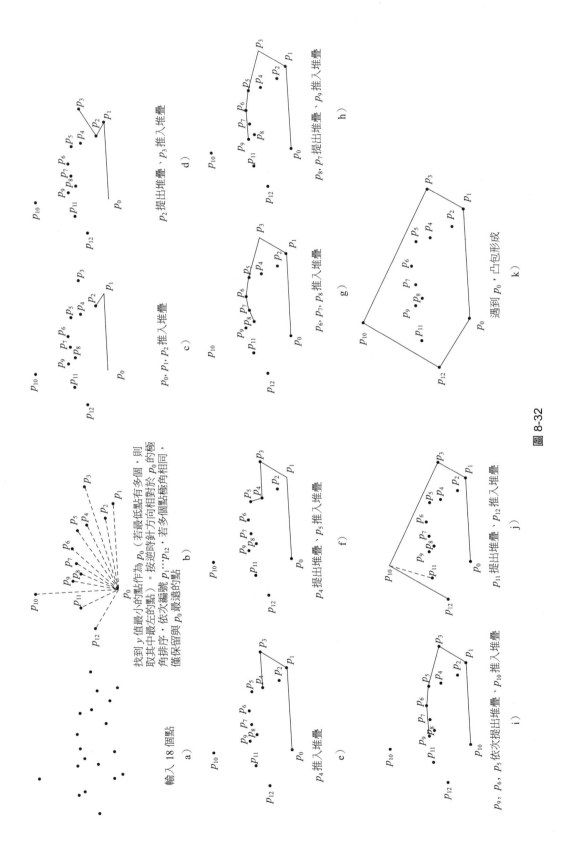

圖 8-32

8.4.1.1　Wall

從前，有一個貪婪的國王命令他的首席建築師建造一面圍
牆，圍牆要環繞這個國王的城堡（如圖 8-33 所示）。這個
國王非常貪婪，他沒有聽建築師的建議，建造一面有完美
造型和漂亮塔樓的美麗磚牆。相反，國王下令要使用最少
的石料和勞動力來建造環繞整個城堡的牆，但要求牆和城
堡之間要有一定的距離。如果國王發現建築師使用了更多
的資源來建造圍牆，比滿足這些要求所需要的資源要多，
那麼建築師將被殺頭。而且，他要求建築師立即提供一個
圍牆的計畫，列出建造圍牆所需要資源的確切數額。

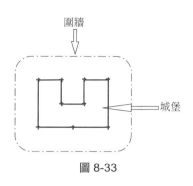

圖 8-33

請編寫一個程式，提供滿足國王要求的環繞城堡的圍牆的最低可能長度，幫助這個可憐
的建築師保住他的命。

本題對問題進行了簡化，國王的城堡呈多邊形的形狀，坐落在平坦的地面上。建築師已
經提供了直角座標系和所有城堡的頂點位置的座標，以英尺為單位。

輸入

輸入的第一行提供兩個整數 N 和 L，用一個空格分開。N（$3 \leq N \leq 1000$）是國王城堡的頂
點數，L（$1 \leq L \leq 1000$）是國王允許的圍牆離城堡最近可以有多少英尺。

接下來的 N 行按順時針方向提供城堡頂點的座標。每行提供兩個用空格分開的整數 X_i 和
Y_i（$X_i \geq -10000$，$Y_i \leq 10000$），表示第 i 個頂點的座標。所有頂點都是不同的，而且城堡
的邊除了在頂點處之外不會相交。

輸出

輸出一個整數，以英尺為單位提供環繞國王城堡圍牆的最小可能的長度。要給國王整數
英尺，因為那個時候浮點數還沒有發明。然而，要以這樣的方式四捨五入：精確到 8 英
寸（1 英尺等於 12 英寸），因為國王不能容忍測量上較大的誤差。

範例輸入	範例輸出
9 100	1628
200 400	
300 400	
300 300	
400 300	
400 400	
500 400	
500 200	
350 200	
200 200	

試題來源： ACM Northeastern Europe 2001
線上測試： POJ 1113，ZOJ 1465，UVA 2453

❖ 試題解析

國王的城堡是一個多邊形，要求建造環繞這個城堡的一面圍牆，圍牆離城堡最近可以有 L 英尺。求解最小可能的環繞國王的城堡的圍牆的長度。

首先，使用 graham 掃描法計算凸包。本題的輸入是城堡的頂點，建造的圍牆是環繞凸包的帶圓角的多邊形。多邊形的邊與凸包的邊平行，且兩條平行的邊的長度相同，距離為 L。圍牆的每個圓角是一段連接兩條相鄰邊的弧，圓心是凸包的頂點。每一個圓角對應的圓心角和相關凸包的內角的和為 $180°$。因為一個 n 條邊的凸多邊形的內角的角度和為 $(n-2)*180°$，則所有圓角的圓心角角度之和為 $360°$，所以，圓角的弧的長度之和是一個半徑為 L 的圓的周長。

所以，圍牆的最小長度 = 緊貼城堡的凸包周長 + 半徑為 L 的圓的周長。具體實作見參考程式。

❖ 參考程式

```
01   #include <cstdio>
02   #include <cmath>
03   #include <algorithm>
04   using namespace std;
05   const double epsi = 1e-8;                      // 定義無窮小
06   const double pi = acos(-1.0);                  // 定義 π 的弧度值
07   const int maxn = 1000 + 10;
08   struct Point {                                 // 點的運算
09       double x, y;                               // 座標
10       Point(double _x = 0, double _y = 0): x(_x), y(_y) { }  // 定義點
11       double operator ^(const Point &op2) const {         // 定義兩個點向量的外積
12           return x * op2.y - y * op2.x;
13       }
14   };
15   inline int sign(const double &x) {             // 計算 x 的正負號
16       if (x > epsi) return 1;
17       if (x < -epsi) return -1;
18       return 0;
19   }
20   inline double sqr(const double &x) {           // 計算 x²
21       return x * x;
22   }
23   inline double mul(const Point &p0, const Point &p1,const Point &p2){
24   // 計算 p₀p₁ 和 p₀p₂ 外積
25       return (p1.x-p0.x)*(p2.y-p0.y)-(p1.y-p0.y)*(p2.x-p0.x); // (p1 - p0) ^ (p2 - p0);
26   }
27   inline double dis2(const Point &p0, const Point &p1) { // 計算 |p₀p₁|²
28       return sqr(p0.x - p1.x) + sqr(p0.y - p1.y);
29   }
30   inline double dis(const Point &p0, const Point &p1) {  // 計算 |p₀p₁|
31       return sqrt(dis2(p0, p1));
32   }
33   int n, l;                                       // 頂點數為 n，圍牆與城堡最近距離為 l
34   Point p[maxn], convex_hull_p0;                  // 多邊形的頂點序列為 p[]；點集合中
35                                                   // 最低位置的點為 convex_hull_p0
```

```
36  inline bool convex_hull_cmp(const Point &a, const Point &b) {
37  // 相對點集合中最低位置的點 convex_hull_p0 來說，若 b 的極角大於 a 的極角，或者極角相等但 b
38  // 與 convex_hull_p0 距離較遠，則傳回 true；否則傳回 false
39      return sign(mul(convex_hull_p0, a, b))>0||
40              sign(mul(convex_hull_p0, a, b))== 0 &&
41              dis2(convex_hull_p0, a)<dis2(convex_hull_p0, b);
42  }
43  int convex_hull(Point *a, int n, Point *b){  // 計算點集合 a[]（頂點數為 n）的凸包 b[]
44      if (n < 3) printf("Wrong in Line %d\n", __LINE__); // 若頂點數小於 3，則輸出失敗訊息
45      for (int i = 1; i < n; ++i)             // 計算點集合中的最低點 convex_hull_p0
46        if(sign(a[i].x-a[0].x)<0||sign(a[i].x-a[0].x)==0 &&
47          sign(a[i].y-a[0].y)<0)swap(a[0], a[i]);
48      convex_hull_p0 = a[0];
49      sort(a, a + n, convex_hull_cmp);        // 相對 convex_hull_p0，以極角為
50                                              // 第一關鍵字、距離為第二關鍵字排序 a[]
51      int newn = 2;                           // a[0]，a[1] 推入堆疊，堆疊頂端指標為 2
52      b[0] = a[0], b[1] = a[1];
53      for (int i = 2; i < n; ++i) {           // 依次處理頂點 2... 頂點 n
54          while(newn>1 && sign(mul(b[newn-1],b[newn-2], a[i]))>=0) --newn;
55          // 提出堆疊頂端所有未左轉指向掃描頂點 i 的元素
56          b[newn++] = a[i];                   // 頂點 i 推入堆疊
57      }
58      return newn;                            // 傳回堆疊頂端指標
59  }
60  int main() {
61      scanf("%d%d", &n, &l);                  // 輸入城堡（多邊形）的頂點數 n 和圍牆與城堡最近距 l
62      for (int i = 0; i < n; ++i)             // 輸入城堡的頂點座標
63          scanf("%lf%lf", &p[i].x, &p[i].y);
64      n = convex_hull(p, n, p);               // 計算多邊形的凸包
65      p[n] = p[0];                            // 首尾相接
66      double ans = 0;                         // 圍牆的最小長度初始化
67      for (int i = 0; i < n; ++i)             // 累計凸包的邊長
68          ans += dis(p[i], p[i + 1]);
69      ans += 2 * pi * l;                      // 累加圓的周長
70      printf("%.0lf\n", ans);                 // 輸出圍牆的最小長度
71      return 0;
72  }
```

8.4.2 ▶ 旋轉卡尺實作

已知平面上一組 n 個點，如何找出相距最遠的兩個點？這樣的問題可以透過找出 n 個點的凸包來求解，最遠的兩個點一定是凸包的兩個頂點，而凸包上相距最遠的兩點間的距離也稱為凸包的直徑。

但是，列舉凸包所有點的作法也未必是最佳選擇，最佳的演算法是旋轉卡尺演算法。這個演算法不僅可用作凸包直徑和寬度的計算，也可以計算兩個不相交凸包間的最大距離和最小距離。我們以凸包直徑為例提供旋轉卡尺的演算法。先提供兩個定義。

定義 8.4.2.1（切線）　給定一個凸多邊形 P，P 的切線 l 是一條與 P 相交並且 P 的內部在 l 的一側的線，如圖 8-34 所示。

定義 8.4.2.2（對蹠點對）　兩條不同的平行切線總是確定了凸多邊形至少一對的對蹠點對。平行切線與凸多邊形的相交方式有如下三種情況。

◆ 情況 1：「點 - 點」對蹠點對──兩條不同平行切線對與凸多邊形只有兩個交點時，交點構成了一個對蹠點對（如圖 8-35 所示）。

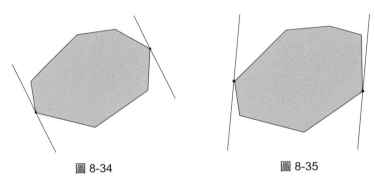

圖 8-34　　　　　　　　　　　　圖 8-35

◆ 情況 2：「點 - 邊」對蹠點對──一條平行切線與凸多邊形的交為多邊形的一條邊，而另一條平行切線與凸多邊形的切點是唯一的，則在這種情況下有兩個不同「點 - 點」對蹠點對的存在（如圖 8-36 所示）。

◆ 情況 3：「邊 - 邊」對蹠點對──兩條平行切線與凸多邊形交於平行邊。在這種情況下，有四個不同的「點 - 點」對蹠點對（如圖 8-37 所示）。

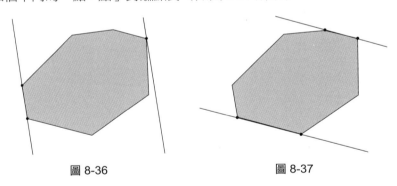

圖 8-36　　　　　　　　　　　　圖 8-37

凸多邊形 P 的直徑由 P 的兩條平行切線決定，也就是說，凸多邊形 P 的直徑是距離最遠的兩個對蹠點對之間的距離。因此，只需要搜尋和調整對蹠點對的距離。初始時，設 q_a 是 P 的 y 座標最小的頂點，q_b 則是 P 的 y 座標最大的頂點。顯然 q_a 和 q_b 是對蹠點對。設 d_{ab} 是 q_a 和 q_b 的距離，C_a 是以 q_a 為圓心、d_{ab} 為半徑的圓，C_b 是以 q_b 為圓心、d_{ab} 為半徑的圓；L_a 是透過 q_a 的 C_a 的切線，L_b 是透過 q_b 的 C_b 的切線；L 是透過 q_a 和 q_b 的直線。由切線的定義，$L_a \perp L$，而且 $L_b \perp L$ 成立。所以 L_a 和 L_b 是 P 的平行切線，L_a 和 L_b 旋轉將產生新的對蹠點對，繼續 L_a 和 L_b 旋轉的過程直到回到出發點，在旋轉過程中，設 q_a 和 q_b 是目前凸多邊形 P 上最遠的兩點，而 L_a 和 L_b 分別是透過 q_a 和 q_b 的兩條平行切線，而旋轉 L_a 和 L_b 可以產生每一對對蹠點對，如圖 8-38 所示。

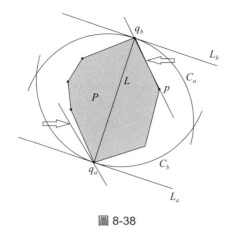

圖 8-38

對凸多邊形 P，設 $u[0]$ 是最低頂點，如果有多於一個最低頂點，則 $u[0]$ 是最低頂點中最
右邊的頂點；$u[2]$ 是最高頂點，如果有多於一個最高頂點，則 $u[2]$ 是最高頂點中最左邊
的頂點。顯然，$u[0]$ 和 $u[2]$ 是對蹠點對，計算最遠點對之間距離 ret 的演算法如下。

```
計算凸包的頂點序列 p;
計算 u[0] 和 u[2]，ret 初始化為 |p_{u[0]}p_{u[2]}⃗|;
總旋轉度數 sumang=0;
while (sumang≤2π) {              // 若未旋轉一週，則進入迴圈
計算產生新的對蹠點對 u[0] 和 u[2]，平行切線旋轉的最少角度 curang;
sumang += curang;                // 累計旋轉總度數
ret=max(ret, |p_{u[0]}p_{u[2]}⃗|); // 調整最遠兩個頂點間的距離 ret
}
輸出最遠距離 ret;
```

8.4.2.1 Beauty Contest

農夫 John 的母牛 Bessie 剛剛獲得了牛選美大賽的第一名，贏得「牛世界小姐」的稱號。
因此，Bessie 將周遊在世界各地的 N 個農場（$2 \leq N \leq 50000$），以展現農夫和乳牛之間的
友善。為了簡單起見，世界將被表示為一個二維平面，每個農場位於一個整數對座標點
(x, y)，座標值取值範圍在 $-10000 \sim 10000$ 之間。沒有兩個農場的座標是相同的。

儘管 Bessie 在兩個農場之間沿直線行走，但一些農場之間的距離會相當大，因此它希望
帶一行李箱的乾草，以便在每一段旅程都有足夠的食物吃。Bessie 會在每一次訪問農場之
後重新裝滿行李箱，它要確定可能要行走的最大可能的距離，因此它要知道帶的行李箱
的大小。請編寫一個程式，幫助 Bessie 計算所有農場之間的最大距離。

輸入

第 1 行：一個整數 N。

第 2 行到第 $N+1$ 行：兩個用空格分開的整數 x 和 y，表示每個農場的座標。

輸出

1 行：一個整數，距離最遠的兩個農場之間距離的平方。

範例輸入	範例輸出
4 0 0 0 1 1 1 1 0	2

提示：農場 1 (0, 0) 和農場 3 (1, 1) 之間距離最長（2 的平方根）。

試題來源：USACO 2003 Fall

線上測試：POJ 2187

❖ 試題解析

試題提供 N（$2 \leq N \leq 50000$）個點，要求計算兩點間的最大距離。顯然，最大距離的兩點必然在凸包上，因此先對點集合作凸包，然後計算凸包上最遠兩點的距離。如果採取列舉凸包內任兩點的作法，則太耗時；有效的作法是旋轉卡尺。具體實作方法見參考程式。

❖ 參考程式

```
01   #include <cstdio>
02   #include <cstring>
03   #include <algorithm>
04   #include <cmath>
05   #include <queue>
06   #include <cstdlib>
07   using namespace std;
08   #define N 50005                                  // 點數上限
09   struct point{                                    // 座標序列 p[]
10       int x,y;
11   }p[N];
12   int n;                                           // 實際點數
13   int stack[N],top = -1;                           // 堆疊頂端指標 stack[]，堆疊頂端指標 top 初始化
14   int multi(struct point a,struct point b,struct point c){ // 計算外積 (b-a) ^ (c-a)
15       return (b.x-a.x)*(c.y-a.y)-(b.y-a.y)*(c.x-a.x);
16   }
17   int dis(struct point a,struct point b){          // 計算點對 a 和 b 的距離 |ab⃗|
18       return (b.x-a.x)*(b.x-a.x)+(b.y-a.y)*(b.y-a.y);
19   }
20   int cmp(struct point a,struct point b){
21   // 排序中使用的比較函式：在 3 點（a、b 和 p[1]）同線的情況下，若 b 與 p[1] 的距離大於 a 與 p[1] 的
22   // 距離，則排序為 ab；否則排序為 ba；在 3 點（a、b 和 p[1]）不同線的情況下，
23   // 若 ap[1]⃗ 的極角小於 bp[1]⃗ 的極角，則排序為 ab；否則排序為 ba
24       int tmp = multi(p[1],a,b);
25       if(tmp == 0)
26           return dis(p[1],a) < dis(p[1],b);
27       return tmp>0;
28   }
29   int main(){
30       int i,j,res=0;                               // 最遠距離 res 初始化
31       struct point begin;                          // 最低點
32       scanf("%d",&n);                              // 輸入農場數
```

```
33      begin.x = begin.y = 10005;          // 凸包中的最低點座標初始化
34      for(i = 1;i<=n;i++){                 // 輸入每個農場座標
35          scanf("%d %d",&p[i].x,&p[i].y);
36          if(p[i].y < begin.y){           // 調整最低點 begin，記下其序號 j
37              begin = p[i];
38              j = i;
39          }else if(p[i].y==begin.y && p[i].x<begin.x){
40              begin = p[i];
41              j = i;
42          }
43      }
44      if(n==2){                           // 若僅 2 個點，則直接輸出點對距離
45          printf("%d\n",dis(p[1],p[2]));
46          return 0;
47      }
48      p[j] = p[1];                        // 點 1 與最低點 begin 對換
49      p[1] = begin;
50      sort(p+2,p+n+1,cmp);                // 對點 2～點 n 進行排序
51      stack[++top] = 1;                   // 點 1、點 2 推入堆疊，使用 graham 法求凸包 stack[]
52      stack[++top] = 2;
53      for(i = 3;i<=n;i++){
54          while(top>0 && multi(p[stack[top-1]], p[stack[top]], p[i])<=0) top--;
55          stack[++top] = i;
56      }// 至此，下面是旋轉卡尺法
57
58      j = 1;                              // 使用旋轉卡尺法計算最遠點對距離
59      stack[++top] = 1;                   // 目前最遠點初始化為點 1
60      for(i = 0;i<top;i++){               // 列舉點 i
61  // 逆時針列舉距離線段 p[stack[i]]p[stack[j+1]] 最遠的點 j
62      while(multi(p[stack[i]],p[stack[i+1]], p[stack[j+1]])>multi(p[stack[i]],
63              p[stack[i+1]], p[stack[j]]))
64              j=(j+1)%top;
65      res=max(res,dis(p[stack[i]],p[stack[j]])); // 計算 |p[stack[i]]p[stack[j]]| ，
66                                          // 調整最遠距離 res
67      }
68      printf("%d\n",res);                 // 輸出最遠距離
69
70  }
```

8.5 相關題庫

8.5.1 ► Segments

在二維空間內提供 n 條線段，請編寫一個程式，確定是否存在一條直線，使得這 n 條線段在這條直線上的投影至少有一個公共點。

輸入

輸入首先提供一個整數 T，表示測試案例的個數；然後提供 T 個測試案例。每個測試案例的第一行提供一個正整數 $n \leq 100$，表示線段的條數；然後提供 n 行，每行 4 個數 x_1、y_1、x_2、y_2，其中（x_1, y_1）和（x_2, y_2）是一條線段的兩個端點的座標。

輸出

對每個測試案例，如果存在一條直線具有所要求的性質，程式輸出 "Yes!"；否則輸出 "No!"。本題設定，對於兩個浮點數 a 和 b，如果 $|a-b| < 10^{-8}$，則 a 和 b 相等。

範例輸入	範例輸出
3	Yes!
2	Yes!
1.0 2.0 3.0 4.0	No!
4.0 5.0 6.0 7.0	
3	
0.0 0.0 0.0 1.0	
0.0 1.0 0.0 2.0	
1.0 1.0 2.0 1.0	
3	
0.0 0.0 0.0 1.0	
0.0 2.0 0.0 3.0	
1.0 1.0 2.0 1.0	

試題來源： Amirkabir University of Technology Local Contest 2006
線上測試： POJ 3304

提示

本題題意為是否存在直線 l 與 n 條線段相交；如果存在直線 l 與 n 條線段相交，則設直線 m 與直線 l 垂直，而直線 m 是本題所要找的直線。

對於線段 i，其端點為 p_{2*i} 和 p_{2*i+1}，$0 \leq i \leq n-1$。列舉每對端點 p_i 和 p_j，$0 \leq i < j \leq 2n-1$。如果經過 p_i 和 p_j 的直線與 n 條線段相交或有重合，則 n 條線段在這條直線上的投影至少有一個公共點，輸出 "Yes!"；否則列舉下一對點。如果沒有直線具有所要求的性質，則輸出 "No!"。

8.5.2 ▶ Titanic

這是一個歷史事件，在「鐵達尼號」的傳奇航程中，無線電已經接到了 6 封電報警告，報告了冰山的危險。每封電報都描述了冰山所在的位置。第 5 封警告電報被轉給了船長。但那天晚上，第 6 封電報被延誤，因為電報員沒有注意到冰山的座標已經非常接近目前船的位置了。

請編寫一個程式，警告電報員冰山的危險！

輸入

輸入電報訊息的格式如下：

```
Message #<n>.
Received at <HH>:<MM>:<SS>.
Current ship's coordinates are
<x1>^<x2>'<x3>" <NL/SL>
and <Y1>^<Y2>'<Y3>" <EL/WL>.
An iceberg was noticed at
<A1>^<A2>'<A3>" <NL/SL>
and <B1>^<B2>'<B3>" <EL/WL>.
===
```

這裡的 <n> 是一個正整數，<HH>:<MM>:<SS> 是接收到電報的時間；<x1>^<x2>'<x3>" <NL/SL> and <Y1>^<Y2>'<Y3>" <EL/WL> 表示「北（南）緯 x1 度 x2 分 x3 秒和東（西）經 Y1 度 Y2 分 Y3 秒」。

輸出

程式按如下格式輸出訊息：

```
The distance to the iceberg: <s> miles.
```

其中 <s> 是船和冰山之間的距離（即在球面上船和冰山之間的最短路徑），精確到兩位小數。如果距離小於（但不等於）100 英里，程式還要輸出一行文字：DANGER!

範例輸入	範例輸出
Message #513. Received at 22:30:11. Current ship's coordinates are 41^46'00" NL and 50^14'00" WL. An iceberg was noticed at 41^14'11" NL and 51^09'00" WL. ===	The distance to the iceberg: 52.04 miles. DANGER!

提示

為了簡化計算，假設地球是一個埋想的球體，直徑為 6875 英里，完全覆蓋水。本題設定輸入的每行按範例輸入所顯示的換行。船舶和冰山的活動範圍在地理座標上，即從 0° 到 90° 的北緯 / 南緯（NL/SL）和從 0° 到 180° 的東經 / 西經（EL/WL）。

試題來源：Ural Collegiate Programming Contest 1999
線上測試：POJ 2354，Ural 1030

提示

本題要求計算一個球體上兩點之間的距離。直接採用計算球體上距離的公式。如果距離小於 100 英里，則輸出 "DANGER!"。

8.5.3 ▶ Intervals

在一個新開放建築的地下室的天花板上安裝了光源。不幸的是，用於覆蓋地板的材料對光非常敏感，這也會使得它的預期壽命時間大大減少。為了避免這種情況，管理部門決定覆蓋地板以保護光敏感地區免受強烈的光線照射。解決的辦法並不是容易的,因為如我們所常見的,在地下室的天花板下有不同的管道,管理部門只對部分地板進行覆蓋,這些地板沒有被管道遮光。為了處理這一情況,首先簡化實際的情況,不是解決在三維空間中的問題,而是建構一個二維模型(如圖 8-39 所示)。

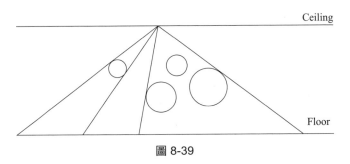

圖 8-39

在這個模型下,x 軸與地板平行。光被認為是一個點光源,整數座標為 $[b_x, b_y]$;管道用圓表示;圓的中心是整數座標 $[c_{xi}, c_{yi}]$,整數半徑為 r_i。由於管道由固體物質製造,因此圓不可能重疊。管道不可能反射光線,而光線也無法通過管道。請你編寫一個程式,確定 x 軸上非重疊的間隔,由於管道遮擋,來自光源的光不會照到部分地板。

輸入

輸入由若干測試案例組成,除了最後一個測試案例外,每個測試案例描述一個地下室的情況。每個測試案例的第一行提供一個正整數 $N < 500$,表示管道數目;第二行提供用一個空格分開的兩個整數 b_x 和 b_y;接下來的 N 行每行提供整數 c_{xi}、c_{yi} 和 r_i,其中 $c_{yi} + r_i < b_y$,在一行中整數之間用一個空格分開。最後的一個測試案例由一行組成,$N = 0$。

輸出

輸出由若干行組成,對應於輸入中的測試案例(除最後一個測試案例之外),每個測試案例處理後,輸出一個空行。對於每個測試案例,輸出一行,提供兩個實數,表示從提供的光源點出發沒有被光照到的區間的端點。實數精確到小數點後兩位,用一個空格分開。區間按 x 座標增加排列。

範例輸入	範例輸出
6	0.72 78.86
300 450	88.50 133.94
70 50 30	181.04 549.93
120 20 20	
270 40 10	75.00 525.00
250 85 20	
220 30 30	300.00 862.50
380 100 100	
1	
300 300	
300 150 90	
1	
300 300	
390 150 90	
0	

試題來源：ACM Central Europe 1996

線上測試：POJ 1375， ZOJ 1309，UVA 313

提示

設光源點為 b，管道 i 的圓心為 p_i，半徑為 r_i，從點 b 連向圓 i 兩條切線，左、右切線和 x 軸的交點的 x 座標分別為 L_i 和 R_i。

首先，對於每個圓 i，$1 \leq i \leq n$，計算 L_i 和 R_i。然後，按 L_i 的遞增順序對圓進行排序：order[$0 \cdots n-1$]。最後，對 order[$0 \cdots n-1$] 中的圓一個接一個地分析，確定光不會照到部分地板的區間。

8.5.4 ► Treasure Hunt

來自古物和古董博物館（Antiquities and Curios Museum，ACM）的考古學家飛到了埃及，考察 Key-Ops 的大金字塔。採用最先進的技術，他們能夠確定金字塔的下層是由一系列的直線牆構成的，這些牆相互交叉形成許多封閉的房間。牆上沒有門，不可能進入任何一個房間。這一最先進的技術也可以查明藏寶室的位置。這些專業的（也是貪婪的）考古學家想要炸開牆壁去藏寶室。然而，為了在進入房間時盡量減少對藝術品的損害（而且要在政府許可的範圍內使用炸藥），他們要在牆上炸開最少數量的門。為了保持結構的完整性，被炸開門應在被進入房間的牆壁的中點。請編寫一個程式，確定要炸開的門的最低數量。圖 8-40 是一個例子。

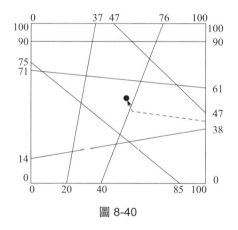

圖 8-40

輸入

輸入由一個測試案例組成。測試案例的第一行是一個整數 n（$0 \leq n \leq 30$），表示有多少面內牆，接下來的 n 行每行提供每面內牆的整數端點 x_1、y_1、x_2、y_2。金字塔的四面是封閉的牆，其固定的端點為（0, 0）、（0, 100）、（100, 100）和（100, 0），不在內牆的列表中。內牆總是從一面外牆跨越到另一面外牆，在任何一個點不會有兩面以上的牆交叉在一起。本題設定，提供的內牆沒有兩面牆會重合在一起。在提供了所有內牆後，最後一行提供在藏寶室中寶藏的浮點座標（保證不靠著牆）。

輸出

輸出一行，提供要炸開的門的最小數目。格式見範例。

範例輸入	範例輸出
7	Number of doors＝2
20 0 37 100	
40 0 76 100	
85 0 0 75	
100 90 0 90	
0 71 100 61	
0 14 100 38	
100 47 47 100	
54.5 55.4	

試題來源： ACM East Central North America 1999

線上測試： POJ 1066，ZOJ 1158，UVA 754

提示

對每一面在金字塔的下層的直線牆（內牆），內牆的兩個端點與寶藏位置連線是考古學家進入藏寶室的行走路線，而連線與內牆的相交數，就是需要炸開的門數。按題意，就是要選擇炸開門數最少的一端。加上外牆炸開一個門，便得出一條尋寶路線。按照這個思路分析 n 面內牆，就可得到要炸的最小門數。演算法如下。

設第 i 面內牆的邊向為 $\overrightarrow{p_{1i}p_{2i}}$，$0 \leq i \leq n-1$，$p_{1i}$ 和 p_{2i} 是第 i 面內牆的兩個端點，在藏寶室中寶藏的浮點座標為 p。

寶藏分別與每面內牆的起點連一條線段 $\overrightarrow{pp_{1i}}$，$0 \leq i \leq n-1$。設 A_i 是第 i 面內牆的起點和寶藏的連線與內牆的交點數，$A = \min\{A_1, A_2, \cdots, A_n\}$。

寶藏分別與每面內牆的終點連一條線段 $\overrightarrow{pp_{2i}}$，$0_i \leq i \leq n-1$。設 B_i 是第 i 面內牆的終點和寶藏的連線與內牆的交點數，$B = \min\{B_1, B_2, \cdots, B_n\}$。

顯然，要炸開的門的最小數目為 $\min\{A, B\} + 1$。

8.5.5 ► Intersection

請編寫一個程式，確定一條提供的線段與一個提供的矩形是否相交，如圖 8-41 所示。

線段：起點（4, 9），終點（11, 2）。

矩形：左上角（1, 5），右下角（7, 1）。

如果線段和矩形至少有一個公共點，則稱線段與矩形相交。矩形由四條線段組成，矩形的區域在這四條線段之間。雖然所有的輸入值是整數，相交點不一定在整數網格上。

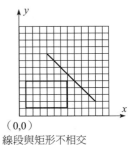

（0,0）
線段與矩形不相交

圖 8-41

輸入

輸入由 n 個測試案例組成，輸入的第一行提供整數 n，然後每行提供一個測試案例，格式如下：

```
xstart ystart xend yend xleft ytop xright ybottom
```

其中（xstart, ystart）是線段起點，（xend, yend）是線段終點，（xleft, ytop）是矩形左上角，（xright, ybottom）是矩形右下角。這 8 個數字用一個空格分開。術語左上角和右下角不蘊含座標的次序。

輸出

對輸入中的每個測試案例，輸出一行，如果線段和矩形相交，輸出字母 "T"；如果線段和矩形不相交，輸出字母 "F"。

範例輸入	範例輸出
1 4 9 11 2 1 5 7 1	F

試題來源：ACM Southwestern European Regional Contest 1995
線上測試：POJ 1410，UVA 191

提示

設線段為 $\overrightarrow{p_{t_1}p_{t_2}}$；線段的起點為 p_{t_1}，終點為 p_{t_2}。由提供的矩形的左上角和右下角，可以計算出矩形的右上角和左下角，以及矩陣的 4 條邊。

如果線段 p_{t_1} 或者 p_{t_2} 在矩形內部，則線段和矩形相交。否則，搜尋矩陣四條邊：若 $\overrightarrow{p_{t_1}p_{t_2}}$ 與其中任何邊相交，則線段和矩形相交；否則線段和矩形不相交。

8.5.6 ▶ Space Ant

在 20 世紀末，最激動人心的太空事件發生了。1999 年，科學家們在 Y1999 行星上追蹤到了一種像螞蟻一樣的動物，並把它稱為 M11。它只有一隻眼睛，在它頭部的左側，有三條腿，在它身體的右側，並且它的行走受三方面的限制：

◆ 由於它特殊的身體結構，它不能向右轉。

◆ 在它行走的時候，會留下紅色的足跡。

◆ 它討厭越過以前留下的紅色足跡，而且不會再走上一遍。

從探索太空的飛船發回的圖片描述了在 Y1999 上的一些特定點生長的植物。透過對數千張圖片的分析，結果發現一個神奇的座標系統決定了植物的生長點。在該座標系中有 x 軸和 y 軸，兩株植物不可能有相同的 x 座標或 y 座標。

一個 M11 每天要吃一株且僅僅一株植物，以維持生命。當它吃了一株植物後，它就待在原地一動不動地過完這一天剩餘的時間。到第二天，它就會去尋找另一株植物，並在那裡吃掉這株植物。如果在這一天，它不能到達任何一株植物，在這一天結束的時候它就會死亡。要注意的是，它可以到達在任何距離內的植物。

本題要求為一個 M11 找一條路徑，使它活得最長。

輸入是一組植物的（x, y）座標。假設 A 是具有最小的 y 座標的植物，A 的座標為（x_A, y_A）。M11 從點（0, y_A）出發，朝植物 A 走去。要注意，解答的路徑不能有交叉，且只能逆時針轉。還要注意解答要在同一條直線上存取兩株以上的植物（如圖 8-42 所示）。

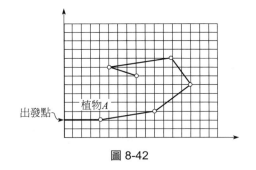

圖 8-42

輸入

輸入的第一行提供測試案例數 M（$1 \le M \le 10$）。對每個測試案例，第一行提供 N，表示在該測試案例中植物的株數（$1 \le N \le 50$）；接下來的 N 行每行是一株植物的資料，每株植物的數據由 3 個整數組成：第一個數是植物唯一的編號（$1 \sim N$），然後兩個正整數 x 和 y 表示這株植物的座標，植物的排序按編號遞增排序。本題設定座標的最大值為 100。

輸出

對每個測試案例，輸出一行解答，依次提供路徑上植物的編號。

範例輸入	範例輸出
2	10 8 7 3 4 9 5 6 2 1 10
10	14 9 10 11 5 12 8 7 6 13 4 14 1 3 2
1 4 5	
2 9 8	
3 5 9	
4 1 7	
5 3 2	
6 6 3	
7 10 10	
8 8 1	
9 2 4	
10 7 6	
14	
1 6 11	
2 11 9	
3 8 7	
4 12 8	
5 9 20	
6 3 2	
7 1 6	
8 2 13	
9 15 1	
10 14 17	
11 13 19	
12 5 18	
13 7 3	
14 10 16	

試題來源：ACM Tehran 1999

線上測試：POJ 1696，ZOJ 1429

提示

設 N 株植物為 a_0, a_1, $\cdots$, a_{N-1}。植物 A 是具有最小 y 座標的植物，其座標為（x_A, y_A）。M11 從（0, y_A）朝植物 A 走去，所以 A 是第一株植物 a_0。然後從 a_i（$i \geq 0$）開始，依次分析下一株植物：以 a_i 為基點，剩餘的植物被排序為 a_{i+1}，$\cdots$，a_{N-1}，其中方向為第一關鍵字，與 a_i 的距離為第二關鍵字，逆時針排序，下一株植物為 a_{i+1}。

8.5.7 ▶ Kadj Squares

在本題中，提供一個不同大小的正方形序列 S_1, S_2, $\cdots$, S_n，這些正方形的邊長是整數。將這些正方形放置在 x-y 座標系統的第一象限中，讓它們的邊與 x 軸和 y 軸呈 45 度，並且一個頂點在 $y = 0$ 的直線上。設 b_i 是 S_i 的底頂點的 x 座標。首先，放置 S_1 使得其左頂點在 $x = 0$ 的位置；然後在最小的 b_i 放置 S_i（$i > 1$）使得 $b_i > b_{i-1}$，並且 S_i 的內部不與 $S_1 \cdots S_{i-1}$ 的內部相交（如圖 8-43 所示）。

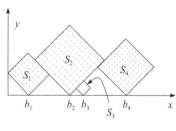

圖 8-43

本題的目標是找到哪些正方形從上往下看是全部或部分可見的。在圖 8-43 中，正方形 S_1、S_2 和 S_4 具有這一性質。形式化地說，S_i 是可見的，如果 S_i 包含一個點 p，使得從 p 向上畫垂直的射線，該射線除了和 S_i 外不與其他的正方形相交。

輸入

輸入包含多個測試案例。每個測試案例的第一行提供整數 n（$1 \leq n \leq 50$），表示正方形的個數；第二行提供在 1 到 30 之間的 n 個整數，其中第 i 個整數是 S_i 的邊長。輸入以提供一個 0 的一行結束。

輸出

對每個測試案例，輸出一行，按升冪提供在輸入序列中可見的正方形的編號，編號之間用空格字元分開。

範例輸入	範例輸出
4 3 5 1 4 3 2 1 2 0	1 2 4 1 3

試題來源：ACM Tehran 2006

線上測試：POJ 3347，UVA 3799

提示

設第 i 個正方形邊長為 l_i，該正方形左右端點在 x 軸的投影分別為 lef_i 和 reg_i，$0 \le i \le n-1$，如圖 8-44 所示。如果第 i 個正方形是可見的，則可見區間為 $[\mathrm{le}_i, \mathrm{ri}_i]$。

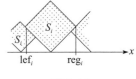

圖 8-44

為了避免小數，所有正方形的邊長擴大 $\sqrt{2}$ 倍。顯然，$\mathrm{lef}_0 = 0$，$\mathrm{rig}_0 = 2*l_0$。

首先，對於其他正方形，計算其 lef_i 和 rig_i：$\mathrm{lef}_i = \max\limits_{0 \le j \le i-1} \left\{ \mathrm{rig}_j - |l_i - l_j| \right\}$，$\mathrm{rig}_i = \mathrm{lef}_i + 2*l_i$，$1 \le i \le n-1$。

然後，根據 lef_i 和 rig_i，計算所有正方形的可見區間：$\mathrm{le}_i = \max\limits_{0 \le j \le i-1} \{ \mathrm{rig}_j, \mathrm{lef}_i \}$，$\mathrm{ri}_i = \min\limits_{i+1 \le j \le n-1} \{ \mathrm{rig}_i, \mathrm{lef}_j \}$。

最後，分析每個正方形，如果 $\mathrm{le}_i < \mathrm{ri}_i$，則第 $i+1$ 個正方形是可見的；否則第 $i+1$ 個正方形是不可見的。

8.5.8 ▶ Pipe

Gx 光管道公司（The Gx Light Pipeline Company）準備把可以拐彎的管道，用作新的跨越銀河系的光管道。在新管道形狀的設計階段，該公司遇上這樣的問題：要確定在每個整合管道中，光可以達到多遠。要注意的是管道的材料不透明也不反光。

每個整合的管道是由許多緊密結合在一起的直的管道組成的折線管道。每個整合管道被描述為一個點的序列 $[x_1, y_1]$, $[x_2, y_2]$, $\cdots$, $[x_n, y_n]$，其中 $x_1 < x_2 < \cdots < x_n$，這些是管道轉折部分上面的點的座標，管道轉折部分下面的點的座標在 y 軸上減 1，即管道轉折部分上面的點的座標為 $[x_i, y_i]$，下面的點的座標為 $[x_i, y_i-1]$（如圖 8-45 所示）。該公司希望知道在每個整合管道中，光最遠能射到哪裡（x 座標）。光從端點 $[x_1, y_1]$ 和 $[x_1, y_1-1]$ 之間射入，問光最遠將射到哪裡（x 座標），或者光是否能穿透整個管道。本題設定光在轉折的地方不會彎曲，而且在轉折的地方光束也不會停止。

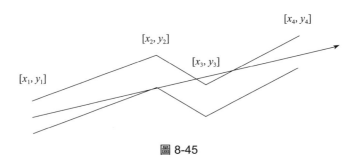

圖 8-45

輸入

輸入包含若干測試案例，每個測試案例提供一個整合管道。每個測試案例第一行提供一個整數，表示轉折部分的數目（$2 \le n \le 20$），然後的 n 行每行提供一對用空格分開的實數 x_i、y_i。以 $n=0$ 表示輸入結束。

輸出

對於每個測試案例，輸出一行，或者提供一個精確到小數點後兩位的實數，或者提供 "Through all the pipe."，實數是光將射到最遠點的 x 座標。如果實數值為 x_n，則輸出 "Through all the pipe."。

範例輸入	範例輸出
4	4.67
0 1	Through all the pipe.
2 2	
4 1	
6 4	
6	
0 1	
2 −0.6	
5 −4.45	
7 −5.57	
12 −10.8	
17 −16.55	
0	

試題來源：ACM Central Europe 1995

線上測試：POJ 1039，UVA 303

提示

已知有一個整合管道。本題要求求解光最遠將射到哪裡（ x 座標），或者判斷光是否能穿透整個管道。

整合管道有 n 對點，每對點的上點為 $[x_i, y_i]$，其相關的下點為 $[x_i, y_i - 1]$，$1 \le i \le n$。光能通過上點和下點之間。所以，透過列舉法，列舉通過上點和下點的直線，計算出光射到最遠點的 x 座標，判斷光是否能穿透整個管道。

8.5.9 ► Geometric Shapes

在設計客戶標誌（logo）的時候，ACM 使用圖形工具畫一張圖片，這張圖片以後要被刻畫上特殊的螢光材料。為了確保適當的處理，圖片中的形狀不能相交。然而，有些 logo 可能包含了交叉的形狀。所以就有必要檢測圖片，並決定如何改變圖片。

提供一個幾何形狀的集合，請確定所有的相交。只有輪廓被考慮，如果一個形狀完全在另一個形狀內，不能作為一個相交（如圖 8-46 所示）。

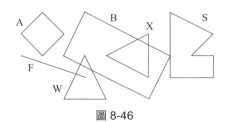

圖 8-46

輸入

輸入包含多張圖片。每張圖片最多描述 26 種形狀，每個形狀用一行說明。每行的說明首先提供一個大寫字母，唯一地標識相關圖片裡面的形狀；然後提供形狀的種類和兩個或兩個以上的點，由至少一個空格分隔開。可能的形狀種類如下。

◆ 正方形（square）：提供兩個不同的點，表示正方形的兩個對角點。

◆ 矩形（rectangle）：提供三個點，連接第一個點和第二個點的直線，與連接第二個點和第三個點的直線構成一個直角。

◆ 直線（line）：說明一條直線線段，提供兩個不同的端點。

◆ 三角形（triangle）：提供三個點，這三點不會共線。

◆ 多邊形（polygon）：提供一個整數 N（$3 \le N \le 20$），以及 N 個點表示該多邊形以順時針或逆時針方向的頂點。這一多邊形的邊不會相交，沒有長度為零的邊。

所有的點用一個逗號分開並用括號括起的兩個整數座標 x 和 y 提供，本題設定 $|x|$, $|y| \le 10000$。

圖片說明以包含一個單破折號（"-"）的一行終止，最後一張圖片後，用包含一個點（"."）的一行表示輸入結束。

輸出

對於每張圖片，對每個形狀輸出一行，按其識別字（x）的字母順序排序，這一行如下：

◆ 如果 x 不與其他的形狀相交，輸出 "x has no intersections"。

◆ 如果 x 僅與一個其他的形狀相交，輸出 "x intersects with A"。

◆ 如果 x 與兩個其他的形狀相交，輸出 "x intersects with A and B"。

◆ 如果 x 與兩個以上的其他形狀相交，輸出 "x intersects with A, B, $\cdots$, and Z"。

要注意有兩個以上的相交時要加上附加的逗號。A、B 等所有相交的形狀都按字母順序排列。

在每個圖片（包括最後一張圖片）處理之後，輸出一個空行。

範例輸入	範例輸出
A square (1,2) (3,2)	A has no intersections
F line (1,3) (4,4)	B intersects with S, W, and x
W triangle (3,5) (5,5) (4,3)	F intersects with W
x triangle (7,2) (7,4) (5,3)	S intersects with B
S polygon 6 (9,3) (10,3) (10,4) (8,4) (8,1) (10,2)	W intersects with B and F
B rectangle (3,3) (7,5) (8,3)	x intersects with B
–	
B square (1,1) (2,2)	A has no intersections
A square (3,3) (4,4)	B has no intersections
–	
.	

試題來源：CTU Open 2007

線上測試：POJ 3449

提示

採用列舉法解題。對所有不同形狀進行列舉。一個形狀被表示為一個線段的集合。也就是說，兩個形狀相交若且唯若它們的線段相交。

本題的難點是前置處理。

8.5.10 ► A Round Peg in a Ground Hole

DIY 傢俱公司專門從事自己動手組裝傢俱的組件生產。通常情況下，一個木製組件用木製榫頭插入另一個組件預切圓洞來實作這些組件的彼此連接。這樣的榫頭有一個圓截面，因此它能插進另一個圓洞。

最近，由於自動研磨機的錯誤控制程式，工廠生產的電腦桌存在缺陷，在組件上研磨出不規則形狀的洞，不是預期的圓形，而是一個不規則的多邊形。你需要確定這些電腦桌是否要被報廢，還是用木屑和膠水的混合物填充洞的一部分，使得這些電腦桌還可以被使用。

現在就有兩個問題。首先，如果洞中包含任何突出的部分（即在洞內存在兩個點，如果這兩點之間用一條線段連接，該線段將穿過洞內的一條或多條邊），那麼在傢俱使用的時候填入洞中的材料在正常的作用力下無法支撐榫頭。其次，假設孔洞是一個合適的形狀，它必須足夠大，以便插入榫頭。由於在這一塊木頭上的孔洞必須匹配其他木製組件上相關的孔洞，要匹配的榫頭的確切位置必須已知。

請編寫一個程式，提供榫頭和多邊形孔洞的描述，確定孔洞是否形狀不正常。如果孔洞形狀正常，則確定榫頭在要求的位置是否匹配。每個孔洞被描述為一個多邊形的頂點 $(x_1, y_1), (x_2, y_2), \cdots, (x_n, y_n)$，多邊形的邊是 (x_i, y_i) 到 (x_{i+1}, y_{i+1})，$i = 1 \cdots n-1$，以及 (x_n, y_n) 到 (x_1, y_1)。

輸入

輸入由一系列組件描述構成，每組組件描述由如下資料構成：

第一行 <nVertices> <pegRadius> <pegX> <pegY>

分別表示多邊形的頂點數 n（整數）、榫頭的半徑（實數）、榫頭的位置 X 和 Y。

其餘 n 行 <vertexX> <vertexY>

每一行表示一個頂點，按序排列，頂點位置是 X 和 Y。

以一個小於 3 的多邊形頂點數表示輸入結束。

輸出

對每個組件描述,輸出一行字串。如果孔洞有突出部分,輸出 "HOLE IS ILL-FORMED";如果孔洞沒有突出部分,並且樺頭與在提供位置的孔洞匹配,輸出 "PEG WILL FIT";如果孔洞沒有突出部分,但樺頭不能和提供位置的孔洞匹配,輸出 "PEG WILL NOT FIT"。

範例輸入	範例輸出
5 1.5 1.5 2.0	HOLE IS ILL-FORMED
1.0 1.0	PEG WILL NOT FIT
2.0 2.0	
1.75 2.0	
1.0 3.0	
0.0 2.0	
5 1.5 1.5 2.0	
1.0 1.0	
2.0 2.0	
1.75 2.5	
1.0 3.0	
0.0 2.0	
1	

試題來源: ACM Mid-Atlantic 2003

線上測試: POJ 1584,ZOJ 1767,UVA 2835

提示

設樺頭的位置為 peg,半徑為 r,凸多邊形的頂點序列為 $p_0, \cdots, p_n$,其中 $p_n = p_0$。

(1)判斷多邊形是否有凹凸。

依次判斷點 $i+1$ 的凹凸情況($0 \le i \le n-1$):

◆ 若 $\overrightarrow{p_{i+1}p_i} \wedge \overrightarrow{p_{i+2}p_i} < 0$,則點 $i+1$ 為凹點,凹點個數 $c0++$;

◆ 若 $\overrightarrow{p_{i+1}p_i} \wedge \overrightarrow{p_{i+2}p_i} > 0$,則點 $i+1$ 為凸點,凸點個數 $c1++$;

◆ 若($c0 != 0 \ \&\& \ c1 != 0$),則說明多邊形有凹凸,孔洞有突出部分。

(2)判斷樺頭能否在所有邊的一個方向。

樺頭要與孔洞匹配的前提條件是樺頭向量 peg 在多邊形內,即樺頭在所有邊的一個方向。計算方法是列舉多邊形每條邊 $\overrightarrow{p_{i+1}p_i}$($0 \le i \le n-1$),統計樺頭在順時針方向的邊數 $c0$ 和逆時針方向的邊數 $c1$:若 $\overrightarrow{p_{i+1}p_i} \wedge \text{peg} < 0$,則樺頭在 $\overrightarrow{p_{i+1}p_i}$ 的順時針方向,$c0++$;若 $\overrightarrow{p_{i+1}p_i} \wedge \text{peg} > 0$,則樺頭在 $\overrightarrow{p_{i+1}p_i}$ 的逆時針方向,$c1++$。在列舉了多邊形的所有邊後,若($c0 != 0 \ \&\& \ c1 != 0$),則說明樺頭向量 peg 不在多邊形內,樺頭無法與孔洞匹配。

(3)判斷能否與孔洞匹配。

在樺頭 peg 在多邊形內的情況下考慮長度因素:計算 peg 至多邊形各邊的最小距離

$$m = \min_{0 \le i \le n-1} \left\{ \frac{\overrightarrow{p_i \text{peg}} \wedge \overrightarrow{p_i p_{i+1}}}{|\overrightarrow{p_i p_{i+1}}|} \right\}$$

,若 $r > m$,則樺頭不能與孔洞匹配;否則樺頭能與孔洞匹配。

8.5.11 ► Triangle

一個網格點由一個有序對 (x, y) 表示，其中 x 和 y 都是整數。提供一個三角形的頂點座標（頂點在網格點上），請計算在三角形中網格點的數目（在邊上和頂點上的點不被計入）。

輸入

輸入包含多組測試案例，每組測試案例為 6 個整數 x_1、y_1、x_2、y_2、x_3 和 y_3，其中 (x_1, y_1)、(x_2, y_2) 和 (x_3, y_3) 是三角形的頂點座標。輸入的所有三角形是存在的（面積為正數），並且 $-15000 \le x_1, y_1, x_2, y_2, x_3, y_3 \le 15000$，輸入以 $x_1 = y_1 = x_2 = y_2 = x_3 = y_3 = 0$ 為結束，程式不必處理。

輸出

對於輸入的每個測試案例，輸出一行，提供三角形內的網格點數。

範例輸入	範例輸出
0 0 1 0 0 1	0
0 0 5 0 0 5	6
0 0 0 0 0 0	

試題來源：Stanford Local 2004
線上測試：POJ 2954

提示

設三角形的頂點為 p_1、p_2 和 p_3，三角形的面積 $S_\triangle = \dfrac{|p_1 \wedge p_2| + |p_2 \wedge p_3| + |p_3 \wedge p_1|}{2}$。在邊上和頂點上的點不被計入，需要排除。設 $g\left(\overrightarrow{p_i p_j}\right)$ 為 p_i、p_j 和 $\overrightarrow{p_i p_j}$ 所含的點數：

$$g\left(\overrightarrow{p_i p_j}\right) = \begin{cases} |p_i.y - p_j.y| & |p_i.x - p_j.x| = 0 \\ |p_i.x - p_j.x| & |p_i.y - p_j.y| = 0 \\ \mathrm{GCD}\left(|p_i.y - p_j.y|, |p_i.x - p_j.x|\right) & \text{否則} \end{cases}$$

根據 Pick's 定理，面積 $S_\triangle =$ 三角形內的網格點數 $+ \dfrac{g\left(\overrightarrow{p_1 p_2}\right) + g\left(\overrightarrow{p_2 p_3}\right) + g\left(\overrightarrow{p_3 p_1}\right)}{2} - 1$，由此得出三角形內的網格點數 $= S_\triangle - \dfrac{g\left(\overrightarrow{p_1 p_2}\right) + g\left(\overrightarrow{p_2 p_3}\right) + g\left(\overrightarrow{p_3 p_1}\right)}{2} + 1$。

8.5.12 ► Ants

年輕的博物學家 Bill 在學校裡研究螞蟻。他的螞蟻吃生活在蘋果樹上的蝨子。每個螞蟻族群需要屬於它們自己的蘋果樹來養活自己。

Bill 有一張地圖，上面有 n 個螞蟻族群和 n 棵蘋果樹的座標。他知道螞蟻使用化學標記的路線從它們的族群所在的地方去它們吃東西的地方，然後返回。路線彼此間不能相互交叉，否則螞蟻會感到困惑，跑到其他的族群裡，或上其他的樹，因此會挑起族群之間的戰爭。

Bill 想連接每個螞蟻族群到每一棵單一的蘋果樹，使得所有的 n 條路線都是不相交的直線。在本問題中這樣的連接總是可能的。請編寫一個程式，找到這種連接。

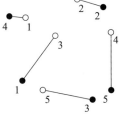

在圖 8-47 中，螞蟻族群用空心圓環表示，而蘋果樹用實心圓環表示，用直線提供了一個可能的連結。

圖 8-47

輸入

輸入的第一行提供了一個整數 n（$1 \leq n \leq 100$）——螞蟻族群和蘋果樹的數量。接下來的 n 行描述 n 個螞蟻族群；然後的 n 行描述 n 棵蘋果樹。每個螞蟻族群和每棵蘋果樹用在直角平面上的一對整數座標 x 和 y（$-10000 \leq x, y \leq 10000$）來描述。所有的螞蟻族群和蘋果樹在平面上占據一個點，不存在三點一線的情況。

輸出

輸出 n 行，每行一個整數，在第 i 行輸出的數表示與 i 個螞蟻族群相連接的蘋果樹的編號（從 1 到 n）。

範例輸入	範例輸出
5	4
−42 58	2
44 86	1
7 28	5
99 34	3
−13 −59	
−47 −44	
86 74	
68 −75	
−68 60	
99 −60	

試題來源： ACM Northeastern Europe 2007

線上測試： POJ 3565，UVA 4043

提示

設 a_i 為螞蟻種群 i 的位置，b_j 為蘋果樹 j 的位置，$1 \leq i, j \leq n$。將 n 個螞蟻種群組成集合 x，n 棵蘋果樹組成集合 y，（x_i, y_j）的邊權設為 $-\left|\overrightarrow{a_i b_j}\right|$。使用 KM 演算法求最佳匹配。

8.5.13 ▶ The Doors

請在一間內部有隔牆的房間裡找一條最短路徑的長度。這個房間的邊在二維座標 $x=0$、$x=10$、$y=0$ 和 $y=10$ 的直線上。路徑的起始點和終點分別是（0, 5）和（10, 5）。房間內有 0 到 18 面垂直的隔牆，每面隔牆有兩個門。圖 8-48 提供了這樣的一個房間以及最短長度的路徑。

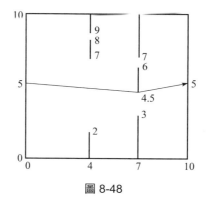

圖 8-48

輸入

圖 8-48 的輸入資料如下：

```
2
4 2 7 8 9
7 3 4.5 6 7
```

第一行提供房間內隔牆的數目。然後，每行提供 5 個實數描述一面牆，第一個數是牆的 x 座標（$0 < x < 10$），剩下的 4 個數是這面牆上門的端點的座標。這些牆的輸入按 x 座標的順序遞增，在每行中按 y 座標的順序遞增。輸入至少有一個測試案例。如果測試案例中提供牆的數量為 -1，表示輸入結束。

輸出

對每個房間，輸出一行，提供最短路徑長度，四捨五入到小數點後兩位。行中沒有空格。

範例輸入	範例輸出
1 5 4 6 7 8 2 4 2 7 8 9 7 3 4.5 6 7 −1	10.00 10.06

試題來源： ACM Mid-Central USA 1996

線上測試： POJ 1556，ZOJ 1721，UVA 393

提示

存在 $4n + 2$ 個點，其中 $p_0 = (0, 5)$，$p_{4*n+1} = (10, 5)$，$\overrightarrow{p_{4*i-3} p_{4*i-2}}$ 是第 i 面牆的第一個門，$\overrightarrow{p_{4*i-1} p_{4*i}}$ 是第 i 面牆的第二個門，$1 \leq i \leq n$。

計算每一對點 p_i 和 p_j 之間的距離 $d_{ij} = \left| \overrightarrow{p_i p_j} \right|$（$0 \leq i < 4*n+1$，$i < j \leq 4*n+1$）。如果 $\overrightarrow{p_i p_j}$ 經過第 k 面牆（$p_i.x \leq p_{4*k}.x \leq p_j.x$），且交點位於該面牆的兩個門 $\left(\overrightarrow{p_{4*k-3} p_{4*k-2}} \text{ 或 } \overrightarrow{p_{4*k-1} p_{4*k}} \right)$ 之外，則 $d_{ij} = \infty$。

使用 Floyd 演算法計算任一點對間的最短路 d_{ij}。

最後，$d_{0,4n+1}$ 即為最短路徑長度。

8.5.14 ► TOYS

請計算在一個分區的玩具箱中每個分區中玩具的數量。

John 的父母有一個問題：他們的孩子 John 在玩了玩具後，從來沒有把玩具放好。他們給 John 一個矩形箱子，讓他把自己的玩具放進去，但 John 很叛逆，他只是將玩具簡單地扔進箱子。所有的玩具混在一起，John 也不可能馬上找到他喜歡的玩具。

John 的父母想出這樣的辦法。他們將硬紙板放進箱子，將一個箱子分隔成一個個分區。即使 John 還是將玩具簡單地往箱子裡扔，至少玩具會被扔在不同的分區中，保持分離。圖 8-49 提供了一個玩具箱實例的俯視圖。

圖 8-49

本問題要求確定在 John 將他的玩具扔進玩具箱的時候，在每個分區中扔了多少玩具。

輸入

輸入包含一個或多個測試案例。每個測試案例的第一行提供 6 個整數 n、m、x_1、y_1、x_2 和 y_2。硬紙板分隔數為 n（$0 < n \leq 5000$），玩具數量為 m（$0 < m \leq 5000$）。玩具箱左上角和右下角的座標分別為（x_1, y_1）和（x_2, y_2）。接下來的 n 行每行提供兩個整數 U_i 和 L_i，表示第 i 個硬紙板的左上角和右下角的座標（U_i, y_1）和（L_i, y_2），本題設定硬紙板的分區彼此不會相交，輸入的次序按從左到右排序。接下來的 m 行每行提供兩個整數 x_j 和 y_j，表示第 j 個要放進箱子裡的玩具被放置的位置。玩具的次序是隨意的。本題設定沒有一個玩具會被正好擱置在一片分隔的硬紙板上，或者被放置在箱子的邊界之外。輸入以包含一個 0 的一行結束。

輸出

對玩具箱中的每個分區，輸出一行，輸出分區編號，然後是冒號和一個空格，接下來是被扔進分區的玩具的分區編號從 0（最左邊的分區）開始到 n（最右邊的分區）。不同的測試案例之間輸出一個空行。

範例輸入	範例輸出
5 6 0 10 60 0	0: 2
3 1	1: 1
4 3	2: 1
6 8	3: 1
10 10	4: 0
15 30	5: 1

範例輸入	範例輸出
1 5	
2 1	0: 2
2 8	1: 2
5 5	2: 2
40 10	3: 2
7 9	4: 2
4 10 0 10 100 0	
20 20	
40 40	
60 60	
80 80	
5 10	
15 10	
25 10	
35 10	
45 10	
55 10	
65 10	
75 10	
85 10	
95 10	
0	

試題來源：ACM Rocky Mountain 2003

線上測試：POJ 2318，UVA 2910

提示

設第 i 個硬紙板的左上角和右下角的座標分別是 p_i' 和 p_i''，$0 \leq i \leq n-1$；玩具箱左上角和右下角的座標分別為 p_n' 和 p_n''。

然後依次輸入每個玩具 a，每輸入一個玩具 a，二元搜尋該玩具落入的硬紙板 ret：

初始區間設為 $[0, n]$。若 a 在 $\overrightarrow{p_{\text{mid}}' p_{\text{mid}}''}$ 的左方，則 mid 記為 ret，繼續搜尋左子區間，否則搜尋右子區間……這個過程直至區間不存在為止。此時硬紙板 ret 落入的玩具數 +1。

依次處理了 m 個玩具後，便可統計出每個硬紙板裡的玩具數。

8.5.15 ▶ Area

Merck 公司以其高度創新的產品而聞名，因此也成為工業間諜活動的目標。為了保護其新品牌研究和開發的設施，公司裝備了最新的巡邏機器人系統以監控研發區域。這些機器人沿著設施的牆壁移動，並向中央安全辦公室報告觀察到的可疑的情況。這一系統的唯一缺陷是它競爭對手的間諜發現的：機器人的無線電在其移動的時候沒有加密。儘管不可能瞭解更多訊息，但間諜可以計算出新設施所占面積的確切大小。建築物的每個角位於一個矩形的網格上，並且只有直角。圖 8-50 顯示了一個機器人的周圍地區。

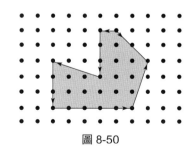

圖 8-50

你被雇用去編寫一個程式,透過機器人沿著牆壁移動來計算新的設施所占的面積。本題設定這一區域是一個多邊形,並且角在矩形網格上。然而,由於你的雇主非常自豪他的發現,所以他堅持要你使用一個公式,這個公式涉及多邊形內部的網格點數 I、多邊形的邊上的網格點數 E 和總面積 A。不幸的是,你遺失了雇主寫下的簡單公式,所以你的首要任務是自己找出公式。

輸入

輸入的第一行提供測試案例的個數。

對每個測試案例,在第一行提供 m,$3 \le m < 100$,表示機器人的移動次數。接下來的 m 行每行提供一個用空格分隔的整數對「dx dy」,滿足 $-100 \le dx, dy \le 100$ 以及 $(dx, dy)! = (0, 0)$。這樣的一對整數表示機器人從目前位置在網格上向右移動 dx 個單位,向上移動 dy 個單位。本題設定機器人移動的線路是封閉的,除了起點和終點,線路不會交叉甚至與自己相交。機器人繞建築物逆時針移動,所以要計算的區域在機器人移動線路的左側。預先已知整個多邊形在邊長 100 個單位的正方形網格中。

輸出

每個測試案例輸出的第一行為 "Scenario #i:",其中 i 是測試案例的編號,從 1 開始。然後輸出一行提供 I、E 和 A,面積 A 四捨五入到小數點後的一位。這三個數之間用兩個空格分開。每個測試案例結束後輸出一個空行。

範例輸入	範例輸出
2	Scenario #1:
4	0 4 1.0
1 0	
0 1	Scenario #2:
−1 0	12 16 19.0
0 −1	
7	
5 0	
1 3	
−2 2	
−1 0	
0 −3	
−3 1	
0 −3	

試題來源: ACM Northwestern Europe 2001
線上測試: POJ 1265,ZOJ 1032,UVA 2329

提示

本題提供一個格點上的多邊形,要求你計算多邊形內部的網格點數 I、多邊形的邊上的網格點數 E 和多邊形的總面積 A。

根據 Pick's 定理,多邊形的總面積 A 是 $I + E/2 - 1$。多邊形的總面積 A 是所有從原點到每對相鄰的頂點的外積的總和。$E = \text{GCD}(\text{abs}(x_2 - x_1), \text{abs}(y_2 - y_1))$。最後,計算 I。

8.5.16 ► Line of Sight

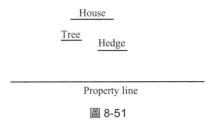

有個建築師對他的新家感到非常自豪,並希望對於
沿街經過他家的「地產線」(Property Line)的人
們,可以確保他們看到他新家的房子。他的地產還
包含了各種樹木、灌木、綠籬,以及其他可能遮擋
視線的障礙物。在本題中,房子、地產線,以及其
他障礙物,都在平行於 x 軸的直線上,如圖 8-51
所示。

為了讓建築師知道他的房子如何可以被看到,請編寫一個程式,輸入房子、地產線,以
及周圍的障礙物的位置,並計算出這樣的最長的連續地產線的部分,在那裡沒有任何障
礙物阻擋,整個房子都可以被看到。

輸入

因為每個物件是一條直線,所以在輸入中先提供左 x 座標和右 x 座標,然後提供一個 y 座
標來表示 $<x_1> <x_2> <y>$,其中,x_1、x_2 和 y 都是非負實數,$x_1 < x_2$。

輸入中有多間房子的建築及其周邊景觀。對於每間房子,輸入的第一行提供房子的座
標,第二行提供地產線的座標,第三行提供一個整數,表示障礙物的數量,接下來每行
提供一個障礙物的座標。

在最後一間房子輸入之後,輸入 "0 0 0" 將結束。

每間房子都在地產線的上方(房子的 y 座標 > 地產線的 y 座標),不存在障礙物與房子
或地產線重疊,也就是說,如果障礙物的 y 座標 = 房子的 y 座標,障礙物所在的範圍
$[x_1, x_2]$ 與房子所在的範圍 $[x_1, x_2]$ 不相交。

輸出

對於每一間房子,程式輸出一行,提供整個房子可以被看到的最長連續地產線的線
段長度,精確到小數點後兩位。如果地產線上沒有一段可以看到整個房子,則輸出
"No View"。

範例輸入	範例輸出
2 6 6 0 15 0 3 1 2 1 3 4 1 12 13 1 1 5 5 0 10 0 1 0 15 1 0 0 0	8.80 No View

試題來源:ACM Mid-Atlantic 2004

線上測試:POJ 2074,ZOJ 2325,UVA 3112

提示

此題是一個典型的可視性問題，關鍵是求過兩點的直線方程以及直線與線段的交點。測試資料中有一個「陷阱」，要特別小心。

每個障礙物都使 Property Line 上形成不可能完全看到 House 的一段，如圖 8-52 所示的虛線部分，能完全看到 House 的那段便是相鄰兩段藍線間的「縫隙」（當然也有可能是 Property Line 的兩端）。把虛線排序後，掃描一遍即可。

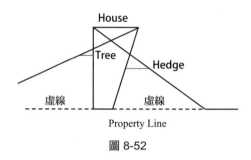

圖 8-52

8.5.17 ► An Easy Problem?!

外面在下著雨，農夫 Johnson 的公牛 Ben 想用雨水來澆灌它的花。Ben 將兩塊木板釘在穀倉的牆上，如圖 8-53 所示，在牆上的兩塊板看起來像平面上的兩條線段，它們具有相同的寬度。

圖 8-53

請計算這兩塊木板可以收集多少雨。

輸入

輸入的第一行提供測試案例的數目。

每個測試案例是 8 個絕對值不超過 10000 的整數 x_1、y_1、x_2、y_2、x_3、y_3、x_4 和 y_4。（x_1, y_1）和（x_2, y_2）是一塊木板的端點，（x_3, y_3）和（x_4, y_4）是另一塊木板的端點。

輸出

對於每個測試案例，輸出一行，提供一個精確到小數點後兩位的實數，表示收集的雨量。

範例輸入	範例輸出
2	1.00
0 1 1 0	0.00
1 0 2 1	
0 1 2 1	
1 0 1 2	

試題來源：POJ Monthly--2006.04.28, Dagger@PKU_RPWT

線上測試：POJ 2826

提示

兩條線段構成一個容器，求此容器能裝到多少雨水。這是一個較複雜的視覺化問題。由於水是從天空垂直落下的，因此雨從無窮高處下落，有以下三種情況影響容器盛雨，如圖 8-54 所示。

陰影區域為收集的雨量

圖 8-54

設輸入的兩塊木板（線段）為 $\overrightarrow{p_1p_2}$ 和 $\overrightarrow{p_3p_4}$，其中 $p_1.y \geq p_2.y$，$p_3.y \geq p_4.y$，且 $p_1.y \geq p_3.y$。

（1）如果 $\overrightarrow{p_1p_2}$ 和 $\overrightarrow{p_3p_4}$ 沒有交點，則無法收集雨量。

（2）設 $\overrightarrow{p_1p_2}$ 和 $\overrightarrow{p_3p_4}$ 交點為 p，$\overrightarrow{p_1p_2}$ 與經過 $p_3.y$ 的水平線的交點為 tp（如圖 8-55 所示）。

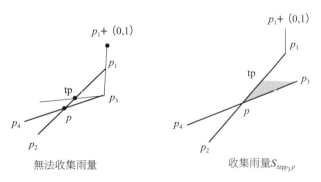

無法收集雨量　　　　　　收集雨量$S_{\triangle tpp_3p}$

圖 8-55

若 $\overrightarrow{pp_1} \wedge \overrightarrow{pp_3}$ 與 $\overrightarrow{p_1(p_1+(0,1))} \wedge \overrightarrow{p_1p_3}$ 的正負號相同，或 $\overrightarrow{p_1(p_1+(0,1))}$ 與 $\overrightarrow{p_1p_3}$ 重合，則無法收集雨量；否則收集的雨量為 $S_{\triangle tpp3p}$。

8.5.18 ► Road Accident

兩輛汽車在道路上相撞,受到了一定的損害,這也就出現了通常的問題:「誰的責任?」要回答這個問題,就必須全面重構事故的過程。透過蒐集目擊者的證言和分析輪胎的印記,就能確定在撞擊前汽車的位置和速度。一直到相撞前,汽車都是直線向前的。

所編寫的程式要根據提供的有效資料,計算每一輛汽車的哪一部分首先碰到了另一輛車。如圖 8-56 所示,每個部分都進行了編號。

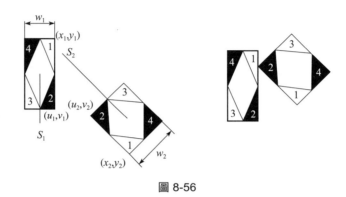

圖 8-56

輸入

輸入包含 12 個浮點數:x_1、y_1、u_1、v_1、w_1、s_1、x_2、y_2、u_2、v_2、w_2 和 s_2,其中(x, y)和(u, v)為汽車的後左角和上左角的座標,w 為汽車的寬度,s 為汽車的速度。

約束

$1 \leq x_i, y_i, u_i, v_i, w_i \leq 10^6$,$0 \leq s_i \leq 10^6$。輸入資料保證相撞肯定發生。起初兩輛汽車沒有公共點。

輸出

輸出提供兩個整數 p_1 和 p_2,其中 p 是一輛車與另一輛車首先碰撞的部分的編號(如果一輛車有兩個部分同時撞上另一輛車,輸出編號小的部分的編號)。

範例輸入 1	範例輸出 1
1.0 2.0 10.0 2.0 1.0 10.0 50.0 1.0 40.0 1.0 1.0 20.0	2 2
範例輸入 2	範例輸出 2
1 1 10 1 1 20 40 1 50 1 1 10	2 1

試題來源:ACM Northeastern Europe 2005, Far-Eastern Subregion
線上測試:POJ 3433

提示

兩車都有速度,不妨令一車停止,另一車以相對速度行駛,以便討論與計算(如圖 8-57 所示)。

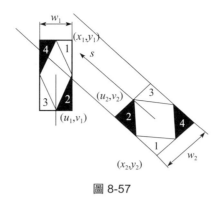

圖 8-57

接下來畫出車的運動軌跡，分別討論：

◆ 第一輛車的點與第二輛車的邊相撞。

◆ 第二輛車的點與第一輛車的邊相撞。

判斷點所在區域可透過點到車四個頂點的距離決定（離哪個點近就位於哪個區域）。

8.5.19 ► Wild West

從前，西部邊疆小村的寧靜生活往往因神秘的不速之客的出現而被打破。一個不速之客可能是正在追殺一個臭名昭著的惡棍的賞金獵人，也可能是正在逃脫法律制裁的危險罪犯。不速之客的數量變得非常大，已經形成了神秘的不速之客聯盟（Mysterious Strangers，Union）。如果你想成為一個神秘的不速之客，那麼你要向該聯盟提出申請，而且你必須通過三個重要技能的考試：射擊、飛刀和吹奏口琴。對於每一項技能，招聘委員會（Admission Committee）的評分在 1（最差）和 M（最好）之間。有趣的是，在該聯盟中，沒有兩名成員有同樣的技能：對於每兩個成員，至少有一個技能他們的分數不同。此外，對於每一個可能的分數組合，恰好有一名成員取得這樣的分數。也就是說，在該聯盟中，正好有 m^3 個不速之客。

最近，一些成員離開了該聯盟，他們組成了邪惡的神秘不速之客社團（Society of Evil Mysterious Strangers）。這個社團的目的就是要犯盡可能多的邪惡罪行，而且他們的犯罪都相當成功。因此，神秘的不速之客聯盟的指導委員會決定，讓一個英雄去搗毀這個邪惡的社團。這個英雄是一個神秘的不速之客，他可以戰勝邪惡的神秘不速之客社團的所有成員。如果和一個邪惡的神秘不速之客社團成員相比，這個英雄至少有一項技能的分數更高，他就能夠打敗這個成員。例如，如果邪惡社團有兩個成員：

◆ Colonel Bill，射擊 7 分，飛刀 5 分，口琴演奏 3 分。

◆ Rabid Jack，射擊 10 分，飛刀 6 分，口琴演奏 8 分。

英雄射擊 8 分，飛刀 7 分，口琴演奏 3 分，那麼英雄就能擊敗這兩個成員。然而，如果某人射擊 8 分，飛刀 6 分，口琴演奏 8 分，那麼他就不可能成為英雄。而且，英雄不可能是邪惡社團的成員。

請確定在神秘的不速之客聯盟中是否有成員可以成為英雄；如果有，那麼提供有多少成員可以成為英雄。

輸入

輸入包含若干測試案例，每個測試案例第一行提供兩個整數：$1 \leq n \leq 100000$，邪惡的神秘不速之客社團的成員數量；$2 \leq m \leq 100000$，技能分數的最大值。接下來的 n 行描述這些成員，每行包含 3 個從 1 到 m 的整數，表示 3 項技能的得分。

輸入以 $n = m = 0$ 結束。

輸出

對每個測試案例，輸出一行，提供聯盟中滿足成為英雄條件的成員數量。如果沒有這樣的成員，則輸出 "0"。本題設定輸出最多 10^{18}。

範例輸入	範例輸出
3 10	848
2 8 5	19
6 3 5	999999999992
1 3 9	
1 3	
2 2 2	
1 10000	
2 2 2	
0 0	

試題來源： ACM Central Europe 2005

線上測試： POJ 2944，UVA 3525

提示

直接求英雄的數目很難，不妨來一個「正難則反」的逆向思考，從反面著手，透過求不是英雄的數目來達到求英雄數的目的。

設成員的三項能力為 (a, b, c)，按邪惡成員的 a 從大到小列舉，把對應的 (b, c) 插入到平面直角座標系中，這樣的話，能力 (b, c) 位於每個點與原點組成的矩形聯集內的成員，必然不是英雄（這些成員的能力 a 不大於列舉的 a）。

插入到二維座標系的點，應該按照 b 遞增、c 遞減的要求維護。

如圖 8-58 所示，如果插入的點是紅點，已經存在一個黃點：黃 $b>$ 紅 b，黃 $c>$ 紅 c，應該把紅點剔除。由於在 a 降冪情況下，b 和 c 無序，用平衡樹維護，維護序列的同時維護面積。

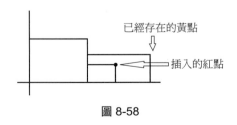

圖 8-58

如圖 8-59 所示，插入紅點，先減去黃點圍成的面積，然後刪除藍點及藍點圍成的面積，加入紅點圍成的面積，最後才加入黃點的面積，如圖 8-60 所示。

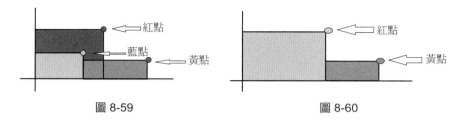

圖 8-59　　　　　　　　　　圖 8-60

8.5.20 ▶ The Skyline Problem

提供在城市中建築物的位置，請編寫一個程式，幫助建築師畫出城市的天際線（Skyline，建築物等在天空映襯下的天際線）。為了使問題變得易於處理，本題設定所有的建築物都是長方形的，並且它們都有一個共同的底部（建造它們的城市非常平坦）。這個城市也被看作是二維的。一幢建築物用一個有序的三元組說明（L_i，H_i，R_i），其中 L_i 和 R_i 分別是建築物 i 的左、右座標，H_i 是建築物 i 的高度。在圖 8-61 中，左圖提供的建築物從左至右，三元組為（1, 11, 5）、（2, 6, 7）、（3, 13, 9）、（12, 7, 16）、（14, 3, 25）、（19, 18, 22）、（23, 13, 29）、（24, 4, 28）。在右圖中，天際線表示為序列：（1, 11, 3, 13, 9, 0, 12, 7, 16, 3, 19, 18, 22, 3, 23, 13, 29, 0）。

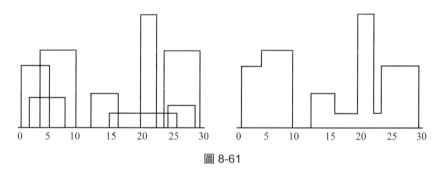

圖 8-61

輸入

輸入提供一個建築物三元組序列，所有的建築物座標都是小於 10000 的正整數，至少有 1 幢建築物，最多有 5000 幢建築物。每幢建築物描述為一行三元組，三元組按建築物左座標 L_i 排序，因此輸入中具有最小的左座標的建築物排在第一。

輸出

輸出提供描述天際線的向量。對於天際線的向量（v_1, v_2, v_3, $\cdots$, v_{n-2}, v_{n-1}, v_n），如果 i 是偶數，則 v_i 表示水平線（高度）；如果 i 是奇數，則 v_i 表示垂直線（x 座標的位置）。天際線的向量要表示走過的「路徑」，例如，讓一隻小蟲從最小 x 座標的位置開始，水平或垂直地沿著天際線行走。天際線向量的最後出口為 0。座標用空格分開。

範例輸入	範例輸出
1 11 5 2 6 7 3 13 9 12 7 16 14 3 25 19 18 22 23 13 29 24 4 28	1 11 3 13 9 0 12 7 16 3 19 18 22 3 23 13 29 0

試題來源： Internet Programming Contest 1990

線上測試： UVA 105

提示

設目前的建築表示為一個有序三元組（left, height, right），天際線的右邊界為 rightmost，對於在底部的每個點 i，$a[i]$ 是目前天際線的高度，$1 \leq i \leq$ rightmost。

在一幢建築被輸入後，在區間（left $\leq i \leq$ right）中的 $a[i]$ 和 rightmost 被調整：$a[i] = \max\{ a[i], \text{height} \}$（left $\leq i \leq$ right），rightmost $= \max\{\text{rightmost}, \text{right}\}$。

然後，採用掃描線方法，列舉底部的每個點，求解本題。如果 $a[i] \neq a[i-1]$，則輸出 i 和 $a[i]$。最後，輸出 rightmost $+ 1$ 和 0。

8.5.21 ▶ Lining Up

「我如何去解決這個問題？」飛行員問。

實際上，飛行員所面臨的不是一件容易的事。她必須將包裹在一片危險的區域中空投到一些分散的特定空投點上。飛行員只能沿一條直線飛過這個區域一次，而且她要飛過盡可能多的空投點。所有的空投點在兩維空間上以整數座標提供。基於提供的資料，飛行員想知道在哪一條直線上空投點的數量最多。請編寫一個程式來計算最多的空投點。

你的程式的效率要高。

輸入

輸入提供 N 對整數，$1 < N < 700$。每對整數用一個空格分開，以換行字元結束。輸出以 EOF 結束。不可能有一對整數出現兩次。

輸出

輸出提供一個整數，表示在某一條直線上空投點的最多的數量。

範例輸入	範例輸出
1 1 2 2 3 3 9 10 10 11	3

試題來源： ACM 1994 East-Central Regionals

線上測試： POJ 1118，UVA 270

提示

在一個二維平面上提供 n 個不同的點，要求找出在哪一條直線上點的數量最多。設 n 個空投點的位置為 $p_0, \cdots, p_{n-1}$，空投點的最多數量為 ans。

列舉每個空投點 i（$0 \le i \le n-1$）：

計算原點到每個 p_j 與 p_i 的線段的夾角（$0 \le i, j \le n-1$）

$$\text{tank}[j] = \begin{cases} \dfrac{p_j.y - p_i.y}{p_j.x - p_i.x} \text{ 的反正切} & i \ne j \\ 10 & i = j \end{cases}$$

按照遞增順序排列 $\text{tank}[0 \cdots n-1]$。

列舉 $\text{tank}[]$ 所在的每個可能區間 $[l, r]$：若 $\overrightarrow{p_r p_i}$ 的夾角與 $\overrightarrow{p_l p_i}$ 的夾角不同（$\text{tank}[r] \ne \text{tank}[l]$），則有 $r-l+1$ 個點在同一直線上，調整空投點的最多數量 $\text{ans} = \max\{\text{ans}, r-l+1\}$，最後得出的 ans 即為空投點的最多數量。

8.5.22 ▸ Triathlon

鐵人三項賽（Triathlon）是一種體育競賽，是由要求盡可能快地完成的三個連續項目組成的競賽。第一個項目是游泳，第二個項目是騎自行車，第三個項目是長跑。

每位參賽選手在這三個項目中的速度是已知的。裁判可以任意地選擇每個項目的路程長度，沒有一個項目的路程長度為零。有時，裁判會按某種方式選擇路程長度，使得一些個別的選手能贏得競賽。

輸入

測試案例的第一行提供參賽選手的人數 N（$1 \le N \le 100$），接下來的 N 行每行提供用空格隔開的 3 個整數，V_i、U_i 和 W_i（$1 \le V_i, U_i, W_i \le 10000$），分別表示第 i 個選手 3 個項目的速度。

輸出

對於每個參賽選手，都用一行輸出。假如裁判可以以某種方式選擇的路程長度使得他贏（即第一個衝線），則輸出 "Yes"；否則輸出 "No"。

範例輸入	範例輸出
9	Yes
10 2 6	Yes
10 7 3	Yes
5 6 7	No
3 2 7	No
6 2 6	No
3 5 7	Yes
8 4 6	No
10 4 2	Yes
1 8 7	

試題來源： ACM Northeastern Europe 2000

線上測試： POJ 1755，ZOJ 2052，UVA 2218，URAL 1062

提示

設三個項目游泳、騎自行車和長跑的路徑長度分別為 A、B 和 C（$A, B, C > 0$）。若第 i 個人能贏，則對於其他每個人 j 必須滿足 $\frac{A}{v_i} + \frac{B}{u_i} + \frac{C}{w_i} < \frac{A}{v_j} + \frac{B}{u_j} + \frac{C}{w_j}$。

$$\frac{A}{v_i} + \frac{B}{u_i} + \frac{C}{w_i} < \frac{A}{v_j} + \frac{B}{u_j} + \frac{C}{w_j}$$

$$\Rightarrow \frac{1}{v_i} * \frac{A}{C} + \frac{1}{u_i} * \frac{B}{C} + \frac{1}{w_i} < \frac{1}{v_j} * \frac{A}{C} + \frac{1}{u_j} * \frac{B}{C} + \frac{1}{w_j}$$

$$\Rightarrow \left(\frac{1}{v_j} - \frac{1}{v_i}\right) * \frac{A}{C} + \left(\frac{1}{u_j} - \frac{1}{u_i}\right) * \frac{B}{C} + \left(\frac{1}{w_j} - \frac{1}{w_i}\right) < 0$$

把 $\frac{A}{C}$ 和 $\frac{B}{C}$ 看成未知數 x 和 y，不難看出上式為二元一次不等式，解在平面上表示為半平面。列舉 i，對所有 $j \neq i$ 列出不等式（半平面），有解（即 i 能贏）的條件是所有半平面的交集為一個凸多邊形。具體方法如下。

對於選手 i（$1 \leq i \leq n$），建立 $n+2$ 個半平面 $H_1, H_2, \cdots, H_{n+2}$ 的邊界線對應的直線方程（儲存 $A_k x + B_k y + C_k = 0$ 中的 A_k、B_k 和 C_k），其中前 $n-1$ 個直線方程儲存選手 i 與其他選手的比賽情況，其中 $A_k = \frac{1}{u_j} - \frac{1}{u_i} - \left(\frac{1}{w_j} - \frac{1}{w_i}\right)$，$B_k = \frac{1}{v_j} - \frac{1}{v_i} - \left(\frac{1}{w_j} - \frac{1}{w_i}\right)$，$C_k = \frac{1}{w_j} - \frac{1}{w_i}$

（$1 \leq j \leq n, j \neq i, 1 \leq k \leq n-1$），後 3 個直線方程分別儲存直線 $x = 0$（$A_n = 1, B_n = 0, C_n = 0$）、直線 $y = 0$（$A_{n+1} = 0, B_{n+1} = 1, C_{n+1} = 0$）和直線 $x + y = 1$（$A_{n+2} = -1, B_{n+2} = -1, C_{n+2} = 1$）。

然後計算這 $n+2$ 個半平面的交集 $H_1 \cap H_2 \cap \cdots \cap H_{n+2}$ 是否成立。若成立，則選手 i 贏；否則選手 i 不可能贏。

8.5.23 ▶ Rotating Scoreboard

今年，ACM/ICPC 全球總決賽將在一個簡單的多邊形的大廳舉行。教練和觀眾沿多邊形的邊就座。我們要在大廳裡放置一個旋轉的記分牌，觀眾坐在大廳邊界上的任何地方，可以查看記分牌（也就是說，觀眾視線不能被牆所阻擋）。要注意的是，如果一個觀眾的視線對多邊形的邊是一個切線（或者在一個頂點或在一條邊上），他仍然可以看到記分牌。本題將觀眾的座位視為多邊形的邊上的一個點，記分牌也被看作為一個點。提供大廳的角（多邊形的頂點），你的程式檢查是否存在一個記分牌的位置（多邊形的一個內部點），使得記分牌可以從多邊形的邊上的任何一點都可以被看到。

輸入

輸入提供的第一個數字 T 是測試案例數。每個測試案例一行，形式為 $n\ x_1\ y_1\ x_2\ y_2\ \cdots\ x_n\ y_n$，其中 n（$3 \leq n \leq 100$）是多邊形的頂點數，整數對序列 $x_i\ y_i$ 按序排列多邊形的頂點。

輸出

輸出提供 T 行，每行按輸入順序對應一個測試案例。輸出行根據是否在大廳中可以放置一個滿足問題條件的記分牌，提供 "YES" 或 "NO"。

範例輸入	範例輸出
2	YES
4 0 0 0 1 1 1 1 0	NO
8 0 0 0 2 1 2 1 1 2 1 2 2 3 2 3 0	

試題來源：ACM Tehran 2006 Preliminary
線上測試：POJ 3335

提示

大廳為簡單的多邊形形狀，記分牌從多邊形的邊上的任何一點都可以被看到，顯然記分牌組成了多邊形的核心。題目 8.3.2.1 提供了計算多邊形核心的方法，只不過題目 8.3.2.1 要求在得出核心的頂點序列的基礎上計算核心面積，而本題僅是判斷核心是否存在。

8.5.24 ▶ How I Mathematician Wonder What You Are!

Isaac 在他童年的時候，經常數天上的星星；而現在，天文學家和數學家使用大型天文望遠鏡，並透過影像處理程式計算星星的數量。這個程式中最難的部分是判斷天空中的一個閃耀的物體是否的確是一個星星。作為一個數學家，他知道的唯一方法是應用星星的數學定義。

星星形狀的數學定義如下：一個平面形狀 F 是星星的形狀若且唯若存在一個點 $C{\in}F$，使得對任何點 $P{\in}F$，線段 CP 被包含在 F 中，而這樣的點 C 也被稱為 F 的中心。為了瞭解這個定義，我們來看圖 8-62 中的一些例子。

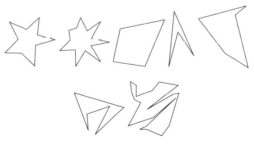

圖 8-62

通常情況下，前兩個多邊形被稱為星星。然而，根據上述定義，在第一行中的所有形狀都是星星的形狀。在第二行中兩個多邊形則不是星星的形狀。對於每個星星的形狀，中心用一個圓點表示。要注意的是，一般的星星形狀可以有無限多的中心點。例如，第三個四角多邊形的所有點都有中心點。

請編寫一個程式，判定一個提供的多邊形形狀是否是星星的形狀。

輸入

輸入提供一個測試案例的序列，然後提供包含一個 0 的一行。每個測試案例表示一個多邊形，格式如下。

$$n$$
$$x_1 \quad y_1$$
$$x_2 \quad y_2$$
$$\cdots$$
$$x_n \quad y_n$$

第一行提供頂點數 n，滿足 $4 \leq n \leq 50$。接下來的 n 行是 n 個頂點的 x 座標和 y 座標，座標值是整數，滿足 $0 \leq x_i \leq 10000$ 以及 $0 \leq y_i \leq 10000$（$i = 1, \cdots, n$）。直線線段 $(x_i, y_i)(x_{i+1}, y_{i+1})$（$i = 1, \cdots, n-1$）以及直線線段 $(x_n, y_n)-(x_1, y_1)$ 按逆時針構成了多邊形的邊。也就是說，這些線段向左方向構成多邊形。

本題設定多邊形是簡單的（simple）多邊形，也就是說，多邊形的邊不相交。本題也設定，在多邊形無限擴充的情況下，不可能有三條邊在一個點連接。

輸出

對於每個測試案例，如果多邊形是一個星形（star-shaped）多邊形，則輸出 "1"；否則，輸出 "0"。每個數字一行，並且在這一行中不能有其他的字元。

範例輸入	範例輸出
6	1
66 13	0
96 61	
76 98	
13 94	
4 0	
45 68	
8	
27 21	
55 14	
93 12	
56 95	
15 48	
38 46	
51 65	
64 31	
0	

試題來源：ACM Japan 2006

線上測試：POJ 3130，ZOJ 2820，UVA 3617

提示

按照星星形狀的數學定義（一個平面形狀 F 是星星的形狀，若且唯若存在一個點 $C \in F$，使得對任何點 $P \in F$，線段 CP 被包含在 F 中，而這樣的點 C 也被稱為 F 的中心），如果平面形狀 F 是星星的形狀，則 F 一定存在著核心，該核心由 F 的中心組成。反之，若 F 不存在核心，則 F 非星星形狀。這樣 F 是否為星星形狀轉化為 F 是否存在核心的判定性問題。我們可以利用半平面交集求多邊形的核心，具體解法與題目 8.5.23 完全一樣。

8.5.25 ▶ Video Surveillance

你的一位朋友在一家著名的百貨公司 Star-Buy 公司擔任保安工作。他的工作之一是安裝影片監控系統，以保證顧客的安全（當然也是要保證商品的安全）。由於該公司只有有限的預算，所以在每一樓層只能裝一個鏡頭。但這些鏡頭可以轉動，能看到每一個方向。

你的朋友的第一個問題是在每一樓層選擇在哪裡安裝鏡頭，安裝鏡頭唯一的要求是，從那裡必須看到樓層的每一個部分。在圖 8-63 中，左圖提供的樓層從所標誌出的那一個點的位置可以全部被看到，而右圖提供的樓層則沒有這樣的位置，在給定的位置無法看到圖中陰影所示的部分。

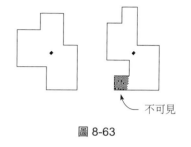

圖 8-63

在安裝鏡頭之前，你的朋友想知道是否的確有一個適合的位置。因此，他要求你編寫一個程式，提供樓面的結構，確定是否有一個位置，使得整層樓面都是可見的。所有樓面結構都是由矩形構成的多邊形，這些矩形的邊互不相交，只有在矩形的角處相連接。

輸入

輸入提供若干樓層的描述。每個樓層的描述首先提供樓層的頂點數量 n（$4 \le n \le 100$）；接下來的 n 行每行提供兩個整數，按順時針順序提供這 n 個頂點的 x 座標和 y 座標。在多邊形的角上所有的頂點都是不同的。因此，多邊形的邊橫向和縱向交替出現。

n 為 0 表示輸入結束。

輸出

對於每個測試案例，首先如範例輸出所示，輸出一行，提供樓層範例的編號；然後，如果存在一個位置，使得整個樓層從這個位置都可以被看到，則在一行中輸出 "Surveillance is possible."；如果不存在這樣一個位置，則輸出 "Surveillance is impossible."。

在每個測試案例後輸出一個空行。

範例輸入	範例輸出
4	Floor #1
0 0	Surveillance is possible.
0 1	
1 1	Floor #2
1 0	Surveillance is impossible.
8	
0 0	
0 2	
1 2	
1 1	
2 1	
2 2	
3 2	
3 0	
0	

試題來源：ACM Southwestern European Regional Contest 1997

線上測試：POJ 1474，ZOJ 1248，UVA 588

提示

按照鏡頭安裝的要求（鏡頭必須看到樓層的每一個部分），如果樓面對應的多邊形存在核心，則核心對應的凸多邊形組成了鏡頭安裝的範圍。這樣，房間是否可安裝滿足要求的鏡頭，轉化為多邊形是否存在核心的判定性問題。我們可以利用半平面交集求多邊形的核心，具體解法與題目 8.5.23 完全一樣。

8.5.26 ▶ Most Distant Point from the Sea

日本主要的國土被稱為本州（Honshu），是一個四面環海的島嶼。在這樣的一個島嶼上，很自然地要問一個問題：「島上到海邊最遠的點是在什麼地方？」在本州，這個問題的答案在 1996 年提供。最遙遠的一點是位於長野縣（Nagano Prefecture）的臼田町（Usuda），到海邊的距離是 114.86 公里。

在本題中，提供了一個島嶼的地圖，請編寫一個程式，找到在島上到海邊的最遙遠的點，輸出到海邊的距離。為了簡化問題，本題只考慮凸多邊形表示的地圖。

輸入

輸入由多個測試案例組成。每個測試案例提供一張表示一個島嶼的地圖，這是一個凸多邊形。測試案例的格式如下。

$$n$$
$$x_1 \quad y_1$$
$$\vdots$$
$$x_n \quad y_n$$

測試案例中每個輸入項是非負的整數，在一行中兩個輸入項之間用一個空格分開。在第一行中提供 n，表示多邊形的頂點數，$3 \leq n \leq 100$。隨後的 n 行提供 n 個頂點的 x 座標和 y 座標、直線線段 $(x_i, y_i)-(x_{i+1}, y_{i+1})$（$1 \leq i \leq n-1$）、以及直線線段 $(x_n, y_n)-(x_1, y_1)$ 按逆時針方向構成多邊形的邊。也就是說，這些直線線段向左方向組成多邊形，所有的座標值在 0 到 10000 之間。

本題設定多邊形是簡單的，也就是說，多邊形的邊不會相交，也不會與自己相交。如上所述，提供的多邊形是凸多邊形。

在最後一個測試案例後，提供包含一個 0 的一行。

輸出

對於輸入提供的每個測試案例，輸出一行，提供到海邊最遠點的距離。輸出行沒有包括空格在內的其他字元，解答誤差不能超過 0.00001（10^{-5}），輸出滿足上述精確度條件的小數點後的任何一位。

範例輸入	範例輸出
4	5000.000000
0 0	494.233641
10000 0	34.542948
10000 10000	0.353553
0 10000	
3	
0 0	
10000 0	5000.000000
7000 1000	494.233641
6	34.542948
0 40	0.353553
100 20	
250 40	
250 70	
100 90	
0 70	
3	
0 0	
10000 10000	
5000 5001	
0	

試題來源： ACM Japan 2007

線上測試： POJ 3525，UVA 3890

提示

試題提供一個多邊形（島嶼地圖），要求計算多邊形內的一個點，其距離多邊形的邊最遠，也就是計算多邊形內最大圓的半徑。

我們使用半平面交集 + 二分法求解本題。對於距離採用二分法，邊向內逼近，直到達到精確度。具體方法如下。

建構 n 條邊的直線方程 $A_i x + B_i y + C_i = 0$，其中 $A_i = y_{i+1} - y_i$，$B_i = x_{i+1} - x_i$，$C_i = x_i * y_{i+1} - x_{i+1} * y_i$，$1 \le i \le n$。

設立距離區間 $[l, r]$，初始時為 $[0, 20000]$。透過二元搜尋計算最大距離值：

區間 $[l, r]$ 的中間點為 mid $\left(\text{mid} = \dfrac{l+r}{2} \right)$ 個距離，將多邊形的邊內推 mid 個距離，n 條邊的直線方程的 A_i 和 B_i 值不變，C_i 值減少 $\text{mid} * \sqrt{A_i^2 + B_i^2}$。

若 n 個半平面的交集成立，則說明多邊形內可包含半徑為 mid 的圓，繼續搜尋右子區間（$l = \text{mid}$）；否則搜尋左子區間（$r = \text{mid}$）。這個過程直至 $l = r$ 為止。此時得出的 l 即為到海邊最遠點的距離。

8.5.27 ▶ Uyuw's Concert

Remmarguts 王子成功地解決了國際象棋的難題，作為獎勵，Uyuw 計畫在偉大的設計師 Ihsnayish 命名的一個巨大的廣場上舉行一場音樂會。

UDF（United Delta of Freedom）的廣場在市中心，是一個正方形 [0, 10000] * [0, 10000]。一些藤椅已經放在那裡多年了，但是很凌亂，如圖 8-64 所示。

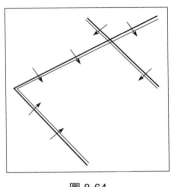

圖 8-64

在這種情況下，我們有三把椅子，觀眾面對的方向如圖 8-64 中的箭頭所示。這些椅子年份久遠，而且太重無法移動。Remmarguts 王子告訴廣場現在的所有者 UW 先生，要在廣場裡面建造一個大舞臺。這個舞臺必須盡可能大，但還應該確保每一張椅子上的觀眾都能夠看到舞臺，觀眾也不用轉過頭就可以看到舞臺（也就是說，在觀眾的前方是舞臺）。

這裡將問題簡單化，舞臺可以設定得夠高，以確保數千張椅子在你面前，只要你面對舞臺，就可以看到歌手 / 鋼琴家 Uyuw。

作為一個瘋狂的崇拜者，你能告訴他們舞臺的最大尺寸嗎？

輸入

輸入的第一行提供一個非負的整數 n（$n \leq 20000$），表示藤椅的張數。接下來每行提供 4 個浮點數 x_1、y_1、x_2 和 y_2，表示一張藤椅所在的直線線段 $(x_1, y_1) - (x_2, y_2)$，且椅子面向其左邊（點 (x, y) 在線段的左邊則意味著 $(x-x_1)*(y-y_2) - (x-x_2)*(y-y_1) \geq 0$）。

輸出

輸出一個浮點數，四捨五入到小數點後 1 位，表示舞臺的最大面積。

範例輸入	範例輸出
3 10000 10000 0 5000 10000 5000 5000 10000 0 5000 5000 0	54166666.7

試題來源：POJ Monthly, Zeyuan Zhu
線上測試：POJ 2451

提示

將 n 張椅子所在的直線作為 n 個半平面，另外再增加 4 個半平面：$x = 0$，$x = 10000$，$y = 0$，$y = 10000$。將 n 個半平面的交集限制在正方形廣場的範圍內。$n + 4$ 個半平面組成了一個多邊形。

然後求 $n + 4$ 個半平面的交集，結果是一個多邊形的核心，多邊形所有邊的任何位置都能夠看到這個核心。顯然這個核心即為最大舞臺。

8.5.28 ► Moth Eradication

東北地區的昆蟲學家設定了試驗點以確定該地區飛蛾的匯集地。他們要控制飛蛾數量增長的撲滅方案。

研究要求將試驗點組織起來，使飛蛾能在這些試驗點所在
區域中被捕捉，以便試驗每個撲滅方案。一個區域是指能
夠圍住所有試驗點且周長最小的多邊形。如圖 8-65 所示是
某個區域的試驗點（用黑點表示）及其相關的多邊形。

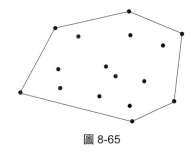

請編寫一個程式，基於輸入的試驗點的位置，輸出求得的
該區域邊界上的試驗點以及該區域邊界的周長。

圖 8-65

輸入

輸入包含若干測試案例，每個測試案例的第一行是該區域中試驗點的個數（一個整數），
接下來每一行用兩個實數分別表示一個試驗點所在位置的橫、縱座標。同一測試案例中
的資料不會重複。測試案例中試驗點個數為 0 表示輸入結束。

輸出

對於每個測試案例，輸出至少包括 3 行。

◆ 第一行：測試案例編號（第一個測試案例編號為 Region #1，第二個測試案例編號為
Region #2，以此類推）。

◆ 以下各行：提供在該區域邊界上的試驗點的列表。試驗點必須用標準格式「（橫座標，
縱座標）」表示，精確到小數點後 1 位。該列表的起始點無關緊要，但列表中的點必
須是順時針排列的，聯集且起始點和終止點必須是同一個點。對於同在一條直線上的
點，任何描述了最小周長的情況都是可以接受的。

◆ 最後一行：該區域的周長，精確到小數點後兩位。

輸入中的連續測試案例的輸出之間，要由一個空行隔開。

範例輸入和輸出提供 3 個區域的測試案例。

範例輸入	範例輸出
3 1 2 4 10 5 12.3 6 0 0 1 1 3.1 1.3 3 4.5 6 2.1 2 −3.2 7 1 0.5 5 0 4 1.5 3 −0.2 2.5 −1.5 0 0 2 2 0	Region #1: (1.0,2.0)–(4.0,10.0)–(5.0,12.3)–(1.0,2.0) Perimeter length=22.10 Region #2: (0.0,0.0)–(3.0,4.5)–(6.0,2.1)–(2.0,−3.2)–(0.0,0.0) Perimeter length=19.66 Region #3: (0.0,0.0)–(2.0,2.0)–(4.0,1.5)–(5.0,0.0)–(2.5,−1.5)–(0.0,0.0) Perimeter length=12.52

試題來源：ACM World Finals 1992
線上測試：UVA 218

提示

按照題意「一個區域是指能夠圍住所有試驗點且周長最小的多邊形」，顯然該區域為一個包含所有試驗點的凸包。試題要求順時針提供凸包上的頂點，計算出凸包的周長。凸包的計算方法是模式化的，這裡不再贅述。

8.5.29 ► Bridge Across Islands

在幾千年以前，在太平洋中部有一個小王國。這個王國的領土由兩座分離的島嶼組成。由於海流的影響，這兩個島嶼的形狀呈凸多邊形。王國的國王要建立一座橋樑連接兩座島嶼。為了使得花費最小，國王請你找到兩島的邊界之間的最小距離（如圖 8-66 所示）。

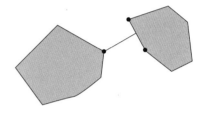

圖 8-66

輸入

輸入由若干測試案例組成。每組測試案例首先提供兩個整數 N 和 M（$3 \leq N, M \leq 10000$），接下來的 N 行每行提供一對座標，表示凸多邊形每個頂點的位置；然後的 M 行每行提供一對座標，表示另一個凸多邊形每個頂點的位置。以 $N = M = 0$ 表示輸入結束。

座標取值範圍是 $[-10000, 10000]$。

輸出

對每組測試案例，輸出最小距離。誤差在 0.001 範圍內是可接受的。

範例輸入	範例輸出
4 4 0.00000 0.00000 0.00000 1.00000 1.00000 1.00000 1.00000 0.00000 2.00000 0.00000 2.00000 1.00000 3.00000 1.00000 3.00000 0.00000 0 0	1.00000

試題來源：POJ Founder Monthly Contest - 2008.06.29, Lei Tao
線上測試：POJ 3608

提示

設第 1 個凸多邊形為 p_1，第 2 個凸多邊形為 p_2，試題要求計算兩個凸多邊形的邊界之間的最小距離。

由於兩個凸多邊形是分離的，因此可使用旋轉卡尺的演算法計算對應兩個不相交凸包間的最小距離。

8.5.30 ► Useless Tile Packers

你對「無用瓷磚包裝機」（Useless Tile Packers，UTP）包裝瓷磚很擔心。瓷磚厚度均勻，是簡單的多邊形。每個瓷磚的包裝盒是定制的，包裝盒的表面是一個凸多邊形，在外形的限制下，包裝盒用最小的可能空間來包裝製造好的瓷磚。在包裝盒內有被浪費的空間（如圖 8-67 所示）。

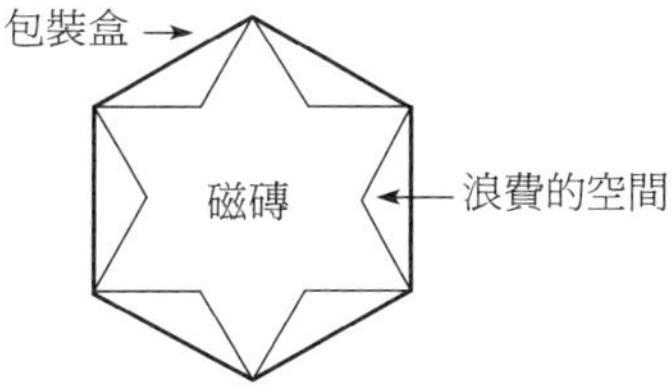

圖 8-67

UTP 製造商希望知道，提供一塊瓷磚，有百分之多少的空間被浪費。

輸入

輸入提供若干測試案例，每個測試案例描述一塊瓷磚。

每個測試案例的第一行提供一個整數 N（$3 \leq N \leq 100$）表示這塊瓷磚的角點（corner point）的數目。接下來的 N 行每行提供兩個整數，表示角點的座標（x, y）（由一個合適的原點和一個軸的方向確定），其中 $0 \leq x, y \leq 1000$。從輸入中提供的第一個點開始，角點按瓷磚邊界上相同的次序出現。沒有三個連續的點在一條線上。

輸入 0 即可結束。

輸出

對輸入中的每個瓷磚，輸出浪費空間的百分數，精確到小數點後兩位。每個測試案例後輸出一空行。

範例輸入	範例輸出
5 0 0 2 0 2 2 1 1 0 2 5 0 0 0 2 1 3 2 2 2 0 0	Tile #1 Wasted Space=25.00 % Tile #2 Wasted Space=0.00 %

試題來源：BUET/UVA Occidental (WF Warmup) Contest 1, 2001
線上測試：UVA 10065

提示

瓷磚的包裝盒是一個凸多邊形，內裡用最小的可能的空間來裝製造好的瓷磚，顯然置放瓷磚的空間為凸多邊形的凸包。設凸多邊形為 p，對應的凸包為 h。

我們使用外積的辦法分別計算凸多邊形的面積 S_p 和凸包的面積 S_h。顯然，浪費空間的百分數為 $\dfrac{S_p - S_h}{S_p} *100$。

8.5.31 ▶ Nails

Arash 對辛苦的工作感到厭倦，因此他要將釘在他房間牆上的釘子用膠帶環繞起來，並以此為樂。現在他要知道在環繞這些釘子之後，膠帶最後的長度。本題設定釘子的半徑和膠帶的粗細忽略不計。

輸入

輸入的第一行提供測試案例的數目 N。然後提供 N 個測試案例。每個測試案例第一行提供兩個整數，分別是初始的膠帶長度和釘子的數目。其後的 n 行每行提供兩個整數，表示一個釘子的位置。在每個測試案例後提供一個空行。

輸出

程式輸出膠帶最後的長度，精確到小數點後的 5 位。

範例輸入	範例輸出
2	4.00000
2 4	5.00000
0 0	
0 1	
1 0	
1 1	
5 4	
0 0	
0 1	
1 0	
1 1	

試題來源： Annual Contest 2006 Qualification Round
線上測試： UVA 11096

提示

由於 Arash 希望用膠帶環繞房間裡牆上的所有釘子，因此需要的膠帶長度為凸包周長。如果凸包周長不超過給定的膠帶長度，則實際使用長度為凸包周長的膠帶；否則用完給定的膠帶。

8.5.32 ▶ Scrambled Polygon

一個封閉多邊形是由有限條線段封閉而成的一個圖。邊界線段的交點被稱為多邊形的頂點。從一個封閉多邊形的任何一個頂點出發，尋訪每條邊界線段僅一次，最後會回到出發頂點。

如果連接多邊形的任意兩點的線段還是在多邊形內，那麼這樣一個封閉多邊形被稱為凸多邊形。提供的封閉多邊形中，圖 8-68a 一個是凸多邊形，圖 8-68b 是非凸多邊形（非形式化的說法是，一個封閉多邊形的邊界沒有任何「凹陷」，則該多邊形是凸多邊形）。

本題的主題是一個在座標平面上的封閉多邊形，多邊形的一個頂點是原點（$x=0, y=0$）。圖 8-69 提供了一個實例，在本題中，這樣的一個多邊形有兩個重要性質。

第一個性質是多邊形的頂點將僅限於座標平面四個象限中的三個或更少個象限中。在圖 8-69 所提供的例子中，沒有頂點在第二象限（$x<0$，$y>0$）。

要描述第二個性質，就要假設你圍繞著多邊形「走一圈」：從（0，0）開始，存取其他所有的頂點一次且僅一次，然後到達（0，0）。當你存取每個頂點（除（0，0）之外）時，畫對角線連接目前頂點和（0，0），並計算這一對角線的斜率。那麼，在每一個象限內，這些對角線的斜率將構成一個數字的減少或增加的序列，也就是說它們將進行排序。圖 8-70 說明了這一點。

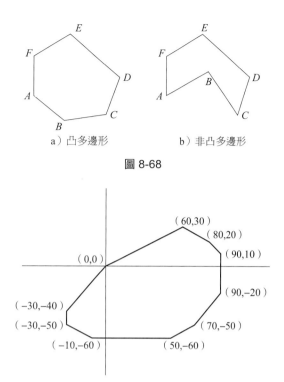

a）凸多邊形　　　b）非凸多邊形

圖 8-68

圖 8-69

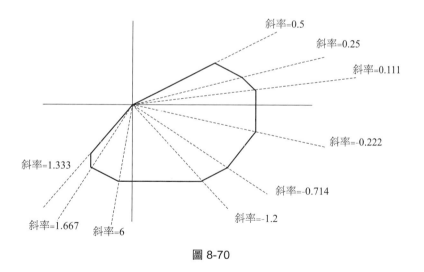

圖 8-70

輸入

在輸入中提供在一個平面上的封閉凸多邊形的頂點。輸入至少有三行，不超過 50 行。每行提供一個頂點的 x 座標和 y 座標。每個 x 座標和 y 座標都是整數，範圍在 $-999 \sim 999$ 內。輸入的第一行提供的頂點是原點，即 $x=0$ 和 $y=0$。否則，頂點的順序可能是雜亂的。除原點之外，沒有頂點在 x 軸或 y 軸上，也沒有三個頂點共線的情況。

輸出

輸出列出了提供的多邊形的頂點列表，每行一個頂點。輸入中的每個頂點在輸出中僅出現一次。原點（0, 0）是在輸出第一行提供的頂點。輸出的頂點順序按沿多邊形的邊逆時針方向走一圈的順序。每個頂點的輸出格式為（x, y），如下述範例所示。

範例輸入	範例輸出
0 0	(0,0)
70 −50	(−30,−40)
60 30	(−30,−50)
−30 −50	(−10,−60)
80 20	(50,−60)
50 −60	(70,−50)
90 −20	(90,−20)
−30 −40	(90,10)
−10 −60	(80,20)
90 10	(60,30)

試題來源： ACM Rocky Mountain 2004

線上測試： POJ 2007，ZOJ 2352，UVA 3052

提示

試題要求從原點（0, 0）出發，繞多邊形「走一圈」，以順時針方向存取所有的點一次且僅一次，最後回到（0, 0）。

本題透過對極角進行排序來求解，使用外積進行極角排序，程式片段如下。

```
double cross(point p0, point p1, point p2)
{
    return (p1.x-p0.x)*(p2.y-p0.y)-(p2.x-p0.x)*(p1.y-p0.y);
}
bool cmp(const point &a, const point &b)  // 以順時針方向排序
{
    point origin;                          // 原點
    origin.x = origin.y = 0;
    return cross(origin, b, a)<EPS;
}
```

8.5.33 ▶ Grandpa's Estate

作為祖父的唯一後代，Kamran 繼承了他祖父的所有財產，其中最有價值的是一塊凸多邊形形狀的農場，這個農場在他祖父出生的村莊裡。這個農場原本和相鄰的農場之間用粗繩分開，這些粗繩掛接到多邊形的邊界的一些大釘上。但當 Kamran 巡視他的農場時，他發現，繩子和一些大釘不見蹤影。請編寫一個程式，幫助 Kamran 判斷他的農場邊界是否可以由剩下的大釘來確定。

輸入

輸入的第一行提供一個整數 t（$1 \leq t \leq 10$），表示測試案例的個數；然後提供每個測試案例。每個測試案例的第一行提供一個整數 n（$1 \leq n \leq 1000$），表示剩下的大釘的個數；然後提供 n 行，每行表示一個大釘，提供兩個整數 x 和 y，表示大釘的座標。

輸出

對每個測試案例，輸出一行，基於測試案例是否可以唯一地確定農場的邊界輸出 "YES" 或者 "NO"。

範例輸入	範例輸出
1	NO
6	
0 0	
1 2	
3 4	
2 0	
2 4	
5 0	

試題來源：ACM Tehran 2002 Preliminary

線上測試：POJ 1228，ZOJ 1377

提示

提供一組點，這些點位於凸多邊形農場的邊界上。本題要求你確定凸包是不是一個穩定的凸包。如果一個凸包透過添加一些點可以得到一個更大的凸多邊形，並且更大的凸多邊形的邊包含了提供的點集合，那麼這個凸包就不穩定了。因此，如果一個凸包是穩定的，那麼每條邊上至少有三個點；如果一個邊上只有兩個點，那麼就可以透過添加一個點來獲得更大的凸多邊形。

本題的演算法如下。首先，根據提供的點集合計算凸包。如果點數小於 6，則無法確定農場的邊界。如果凸包的每條邊上至少有三個點，則可以確定農場的邊界；否則無法確定農場的邊界。

8.5.34 ▶ The Fortified Forest

很久以前，在一塊遙遠的土地上，有一位國王，他擁有幾棵珍稀的樹木，其中有的是祖上傳下來的，有的是他在周遊列國時別國贈予的。為了保護這些樹木，國王下令修建一圈柵欄，他的女巫奉命負責這件事。

女巫很快發現建造柵欄的木材來源恰恰是這些珍貴的樹木，也就是說，要建造柵欄只能砍掉幾棵珍貴的樹木。當然，為了自己的腦袋不被一氣之下的國王砍掉，女巫只有想辦法使得砍掉的樹的價值總和最小。女巫回到塔樓裡，一直待在那兒苦思冥想，終於找到最佳方案。柵欄依此方案建成，女巫和國王非常高興。

現在請編寫一個程式幫助女巫解決這個問題。

輸入

輸入包含若干測試案例，每個測試案例描述一個假想的森林。每個測試案例的第一行提供整數 n，$2 \le n \le 15$，表示森林中樹的棵數。從 1 開始一直到 n 依次對每一棵樹編號。接下來的 n 行每行提供 4 個整數 x_i、y_i、v_i、l_i，表示一棵樹，(x_i, y_i) 是樹在平面上的座標，v_i 是它的價值，l_i 是這棵樹可被用作柵欄的木材的長度（$0 \le v_i, l_i \le 10000$），以 $n = 0$ 表示輸入結束。

輸出

對於每個測試案例，找出一個樹的集合，使得利用這個集合中的樹作為木材，可以把剩餘的樹用柵欄圍起來。該集合中的樹的價值總和必須最小。如果存在多個具有最小價值總和的樹的集合，提供樹的棵數最少的集合。為了簡單起見，本題設定樹的直徑都為 0。

按範例輸出的方式輸出：測試案例編號（1, 2, …），被砍掉的樹的編號，以及做了圍欄之後多餘的木材長度（精確到小數點後 2 位），在每個測試案例被處理後，輸出一空行。

範例輸入	範例輸出
6 0 0 8 3 1 4 3 2 2 1 7 1 4 1 2 3 3 5 4 6 2 3 9 8 3 3 0 10 2 5 5 20 25 7 −3 30 32 0	Forest 1 Cut these trees: 2 4 5 Extra wood: 3.16 Forest 2 Cut these trees: 2 Extra wood: 15.00

試題來源： ACM World Finals 1999
線上測試： POJ 1873，UVA 811

提示

要使用最少的柵欄圍住被保留的樹，需要計算凸多邊形的凸包。但問題是，無法預知哪些樹被砍掉，哪些樹被保留，因此需採用狀態壓縮的辦法搜尋。

設 n 位元二進位數值 i 為樹的集合，$0 \le i \le 2^n - 1$，0 代表樹被砍掉，1 代表樹被保留；P_k 為第 k 棵樹的位置，$1 \le k \le n$；pt[] 儲存被保留的樹（即 i 中二進位位元為 1 的位序號 +1），其長度為 tt；目前被砍掉樹的價值和為 valu，長度和為 len；點集合 pt[] 的凸包為 h，凸包長度為 ll。

最佳方案包括：被砍掉樹的最小價值和 ans，最少棵樹 anst，樹的狀態 ansi，做了圍欄之後多餘的木材長度 lef。

計算最佳方案的方法如下。

列舉所有可能的樹狀態 i（$0 \le i \le 2^n - 1$）：

（1）i 中二進位位元為 1 的樹對應的點向量進入 pt[]；統計所有二進位位元為 0 的樹的價值和 valu 與長度和 len。

（2）計算 pt[] 的凸包 h 及 h 的邊長和 ll。

（3）若被砍掉樹的長度和能夠圍住凸包 h（ll≤len），則調整最佳方案。

◆ 若被砍掉樹的價值和為目前最小（valu＜ans），則調整最小價值（ans＝valu），記下被砍掉樹的最少棵數（anst＝n－tt）、目前狀態（ansi＝i）和做了圍欄之後多餘的木材長度（lef＝len－ll）。

◆ 若被砍掉樹的價值相同於目前最小值（valu＝＝ans）且被砍掉樹的棵數為目前最少（n－tt＜anst），則調整被砍掉樹的最少棵數（anst＝n－tt），記下目前狀態（ansi＝i）和剩餘木材長度（lef＝len－ll）。

最後輸出被砍掉的樹的編號（ansi 中二進位為 0 的位元序號 ＋1）和做了圍欄之後多餘的木材長度 lef。

8.5.35 ▶ The Picnic

Zeron 公司的年度野餐會將在明天舉行。今年，Zeron 公司選擇了在 Gloomwood 公園舉行年度野餐會，負責安排年度野餐會的女孩 Lilith 認為在這樣的場合中，如果每個人都能看到其他人，那將是非常美好的。她記得在幾何課上學過，在平面上的一個區域如果有這樣的性質：在區域中任何兩點之間的直線完全在該區域內，那麼這個區域被稱為凸區域，這也是她正在尋找 Gloomwood 公園裡的地方。但不幸的是，似乎很難找到這樣的地方，因為 Gloomwood 公園有許多遮擋視線的障礙物，如巨大的樹木、岩石等。

由於 Zeron 公司的員工人數非常多，Lilith 要解決一個相當複雜的問題：在 Gloomwood 公園裡找到一個場地舉行年度野餐會。因此，她的一些朋友幫她繪製地圖，標示巨大障礙物所在的地方。為了標示這些地方，她在一個被選擇區域的周圍拉一條絲帶來圍繞障礙物。遮擋視線的障礙物被看作零擴充的點。

圖 8-71 所示的 Gloomwood 公園中，黑點表示障礙物，野餐區是用虛線圍成的地區。

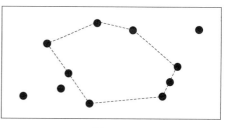

圖 8-71

輸入

輸入的第一行提供一個正整數 n，表示接下來提供的測試案例的個數。每個測試案例的第一行提供一個整數 m，表示在公園裡障礙物的數目（$2<m<100$）。接下來的一行提供 m 個障礙物的座標，次序為 x_1 y_1 x_2 y_2 x_3 y_3 ⋯。所有的座標都是整數，範圍是 [0, 1000]。每個測試案例至少有 3 個障礙物，且不在一條直線上，兩個不同的障礙物不可能有相同的座標。

輸出

對每個測試案例，輸出一行，提供最大的凸多邊形面積，精確到小數點後一位，多邊形以障礙物為角，但在多邊形內無障礙物。

範例輸入	範例輸出
1 11 3 3 8 4 12 2 22 3 23 5 24 7 27 12 18 12 13 13 6 10 9 6	129.0

試題來源：ACM Northwestern Europe 2002

線上測試：POJ 1259，ZOJ 1562，UVA 2674

提示

試題要求在一個點集合中計算一個由頂點子集合構成的最大凸多邊形，該凸多邊形內不含任何頂點。設點集合為 $\{p_i | 0 \leq i \leq n-1\}$；$f[j][k]$ 為由凸包頂點 k 和 j 圍成的不含任何點的最大凸多邊形面積。

依次列舉每個點 p_i：

以 p_i 為最下方頂點，建構凸包序列 $\text{tp}[0 \cdots m-1]$，序列中的頂點按逆時針方向排列。

列舉 $\text{tp}[]$ 中所有可能的子區間 $[k, j]$（$1 \leq j \leq m$，$0 \leq k \leq j-1$）：

◆ 若 $p_{k+1} \cdots p_{j-1}$ 未在 p_i、$\text{tp}[k]$ 和 $\text{tp}[j]$ 圍成的凸多邊形內部（$((\text{mul}(\text{tp}[k], \text{tp}[j], \text{tp}[l]) \leq 0)$
$\| (\text{mul}(p[i], \text{tp}[k], \text{tp}[l]) = 0))$，$k+1 \leq l \leq j-1$），則計算其面積 $f[j][k] = \dfrac{\overrightarrow{p_i \text{tp}_k} \wedge \overrightarrow{p_i \text{tp}_j}}{2}$。

◆ 若 $p_{k+1} \cdots p_{j-1}$ 在 $\overrightarrow{\text{tp}_k \text{tp}_j}$ 的右端且 tp_l、tp_k 和 tp_j 逆時針排列，則 p_i、tp_k、tp_j 圍成的凸多邊
形 $\left(\text{面積} s1 = \dfrac{\overrightarrow{p_i \text{tp}_j} \wedge \overrightarrow{p_i \text{tp}_k}}{2}\right)$ 與 p_i、tp_k、tp_l 圍成的凸多邊形（面積 $s2 =$ 先前求出的 $f[k][l]$）
都不含 $p_{k+1} \cdots p_{j-1}$。調整 $f[j][k] = \max\{f[j][k], s1 + s2\}$。

然後，調整 $\text{ans} = \max\{f[j][k], \text{ans}\}$。

最後得出的 ans 即為不含任何點的最大凸多邊形面積。

8.5.36 ▶ Triangle

提供在一個平面上的 n 個不同點，找到一個面積最大的三角形，三角形的頂點在提供的頂點中。

輸入

輸入由若干測試案例組成。每個測試案例的第一行提供一個整數 n，表示平面上點的個數；接下來的 n 行每行提供兩個整數 x_i 和 y_i，表示第 i 個點。輸入以一個整數 -1 為結束，程式不必對此處理。本題設定 $1 \leq n \leq 50000$，並且對所有 $i = 1 \cdots n$，$-10^4 \leq x_i, y_i \leq 10^4$。

輸出

對於每個測試案例，輸出一行，提供最大面積，面積包含小數點後兩位數。本題設定總
會存在一個大於零的答案。

範例輸入	範例輸出
3	0.50
3 4	27.00
2 6	
2 7	
5	
2 6	
3 9	
2 0	
8 0	
6 5	
−1	

試題來源：ACM Shanghai 2004 Preliminary
線上測試：POJ 2079，ZOJ 2419

提示

首先，根據提供 n 個頂點的集合 $\{p_0, p_1, \cdots, p_{n-1}\}$，計算凸包。由於面積最大的三角形頂點
在提供的點集合中，顯然三角形頂點為凸包頂點。

列舉每個頂點 p_i，p_i 作為三角形的一個頂點 ($0 \le i \le n-1$)：
　　按照下述方法在凸包中計算三角形的另兩個頂點 p_k 和 p_j：
　　　　k 初始值為 (i+1)%n；
　　　　列舉 i-j 的間隔長度 _j，計算每個間隔下的 j（for (int _j=1, =(_j+i)%n; j<n-1; _j++,
j=(_j+i)% n)），由 p_i 和 p_j 遞迴計算 p_k：逆時針迴圈移動 k，直至 $\overrightarrow{p_j p_i}\,\hat{}\,\overrightarrow{p_{(k+1)\%n}p_k}$ 為止，得到 p_i、p_j 和 p_k 圍成
的三角形面積 $S\Delta_{p_i p_j p_k} = \dfrac{\overrightarrow{p_i p_j}\,\hat{}\,\overrightarrow{p_i p_k}}{2}$，調整 ans=max{ans, $S\Delta_{p_i p_j p_k}$}。

顯然，最終得到的 ans 即為三角形的最大面積。

8.5.37 ▶ Smallest Bounding Rectangle

提供有 n（$n>0$）個二維點的直角座標系，請編寫一個程式，計算其最小邊界矩形（包含
所有點的最小矩形）的面積。

輸入

輸入可能包含多個測試案例。每個測試案例的第一行提供一個正整數 n（$n<1001$），表示
在這個測試案例中點的數目；接下來的 n 行每行提供兩個實數，分別是一個點的 x 座標和
y 座標。輸入以 n 值取 0 終止，這一情況程式不必處理。

輸出

對於每個測試案例，輸出一行，提供最小邊界矩形的面積，四捨五入到小數點後第 4 位。

範例輸入	範例輸出
3	80.0000
−3.000 5.000	100.0000
7.000 9.000	
17.000 5.000	
4	
10.000 10.000	
10.000 20.000	
20.000 20.000	
20.000 10.000	
0	

試題來源： 2001 Regionals Warmup Contest

線上測試： UVA 10173

提示

要計算包含所有點的最小矩形面積，首先要計算包含所有點的凸包，在此基礎上使用旋轉卡尺演算法計算最小矩形面積。注意：

◆ 在計算最左點和最右點時，必須保證覆蓋所有點的最小寬度。

◆ 在計算最低點和最高點時，必須保證覆蓋所有點的最小高度。

◆ 初始時和每次旋轉後都要計算目前矩形面積，透過調整維護最小矩形面積。

8.5.38 ▶ EXOCENTER OF A TRIANGLE

提供一個三角形 ABC，ABC 的三角形向外擴展（Extriangles）建構如下：

在 ABC 的每一條邊上，建構一個正方形（圖 8-72 中的 $ABDE$、$BCHJ$ 和 $ACFG$）。

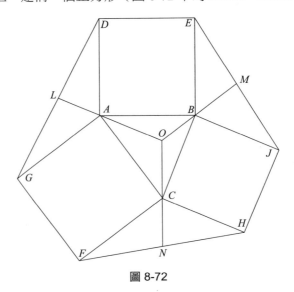

圖 8-72

連接相鄰的正方形的角，構成 3 個向外擴展的三角形（圖 8-72 中的 AGD、BEJ 和 CFH）。

ABC 的外中線（Exomedian）是向外擴展的三角形的中線，透過原來的三角形的頂點，相交在原來的三角形中（圖 8-72 中的 *LAO*、*MBO* 和 *NCO*），如圖 8-72 所示，三條外中線相交在一個公共點，被稱為外中點（Exocenter）（圖 8-72 中的點 *O*）。

本題要求編寫一個程式計算三角形的外中點。

輸入

輸入的第一行提供一個正整數 *n*，表示後面的測試案例的數量。每個測試案例 3 行，每行提供兩個浮點數，表示三角形一個頂點的（二維）座標。因此，輸入共有 $(n*3)+1$ 行。這裡要注意的是：所有輸入三角形都是正常的三角形，也就是說，不存在三點共線的情況。

輸出

對每個測試案例，輸出其三角形的外中點座標，精確到 4 位小數。

範例輸入	範例輸出
2	9.0000 3.7500
0.0 0.0	−48.0400 23.3600
9.0 12.0	
14.0 0.0	
3.0 4.0	
13.0 19.0	
2.0 −10.0	

試題來源： ACM Greater New York 2003
線上測試： POJ 1673，ZOJ 1821，UVA 2873

提示

此題既可以直接按照三角形外中點的定義計算，亦可以進行適當的「定義遷移」：

過 p_1 做一條垂直於線段 $\overrightarrow{p_2p_3}$ 的線段 $\overrightarrow{p_1p_a}$，交 $\overrightarrow{p_2p_3}$ 於 p_a，過 p_2 做一條垂直於線段 $\overrightarrow{p_1p_3}$ 的線段 $\overrightarrow{p_2p_b}$，交 $\overrightarrow{p_1p_3}$ 於 p_b。$\overrightarrow{p_1p_a}$ 與 $\overrightarrow{p_2p_b}$ 的交點 *O*（三角形垂心）即為三角形的外中點（如圖 8-73 所示）。

可以證明三角形的外中點實際上是三角形的垂心。證明過程如下：

將圖 8-72 中的 △ *FCN* 順時針旋轉 90°，使 *AC* 與 *CF* 重合，並延長 *OC* 交 *AB* 於 *P*（如圖 8-74 所示）。

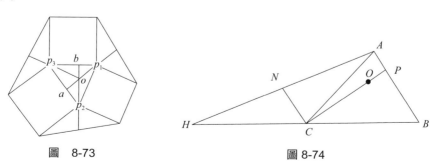

圖　8-73　　　　　　　　　　圖 8-74

因為 $BC = CH$，$AN = NH$，所以 CN 與 AB 平行；又因為 $\angle NCP = 90°$，所以 $\angle APC = 90°$。
同理可得其他兩條邊也是這樣，所以 O 為垂心。

8.5.39 ▶ Picture

形狀相同的矩形海報、照片和其他圖片被貼在牆上，它們的邊都是垂直或水平的。每個
矩形可以部分或完全地被其他矩形所覆蓋。所有這樣的矩形在一起所組成的邊界長度被
稱為外圍。

請編寫一個程式來計算外圍。一個 7 個矩形的實例如圖 8-75 所示。

相關的邊界是圖 8-76 中所畫出的線段的集合。

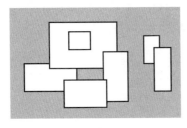

圖 8-75

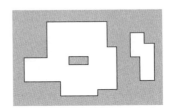

圖 8-76

所有矩形的頂點具有整數座標。

輸入

輸入的第一行提供牆上黏貼的矩形數目。在後續的每一行中，提供一個矩形的左下
頂點和右上頂點的整數座標，提供的座標值的次序為一個 x 座標後再一個 y 座標。
$0 \leq$ 矩形數目 < 5000。

所有的座標在 $[-10000, 10000]$ 範圍內，且任何矩形的面積為正數。

輸出

輸出一個非負的整數，表示輸入矩形的外圍。

範例輸入	範例輸出
7	228
−15 0 5 10	
−5 8 20 25	
15 −4 24 14	
0 −6 16 4	
2 15 10 22	
30 10 36 20	
34 0 40 16	

試題來源：IOI 1998
線上測試：POJ 1177

提示

採用掃描線演算法，在 x 軸上離散，透過 y 軸掃描將平面割成一個個水平條，利用區段樹累計水平條的長度和 s_1。

然後將矩形轉置，再採用掃描線演算法，利用區段樹累計水平條的長度和 s_2。

顯然，結果為 $s_1 + s_2$。

8.5.40 ▶ Fill the Cisterns! （Water Shortage）

在下一個世紀，地球上某些地區將嚴重缺水。Uqbar 的老城區已經開始為最壞的情況做準備。最近，他們建造了一個連接水箱的管道網路，將水分送給每戶居民，使得單一水源的水能很容易立即滿足每個家庭。但在水缺乏的情況下，在某條水線上水箱為空，因為水在水箱的水線下面（如圖 8-77 所示）。

已知每個水箱的大小和位置，請編寫一個程式來計算注入一定容量的水之後，每個水箱的水線位置。為了簡化問題，本題忽略管道中水的容量。

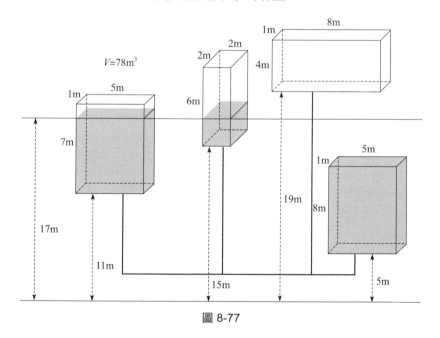

圖 8-77

對每個測試案例編寫一個程式：

輸入每個水箱的描述和水的容量。

計算加入給定的水量後每個水箱的水線位置。

輸出結果。

輸入

輸入的第一行提供測試案例的個數 k，$1 \le k \le 30$。每個測試案例如下：

每個測試案例的第一行提供一個整數 n，表示水箱的個數，$1 \le n \le 50000$。接下來的 n 行每行 4 個用一個空格分開的非負整數 b、h、w、d，分別是一個水箱的初始水線、高度、寬度和縱深長度，以公尺為單位。這些整數滿足 $0 \le b \le 10^6$，$1 \le h*w*d \le 40000$。測試案例的最後一行提供一個整數 V，為要加入到網路中的水量，以立方公尺為單位，$1 \le V \le 2*10^9$。

輸出

輸出 d 行，每行對應一個測試案例。

第 i 行，$1 \le i \le d$，提供水將達到的水線位置，以公尺為單位，四捨五入到小數點後兩位；如果水量超過了這些水箱的總共的容量，則輸出單字 "OVERFLOW"。

範例輸入	範例輸出
3	1.00
2	OVERFLOW
0 1 1 1	17.00
2 1 1 1	
1	
4	
11 7 5 1	
15 6 2 2	
5 8 5 1	
19 4 8 1	
132	
4	
11 7 5 1	
15 6 2 2	
5 8 5 1	
19 4 8 1	
78	

註：① ACM Central Europe 2001 的 F 題 Fill the Cisterns! 與 ACM Southwestern Europe 2001 的 D 題 Water Shortage 的描述雷同，在 UVA 上將兩題歸為同一題 Water Shortage，本題按 ACM Central Europe 2001 的 F 題 Fill the Cisterns! 的描述提供。在華章網站上，提供了 Fill the Cisterns! 和 Water Shortage 的題目原版，以及 Fill the Cisterns! 的官方測試資料和解答程式。②圖 8-77 描述了本題第 3 個範例輸入 / 輸出，而 Water Shortage 提供的圖與圖 8-77 不同，兩題還有其他諸如輸入資料類型等細微不同之處。

試題來源： ACM Central Europe 2001，ACM Southwestern Europe 2001
線上測試： POJ 1434，ZOJ 1389，UVA 2428

提示

設第 i 個水箱的初始水線為 b_i、高度為 h_i、寬度為 w_i 和縱深長度為 d_i（$0 \le i \le n-1$）。首先，要確定如果水線高度為 m 時，n 個水箱能夠容納多少水？設容納的水量為 v_m。

對於第 i 個水箱，$0 \le i \le n-1$，如果它的初始水線 $b_i \le$ 水線 m，則第 i 個水箱增加的水線高度 $\text{tmp} = \min\{m-b_i, h_i\}$，而且 $v_m += \text{tmp}*w_i*d_i$。

根據上述基礎，可以透過二元搜尋的方法計算可達的水線位置。設水線區間為 $[l, r]$，初始時為 $[0, \infty]$。計算區間中間指標 mid。計算水線到達 mid 的水量 v_{mid}。若溢出（$v_{mid} \geq$ 水量上限 V），則搜尋左子區間；否則計算右子區間；直至區間不存在為止。此時得出的 l 即為水將達到的水線位置。

8.5.41 ▶ Area of Simple Polygons

在二維 xy 平面中有 N 個矩形，$1 \leq N \leq 1000$。每個矩形的 4 條邊都是水平或垂直的直線線段。矩形用其左下角和右上角的頂點來定義。每個角的頂點用兩個非負整數表示其 x 和 y 座標，範圍從 0 到 50000。本題設定這些矩形的聯集的輪廓被一個線段的集合 S 所定義。我們可以用 S 的一個子集合來建構一個或若干個簡單多邊形。請求出 S 的子集合可以建構的多邊形的總面積。這個面積要盡可能大。在二維的 xy 平面中，一個多邊形被定義為一個有限的線段集合，每條線段的端點與兩條線段相關聯，且邊的子集合沒有相同的性質。這些線段是邊，線段的末端是多邊形的頂點。一個多邊形是簡單的，如果不存在兩條不連續的邊在一個點上相關聯。

例如，提供下列 3 個矩形：

◆ 矩形 1：< (0, 0) (4, 4) >。

◆ 矩形 2：< (1, 1) (5, 2) >。

◆ 矩形 3：< (1, 1) (2, 5) >。

由這些矩形構成的所有簡單多邊形的總面積為 18。

輸入

輸入由多組測試案例組成。4 個 −1 組成的一行用於分隔每個測試案例。最後的 4 個 -1 組成的一行用於標示輸入結束。在每個測試案例中，一行提供一個矩形，每行提供 4 個非負整數，前兩個是左下角頂點的 x 和 y 座標，後兩個是右上角的 x 和 y 座標。

輸出

對每個測試案例，輸出一行，提供所有簡單多邊形的總面積。

範例輸入	範例輸出
0 0 4 4 1 1 5 2 1 1 2 5 −1 −1 −1 −1 0 0 2 2 1 1 3 3 2 2 4 4 −1 −1 −1 −1 −1 −1 −1 −1	18 10

試題來源： ACM Taiwan 2001

線上測試： POJ 1389，UVA 2447

提示

先計算包含所有矩形頂點的凸包,再使用旋轉卡尺演算法計算所有簡單多邊形的總面積。

8.5.42 ▶ Squares

一個正方形是 4 條邊的多邊形,每條邊長度相等,相鄰邊構成 90 度角。正方形也是這樣的多邊形:圍繞其中心旋轉 90° 產生相同的多邊形。不是只有正方形才有後面的性質,正八邊形也有這一性質。

因此,我們都知道一個正方形看起來像什麼,但可以在夜空的星星中找到所有可能形成的正方形嗎?為了使問題變得更加容易,本題設定夜空是一個二維的平面,每顆星星有指定的 x 座標和 y 座標。

輸入

輸入由若干測試案例組成。每個測試案例首先提供整數 n($1 \le n \le 1000$),表示接下來要提供的點的數目。接下來的 n 行每行提供每個點的 x 座標和 y 座標(兩個整數)。本題設定這些點是不同的,且座標的絕對值小於 20000。以 $n = 0$ 標示輸入結束。

輸出

對於每個測試案例,在一行中輸出由提供的星星可以構成的正方形的數目。

範例輸入	範例輸出
4	1
1 0	6
0 1	1
1 1	
0 0	
9	
0 0	
1 0	
2 0	
0 2	
1 2	
2 2	
0 1	
1 1	
2 1	
4	
−2 5	
3 7	
0 0	
5 2	
0	

試題來源: ACM Rocky Mountain 2004
線上測試: POJ 2002,ZOJ 2347,UVA 3047

提示

設儲存所有星星座標的容器為 m；第 i 顆星星的座標為 (a_i, b_i)，$0 \le i \le n-1$。

每輸入第 i 顆星星的座標 (a_i, b_i)，則將該座標置入容器，並列舉前 $i-1$ 顆的 (a_j, b_j)，$0 \le j \le i-1$：

◆ 若 $(a_i+b_i-b_j, b_i+a_j-a_i)$ 和 $(b_i+a_j-b_j, a_j+b_j-a_i)$ 在容器 m 中，則 ans++。

◆ 若 $(a_i+b_i-b_i, b_i-a_j+a_i)$ 和 $(a_j+b_j-b_i, a_i+b_j-a_j)$ 在容器 m 中，則 ans++。

星星可以構成的正方形的數目為 $\dfrac{\text{ans}}{2}$。

另外一種演算法是列舉：列舉每一個點 A，再列舉 x 座標大於 A 且與 A 連線的傾斜角在 $(-45°, 45°)$ 內的點 B，把 AB 作為正方形最上面的一條邊，可以得到正方形其他兩點的座標。只需查詢滿足條件的線段即可（使用平衡樹或 Hash 保存所有點）。

8.5.43 ▶ That Nice Euler Circuit

小 Joey 發明了一種塗寫遊戲的機器，他為這台機器取名歐拉（Euler），以偉大的數學家來命名。在他讀小學的時候，Joey 就聽到過有關歐拉如何開始研究圖論的故事。注意這個故事所涉及的問題——在一張紙上繪製一個圖，繪製過程中不要讓筆離開圖，在最後筆回到最初的位置。歐拉證明了你能做到這樣若且唯若你畫的（平面）圖具有以下兩個特性：該圖是連通的；圖中每個頂點度數都是偶數。

Joey 的歐拉機的工作原理完全一樣。該裝置由一支在紙張上塗寫的鉛筆和一個發出的指令序列的控制中心組成。紙張可以被看作無限的二維平面，這意味著你不必擔心鉛筆是否會畫到紙張的外面。

在開始的時候，歐拉機將發出指令，形式為 (X_0, Y_0)，表示將鉛筆移動到起始位置 (X_0, Y_0)。每個後續指令的形式為 (X', Y')，表示將鉛筆從前一個位置移動到新的位置 (X', Y')，從而在紙張上畫了一條線段。本題設定，新的位置和以前每條指令所到達的位置不同。最後，歐拉機發出指令，移動鉛筆到開始位置 (X_0, Y_0)。此外，歐拉機肯定不會畫出任何覆蓋已經繪製的其他線段的線條。然而，線段可以相交。

在所有的指令發出後，在 Joey 的紙上將會有一張漂亮的圖。你可以看到，因為鉛筆從來沒有離開過紙，所以這個圖可以被視為歐拉迴路。

請計算這個歐拉迴路將平面分成了幾部分。

輸入

測試案例不會超過 25 個。每個測試案例首先提供一行，包含一個整數 $N \ge 4$，表示這個測試案例中指令的數目。在下一行提供 N 對整數，整數間用空格分隔，表示發出的指令。第一對是第一條指令提供的起始位置座標。本題設定在每個測試案例中指令不會超過 300 條，並且所有的整數座標範圍在 $(-300, 300)$ 中。當 N 為 0 時，輸入終止。

輸出

對每個測試案例，輸出一行，格式如下：

Case *x*: There are *w* pieces.

其中 *x* 是從 1 開始的測試案例序號。

圖 8-78 說明了兩個範例輸入的情況。

圖 8-78

範例輸入	範例輸出
5 0 0 0 1 1 1 1 0 0 0 7 1 1 1 5 2 1 2 5 5 1 3 5 1 1 0	Case 1: There are 2 pieces. Case 2: There are 5 pieces.

試題來源：ACM Shanghai 2004

線上測試：POJ 2284，ZOJ 2394，UVA 3263

提示

本題用歐拉公式求解：對於任意凸多邊形，頂點數和面數的和減去邊數等於 2，即 $V-E+F=2$。

首先，計算頂點數 V。我們計算交點的座標，對所有點進行排序，並消除重複出現的點。

然後，計算邊數 E。初始時，E 是輸入邊數（$N-1$）。然後，對於每個頂點 V，如果 V 在線段上，而不是線段的端點，則 E++。

最後，計算並輸出面數 F。

8.5.44 ▶ Can't Cut Down the Forest for the Trees

從前，在一個遙遠的國家，有一個國王，他擁有一片由珍貴的樹木組成的森林。有一天，為了應付資金周轉問題，國王決定砍伐並出售他的一些樹木。他請他的巫師找到可以安全地砍伐樹木的最多的數量。

國王所有的樹木都種在一個矩形的圍欄內，以保護這些樹免遭小偷和破壞者的偷盜和破壞。砍伐樹木是困難的，因為每棵樹需要空間以便倒下的時候不會撞上並破壞其他樹木或者柵欄。每棵樹被砍伐前，分支可以被修剪掉。為簡單起見，巫師假定，每棵樹被砍倒後，它會在地面上占據一個矩形空間，如圖 8-79 所示，矩形的一條邊是樹根部分的直徑。矩形的另一條邊的長度等於樹的高度。

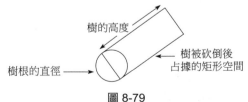

圖 8-79

國王的許多樹木都和其他樹木比較靠近（這也是一個森林的特徵之一）。巫師需要找到可以被砍伐的樹木的最大數量。砍伐是一棵樹接著另一棵樹一棵一棵地被砍伐，一棵被砍倒的樹不能碰到其他樹或圍欄。一棵樹一旦被砍倒，它就被切成片，然後被運走，所以它不會影響下一棵被砍伐的樹占

輸入

輸入由若干測試案例組成，每個測試案例描述一片森林。每個測試案例的第一行提供 5 個整數：x_{min}、y_{min}、x_{max}、y_{max} 和 n。前 4 個數表示圍欄的 x 方向和 y 方向的最小座標和最大座標（$x_{min} < x_{max}$，$y_{min} < y_{max}$）。圍欄是矩形，圍欄的邊與座標軸平行。第 5 個數 n 表示森林中樹的個數（$1 \leq n \leq 100$）。

接下來的 n 行描述 n 棵樹的位置和直徑。每行提供 4 個整數 x_i、y_i、d_i 和 h_i，表示樹的中心位置（x_i, y_i），樹根的直徑 d_i，以及樹的高度 h_i。不同樹的根不可能彼此接觸，所有的樹完全在圍欄內，也不可能接觸到圍欄。

輸入以 $x_{min} = y_{min} = x_{max} = y_{max} = n = 0$ 的測試案例結束，程式不用處理這一測試案例。

輸出

對每個測試案例，輸出其測試案例編號，然後輸出可以被砍伐的樹的最大數目，樹是一棵接一棵被砍伐的，使得沒有一棵樹被砍倒的時候碰到其他樹或圍欄。按下面提供的範例格式輸出，在每個測試案例處理後輸出一個空行。

範例輸入	範例輸出
0 0 10 10 3 3 3 2 10 5 5 3 1 2 8 3 9 0 0 0 0 0	Forest 1 2 tree(s) can be cut

試題來源： ACM World Finals 2001
線上測試： UVA 2235

提示

我們取矩形中軸線的極角表示樹被砍倒的方向，如圖 8-80 所示。

其他樹和柵欄都有可能會阻礙這棵樹在某方向倒下，n 最大值僅為 100，足夠小，容易想到列舉每棵樹，然後列舉與其他樹和柵欄，算出不能砍倒這棵樹的方向（極角）範圍，繼而判斷這棵樹是否能倒下。

如圖 8-81 所示，記第 i 棵樹的半徑為 r_i，中軸線為 h_i，圓心到矩形一角的距離為 d_i，d_i 與 h_i 的夾角為 b_i。下面，討論其他樹和柵欄阻礙這棵樹在某方向倒下的情況。

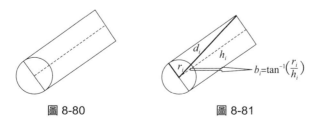

圖 8-80　　　　　　　　圖 8-81

柵欄阻礙目前列舉的樹 i 倒下，有以下兩種阻礙情況：

阻礙情況 1：圓心與柵欄的距離在 $[0, h_i]$ 之間。

樹不能在兩條虛線所夾極角範圍內倒下。記圓心與柵欄的距離為 dist，垂直線極角為 mid，此時受阻礙的矩形中軸線的極角範圍為 $\left[\text{mid} - \left(\cos^{-1}\left(\dfrac{d_i}{\text{dist}} \right) + b_i \right), \ \text{mid} + \left(\cos^{-1}\left(\dfrac{d_i}{\text{dist}} \right) + b_i \right) \right]$，如圖 8-82 所示。

阻礙情況 2：圓心與柵欄距離在 $[h_i, d_i]$ 之間。

顯然，矩形是可以豎直放置的，旋轉過程中兩個角都可能碰到柵欄，如圖 8-83 所示。我們分別考慮每個角對樹倒下的阻礙作用。下面具體說明左上角的阻礙作用，右上角同理。

圖 8-82　　　　　　　　　圖 8-83

此時受阻礙的矩形中軸線極角範圍為 $\left[\text{mid} - \cos^{-1}\left(\dfrac{d_i}{\text{dist}} \right) + b_i, \ \text{mid} + \cos^{-1}\left(\dfrac{d_i}{\text{dist}} \right) + b_i \right]$。

其他樹 j 阻礙目前列舉的樹 i 倒下，有以下兩種阻礙情況：

阻礙情況 1：類似上面的阻礙情況 1，如圖 8-84 所示。

記圓心距離為 dist，j 相對 i 的極角為 mid。若樹的高度超過 $\sqrt{\text{dist}^2 + (r_i + r_j)^2}$，則把 h_i 看成 $\sqrt{\text{dist}^2 + (r_i + r_j)^2}$。此時受阻礙的矩形中軸線的極角範圍為 $\left[\text{mid} - \cos^{-1}\left(\dfrac{d_i}{\text{dist}} \right) + b_i, \ \text{mid} + \cos^{-1}\left(\dfrac{d_i}{\text{dist}} \right) + b_i \right]$。

圖 8-84

阻礙情況 2：類似上面的阻礙情況 2，不再贅述。

提升程式設計的運算思維力第二版｜國際程式設計競賽之演算法原理、題型、解題技巧與重點解析

作　　者：吳永輝 / 王建德
企劃編輯：蔡彤孟
文字編輯：王雅雯
設計裝幀：張寶莉
發 行 人：廖文良

發 行 所：碁峰資訊股份有限公司
地　　址：台北市南港區三重路 66 號 7 樓之 6
電　　話：(02)2788-2408
傳　　真：(02)8192-4433
網　　站：www.gotop.com.tw
書　　號：ACL064900
版　　次：2023 年 01 月初版
建議售價：NT$680

國家圖書館出版品預行編目資料

提升程式設計的運算思維力：國際程式設計競賽之演算法原理、題型、解題技巧與重點解析 / 吳永輝，王建德原著. -- 初版. -- 臺北市：碁峰資訊, 2023.01
　　面；　公分
　　ISBN 978-626-324-396-5
　　1.CST：電腦程式設計　2.CST：演算法
312.2　　　　　　　　　　　　　　　　111021041

讀者服務

- 感謝您購買碁峰圖書，如果您對本書的內容或表達上有不清楚的地方或其他建議，請至碁峰網站：「聯絡我們」\「圖書問題」留下您所購買之書籍及問題。(請註明購買書籍之書號及書名，以及問題頁數，以便能儘快為您處理)
  http://www.gotop.com.tw

- 售後服務僅限書籍本身內容，若是軟、硬體問題，請您直接與軟、硬體廠商聯絡。

- 若於購買書籍後發現有破損、缺頁、裝訂錯誤之問題，請直接將書寄回更換，並註明您的姓名、連絡電話及地址，將有專人與您連絡補寄商品。